国家出版基金项目

"十三五"国家重点图书出版规划项目

"十四五"时期国家重点出版物出版专项规划项目

U0291726

中国水电关键技术丛书

导流截流
与围堰工程技术

中国电建集团华东勘测设计研究院有限公司

任金明　周垂一　等　著

中国水利水电出版社
www.waterpub.com.cn

·北京·

内 容 提 要

本书系"十三五"和"十四五"国家重点图书出版规划项目、国家出版基金项目《中国水电关键技术丛书》之一，依据大量国内外工程案例和研究实践，全面阐述了水电工程施工导流的前沿技术，系统总结凝练了导流截流与围堰工程科研、设计、施工和管理的经验及教训，梳理了理论研究及技术进展，对施工导流总体规划、施工水力学、截流、土石围堰、混凝土与胶凝砂砾石围堰、导流泄水建筑物、梯级电站施工导流、抽水蓄能电站施工导流等 8 个方面的关键技术进行了深入研究，并对相关发展趋势进行了预测和展望。

本书可供从事水电工程科研、规划、设计、施工、管理的工程技术人员和高等院校相关专业的师生使用和参考。

图书在版编目（ＣＩＰ）数据

导流截流与围堰工程技术 / 任金明等著. -- 北京：中国水利水电出版社，2023.8
（中国水电关键技术丛书）
ISBN 978-7-5226-1573-8

Ⅰ. ①导… Ⅱ. ①任… Ⅲ. ①导流－工程技术②截流－工程技术③围堰－工程技术 Ⅳ. ①TV551

中国国家版本馆CIP数据核字(2023)第115953号

书　　名	中国水电关键技术丛书 **导流截流与围堰工程技术** DAOLIU JIELIU YU WEIYAN GONGCHENG JISHU
作　　者	中国电建集团华东勘测设计研究院有限公司 任金明　周垂一　等著
出版发行	中国水利水电出版社 （北京市海淀区玉渊潭南路 1 号 D 座　100038） 网址：www. waterpub. com. cn E - mail：sales@mwr. gov. cn 电话：（010）68545888（营销中心）
经　　售	北京科水图书销售有限公司 电话：（010）68545874、63202643 全国各地新华书店和相关出版物销售网点
排　　版	中国水利水电出版社微机排版中心
印　　刷	北京印匠彩色印刷有限公司
规　　格	184mm×260mm　16 开本　33.75 印张　821 千字
版　　次	2023 年 8 月第 1 版　2023 年 8 月第 1 次印刷
印　　数	0001—1000 册
定　　价	**325.00 元**

《中国水电关键技术丛书》编撰委员会

《中国水电关键技术丛书》组织单位

中国大坝工程学会
中国水力发电工程学会
水电水利规划设计总院
中国水利水电出版社

　　历经 70 年发展，特别是改革开放 40 年，中国水电建设取得了举世瞩目的伟大成就，一批世界级的高坝大库在中国建成投产，水电工程技术取得新的突破和进展。在推动世界水电工程技术发展的历程中，世界各国都作出了自己的贡献，而中国，成为继欧美发达国家之后，21 世纪世界水电工程技术的主要推动者和引领者。

　　截至 2018 年年底，中国水库大坝总数达 9.8 万座，水库总库容约 9000 亿 m^3，水电装机容量达 350GW。中国是世界上大坝数量最多的国家，也是高坝数量最多的国家：60m 以上的高坝近 1000 座，100m 以上的高坝 223 座，200m 以上的特高坝 23 座；千万千瓦级的特大型水电站 4 座，其中，三峡水电站装机容量 22500MW，为世界第一大水电站。中国水电开发始终以促进国民经济发展和满足社会需求为动力，以战略规划和科技创新为引领，以科技成果工程化促进工程建设，突破了工程建设与管理中的一系列难题，实现了安全发展和绿色发展。中国水电工程在大江大河治理、防洪减灾、兴利惠民、促进国家经济社会发展方面发挥了不可替代的重要作用。

　　总结中国水电发展的成功经验，我认为，最为重要也是特别值得借鉴的有以下几个方面：一是需求导向与目标导向相结合，始终服务国家和区域经济社会的发展；二是科学规划河流梯级格局，合理利用水资源和水能资源；三是建立健全水电投资开发和建设管理体制，加快水电开发进程；四是依托重大工程，持续开展科学技术攻关，破解工程建设难题，降低工程风险；五是在妥善安置移民和保护生态的前提下，统筹兼顾各方利益，实现共商共建共享。

　　在水利部原任领导汪恕诚、张基尧的关心支持下，2016 年，中国大坝工程学会、中国水力发电工程学会、水电水利规划设计总院、中国水利水电出版社联合发起编撰出版《中国水电关键技术丛书》，得到水电行业的积极响应，数百位工程实践经验丰富的学科带头人和专业技术负责人等水电科技工作者，基于自身专业研究成果和工程实践经验，精心选题，着手编撰水电工程技术成果总结。为高质量地完成编撰任务，参加丛书编撰的作者，投入极大热情，倾注大量心血，反复推敲打磨，精益求精，终使丛书各卷得以陆续出版，实属不易，难能可贵。

　　21 世纪初叶，中国的水电开发成为推动世界水电快速发展的重要力量，形成了中国特色的水电工程技术，这是编撰丛书的缘由。丛书回顾了中国水电工程建设近30年所取得的成就，总结了大量科学研究成果和工程实践经验，基本概括了当前水电工程建设的最新技术发展。丛书具有以下特点：一是技术总结系统，既有历史视角的比较，又有国际视野的检视，体现了科学知识体系化的特征；二是内容丰富、翔实、实用，涉及专业多，原理、方法、技术路径和工程措施一应俱全；三是富于创新引导，对同一重大关键技术难题，存在多种可能的解决方案，并非唯一，要依据具体工程情况和面临的条件进行技术路径选择，深入论证，择优取舍；四是工程案例丰富，结合中国大型水电工程设计建设，给出了详细的技术参数，具有很强的参考价值；五是中国特色突出，贯彻科学发展观和新发展理念，总结了中国水电工程技术的最新理论和工程实践成果。

与世界上大多数发展中国家一样，中国面临着人口持续增长、经济社会发展不平衡和人民追求美好生活的迫切要求，而受全球气候变化和极端天气的影响，水资源短缺、自然灾害频发和能源电力供需的矛盾还将加剧。面对这一严峻形势，无论是从中国的发展来看，还是从全球的发展来看，修坝筑库、开发水电都将不可或缺，这是实现经济社会可持续发展的必然选择。

中国水电工程技术既是中国的，也是世界的。我相信，丛书的出版，为中国水电工作者，也为世界上的专家同仁，开启了一扇深入了解中国水电工程技术发展的窗口；通过分享工程技术与管理的先进成果，后发国家借鉴和吸取先行国家的经验与教训，可避免走弯路，加快水电开发进程，降低开发成本，实现战略赶超。从这个意义上讲，丛书的出版不仅能为当前和未来中国水电工程建设提供非常有价值的参考，也将为世界上发展中国家的河流开发建设提供重要启示和借鉴。

作为中国水电事业的建设者、奋斗者，见证了中国水电事业的蓬勃发展，我为中国水电工程的技术进步而骄傲，也为丛书的出版而高兴。希望丛书的出版还能够为加强工程技术国际交流与合作，推动"一带一路"沿线国家基础设施建设，促进水电工程技术取得新进展发挥积极作用。衷心感谢为此作出贡献的中国水电科技工作者，以及丛书的撰稿、审稿和编辑人员。

中国工程院院士

2019 年 10 月

　　水电是全球公认并为世界大多数国家大力开发利用的清洁能源。水库大坝和水电开发在防范洪涝干旱灾害、开发利用水资源和水能资源、保护生态环境、促进人类文明进步和经济社会发展等方面起到了无可替代的重要作用。在中国，发展水电是调整能源结构、优化资源配置、发展低碳经济、节能减排和保护生态的关键措施。新中国成立后，特别是改革开放以来，中国水电建设迅猛发展，技术日新月异，已从水电小国、弱国，发展成为世界水电大国和强国，中国水电已经完成从"融入"到"引领"的历史性转变。

　　迄今，中国水电事业走过了70年的艰辛和辉煌历程，水电工程建设从"独立自主、自力更生"到"改革开放、引进吸收"，从"计划经济、国家投资"到"市场经济、企业投资"，从"水电安置性移民"到"水电开发性移民"，一系列改革开放政策和科学技术创新，极大地促进了中国水电事业的发展。不仅在高坝大库建设、大型水电站开发，而且在水电站运行管理、流域梯级联合调度等方面都取得了突破性进展，这些进步使中国水电工程建设和运行管理技术水平达到了一个新的高度。有鉴于此，中国大坝工程学会、中国水力发电工程学会、水电水利规划设计总院和中国水利水电出版社联合组织策划出版了《中国水电关键技术丛书》，力图总结提炼中国水电建设的先进技术、原创成果，打造立足水电科技前沿、传播水电高端知识、反映水电科技实力的精品力作，为开发建设和谐水电、助力推进中国水电"走出去"提供支撑和保障。

　　为切实做好丛书的编撰工作，2015年9月，四家组织策划单位成立了"丛书编撰工作启动筹备组"，经反复讨论与修改，征求行业各方面意见，草拟了丛书编撰工作大纲。2016年2月，《中国水电关键技术丛书》编撰委员会成立，水利部原部长、时任中国大坝协会（现为中国大坝工程学会）理事长汪恕诚，国务院南水北调工程建设委员会办公室原主任、时任中国水力发电工程学会理事长张基尧担任编委会主任，中国电力建设集团有限公司总工程师周建平、水电水利规划设计总院院长郑声安担任丛书主编。各分册编撰工作实行分册主编负责制。来自水电行业100余家企业、科研院所及高等院校等单位的500多位专家学者参与了丛书的编撰和审阅工作，丛书作者队伍和校审专家聚集了国内水电及相关专业最强撰稿阵容。这是当今新时代赋予水电工作者的一项重要历史使命，功在当代、利惠千秋。

丛书紧扣大坝建设和水电开发实际，以全新角度总结了中国水电工程技术及其管理创新的最新研究和实践成果。工程技术方面的内容涵盖河流开发规划，水库泥沙治理，工程地质勘测，高心墙土石坝、高面板堆石坝、混凝土重力坝、碾压混凝土坝建设，高坝水力学及泄洪消能，滑坡及高边坡治理，地质灾害防治，水工隧洞及大型地下洞室施工，深厚覆盖层地基处理，水电工程安全高效绿色施工，大型水轮发电机组制造安装，岩土工程数值分析等内容；管理创新方面的内容涵盖水电发展战略、生态环境保护、水库移民安置、水电建设管理、水电站运行管理、水电站群联合优化调度、国际河流开发、大坝安全管理、流域梯级安全管理和风险防控等内容。

丛书遵循的编撰原则为：一是科学性原则，即系统、科学地总结中国水电关键技术和管理创新成果，体现中国当前水电工程技术水平；二是权威性原则，即结构严谨，数据翔实，发挥各编写单位技术优势，遵照国家和行业标准，内容反映中国水电建设领域最具先进性和代表性的新技术、新工艺、新理念和新方法等，做到理论与实践相结合。

丛书分别入选"十三五"国家重点图书出版规划项目和国家出版基金项目，首批包括50余种。丛书是个开放性平台，随着中国水电工程技术的进步，一些成熟的关键技术专著也将陆续纳入丛书的出版范围。丛书的出版必将为中国水电工程技术及其管理创新的继续发展和长足进步提供理论与技术借鉴，也将为进一步攻克水电工程建设技术难题、开发绿色和谐水电提供技术支撑和保障。同时，在"一带一路"倡议下，丛书也必将切实为提升中国水电的国际影响力和竞争力，加快中国水电技术、标准、装备的国际化发挥重要作用。

在丛书编写过程中，得到了水利水电行业规划、设计、施工、科研、教学及业主等有关单位的大力支持和帮助，各分册编写人员反复讨论书稿内容，仔细核对相关数据，字斟句酌，殚精竭虑，付出了极大的心血，克服了诸多困难。在此，谨向所有关心、支持和参与编撰工作的领导、专家、科研人员和编辑出版人员表示诚挚的感谢，并诚恳欢迎广大读者给予批评指正。

《中国水电关键技术丛书》编撰委员会

2019 年 10 月

我国的水能资源极为丰富，储量为世界第一。水电在我国实现"碳达峰、碳中和"的过程中将发挥极其重要的作用。能源领域是现阶段碳排放的主体，"十四五"期间，我国新能源发展将以"碳达峰、碳中和"目标为引领，大力发展新能源。其中水电助力新能源消纳，实施可再生能源替代，改变以煤炭燃烧提供电力和热力的能源供给方式，是最根本有效的绿色低碳转型之路。施工导流是水电工程建设中的重要环节和手段，能够有效保证水电工程建设的顺利完成。

《导流截流与围堰工程技术》一书定位于总结凝练中国水电工程建设中导流截流与围堰工程相关的先进技术、原创成果和管理经验，打造"立足水电科技前沿、传播水电高端知识、反映水电科技实力和管理理念"的精品力作，为开发建设绿色能源提供技术支撑和保障。该书是作者及其所在设计团队长期的应用基础研究与工程实践的结晶，系统全面介绍了三峡工程建成后导流截流与围堰工程技术的最新理论及研究成果。该书集科学性、技术性和实用性于一体，内容翔实、成果丰富，展示了我国在水电工程领域施工导流方面的重要研究与实践进展、重大技术难题及研究解决方法，有助于施工导流技术水平的提高。

中国工程院院士　钟登华

水电是清洁可再生能源，我国的水电技术可开发容量为 6.87 亿 kW，居世界第一。截至 2021 年 12 月底，我国水电装机容量约为 3.91 亿 kW，其中抽水蓄能电站装机容量约为 0.36 亿 kW。自 20 世纪 80 年代以来，我国建设了三峡、小浪底、二滩、龙滩、公伯峡、XW 等一批大型骨干和控制性工程。进入 21 世纪以来，我国水能资源的开发重点集中在西南诸河的干支流上，又相继建成了锦屏一级、锦屏二级、NZD、溪洛渡、向家坝、水布垭、乌东德、白鹤滩等一批有特色、有规模的世界级且极具突破意义的巨型工程，并初步形成了具有中国特色的水电工程建造技术，促进了技术积累和技术创新，代表着我国水电工程施工的总体技术水平。

水电工程是在川流不息的河道上进行施工的，任何水电工程施工均必须与自然条件相适应，其中至关重要的是应与水情规律相适应。施工导流是一个带有全局性、时段性的问题，是选择枢纽布置、永久建筑物型式、施工程序和施工总进度的重要因素。在施工导流设计和实施中，长江三峡工程的导流截流与围堰工程在工程规模、导流截流理论、深水围堰、施工装备、实施效果等方面都曾达到一个顶峰。自三峡工程之后，我国水电工程又有长足发展。其一，随着我国水资源利用向西部转移，水电工程建设呈现"河谷高陡、覆盖层深厚、河道纵坡大、流量变幅大、水位落差大、多梯级在建或运行"等复杂环境，在导流标准选择、导流布局优化、陡坡隧洞群水流水力控制、超大超深基坑渗流控制、高水头复合土工膜防渗技术等方面取得重大突破并实现了规模化应用；其二，随着我国多座 300m 级特高拱坝和 300m 级特高土石坝的建设实践，我国高坝大库水电工程导流截流与围堰技术水平也站在了世界之巅；其三，随着我国"一带一路"发展倡议向全球辐射，我国在全球水电建设中越来越多地扮演着"领跑者"角色，成为推动世界水电发展的重要力量。在我国参与的国际水电项目中，导流截流与围堰工程克服了水文与地质资料匮乏、当地施工设备短缺、技术标准不统一等难题，取得了令人瞩目的成绩。

本书总结、提炼了我国水电建设工程中导流截流与围堰相关的先进技术、原创成果和管理经验，为开发建设绿色水电提供了技术支撑和保障。本书共分 10 章，中心内容及创新成果如下：

（1）简要回顾了导流截流与围堰工程的发展历史，归纳了国内外水电工程施工导流的研究与实践成果，形成了理论研究和技术进展的核心内容。

（2）系统论述了施工导流总体规划，反映了施工组织设计规范的最新内容，填补了中外标准对标研究成果的空白。

（3）扼要概述了施工水力学计算方法，说明了施工导流截流水力学模型试验内容，列举了施工导流截流数值模拟的最新研究实践。

（4）着重揭示了截流水动力学过程与能耗规律和截流材料的抗冲稳定性，突出了立堵截流关键技术，丰富了双戗堤、宽戗堤截流研究成果。

（5）深入构建了土工膜防渗土石围堰成套技术，补充了过水土石围堰的最新成果，纳入了分期实施土石围堰的研究及实践成果。

（6）突出凝练了混凝土与胶凝砂砾石围堰设计要点，梳理了混凝土围堰实施技术要求，推动了胶凝砂砾石围堰研究及实践成果的推广应用。

（7）分类提出了导流泄水建筑物关键技术，阐明了导流隧洞、导流明渠、导流底孔与缺口设计要点，概括了相关研究及实践成果。

（8）着重进行了梯级电站水库调蓄对施工导流截流标准影响研究，探索了梯级电站水库调蓄对施工导流规划的主要影响因素，优选了梯级电站导流系统风险分析方法。

（9）首次拓展了抽水蓄能电站施工导流关键技术内容，深化了施工导流（排水）方式与布置，提升了初期蓄水的重要性。

（10）简明总结了导流截流与围堰工程主要创新成果，预测了相关关键及核心技术发展趋势，展望了施工导流技术标准助力中国水电标准"走出去"的前景。

本书由任金明、周垂一、贺昌海、王永明、胡志根、杨文俊等撰写，全书由任金明统稿。在本书的编写过程中，水电水利规划设计总院、长江设计集团、长江科学院、水利部岩土力学与工程重点实验室、清华大学、武汉大学、天津大学、四川大学，以及中国电建集团北京、成都、西北、中南、昆明、贵阳勘测设计研究院有限公司等提供了相应项目资料，得到了中国电建集团周建平总工程师、长江设计集团翁永红设计大师的具体指导，并由翁永红、石青春、李宏祥、杨和明等专家审稿，得到了中国电建集团华东勘测设计研究院有限公司领导的大力支持，相关项目部提供了工程实例和素材，经历了确立选题、编制提纲、收集资料、撰写初稿、统稿、评审和定稿等阶段。本书得以出版，是全体参编人员共同努力、辛勤劳动的结晶，在此特别向全体参编人员表示衷心的感谢。

由于我们的水平所限，书中的缺点、错误和疏漏在所难免，如各篇章中内容的深度、繁简不一，随着法律法规及规程规范的更新、完善，也可能存在更新不及时等，诚恳希望广大读者给予批评指正，以便今后修改提高。

本书编委会

2022 年 12 月

目录

第 1 章

综述

1.1 概述

施工导流是水利水电工程建设过程中，为创造干地施工条件，按照预定方案将河道水流通过天然河道或人工泄水建筑物导向在建工程围护区之外的工程措施。导流截流与围堰工程包括导流、截流、挡水、坝体度汛、封堵泄水建筑物和水库蓄水等一系列对水流控制的过程及措施，即采取"导、截、拦、蓄、泄"等工程措施来解决施工和水流蓄泄之间的矛盾，避免水流对水工建筑物施工的不利影响，把河水流量全部或部分地导向下游或拦蓄起来，以保证永久建筑物基坑干地施工和施工期不影响或尽可能少影响水资源的综合利用。施工导流是水利水电工程建设中的重要组成部分，是选择枢纽布置、永久建筑物型式、施工程序和施工总进度的重要因素，贯穿于水利水电工程建设全过程。施工导流规划的核心内容是确定导流方式、导流标准和导流方案。

进入 21 世纪以来，我国相继开工建设了一大批大中型水利水电工程，施工技术和施工管理水平得到很大提高，取得显著的经济效益和社会效益，并通过不断积累、总结经验，对水利和水电行业施工组织设计规范进行了修订，分别颁布施行了《水利水电工程施工组织设计规范》（SL 303—2017）和《水电工程施工组织设计规范》（NB/T 10491—2021），新规范更能适应当前施工技术发展和我国法律、法规及建设体制需要。目前，我国已开展了国内外水电技术标准的研究、分析和对照工作，提出了与国际接轨的水电技术标准体系框架和体系表，初步探索和提出了中国水电技术标准"走出去"路线图和中长期规划建议。

1.2 导流截流与围堰工程理论研究进展

1930 年，苏联学者伊兹巴斯第一次为戈尔瓦河做了导流截流模型试验，接着在菲克河、杜罗门河第一次成功地按设计与试验成果进行了人工抛石截流筑坝。1932 年，伊兹巴斯首次出版了《流水中抛石筑坝》一书。1949 年，国际上公开出版了第一部《施工水力学》，为伊兹巴斯所著；1959 年又出版了伊兹巴斯等人所著的世界上第一部《截流水力学》；1960 年出版了卢宾斯坦所著的《围堰区段水流性状及其上游角冲刷加固》。这三部著作的出版，分别打下施工导流、截流、围堰工程理论研究的基础。由于 20 世纪 50 年代的施工导流截流与围堰工程的规模相对较小，流速不大，基本上都是采用平堵法截流，过水土石围堰很少采用，因此研究施工水力学问题的人也不多。1992 年，我国出版了第一部《施工水力学》，该书对水利水电工程施工中的主要水力学问题（含模型试验）做了全面系统的研究，奠定了进一步研究施工水力学问题的良好基础。

当代施工导流截流与围堰工程方面的理论研究成果逐步丰硕起来，值得一提的是导流标准的风险度分析和施工导流仿真模拟已逐步进入大型水电工程导流截流及围堰工程设计，这是一个良好的、很有发展潜力的工作。施工导流风险分析研究以水文、水力学因素分析为主，经历了探索、成型和发展三个阶段。探索阶段以系统风险因素、致险模式和风险测度方法的研究为主。这类模型有的对不确定性因素考虑不足，有的推求系统风险目标函数存在困难。导流风险分析研究的成型阶段以导流系统最高洪水水位为主要致险指标，以水文和水力不确定性为主要风险因素，以蒙特卡罗（Monte-Carlo）法或系统仿真等方法测度风险。这类研究成果目前已被广泛应用到工程设计中。水电工程三维地质、三维设计等工程数字化软件已在水电工程导流截流与围堰工程得到推广运用。此外，将超大涡模拟（very large eddy simulation，VLES）技术等引入施工水力学三维数值分析，建立"上游库区-洞群-下游河道区"三维水流系统整体数值模型，准确预测各水流控制方案、各流区的流态特征与水力特性，实现了对导流隧洞群整体泄力、河道流态与对撞消能、洞身流态的精准预测，可动态优化导流隧洞等导流建筑物的布置及体型，面对巨型导流工程时能大幅提高设计效率与水力学计算精度，进一步验证、补充物理模型试验的不足之处。

1.3　施工导流规划技术进展

1.3.1　施工导流总体规划

自 20 世纪 80 年代以来，我国水电工程导流截流与围堰工程取得了长足发展，导流工程规模持续加大，技术水平大幅提升，导流工程建造趋于集约型发展。大规模复杂地质条件下导流工程的设计、施工水平持续提高。

1. 导流标准的确定方法

导流标准是指选定导流设计流量的标准，是导流建筑物规模的设计依据，它的选择影响施工导流截流与围堰工程的安全性和经济性。确定施工导流标准的方法有三种：理论频率分析法、实测流量统计分析法和风险分析法。

国外施工导流设计流量一般采用理论频率分析法（也有直接用长期实测资料分析的），所采用的频率多为 1%~20%。我国导流标准主要依据规范规定的理论频率分析法，根据导流建筑物级别和导流建筑物类型，结合风险度分析确定。

2. 围堰一次拦断河床的导流方式

河谷狭窄的坝址宜采用围堰一次拦断河床的导流方式。地质条件允许的坝址宜采用隧洞导流；河流流量大、河床一侧有较宽台地、垭口或有古河道的坝址宜采用明渠导流；混凝土坝可采用孔口、缺口导流。

围堰一次拦断河床的导流方式在窄河床条件下被广泛采用，初期导流多用隧洞导流。大型工程为了加快施工进度、保证大坝工程质量而采用围堰挡全年洪水的隧洞导流方案，如二滩、构皮滩、XW、溪洛渡、白鹤滩等工程。也有较多工程采用围堰挡枯水期一定标准流量、汛期允许围堰过水的导流方式，如锦屏二级、GGQ、DHQ、鲁地拉、隔河岩、DCS、江口等工程。

典型工程及创新点如下：

（1）锦屏一级工程采用导流隧洞、放空底孔、导流底孔、深孔、溢流表孔、泄洪洞、提前发电机组共20～23条（个、台）临时和永久泄水建筑物、分7个高程布置来控制施工期河床水流。

（2）溪洛渡工程采用导流隧洞、导流底孔、深孔、泄洪洞、提前发电机组共30条（个、台）临时和永久泄水建筑物、分7个高程布置来控制施工期河床水流，其中导流隧洞和导流底孔均分2个高程布置。导流隧洞和导流底孔分5批次进行下闸封堵，导流隧洞封堵施工通道"一穿三"，并改建4条导流隧洞为尾水洞，工序多，导流规划程序十分复杂。

（3）白鹤滩工程采用了多梯级在建条件下导流标准优选与窄河谷导流系统布局优化技术，系统研究了梯级建设环境对施工导流截流的影响，针对梯级环境下大流量窄河谷巨型水电站导流设计，优化进水方式，采用高低进口，取消了高位导流隧洞封堵闸门，研究采用导流隧洞与发电尾水洞相结合的方案，简化洞室布置。白鹤滩水电站施工导流布置如图1.3-1所示。

图1.3-1　白鹤滩水电站施工导流布置

（4）乌东德工程采用在一个枯水期分批分序下闸，降低第一批导流隧洞进口结构挡水位，降低下闸结构风险；将一条高导流隧洞改建为生态放水洞，实现高拱坝不设导流底孔，在导流隧洞下闸期大流量向下游供水。乌东德水电站施工导流布置如图1.3-2所示。

（5）双江口工程世界第一高砾石土心墙堆石坝（坝高314m），采用导流隧洞、放空洞、深孔泄洪洞、提前发电机组共6～7条（台）临时和永久泄水建筑物、分6个高程布置来控制施工期河床水流，其中3条导流隧洞分3个高程布置，2号、3号导流隧洞分别与放空洞、竖井泄洪洞部分结合布置。

3. 围堰分期围护河床的导流方式

围堰分期围护河床的导流方式一般适用于河道宽阔、流量大、施工期较长的工程，尤其适合通航河流和冰凌严重的河流。这种导流方式的费用较低，所以大、中型水电工程采用比较广泛。围堰分期围护河床导流需要解决第一期工程方案的选择、河床的束窄程度、

图 1.3-2　乌东德水电站施工导流布置

各期围堰的布置、后期泄水建筑物的高程及尺寸选择等问题。围堰分期围护河床导流多在河道内第一期围堰围护下先修建大坝泄水建筑物、船闸及电站厂房等，并在大坝预留底孔、缺口或梳齿以宣泄二期导流流量。一期导流期间，河道水流从束窄河床宣泄。

三峡工程施工导流规划为三期施工、明渠通航，施工导流历时 17 年。一期导流期间由主河床过流、主河床正常通航；二期导流期间由导流明渠过流，导流明渠和临时船闸通航；三期导流期间由 22 个导流底孔和 23 个永久泄洪深孔联合过流，分别由临时船闸、翻坝转运和双线五级船闸通航。

锦屏一级工程施工导流历时 11 年，施工期利用的导流泄水建筑物从低高程向高高程转换 4 批次，导流隧洞和导流底孔分 4 批次进行下闸封堵，分 4 个梯段逐渐抬高初期蓄水库水位。

向家坝工程采用三期围护河床的施工导流方式，一期导流期间由束窄河床过流、通航；二期导流期间由 6 个导流底孔与上部宽 115m 缺口重叠布置联合过流，采用驳运方式解决施工期河道客货过坝问题；三期导流期间由 6 个导流底孔和 10 个永久中孔联合泄流，升船机接驳上下游交通。二期纵向围堰由柔性段、沉井段、与永久建筑物结合段及下游段组成，沉井段采用混凝土重力式纵向围堰与基础的 10 个 23m×17m 的沉井群挡土墙结合，最大堰高 94m，沉井下沉最大深度 57.4m，解决了堰基深厚覆盖层直立开挖 45～70m 的挡土稳定问题。

4. 下闸蓄水规划

工程下闸蓄水是水电工程建设中重要的里程碑，是水电工程顺利投产发电的保证。大、中型水电工程下闸蓄水历时长、难度大、社会影响巨大，其下闸蓄水规划直接关系到工程正常蓄水、安全及社会稳定。2012 年以来，龙开口、向家坝、溪洛渡、大岗山、长河坝、MW 等我国大型水电工程陆续顺利完成下闸蓄水、并网投产发电，多个大中型水电工程下闸蓄水的成功实施，为下闸蓄水规划技术的发展积累了丰富的经验，下闸蓄水关键技术取得了多方面发展与进步。

XW 水电站初期蓄水前进行了各阶段蓄水位对拱坝结构稳定的影响分析，提出了各期蓄水位上升的严格要求和水位稳定期的反馈分析要求。

针对部分工程在蓄水期水库库岸产生滑坡、变形，进而危及当地居民生命财产安全的教训，在高地震烈度区、深厚覆盖层上建造高砾石土心墙堆石坝的长河坝工程为确保大坝蓄水期安全，水库初期蓄水应严格控制水位上升速率，特别是死水位以上蓄水速率更需严格控制，不同高程段水库蓄水上升速率分别按 $3\sim0.5\text{m/d}$ 控制。

龙开口、观音岩等水电站，经技术分析及模型试验论证，通过导流底孔闸门局部开启，以"高水位、小开度"和"低水位、大开度"的原则运行，确保了下游综合供水流量的正常安全排放。

MW水电站综合利用流域自下而上梯级建设的有利条件，下闸蓄水期间通过下游水库的合理调控，确保了下闸蓄水期间不具备向下游泄放流量的3.5d内下游河道的正常用水，不出现断流的情况。

乌东德水电站5条高导流隧洞采用在一个枯水期内分批分序下闸的方案，取消了坝身底孔，库区移民优化为一期（最晚时间），导流隧洞下闸期日均下泄流量 $400\sim1587\text{m}^3/\text{s}$，有效保障了下闸期的河流生态流量。

1.3.2 梯级电站施工导流规划

施工导流截流标准与大坝施工期的安全息息相关，其本质上是防洪安全与经济之间的权衡，施工导流截流标准的选取既不能偏高而过度，也不能过低而失当，除应与工程规模相适应外，还应妥善解决好安全与经济、社会、环境之间的矛盾。对于大型水电工程，在考虑梯级电站水库调蓄作用时，应突出安全要求，综合分析各种有利及不利因素，树立风险和风险管理的观念。

梯级电站的建设改变了下游河道的天然洪水特性，影响下游城镇及相关设施安全、社会环境与经济建设。因此，迫切需要分析梯级电站水库调蓄对施工导流截流标准的影响，研究河流梯级开发建设条件下水电工程施工过程中的洪水特性以及导流系统风险估计与调控方法，为水电工程建设的风险决策提供理论基础和技术支撑。

依托金沙江白鹤滩、乌东德等特大型水电工程，针对施工洪水与高坝大库工程建设安全的需要以及科学合理的设计需要，开展了特大型梯级水电工程安全及高效运行若干关键技术研究，对大型水电工程施工导流截流标准进行专题研究，包括梯级电站水库调蓄对施工导流截流标准的影响研究，进一步完善我国现行规范施工导流截流标准体系。

梯级建设条件下高坝大库工程下闸蓄水的基本原则为：①以确保工程蓄水安全为前提，严格控制蓄水进程和水位上升速率，同时蓄水进程须根据大坝监测分析资料稳妥推进；②以流域效益最大化为原则，保证上、下游梯级电站正常发挥效益；③水库蓄水期要基本满足下游用水要求，部分时段受泄洪建筑物和来水流量限制，应协调上、下游水库联动。

观音岩水电站通过上游已投产的鲁地拉水电站控泄流量调度，成功实现了汛末安全下闸、提前蓄水的目标。溪洛渡、向家坝及三峡梯级水库采用联合调度蓄水方案进行水库蓄水，通过风险分析、兴利效益分析、多目标决策等技术确定的联合蓄水方案，大大提高了工程发电量、蓄水保证率及抗风险能力。

1.3.3　抽水蓄能电站施工导流规划

抽水蓄能电站施工导流方案相对较简单，工程规模较小，导流工程投资占总投资比例小，但如何选择合理的导流方式、导流方案、下闸蓄水时间等将直接影响工程施工工期及发电效益。阜康抽水蓄能电站结合项目上水库地形、地质以及水文、枢纽布置等条件，确定了以"抽排＋导流隧洞导流＋管道导流"的组合施工导流方案，有效减少了上水库导流布置对主体工程的施工干扰。宜兴抽水蓄能电站下水库泄水建筑物具有泄洪、补水、放空、施工导流四大功能。仙游抽水蓄能电站下水库施工期导流隧洞在后期需改建为放水洞。

抽水蓄能电站上水库采用天然径流或降水不能满足按期蓄水的要求时，通常采用永久抽水泵抽取下水库库水联合补水的措施，确保抽水蓄能电站上、下水库按期完成蓄水目标，节省施工供水系统扩建改造、抽水用电损耗等建设期投资。例如：泰安抽水蓄能电站因上水库蒸发量较大，无法按期实现蓄水目标，通过利用改造后的供水系统主要补水的措施成功实现了电站按期蓄水及投产发电的目标；洪屏抽水蓄能电站上水库施工导流设计中，在库尾填筑围堰形成贮水库作为水源解决了上水库施工用水问题。

1.4　截流技术进展

1.4.1　技术历程

20 世纪 30 年代以前，截流工程以失败者居多。之后，在总结经验教训的基础上，截流工程理论和实践取得了一定的进展，但大部分都采用平堵截流法。立堵截流的应用始于20 世纪 40 年代。例如：苏联首次在舍克纳斯河上的耳滨斯克 5 号坝采用立堵截流，其截流流量为 $400\,\text{m}^3/\text{s}$，最大落差为 $1.8\,\text{m}$，最大抛投强度为 $12000\,\text{m}^3/\text{d}$，平均小时强度为 $500\,\text{m}^3/\text{h}$。20 世纪 50—60 年代，由于截流理论、技术和机械设备等发展较快，立堵截流法逐渐取代了平堵截流法，并在工程中成功采用了双戗堤截流、三戗堤截流和宽戗堤截流方法。20 世纪 70—80 年代，以巴西和巴拉圭合建的伊泰普工程（1978 年，双戗立堵）、阿根廷和乌拉圭合建的雅西雷塔工程（1989 年，平堵和立堵）为代表，截流流量达到$8100\sim8400\,\text{m}^3/\text{s}$ 水平，截流水深达到 $40\,\text{m}$，最大抛投强度为 $146000\,\text{m}^3/\text{d}$，最大流速为$6.0\,\text{m}/\text{s}$ 左右。我国承建的柬埔寨桑河二级水电工程采用分期导流、左岸布置明渠的全年导流方案，明渠导流设计流量为 $14200\,\text{m}^3/\text{s}$，截流设计流量为 $1200\,\text{m}^3/\text{s}$，龙口最大流速为 $9\,\text{m}/\text{s}$，最大落差为 $8\,\text{m}$。

我国通常采用立堵截流法，在古代就已经形成了传统截流工艺。例如都江堰采用的马槎截流法、黄河上很多工程采用的捆埽堵口法等。20 世纪 50—70 年代，我国水电建设发展较慢，但采用立堵或平立堵截流法完成了丹江口、三门峡、刘家峡、青铜峡、西津等一系列河道截流工程。进入 20 世纪 80 年代，截流理论与实践达到了较高的水平。例如：长江葛洲坝大江截流（1981 年，单戗立堵），实际截流流量为 $4800\sim4400\,\text{m}^3/\text{s}$，最大落差为 3.23m，最大流速为 7.5m/s，最大抛投强度为 72000m³/d。20 世纪 90 年代至今，我国水电建设发展迅猛，建设了一大批大型、巨型水电枢纽工程。例如：三峡工程大江截流工程（1997 年），截流流量、最大水深、最大日抛投强度均为世界之最；三峡工程导流明渠截流工程（2002 年）、NZD 截流工程（2007 年）和溪洛渡截流工程（2007 年）等，都是难度非常大的截流工程。

截至目前实际流量超过 8000m³/s 的截流工程世界上共有 4 个，分别是三峡二期（大江截流）、三峡三期（导流明渠截流）、伊泰普和雅西雷塔工程；截流实际落差超过 7.0m 的截流工程世界上共有 8 个，分别是 GGQ、NZD、桐子林（明渠截流）、上杜洛马、托克托古尔、奥瓦赫、卡博拉巴萨和桑河二级（明渠截流）工程；截流实际最大流速超过 9.0m/s 的截流工程世界上共有 7 个，分别是溪洛渡、NZD、深溪沟、托克托古尔、汉泰、努列克和桑河二级（明渠截流）工程；最大水深超过 40m 的截流工程世界上共有 3 个，分别是三峡二期、伊泰普和达勒斯工程；最大抛投强度超过 10 万 m³/d 的截流工程世界上共有 3 个，即三峡二期、三峡三期和伊泰普工程。

我国多个河道截流工程在截流规模、水力学指标、综合难度等方面居于世界前列。换言之，我国在立堵截流理论、试验研究和施工技术水平等方面总体上达到了国际领先水平。

1.4.2　典型截流工程及创新点

目前，我国大流量、大落差、深水、高流速河道截流技术已居国际领先水平，典型截流工程及创新点如下：

（1）葛洲坝工程大江截流工程。由于江底比二江闸底高程低 7m，截流流量达 4720m³/s，落差为 3.23m；在当时（1981 年）缺少重型机械的情况下，采用单戗立堵，在我国首次使用大型混凝土四面体，经努力取得成功，在历史上第一次把长江截断。

（2）三峡工程大江截流工程。该工程具有截流水深大、流量大、强度高、时间短、截流期间河道不断航及戗堤基础覆盖层深厚等技术难点。实施前进行了专项试验，并针对发现的问题进行了深入研究，制定了单戗立堵、双向进占、下游围堰石渣戗堤尾随跟进的施工方案。三峡工程大江截流于 1997 年 11 月进行，龙口宽 130m，截流水深 60m，截流流量为 8500m³/s。为防止戗堤头崩塌，在龙口段先行平抛垫底加糙。1997 年 11 月 8 日，龙口成功合龙，落差为 0.66m，最大流速为 4.22m/s，最大抛投强度为 12.09 万 m³/d。

（3）三峡工程导流明渠截流工程。该工程具有流量大（设计流量为 12200～10300m³/s）、水深大（设计水深 20～25m）、落差大（5.77～4.11m）、龙口流速大（最大垂线平均流速为 7.47～6.68m/s，最大点流速为 8.47m/s）、截流总功率大（69 万～41.5 万 kW）等技术难点。由于是在人工浇筑的混凝土底板所形成的光滑河床上进行，抛物不易稳定，截流时采用了钢架石笼和合金钢网兜垫底加糙技术。

（4）溪洛渡水电站截流工程。该工程具有流量大、分流条件差、覆盖层厚、抛投强度大、河谷狭窄施工道路布置困难等技术难点，属于典型的大流量、高流速、大落差、深水、深覆盖层截流。实测截流流量为 3560m³/s，最大流速为 9.50m/s，最大落差为

4.5m，最大水深为 20m，最大单宽功率为 209.80(t·m)/(s·m)。采用单戗双向进占、立堵截流方式一次性截断河流为国内外同类工程所罕见。截流施工创新性运用了连续的"上游挑脚、下游压脚、交叉挑压、中间跟进"的进占方法，大规模采用钢筋石笼群连续串联推进技术，成功解决了深水、深覆盖层河床、高水力学指标下的龙口护底、堤头坍塌和快速截流难题。

（5）NZD 水电站截流工程。戗堤进占过程中，采用柔软性、适应性强的钢筋石笼串（6 个、8 个或 12 个为一组），不仅能有效控制堤头垮塌，而且能保证堤头安全、稳定进占，成功实现了单戗双向进占、立堵截流；龙口抛投钢筋石笼串技术替代了传统的抛投大块石串、混凝土四面体技术，成功解决了堤头垮塌的难题。

（6）锦屏二级水电站大江截流工程。采用将大石钻孔打眼用粗钢丝串联成 60t 以上大石串的经济、实用办法，解决了由于龙口流量大、流速高，20 余个单重 2.88t 的钢筋石笼进入江中瞬间被冲走，难以形成龙口的问题。

（7）瀑布沟、深溪沟水电站陡河道高流速河道截流工程。瀑布沟实测截流流量为 $800\sim920\text{m}^3/\text{s}$，最大落差为 4.35m，最大流速为 8.1m/s，抛投强度最高为 $3352\text{m}^3/\text{h}$，平均强度为 $2793\text{m}^3/\text{h}$。深溪沟实测截流流量为 $1030\text{m}^3/\text{s}$，最大落差为 4.9m，最大流速为 10.2m/s，截流过程中大量使用了大块石和特大块石、四面体等材料，占龙口抛投总量的 40% 左右，块石串和钢筋石笼也发挥了重要作用。

（8）桐子林导流明渠高落差截流工程。桐子林三期（明渠）截流预进占设计流量为 $2500\text{m}^3/\text{s}$，龙口合龙设计流量为 $645\text{m}^3/\text{s}$，计算最大流速为 6.45m/s（平均流速），最大落差为 8.5m，最大水深为 15.5m，最大单宽功率为 382.88(t·m)/(s·m)。实测截流预进占设计流量为 $1710\text{m}^3/\text{s}$，龙口合龙设计流量为 $500\text{m}^3/\text{s}$，最大流速为 8.1m/s（表面流速），最大落差为 8.0m，最大水深为 15m。利用截流前一个枯水期于龙口段设置拦石桩（栅），未影响汛期导流明渠过流，对降低截流抛投料的流失率起到显著作用，直接降低了截流难度，确保三期（明渠）工程顺利实施。

（9）长河坝窄河谷双戗堤截流工程。截流戗堤选在上游围堰上、下趾处，上戗堤轴线位于上游围堰轴线上游 68.3m，下戗堤轴线位于上游围堰轴线下游 56.7m，实测截流流量为 838m³/s，最大落差为 5.38m，最大流速为 6.8m/s，戗堤最大抛投强度为 935.7m³/h。

1.5　围堰工程技术进展

1.5.1　土石围堰

1. 土石围堰高度

高土石围堰规模越来越大，多座土石围堰高度达 70～80m。白鹤滩水电站上游围堰高 83m，采用复合土工膜斜墙下接塑性混凝土防渗墙的防渗型式，复合土工膜挡水水头为 44m，防渗墙最大深度为 56m。溪洛渡水电站上游围堰采用碎石土斜心墙土石围堰，最大堰高 80.0m，设计挡水水头为 112.0m。NZD 水电站上游围堰是坝体的一部分，最大堰高 84.0m。猴子岩水电站上游围堰最大堰高 55.0m，设计挡水水头为 117.50m。锦屏一级水电站上游围堰最大堰高 64.0m，设计挡水水头为 106.10m。白鹤滩大坝上、下游围堰及基坑围护示意图见图 1.5-1。

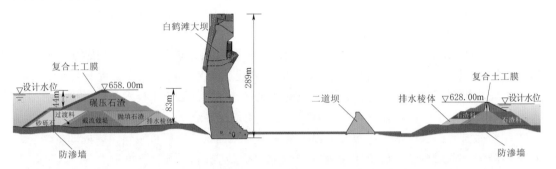

图 1.5-1 白鹤滩大坝上、下游围堰及基坑围护示意图

2. 复合土工膜在堰体防渗中的应用

复合土工膜在堰体防渗中应用广泛。三峡工程 1993 年修筑的一期土石围堰在塑性混凝土心墙上接复合土工膜防渗心墙，围堰最大高度为 42m，其中复合土工膜防渗心墙高 12.5m，围堰运行 3 年，防渗效果良好；1998 年修筑的二期上下游土石围堰，同样在塑性混凝土心墙上接复合土工膜防渗心墙，其中复合土工膜防渗心墙高 13.2m。溪洛渡水电站下游围堰为土工膜心墙土石围堰，土工膜心墙最大高度为 33.8m。猴子岩水电站上游围堰为基础全封闭混凝土防渗墙上接土工膜斜墙的土石围堰，土工膜斜墙最大防渗高度为 36.0m。锦屏一级水电站上游围堰为基础全封闭混凝土防渗墙上接土工膜斜墙的土石围堰，土工膜斜墙最大防渗高度为 43.0m。

3. 围堰基础防渗和基础处理

混凝土防渗墙技术发展很快。溪洛渡水电站上游围堰塑性混凝土防渗墙深 55.1m。长河坝水电站上、下游围堰混凝土防渗墙深度分别为 82.5m、78.0m。猴子岩水电站上、下游围堰基础塑性混凝土防渗墙最大墙深度均为 80m，均在一个枯水期内建成。XW 水电站上游围堰右岸和下游围堰基础覆盖层采用帷幕灌浆。桐子林水电站二期上游围堰左堰肩为复杂的覆盖层，采用帷幕灌浆防渗，最大防渗深度为 90.0m；桐子林水电站一期围堰工程采用高压旋喷防渗墙防渗，防渗最大深度为 51.0m，防渗面积为 44000m²。

围堰基础处理取得新突破。拉哇水电站上游围堰高 60m，基础覆盖层深度超过 70m，其中 50m 属堰塞湖沉积的淤泥，围堰结构安全及基础处理技术在国内外水电工程建设史上实属罕见，无成熟经验可以借鉴，振冲碎石桩施工难度远超 35m 以内成熟技术。在无先例可循的情况下，该工程充分利用 SV70 碎石桩机，通过伸缩导杆连接振冲器，在上游围堰基础处理右岸一期工程中顺利完成了最大施工深度 67.74m 的振冲碎石桩施工，在左岸二期工程中又顺利完成了最大施工深度 71.63m 的振冲碎石桩施工，接连突破了振冲碎石桩施工的深度纪录，一、二期工程总计完成进尺超 14 万 m。施工完成后的检测成果表明，在采取加固处理措施后，明显改善了围堰基础的抗液化性能，提高了其承载力和抗变形能力，振冲碎石桩透水性也良好。拉哇水电站上游围堰所采用的超深振冲碎石桩施工技术已成功运用于目前国内外大型工程最深振冲碎石桩中，填补了国内外技术空白。

4. 过水土石围堰

鲁地拉水电站在大流量、高水头、长历时、建在深厚覆盖层上的条件下，提出采用土石-碾压混凝土混合过水围堰＋平台联合消能的方式，实现了过水围堰连续三年安全度汛，最大流量达到 8950m³/s，持续过水 94d。

GGQ 水电站河床覆盖层深厚（达 30m 左右），致使上游过水土石围堰高度达到 52.5m，堰顶距基坑深度达 57.5m。上下游围堰堰顶高差达 10.5m，最大流速超过 15m/s。上游过水土石围堰中下部采用胶凝砂砾石材料，总方量达 9 万 m³，高度达 40m。

1.5.2　混凝土围堰

混凝土围堰具有挡水水头高、底宽较小、抗冲能力强、防渗性能好、易于与永久建筑物结合、必要时还可以允许堰顶过水、安全可靠等特点，被广泛应用于水电工程分期导流中的混凝土纵向围堰和大坝基坑的上下游围堰。混凝土纵向围堰可双向挡水，且可与永久建筑物相结合作为坝体或其他建筑物的一部分，虽然造价较高，但仍得到较为广泛的应用。

1. 常态混凝土围堰

从 20 世纪 50—60 年代建设的三门峡、丹江口、龚嘴到 20 世纪 80—90 年代建设的铜街子、岩滩、水口、宝珠寺、五强溪等工程都采用了重力式围堰。DCS、刘家峡、乌江渡、紧水滩、安康等工程采用了混凝土拱围堰。

2. 碾压混凝土围堰

岩滩水电站上下游围堰、三峡工程三期围堰、隔河岩水电站上游围堰及龙滩水电站上下游围堰采用碾压混凝土快速施工技术取得了成功。

三峡工程导流明渠截流后，2002 年 12 月 16 日开始至 2003 年 4 月 16 日建成三期碾压混凝土围堰，围堰最大高度为 121m，混凝土总量为 167.3 万 m³。月最高浇筑强度达 47.6 万 m³，日最高浇筑强度达 21066m³，月最高上升高度达 25m，均为当时世界同类工程之最。

3. 深厚覆盖层堰基加固处理

向家坝二期纵向围堰基础加固采用 10 个 23m×17m 的矩形沉井相邻交错布置组成大规模的沉井群挡土结构，作为二期围堰的一部分，解决了堰基覆盖层的处理与二期工程施工的矛盾。每个沉井内分 6 格，井间距 2m，底部进入岩层，最深入岩 7m，下沉深度最浅为 43m、最深达 57.4m。向家坝水电站沉井群如图 1.5-2 所示。

图 1.5-2　向家坝水电站沉井群

1.5.3　胶凝砂砾石围堰

胶凝砂砾石（cement sand and gravel，CSG）是 Rapha 于 1970 年在美国加州召开的"混凝土快速施工会议"上提交的论文《最优重力坝》中提出的一种筑坝新材料。由于胶凝砂砾石坝结合了碾压混凝土坝和混凝土面板堆石坝的优点，具有较好的地基适应性和较高的安全性，在国外已得到一定程度的应用。胶凝砂砾石在我国已应用于街面、洪口、GGQ、DHQ、飞仙关等水电工程的围堰工程。

DHQ 水电站上游围堰采用胶凝砂砾石过水围堰，最大堰高为 57.0m，在规模、填筑量以及工程应用的风险等方面均超过已有工程，实现了多项创新和突破，具有很好的示范作用。该围堰经历了两个汛期考验，实测流态平顺，未发现气蚀和冲刷现象。

1.5.4　钢板桩围堰

1908 年，美国纽约州布法罗市黑石港修建了第一座钢板桩格形围堰，之后钢板桩围堰在国外被广泛应用在水利、港口工程。葛洲坝二期纵向钢板桩围堰宽 19.87m、高 19.5m，其使用比较成功。美国马克兰德水电站厂房的双排圆形格形围堰的高度为 35.0m。巴基斯坦塔贝拉水电站四期扩建围堰钢板桩围堰由 5 个主格及 4 个副格组成，桩格最大高度为 36.0m，最大水深为 32.0m，总填砂量达 9.6 万 m³。

1.6　导流泄水建筑物技术进展

1.6.1　导流明渠

在河势开阔处多采用明渠导流分期筑坝。20 世纪 90 年代，我国在长江上修建三峡工程，于 1997 年建成当今世界上最大的导流明渠，设计流量为 79000m³/s，明渠兼作施工通航渠道，1998 年经过 8 次洪峰最大流量达 62000m³/s 的洪水考验，施工期通航满足了设计要求，表明导流明渠兼通航的布置合理，防冲措施可靠，成功解决了明渠泄洪和通航流量相差大的矛盾。

导流明渠深厚覆盖层基础和软弱地基需处理。铜街子工程导流明渠右导墙地基采用预应力锚束结合阻滑板的综合方案加固处理，左导墙和出口基础采用大型沉井群（23 个），单个沉井最大平面尺寸为 16m×30m。桐子林工程导流明渠左导墙和出口基础首次在水电工程深厚覆盖层中研究应用了"框格式混凝土地下连续墙"基础加固技术，创新提出并采用了扩大节点桩、桩墙插入式结构型式，加固面积为 4572m²，最大框格为 10.0m×17.5m，框格式混凝土地下连续墙墙厚 1.2m，连续墙节点桩直径为 2.5m，最大桩深为 52.5m；桩墙采用楔形端头插入式连接；采用冲击钻地面施工，节点桩施工直径为 2.8m，施工最大成孔深度为 54.5m。

印度 Tapi 河 UKai 土石坝修建时的导流明渠，长 1372m，渠底最大宽度为 235m，明渠水深 18～21m，渠道最大开挖深度为 80m 左右，设计导流流量为 45000m³/s（1970 年 8 月），浆砌石衬护。

巴西和巴拉圭合建的伊泰普水电站于 1978 年建成的导流明渠，设计流量为 30000～35000m³/s，明渠全长 2000m，进口底宽 150m，其余底宽约 100m，开挖最大深度达 100m，边坡为 20∶1，施工中采用预裂爆破及光面爆破，设置锚杆，喷混凝土及预应力锚索等多项措施，保证了开挖边坡稳定。通水前一次成功拆除渠道前及出口后拱形混凝土围堰，水平较高。

龙开口水电站导流明渠与左岸挡水坝段结合布置，明渠坝段下部设导流底孔，底孔上部预留缺口，导流明渠采用双层过流，有效解决了汛期大流量的导流问题。该布置方案采用永久建筑物与临时建筑物结合布置，将导流方案与枢纽布置有机结合。施工导流布置的灵活性更好，工程投资相对较省，减小了导流明渠后期的封堵难度，导流底孔封堵时可直接下闸，避免了在明渠上游设置专门的围堰，为后期缺口加高的提前施工创造了条件，缩短了工程的发电进度和总进度，减少了工程占地及征地。

柬埔寨桑河二级水电站导流明渠（图 1.6-1）设计流量为 14200m³/s，明渠底宽 160m，项目研发了平原枢纽导流明渠水流流态多工况控制结构，采用"首部斜坡式引流段＋中部壅拦坎＋尾部叶脉式潜坝"等组合结构，改善了大流量导流明渠内的流态。

图 1.6-1　柬埔寨桑河二级水电站导流明渠

1.6.2　导流隧洞

国外最大断面的导流隧洞是苏联布烈衣土石坝右岸的两条导流隧洞，断面均为 350m²（宽 17m×高 22m），隧洞长度分别为 860m 及 990m，设计导流流量达 1200～14600m³/s，后期改建成泄洪洞，泄流量为 14600m³/s。

我国在雅砻江上修建二滩水电站，左右岸各布置 1 条导流隧洞，采用城门洞形断面，断面尺寸为 17.5m×23m，断面面积达 362.5m²，导流设计流量为 13500m³/s，为当今世界断面最大的导流隧洞，左岸导流隧洞长 1090m，右岸导流隧洞长 1168m。

溪洛渡水电站左右岸各布置 3 条共 6 条导流隧洞，总长 9394.115m，采用城门洞形断面，断面尺寸为 18m×20m（宽×高），导流设计流量为 34800m³/s，单洞最大设计泄流量为 7600m³/s。溪洛渡水电站左右岸导流隧洞如图 1.6-2 所示。

乌东德水电站针对右岸高低平行布置的三大导流隧洞所具有的洞径高、跨度大、洞间相隔近、围岩极碎、岩层极薄、呈散粒状、岩性不一、地质复杂多变等特点，研发了大跨度特殊地质条件下洞室群快速开挖技术。乌东德水电站左右岸导流隧洞如图 1.6-3 所示。

白鹤滩水电站安全高效建成了我国单洞最长、单洞过流能力最大的巨型导流隧洞群，5 条导流隧洞总长约 9km，洞身段最大开挖断面尺寸为 22.5m×27m，各导流隧洞柱状节理发育洞段长 500～560m，占各隧洞长度的 26%～33%。基于现场岩体声波测试、围岩变形监测及锚杆应力监测成果，综合分析实施阶段隧洞开挖性状，揭示岩体松弛与裂隙演

(a)左右岸导流隧洞进口   (b)导流隧洞群布置

图 1.6-2   溪洛渡水电站左右岸导流隧洞

(a)左右岸导流隧洞进口   (b)衬砌后的导流隧洞

图 1.6-3   乌东德水电站左右岸导流隧洞

化时效规律，定量测试并通过数值分析验证了左右岸导流隧洞围岩的松弛深度，提出了多分层、短进尺、多分幅、弱爆破、预裂控制、早支护等措施，抑制了卸荷松弛逐步扩张，保障了围岩稳定。

1.6.3   导流底孔

分期导流的第二期用到底孔导流的实例很多。早在 20 世纪 30 年代，美国在哥伦比亚河上修建大古力水电站时，在混凝土重力坝中设置了 20 个直径为 2.6m 的底孔导流，加上 40 个直径为 2.6m 的永久泄水孔后，设计导流流量为 15600m³/s，成为 30 年代施工中底孔导流的范例。1975 年伊泰普水电站施工中，在混凝土重力坝中设置了 12 个尺寸达 6.7m×22m（宽×高）的底孔，创造了当时底孔尺寸高度的纪录。1993 年我国在三峡工程第三期施工中，在泄流坝段设置了 22 个底孔及 23 个永久泄洪深孔导流，底孔尺寸为 6m×8.5m（宽×高）、泄洪深孔尺寸为 7m×9m（宽×高），设计泄流量达 72300m³/s，设计运行水头达 80m，经受了多次过水考验。向家坝和龙开口水电站施工导流均采用了底孔+缺口过流。向家坝水电站设置了 6 个 10m×14m（宽×高）的导流底孔，在高程 280m 处设置宽 115m 的导流缺口（图 1.6-4）。

国内外建设的高拱坝工程后期为满足度汛、导流隧洞封堵、施工期供水等，大多设置导流底孔。二滩水电站双曲拱坝（坝高 240m）设置了 4 个 4m×6m（宽×高）的导流底孔；东风水电站双曲拱坝（坝高162m）设置了3个6m×9m（宽×高）的导流底孔；XW电站双曲拱坝（坝高294.5m）设置了2个6m×7m（宽×高）的导流底孔和3个6m×7m（宽×高）的导流中孔；构皮滩水电站双曲拱坝（坝高232.5m）设置了4个6.5m×8m（宽×高）的导流底孔；锦屏一级水电站（坝高305m）设置了5个5m×9m（宽×高）的导流底孔；大岗山水电站（坝高210m）设置了2个6m×7m

图1.6-4 向家坝水电站导流底孔和导流缺口

（宽×高）的导流底孔；溪洛渡大坝共设置10个临时导流底孔〔6个孔为5m×10m（宽×高），4个孔为3.5m×8m（宽×高）〕，导流底孔数量和开孔面积位居目前国内外高拱坝工程首位。

1.6.4 导流泄水建筑物封堵

导流泄水建筑物完成导流任务后需按枢纽工程运行要求进行封堵，具体包括导流隧洞、导流底孔、导流涵管等临时泄水建筑物和利用部分的永久泄水建筑物等封堵。近年来，随着大型水利水电枢纽工程或高坝的兴建，施工导流方式更为复杂，促使导流泄水建筑物封堵施工技术得到了极大提升。

1. 超大规模临时导流隧洞群、导流底孔群封堵

溪洛渡水电站大坝最大坝高为278m，在左右两岸分别各布置3条大型导流隧洞，断面尺寸均为18.0m×20.0m（城门洞形），混凝土封堵段长65m，封堵混凝土16.73万m³，且在大坝下部高程480m和450m处分别布置6个和4个临时导流底孔。为确保下闸成功，采取在枯水期分时段、分批次择机下闸方案，满足导流隧洞设计下闸水头不大于22.15m的要求。下闸后对封堵段混凝土采取分段分层方式浇筑，采取适当温控措施以尽快使混凝土达到稳定温度场，满足封堵段接缝灌浆要求。

2. "整体拍门"下闸封堵

鲁地拉水电站大坝最大坝高为140m，采用枯水期隧洞导流、汛期基坑过水的导流方式。导流隧洞布置在右岸，断面尺寸为14.5m×17.0m。坝体布置1个临时生态放空洞，因生态放空洞原闸门失效，需重新下闸封堵。经广泛论证，最终采用"整体拍门"下闸，成功实现生态放空洞的封堵。

3. 封堵施工中涌水处理

在导流隧洞封堵施工中，大量涌水严重影响封堵体施工。构皮滩水电站导流隧洞封堵施工中，1号导流隧洞内因地质原因发生特大涌水，实测最大涌水达44.67m³/s。尽管在外部采取抛填处理，但洞内涌水仍有11m³/s，为近几十年所罕见。最终采取在封堵体前增设临时封堵体的堵漏方案，确保封堵施工顺利实现。

第 2 章

施工导流总体规划

2.1 概述

施工导流总体规划要点如下：

（1）施工导流设计应充分掌握基本资料，系统分析各期导流特点和相互关系，全面规划、统筹安排，妥善解决枢纽工程施工全过程中的挡水、泄水、蓄水、下游用水等问题，选择安全可靠、技术可行、经济合理的施工导流方案。

（2）导流建筑物级别和标准应根据导流标准选择方式、受保护对象、导流拦洪库容、对下游影响程度、使用年限等确定。

（3）导流建筑物的规模应根据水文气象条件、地形地质条件、枢纽布置特点、导流截流要求、施工工期、通航要求、结构条件、上游防洪、度汛及下闸封堵要求，以及与永久建筑物结合要求等因素，通过技术经济比较确定。堰前库容较大的工程，导流建筑物规模宜考虑水库的调蓄作用。

（4）施工导流方式和导流程序应按施工工期要求，根据地形地质条件、水文气象特性、枢纽布置、航运、供水等施工条件因素综合比较选定，并应遵守下列原则：

1）适应河流水文特性和地形、地质条件。

2）施工安全、方便、灵活。

3）工期短，投资省，发挥工程效益快。

4）合理利用永久建筑物，减少导流工程量和投资。

5）适应施工期通航、排冰、供水等要求。

6）截流、度汛、封堵、蓄水和发电等关键施工环节衔接合理。

（5）导流建筑物设计应安全可靠、经济合理、结构简单。与永久建筑物结合的导流建筑物，结合部位应同时满足施工期和永久运行期的运行要求。

（6）水力条件复杂或在施工期有通航等综合要求的水电工程，原则上应进行导流水工模型试验。

（7）施工期防洪度汛方案应根据施工进度计划和防洪度汛任务要求，明确汛期主要防洪度汛对象、度汛标准和汛前施工形象，提出防洪度汛调度方案、度汛措施、超标洪水应急预案和施工期水情测报要求。

2.2 导流方式及导流程序

2.2.1 导流方式

2.2.1.1 施工导流方式选择

导流方式可分为围堰一次拦断河床和围堰分期围护河床两大类，与之配合的泄流方式主要包括隧洞泄流、明渠泄流以及施工过程中的坝体孔口泄流、缺口泄流和不同泄水建筑物的组合泄流等。

选择导流方式的基本要求如下：

（1）河谷狭窄的坝址宜采用围堰一次拦断河床的导流方式。地质条件允许的坝址宜采用隧洞导流；河流流量大、河床一侧有较宽台地、垭口或有古河道的坝址宜采用明渠导流；混凝土坝可采用孔口、缺口导流。

（2）河流流量大、河槽宽的坝址宜采用围堰分期围护河床的分期导流方式。分期应根据坝址河床地形地质条件、河流水文特性，统筹考虑枢纽布置、导流布置与施工工期等因素综合比选确定，不宜多于三期，且各期施工难度宜大体平衡。发电、通航、排冰、排沙及后期导流用的永久建筑物宜在一期施工。一期基坑所占河床宽度与原河床宽度之比可采用 0.4～0.6，束窄后的河道设计平均流速不宜大于原河床的抗冲流速，并应做好防冲保护，有通航要求的河道尚应充分考虑通航水力条件。

（3）河流水位、流量变幅大且被保护对象允许施工期过水时，经技术经济比较，可采用汛期基坑过水的导流方式。

（4）一个枯水期内能将永久挡水建筑物或其临时挡水断面修筑至汛期度汛标准洪水位以上时，或汛期基坑淹没对工程进度影响较小且淹没损失不大时，可采用枯水期围堰挡水、汛期坝体临时断面挡水的导流方式。坝体临时挡水断面应满足抗滑稳定和渗透稳定要求。

（5）对没有溪流汇入且汇流面积较小的抽水蓄能电站库盆工程，雨季产生的少量来水，宜采用机械抽排的导流方式。在施工后期，可利用永久泄水建筑物向外排水。

（6）位于已有水库内的进出水口施工，宜选择围堰全年挡水、原水库泄水建筑物泄水的导流方式；经技术经济比较，也可选择降低水库水位后围堰挡水的导流方式。

（7）对导流泄水建筑物进出口位于不同河道的工程，应分析论证施工期洪水对导流泄水建筑物出口所在河道的影响。

导流方式及工程实例见表2.2-1。图2.2-1分析了国内外62个工程的河谷系数、平枯水期河床宽度及导流方式的相关关系，图中数字表示统计的相关水电工程数量。

表 2.2-1　　　　　　　　　　　　导流方式及工程实例

导流方式	按导流建筑物的名称和基坑的施工特点分类	工　程　实　例
围堰一次拦断河床的导流方式	围堰一次断流，基坑全年施工的隧洞（明渠）导流方式	刘家峡、龙羊峡、鲁布革、MW、二滩、XW、拉西瓦、龙滩、小浪底、溪洛渡、锦屏一级、瀑布沟、大岗山、两河口、公伯峡、察汗乌苏、NZD、阿海、金安桥、天花板、梨园、双江口等
	枯水期围堰断流、汛期过水围堰及基坑过水的隧洞导流方式	乌江渡、东江、DCS、东风、隔河岩、普定、天生桥一级、鲁地拉、GGQ、滩坑、水布垭、珊溪、锦屏二级、光照、DHQ等
	枯水期围堰断流、汛前坝体临时断面超过度汛水位，汛期基坑过水的隧洞导流方式	碗米坡等
	枯水期围堰断流、汛期坝体临时断面挡水的隧洞导流方式	三板溪、洪家渡、引子渡等

导流方式	按导流建筑物的名称和基坑的施工特点分类	工 程 实 例
围堰一次拦断河床的导流方式	枯水期围堰断流、汛期坝体临时断面挡水的明渠导流方式	白山、映秀湾等
	涵洞、渡槽等导流方式	琅琊山抽水蓄能电站上水库工程采用涵洞导流，湖南金江工程采用渡槽导流
围堰分期围护河床的导流方式	截流前围堰挡水、束窄的原河床过水，截流后围堰断流、明渠过水的导流方式	三峡、水口、宝珠寺、观音岩、龙开口、龚嘴、铜街子、岩滩、大峡、喜河、银盘、蜀河、天生桥二级、ZM 等
	截流前围堰挡水、束窄的原河床过水，截流后围堰断流、导流底孔和坝体缺口过水的导流方式	向家坝、JH 等
	截流前枯水期围堰挡水、束窄的原河床过水，汛期基坑过水；截流后枯水期围堰断流、导流底孔过水，汛期导流底孔和坝体缺口过水的导流方式	五强溪等
	截流前围堰挡水、束窄的原河床过水；截流后枯水期围堰断流、隧洞过水，汛期束窄的河床坝段基坑和隧洞联合过流的导流方式	土卡河等
	在河床较窄、水位变幅大的河流上，枯水期围堰断流，汛期基坑过水的明渠导流方式	安康等

2.2.1.2 围堰一次拦断河床导流方式

围堰一次拦断河床导流方式，导流泄水建筑物布置在河床外，围堰一次性拦断河床，导流程序相对简单，但要统筹安排好开工、导流泄水建筑物施工、截流、导流挡水建筑物施工、大坝临时断面挡水度汛、导流泄水建筑物封堵和蓄水发电等施工工序和关键节点。围堰一次拦断河床导流按泄水建筑物类型不同可分为：①隧洞导流；②明渠导流；③涵管导流；④渡槽导流。

1. 隧洞导流

隧洞导流方式适用于河谷狭窄、地质条件允许的坝址。隧洞导流在大中型水电工程建设中使用很多，尤其适用于河道束窄的坝址。采用隧洞导流时，隧洞断面尺寸和数量视河流水文特性、岩石完整情况以及围堰运行条件等因素确定。当导流隧洞的使用经过不同导流阶段时，应根据控制阶段的洪水标准进行设计。

2. 明渠导流

明渠导流方式适用于河流流量大、河床一侧有较宽台地、垭口或有古河道的坝址、分流河道。导流明渠的布置应兼顾后期导流阶段的泄流、蓄水、发电等需要，使河水经渠道下泄。如果有老河道可利用，或工程修建在弯道上，裁弯取直开挖明渠则较为经济。在山区建坝时，由于两岸地质条件不好或施工设备不足等原因，开挖隧洞很困难，也可用明渠导流。

3. 涵管导流

涵管导流系将河水导向在建工程围护区之外的涵洞或管道。

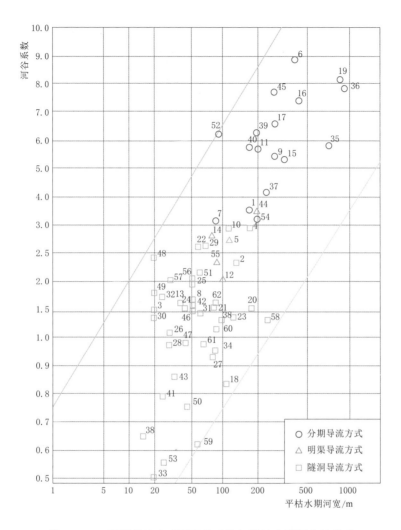

图 2.2 - 1　不同导流方式下河谷系数与平枯水期河宽的关系

4. 渡槽导流

渡槽导流系将河水导向在建工程围护区之外的渡槽。

涵管导流、渡槽导流适用于天然河道狭窄且来流量较小的工程，相较于明渠导流、隧洞导流，因受限于涵管或渡槽自身体型尺寸及过流能力等，在实际工程中应用较少。

2.2.1.3　围堰分期围护河床导流

围堰分期围护河床导流又称分段围堰导流，就是用围堰将水工建筑物分期、分段围护起来进行施工的方法（图 2.2 - 2）。所谓分期，就是从时间上将导流划分成几个时期；所谓分段，就是从空间上用围堰将建筑物分成若干施工段进行施工。分期导流在大中型水电工程施工中多用于河谷较宽的河道，通常分两期施工，也有分三期或多期施工的（图 2.2 - 3）。只有在很宽阔的河道且不允许断航时，才采用多段多期导流。

河床束窄程度可用式（2.2 - 1）中面积束窄度 K 表示：

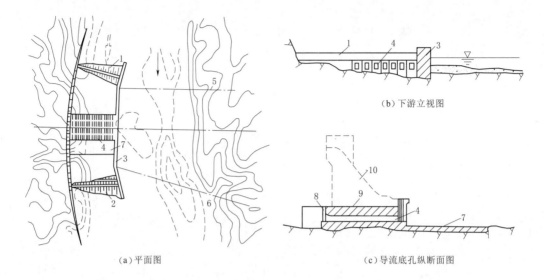

（a）平面图　　　　　　　　　　　　　　（c）导流底孔纵断面图

图 2.2 - 2　围堰分期围护河床导流示意图

1——一期上游横向围堰；2——一期下游横向围堰；3——一、二期纵向围堰；4——导流底孔；

5——二期上游围堰轴线；6——二期下游围堰轴线；7——护坦；8——一期封堵门槽；

9——已浇筑的混凝土坝体；10——未浇筑的混凝土坝体

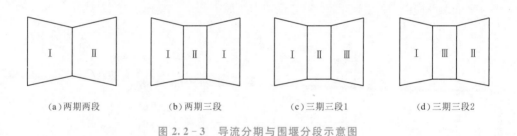

（a）两期两段　　　（b）两期三段　　　（c）三期三段1　　　（d）三期三段2

图 2.2 - 3　导流分期与围堰分段示意图

$$K = \frac{A_2}{A_1} \times 100\% \qquad\qquad (2.2-1)$$

式中：A_2 为围堰和基坑所占的过水面积，m^2；A_1 为原河床的过水面积，m^2。

　　分期围堰导流程序复杂，一般适用于混凝土重力坝或闸坝。河床内枢纽建筑物施工不仅需从时间上分期，还需从空间上分段，一般根据坝址河床地形地质条件、河流水文特性、枢纽建筑物型式及上游防洪要求，统筹考虑枢纽布置、导流布置与水力学条件、施工均衡性、施工条件与施工工期等因素综合比选确定，导流程序设计时，大多分二期导流或三期导流。

　　影响采用分期导流方式的因素很多，纵向围堰的布置条件是主要因素之一。纵向围堰的布置一般需要考虑纵向土石围堰填筑施工难度，河床砂砾石覆盖层的抗冲能力，水位壅高引起的防洪问题，一、二期基坑的均衡性等，综合分析水工枢纽布置、纵向围堰所处地形地质条件、水力条件和施工场地等因素后确定。根据国内外 32 个采用分期导流工程的统计资料（表 2.2 - 2），布置纵向围堰后的一期河床束窄率，最大为 72%（沙溪口），最小为 25%（葛洲坝），平均为 48.6%。

表 2.2－2　　　　　　　国内外部分工程分期导流一期基坑对原河床的束窄程度

工程名称	一期基坑对原河床的束窄程度/%	工程名称	一期基坑对原河床的束窄程度/%
新安江	60	西津	60
盐锅峡	67	红石	70
青铜峡	70	丹江口	50
桓仁	55	回龙山	35
三门峡	58	沙溪口	72
富春江	37	高尔可夫	60
古田一级	27	萨扬-舒申斯克	58
大化	40	布拉茨克	30
葛洲坝	25	克拉斯诺雅尔斯克	50
五强溪	66	乌格里却	47
三峡	30	别尔木	60
JH	44.68	伏尔谢	52
向家坝	46	齐雅	50
喜河	30	齐姆良	49
蜀河	43	铁门	35
ZM	40	卡霍夫卡	40

2.2.1.4　导流方式选择的几种特定情况

1. 汛期基坑过水

河流水位、流量变幅大且被保护对象允许施工期过水时，经技术经济比较，可采用汛期基坑过水的导流方式。

是否要选择汛期基坑过水方案，要结合洪枯流量比、河床覆盖层的厚度和坝型特点，从安全、进度和投资等方面进行综合比较。混凝土重力坝临时断面一般允许过水，位于山区性河流上的混凝土重力坝工程，当河床覆盖层浅、汛期流量比较大时，可研究采用过水围堰方案，如安康、东风、隔河岩、DCS、GGQ、锦屏一级、光照、鲁地拉和 DHQ 等工程均采用过水围堰方案，汛期允许基坑过水。拱坝临时断面和厂房基坑一般不采用汛期过水度汛方式，确需过水时要进行专门论证。黏土心墙土石坝、沥青心墙土石坝及均质土坝临时断面一般不过水，但国内外也有土石坝施工期过水的实例。面板堆石坝由于坝体填料为堆石料，粒径较大，具有一定的抗冲刷能力和较好的渗透稳定性，在坝体填筑临时断面不高且做好过水坝面保护的前提下是可以过水的。现代筑坝经验表明，从加速坝体下部沉降，防止混凝土面板因坝体不均匀沉降而开裂的角度，混凝土面板堆石坝下部临时断面过水是有利的。因此，我国一些高混凝土面板堆石坝采用了坝体临时断面过水度汛方案，如天生桥一级、水布垭、珊溪和滩坑等混凝土面板堆石坝。

堆石坝采用坝体过水度汛，要求在汛前完成坝面加固保护措施。汛期中等待洪水过坝，必然延长大坝施工工期，但所设计的某重现期标准的坝面过水流量又不一定发生。如水布垭工程233m高的混凝土面板堆石坝设计第一个汛期采用坝面过水度汛，于2003年4月底做好坝面过水保护，汛期中坝体停止施工，但当年汛期由于来流量偏小，实际坝面未过水，汛后继续坝体填筑。采用坝面过水度汛施工方案一般会延长大坝施工工期，对于夏汛在3个月以上的情况，一般不予采取。国内外部分土石坝过水情况见表2.2-3。

2. 枯水期围堰挡水、汛期坝体临时断面挡水

一个枯水期内能将永久挡水建筑物或其临时挡水断面修筑至汛期度汛标准洪水位以上时，或汛期基坑淹没对工程进度影响较小且淹没损失不大时，可采用枯水期围堰挡水、汛期坝体临时断面挡水的导流方式。坝体临时挡水断面应满足抗滑稳定和渗透稳定要求。

表 2.2-3　　　　　　　　　国内外部分土石坝过水情况

工程名称	国家	坝型	过水时坝高/m	坝面防冲措施	坝面过流量/(m³/s)	坝面水深/m	坝面过水影响
天生桥一级	中国	混凝土面板堆石坝	29	坝面上、下游采用钢筋石笼保护，坝面采用粒径大于200mm的块石和钢筋铅丝网护面，下游坡面及635m和630m平台采用大块石护面，两岸已填筑堆石体坡面为与水平锚筋相连接的钢筋铅丝网护面至658.0m高程	1290		坝面平均流速为10.32m/s，坝面泄水槽受水流破坏程度较轻，裹头保护段钢筋网格局部被掀起破坏，坝下游坡的钢筋石笼因坡面流速较大，损坏较严重
珊溪	中国	混凝土面板堆石坝	25	大坝上游左岸坝坡采用7cm厚碾压50号水泥砂浆固坡保护，即与坝面斜坡垫层固坡一致；坝面一般采用粒径大于0.5m大块石保护，后缘坝面及下游坝坡采用超径大块石保护	设计：6505实际：1195		经历了1998年6月21日长达28h的过坝洪水考验，实测最大流量为2295m³/s，推算导流隧洞流量为1100m³/s，过坝面流量为1195m³/s，坝面平均流速为2.43m/s，对过流后坝面情况进行了检查，发现除残留1～2mm厚淤泥外，坝面无冲蚀现象
滩坑	中国	混凝土面板堆石坝	28	坝面一般采用粒径大于0.5m的大块石整平保护，后缘坝面及下游坝坡采用超径大块石保护	设计：7901实际：2100		坝面共过流6次，坝面最大过流量为2100m³/s，相应坝轴线处平均流速约为3.51m/s。前4次过流坝面未破坏，后2次过流后，靠坝右岸侧存在两条冲刷槽，一条宽10～20m，深2m左右，另一条宽5～30m，呈扇形分布，深2m左右
努列克	塔吉克斯坦	土石坝	20	大块混凝土护面	1860	5	坝面降低1m，混凝土板下局部冲深2m
乌斯特汉泰斯克	俄罗斯	土石坝	16	木笼及15～18t巨石串钢筋	7000	9	下游冲出10m冲坑

工程名称	国家	坝型	过水时坝高/m	坝面防冲措施	坝面过流量/(m³/s)	坝面水深/m	坝面过水影响
奥德	澳大利亚	堆石坝	28.8	钢筋网加固	5600	10.5	钢筋有破坏，堆石体沉陷3cm
勃雷特尔屈夫特	南非	堆石坝	18.5	ϕ21mm 钢筋网加固	1134	3.7	未加固的左端冲出 30m×10m 缺口，损失石方 7.7%
波罗那	澳大利亚	堆石坝	10	钢筋网加固	850	3.9	安全度汛
圣伊狄方索	墨西哥	混凝土面板堆石坝	11	上游钢筋混凝土面板，下游 ϕ19mm 钢筋网加固	184	2	前 2 次过水未破坏，后因拆除钢筋网冲失块石 7000m³
根米湖	芬兰	堆石坝	17	沿坝轴线设一行钢筋桩，其后用 1.5～3.0t 块石护面		3.25	安全度汛

土石坝具有施工方便、填筑上升速度快等优点。尤其是对于流量较大的河流，利用枯水期围堰断流，在截流后的第一年采用坝体临时断面挡水度汛，可以减少围堰工程量，如三板溪、洪家渡、引子渡、东津等面板堆石坝工程采用了这种导流方式。坝体填筑尽量全断面填筑上升并挡水，经论证难以在汛前全断面填筑至度汛高程时，一般采用坝体临时断面挡水度汛，此时临时断面要满足抗滑稳定和渗透稳定要求。

汛前坝体临时断面所能达到的填筑高度主要从填筑工期、上坝道路布置情况和料场布置情况等三个方面进行论证。根据以往工程的经验，坝体的开始填筑时间主要受下列因素的制约：

（1）河床覆盖层的薄厚及围堰的防渗设计特点。

（2）截流前两岸趾板的开挖情况和基坑抽水结束后趾板线的调整幅度。

（3）基坑内趾板混凝土开始浇筑的时间等。

3. 抽水蓄能电站库盆工程机械抽排

对没有溪流汇入且汇流面积较小的抽水蓄能电站库盆工程，雨季产生的少量来水宜采用机械抽排的导流方式。在施工后期，可利用永久泄水建筑物向外排水。

受水文条件的影响，抽水蓄能电站的施工导流方式相对比较简单。西龙池抽水蓄能电站下水库前期采用机械抽排，后期采用库底放空洞导流。

4. 已有水库内的进出水口施工

位于已有水库内的进出水口施工，宜选择围堰全年挡水或岩塞进水口挡水、原水库泄水建筑物泄水的导流方式；经技术经济比较，也可选择降低水库水位后围堰挡水的导流方式。

5. 导流泄水建筑物进出口位于不同河道

对导流泄水建筑物进出口位于不同河道的工程，要考虑引流后导流泄水建筑物出口所在河道增加汇入水流后对河道的冲刷问题。

6. 导流建筑物和永久建筑物结合布置

导流建筑物和永久建筑物结合布置，除节省临建费用外，还可使枢纽总布置更紧凑、更合理。常见的结合型式有：心墙堆石坝和围堰结合布置，泄放洞和导流隧洞结合布置，泄水闸和导流明渠结合布置，发电尾水隧洞（包括低水头的引水发电隧洞）和导流隧洞结合布置，坝身永久底孔和导流底孔结合布置等。

2.2.2 导流程序

导流程序是施工期各阶段的导流方式以及相应挡水、泄水建筑物等施工导流次序的安排。相邻施工阶段的导流方式需合理衔接。

根据施工期挡水、泄水建筑物的不同，导流程序可分为初期导流、中期导流和后期导流三个阶段。

1. 导流程序的合理划分

对于高坝大库水电工程，基本存在三个典型的特征阶段：①围堰挡水阶段；②坝体施工期临时度汛挡水阶段；③导流泄水建筑物封堵后施工期蓄水到正常蓄水位阶段。导流程序的阶段划分系针对主体工程施工期的导流过程，对围堰挡水阶段、坝体施工期临时度汛挡水阶段、蓄水完建阶段进行时间节点的划分。

（1）初期导流阶段水流控制的目的：一是保证基坑的施工安全；二是保证已施工坝体部分的防洪度汛安全。坝体筑高未超过围堰堰顶时，洪水由围堰挡洪度汛，堰前库容较小，失事风险相对较小。由于在确定围堰的级别和设计洪水标准时已经考虑了坝体的防洪度汛标准，在坝体筑高未超过围堰堰顶时，坝体防洪度汛标准采用围堰的设计洪水标准即可。

（2）中期导流阶段水流控制的目的主要是保证坝体汛期的防洪度汛安全。坝体筑高超过围堰堰顶以后，已施工的坝体临时断面直接拦挡洪水，坝前库容较大，失事风险相对较大。坝体防洪度汛标准如仍采用围堰设计洪水标准，明显与坝体拦蓄库容不符，增加了失事风险。因此，本阶段需要根据汛前坝体临时断面的挡水库容选择相应的坝体防洪度汛标准。

（3）后期导流阶段水流控制的主要目的也是保证坝体汛期的防洪度汛安全。导流泄水建筑物下闸以后，水库开始蓄水，坝前水位逐渐上升，坝体将永久性挡水，洪水过后坝前水位无法下降到河床部位，此时坝体失事，不仅需要重修导流设施，而且由于库容大，失事风险非常大。因此，导流泄水建筑物开始下闸之后，如永久泄水建筑物尚未具备设计泄洪能力，坝体防洪度汛标准应按坝体级别选择确定。

导流程序进行初期、中期、后期导流的阶段划分，主要还是从挡水风险上来划分的，初期采用围堰挡水，库容小，失事的损失不大；中期坝体超过围堰，库容增加，施工时间也相应增加，因此其挡水风险增大，需要提高挡水标准；后期临时导流泄水建筑物封堵，永久设施投入使用，失事的损失更大，可能的洪水风险也更大，此时又是永久泄洪建筑物初始投入使用，因此需要更高的度汛标准。

2. 不同导流阶段工况特性

导流阶段系根据围堰挡水及坝体拦洪度汛的性质划分，其最大的特征为不同导流阶段的导流或度汛标准不同。表2.2-4给出了不同导流阶段的工况特性。图2.2-4给出了对应各施工导流阶段的施工导流洪水设计标准范围。

表 2.2-4　　　　　　　　　　不同导流阶段的工况特性

规　范	导流阶段	导流工况	标准范围（重现期）/年	洪水属性	备　注
《水电工程施工组织设计规范》（NB/T 10491—2021）	初期导流	围堰挡水	3～50	小洪水—大洪水	挡水标准
		过水围堰	3～20	小洪水—较大洪水	
	中期导流	坝体临时断面挡水（含过水）	10～200、≥200	中洪水—特大洪水	中期和后期导流阶段的标准应逐步提高
	后期导流	施工期拦洪蓄水	20～500（正常）50～1000（非常）	大洪水—特大洪水	
《水利水电工程施工组织设计规范》（SL 303—2017）	初期导流	围堰挡水	3～50	小洪水—大洪水	挡水标准
		过水围堰	3～20	小洪水—较大洪水	
	中期导流	坝体临时断面挡水（含过水）	10～100、≥100	中洪水—特大洪水	中期和后期导流阶段的标准应逐步提高
	后期导流	施工期拦洪蓄水	20～500（设计）50～1000（校核）	大洪水—特大洪水	

3. 典型案例

白鹤滩水电站主体工程施工导流采用全年断流围堰、隧洞导流方式。2015 年 11 月河床截流至 2019 年 6 月为初期导流阶段，初期导流设计标准采用全年 50 年一遇洪水，设计流量为 28700m³/s；2019 年 7 月至 2020 年 11 月中旬为中期导流阶段；2020 年 11 月中旬至 2022 年 5 月中旬为后期导流阶段。导流隧洞共 5 条（左岸布置 3 条，右岸布置 2 条），导流隧洞下游段均与尾水隧洞相结合，洞身断面均为 17.5m×22.0m 的城门洞形。上、下游采用土石围堰结构，上游围堰最大堰高为 83.0m，相应拦洪库容为 3.96 亿 m³，下游

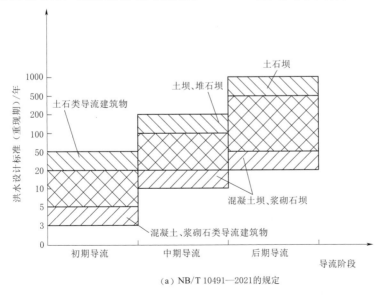

（a）NB/T 10491—2021 的规定

图 2.2-4（一）　对应各施工导流阶段的施工导流洪水设计标准范围

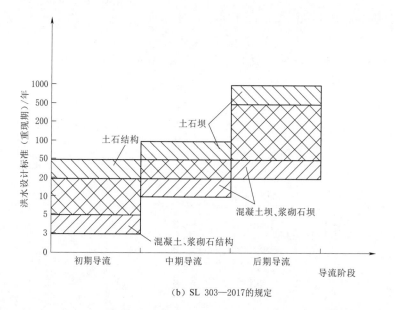

（b）SL 303—2017的规定

图 2.2-4（二）　对应各施工导流阶段的施工导流洪水设计标准范围

围堰最大堰高为 53.0m。2015 年 11 月进行了大江截流，大坝上、下游围堰工程于 2016 年 6 月完建。

2019 年汛前大坝最低浇筑高程已超过上游围堰顶部高程，2019 年汛期由围堰挡水过渡至大坝挡水度汛，5 条导流隧洞过流，由初期导流阶段进入中期导流阶段。中期导流阶段，大坝临时挡水度汛标准按全年 100 年一遇洪水。

2019 年 11 月至 2020 年 5 月，1 号和 5 号导流隧洞完成下闸封堵。2020 年 5 月，大坝基坑进水，上下游围堰拆除，完成阶段挡水任务。

2020 年 12 月至 2021 年 5 月，2 号～4 号导流隧洞完成下闸封堵。2021 年 4 月，导流底孔分批次下闸，水库开始蓄水，5 月底蓄至高程 760.00m。2021 年 7 月 1 日，首批机组发电，2021 年 11 月开始导流底孔封堵。导流底孔封堵完成后，所有施工导流任务即告完成。白鹤滩水电站施工导流程序及主要水力计算成果见表 2.2-5。

表 2.2-5　　　　　　白鹤滩水电站施工导流程序及主要水力计算成果

导流阶段	导流时段	设计标准	流量 /(m³/s)	挡水建筑物	泄流建筑物	水位/m		6月底前大坝控制高程/m		备　注
						上游	下游	浇筑	灌浆	
初期	2015 年 11 月上旬河床截流至 2019 年 6 月	全年 2%	28700	围堰	1 号～5 号导流隧洞	655.58	625.74			
中期	2019 年 7 月至 11 月中旬	全年 1%	31100	大坝	1 号～5 号导流隧洞	662.36	627.66	692.00	654.00	630m 高程导流底孔闸门汛前具备下闸临时挡水条件，大坝挡水度汛

续表

导流阶段	导流时段	设计标准	流量/(m³/s)	挡水建筑物	泄流建筑物	水位/m 上游	水位/m 下游	6月底前大坝控制高程/m 浇筑	6月底前大坝控制高程/m 灌浆	备 注
中期	2019 年 11 月中旬（1号、5号导流隧洞下闸）	10%平均流量	3720	大坝	1号～4号导流隧洞	602.85	601.57			5号导流隧洞进口采用围堰挡水
	2019 年 11 月中旬至 2020 年 5 月	时段 5%	8728	大坝	2号～4号导流隧洞	614.30	606.29			1号、5号导流隧洞封堵，5号导流隧洞进口采用围堰挡水
	2020 年 6—11 月	全年 1%	31100	大坝	2号～4号导流隧洞＋1号～6号导流底孔	676.32	626.83	776.40	717.00	
后期	2020 年 12 月上旬	10%平均流量	2560	大坝	2号～4号导流隧洞	601.50	600.82			4号导流隧洞下闸
				大坝	2号、3号导流隧洞	603.19	600.82	804.40	753.00	2号～3号导流隧洞下闸
	2020 年 12 月至 2021 年 4 月	时段 5%	5642	大坝	1号～6号导流底孔	660.35	603.38			2号～4号导流隧洞封堵
		时段 0.5%	8270	大坝	1号～6号导流底孔	685.60	605.85			
	2021 年 4 月	10%平均流量	1590	大坝	导流底孔	640.37～658.80	600.63			1号～5号导流底孔下闸
	2021 年 4 月中旬以后			大坝	1号～7号深孔	732.05	602.10			坝前水位上升至 732.05m 以后，6号导流底孔下闸
	2021 年 4 月至 5 月底（水库蓄水）	75%保证率		大坝	1号～7号深孔	760.00	599.93			5月底蓄至 760.00m，具备机组有水调试条件
		时段 0.5%	8130	大坝	1号～7号深孔	762.36	599.99			按 760.00m 水位起调
	2021 年 6 月至 11 月中旬	（设计）全年 0.5%	33400	大坝	深孔＋表孔＋泄洪洞	822.45	626.50	834.00	798.00	度汛起调水位 800.00m
		（校核）全年 0.2%	36500	大坝	深孔＋表孔＋泄洪洞	825.65	627.73			
	2021 年 11 月中旬至 2022 年 5 月中旬（1号～6号导流底孔封堵施工期）	时段 5%	9381	大坝	泄洪洞及机组发电控制水位	765.0～800.0	606.29			

2.3 导流建筑物级别

2.3.1 导流建筑物级别划分

按《水电工程施工组织设计规范》（NB/T 10491—2021）的规定，导流建筑物级别应根据其保护对象、失事后果、使用年限和围堰工程规模划分为 3 级、4 级、5 级，并应符合表 2.3-1 的规定。

表 2.3-1　　　　　　　　　　　　　　导流建筑物级别划分

建筑物级别	保护对象	失　事　后　果	使用年限/年	围堰工程规模	
				高度/m	库容/亿 m³
3	有特殊要求的 1 级永久建筑物	淹没重要城镇、工矿企业、交通干线，或推迟总工期及第一台（批）机组发电工期，造成重大灾害和损失	>3	>50	>1.0
4	1 级、2 级永久建筑物	淹没一般城镇、工矿企业，或影响总工期及第一台（批）机组发电工期，造成较大损失	2～3	15～50	0.1～1.0
5	3 级、4 级、5 级永久建筑物	淹没基坑，但对总工期及第一台（批）机组发电工期影响不大，经济损失较小	<2	<15	<0.1

注　1. 导流建筑物中的挡水建筑物和泄水建筑物，两者级别相同。

　　2. 表列 4 项指标均按导流分期划分，保护对象一栏中所列永久建筑物级别系按《水电工程等级划分及洪水标准》（NB/T 11012—2022）划分。

　　3. 有特殊要求的 1 级永久建筑物系指施工期不允许过水的土坝及其他有特殊要求的永久建筑物。

　　4. 使用年限系指导流建筑物每一施工阶段的工作年限。两个或两个以上施工阶段共用的导流建筑物，如一期、二期共用的纵向围堰，其使用年限不能叠加计算。

　　5. 围堰工程规模一栏中，高度指挡水围堰的最大高度，库容指堰前设计水位拦蓄在河槽内的水量，两者应同时满足。

工程实践使用情况表明，用上述 4 项指标来衡量导流建筑物的级别是比较科学合理的。在划分级别时，各施工阶段的导流建筑物级别需视其服务对象的重要性不同而有所区别，并严格控制最高级别出现。导流建筑物属短期使用的临时性工程，为节约投资，在拟定划级所依据的指标时，将绝大部分导流工程划为 4 级或 5 级，对划为 3 级导流建筑物的指标控制严格。

对导流建筑物级别划分的 4 项指标说明如下：

（1）保护对象是永久建筑物，其级别作为划分导流建筑物级别的依据之一，各级永久建筑物相应的临时建筑物级别划为 4 级～5 级；只有同时满足《水电工程施工组织设计规范》（NB/T 10491—2021）规定的导流建筑物级别划分中 3 级导流建筑物两项以上指标，其导流建筑物级别才有研究提高到 3 级的可能性。

（2）表 2.3-1 中"失事后果"一栏很难用定量指标体现。美国土木工程学会的大坝分级标准将失事后果按人员死亡和灾害划分为 3 级。英国土木工程学会按人员死亡和财产损失划分为 4 级。俄罗斯等一些国家提出施工期按成本分类划分等级。《水电工程施工组织设计规范》（NB/T 10491—2021）将围堰失事后带来的经济损失按其程度划为重大、较大和较小 3 级。失事后果的定量分析方法尚不成熟。

（3）使用年限系指各施工阶段导流建筑物的运用年限，围堰挡水期越长，遭遇洪水破坏的可能性越大，承担的风险也就越大。目前，国内外大型水电工程主体工程施工期约为 3～4 年，中型工程约为 2～3 年。因此，将 3 级导流建筑物的使用时间限定在 3 年以上，4 级导流建筑物的使用时间限定为 2～3 年，5 级导流建筑物的使用时间限定在 2 年以内。在以往使用过程中曾出现过这样的问题：某工程在汛前完成截流，围堰使用不到 1 年半后就失去作用。虽然使用时间短，但却跨越了两个主汛期。导流建筑物的最危险工况出现在汛期，导流建筑物经过一个完整的汛期定为一个使用年限。

（4）围堰工程的规模用高度和堰前库容来衡量，规定工程规模的上限为围堰堰高大于 50m、库容大于 1 亿 m^3，两项指标要同时满足，使用时实质上由较低指标控制。平原地区河流上的工程往往是由堰高控制，高山峡谷地区河流上的工程则多由库容大小控制。导流泄水建筑物的规模实际上受围堰规模控制。对于深基坑情况，覆盖层的厚度是否计入堰高，要具体分析围堰与基坑边缘的距离确定。

（5）同一导流建筑物的不同部位因作用不同要有差别，如混凝土纵向围堰的上段、中段和下段，若中段与坝体结合，上段、下段可分别拟定不同的级别。

2.3.2　导流建筑物级别确定注意事项

（1）当导流建筑物按《水电工程施工组织设计规范》（NB/T 10491—2021）规定的导流建筑物级别划分指标分属不同级别时，应以其中最高级别为准。当列为 3 级导流建筑物时，应至少有两项指标满足要求。

（2）规模巨大且在国民经济中占有特殊地位的水电工程，其导流建筑物的级别及洪水设计标准，应经充分论证后报主管部门批准。三峡水利枢纽的二期上游围堰按 2 级建筑物设计是一个特例。《水电工程施工组织设计规范》（NB/T 10491—2021）规定临时建筑物划分为 3 个级别，但允许个别特殊工程经充分论证，报主管部门批准后另行确定。

（3）导流建筑物级别应根据不同的导流分期按《水电工程施工组织设计规范》（NB/T 10491—2021）的规定划分；同一导流分期中各导流建筑物的级别，应根据其不同作用划分。

不同的导流时段，导流建筑物可能有不同的级别；同一导流时段，因作用和型式不同，其级别可能也不同。

（4）导流建筑物级别调整应符合下列规定：

1）施工期利用围堰挡水发电，经技术经济论证，围堰级别可提高一级。

2）当 4 级、5 级导流建筑物的地质条件复杂、或失事后果较严重、或有特殊要求而采用新型结构时，其结构设计级别可提高一级，但洪水设计标准不相应提高。

3）当按《水电工程施工组织设计规范》（NB/T 10491—2021）规定所确定的级别不合理时，可根据工程具体条件和施工导流阶段的不同要求，经论证予以提高或降低。

4）导流泄水建筑物的封堵体及贯穿防渗帷幕的洞室封堵体的级别应与永久挡水建筑物相同；导流泄水建筑物施工支洞封堵体的级别应与导流泄水建筑物相同。导流泄水建筑物的永久封堵体实际上是枢纽挡水建筑物的组成部分。在确定导流隧洞施工支洞封堵体的建筑物级别时，共分两种情况：①支洞的洞口位于库区，但支洞与主洞的交叉点位于主洞封堵体的下游，其支洞封堵体的级别需与坝体相同；②其余情况下，支洞封堵体的设计级别需与所在的泄水建筑物相同。

（5）导流泄水建筑物的进出口围堰或预留岩坎，其建筑物级别可按 5 级设计。导流泄水建筑物的进出口围堰使用时间较短，其挡水时间又处于截流前的原河床过流期，因此选用较低的设计级别比较符合实际。

（6）采用预留岩塞临时挡水时，预留岩塞的级别应按《水电工程施工组织设计规范》（NB/T 10491—2021）规定的导流建筑物级别划分确定。库水位以下临时挡水的预留岩塞是一种特殊围堰。围堰工程规模中的高度应取岩塞承受的最大水头，库容应取岩塞底部高程以上对应的水库库容。

2.4 洪水设计标准

2.4.1 导流建筑物洪水设计标准

2.4.1.1 导流建筑物洪水设计标准选择

导流建筑物洪水设计标准应根据建筑物的类型和级别在表 2.4 - 1 规定的范围内选择。各导流建筑物的洪水设计标准应相同，以主要挡水建筑物的洪水设计标准为准。对导流建筑物级别为 3 级且失事后果严重的工程，应提出发生超标准洪水时的应急预案和工程应急措施。对大型或有特殊要求的水电工程，可在初选的洪水设计标准范围内进行施工导流标准风险分析。

表 2.4 - 1　　　　　　　导流建筑物洪水设计标准（重现期）　　　　　单位：年

导流建筑物结构类型	导流建筑物级别		
	3 级	4 级	5 级
土石	50～20	20～10	10～5
混凝土、浆砌石	20～10	10～5	5～3

在下列情况下，导流建筑物洪水设计标准可选用表 2.4 - 1 中的上限值：①河流水文实测资料系列小于 20 年或工程处于暴雨中心区；②采用新型围堰结构型式；③处于关键施工阶段，失事后可能导致严重后果；④导流工程规模、投资和技术难度用上限值与下限值相差不大。

对导流建筑物洪水设计标准选取做以下几方面说明：

（1）根据导流建筑物使用时间较短的特点，采用一个设计标准，使用比较方便。

（2）混凝土结构抵御洪水的能力远比土石结构强，因而土石围堰的洪水设计标准较同级混凝土围堰要高。1988 年 8 月，岩滩水电站二期碾压混凝土围堰经受了 19100m³/s 超标准洪水的考验。水口水电站三期碾压混凝土围堰也在 1992 年 7 月经受了 50 年一遇的大洪水考验。由于这两个工程的洪水预报比较及时，基坑过水后造成的损失甚微。相反，龙羊峡水电站的土石围堰在 1981 年遇到 100 年一遇的特大洪水时，堰顶溢洪道下游出现了较大的险情。为增加安全度，某些特别重要的工程应考虑遭遇超标准洪水的预案，主要包括：洪水的预报、围堰的加高加固、基坑充水及有关防汛管理等。提出预案的目的是确保围堰不漫顶破坏。

（3）当上下游围堰的规模相差悬殊，承受安全的风险相差很大时，上下游围堰采取不同的设计标准，如三峡、二滩、水口等工程的上游围堰标准均高于下游围堰。

（4）从经济和安全因素考虑，围堰的洪水设计标准要考虑运行时间因素。两个同等规模的围堰工程，使用时间分别是 1 年和 2 年时，对应的洪水设计标准有差别。

（5）导流洪水设计标准是确定导流建筑物规模的依据，其选择原则是：在主体工程施工期，要有一定的安全性，同时又要经济合理。

2.4.1.2　导流建筑物设计洪水标准确定的特别说明

1. 与永久建筑物结合时

当导流建筑物与永久建筑物结合时，结合部分的结构设计应采用永久建筑物级别及标准。

导流建筑物与永久建筑物相结合有多种途径，如利用坝体永久底孔作后期导流（如葛洲坝、万安工程），将导流隧洞与永久泄洪建筑物结合（如小浪底、鲁布革、莲花、满拉和碧口等工程）。

同期导流建筑物中如其中一部分系利用永久建筑物，利用部分的结构设计标准应采用永久建筑物的标准；但就其担负导流任务而言，与其他临时导流建筑物组合成一个整体，其导流设计级别应与其他临时导流建筑物级别相同。

2. 河段上游建有水库时

当枢纽工程所在河段上游建有水库时，导流建筑物采用的洪水设计标准及设计流量应考虑上游梯级水库的调蓄及调度的影响。导流设计流量应经过技术经济比较后，由同频率下的上游水库下泄流量和区间流量分析后两者相加组合确定。

位于梯级开发河流上的工程，当上游有大型水库控制时，坝址处水文条件的变化如下：

（1）年流量分配趋于均匀，枯水期的来流量较天然状态增加，但汛期的来流量较天然状态减少。

（2）受上游水库的调蓄影响，同频率下的天然设计洪水流量得到大幅度的削减，度汛压力得到减轻。

1986 年 10 月，龙羊峡水库蓄水后，黄河上游的拉西瓦、尼那、李家峡、康扬和公伯峡等水电站 20 年一遇的施工洪水流量较天然状态下降了约 40%。构皮滩水电站在施工期通过上游的乌江渡水库预留防洪库容，与天然状态相比，洪峰流量降低约 2610 m^3/s。

某种频率下的水库下泄流量是否要与区间同频率的洪水叠加，需要分析：①两个位置是否处于同一暴雨中心；②区间发生暴雨时，上游水库能否错峰调度等。

3. 导流建筑物结构型式不同

同一导流分期且形成同一基坑的导流建筑物结构型式不同时，其洪水设计标准应以高者为准。

2.4.1.3　围堰修筑期间各月挡水标准

围堰修筑期间，各月的填筑最低高程应能拦挡下月相应设计标准的洪水流量。土石围堰基础防渗墙施工平台的洪水设计标准可按防渗墙施工时段 5～10 年洪水重现期选用。

土石围堰施工时，围堰的升高必须抢在水位升至设计洪水位前面，否则会有一定风险。为使其有一定的安全性，围堰施工时的各月上升高程，一般根据临时建筑物的级别及其结构特点，按下月重现期 5～20 年的最大流量控制。

围堰的基础防渗墙施工大都安排在枯水期完成（一般不超过 6 个月），持续时间较短。混凝土围堰一般都在基坑抽水完成后开始浇筑，持续时间更短。不少工程的实践经验证明，在枯水季围堰施工期，上游的来水设计标准适当降低（如围堰的设计标准为 20 年一遇洪水，防渗墙施工期的设计标准可取 10 年一遇），可以减少部分防渗工程量，缩短施工工期，有利于围堰的度汛安全。

2.4.1.4　过水围堰导流标准

过水围堰的特点是枯水期挡水，汛期泄水。过水围堰设计一般需要明确 3 个洪水设计标准：一是枯期挡水设计标准，用以确定过水围堰安全挡水的顶部高程；二是汛期过水设计标准，用以确定过水围堰和基坑安全过水的最大洪水；三是汛期过堰设计流量，用以确定围堰过水防护措施的设计。

1. 过水围堰有关标准选取

（1）过水围堰级别。过水围堰的导流建筑物级别划分为 3～5 级，其各项指标应以挡水期工况作为衡量依据。

（2）过水围堰的挡水标准。过水围堰的设计挡水流量应结合水文特点、施工工期、挡水时段，经技术经济比较后，在设计挡水时段 3～20 年重现期范围内选定；当洪水系列不小于 30 年时，也可按实测流量资料分析选用。

（3）过水围堰过水时的洪水设计标准和过水围堰结构安全标准。过水围堰过水时的洪水设计标准应根据围堰的级别在 3～50 年重现期的范围内选择。当洪水系列不小于 30 年时，也可按实测典型年资料分析选用。

过水围堰的设计过堰流量应通过围堰和导流泄水建筑物联合泄流的水力计算分析确定，并宜通过水工模型试验验证，分析围堰过水时以最不利流量作为设计依据。

2. 确定过水围堰标准的程序

过水围堰的特点是既挡水又泄水，其标准应按挡水和过水两种情况分别拟定。

（1）确定过水围堰级别。我国以往习惯的设计方法是根据对应永久建筑物的等级确定过水围堰级别，此标准主要用于堰体稳定和结构计算。确定过水围堰级别时，一般情况下因挡水期围堰较低，库容较小，所定级别不会高于 4 级，这是符合我国实际设计施工情况的。

（2）确定过水围堰挡水标准。确定过水围堰的挡水标准基于以下几方面考虑：

1）根据我国设计施工经验，选择过水围堰的挡水流量应经过充分比较论证，使选定的流量符合河流水文特性，满足基坑工期要求，而且经济合理。过水围堰的挡水流量应满足基坑工期要求，挡水流量应符合河流水文特性。

2）我国以往习惯采用的过水围堰挡水标准变化范围，一般是在挡水时段 3～20 年重现期之内，采用这个范围的挡水标准值是可靠的。

3）除了按重现期确定外，当水文系列较长时，亦可在分析实测资料的基础上确定。

（3）确定围堰过水的洪水标准。过水围堰的过水流量可用频率法和实测资料两种方法确定。第一种方法根据确定的围堰级别选定过水流量标准；第二种方法是分析实测洪水后选定过水标准。

3. 工程实践

根据我国近几十年来的水电建设经验，过水土石围堰的高度一般不超过 35m，混凝土过水围堰的高度一般不超过 50m。由于过水围堰的级别一般为 4 级或 5 级，因此 3～20年一遇的挡（过）水标准是比较可靠的。过水围堰的挡水标准不宜太低，以避免基坑频繁过水，保证大坝等永久建筑物有足够长的有效工期，对高坝或工程量较大的工程更要尽可能争取有较长的工期。若挡水流量降低太多，围堰过水频繁，损失工期太多以致影响施工总进度会更不经济。例如东风、安康、乌江渡等工程均因基坑过水次数偏多，或造成工程施工困难，或延长了工期。相比之下，五强溪工程导流标准选用得就比较恰当，采用分期、枯水期围堰挡水，汛期过水围堰及基坑过水的导流方案，从导流规划与布置条件看，围堰挡水流量越大，导流工程量也越大，且布置极为困难，在满足施工进度的条件下采用过水围堰，适当降低挡水流量是有利的。过水围堰的挡水流量按实测资料分析确定，根据基坑工程量及其施工要求，以保证枯水期基坑不过水，洪水期只过水一次、不多于两次的原则，选定一期围堰挡水流量为 16000m³/s，二期围堰挡水流量为 18000m³/s，围堰过水的结构标准，采用全年 20 年一遇，流量为 31800m³/s。流量 16000m³/s 相当于全年洪水重现期为 1.7 年一遇，9 月至次年 4 月洪水重现期 11.8 年一遇；流量 18000m³/s 相当于全年洪水重现期为 2.2 年一遇，9 月至次年 4 月洪水重现期 20 年一遇。一期围堰经历了 3个汛期，经受了 1990 年 6 月 14 日 21200m³/s 流量和 1991 年 7 月 13 日 18300m³/s 流量两次大洪水考验，围堰无损；二期围堰经历了两个汛期，经受了 1992 年 18600m³/s 流量和1993 年 30000m³/s 流量的洪水考验，施工正常。经 6 年施工实际过水情况看，基坑一年只过了一次水，达到了工程建设预期的目的。

对于与面板堆石坝坝体临时断面共同分担水头落差的过水围堰，过水洪水设计标准要结合坝体过水保护经论证后综合选择，如过水围堰的过水洪水设计标准过低，可能造成过水围堰提前破坏，无法与面板堆石坝坝体临时断面共同分担水头落差，进而造成坝体破坏。过水洪水设计标准结合坝体度汛分析论证确定。天生桥一级、珊溪和滩坑混凝土面板堆石坝采用过水围堰汛期坝面过水的施工方案。天生桥一级混凝土面板堆石坝汛期过水标准为全年 30 年一遇，相应洪峰流量为 10800m³/s。珊溪和滩坑混凝土面板堆石坝汛期过水标准为全年 20 年一遇，相应洪峰流量分别为 7790m³/s 和 10400m³/s。水布垭混凝土面板堆石坝设计汛期过水标准为全年 30 年一遇，相应洪峰流量为 11600m³/s，实际未过水。我国汛期坝面过水度汛的面板堆石坝工程，上游过水围堰堰顶与坝面过水断面高差一般不超过 15m，坝面过水断面高程一般低于下游过水围堰堰顶高程。

2.4.1.5　改扩建及除险加固工程导流标准

位于已建水库的水工建筑物施工中的水流控制可采用围堰挡水、降低库水位枯水期施工、预留岩塞水下爆破施工等方案。例如：宝泉抽水蓄能电站下水库进/出水口采用降低库水位枯水期干地施工；响洪甸抽水蓄能电站下水库进/出水口采用水下岩塞爆破施工。

2.4.2 坝体施工期临时度汛洪水设计标准

当坝体填筑高度超过围堰顶部高程时，坝体施工期临时度汛洪水设计标准应符合表2.4-2的规定。

表 2.4-2　　　　　　　　坝体施工期临时度汛洪水设计标准（重现期）

坝　型	拦蓄库容/亿 m³			
	>10.0	10.0～1.0	1.0～0.1	<0.1
土坝、堆石坝	≥200 年	200～100 年	100～50 年	50～20 年
混凝土坝、浆砌石坝	≥100 年	100～50 年	50～20 年	20～10 年

确定坝体施工期临时度汛洪水设计标准要把握好以下 3 个原则：

（1）与同等规模的围堰相比提高一个量级，与下闸发电后坝体的度汛标准相比可下降一个量级。

（2）下游洪水影响区分布有重要城镇或交通设施时，坝体的度汛标准不应低于城镇或交通设施的设防标准。

（3）当坝体筑高到超过围堰顶部高程时，按坝体临时度汛确定洪水设计标准。汛前或汛期内部分时段坝体未超过围堰顶部高程，仍按围堰挡水标准度汛，围堰应考虑其运行的使用期。

坝体施工期临时度汛的洪水标准，应考虑到坝体升高而形成的拦洪蓄水库容和坝体结构型式以及失事后对下游影响程度，在规定的范围内进行选择。

后期施工度汛由大坝等永久建筑物承担，其度汛的泄流方式，应根据坝型、枢纽建筑物的布置、封孔蓄水时间及施工条件等统一考虑。混凝土坝过水，在坝体缺口高程较低时，呈淹没堰流，对建筑物一般不会造成破坏。当坝体缺口较高时，水流呈非淹没堰流或挑流型式，坝面可能产生负压、气蚀，对下游基础或其他建筑物可能造成冲刷破坏。应对坝体的稳定及应力进行验算，针对不同坝型及其存在的问题，采取相应的防护措施。

土石坝度汛，通常采用填筑临时断面拦洪。表 2.4-3 给出了部分土石坝施工期临时度汛标准。面板堆石坝工程往往可采用临时度汛断面，表 2.4-4 给出了部分面板堆石坝临时度汛断面设计情况。

因土石坝工程量一般都较大，即使采用临时断面挡水，有时也难达到拦洪高程，需要临时过水。实践证明，在防护措施安全可靠的前提下，土石坝过水也是可能的。近年来，混凝土面板堆石坝较多采用施工期过水保护措施，主要护面护坡措施有大块石、砌石、混凝土块、石笼（铅丝笼、钢丝笼）及钢筋网保护等。

一般情况下，不宜采取土石坝过水度汛的导流方式，若非过不可，应采取坝面防护措施过水度汛。

混凝土面板堆石坝可提前拦洪度汛。当未浇筑混凝土面板之前，对上游坝坡采取碾压砂浆或喷混凝土、水泥砂浆等固坡措施后即可临时挡水度汛；对坝体预留部位及坝坡采取防护措施后，可用坝体过流度汛，此时可降低导流设施规模。

表 2.4-3　部分土石坝施工期临时度汛标准

坝名	坝的级别	坝型	坝高/m	坝体积/(×10⁴ m³)	导流方式	上游围堰		导流工程级别	度汛标准（重现期）/年				进行截流—拦洪—竣工所用时间	临时断面型式
						类别	高度/m		初期导流	截流后第一汛期	截流后第二汛期	截流后第三汛期		
碧口	Ⅱ	心墙土石坝	101	397	隧洞	土石		Ⅳ		14 年实测最大	20（设计）50（校核）	50（设计）100（校核）	1971 年 3 月—1976 年 12 月	上游坝体
石头河	Ⅱ	心墙土石坝	114	835	分期+隧洞	土石	6	Ⅳ	20	50	100		1976 年 9 月—1977 年 7 月—1981 年 5 月	中部坝体
升钟	Ⅱ	心墙土石坝	79	350	隧洞	土石				100	300		~1983 年	
鲁布革	Ⅰ	风化料心墙土石坝	103.8	396	隧洞	风化料斜心墙堆石	47	Ⅲ	20	20	50	100	1985 年 11 月—1986 年 7 月—1988 年	上游坝体
小山	Ⅱ	混凝土面板堆石坝	86.3	143	隧洞	土石	30		10	10	50		1994 年 11 月—1995 年 7 月	上游坝体
小浪底	Ⅰ	斜心墙土石坝	154	4900	分期+隧洞	土石	57	Ⅲ	枯 20	100	300	1000	1997 年 10 月—1998 年 6 月—2001 年 7 月	上游及中部坝体
黑河	Ⅰ	心墙土石坝	130	820	隧洞	面板堆石	54.5	Ⅳ	11 月至次年 3 月 10 日	20	100	200	1998 年 11 月—1999 年 6 月—2001 年 12 月	上游坝体
冶勒	Ⅰ	沥青混凝土心墙堆石坝	125.5	611	隧洞	土斜墙堆石	29	Ⅳ	5	20（围堰）	50	100	2002 年 11 月—2003 年 4 月—2005 年 12 月	

注　1. 小浪底坝右岸一期纵向围堰度汛标准为 20 年一遇洪水；二期度汛临时断面拦洪，汛后围堰高度拦洪；第二汛期亦为临时断面拦洪，汛后导流隧洞封堵；第三汛期导流隧洞封堵，进洪洞具备过水条件；大坝由于采取加速施工的措施，第二汛期的度汛标准提高到接近 500 年一遇。

2. 黑河坝截流后第一汛期为围堰度汛拦洪，第二汛期临时断面拦洪，第三汛期临时断面设计，200 年重现期校核，第四汛期 150 年重现期设计，500 年重现期校核。

3. 冶勒坝截流后第四汛期洪汛期度汛标准为 100 年汛期度汛设计，200 年重现期设计，第五汛期 100 年重现期设计，500 年重现期校核。

表 2.4-4　　　　　　　　　部分面板堆石坝临时度汛断面设计情况

工程名称	大坝设计指标	临时度汛断面设计指标	度汛标准
天生桥一级	$h=178$m 库容：102.57 亿 m³ 1 级建筑物	一汛临时度汛断面高度：111m 拦蓄库容：大于 20 亿 m³ 填筑时间：1995 年 5 月 21 日至 1996 年 5 月 20 日 填筑量：761 万 m³	$P=0.33\%$
		二汛临时度汛断面高度：121m 拦蓄库容：大于 20 亿 m³ 填筑时间：1996 年 5 月 21 日至 11 月 10 日 填筑量：1154 万 m³	$P=0.2\%$
洪家渡	$h=179.5$m 库容：49.47 亿 m³ 1 级建筑物 500 年一遇洪水设计	临时度汛断面高度：57m 拦蓄库容：1.5 亿 m³ 填筑时间：2003 年 1 月 16 日至 5 月 26 日 填筑量：87 万 m³	$P=1\%$ $Q=5210$m³/s
引子渡	$h=129.5$m 库容：5.31 亿 m³ 2 级建筑物 100 年一遇洪水设计	临时度汛断面高度：70m 拦蓄库容：0.5 亿 m³ 填筑时间：2001 年 12 月 3 日至 2002 年 5 月 20 日 填筑量：120 万 m³	$P=2\%$ $Q=5780$m³/s
三板溪	$h=185.5$m 库容：37.48 亿 m³ 1 级建筑物 500 年一遇洪水设计	临时度汛断面高度：93m 拦蓄库容：3.7 亿 m³ 填筑时间：2003 年 12 月 30 日至 2004 年 4 月 30 日 填筑量：201 万 m³	$P=0.5\%\sim1\%$ $Q=12600$m³/s
东津	$h=88.5$m 库容：7.98 亿 m³ 2 级建筑物	临时度汛断面高度：56.7m 拦蓄库容：大于 1 亿 m³ 填筑时间：1992 年 12 月 30 日至 1993 年 4 月 27 日 填筑量：87 万 m³	$P=1\%$

注　h 为坝高；P 为洪水频率；Q 为洪峰流量。

2.4.3　导流泄水建筑物封堵后坝体度汛洪水设计标准

导流泄水建筑物下闸封堵后，水库开始蓄水，且永久泄洪建筑物尚未具备设计泄洪能力时，应分析坝体施工和运行要求，确定坝体度汛洪水设计标准。导流泄水建筑物封堵后坝体度汛洪水设计标准应符合表 2.4-5 的规定。汛前坝体上升高度应满足拦洪要求，帷幕灌浆及接缝灌浆高程应能满足蓄水要求。

表 2.4 - 5　　导流泄水建筑物封堵后坝体度汛洪水设计标准（重现期/年）

坝　型		大 坝 级 别		
		1 级	2 级	3 级
土石坝	设计洪水	500～200	200～100	100～50
	校核洪水	1000～500	500～200	200～100
混凝土坝、浆砌石坝	设计洪水	200～100	100～50	50～20
	校核洪水	500～200	200～100	100～50

注　在机组具备发电条件前、导流泄水建筑物尚未全部封堵完成时，坝体度汛可不考虑校核洪水工况。

要注意的是，导流泄水建筑物封堵后坝体度汛洪水标准与坝体施工期临时度汛洪水标准是有很大区别的，这是基于两种情况风险大小来考虑的。

水库下闸蓄水后的第一个汛期，坝体仍处于初级运行阶段，泄水建筑物尚未具备设计的过水能力，因此，坝体度汛设计洪水标准比建成后的大坝正常运用洪水设计标准低，用正常运用时的下限值作为施工期运用的上限值。

2.4.4　电站厂房施工期度汛洪水设计标准

水道系统与厂房贯通后，机电设备安装时，电站厂房施工期度汛洪水设计标准应符合表 2.4 - 6 的规定。

表 2.4 - 6　　　　　　　　电站厂房施工期度汛洪水设计标准

电站厂房级别	1 级	2 级	3 级	4 级、5 级
重现期/年	100～50	50～30	30～20	20～10

2.4.5　已有水库中的进出水口围堰洪水设计标准

位于已有水库中的进出水口围堰洪水设计标准应按《水电工程施工组织设计规范》（NB/T 10491—2021）的相关规定取上限值；进出水口施工期与下游有连通的泄水通道时，相应挡水建筑物的洪水设计标准应与原工程一致。

2.4.6　抽水蓄能电站施工期洪水设计标准

对于开挖围填形成的抽水蓄能电站库盆工程，临时挡泄水建筑物的洪水设计标准通常选用 5～20 年重现期的 24h 洪量；坝体及电站厂房施工期临时度汛洪水设计标准应选用 20～100 年重现期的 24h 洪量。

2.4.7　截流设计标准

2.4.7.1　选取思路

截流设计标准可结合工程规模和水文特征，选用截流时段内 5～10 年重现期的月或旬平均流量，也可用实测系列分析方法或预报方法分析确定。若梯级水库的调蓄作用改变了河道的水文特性，截流设计流量应经专门论证确定。

三峡工程大江截流设计流量为 14000～19400m³/s，相当于 11 月月平均及 11 上旬 10

年一遇日平均流量，实际截流流量为 $8480\sim11600\text{m}^3/\text{s}$；XW 水电工程截流时段为 2004年 11 月上旬，截流标准采用 10 年一遇旬平均流量，相应流量为 $1320\text{m}^3/\text{s}$。实践证明，我国不少工程的截流标准选用相对较高，在实际中允许采用重现期法以外的其他方法。

在梯级河流上的水电站截流，应综合分析水文、施工、水库调度运行、发电、通航、防凌等因素后确定截流设计流量。对于上游有水库控制的情况，合龙设计流量一般取上游电站的控泄流量与区间 $5\sim10$ 年一遇的旬平均流量之和。以公伯峡水电站为例，由于上游有龙羊峡和李家峡水库调节，2003 年 3 月中旬截流期间的流量按下列要求控制：初期进占流量取 $360\text{m}^3/\text{s}$（李家峡一台机组发电），合龙流量取 $10\text{m}^3/\text{s}$（李家峡水电站关机，仅考虑少量的河槽渗流量），龙堤闭气后的挡水流量取 $720\text{m}^3/\text{s}$。

2.4.7.2　截流时段选取

截流时段应根据河流的水文气象特征、施工总进度安排以及通航等因素，经综合分析后选定，宜安排在汛后枯水期。在严寒地区宜避开河道流冰及封冻期。

从实际情况看，大部分工程的截流时间安排在汛后。

截流日期的选择，不仅影响到截流本身能否顺利进行，而且直接影响到工程施工布局。截流应选在枯水期进行，此时流量小，不仅易于断流，耗费材料少，而且有利于围堰的加高培厚。至于截流选在枯水期什么时间，首先要保证截流以后，全年挡水围堰能在汛期修建到拦洪水位以上，若是使用一个枯水期以上的围堰，则应保证基坑内的主体工程在汛期到来以前，修建到洪水位以上（如土坝）或常水位以上（混凝土坝），因此，应尽量安排在枯水期的前期，使截流以后有足够时间来完成基坑内工作。

截流年份应结合施工进度的安排来确定。截流年份内截流时段的选择，既要把握截流时机，选择在枯水流量、风险较小的时段进行；又要为后续的基坑工作和主体建筑物施工留有余地，不致影响整个工程的施工进度。

确定截流时段应考虑以下要求：

（1）截流以后，需要继续加高围堰，完成排水、清基、基础处理等大量基坑工作，并应把围堰或永久建筑物在汛期前抢修到一定高程以上。为了保证这些工作的完成，截流应尽量提前。

（2）在通航的河流上进行截流，截流最好选择在对航运影响较小的时段内。因为截流过程中，航运必须停止，即使船闸已经修好，但因截流时水位变化较大，亦须停航。

（3）在北方有冰凌的河流上，截流不应在流冰期进行。因为冰凌很容易堵塞河道或导流泄水建筑物，壅高上游水位，给截流带来极大困难。

2.4.7.3　截流标准选取

截流设计标准可结合工程规模和水文特征，选用截流时段内 $5\sim10$ 年重现期的月或旬平均流量，也可用实测系列分析方法或预报方法分析确定。若梯级水库的调蓄作用改变了河道的水文特性，截流设计流量应经专门论证确定。截流龙堤的安全超高可取 $1.0\sim2.0\text{m}$。

由于施工管理、施工技术和机械化水平的提高，截流经验不断丰富，目前大流量的河道截流标准有下降趋势。

截流流量一般选用截流时段内 $5\sim20$ 年重现期月或旬平均流量。如水文资料不足，可用短期的水文观测资料或根据条件类似的工程来选择截流设计流量。无论用什么方法确定，都应该根据当地的实际情况和水文预报加以修正，以修正后的流量作为指导截流施工的依据。

需要说明以下两点：

（1）允许采用频率法以外的其他方法，设计中往往都是采用综合比较成果方法确定截流流量的。即先分析实测水文资料，然后再比较频率分析成果后确定，或者同时用两种方法。此外，也可根据水文气象预报对截流标准进行复核或修正。

（2）在上游有梯级水库或下游有梯级水库的情况下，水库的调蓄作用改变了河道的水文特性，由此对工程截流时段内的截流标准和截流流量选择产生了根本性的变化：一是导流标准的重现期不再起重要作用；二是截流时上游水库可以控制龙口合龙流量；三是截流流量不再是一个流量值，而是根据水文、气候条件，围堰施工、发电、通航、防凌等要求，分别按预进占段、龙口段、合龙后不同要求选择。

2.4.8 导流泄水建筑物下闸封堵设计标准

导流泄水建筑物下闸封堵设计标准应考虑封堵施工期间水库拦洪蓄水的要求，根据施工总进度确定，并应符合下列规定：

（1）对于天然来流量情况下的水库蓄水，导流泄水建筑物下闸的设计流量标准可取时段内5～10年重现期的月或旬平均流量，或按上游的实测流量确定；对于上游有水库控制的工程，下闸设计流量标准可取上游水库控泄流量与区间5～10年重现期的月或旬平均流量之和。

（2）封堵工程施工期，其进出口的临时挡水标准应根据工程重要性、失事后果等因素，在该时段5～20年重现期范围内选定，封堵施工期临近或跨入汛期时应适当提高标准。

导流泄水建筑物下闸的设计流量标准主要用于计算下闸前后的水头，确定启闭设备的规模，并保证启闭设备干地撤除与退场。下闸后的主要工作包括闸门就位检查、必要的临时堵漏和启闭设备撤除与退场，一般需要1～4d工作周期，持续时间较短，而且目前水情测报系统较为准确，当出现短时间的大流量时，可滞后下闸，因此下闸设计流量标准不要太高。

在导流泄水建筑物下闸后，确定导流标准的目的：一是确定坝前水位，对坝体的收尾进度计划提出要求；二是确定导流泄水建筑物进出口封堵闸门或围堰的规模。根据以往经验，导流隧洞的进口闸门按《水电工程施工组织设计规范》（NB/T 10491—2021）的规定，其最高级别为3级，出口围堰的最高级别为4级，因此，5～20年一遇的导流设计标准能满足要求。当封堵需要跨汛或者导流明渠的进出口土石围堰使用时间超过1年时，要适当提高设计标准。

2.4.9 施工导流标准风险分析

对于大型或有特殊要求的水电工程，必要时可采用施工导流风险度分析方法。

施工导流风险度可定义为：在规定的时间内，天然来（洪）水超过水库的调蓄和导流泄水建筑物能力的概率。当出现上述风险时，最直接的表现为围堰上游水位高于围堰顶高程，导致溃堰或者基坑淹没。所以，施工导流风险度又可定义为：在施工导流过程中发生超过上游围堰高程的洪水的频率。导流风险分析求解的主要方法有直接积分法、一次二阶矩法、改进的一次二阶矩法、JC法和蒙特卡罗随机模拟法。其中，蒙特卡罗随机模拟法是解决复杂系统机制情况下的一种有效方法。

蒙特卡罗随机模拟法确定导流围堰上游水位风险，要系统考虑河道来流、导流建筑物泄流以及枢纽的其他特征，通过系统模拟的方法来实现。通过反复的抽样、计算可以得到一个任意长的围堰上游水位模拟历史系列，对这个历史系列进行统计就可以得到上游水位的概率分布；而设计水位的风险率，可以看作这个模拟历史系列的密度函数的一些分位点的值。

导流标准确定的风险度分析法如下：

（1）应根据设计资料，考虑水文、水力等不确定性因素的影响，分析上游围堰高程与上游设计水位的关系，判断围堰是否满足度汛要求，可采用蒙特卡罗随机模拟法模拟施工洪水过程和导流建筑物泄流能力。在围堰施工设计规模和一定的导流标准条件下，统计分析确定围堰上游水位分布和围堰的挡水高度对应的风险。围堰的堰前水位超过围堰设计挡水位的风险率 R 可用式（2.4-1）表示：

$$R = P, \ Z_{up} \geqslant H_{upcoffer} \tag{2.4-1}$$

式中：Z_{up} 为上游围堰堰前水位；$H_{upcoffer}$ 为上游围堰设计挡水位；P 为保证率。

（2）当量洪水重现期 T_e 用式（2.4-2）表示：

$$T_e = 1/R \tag{2.4-2}$$

（3）导流建筑物泄流能力应满足当量洪水重现期 T_e 大于或等于设计洪水重现期（或导流标准）。

（4）在围堰使用运行年限内，n 年内遭遇超标洪水的动态综合风险率 $R(n)$ 采用式（2.4-3）表示：

$$R(n) = 1 - (1-R)^n \tag{2.4-3}$$

（5）由于水文资料的收集、整理和设计洪水过程线推求结果与实际洪水过程之间的偏差，施工设计洪水可根据坝址的实测水文资料，按放大典型洪水过程线方法确定计算洪水过程线，最大洪峰流量均值可采用 P-Ⅲ型分布，其密度函数用式（2.4-4）表示：

$$f(Q) = \frac{\beta^\alpha}{\Gamma(\alpha)}(Q-a_0)^{\alpha-1}e^{-\beta(Q-a_0)} \tag{2.4-4}$$

式中：α、β、a_0 为 P-Ⅲ型分布的形状、刻度和位置参数；$\Gamma(\alpha)$ 为 α 的伽马参数，$\alpha = 4/C_s^2$；$\beta = 2/\mu_Q C_v C_s$，$a_0 = \mu_Q\left(1 - \frac{2C_v}{C_s}\right)$；$C_s$ 为 P-Ⅲ型分布的离差系数；C_v 为 P-Ⅲ型分布的离势系数；μ_Q 为 P-Ⅲ型分布的均值。

（6）在施工导流泄洪建筑物及其规模确定的情况下，受围堰上游水位和泄流建筑物流量系数等水力参数不确定性的影响，导流建筑物的泄洪量可采用三角分布，其分布函数用式（2.4-5）表示：

$$f(Q) = \begin{cases} \dfrac{2(Q-a)}{(b-a)(c-a)}, & a \leqslant Q \leqslant b \\[2mm] \dfrac{2(c-Q)}{(c-a)(c-b)}, & b < Q \leqslant c \\[2mm] 0, & \text{其他} \end{cases} \tag{2.4-5}$$

式中：Q 为导流建筑物的泄洪量；a 为泄洪能力下限；b 为平均泄洪能力；c 为泄洪能力上限。

参数 a、b、c 通过导流建筑物施工及其运行的统计资料确定。

（7）其他随机性因素按以下方法确定：

1）典型洪水过程线确定与水文资料的收集、整理和选择密切相关。在分析导流系统风险时，以各典型洪水过程线为基础分别计算，选择最不利的情况作为围堰挡水风险分析的依据。

2）由于工程测量、计算以及围堰上游库区的坍塌等自然因素造成围堰上游库容与水位之间关系的不确定性。

3）上游围堰起调水位也是影响调洪计算的重要因素。通过水位计算的敏感性分析确定上游围堰调洪起调水位对调洪计算结果的影响。

（8）水电工程施工导流的风险受到来流洪水过程和建筑物泄流能力的影响。为了确定上游围堰的堰顶高程和堰前水位，应综合考虑堰前的洪水水文特性、导流泄洪水力条件等不确定性，通过随机调洪演算分析计算来确定。施工导流系统风险率的计算流程如下：

1）分析确定导流系统水文、水力原始数据及计算参数。

2）生成施工洪水过程及其随机数。

3）拟合洪水过程线。

4）生成导流建筑物泄流过程及其随机数。

5）拟合导流建筑物泄流过程线。

6）进行随机调洪演算分析和围堰上游水位计算。

7）统计上游围堰的堰前水位分布。

8）分析在不同围堰高度条件下风险率 R（或保证率 P）及其动态综合风险率 $R(n)$。

当坝体的修筑高程超过围堰的高程，采用坝体的临时断面度汛时，施工导流标准风险分析校核度汛洪水标准的方法和步骤与围堰挡水度汛相同。

（9）对于导流标准选择，风险、投资（或费用）与工期三者之间的关系取决于两方面的约束：一方面是最大允许的施工进度要求；另一方面是最大允许投资的限制。这两个要求的理解是超载洪水发生后，是否有允许的时间和投资把被破坏的导流建筑物重新恢复。在选择导流标准的决策时，应考虑决策者在能够接受的风险范围内，协调处理投资规模、导流系统的施工进度、超载洪水导致的导流建筑物损失、溃堰时对河道下游造成的损失和发电工期的损失之间的关系，可采用多目标风险决策方法进行施工导流标准选择的决策。

对有关问题阐述如下：

1）施工导流挡水建筑物的设计应考虑施工洪水过程和导流建筑物泄流能力，确定上游设计水位与上游围堰高程，分析上游围堰高程与上游设计水位的关系，判断围堰是否满足度汛要求。

2）以往施工导流设计标准只考虑施工洪水过程，即洪水的重现期 T，按式（2.4-6）计算：

$$T = 1/P \qquad (2.4-6)$$

而围堰是否满足度汛要求，不仅与施工洪水过程有关，还与导流建筑物泄流能力有关。因此，应综合考虑施工洪水过程和导流建筑物泄流能力确定上游设计水位，将导流的风险率 R 转换成当量洪水重现期 T_e。

3）由于在导流设计标准中考虑了导流建筑物泄流能力的不确定性，因此要求当量洪水重现期 T_e 大于或等于设计洪水重现期（或导流标准）。

4）在围堰使用运行年限内，n 年内遭遇超标洪水的动态综合风险率 $R(n)$ 类似于过去的含义，按式（2.4-7）计算：

$$R(n)=1-(1-1/T)^n \qquad (2.4-7)$$

5）施工洪水过程线采用 P-Ⅲ型分布。

6）在施工导流泄洪建筑物及其规模确定的情况下，受围堰上游水位和泄流建筑物流量系数等水力参数影响，导流建筑物泄流能力的不确定性可采用三角分布进行描述。

7）施工导流设计不仅仅受施工洪水过程和导流建筑物泄流能力的影响，还有其他随机性因素，例如：①典型洪水过程线确定与水文资料的收集、整理和选择；②由于工程测量、计算以及围堰上游库区的坍塌等自然因素引起围堰上游库容与水位之间关系的变化；③上游围堰起调水位的影响等。

8）为了确定上游围堰的堰顶高程和堰前水位，通过蒙特卡罗随机模拟法随机抽样水文特性和水力条件的不确定性，每一次抽样进行一次调洪演算，统计分析计算堰前水位。

导流标准风险决策的方法主要有最大单位风险度效益率法和最小期望损失决策法等。目前，施工导流风险度理论在实践中并未完全成熟。表 2.4-7 列出了部分工程初期导流阶段的风险度实际选择结果。根据部分工程的建设经验，建筑物级别为 3 级的土石围堰和混凝土围堰，其最大风险度分别不超过 15% 和 20%，部分堰前库容大且下游有重要城镇的工程还需再降低风险度。4 级围堰风险度可相对略做加大。

表 2.4-7　　　　　　　　　　　部分工程施工期设计风险度

工程名称	初期导流阶段的主要临时建筑物	有 关 时 间	洪水设计标准	风险度
三峡二期	土石围堰（2级），右岸导流明渠	1998 年 7 月围堰建成，2001 年汛后围堰拆除，围堰度汛 4 年	下堰和导流明渠 $P=2\%$ 上堰 $P=1\%$，按 $P=0.5\%$ 保堰	上堰：4% 下堰：7.8%
二滩	土石围堰（3级），左、右岸导流隧洞	1994 年 5 月围堰建成，1997 年汛前坝体具备挡水条件，1997 年汛后导流隧洞下闸，围堰度汛 3 年	$P=3.33\%$ （上堰按 $P=2\%$ 保堰）	9.7%
XW	土石围堰（3级），左岸导流隧洞	2005 年汛前建成，围堰度汛 4 年	$P=3.33\%$	12.7%
龙滩	碾压混凝土围堰（3级），左、右岸导流隧洞	2004 年汛前建成，围堰度汛 2 年	$P=10\%$	19.0%
拉西瓦	土石围堰（4级），左岸导流隧洞	2004 年汛后围堰建成，2008 年汛前坝体具备挡水条件，围堰度汛 4 年	$P=5\%$	18.5%
锦屏一级	土石围堰（3级），左、右岸各 1 条导流隧洞	2007 年汛前建成，围堰度汛 5 年	$P=3.33\%$	7.23%～9.63%

工程名称	初期导流阶段的主要临时建筑物	有 关 时 间	洪水设计标准	风险度
NZD	土石围堰（3级），左、右岸共5条导流隧洞	2008年汛前建成，围堰度汛2年	$P=2\%$	2.88%
梨园	土石围堰（3级），2条导流隧洞	围堰度汛4年	$P=3.33\%$	2.47%
观音岩	土石围堰（3级），导流明渠	2011年汛前建成，围堰度汛3年	$P=3.33\%$	7.15%

2.5　围堰工程

2.5.1　围堰布置及型式选择

1. 围堰布置基本要求

围堰布置应综合考虑地形、地质条件、施工交通、基坑开挖范围、泄流、防冲、通航、施工总布置等因素后确定，宜与永久建筑物结合布置。

围堰作为围护建筑物施工、创造干地施工条件、使其免受河水影响的临时性挡水建筑物，其布置要满足所围护建筑物的基础开挖，施工机械、施工道路及施工场地布置，基坑排水系统布置等要求。

围堰背水坡脚距永久建筑物基础开挖边坡开口线不小于10m，若布置有困难，一般在背水坡脚处设置临时挡墙。永久建筑物基础开挖较深时，应对围堰基础岩层和覆盖层中的软弱层面稳定进行核算。

围堰布置应考虑围堰的下游边坡及堰后基坑开挖边坡稳定等因素，特别对堰基地质条件复杂及深厚覆盖层的基坑开挖边坡，围堰布置应考虑为堰后基坑边坡采取工程处理措施留出位置。

围堰与岸坡接头设计应保证堰体与岸坡接合面具有良好的防渗性能，并防止岸坡附近的堰体产生不均匀沉陷而开裂及土石围堰防渗体产生水平劈裂。土石围堰与混凝土建筑物的连接型式，应使围堰不致产生裂缝，防止与防渗体接触带产生渗透变形，以保证围堰稳定，并使结合面具有良好的防渗性能。

围堰布置应考虑水力学条件及防冲要求。

纵向围堰布置既要考虑沿线堰体坡脚附近水流平顺，还需兼顾上、下游横向围堰坡脚附近的流态、流速情况，避免水流紊乱对横向围堰坡脚造成危害性冲刷。例如：葛洲坝一期土石纵向围堰因围护二期纵向围堰上、下游端部弯段施工的需要，上游横向段与纵向段的相接处和下游横向段与纵向段的相接处形成凸出部位（称矶头），起到挑流作用，矶头部位坡脚流速达5~7m/s，纵向段沿线及下横段坡脚处为回流区，流速为1~2m/s，对矶头部位进行重点防冲保护，运行实践证明此设计是成功的。

过水围堰布置要考虑堰顶过水的流态、流速情况，尽量使水流平顺、均匀宣泄，避免水流集中及水流紊乱对堰体和两岸及下游基础造成危害性冲刷。

围堰与导流泄水建筑物（包括临时的导流建筑物和永久泄水建筑物）进出口的距离视导流泄水建筑物泄流的流态及流速情况而定，一般距进口 10～50m，距出口 30～100m，或在导流泄水建筑物进出口修筑一定长度的导墙，以防止导流泄水建筑物泄流对围堰坡脚造成危害性冲刷。

2. 围堰型式选择原则

围堰是水电工程建设中最重要、最普遍的临时建筑物之一，同时又是安全性要求高、种类比较繁多的建筑物。按施工材料分，有混凝土型、土石型、草土型、钢结构型等；按是否过水分，有过水型和不过水型两种；按结合性质分，有永久型和临时型两种；按场地位置分，有上游、下游和纵向等；按拆除要求分，有部分拆除型、全部拆除型和不拆除型三种。围堰设计是水电工程施工组织设计的重要内容之一，在设计中要充分掌握各种基础资料，并结合所在工程的施工特点，对各种影响因素进行综合分析。

围堰系临时建筑物，在围护的永久建筑物投入运行前，应拆除部分堰体或全部堰体。故在选择围堰型式时，应考虑堰体结构简单、施工方便，在保证围堰施工质量的前提下，有利于加快施工速度和后期拆除。为降低造价，利于环保，缩短工期，选择围堰型式时应充分利用当地材料和主体建筑物开挖料，在大中型水电工程中应优先选用土石围堰，以便于填筑和拆除。

为确保围堰基础满足堰体稳定和防渗要求，选择围堰型式时，结合围堰基础地质（含堰基覆盖层及基岩）条件，确定符合实际地质条件的可靠处理方案。基础处理方案在保证施工质量前提下应尽量简化，有利于加快围堰施工进度。围堰与岸坡或建筑物连接要满足防渗和稳定要求，视岸坡地形、地质条件和建筑物的结构特点选择连接简便的接头型式。

围堰施工通常安排在一个枯水期修筑至设计高程或度汛高程，以确保安全度汛，因此，围堰施工工期一般比较紧张，对深覆盖层上的高围堰，工期紧张问题尤为突出。选择围堰型式时要考虑围堰施工工期的影响。

不同的围堰型式有其不同的适用条件，围堰型式要与堰基的地形地质条件相适应。

在洪枯流量变化较大的河流上的水电工程，一般采用过水围堰。混凝土过水围堰适应性强，但造价相对较高；土石围堰造价相对有优势，但防护难度大，经综合分析比较确定。围堰型式选择原则如下：

(1) 安全可靠，满足稳定、防渗、抗冲的要求。

(2) 构造简单，施工方便，易于拆除，优先利用当地材料及开挖渣料。

(3) 与堰基地形、地质条件、堰址水文条件、堰体水力学条件等相适应。

(4) 堰基易于处理，堰体便于和岸坡或已有建筑物连接。

(5) 能在预定的施工期内修筑到需要的断面及高程，满足施工进度要求。

(6) 具有较好的技术经济指标。

2.5.2 不同围堰型式的要求

2.5.2.1 土石围堰

土石围堰系就地取材修建，堰体材料可充分利用工程开挖渣料和截流戗堤，有利于降低工程造价，且具有施工技术简单、能直接在流水中修建、施工过程中即可投入运用等优点。因此，土石围堰是设计中常采用的一种堰型。如溪洛渡水电站大坝上游围堰和白鹤滩水电站大坝上游围堰均采用土石围堰，如图 2.5-1 和图 2.5-2 所示。

图 2.5-1　溪洛渡水电站大坝上游围堰

图 2.5-2　白鹤滩水电站大坝上游围堰

土石围堰的防渗材料应根据坝址料源情况、堰基防渗型式、施工条件及环境保护要求等综合比选确定，并应符合下列规定：①围堰堰体防渗宜采用土工膜，其挡水水头不宜超过 40m，超过 40m 时应研究论证；②当地有黏土、砂壤土、风化料或砾质土等料源，经试验论证能满足防渗要求，开采条件良好，环境影响可控，可作为土石围堰防渗材料，并适宜作为较高挡水水头的防渗体。

土石围堰的填筑材料应符合下列规定：①防渗土料的渗透系数不宜大于 $1×10^{-4}$ cm/s，选用当地风化料或砾质土料时，应经试验确定；②堰壳料宜选用渗透系数大于 $1×10^{-2}$ cm/s 的砂卵砾石料或石渣料；③水下堆石体宜采用软化系数大于 0.7 的石料；④反滤料和过渡层料宜优先选用满足级配要求的天然砂砾石料；⑤与土石坝结合布置的堰体，其材料选择应符合大坝填筑料的有关规定。

葛洲坝砂壤土（渗透系数为 $1×10^{-4}$ cm/s）作围堰防渗心墙，运用中证明防渗效果良好，且国内外在围堰及永久性工程设计中多采用此值，亦能满足要求，故围堰防渗土料的渗透系数定为小于等于 $1×10^{-4}$ cm/s。堰壳料的排水效果要求良好，可用渗透系数大于 $1×10^{-2}$ cm/s 的无凝聚性的自由排水材料。

2.5.2.2　混凝土与胶凝砂砾石围堰

混凝土围堰宜选用重力式碾压混凝土结构。河谷狭窄且地质条件良好的堰址可采用碾压混凝土拱形围堰。为充分利用天然砂砾石料和开挖石渣，可采用胶凝砂砾石围堰、堆石混凝土围堰。

混凝土围堰具有抗冲及抗渗能力大、断面尺寸小、易于与永久混凝土建筑物相连接、堰体可以过水等优点，但也存在造价高、施工条件严格、工期较长的缺点，一般在大中型水电工程中用作分期导流的纵向围堰和山区峡谷中的横向过水围堰。例如：三门峡、丹江口、水口、五强溪、三峡、向家坝等大型水电工程的纵向围堰采用混凝土围堰；岩滩、隔河岩、DCS 等大型水电工程的过水围堰采用混凝土围堰。混凝土围堰一般需要在土石围堰的保护下施工，增加了临时土石围堰的投资，同时由于布置临时土石围堰的需要，将增加泄水建筑物的长度，其导流工程投资一般比较大，因此不过水围堰采用得较少。如经技术经济比较或在特定条件下，也用作不过水围堰，如龙滩水电站上游围堰、构皮滩水电站上游围堰均采用碾压混凝土围堰全年挡水；喜河水电站厂房围堰采用碾压混凝土围堰全年挡水；三峡水电站三期碾压混凝土围堰临时挡水发电。碾压混凝土（RCC）围堰具有施工速度快、造价低、过水时安全性高等优势，因此，有条件时应优先选用。例如：岩滩工程上下游 RCC 围堰（高 52.3m），隔河岩工程上游过水 RCC 拱围堰（高 40m），DCS 工程上游过水 RCC 拱围堰（高约 41m），水口工程 RCC 纵向导墙，龙滩工程 RCC 重力围堰（高 87.6m），三峡工程三期上游 RCC 重力围堰（高 121m）等，其中，三峡工程三期 RCC 围堰的施工周期仅为 4 个月。

洪口水电站上游围堰采用胶凝砂砾石过水围堰，最大堰高为 35.5m，堰顶轴线长度为 97.15m，过堰流量达到 5400m³/s，堰顶水头达 8m 左右，总过水时间为 44h；DHQ 水电站上游围堰采用胶凝砂砾石过水围堰，最大堰高为 57.0m，堰顶轴线长度为 125.0m，过堰流量达到 1420m³/s，堰顶水头达 4.26m 左右，过堰持续时长约 17d。胶凝砂砾石过水围堰经受住了过水度汛考验。

2.5.2.3　钢板桩格型围堰

装配式钢板桩格型围堰适用于在岩石地基或混凝土基座上建造，其最大挡水水头不宜大于 30m；打入式钢板桩围堰或钢管板桩围堰适用于细砂砾石层和细粒土层地基，其最大挡水水头不宜大于 20m。

钢板桩格型围堰格体的平面几何形状有圆筒形、扇形及花瓣形等，应用较多的是圆筒形格体。

1908 年，美国纽约州布法罗城黑石港修建第一座钢板桩格型围堰后，国外已广泛应用在水利、港口工程。1976 年，葛洲坝二期围堰工程采用了钢板桩围堰，设计施工运转良好。这种围堰具有安全可靠、抗冲刷、断面小、施工机械化程度高、易于拆除等优点，特别是钢板桩回收率高可以重复使用。但该种围堰的钢板桩要求为横向锁口抗拉强度高的直腹板型，当时我国尚未定型生产，故全面推广受到限制。

美国马克兰德水电站厂房的双排圆形格型围堰的高度达到 35.0m。美国肯塔基围堰建在 29m 厚覆盖层上，板桩通过 15m 厚砂砾石覆盖层，打桩相当困难。

在有较深覆盖层的河床中采用板桩围堰是合适的。板桩材料有木、钢筋混凝土和钢板桩几种。图 2.5-3 所示为钢板桩格型围堰的平面图。它是由许多块钢板桩通过锁口互相连接而成的格型整体。钢板桩的锁口有握裹式、互握式和倒钩式 3 种。格体内填充透水性较强的填料，如砂、砂卵石或石渣等。在向格体内进行填料时，必须保持各格体内的填料表面大致均衡上升，高差太大会促使格体变形。

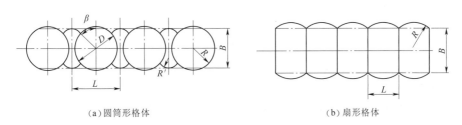

(a) 圆筒形格体　　　　　　　　　　　　　　(b) 扇形格体

图 2.5-3　钢板桩格型围堰平面图

钢板桩格型围堰具有坚固、抗冲、抗渗、围堰断面小、便于机械化施工、钢板桩可重复使用等优点，尤其适于在束窄度大的河床段作为纵向围堰。但由于需大量钢板，且施工技术要求高，我国目前仅应用于大型工程中。

2.5.2.4　其他类型围堰

（1）结合当地材料分布、地区环境和施工特点，低水头围堰可采用浆砌石、木笼、竹笼、草土等型式。草土、竹笼等低水头围堰在中小型工程中使用较多。如 2002 年年初，黄河上游的小峡水电站在一期工程施工中就选用了高度约为 13m 的草土围堰。其他型式的围堰（如木笼、竹笼围堰等）在 20 世纪 50—60 年代的新安江、富春江、柘溪等工程中使用比较成功，目前因施工机械化水平已有较大幅度提高，已很少使用。

（2）混凝土叠梁和其他特种钢围堰适用于在泄水建筑物孔口或闸室前缘使用。新安江、水口等工程的坝身导流底孔封堵采用混凝土叠梁型式。大峡水电站的导流明渠封堵采用钢叠梁型式。三门峡泄水底孔的改建采用特种钢围堰型式。张河湾抽水蓄能电站下水库冲沙底孔和泄水底孔改建采用沿已建进口贴壁下放临时钢板围堰挡水。这些围堰的设计和施工之所以比较成功，关键在于细部结构设计和工序环节控制做得比较好。

2.5.3　围堰结构设计要求

2.5.3.1　围堰结构设计荷载组合及堰顶宽度要求

围堰结构设计荷载组合及堰顶宽度要求如下：

（1）围堰结构设计应遵照有关水工建筑物设计规范，但荷载组合只考虑正常运行洪水情况。对于重要的临时挡水发电围堰，其结构设计可考虑按适度设防类建筑物进行抗震校核。3级围堰的安全稳定计算除采用材料力学方法外，还宜用有限元法复核应力、变形和堰基深层抗滑稳定。

（2）围堰的平面布置应考虑地形地质条件、施工交通、基坑开挖范围和防冲等因素。堰顶宽度应能满足施工需要和防汛抢险要求。

（3）上游围堰的设计水位应考虑工期、投资、库区初期淹没等因素的影响。当库区有城镇时，围堰壅高形成的上游水位应低于城镇防洪设计标准对应的水位。

（4）级别为3级和失事后果较严重的4级土石围堰，除加强自身安全监测、在库区设立水情自动测报系统外，还应结合工程特点经技术经济分析，研究采用增加超高或设置非常溢洪道等抵御超标洪水的安全措施。

（5）位于厂房下游尾水的围堰应予彻底拆除；位于挡水建筑物上游的围堰，拆除标准为不影响其他永久泄水建筑物、发电引水进水口等正常运行。

围堰结构设计大部分与坝工设计要求相同，由于围堰具有使用期短、围堰前水位时涨时落等特点，设计荷载只需按正常情况进行计算，若遇超标准荷载，可采取临时措施解决，因此，围堰顶宽应满足度汛抢险施工需要。

施工安全度汛应考虑围堰遇超标准洪水时的临时度汛措施，应针对各种不同坝型及其存在的问题，采取相应的防护措施。无论是不过水围堰还是过水围堰，初期围堰度汛，都有一定的设计洪水标准和安全措施。遇超标准洪水时，应采取临时度汛措施。度汛措施一般有：①在堰顶加高子堰，提高挡水标准，如龙羊峡水电站遇超标准洪水，围堰临时抢高4m，保证了安全度汛；②设置非常溢洪道，增大泄洪能力；③对于混凝土围堰，允许堰顶过水，但应考虑围堰过水时的稳定。

2.5.3.2　土石围堰结构计算

土石围堰的堰体结构计算应符合下列规定：

（1）填筑坡比应根据材料的物理力学特性和碾压工艺等因素经计算分析后确定。

（2）反滤、排水布置，沉降计算和渗透控制指标应符合《碾压式土石坝设计规范》（NB/T 10872—2021）的有关规定。

（3）3级土石围堰的水上压实指标应符合《碾压式土石坝设计规范》（NB/T 10872—2021）的有关规定，4级和5级土石围堰经分析论证可适当降低。

（4）围堰堰体采用土工膜防渗时，土工膜达到允许拉伸变形时的拉应力与最大水头产生的拉应力之比应大于2。土工膜与防渗墙盖帽混凝土及两岸基岩应通过混凝土基座连接，连接处应设伸缩节。土工膜的布置应符合《土工合成材料应用技术规范》（GB/T 50290—2014）的有关规定。

（5）围堰堰体采用混凝土防渗墙、高压喷射灌浆、水泥或黏土水泥灌浆等防渗型式时，防渗体部位的填筑材料宜采用碎石料或砂砾石料等颗粒较细的填筑料，并应注意避免截流戗堤对该部位施工的不利影响。

（6）坝体防渗体与坝基防渗体、岸坡和混凝土建筑物的连接应满足渗透稳定的要求。

2.5.3.3　混凝土围堰结构计算

混凝土围堰结构计算一般只需进行常规稳定安全校核，重要的和高水头混凝土围堰的安全稳定除应采用材料力学方法计算外，还宜采用有限元法复核其应力和变形。

建筑物的应力应变安全控制标准，包含坝体和坝基的应力和变形两方面的内容。结构物的应力与变形性状的复杂性，与建筑物的型式、地基的特性关系密切。

混凝土的允许应力是按混凝土极限强度除以相应的安全系数确定的。安全系数大小表示了混凝土强度的安全度储量。

混凝土围堰也具有使用期短、遭遇洪水时涨时落、最高水位持续时间不长等特点，因此将基础允许出现的主拉应力定为 0.15MPa 以下，堰面允许有 0.2MPa 以下的主拉应力。

2.5.4　围堰堰基覆盖层防渗处理方式

围堰堰基处理方案应根据堰基地形地质条件、施工条件、施工工期及投资等综合确定，满足围堰和堰基的稳定、变形与沉降要求。土石围堰堰基的覆盖层防渗处理方式应符合下列规定：

（1）覆盖层及水深较浅时，可设临时低围堰抽水开挖齿槽，或在水下开挖齿槽，修建截水墙防渗。

（2）根据覆盖层厚度和组成情况，可比较选用混凝土防渗墙、高压喷射灌浆、水泥或黏土水泥灌浆、板桩灌注墙、泥浆槽防渗墙、钢板桩、搅拌桩等防渗型式。必要时可采用组合防渗型式。

（3）挡水水头不高时可采用铺盖防渗，堰基覆盖层渗透系数与铺盖土料渗透系数的比值应大于 50，铺盖厚度不宜小于 2m。

（4）位于深厚覆盖层上的低水头围堰，当采用铺盖或悬挂式防渗型式时，防渗布置应结合渗透稳定、基坑排水费用和投资等要求综合确定。

（5）漂石含量多的地层，不宜采用钢板桩和高压喷射灌浆防渗。

选用何种堰基防渗处理方式主要取决于堰基覆盖层深度、组成情况、物理力学特征和渗流特性。设计中应针对覆盖层的不同情况采用相适应的有效防渗措施，以达到防渗效果好、施工方便、工期满足要求、防渗处理费用较低的目的。

2.5.5　土石围堰防止水流冲刷措施

土石围堰与导流明渠连接处，宜适当加长导水墙或设丁坝将主流挑离围堰，防止水流冲刷堰基。土石围堰迎水面堰坡保护范围可自最低水位以下 2m 起至堰顶。水下防护材料可用抛石、钢筋铅丝笼或混凝土柔性排等；水上防护材料可用砌石或钢筋铅丝笼。防护材料应根据获得条件、水流流速、施工难度等因素，经技术经济比较后选定。

围堰的接头是指围堰与围堰、围堰与其他建筑物及围堰与岸坡等的连接。混凝土纵向围堰与土石横向围堰的接头一般采用刺墙型式，以增加绕流渗径，防止引起有害的集中渗漏。土石围堰与泄水道接头处，通过适当加长导水墙或设丁坝将主流挑离围堰，可以有效防止水流冲刷堰基。

围堰遭受冲刷在很大程度上与其平面布置有关，一般多采用抛石护底、铅丝笼护底、柴排护底等措施来保护堰脚及其基础，以防止局部冲刷。围堰区护底范围及护底材料尺寸的大小一般通过水工模型试验确定。解决围堰及其基础的冲刷问题，除了护底以外，还应对围堰的布置给予足够的重视，力求使水流平顺地进、出束窄河段。通常在围堰的上下游转角处设置导流墙，以改善束窄河段进、出口的水流条件。

葛洲坝工程采用分期导流，坝址江面宽 2200m，由葛洲坝和西坝两座小岛将长江分为大江、二江、三江，大江宽约 800m，为主河槽，二江、三江宽度分别为 300m 和 550m。一期围堰大江河道左侧的二江、三江，在葛洲坝小岛右侧的大江漫滩上修建土石纵向围堰，与二江、三江上下游土石围堰共同形成一期基坑，河床束窄过流面积约为原河床总过水面积的 45%，为大江过水面积的 19%。围堰防冲是一期土石纵向围堰设计的关键技术问题。水工模型试验表明，当流量为 71100m^3/s 时，围堰上游转角处（即上游横向段与纵向段连接处）及下游转角处（即下游横向段与纵向段连接处）流速为 5～7m/s，上游转角处的局部落差达 2.5m，最大流速达 7.2m/s。设计参照我国堤防护岸工程的经验，结合一期纵向围堰的具体情况，确定围堰防冲设计的原则是"守点保线"。在围堰上游转角处设防冲丁坝，下游转角处设防冲矶头，作为重点防冲措施。上游丁坝与葛洲坝头部的丁坝联合作用，共同挑流分担落差，使一期纵向围堰其他部位的堰体坡脚在回流区内，以简化围堰全线的防冲措施。对围堰迎水坡沿线也配以必要的防护设施。守点也是保线，而保线又有利于固点。"点"和"线"统筹考虑，使防冲措施既经济合理又确保安全。围堰建成运行 5 年，上游丁坝及下游矶头挑流效果显著，围堰纵向段坡脚回流未发现异常情况。实践证明，一期土石纵向围堰防冲设计采用"守点保线"方案是成功的。由于堰体建在天然河床砂砾石基础上，围堰防冲的要害问题是防止坡脚覆盖被淘刷，设计考虑流速、流态和覆盖层的不同情况，分别选用不同的保护措施。丁坝采用混凝土块柔性排防冲板保护坡脚覆盖层，矶头采用堆石体保护坡脚覆盖层，实施结果表明，防止围堰坡脚淘刷的措施效果都比较好。葛洲坝工程施工导流，在束窄河床砂砾石覆盖层厚 10～22m 的基础上修建土石纵向围堰，运行中围堰迎水坡脚处水流流速为 5～7m/s，防冲设施正常，为我国大中型水电工程建设在束窄河床修建土石纵向围堰防冲技术提供了实践经验。

2.5.6 过水围堰

过水围堰型式、布置与消能防冲设计应根据围堰过水时的水力学条件、堰基覆盖层厚度等综合分析确定，并使过堰水流归于主河床，避免下游河床、岸坡发生危害性冲刷。过水围堰在各级流量下的流态和水力要素可采用水工模型试验验证。对最不利的过流工况，应通过有效措施改善过流流态和上、下游水面衔接，并应采取下列防护措施：

（1）基坑边坡覆盖层应预先做好反滤压坡，过水前宜向基坑充水形成水垫。

（2）溢流面型式和防护材料应经方案比较后确定。混凝土过水围堰宜采用台阶式溢流面；过水土石围堰溢流面应根据堰顶过流时的单宽流量和流速，并考虑流速分布、流态和脉动压力等水力学指标和施工条件等因素采用钢筋笼、混凝土楔形体、混凝土柔性板等防护，并在其下设置反滤垫层。采用混凝土溢流板时，面板应设置排水孔。

（3）过水土石围堰下游坡脚设置挑流设施及护底，保护堰体坡脚和堰后基础。根据地质条件和水力学条件可选择坡面平台消能式、顺坡护底式、镇墩挑流式。重力式挑流墩应坐落在基岩上。

（4）围堰堰顶横河向宜做成两岸高、中间低的断面型式，并对两岸接头采取防护措施，保证过堰水流位于主河道，以减少水流对两岸接头及堰后岸坡的冲刷破坏。

设计中应针对工程具体情况，因地制宜地采取有效的防冲措施，选用恰当的材料，力求在节约投资的基础上，使围堰在运用过程中安全可靠。

2.5.7　围堰堰顶高程和堰顶安全超高值的规定

围堰堰顶宽度应能满足施工需要和防汛抢险要求。围堰堰顶高程和堰顶安全超高应符合下列规定：

（1）不过水围堰的堰顶高程不应低于设计洪水的静水位与波浪高度及堰顶安全超高值之和，不过水围堰堰顶安全超高不应低于表 2.5-1 中规定的数值。过水围堰的堰顶高程应按围堰挡水期设计洪水静水位加波浪高度确定。

表 2.5-1　　　　　　　　　不过水围堰堰顶安全超高下限值　　　　　　　　　单位：m

围 堰 型 式	围 堰 级 别	
	3 级	4 级、5 级
土石围堰	0.7	0.5
混凝土围堰、浆砌石围堰	0.4	0.3
钢板桩、钢管桩围堰	0.4	0.3

（2）土石围堰防渗体在设计洪水的静水位以上的安全超高值：斜墙式防渗体为 0.6～0.8m；心墙式防渗体为 0.3～0.6m。3 级土石围堰的防渗体顶部应预留竣工后的沉降超高。

（3）考虑涌浪或折冲水流影响，当下游有支流顶托时，应组合各种流量顶托情况，复核堰顶高程。

（4）可能形成冰塞、冰坝的河流应考虑其造成的壅水高度。

安全超高的定义有两种：其一，安全超高包括波浪爬高、风浪增高和安全加高，前两项需要经计算确定，对于不同的建筑物，有相应的标准规定其计算方法；其二，安全超高仅指安全加高，安全加高是为了避免各种因素对建筑物安全的影响而采取的一种工程措施，安全加高随着建筑物的类型、运用情况和建筑物的级别不同而规定不同数值。

纵向围堰的堰顶高程要与束窄河床中宣泄导流设计流量时的水面曲线相适应，因此纵向围堰的顶面往往做成阶梯形或倾斜状，其上游部分与上游围堰同高，下游部分与下游围堰同高。

施工期坝体安全超高和坝的级别有关。采用临时断面时，超高值应适当加大。对于用堆石体临时断面度汛的坝体，应综合考虑临时断面高度、坝型、坝的级别及坝的拦洪库容。坝的拦洪库容选用较大的超高值，一般在 1.5～2.0m 之间，也有采用 3m 超高值的实例。在施工运用阶段，拦洪高程应按设计标准和校核标准分别计算，其中校核标准中的拦洪高程不再另计安全加高。

不过水围堰堰顶高程一般根据设计洪水位加波浪高度及安全超高确定。过水围堰堰顶高程按围堰挡水期设计洪水静水位加波浪高度确定，不另加安全超高值。

2.5.8 围堰的稳定安全系数要求

2.5.8.1 围堰结构安全标准

围堰结构安全标准应符合下列规定：

（1）混凝土围堰用材料力学公式计算最大、最小垂直正应力时，迎水面允许有不大于 0.15MPa 的主拉应力，堰体允许有不大于 0.2MPa 的主拉应力。

（2）土石围堰的边坡稳定性采用瑞典圆弧法计算时，围堰等级为 3 级时的最小抗滑稳定安全系数为 1.2，围堰等级为 4 级和 5 级时的最小抗滑稳定安全系数为 1.05。采用其他精确计算方法时，最小抗滑稳定安全系数应相应提高。

（3）其他的围堰结构安全标准，参照具体使用的水工建筑物设计规范的有关规定执行。

在围堰运行期应进行变形、堰前水位、渗水量、沉陷等外部安全监测。对于 3 级围堰，宜进行内部应力应变和渗流等安全监测。

围堰的稳定安全控制指标包括土石围堰边坡稳定安全系数和重力式混凝土围堰、浆砌石围堰的抗滑稳定安全系数，混凝土拱围堰、浆砌石拱围堰的稳定安全系数及应力控制指标等，围堰的稳定安全控制指标的选择与围堰级别、计算方法等因素有关。

2.5.8.2 重力式混凝土围堰、浆砌石围堰抗滑稳定安全系数

混凝土围堰采用材料力学公式计算最大、最小垂直正应力时，迎水面堰基允许主拉应力不应大于 0.15MPa，迎水面堰体允许主拉应力不应大于 0.2MPa。抗滑稳定安全系数应采用概率极限状态设计原则，以分项系数极限状态设计表达式进行计算，混凝土重力式围堰应符合《混凝土重力坝设计规范》（NB/T 35026—2014）的有关规定，混凝土拱形围堰应符合《混凝土拱坝设计规范》（NB/T 10870—2021）的有关规定。混凝土重力式围堰的抗滑稳定安全系数也可采用单一安全系数法进行计算，其抗滑稳定安全系数不应低于表 2.5-2 规定的数值。当堰基岩体内存在软弱结构面、缓倾角裂隙时，尚应核算堰基深层抗滑稳定。

表 2.5-2 混凝土重力式围堰抗滑稳定最小安全系数

计算公式	采用抗剪断强度计算公式	采用抗剪强度计算公式	备 注
堰基面抗滑稳定安全系数	3.0	1.05	两种方法均可采用
堰基深层抗滑稳定安全系数	3.0	经论证后确定	首选抗剪断强度计算公式

注 堰基深层抗滑稳定计算中，当采取工程措施后，按抗剪断强度计算公式计算的安全系数值仍不能达到表中要求时，可按抗剪强度公式计算安全系数，安全系数指标应经论证后确定。

（1）抗剪断强度的计算公式：

$$K' = \frac{f'\sum W + c'A}{\sum P} \qquad (2.5-1)$$

式中：K' 为按抗剪断强度计算的抗滑稳定安全系数；f' 为堰体混凝土与堰基接触面的抗剪断摩擦系数；c' 为堰体混凝土与坝基接触面的抗剪断黏聚力，kPa；A 为堰基接触面截面积，m^2；$\sum W$ 为作用于堰体上全部荷载对滑动平面的法向分值，kN；$\sum P$ 为作用于堰体上全部荷载对滑动平面的切向分值，kN。

（2）抗剪强度的计算公式：

$$K = \frac{f\sum W}{\sum P} \qquad (2.5-2)$$

式中：K 为按抗剪强度计算的抗滑稳定安全系数。

2.5.8.3　土石围堰边坡稳定安全系数

土石围堰边坡及覆盖层地基的抗滑稳定计算应符合《碾压式土石坝设计规范》（NB/T 10872—2021）的有关规定，按单一安全系数刚体极限平衡法进行，土石围堰抗滑稳定最小安全系数不应低于表 2.5-3 规定的数值。

级别为 3 级和失事后果较严重的 4 级土石围堰，除应加强自身安全监测、在库区设置水情自动测报系统外，还应结合工程特点，经技术经济分析，研究采用增加超高或设置非常溢洪道等抵御超标洪水的安全措施。

表 2.5-3　　　　　　　　　　土石围堰抗滑稳定最小安全系数

围堰级别	安全系数（一）	安全系数（二）
3 级	1.2	1.3
4 级、5 级	1.05	1.15

注　采用瑞典圆弧法或假定滑楔之间作用力为水平方向的滑楔法计算时，选取安全系数（一）；采用毕肖普法或假定滑楔之间作用力平行于坡面和滑底斜面的平均坡度的滑楔法计算时，选取安全系数（二）。

土石围堰边坡稳定安全系数一般均参照土石坝的相应计算方法，不同的计算方法得出的抗滑稳定安全系数是有差异的。按不考虑土块间作用力，将不同规范规定的最小安全系数进行对比，见表 2.5-4。

表 2.5-4　　　　　　　　不同规范抗滑稳定最小安全系数对比表

运用条件	规范号	土石坝或土堤建筑物级别					土石围堰建筑物级别	
		1	2	3	4	5	3	4～5
正常运用条件	SL 274	1.30	1.242	1.20	1.15	1.15		
	SL 189	—	—	—	1.15	1.15		
	GB 50286	1.30	1.25	1.20	1.15	1.10		
非常运用条件 I	SL 274	1.20	1.15	1.10	1.058	1.05		
	SL 189	—	—	—	1.05	1.05		
	GB 50286	1.20	1.15	1.10	1.05	1.05		

续表

运用条件	规范号	土石坝或土堤建筑物级别					土石围堰建筑物级别	
		1	2	3	4	5	3	4～5
非常运用条件Ⅱ	SL 274	1.10	1.06	1.06	1.01	1.01		
	SL 189	—	—	—	1.05	1.05		
	GB 50286	1.20	1.15	1.10	1.05	1.05		
正常运用条件	SL 303						1.20	1.05

对于重要的工程，为安全起见，综合考虑土石围堰的运用工况，其边坡稳定安全系数下限值一般情况下可按瑞典圆弧法计算控制。

2.5.8.4 胶凝砂砾石围堰稳定计算

胶凝砂砾石围堰稳定计算可按混凝土重力式围堰计算方法进行，当胶凝材料含量较低时，还应按照土石围堰稳定计算方法复核堰体边坡稳定。用材料力学法进行应力计算时，胶凝砂砾石围堰堰体及堰基垂直应力不宜出现拉应力。

2.6 导流泄水建筑物

2.6.1 导流明渠

2.6.1.1 导流明渠布置原则

导流明渠布置应遵守下列原则：

（1）应泄量大，工程量小，宜与永久建筑物结合。

（2）应弯道少，避开滑坡、崩塌体及高边坡开挖区。

（3）应便于布置进入基坑的交通道路。

（4）进出口距上、下游围堰堰脚应有适当距离，与围堰接头应满足堰基防冲要求。

（5）明渠中心线弯道半径不宜小于 3 倍明渠底宽，进出口轴线与河道主流方向的夹角宜小于 30°，避免泄洪时对上、下游沿岸及施工设施产生冲刷。

2.6.1.2 导流明渠布置要点

（1）明渠底宽、底坡、弯道和进出口高程应使上、下游水流衔接条件良好，满足导流、截流和施工期通航、排冰等要求。明渠的断面型式应根据地形、地质条件、过流、通航、主体建筑物结构布置和运行要求确定。明渠顶部高程应根据水面线确定，急流弯道部位尚应分析水面横向比降对顶高程的影响。

（2）明渠的开挖坡比、衬护范围和方式应在分析地质条件、水力条件基础上，经技术经济比较后确定。应优先研究不衬护的可能性，如需衬护，应对钢筋石笼、喷锚及混凝土等衬护型式进行比选后确定。

（3）明渠进出口护岸、渠底前后缘、下游出口等部位应做好防冲、消能设计。设在软基上的明渠宜通过动床水工模型试验，改善水流衔接和出口水流条件，确定冲坑形态和深度，采取有效消能抗冲设施。

（4）明渠结构型式应方便后期封堵。为方便明渠后期封堵，对于和泄水闸结合布置的导流明渠，闸墩应在截流前完成；对于要进行后期明渠截流的大型工程，应在岸坡处设置齿墙等设施，以方便封堵施工。三峡工程的复式导流明渠是通航过流等方面的一个成功范例。水口水电站导流明渠引渠段因地质条件良好未实施混凝土衬砌，运行效果良好。

（5）为使明渠后期封堵方便，宜避免做成光板式，如果明渠内不设闸墩，封堵明渠时应另建围堰，增加了工程量，往往还会因此拖长工期、影响枢纽工程按时受益，陆水导流明渠设计就有过这方面的教训。

2.6.2　导流隧洞

2.6.2.1　导流隧洞布置原则

导流隧洞选线应根据地形、地质条件和基坑上下游围堰的位置确定，并应保证隧洞施工和运行安全。相邻隧洞间净距、隧洞与永久建筑物之间间距、洞脸和洞顶岩层厚度均应满足围岩应力和变形要求。当条件具备时宜与永久隧洞结合布置，其结合部分的洞轴线、断面型式和衬砌结构等应同时满足永久运行和施工导流要求。

导流隧洞布置应适应地形和地质条件，力求临时建筑物与永久建筑物结合，水力学条件良好，工程量小。导流隧洞系临时性建筑物，其隧洞净距可根据地质和受力条件研究确定。导流隧洞如能与永久隧洞相结合，可节省工程费用。中、低水头枢纽的永久隧洞进口一般较低，如能满足导流截流要求，导流隧洞则有可能与之全部结合利用。

隧洞导流平面布置、大型隧洞断面型式（多为城门洞形或马蹄形）、爆破开挖技术、喷锚支护与混凝土衬砌技术、不良地质条件处理技术及隧洞与永久建筑物结合等方面，均取得了重要技术突破。二滩、龙滩、小浪底、水布垭、构皮滩、锦屏一级、溪洛渡、白鹤滩、乌东德等工程大型导流隧洞的实施为导流隧洞设计、施工、运行积累了成功的经验。

2.6.2.2　导流隧洞布置要点

1．导流隧洞的横断面型式

导流隧洞的横断面型式应根据地质条件、水力条件及与永久建筑物结合的要求、施工方便等因素，经综合比较后确定。进出口高程宜兼顾导流、截流和其他需要，使进出口水流顺畅、水流衔接良好、不产生气蚀破坏，应注意出口的消能防冲及岸坡的冲刷。对于高坝工程的多条导流隧洞，进口可分层布置。

隧洞横断面选用何种型式，是一个需综合考虑安全、经济和施工进度的问题。从实际情况看，采用城门洞形断面的工程（如龙羊峡、李家峡、公伯峡、二滩、龙滩、XW、隔河岩、东风、MW、构皮滩、锦屏一级、溪洛渡、白鹤滩、乌东德等）较多。而采用圆形断面的工程（如小浪底、莲花等）和马蹄形断面的工程（如天生桥一级、拉西瓦有压洞段等）相对较少。对于和高围堰配套布置的多条导流隧洞，其中部分导流隧洞的进口高程布置应满足截流要求，其余导流隧洞从方便施工、降低闸门设计水头、满足下闸后向下游供水等因素考虑，适当抬高进口高程（如溪洛渡、白鹤滩等工程）。

2．导流隧洞的过流方式

导流隧洞的过流方式应结合原河床下游水位变幅情况、过流能力，经综合比较后确定。在运行中，若出现明满流交替流态或高速水流时，应采取措施防止产生空蚀、冲击波、振动对洞身造成破坏。导流隧洞纵坡较大时，宜结合水力学模型试验验证流态、泄流能力，确定底坡、断面型式及出口消能方式。

导流隧洞选用何种过流方式首先取决于所在的河流是否存在水位暴涨暴落的问题，其次是在上游水位相同的情况下选用何种方式能使过流能力最大。在有明满流交替情况出现时，进口设置通气孔是有效措施之一。选择闸门井的位置时，一方面要考虑施工条件；另一方面要考虑后期下闸时交通布置是否方便。我国绝大多数的导流隧洞，其闸门井与进水口结合布置。但也有例外，如拉西瓦导流隧洞的闸门井受左岸地形条件的限制，最终选用地下式布置。进水口体型设计时主要是要满足过流运行要求。导流隧洞出口明渠具有单宽流量大、水头低和流速高等特点，无论是何种消能方式（挑流、底流等），其效果都不太理想，因此，在工程结构上加强防护是比较常用的做法。

3. 导流隧洞的衬砌

导流隧洞的衬砌范围、支护结构、计算方法、灌浆和排水布置等应符合《岩土锚杆与喷射混凝土支护工程技术规范》（GB 50086—2015）和《水工隧洞设计规范》（NB/T 10391—2020）的有关规定。在多泥沙河流上或上游河道有弃渣影响的高流速导流隧洞，应采取必要的抗冲耐磨措施。高水头条件下，导流隧洞永久堵头前洞段设计应遵守下列原则：

（1）导流隧洞永久堵头前洞段围岩渗透水力比降不能满足渗透稳定时应进行衬砌，衬砌结构应保证堵头在具备永久挡水设计工况前安全稳定。

（2）进口浅埋洞段、强卸荷带和强风化带洞段、施工期可能出现冒顶塌方的洞段、与库水连接的张性断层洞段及溶洞分布洞段，应进行固结灌浆处理，衬砌结构的外水水头取值应在分析围岩地质条件的基础上合理确定，其中进口浅埋洞段、施工期可能出现冒顶塌方的洞段宜按全水头考虑。

（3）衬砌结构的分缝处宜设置止水。排水孔设置应结合下闸后的水文地质条件和堵头施工期排水量等因素综合考虑确定。按全水头设计时可不设置排水孔。

（4）封堵闸门设计挡水水位与永久堵头设计水位相差较大的工程，应考虑洞内高压气爆对结构的影响，并采取排气措施。

不与永久工程结合的导流隧洞，其衬砌与否以及衬砌型式受多种条件影响，如围岩稳定性、开挖及衬砌的施工条件、隧洞工作水头及流速等，应经技术经济比较确定。如果围岩在内、外水压力作用下能保持稳定，可优先考虑不衬砌型式，以达到缩短工期、节约投资的目的。但如果隧洞掘进形成的起伏差较大，若不衬砌或喷锚，隧洞糙率过高，将大大影响泄流能力，这种情况下，就有必要研究衬砌的合理性。关于衬砌型式，一般情况下混凝土衬砌投资较大，但衬砌厚度如能减薄到 20～15cm（湖南镇工程系用 20cm 厚度衬砌），则因其糙率小，在宣泄同样流量下开挖断面相对较小，因此，隧洞衬砌与否应经过技术经济比较后确定。隧洞衬砌设计可参照《水工隧洞设计规范》（NB/T 10391—2020）的有关规定。

4. 导流隧洞进、出口边坡

导流隧洞进、出口边坡应做好支护设计。边坡的开挖坡度应结合地质条件经稳定计算分析后确定。边坡支护设计应符合《水电工程边坡设计规范》（NB/T 10512—2021）的有关规定。

5. 导流隧洞进口设置封堵闸门

导流隧洞进口设置封堵闸门时，进水塔顶部高程及孔口尺寸应结合闸门的运输安装条件、运行条件和下闸挡水要求等因素综合确定。对于大型导流隧洞，应根据设计水头，经技术经济比较后确定采用单孔或双孔布置方案。出口封堵围堰布置困难且投资大时，可在导流隧洞出口设置临时挡水闸门。

导流隧洞进水口一般采用岸塔式、斜坡式、竖井式及闸井式布置，综合考虑地形地质条件、施工交通条件、下闸交通条件等确定。我国大多数导流隧洞，其闸门井与进水口结合布置。但也有例外，如拉西瓦导流隧洞的闸门井受左岸地形条件的限制，最终选用地下式布置。进水塔顶部高程应满足干地条件下进行闸门的锁定与安装的要求，同时，还要满足闸门下闸后的检查和堵漏工作，以及启闭机干地撤退等工作的时间要求。

6. 喷锚支护结构的采用

（1）喷锚支护结构的采用。《岩土锚杆与喷射混凝土支护工程技术规范》（GB 50086—2015）规定，采用锚喷支护的永久过水隧洞允许的水流流速不宜超过 8m/s，临时过水隧洞允许的水流流速不宜超过 12m/s。工程经验证明，对于地质条件比较好的洞段，洞内设计流速取多大，实质上是一个安全和经济问题。这里举四个工程实例：

1）浙江温州某导流隧洞工程，洞内围岩以 II 类为主，设计对洞径和衬砌方案做了两种比较：一是洞内采用喷锚支护结构，设计流速按 12m/s 控制；二是洞内采用 0.4m 厚的薄型衬砌结构，设计流速放宽到 20m/s 以上。最终从安全、经济和施工进度等方面慎重比较后选择了后者。

2）水布垭导流隧洞工程，最大流速达 21m/s，洞内 II 类围岩的底板和边墙全部采用现浇混凝土衬砌，顶拱部位采用 0.1m 厚的钢纤维喷混凝土结构。洞内顶拱简化结构的原因是：上部受洪水冲刷威胁的时间相对很短，简化结构后可以大大加快施工进度。

3）拉西瓦水电站导流隧洞，对有压洞段的 II 类围岩，底板采用 0.5m 厚的现浇筑混凝土，边顶拱采用 0.1m 厚的钢纤维喷混凝土，洞内设计流速为 13.5m/s。采用这种结构的原因：一是坝址上游有龙羊峡水库的调蓄作用，施工期的常遇流量以 600～900m³/s 为主，出现 2000m³/s 设计流量的时间很短；二是洞内 II 类围岩裂隙不发育，岩质很坚硬，即使出现局部冲刷破坏，也不会影响整个洞室的稳定。

4）隔河岩水电站导流隧洞在最大流速 15m/s 的情况下运行了 5 年，下闸后经检查，顶拱喷混凝土层仍比较完好。国内部分工程的实测资料证明，当内水压力大于 0.6MPa 时，喷混凝土层开始出现开裂；当外水压力达到 1.4MPa 时，喷混凝土层局部开始剥落，并呈黏结破坏。

（2）出口体型。导流隧洞属临时建筑物，因此，无压隧洞的净空和通气孔面积可较永久建筑物适当减小。有压隧洞的出口段也可不进行收缩。例如：MW 水电站导流隧洞为尽量增大下泄流量，在出口洞段 20m 范围内，顶拱采用了向上部扩 2m 的结构优化设计方案，该方案与原设计相比，上游水位可降低 5m。公伯峡水电站导流隧洞出口 10m 范围内，也采用了类似结构，模型试验还测出了出口段在设计流量情况下的负压分布。分析认为，3~5m以内的负压水头不致对顶拱的衬砌结构造成影响。

（3）抗冲耐磨设计。导流隧洞的冲刷破坏虽不影响运行期的正常过流，但对结构安全影响很大。工程实例如下：

1）龙羊峡水电站导流隧洞经过7年的运行，局部冲坑深度达1m以上。

2）李家峡水电站导流隧洞在5年运行期，受上游滑坡体施工弃渣的影响，整个底板出现了一条宽约1m、深0.5~1.5m的冲槽。

3）二滩水电站导流隧洞下闸后发现局部底板出现冲刷破坏。

4）公伯峡水电站导流隧洞抗磨设计主要采取了提高底板表部混凝土强度等级和进口明渠前沿设置拦渣栅两项措施，经过两年半的运行，底板仅露出少量粗骨料。

导流隧洞过流含沙量较大时，除闸门门槽设置钢保护罩外，一般对门槽二期混凝土采用高性能抗冲磨混凝土。例如：刘家峡水电站左岸导流隧洞下闸后出现严重渗漏，水流流速达20m/s以上，直接原因是推移质水流磨穿闸门槽钢底板，并形成深度达2~3m的冲刷坑。东风水电站导流隧洞门槽设了保护罩，但下闸蓄水时仍产生较大漏水，原因是保护罩被冲走，门槽发生了磨蚀。

（4）灌浆和排水设计。

1）回填灌浆的目的是保证衬砌与围岩联结紧密，减少变形，满足传递抗力的要求，对于导流隧洞上游段，还可减少封堵期衬砌结构直接承受的外水水头。因此回填灌浆要保证回填密实，形成的水泥结石应满足传递抗力的要求。因灌浆质量原因造成水工隧洞结构破坏的实例已有数起。如四川某水电站的引水隧洞工程，在发电后不久就出现了顶拱大面积破坏的严重事故。其原因是没有做好回填灌浆，顶拱空腔较多。

2）固结灌浆是加固围岩、提高围岩承载能力和减少渗漏的重要措施，特别是对围岩裂隙较发育的洞段进行固结灌浆，对于围岩稳定、保证隧洞安全运行、延长隧洞使用年限起着显著作用。作为临时建筑物的导流隧洞，Ⅳ类围岩是否进行固结灌浆，可根据工程地质条件、水文地质条件和结构设计综合比较决定。

3）无压隧洞做好顶拱排水的目的是降低外水荷载，便于结构配筋。但位于上游库区段的部分是否要在顶拱留排水孔，需要结合下闸后的水文地质条件确定。

2.6.3　导流底孔

导流底孔的设置数量、高程和尺寸应考虑坝体结构、截流、坝体度汛、下闸封堵、排冰和下游供水等要求进行综合比较选定。导流底孔布置应符合下列要求：①宜布置在近河道主流位置，避免下泄水流冲刷岸坡；②宜与永久泄水建筑物结合布置；③底孔宽度不宜超过所在坝段宽度的一半；④应方便下闸和封堵施工。

导流底孔的体型、水流流态和消能方式应通过水工模型试验确定。当底孔内发生高速水流时，应研究过流体型和衬护方式，并采取预防空蚀措施和门槽保护措施。底孔上方设有缺口或梳齿双层泄流时，应通过水工模型试验验证，必要时采取预防空蚀破坏的措施。

利用永久泄洪、排沙和水库放空底孔兼作导流底孔时，应同时满足永久和临时运用要求。坝内临时导流底孔完成其使用功能后，应以与坝体同标号的混凝土回填封堵，并采取措施保证新老混凝土结合良好。

导流底孔孔口段出现不可避免的负压时，宜减少负压区，可通过水工模型试验选定良好的进口曲线。

应注意导流底孔闸门槽对水流的影响，通常底孔闸门孔槽布置在坝外，并须采取措施防止底孔闸门槽顶部进水，使水流在闸门槽后脱离孔壁、孔顶形成负压现象，不仅会减少泄流量，而且可能产生气蚀破坏，影响坝体混凝土质量。例如：磨子潭底孔运行中由于进水条件不好，泄流量降低 20%；岳城水库坝内涵管闸门槽进水，泄流量降低 20%～50%；柘溪坝内涵管闸门槽进水，门槽后流态不稳，引起门槽及管身气蚀破坏。

导流底孔设置数量、高程及其尺寸宜兼顾截流、排冰等要求。进口型式选择可通过水工模型试验确定。

坝内导流底孔宽度不宜超过该坝段宽度的一半，并宜骑缝布置。需要时还应满足施工期排冰等要求。

底孔最大宽度与坝体应力、闸门制造水平、底孔最大尺寸与个数及上、下游水流衔接条件等有关，应经综合比较确定。

导流底孔的体型、水流流态和消能方式应通过水工模型试验确定。当底孔内发生高速水流时，应采取预防空蚀措施。底孔上方设有缺口或梳齿双层泄流时，应通过水工模型试验验证。

三峡工程导流底孔设计中进行了详细的水工模型试验。试验结论如下。

1. 水力学特征

根据水力学模型试验，截流时，当流量 $Q = 7300 \sim 9010 \text{m}^3/\text{s}$ 时，底孔下游出口为淹没流，孔内为满流，管内流态稳定，没有出现明满流交替现象，上游进口水流平顺，没有发现漩涡和吸气现象。即使在最小流量 $Q = 7300 \text{m}^3/\text{s}$ 时，上游水位也在 70.6m 左右，高于底孔进口高程。当上游水位为 135m、下游水位为 76.18m 时，出口流态为淹没出流，下游水位淹没孔口，出口水深为 14.5m，平均流速达 31.9m/s；当上游水位为 135.0m，下游水位为 66m 时，底孔出流为自由出流，出口平均流速达 33.5m/s，水流呈射流形态，在距坝脚 36m 处入水，射流长度约为 46m。

2. 下游消能防冲

(1) 底孔单独运行。截流后，当上游库水位低于 90m，底孔单独泄洪时，下游水台左右各有一个回流漩滚，消能充分，此时水头较小，水跃首在底孔出口和坝下游坡脚处，急流在下面，故下游河床水面平稳。

(2) 深孔、底孔联合运行。深孔水舌从空中跌落在下游河床，水舌上、下游方向各有一个回流漩滚区，水舌落点处水位低于漩滚区水位。

深孔水流对岩石产生冲击力和脉动压力。当其大于岩石浮重及其黏聚力时岩块将被抬动、掀起，直至冲走。根据底孔出口下游冲刷试验，当上游水位为 135m、下游水位为 76.18m 时，下游冲坑最低高程约为 34m，距坝脚约 80m，最大冲深为 6m；在距坝脚约 100m 处，冲坑最低高程约为 35m，最大冲深约为 5m。当下游水位为 66m 时，冲坑最低高程约为 32m，距坝脚约 100m，最大冲深约为 8m，均不会影响大坝稳定性。在联合泄洪条件下，下游冲坑最低高程为 31.0m。

    3. 过流面抗磨蚀

导流底孔内流速达 26~28m/s，过流表面容易产生空蚀。应严格控制导流底孔的体型尺寸误差，其不平整度不得超过 5m。三期导流前，二期上游横向围堰应拆至高程 57.0m，导流期堰顶流速约为 3.0m/s，可挟带 3~15cm 的砂石下泄。由于孔内流速高，挟带泥沙将磨蚀孔内表面，故底孔过流面应采用高标号的抗冲耐磨混凝土。

2.6.4 导流涵管、坝体缺口及其他

2.6.4.1 导流涵管布置原则及要求

导流涵管轴线宜顺直，涵管内不宜发生明满流交替出现的流态。为避免出现不均匀沉陷，坝内涵管宜全部或大部分坐落在基岩上。位于软基上的涵管，应对管道结构和基础采取加固措施。为避免涵管产生不均匀沉陷和温度应力引起裂缝，应分段设置伸缩缝。

涵管导流一般在土坝、堆石坝等工程中采用。涵管通常布置在枯水位以上的河岸岩基上，多在枯水期修建，可以不修围堰或只修一个小围堰，先建好涵管再修上、下游围堰，河水经涵管下泄。

涵管为钢筋混凝土结构。当修建隧洞有困难时，或有永久性涵管可以利用时，采用涵管导流是较为合理的。涵管泄水能力低，仅适于小流量河流导流或仅担负枯水期的导流任务。

涵管外壁和坝身防渗体之间易发生渗流，除应严格控制该外防渗体填压质量外，通常沿涵管外壁每隔一定距离设置截流环，以延长渗径，减少渗流的破坏作用。此外，涵管的温度缝或沉陷缝中的止水也须认真施工，保证质量。

导流涵管如仅按导流使用看，属于临时性建筑物，但对于土石坝工程，导流涵管埋在当地材料坝底部，已构成坝体的一部分，如果开裂漏水，极易沿管外壁发生集中渗流，引起土石坝不均匀沉陷或失事。因此，当涵管建在土基上时，地基应经特殊处理。如有的软基上的涵管，平面上采用格型钢板桩加固，在板桩间开挖坝基土层，回填坝体土料，压实后再将涵管置于其上。

2.6.4.2 坝体缺口或梳齿导流及其与其他导流设施联合要求

混凝土重力坝、拱坝等实体结构，在施工期可预留缺口或梳齿泄流。高拱坝预留缺口应专门论证其挡水安全性。

坝体泄洪缺口或梳齿布置应避免下泄水流冲刷岸坡。利用未形成溢流面的坝段泄流，可经水工模型试验确定空蚀指数，当空蚀指数小于 0.3 时，应采取掺气措施降低坝面负压值。高坝设置缺口泄洪时，应妥善解决缺口形态、水流流态、下游防冲及过流时引起的振动、过流面混凝土防裂等问题，并通过水工模型试验验证。

堆石坝坝面施工期过流，应通过水工模型试验专门论证确定坝体填筑高度、过流断面型式、水力条件及相应防护措施。坝体防护措施应在汛前完成，过水后应及时检查与修复处理。

空腹坝在施工过程中坝体过流时，应采取措施使腔内形成水垫，或浇筑临时溢流面。

2.6.4.3　厂房施工期过流要求

厂房施工期不宜过流。确需过流时应通过水工模型试验确定泄流方式、泄流能力及相应的防护措施。

由于厂房结构复杂，既有土建施工又有机电安装，工期较长，一般情况下，不宜通过厂房过流。

论证厂房过流方案时，应在不影响按期发电情况下，经过水工模型试验，确定过流方式、部位及泄流能力，并确认不会发生空蚀和振动破坏。关于厂房过流方式，富春江水电站在尾水管顶部临时封盖后泄流；大化水电站利用未完建的蜗壳和尾水管泄流。未完建的蜗壳和尾水管泄流流态复杂，会产生涌浪及漩涡，厂房泄流尽量避免采用这种方式。

2.6.5　导流泄水建筑物封堵

永久封堵体设计除应符合《水工隧洞设计规范》（NB/T 10391—2020）的有关规定外，还应符合下列要求：

（1）封堵体的长度应结合地质条件和挡水水头特点，按承载力极限状态法计算确定。对于水头超过 100m 的封堵体还应采用有限元法分析计算。

（2）温度控制设计标准应符合《混凝土重力坝设计规范》（NB/T 35026—2014）的有关规定，并宜选用低热微膨胀混凝土。

（3）封堵体的形式应根据工程地质条件、使用条件和施工条件等综合选择，宜优先选用楔形。预留体型宜在过流前完成，流速较高时宜对三角棱台采取处理措施。

（4）应埋设必要的安全监测仪器。

导流底孔的回填封堵应采用不低于坝体同部位强度等级的混凝土，并采取措施保证新老混凝土结合良好。

2.7　截流

2.7.1　截流方案

截流方案应充分分析水文气象条件、流域特性、坝址区及河床地形地质特点、截流材料、施工条件、截流难度、河流梯级开发情况等综合因素，进行技术经济比较后选定。

截流方案的拟定是否合理，需在保证总进度的要求下对各种可行的方案通过全面技术、经济比较进行选定。

2.7.2　截流时段安排

截流时段应根据河流的水文气象特征、施工总进度安排、围堰施工以及通航等因素，经综合分析后选定，宜安排在汛后枯水时段。在严寒地区宜避开河道流冰及封冻期。

截流流量是截流设计的主要参数之一，不同地区、不同河流上流量变化特性不同，在汛期较早的河流上截流，截流时段一般选择在汛末，风险度较小。但汛期滞后的河流，截流时段通常偏晚些。寒冷地区尚须避开流凌。因此，在设计中应全面分析工程所在流域的水文特性，选择最优的截流时段。从实际情况看，大部分工程的截流时间安排在汛后。

2.7.3　截流方式

截流方式应在分析水力参数、施工条件和截流难度、抛投料数量和抛投强度后，进行经济技术比较，并应符合下列规定：

（1）当截流最大落差不超过 4m 和流量较小时，宜优先选择单戗立堵的截流方式。但龙口水流能量较大，流速较高时，需制备特殊抛投材料。

（2）当截流最大落差超过 4m 和流量较大时，宜采用宽戗、双戗立堵截流方式。截流落差超过 4m 时宜进行专门研究。

（3）特殊条件下，经技术经济分析论证可采用立堵、平堵结合的截流方式，或平堵截流、定向爆破、建闸法等其他截流方式。

国内外应用较多的截流方法为戗堤法，并以戗堤立堵为多。尤其在大吨位汽车迅速发展的今天，更适应戗堤法对大强度进占、合龙的要求。只有在特殊条件下或有特殊要求时，才采用平堵、定向爆破、建闸或浮运结构法。

选择单戗还是双戗截流，实质上是施工难易的问题。单戗立堵简单易行，截流辅助措施少，比较经济，是较为常用的方法，目前对于落差小于 4m 的截流已不存在技术难度。但当落差大于 4m 和流量较大时，合龙非常困难，应研究采用宽戗、双戗立堵截流方式的必要性。根据统计情况分析，对于落差大于 4m 且合龙流量大于 $1000\text{m}^3/\text{s}$ 的情况，考虑采用双戗截流。葛洲坝和三峡工程是双戗立堵截流的成功范例。有关研究成果认为，选择双戗堤截流应掌握以下原则：①截流过程中，上下戗堤各自的截流难度应小于单戗立堵的难度；②下戗堤在截流过程中，除进占难度小以外，还需对上戗堤有显著的壅水作用；③两戗堤之间的距离要满足有关水力条件。

一般情况下戗堤宽度大于 30m 称为宽戗。为了改善截流水力学条件，对于截流落差大于 4m 的情况，部分工程采用宽戗截流也取得了较好的效果，如金安桥水电站采用宽戗单向立堵截流成功，截流流量为 $829\text{m}^3/\text{s}$，最大落差为 4.72m，戗堤顶宽 60m；阿海水电站采用宽戗单向立堵截流成功，截流流量为 $650\text{m}^3/\text{s}$，最大落差为 8m，戗堤顶宽 60m；鲁地拉水电站采用宽戗单向立堵截流成功，截流流量为 $590\text{m}^3/\text{s}$，最大落差为 6.2m，戗堤顶宽 30m。

在河道水深流急，立堵十分困难时一般考虑平堵、立堵结合的方案。造桥费用高是平堵截流的主要缺点，但其截流水力条件好，在有架设浮桥或栈桥的条件下，经济可行时亦采用平堵截流。

2.7.4　截流戗堤

1. 截流戗堤的布置与轴线选择

截流戗堤宜为围堰堰体的组成部分。戗堤轴线应根据地形、地质条件、截流方案、龙口位置、交通条件、围堰防渗轴线、主流流向、通航要求等因素经综合分析后确定。戗堤轴线宜位于围堰防渗轴线的下游。

涉及截流戗堤布置与轴线选择的因素很多，且这些因素均同截流难度有关。在进行截流布置时，关键是要选定截流方案，根据选定的截流方案选择龙口位置和截流戗堤轴线，使之总体布置合理，创造有利的戗堤进口、龙口封堵和闭气的条件。据统计，绝大部分工程的截流戗堤与上游围堰结合布置，只有极少数工程的截流戗堤布置在下游围堰位置处。截流戗堤的布置要考虑后续防渗项目的施工方便因素。从以往情况看，大部分截流戗堤置于上游围堰轴线的下游侧。当截流流量小，龙口材料流失率小或采用上游电站关机合龙时，经分析论证，截流戗堤也可布置于围堰的迎水侧。梯级水电站截流时，若能采用上游水电站关机的措施，截流戗堤可布置于上游围堰的上游侧。

2. 截流戗堤的顶宽

截流戗堤的顶宽须满足截流抛投料运输和回车要求，截流戗堤顶高应考虑整个进占过程中不受洪水漫溢和冲刷，其安全超高可取 1.0～2.0m。

截流戗堤龙口两侧的地形须满足物料抛填及回车场地的要求。当下游受水库回水影响时，截流戗堤的顶高要考虑其回水的影响。

截流前，导流泄水建筑物的围堰或其他障碍物应予全部清除，以保证导流泄水建筑物具备设计要求的分流能力以及引渠进出口水流通畅。截流设计应考虑水下障碍物不易彻底清除等因素对分流的影响。截流前应落实水库初期淹没处理方案。

截流流量大、水力条件复杂的重要工程应进行水工模型试验，并提出截流期间相应的安全监测要求。

2.7.5　龙口

1. 确定龙口宽度及位置选择

龙口位置的选择应结合截流戗堤轴线的选择统一考虑，由地形地质、交通和水力条件等因素综合确定。龙口宽度宜以束窄口门的落差和流速不造成预进占抛投料及龙口覆盖层流失或开始流失为控制原则。确定龙口宽度及位置应遵守下列原则：

（1）龙口工程量小，保证预进占段裹头不易发生冲刷破坏。

（2）龙口位置宜置于河床水深较浅、河床覆盖层薄或基岩裸露的部位。

（3）龙口预进占戗堤布置应便于施工。

（4）应考虑进占堤头稳定及河床冲刷因素。

龙口位置选择受综合因素控制，涉及的内容较多，但主要从地形、河床覆盖层、交通和水力指标条件来分析比较。地形上要求具备足够的场地。河床覆盖情况要分析是否需要护底，以提高抗冲刷能力。交通上要求距离料场近，运料方便。水力学上希望尽量在原主河道上，不改变流势，戗堤进占较易。综上，根据工程的具体施工条件、设备水平，确定合理的龙口位置。如在布置有分期纵向围堰的截流中，尤其是纵向混凝土围堰一侧，布置截流时的石料运输道路较困难，自卸汽车回转场地狭小，通常将龙口的预进占戗堤布置在对岸的岸坡一侧，而将龙口布置在分期纵向围堰一侧。

龙口宽度选择主要受戗堤预进占后预留龙口的水力学指标、河床覆盖层抗冲能力、龙口覆盖层预抛投处理难度与工程量、预进占抛投料抗冲能力及龙口合龙抛投工程量等因素影响。通常，戗堤预进占尽量利用一般石渣料，龙口宽度以束窄口门的落差和流速不造成预进占抛投料及龙口覆盖层流失或开始流失为控制原则，一般控制束窄口门流速不大于4m/s，落差不大于1m。预留龙口较宽、合龙抛投工程量较大、截流时间较长、截流难度较大时，应提前对龙口覆盖层进行预抛投护底处理，以提高抗冲刷能力，缩短龙口宽度。

2. 龙口段河床覆盖层抗冲护底

若龙口段河床覆盖层抗冲能力弱，可预先在龙口抛石、抛钢筋石笼护底，以增大糙率和抗冲能力，降低截流难度。护底范围可通过截流模型试验或参照类似工程经验拟定。立堵截流的戗堤轴线下游护底长度可按龙口平均水深的2～4倍取值，轴线以上可按最大水深的1～2倍取值。护底顶面高程在分析水力条件及护底材料后确定。护底宽度根据最大可能冲刷宽度确定。

在流量大且覆盖层厚度较大易冲刷的河道上截流，为了保证截流安全和减少龙口抛投量，往往采取护底措施。通过护底增大龙口糙率，减少龙口合龙时的工程量、抛投物流失量，并降低截流难度。在软基河床上截流，护底加糙是保证抛投料稳定、减少合龙工程量的有效措施。即使是非软基河床，加糙河床对改善截流条件也非常有利。如国外的铁门水利枢纽（Iron Gate Hydro‐Junction），截流时尽管河床覆盖层极薄，但下部为糙率很小的片麻岩，亦采用了护底加糙措施。

2.7.6　截流抛投材料

截流抛投材料的规格和数量应通过截流水力学计算确定。截流前应对各种物料分类，合理安排堆存场地和运输道路。截流抛投材料选择应遵循下列原则：

（1）预进占段填筑料宜主要利用开挖渣料和当地天然料。材料数量应考虑一定的备用量。

（2）龙口段宜抛投大块石、钢筋石笼或混凝土四面体等特殊抛投材料，材料数量应考虑一定的备用量，备用系数宜取1.5～2.0。

（3）截流备料总量应根据堆存和运输条件、可能流失量、戗堤沉陷等因素综合分析，并留有适当的备用量，备用系数可取1.2～1.5。上游梯级电站有条件控泄的工程，备用系数可适当降低。

截流是利用大强度地抛投大粒径物料来抗衡水力的冲移，因此需保证物料充足、堆存合理，运输通畅，这是截流成功的必要条件。2005年11月，黄河上游有两座水电站因截流备料不足而发生了龙口被冲事件。但在上游水电站关机情况下的截流，其材料的准备则与天然情况有质的区别。以公伯峡水电站为例，其截流材料准备和使用情况是：10t重的混凝土四面体准备了10块，仅用了8块；1m³的钢筋石笼准备了1100m³，实际使用了750m³。NZD水电站截流实际流量2890m³/s，采用单戗堤双向立堵截流成功，截流落差达7.16m，最大流速达9.02m/s，龙口最大单宽功率为528t·m/(s·m)，截流难度极大，其截流材料准备和使用情况是：备料总量为7.465万m³，其中大块石6.3万m³，特殊料11712m³，特殊料包括钢筋石笼2814个，7～8.5t混凝土四面体453个，15t混凝土六面体40个，25t混凝土六面体30个，同时考虑龙口高流速区需抛投钢筋石笼串、四面体串，准备截流用串联钢筋石笼、混凝土四面体、六面体的φ16钢丝绳7000m，楔扣

1600 个。截流时龙口段施工历时 27h，总抛投量约 6.97 万 m^3，其中大块石料抛投 3.4 万 m^3，$3m^3$ 钢筋石笼 1140 个，$4.5m^3$ 钢筋石笼 60 个，四面体 286 个，六面体 25 个。

预进占段一般流速较低，除裹头外，开挖渣料一般均能满足要求，大量利用开挖渣料可降低截流费用。龙口段一般流速较大，重点应考虑大石块及块石串，混凝土四面体只在开采大块石有困难的地区采用。关于储料备用系数，它与截流难度紧密相关，一般不宜考虑太大。

截流抛投物应有较强的透水能力，使截流过程中透过戗堤的流量占较大比例，从而可降低截流难度。

截流材料的选择，主要取决于截流时可能发生的流速及工地上现有起重、运输设备的能力，应尽可能就地取材。

在截流中，合理选择截流材料的尺寸或质量，对于截流的成败和节省截流费用具有很大意义。尺寸或质量取决于龙口的流速，不同材料的适用流速（即抗冲流速）的经验数据见表 2.7-1。立堵、平堵截流时，石块折算成球体的化引直径也可通过有关公式计算。

表 2.7-1　　　　　　　　　　　截流材料的适用流速

截 流 材 料	适用流速/(m/s)	截 流 材 料	适用流速/(m/s)
土料	0.5～0.7	3t 重大石块或铁丝笼	3.5
20～30kg 重石块	0.8～1.0	4.5t 重混凝土六面体	4.5
50～70kg 重石块	1.2～1.3	5t 重大块石或大石串或铅丝笼	4.5～5.5
麻袋装土（0.7m×0.4m×0.2m）	1.5	12～15t 重混凝土四面体	7.2
$\phi 0.5m \times 2m$ 装石竹笼	2.0	20t 重混凝土四面体	7.5
$\phi 0.6m \times 4m$ 装石竹笼	2.5～3.0	$\phi 1.0m$，长 15m 的柴石枕	7～8
$\phi 0.5m \times 6m$ 装石竹笼	3.5～4.0		

2.7.7　分流措施

截流前，导流泄水建筑物的围堰或其他障碍物应予全部清除，以保证导流泄水建筑物具备设计要求的分流能力以及引渠进出口水流通畅。截流设计应考虑水下障碍物不易彻底清除等因素对分流的影响。截流前应落实水库初期淹没处理方案。

为使导流泄水建筑物的围堰和其他障碍物拆除彻底，提高分流效果，降低截流难度，需要采取如定向爆破、水下挖掘、提前分流大流量冲渣等措施。截流的顺利进行，导流泄水建筑物具备过流条件是必要条件。

2.7.8　截流水力学试验

截流流量大、水力条件复杂的重要工程应进行水工模型试验，并提出截流期间相应的安全监测要求。

2.8 基坑排水

2.8.1 基本要求

基坑排水分为初期排水和经常性排水。排水方案应结合工程的自然条件和围堰防渗措施进行综合分析确定，使总费用最小。当基坑内有较大溪沟时，应采取工程措施，将溪沟水流引至基坑以外。

基坑排水是主体工程施工过程中持续时间比较长的一项重要工作。在围堰合龙闭气后，就应排除基坑的积水和不断流入基坑的渗水，使基坑基本保持干燥状态，以利于基坑开挖、地基处理及建筑物的正常施工。基坑的排水工作按排水时间和性质，可分为初期排水和经常性排水。初期排水是指排除围堰闭气后基坑内的积水、渗水和降水；经常性排水是指在基坑开挖和建筑物施工过程中，排除基坑内的渗水、降水和施工废水等。按排水的方法可分为明沟排水和人工降低地下水位（或称明式排水和暗式排水）两种。

基坑内积水排除后，围堰内外的水位差增大，此时渗透量相应增大。因此，初期排水工作完成后，应接着进行经常性排水。

2.8.2 初期排水

初期排水总量由围堰合龙闭气后的基坑积水量、围堰堰体和地基及岸坡渗水量、堰体及基坑覆盖层内的含水量和可能的降水量四部分组成。其中可能的降水量可采用排水时段的多年日平均降水量计算。初期排水时间应考虑围堰边坡和岸坡稳定允许基坑水位下降速度、基坑水深、基坑工期要求、排水设备及相应用电负荷等因素综合确定。

围堰合龙闭气形成基坑时，多在旱季或枯水期，降水和渗水均较小，初期排水中以基坑积水为主，也较易计算；而基坑渗水流量则难以精确计算，实际排水量与计算值往往相差较大。因此，当基础资料不足时，初期排水总量一般采用基坑积水量扩大的经验估算法计算，扩大经验系数主要与围堰种类、防渗措施、地基情况、降水、排水时间等因素有关，一般取值为2～4，当覆盖层较厚、渗透系数较大时取上限。实际施工时，常采用试抽法来确定基坑排水量大小。

为防止基坑内水位下降过快，避免边坡失稳引起围堰坍塌破坏，对于土质围堰和覆盖层边坡，其基坑内水位下降速度需控制在安全范围之内，开始排水时基坑水位下降速度一般不大于1.0m/d，接近排干时允许达到1.0～1.5m/d。其他型式围堰，基坑水位降速一般不是控制因素。三峡工程二期土石围堰基坑初期排水（包括限制性排水）日降水位不允许超过1m。一般情况下，大型基坑初期排水时间采用5～7d；中型基坑初期排水时间采用3～5d；特大型基坑的初期排水时间较长，如三峡工程二期基坑实际初期排水时间为58d。

2.8.3 经常性排水

经常性排水应计算经常性排水总量和经常性排水最大流量。经常性排水总量由基坑渗水量、覆盖层中含水量、降雨汇水量和施工弃水量等组成，其中降雨汇水量按多年日平均降水量计算。经常性排水最大流量计算应按基坑渗水加降雨汇水、基坑渗水加施工弃水、基坑渗水加覆盖层含水量三种组合的最大值考虑，其中降雨汇水在计算经常性排水总量时按多年日平均降水量计算，降雨汇水最大排水强度可按排水时段多年日最大降水量在当天抽干计算。

计算经常性排水总量的目的是确定基坑经常性排水费用，计算经常性排水最大流量的目的是确定经常性排水的设备容量。基坑渗水量根据围堰型式、防渗方式、堰基情况、地质资料、渗流水头等因素分析确定；覆盖层含水量一般根据基坑覆盖层的体积、孔隙率、天然容重和天然含水量等计算；施工弃水量一般根据用水项目、设备及施工强度，结合当地的气象条件确定。

2.8.4　过水基坑过水后恢复基坑时的排水总量

过水基坑过水后恢复基坑时的排水总量可按初期排水量计算，其中渗水量可按经常性排水时渗流量确定。排水强度由基坑内允许水位下降速度控制。

2.8.5　排水设备

排水设备应有备用，并应配置可靠电源。根据初期排水流量即可确定所需的排水设备容量。排水设备常用普通离心泵或潜水泵。为运转方便，应选择容量不同的离心泵，以便组合使用。

初期排水泵站的布置有固定式和浮动式两种类型。当基坑内水深较大时，可将水泵逐级下放至坑内平台，或用浮动泵站。

2.9　下闸蓄水、施工期通航与排冰

2.9.1　下闸蓄水与下游供水

（1）下闸蓄水时间应根据工程蓄水规划，考虑导流泄水建筑物封堵和大坝安全度汛，并分析下列条件确定：

1）首台（批）机组发电计划。

2）库区征地、移民和库底清理要求。

3）上游来水情况及梯级水库的影响。

4）通航、灌溉、下游供水及生态流量等要求。

（2）确定蓄水时段及蓄水方案时，除应按蓄水标准分月计算水库蓄水位外，还应按规定的度汛标准计算汛期水位，复核汛前坝顶高程及混凝土坝的接缝灌浆计划。对于高坝大库及存在库岸稳定问题等特殊情况，可研究水库分期蓄水方案。水库初期蓄水水位上升速度应满足大坝安全及库岸稳定要求。

施工期蓄水历时的计算方法常用频率法和典型年法。频率法一般偏于安全，常为我国设计和施工单位所采用。蓄水后，应校核坝体安全上升高程，满足各月末坝体高程上升到下月蓄水期大坝度汛洪水最高水位以上（拱坝应按封拱灌浆高程控制），除汛期

洪水不能越过坝体外，还需校核临时挡水断面的稳定和应力，混凝土坝纵缝灌浆和坝体封拱灌浆达到相应高程。施工期蓄水前，坝前水库一般具有一定库容，但枢纽尚未达到设计泄洪能力，在计算施工水位及校核防洪度汛安全时，需要考虑水库调蓄作用。水库初期蓄水期的水位上升速度应满足大坝及库岸稳定要求，制定蓄水计划时应根据限制条件，提出控制水库水位及上升速度的措施。高坝大库等特殊情况可研究水库分期蓄水方案，示例如下：

三峡工程分三期建设，受水库移民和碾压混凝土围堰高度等因素的影响，第一次库水位仅蓄至 139m，利用围堰挡水发电。

二滩工程下闸分两次完成（第一次在 1997 年 11 月仅完成导流隧洞下闸，第二次在 1998 年 5 月 1 日完成临时底孔下闸），因漂木问题造成的导流隧洞闸门跨度大和因下游生活用水要求断流时间短是考虑的主要因素。

XW、溪洛渡、锦屏一级高拱坝等工程初期蓄水均采取了水库分期蓄水方案，确定每期的控制水库水位及水库水位允许上升速度。

（3）水库蓄水期河流来水保证率应根据河流的径流特性、蓄水历时、上游梯级水库特性与调度运行情况，考虑发电、灌溉、通航、生态流量、供水等要求和大坝安全超高等因素，在 75%～85% 范围内分析确定。

水库蓄水期的来水保证率与河流的来水特点有关，对于上游有大型水库控制、水量稳定、蓄水历时较短的情况，一般选用较高的保证率。下游用水通常包括灌溉、生产、生活和生态用水等，通航河道还有通航用水要求，而且不同工程的下游供水要求也是不同的。这些用水有时是重复利用的，不能简单叠加得出。因此，下游供水量根据下游供水要求，经综合分析确定。为满足水库蓄水期向下游供水要求，需要结合各自工程实际，经综合比较，合理制定下游供水措施。对于坝址下游有已建水库的工程，可分析利用下游水库保证下游供水的可行性。如梨园水电站导流隧洞下闸蓄水期间，利用下游阿海水电站水库回水，保证上游梨园水电站下闸蓄水时段下游不出现脱水河段。

大型水电工程的工程量大、工期长，为尽早受益，我国已建的许多大型工程均在施工期间开始蓄水。影响施工期蓄水的因素很多，起控制作用的因素是枢纽工程的施工总进度。在开始蓄水前，主要单项工程需要达到规定的防洪要求。这些要求在施工总进度中应做出具体安排。大流量、低水头分期导流的大型枢纽工程，还需论证利用围堰挡水受益的可能性。葛洲坝工程利用二期上游围堰挡水发电和通航，取得了巨大的经济效益。

（4）水库蓄水期间应采取措施，满足生态流量及下游用水要求。

（5）无天然径流或天然径流较小的抽水蓄能电站水库，其下闸蓄水宜安排在汛前或汛期进行，充分利用汛期径流蓄水，必要时应研究提出补水措施。

位于山间小溪上的抽水蓄能电站，其蓄水过程比较长，汛前下闸有利于蓄水。对于无天然径流情况的上水库，一般采用施工供水系统向上水库充水，也可先进行水泵工况调试，利用水轮水泵机组向上水库充水。如十三陵、张河湾、西龙池、宜兴等抽水蓄能电站，就是利用上水库施工供水系统向上水库充水。

（6）下闸前应对导流泄水建筑物门槽、门槛等进行水下检查，制定修补处理方案和应急预案。在寒冷地区，下闸时间宜避开流冰期。

导流隧洞运行期水流流态复杂，水流泥沙和漂浮物不可控，长时间运行可能产生损坏，且缺乏检修条件，下闸蓄水前对隧洞进口闸门门槽、门槛等进行水下检查、修补是必要的。在下闸前应结合闸门井的施工道路布置，研究下闸后的检查、堵漏和临时抢险措施。在寒冷地区须在流冰期之前完成下闸，以免造成流冰卡塞，影响下闸。

（7）导流泄水建筑物封堵施工时段宜选在汛后枯水期，并宜使封堵工程能在一个枯水期内完工。若汛前下闸或汛期封堵，应复核闸门和堵头前隧洞结构安全，并根据需要采取闸门加固、设置临时堵头等措施。

汛后封堵导流泄水建筑物，使其在下一个汛前具备挡水条件。降低导流建筑物封堵闸门水头，有利于下闸及封堵工程的施工。

（8）对于天然来流量情况下的水库蓄水，导流泄水建筑物下闸的设计流量标准可取时段内 5～10 年重现期的月或旬平均流量，或按上游的实测流量确定；对于上游有水库控制的工程，下闸设计流量标准可取上游水库控泄流量与区间 5～10 年重现期的月或旬平均流量之和。

2.9.2　施工期通航

1. 施工期通航方案

通航河道上的施工期通航方案应根据工程所在河道的实际通航情况、保证率及助航措施等资料和有关要求，结合施工导流方案统一考虑，并经过技术经济比较后确定。施工期临时通航的设计应满足《内河通航标准》（GB 50139—2014）的有关规定，通航流速、流态、水面坡降等重要指标应通过模型试验确定。施工期需要断航时，应提出断航后的客运、货运解决方案或经济补偿方案。

施工期临时通航的最小通航水深、最大通航流速、最小通航尺度（航宽、航深、转弯半径等）、通航流速、流态、水面坡降等重要指标应结合模型试验确定。施工期必须断航时，应提出断航后的客运、货运解决方案。

通航河道上的导流设计应妥善解决施工期间航运问题，结合水工枢纽布置做出施工期临时通航的导流方案。施工期通航方式一般有施工期不断航、短期断航和断航三种形式。施工期通航措施包括束窄河床通航、导流明渠通航、临时船闸和利用永久通航建筑物通航，以及航道整治、助航措施、航道疏浚和驳运分流等。

若为分期导流方式，尽可能利用束窄河床通航；若用明渠、隧洞或底孔导流，应研究通航的可能性和合理性，并结合导流水工模型试验提出采取的措施。

施工期通航设施是临时工程，需以实际多数船型要求的条件为主要设计依据。根据有关部门对施工期通航的要求，调查核实施工期通航过坝船舶的数量、吨位、尺寸及年运量，确定设计运量，分析可能通航的天数和运输能力，分析可能碍航、断航的时间及其影响，研究解决措施。

2. 施工期过坝转运方式

不具备施工期通航条件的水电工程可采用施工期过坝转运方式。施工期过坝运输量应根据工程开工时的水运现状、与水运密切相关的产业状况、交通运输发展现状及规划等进行预测分析。施工期过坝转运方案可采用在上、下游设置临时转运码头及翻坝转运公路，宜利用已有设施和工程建设的场内、外公路，避免对工程施工产生影响。

要求维持施工期不断航并非所有河道均能办到，长江是我国最重要的通航河道，葛洲坝工程截流期间也断航半年多。临时断航期间可用各种临时措施解决货运过坝问题。在通航河道上无论采用何种导流方案，均应研究施工期通过导流建筑物通航的方案，但经研究后认为不可能或不合理时，也可采用其他过坝措施。

2.9.3 施工期排冰

有流冰的河道应分析流冰时间、冰块尺寸和流冰量，制定排冰措施。流冰河道上的施工导流，当流冰量较多，冰块尺寸较大，导致泄水建筑物不能安全排泄时，应采取破冰或拦蓄措施。必要时可通过水工模型试验确定破冰的冰块尺寸。

流冰河道上施工导流的几个典型工程实例如下：

(1) 桓仁水电站于1959年春截流后，排冰仅限于4个宽9m的坝体缺口，由于上游混凝土围堰炸除后留下间距为7m的4个支墩，故实际过冰被支墩所形成的缺口控制。为保证顺利排泄冰凌，开江前夕在坝前2km范围内人工撒成一个个2m×3m的长方格子，使之连成网状。1959年春系典型文开江，最大冰厚仅0.54m，开江前夕减为0.3m左右，整个江面已有1/3以上面积扩为清沟。3月23日开江时，冰盖被分割为2m×3m的小块，顺利过坝下泄，个别较大冰块因其厚度薄，在缺口破碎后下泄。

(2) 白山水电站于1977年截流后，1977年春在明渠上、下游1.5～2.5km范围内破冰，目的是使冰盖破成小于6m×6m的小块（根据模型试验结果，对于9m宽的底孔，6m×6m以下冰块基本上能顺利地通过），下游破冰是为流冰开出一条畅通水道，以防下游产生冰坝壅水，并对下游河段堆积严重处进行了重点破冰。底孔经历4次流冰未被堵塞，安全渡凌。该工程围堰堰前库容为3500万m³，开江的洪水过程线呈尖瘦型，水库有一定的调蓄作用，故对流冰采用排蓄结合的方法。

(3) 青铜峡水电站大坝梳齿在1966年至1967年冬季封堵时，主体工程已基本完工，采用排蓄结合方式解决流冰问题，即用电站7条泄水管排冰，当堰前水位较围堰顶高出约0.5m时，堰顶流速接近1.0m/s，具备排冰的条件；利用峡谷以上开阔段蓄冰，该库距坝8km的一段为峡谷弯道（水面宽300m左右），弯道以上河宽一般为2.0～3.0km，设计时在峡谷弯道处设置一些障碍物，使冰凌停留封冻，并大量蓄在上游开阔河段内，而下游基本无冰凌流出。经过实践的验证，工程安全渡凌。

2.10 中外标准对标

导流截流与围堰工程中外标准对比：国外标准以美国标准为代表，中外标准均对导流标准有所规定，中国标准主要根据导流建筑物级别、结构类型来确定导流标准，美国标准无导流建筑物级别相关规定，主要是根据一些影响因素直接确定导流标准。中国标准对于坝体施工期临时度汛标准、导流泄水建筑物封堵后坝体度汛洪水设计标准有详细的规定，美国标准未发现详细的规定。总体而言，按照中国标准设计更易操作。具体对比分析见表2.10-1～表2.10-10。

表 2.10-1　　　　　　　　　　　中美标准对标——导流方式

标准	内　　容
美国标准	美国陆军工程师兵团《拱坝设计》（EM 1110-2-2201）述及： 　　拱坝的代表性导流方式有导流隧洞、渡槽或者管道、泄水道、底孔导流或者这些方式的任何组合。每种方式均要求在坝的上游修建一种拦河围堰确保基坑干地地场地，也可能还要求修建下游围堰。采用哪种方式应根据现场条件决定
中国标准	中国标准规定导流方式可划分为围堰一次拦断河床和围堰分期围护河床两大类，与之配合的导流方式主要包括：隧洞导流、明渠导流、涵管导流，以及施工过程中的坝体底孔导流、缺口导流和不同泄水建筑物的组合导流等
对比分析	美国标准提出了拱坝可能存在的几种导流方式，中国标准从围堰是否拦断河床角度，提出了导流方式。美国标准的导流方式的提法较为概念化，中国标准的提法比较具有可操作性

表 2.10-2　　　　　　　　　　中美标准对标——导流建筑物级别

标准	内　　容
美国标准	美国陆军工程师兵团、美国垦务局和美国土木工程协会标准中未查到相关规定，美国临时建筑物没有等级之分，也没有临时建筑物等级提高之说
中国标准	中国标准根据保护对象的重要性、失事危害程度、使用年限和临时性建筑物规模对临时性水工建筑物的等级做了规定
对比分析	中国标准根据保护对象的重要性、失事危害程度、使用年限和临时性建筑物规模对临时性水工建筑物的等级做了规定；美国标准中对临时建筑物等级未做规定

表 2.10-3　　　　　　　　　　中美标准对标——导流洪水设计标准

标准	内　　容
美国标准	（1）美国陆军工程师兵团《拱坝设计》（EM 1110-2-2201）述及： 　　与其他混凝土坝一样，拱坝施工区域内的洪水不像土石坝那样是一个严重的事件，因为洪水不会引起已完成的坝体部分遭受严重损毁，不会使工程半途而废。因此，导流方案可按较低的频率设计，即相应于 25 年、10 年或 5 年一遇洪水设计。导流方案一般按 5 年或 10 年一遇洪水设计是比较普遍的。 　　（2）美国陆军工程师兵团《土石坝设计和施工》（EM 1110-2-2300）述及： 　　常用的导流方法是在施工初期修建永久泄水工程和坝体与坝肩连接的部分。在下一个施工期，在洪水发生可能性很小和填筑条件有利时修建围堰，通过泄水工程导流。 　　大型围堰是格型围堰或填筑型围堰，失事可能给下游造成重大破坏和/或给永久工程造成相当大的破坏。小型围堰的破坏可能只是淹没施工工程。所有大型围堰的规划、设计和施工应与主坝的工程权限相同。小型围堰可由承包商负责。 　　（3）美国垦务局《重力坝设计》（1976 年）述及： 　　导流洪水标准的选择：每座坝的设计导流洪水取决于多种因素，因此，不可能定出能适应各种情况的统一准则。但一般而言，对于能在一个季度内建成的小坝，仅考虑该季节可能发生的洪水。对于至多有两个施工季节的大多数小坝来说，考虑 5 年一遇的洪水已足够保守。对于施工期在 2 年以上的大坝，规定设计洪水一般为 5～25 年一遇的洪水，可按照失事后该坝的损失和工期选定。 　　（4）美国垦务局《小坝设计》（1987 年）述及： 　　导流洪水的选择：……为确定导流工程规模，在先前分析的基础上或根据以往经验，通常选 5 年、10 年或 25 年一遇洪水标准。 　　（5）美国土木工程协会《水电工程规划设计土木工程导则　第四卷　小型水电站》（1989 年）述及： 　　小型水电站建造周期从 1 个季节到 1～2 年不等。在某些情况下，可在枯水期完成施工，不需要导流。在另一些情况下，施工要 1 年或更长时间才能完成，则需要导流。导流建筑物可用 2～5 年一遇洪水设计

标准	内　　容
中国标准	中国的标准根据临时建筑物的级别、结构类型确定不同的导流洪水设计标准，包括 3～5 年、5～10 年、10～20 年、20～50 年一遇洪水
对比分析	中国标准根据临时建筑物的级别确定导流洪水设计标准。 美国标准无建筑物级别划分，仅在《土石坝设计和施工》中指出："在施工初期修建永久泄水工程导流，所有大型围堰的规划、设计和施工应与主坝的工程权限相同，小型围堰可由承包商负责。"一般永久泄水工程同时兼顾施工期导流，布置上需考虑较大规模的围堰及其布置型式，不经济，且初期就是永久泄水工程并泄水，对后期主坝填筑施工造成不便，存在较大的施工干扰；其他美国标准主要是根据一些影响因素直接确定导流洪水设计标准。 相较而言，中国标准根据相应的级别设计，判断标准直观，更符合工程规模特点，易操作且更经济

表 2.10 - 4　　　　　中美标准对标——坝体施工期临时度汛标准

标准	内　　容
美国标准	(1) 美国陆军工程师兵团《拱坝设计》（EM 1110 - 2 - 2201）述及： 如果泄水闸和低混凝土浇筑块与导流方案相结合，设计洪水频率应降低，而且随着已完成混凝土高程的升高需要增加防洪措施。 (2) 美国陆军工程师兵团《土石坝设计和施工》（EM 1110 - 2 - 2300）述及： 在水文条件需要时，应设置紧急泄水管，避免未完工的坝体因洪水超过泄水工程容量而漫顶。随着坝体升高，泄流能力和水库库容增加，漫顶的概率逐渐降低。然而，随着坝体升高，如果发生漫顶，对部分完工的建筑和下游财产的破坏也会增加。在混凝土溢洪道或闸门下部，或越冬的坝体中开口，设置紧急泄水管是明智的。在坝体施工的后期，即潜在破坏的最大时期，溢洪道引水渠和泄水渠部分开挖结合，对低混凝土围堰的维护，可以为坝体提供保护。 为避免漫顶而采用充分的泄流能力致使费用过高的情况下，为高水位条件下的溢流提供保护更为适宜
中国标准	中国标准根据坝型、坝前拦蓄库容确定不同的坝体施工期临时度汛洪水设计标准，包括 10～20 年、20～50 年、50～100 年、100～200 年一遇洪水
对比分析	美国标准《拱坝设计》仅简单提到了施工过程中临时度汛问题，指出需增加防洪措施，但未指明具体内容；《土石坝设计和施工》中提到了施工后期临时度汛的措施，但未提及临时度汛洪水设计标准。 中国标准关于坝体施工临时度汛洪水设计标准规定详细，方便操作

表 2.10 - 5　　中美标准对标——导流泄水建筑物封堵后坝体度汛洪水设计标准

标准	内　　容
美国标准	美国标准均未提及
中国标准	中国标准提出，若永久泄水建筑物尚未具备设计泄洪能力，应分析坝体施工和运行要求，根据坝型确定不同的导流泄水建筑物封堵后坝体度汛洪水设计标准，包括 20～50 年、50～100 年、100～200 年、200～500 年和 500～1000 年一遇洪水
对比分析	中国标准规定导流泄水建筑物封堵后，通过分析坝体施工和运行的要求，确定坝体度汛洪水设计标准，美国标准没有相关规定

表 2.10 - 6　　　　　　　　中美标准对标——围堰工程

标准	内　　容
美国标准	（1）美国陆军工程师兵团《钢板桩围堰和挡水建筑物设计》（EM 1110 - 2 - 2503）述及： 1）保护高度。围堰的高低取决于保持基坑干地施工的经济性。影响围堰高度的适用范围的因素有：河床宽度对径流和通航的影响，高水位使河流流速的增加及其对应的冲刷，对围堰相关建筑的影响。通过与洪水淹没的时间，清理基坑所需的费用比较，可以确定合理的围堰高度。 2）当在河里施工围堰时，如果要保持河道不断流，维持通航，就必须分期施工，使水流临时从已建工程通过，形成通航河道。然而，分期数目必须满足水流最小流速及分期引起的冲刷、河岸侵蚀、上游洪水和通航。 3）水力学模型试验对优化围堰布置来说是需要的，特别是多期围堰更是如此。在这些试验中，对通航不利的水流、潜在冲刷以及相应的对策必须确定。 围堰工况（加载条件）和使用要求必须调查： 工况 1：迎水面最大水位条件。 工况 2：初始填筑条件，基坑内外水位相同。 工况 3：水位下降（基坑排水），基坑内外侧有水位差。 板桩不宜打入含有卵石或巨砾的覆盖层。密度极大的覆盖层应该挖到一定深度以便板桩在被打入地基的时候不受损坏。虽然打入的深度取决于覆盖层的性质，但是板桩打入覆盖层能够接受的最大深度一般是 30 英尺。 （2）美国陆军工程师兵团《土石坝设计与施工》（EM 1110 - 2 - 2300）述及： 土石围堰一旦失事就会对永久工程造成重大的破坏和损失。主要围堰应按照大坝同等资质进行规划、设计和施工。设计时应考虑的因素包括围堰顶部最低高程、水文记录、水文和地形信息、地下勘探、边坡保护、渗流控制、稳定性和沉降分析，以及建筑材料的来源。小型围堰可以由承包商负责实施。永久结构开挖不应破坏围堰基础或导致不稳定。在围堰和结构开挖面之间应该保证有足够的空间，以适应诸如马道、桥墩和地基锚的修补作业。 （3）美国垦务局《重力坝设计》（1976 年）述及： 围堰是用来使河水改道并围住施工区的临时建筑物。合理的设计应考虑围堰施工的经济问题。但施工时机的选择使基础工程可以在一个枯水期内完成时，可以大大减少对围堰的利用。当河流流量特征使上述条件不能实现时，围堰设计不仅应保证安全，并应选择最合理的高度。确定围堰的高度，应进行经济比较，即研究不同围堰高度与导流泄流能力的关系，包括进行导流设计洪水的演算。但导流建筑物的泄洪能力较小时，应进行专门研究。应注意围堰拦蓄的洪水及时泄排，以便蓄纳因暴雨再次发生的洪水。确定围堰最大高度时，还必须考虑围堰坡脚不能侵占大坝所需的位置。此外，围堰设计还必须考虑大坝基坑开挖和基坑排水对堰体稳定的影响，并应预计拆除、抢险和其他因素。 围堰通常是就地取材建造的。在大坝施工中常用的两种围堰型式为土石围堰和堆石围堰。这两种围堰的设计，可完全仿照同类型的永久性小坝。其他不常用的围堰型式有：土料或者石料填充的木笼或者混凝土笼，用透水材料填充的格型钢板桩围堰。这类不常用的围堰可以在布置场地有限，或者当地材料不足时使用。钢板桩格型围堰特别适用于水流湍急、一般围堰难于施工的地方
中国标准	中国标准对于围堰工程有详细的规定，内容涵盖围堰级别、洪水设计标准、结构型式、布置、结构设计、基础处理设计、施工与拆除设计和安全监测等
对比分析	中外标准均对围堰工程有一定的规定，中国标准更详细、具体，规定内容基本可涵盖美国标准的规定内容。按照中国标准设计更易操作

表 2.10-7   中美标准对标——导流泄水建筑物

标准	内 容
美国标准	(1) 美国陆军工程师兵团《拱坝设计》（EM 1110-2-2201）述及： 1) 导流隧洞和涵管。在很狭窄的河谷中导流隧洞是最常见的导流方式。 2) 渠道和渡槽。施工初期，渠道和渡槽与泄水闸和底坝段相结合用于疏导河流水流。渠道和渡槽除极狭窄的坝址外，几乎在所有的坝址均可考虑使用。 3) 泄洪孔和低坝段。泄洪底孔和低坝段可与渠道和渡槽结合使用。泄洪孔和低坝段在施工中期和后期，渠道和渡槽已不再适用时使用。 (2) 美国陆军工程师兵团《管道、涵洞、导管》（EM 1110-2-2902）述及： 涵管轴线应与天然河床一致，结构宜顺直。涵洞的逆弧度应与天然河床保持一致，以减少河床的侵蚀与淤积问题
中国标准	中国标准对于导流泄水建筑物有详细的规定，包括布置、结构型式、防护设计等
对比分析	中外标准均对导流泄水建筑物有一定的规定，中国标准更详细、具体，规定内容基本可涵盖美国标准的规定内容。按照中国标准设计更易操作

表 2.10-8   中美标准对标——截流

标准	内 容
美国标准	美国土木工程协会《水电工程规划设计土木工程导则 第五卷 抽水蓄能及潮汐发电》（1989 年）述及：1923—1932 年苏特泽（the Zuyder Zee）使用以下两种方法在河流中或潮汐河口中的流动水流中利用倾倒岩石和其他材料进行截流，已经取得了成功。 (1) 后卸式方法。从堤岸一侧或两侧向水中连续倾倒填料，逐渐将水流控制在断面狭窄的河段内，最后使用大块岩石或预制的混凝土块进行截流。这种方法又称为节流型截流。 (2) 摩擦控制法。从基础一层一层逐渐填筑，每一层都延伸到水道的整个宽度内，这样使通过水道的水流深度保持均匀，随着填筑高度的增加，水深逐渐减少。在应用这种方法时，是使用驳船、架空索道，或用卡车或轨道车从栈桥上进行填筑的
中国标准	中国标准对于截流方式的选择做了原则性的具体规定：截流落差不超过 4m 和流量比较小时，宜选择单戗立堵方式；截流落差大于 4m 和流量比较大时，宜选择双戗或宽戗立堵方式。同时对于截流抛投料的选择提出了原则要求
对比分析	美国标准中描述的"后卸式方法"和"摩擦控制法"截流方式与《水电工程施工组织设计规范》（NB/T 10491—2021）中的"立堵截流"和"平堵截流"相同，抛填材料选择主要考虑截流水力学条件。《水电工程施工组织设计规范》（NB/T 10491—2021）中考虑了截流水力参数、施工条件及强度等方面因素，推荐了截流方式、原材料尺寸及用量

表 2.10-9   中美标准对标——基坑排水

标准	内 容
美国标准	美国陆军工程师兵团《钢板桩围堰和挡水建筑物设计》（EM 1110-2-2503）述及： 围堰基坑排水可以分为两个阶段：第一个阶段为初期排水，主要是从围堰基坑内抽排水；第二个阶段是把围堰基坑的水位降低。 (1) 初期排水。基坑最大降水速度受内岸边坡稳定、板桩单元排水性、板桩单元连接锁的应力的控制。对大型围堰来说，一般降水速度取每天 5 英尺。 (2) 基坑排水。完成初期排水之后，基础的地下水在整个永久建筑物施工过程中都需要控制，以提供一个干燥稳定的施工区域。地下水的主要来源是通过围堰的地下渗流及基坑内地表水的下渗。最常用的排除地下水的传统方法是利用重力自然流动的井点系统。 (3) 降低渗透水压力。来自潜水层的渗透水压力必须要释放，否则会危及围堰、护堤、开挖区的稳定性，根据材料的厚度、均一性及渗透性，有时并不需要将自流压力完全降到开挖面以下

续表

标准	内　容
中国标准	中国标准规定，基坑排水分初期排水和经常性排水。初期排水总量由围堰闭气后的基坑积水量、围堰渗水量、围堰及基坑覆盖层的含水量和可能的降水量四部分组成。经常性排水应分别计算围堰和基础在设计水位下的渗水量、覆盖层中的含水量、排水时段的降水量和施工弃水量
对比分析	中国标准将基坑排水分为初期排水和经常性排水，美国标准将基坑排水分为三种情况，即初期排水、基础排水、潜水层的水压力释放。中国标准完全满足国内外工程关于基坑排水的要求。中外标准基坑排水的方式、方法基本相同，可相互参考

表 2.10-10　　　　　　　　　中美标准对标——施工期蓄水

标准	内　容
美国标准	美国陆军工程师兵团《土石坝设计与施工》（EM 1110-2-2300）述及： 水库初期蓄水被定义为一个商定的下闸蓄水来满足工程目的，并且是随着水位持续增加来达到防洪要求的一个持续的过程。水库初期蓄水是首次对大坝设计功能进行的检验。为了监测大坝性能，应将填充率控制在可行的范围内，以便给预先确定的监测项目（包括对仪器数据的观察和分析）尽可能多的时间。所有水库项目都需要一份关于初期蓄水的备忘录
中国标准	中国标准规定水库的下闸蓄水时间应与导流泄水建筑物的封堵计划及首台机组发电计划统一考虑，考虑导流泄水建筑物封堵和大坝安全度汛，应综合分析下游供水要求，并采取措施满足下游航运、灌溉、生产、生活和生态用水基本需要
对比分析	美国标准提出了初期蓄水的目的及初期蓄水备忘内容；中国标准从水库蓄水的蓄水时段选择、蓄水规划要求、上下游生态要求等方面对下闸蓄水提出要求。美国标准偏重于政策，中国标准偏重于蓄水要求

第 3 章

施工水力学

3.1 施工水力学计算

3.1.1 施工导流水力学计算

3.1.1.1 束窄河床导流水力计算

1. 计算任务

束窄河床导流水力计算简图如图 3.1－1 所示。

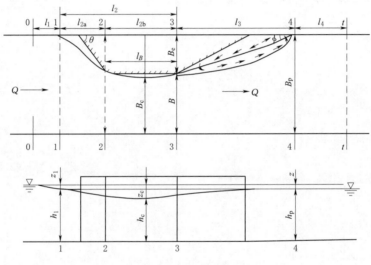

图 3.1－1 束窄河床导流水力计算简图

束窄河床导流水力计算的主要任务是：计算上游水位壅高 z'、上下游水位差 z，确定上游围堰高程；计算进口收缩段、束窄段、扩散段的流速，估计河道冲刷情况，设计围堰防冲措施，验证通航条件；计算自由水面线，验证河道通航条件、确定纵向围堰高程及形状。

2. 河床束窄度

河床束窄度包括宽度束窄度、面积束窄度、流量束窄度和动量束窄度。

（1）宽度束窄度 M：

$$M = B_e / B_p \qquad (3.1-1)$$

式中：B_e 为围堰下游转角处堰内宽度，m；B_p 为扩散段终点处水面宽度（即天然河床宽度），m。

宽度束窄度适用于河床起伏不大、综合糙率变化不大的平原河道。

（2）面积束窄度 M_A：

$$M_A = A_e / A_p \tag{3.1-2}$$

式中：A_e 为围堰及基坑所占的过水断面面积，m^2；A_p 为天然河床过水断面面积，m^2。

面积束窄度适用于河床起伏较大、地形构造复杂、综合糙率变化较大的河道。

（3）流量束窄度 M_Q：

$$M_Q = \frac{Q_e}{Q_p} = \frac{A_e C_e \sqrt{R_e}}{A_p C_p \sqrt{R_p}} \tag{3.1-3}$$

式中：Q_e、Q_p 为不同断面的流量，m^3/s；C_e、C_p 为不同断面的谢才系数；R_e、R_p 为不同断面的水力半径。

（4）动量束窄度 M_K：

$$M_K = \frac{K_e}{K_p} = \frac{\rho Q_e v_e}{\rho Q_p v_p} = M_Q \frac{Q_e / A_e}{Q_p / A_p} = \frac{M_Q^2}{M_A} \tag{3.1-4}$$

式中：ρ 为水的密度，kg/m^3；v_e、v_p 为不同断面的流速，m/s。

如果考虑围堰与岸边夹角 θ，则

$$M_K = \frac{M_Q^2}{M_A} \sin\theta$$

相关试验研究表明：

$$\varepsilon = \begin{cases} 1 - 0.6 M_K，上游围堰尖锐 \\ 1 - 0.25 M_K，上游围堰修圆 \end{cases} \tag{3.1-5}$$

式中：ε 为侧向收缩系数。

式（3.1-5）适用于宽阔的平原河道。试验条件为单侧束窄，$M_A = 0.2 \sim 0.6$，纵向围堰长度 $L_{23}/B = 0.75 \sim 2.0$，$\theta = 30° \sim 90°$，围堰区 $Fr < 0.7$（$Fr = v^2/gh$）。

3. 计算原理

对 0—0 断面和 c—c 断面应用恒定流能量方程：

$$T + \frac{\alpha_0 v_0^2}{2g} = h_c + \frac{\alpha_c v_c^2}{2g} + \frac{\alpha_p v_c^2}{2g} + \xi_e \frac{v_c^2}{2g} + h_{0c}$$

式中：T 为 0—0 断面水深，m；α_c 为动能修正系数；α_p 为曲线流非静水压力分布校正系数；ξ_e 为进口局部阻力损失系数；h_{0c} 为 0—0 断面与 c—c 断面间沿程水头损失。

因为 $T - h_c = z_c$，$\alpha_0 \approx 1.0$，令 $\varphi = \dfrac{1}{\sqrt{\alpha_c + \alpha_p + \xi_e}}$，忽略 h_{0c}，则得

$$z_c = \frac{v_c^2}{2g\varphi^2} - \frac{v_0^2}{2g} \tag{3.1-6}$$

$$Q = A_c v_c = \varepsilon B h_c \varphi \sqrt{2g\left(z_c + \frac{v_0^2}{2g}\right)} \tag{3.1-7}$$

令

$$\mu = \varepsilon\varphi = \frac{\varepsilon}{\sqrt{\alpha_c + \alpha_p + \xi_e}} \tag{3.1-8}$$

忽略 $\dfrac{v_0^2}{2g}$，则得束窄河床泄流能力公式：

$$Q = \mu b h_c \sqrt{2g z_c} \qquad (3.1-9)$$

对 0—0 断面和 4—4 断面应用恒定总流能量方程：

$$T + \frac{\alpha_0 v_0^2}{2g} = h_p + \frac{\alpha_4 v_4^2}{2g} + \xi_e \frac{v_4^2}{2g} + h_{04} \qquad (3.1-10)$$

式中：α_4 为动能修正系数；ξ_e 为进口局部阻力损失系数；h_{04} 为 0—0 断面与 4—4 断面间沿程水头损失。

因为 $T - h_4 = z$，令 $\varphi = \dfrac{1}{\sqrt{\alpha_c + \xi_e}}$

则得

$$v_4 = \varphi \sqrt{2g \left(z + \frac{v_0^2}{2g} \right)} \qquad (3.1-11)$$

取过水断面积 $A_p = B_p h_p$，忽略沿程阻力损失和 $\dfrac{v_0^2}{2g}$，则有

$$Q = \mu_* B_p h_p \sqrt{2g z} \qquad (3.1-12)$$

式中：μ_* 为化引流量系数。

对于式（3.1-8）的 μ，很难直接准确计算，可用以下两种方法确定。

（1）方法一。1957 年，列别捷夫利用 C. E. Kindsvater、R. W. Carter、H. J. Tracy 的研究资料（1953 年），通过进一步研究提出以下计算公式：

$$\mu = \mu_0' \sigma_L \sigma_r \sigma_{Fr} \sigma_e \qquad (3.1-13)$$

标准条件下的流量系数 μ_0' 根据式（3.1-14）计算，标准条件参见图 3.1-2，围堰边壁垂直，进口为直角，两岸对称束窄，$L/B \geqslant 1.05$，束窄段 $Fr = 0.25$。

$$\mu_0' = 1.06 - 0.31 M_Q \sin\theta \qquad (3.1-14)$$

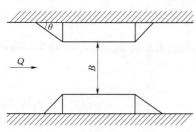

图 3.1-2　列别捷夫标准试验条件

其中，流量束窄度 $M_Q = \dfrac{A_e C_e \sqrt{R_e}}{A_p C_p \sqrt{R_p}}$，适用条件为

$$\begin{cases} M_Q = 0.2 \sim 0.85 \\ \theta = 30° \sim 90° \end{cases}$$

考虑相对长度（L/B）的影响系数 σ_L：当 $L/B \geqslant 1.05$ 时，$\sigma_L = 1.0$；当 $L/B = 0 \sim 1.05$ 时（分期导流少见），$\sigma_L = 0.77 + 0.22 L/B$。

考虑水流弗劳德数的影响系数 σ_{Fr}：$\sigma_{Fr} = 0.92 + 0.32 Fr$。

考虑两岸不对称束窄的影响系数 σ_e：双向对称束窄时，$\sigma_e = 1.0$；单侧束窄时，$\sigma_e = 0.955$。

考虑进口处圆角半径影响的校正系数 σ_r：进口为直角时，$\sigma_r = 1.0$；进口为圆角时，σ_r 按有关文献确定。

（2）方法二。对于式（3.1-8），ε 根据式（3.1-7）确定；如估计 $\alpha_c = \alpha_p = 0.80 \sim 0.90$，忽略 ξ_e，则 $\varphi = 0.80 \sim 0.75$，与有关文献建议的值近似：

$$\varphi = \begin{cases} 0.75 \sim 0.85, & \text{矩形围堰} \\ 0.80 \sim 0.85, & \text{梯形围堰} \\ 0.85 \sim 0.90, & \text{有导流墙} \end{cases}$$

4. 上游水位壅高 z' 和上下游水位差 z 的计算方法

分段围堰法束窄河床导流有专门的水力计算方法，包括基于能量方程简化的我国习惯用法、基于能量损失原理的列别捷夫法（苏联方法）和基于能量方程的卡特·塔西法（欧美方法）。

（1）我国习惯用法。

假定：$A_c = Bh_p$（实际上就是假定 $h_c \approx h_p$）

则
$$v_c = \frac{Q}{A_c} = \frac{Q}{Bh_p} \tag{3.1-15}$$

则得
$$z_c = \frac{v_c^2}{2g\varphi^2} - \frac{v_0^2}{2g} \tag{3.1-16}$$

对平原河道，
$$z_c \approx z' \approx z$$

写成迭代式为
$$z_c \approx z = \frac{1}{\varphi^2} \frac{Q^2}{2gB^2 h_p^2} - \frac{Q^2}{2gB_0^2 (h_p + z)^2} \tag{3.1-17}$$

其中
$$B_0 = B_p$$

（2）列别捷夫法（1959年）。

1）上游水位壅高 z'。根据能量损失原理，列别捷夫提出：
$$z' = h_f' + h_e - h_f \tag{3.1-18}$$

式中：h_f' 为束窄后 0—0 断面～4—4 断面内的沿程阻力损失；h_e 为束窄段后的水流突然扩散损失（指扩散段）；h_f 为天然河床 0—0 断面～4—4 断面内的沿程阻力损失（不考虑进口局部损失）。

$$h_f' = \overline{J}_{02} L_{02} + \overline{J}_{23} L_{23} + \overline{J}_{34} L_{34} \tag{3.1-19}$$

式中：$\overline{J}_{ij}$ 为平均水力坡降；L_{ij} 为各段长度，m。

对于断面均匀的顺直河道：$\overline{J}_{02} \approx \overline{J}_{34} = \overline{J}$。

而
$$\overline{J} = \sqrt{J_4 \overline{J}_{23}} = \sqrt{\frac{v_4^2}{C_4^2 R_4} \frac{v_3^2}{C_3^2 R_3}} \quad (J_4 \text{ 为天然河道水面比降})$$

对于宽浅河道：
$$R_3 \approx R_4, \quad C_3^2 R_3 \approx C_4^2 R_4$$

因为
$$C_4 = \sqrt{\frac{8g}{\lambda}}, \quad M_A = \frac{A_4 - A_3}{A_4}$$

所以
$$\overline{J} = \frac{\lambda v_4^2}{8g R_4 (1 - M_A)} \tag{3.1-20}$$

同理：
$$J_4 = \frac{\lambda v_4^2}{8g R_4}, \quad \overline{J}_{23} \approx \frac{v_3^2}{C_3^2 R_3} = \frac{\lambda v_4^2}{8g R_4} \left(\frac{1}{1 - M_A} \right)^2 \tag{3.1-21}$$

各段长度的计算如下：

进口段：
$$L_{02} = K_1 B = K_1 (1 - M_A) B_4 \text{（对宽浅河道，} M_A = M\text{）} \tag{3.1-22}$$

其中
$$K_1 = \begin{cases} 1.0, & M_A \leqslant 0.8, \text{列别捷夫} \\ 2.0 \sim 2.5, & \text{拉特申柯夫} \\ 1.5 \sim 2.5, & \text{鲁宾世钦} \end{cases}$$

束窄段：
$$L_{23} = K_2 B, \quad K_2 = 1 \tag{3.1-23}$$

扩散段：
$$L_{34} = \frac{B_e}{\tan\varphi} \tag{3.1-24}$$

式中：B_e 为围堰及基坑占据河道的宽度，$B_e = M_A B_4$；$\tan\varphi$ 可根据系统实验确定，它与束窄度 M、围堰及河床糙率、过水边界条件有关：

$$\tan\varphi = a\,\frac{\lambda\beta M_A}{\lg\dfrac{1}{1-M_A}} = a\,\frac{K_R M_A}{\lg\dfrac{1}{1-M_A}} \tag{3.1-25}$$

式中：λ 为天然河床的水力摩阻系数，$\lambda = \dfrac{8g}{C_4^2}$；$\beta$ 为天然河床的相对宽度，$\beta = \dfrac{B_4}{R_4}$；K_R 为河床特性系数，$K_R = \lambda\beta$；a 为综合修正系数，当 $K_R \geqslant 3$ 时，$a = 0.01 + 0.056M_A$，当 $K_R < 0.3$ 时，$a = \dfrac{0.075}{K_R}$。

对于天然河道，由于河床形状和组成较复杂，a、λ、β 可取均值，并以 M 代替 M_A，按下式近似计算：

$$\tan\varphi = \bar{a}\,\frac{\bar{\lambda}\,\bar{\beta}M}{\lg\dfrac{1}{1-M}} \tag{3.1-26}$$

至此，可计算出 h_f'。

同时：
$$h_f = J_4 L_{04} = J_4(L_{02} + L_{23} + L_{34}) \tag{3.1-27}$$

$$h_e = M_A^2\,\frac{v_3^2}{2g} = \left(\frac{M_A}{1-M_A}\right)^2\frac{v_4^2}{2g} \tag{3.1-28}$$

将式（3.1-19）～式（3.1-28）代入式（3.1-18），得

$$\frac{z'}{v_4^2/2g} = \frac{1}{4a}\frac{M_A}{1-M_A}\lg\frac{1}{1-M_A} + \left(\frac{M_A}{1-M_A}\right)^2 + \frac{K_R}{4}K_1 M_A + \frac{K_R}{4}K_2\frac{2M_A - M_A^2}{1-M_A} \tag{3.1-29}$$

如果忽略后两项，得

$$\frac{z'}{v_4^2/2g} = \frac{1}{4a}\frac{M_A}{1-M_A}\lg\frac{1}{1-M_A} + \left(\frac{M_A}{1-M_A}\right)^2 \tag{3.1-30}$$

2）上下游水位差 z。列别捷夫根据能量损失原理（忽略进口局部损失），提出以下计算公式：

$$z = h_f' + h_e \tag{3.1-31}$$

同理，可推导出以下计算公式：

$$\frac{z}{v_4^2/2g} = \frac{1}{4a}\frac{1}{1-M_A}\lg\frac{1}{1-M_A} + \left(\frac{M_A}{1-M_A}\right)^2 + \frac{K_R}{4}K_1 + \frac{K_R}{4}K_2\frac{1}{1-M_A} \tag{3.1-32}$$

忽略上式中的后两项，令 $v_4 = \dfrac{Q}{B_p h_p}$，则有

$$Q = \mu_* B_p h_p \sqrt{2gz}$$

其中
$$\mu_* = \frac{1}{\sqrt{\dfrac{1}{4a(1-M_A)}\lg\dfrac{1}{1-M_A} + \dfrac{M_A^2}{(1-M_A)^2}}}$$

（3）卡特·塔西法。根据前面的推导，图 3.1-1 中收缩断面落差 z_c 可由式（3.1-33）计算：

$$z_c = \frac{1}{\mu^2 2g}\left(\frac{Q}{Bh_c}\right)^2 + h_{0c} - \frac{\alpha_0 v_0^2}{2g} \tag{3.1-33}$$

其计算方法与列别捷夫法大致相同，只是根据试验引入了"壅水比"的概念，由试算得到的收缩断面落差 z_c 确定上游水位壅高 z'。z_c 的计算步骤如下：①计算流量系数 μ；②用列别捷夫计算公式计算束窄河床 $0—0$ 断面～$c—c$ 断面内的沿程阻力损失 h_{0c}；③用试算法计算得到 z_c；④用式（3.1-34）确定 z'。

$$\frac{z'}{z_c} = \left(\frac{z'}{z_c}\right)_B K_\mu \tag{3.1-34}$$

式中：$\left(\dfrac{z'}{z_c}\right)_B$ 为标准条件下的壅水比，标准条件为矩形河床、均匀糙率、束窄建筑物为矩形、垂直边壁，卡特·塔西根据试验提出了 $\left(\dfrac{z'}{z_c}\right)_B - M_Q\sin\theta$ 关系曲线（图 3.1-3）；K_μ 为校正系数，卡特·塔西根据试验提出了 $K_\mu - \sigma_r$ 关系曲线（图 3.1-4）。

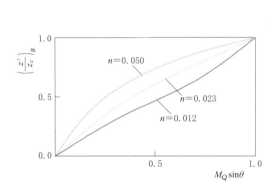 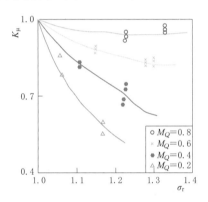

图 3.1-3　标准条件下的壅水比　　　　图 3.1-4　$K_\mu - \sigma_r$ 关系曲线

对于两段两期导流工程，可根据以上方法（我国习惯用法、列别捷夫法和卡特·塔西法）得到的计算结果，按相应公式确定一期上游围堰工程，但由于其计算过程中各自引入了不同的假定，计算结果也会存在一定差异，因此，需要通过导流模型试验进一步验证确定。值得注意的是，对于两段两期以上的导流工程，如果一期基坑主体建筑物工程量大、结构复杂，一期围堰在后期导流时仍然需要挡水（跨多个汛期），则一期上游围堰高程需要根据后期导流泄水建筑物的泄流能力确定。

5. 束窄河床流场分布与水面线

如图 3.1-5 所示，经过系统试验结合理论分析，鲁宾世钦提出当 $0 < z_0'/h_1 \leqslant 0.25 \sim 0.30$ 时，可定义以下两个无量纲数：

$$a_i = \frac{T - \dfrac{P_i}{\gamma}}{z_0'}, \quad b_i = \frac{T - h_i}{z_0'} \tag{3.1-35}$$

式中：a_i、b_i 分别为相对动水压力差和相对自由水面降落；z_0' 为计及行近流速水头的上

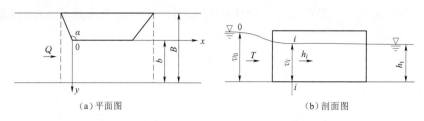

（a）平面图　　　　　　　　　　　　（b）剖面图

图 3.1-5　围堰束窄河床段计算简图

游水位壅高，m。

鲁宾世钦的研究结果表明，a_i、b_i 只与围堰布置型式有关，而与束窄度的关系不大。因此，当围堰布置型式确定后，a_i、b_i 的分布就可以基本确定。

假定河床为平坡，对于底部流速应用能量方程：

$$T + \frac{v_0^2}{2g} = \frac{P_i}{\gamma} + \frac{v_{id}^2}{2g} + \sum h_{wi}$$

对于表面流速应用能量方程：

$$T + \frac{v_0^2}{2g} = h_i + \frac{v_{ib}^2}{2g} + \sum h_{wi}$$

式中：v_{id}、v_{ib} 分别为 i 断面处的底部流速与表面流速，m/s。

令 $h_v = \dfrac{\alpha_0 v_0^2}{2g}$，则有

$$v_{id} = v_0 \sqrt{1 + a_i \frac{z_0'}{h_v} - \frac{\sum h_{wi}}{h_v}}, \quad v_{ib} = v_0 \sqrt{1 + b_i \frac{z_0'}{h_v} - \frac{\sum h_{wi}}{h_v}}$$

多数情况下相对损失 $\dfrac{\sum h_{wi}}{h_v}$ 较小，可忽略不计，则有

$$v_{id} = v_0 \sqrt{1 + a_i \frac{z_0'}{h_v}}, \quad v_{ib} = v_0 \sqrt{1 + b_i \frac{z_0'}{h_v}} \qquad (3.1-36)$$

上游横向围堰与纵向围堰相交的转角处具有最大的 $a_{\max}$，因此，此处的最大近底流速可表示为

$$v_{d\max} = v_0 \sqrt{1 + a_{\max} \frac{z_0'}{h_v}} \qquad (3.1-37)$$

根据试验测定，$a_{\max}$ 按表 3.1-1 取值。

表 3.1-1　　　　　　　　　　　　　$a_{\max}$ 试验结果

$\alpha/(°)$	90	120	135	150
$a_{\max}$	1.67	1.62	1.60	1.56

a_i、b_i 沿水流两侧边壁分布曲线形式可参见有关文献。利用 a_i、b_i，可以计算围堰束窄段两侧边壁的水面线及底部压力分布，据此可确定纵向围堰沿线高程；同时，也可以计算围堰束窄段两侧边壁的底部流速和表面流速分布，为围堰护固计算提供依据。

当然，除了以上方法外，束窄河床水力计算也可以按照水力学的一般原理计算上游水

位（图 3.1-1 的 0—0 断面），从而得到沿程水面线和上下游水位差。具体做法是：从下游（图 3.1-1 的 4—4 断面）往上游推求水面曲线至束窄段进口断面（图 3.1-1 的 2—2 断面），进口 4—4 断面至上游 0—0 断面视为有侧向收缩的宽顶堰流，这样就可用宽顶堰流计算公式计算得到 0—0 断面的水位。但是，由于沿程存在回流区，如纵向围堰前段、扩散段（图 3.1-1 的 3—3 断面至 4—4 断面），计算时难以确定这些区域的有效过水断面面积，因此，计算结果存在一定误差。

3.1.1.2　导流隧洞水力计算

1. 单条导流隧洞泄流能力计算

如图 3.1-6 所示，导流隧洞泄流能力反映了泄流量 Q 和上游水位 H_s 的关系，泄流能力曲线为连续、光滑的单调上升曲线。导流隧洞在不同运行时段内宣泄的流量也不同，洞内水流流态可能呈现无压流、半有压流和有压流，但在宣泄导流设计流量时一般将洞内水流流态设计为有压流。

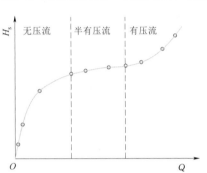

图 3.1-6　隧洞泄流能力曲线示意图

计算方法为：假设流量 Q，推求上游水位 H_s（也可以假设 H_s，推求 Q）。由于涉及大量试算，宜采用计算机编程计算。

（1）洞内水流流态判别。导流隧洞泄流能力计算时首先要进行洞内流态判别。如图 3.1-7 所示，导流隧洞在不同设计方案、不同运用条件下，可能呈现出多种复杂的流态，对应的计算方法也不相同。

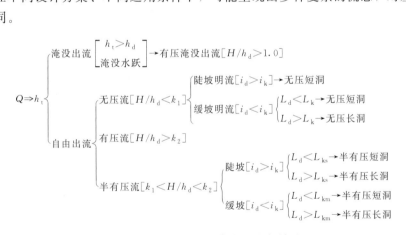

图 3.1-7　导流隧洞内水流流态判别

h_d、L_d—设计洞高、洞长，m；i_d—隧洞设计底坡；H、h_t—上游水深、下游水深，m

（2）界限流量的计算。

半有压短洞下限流量：

$$Q_{1x} = \mu' \omega \sqrt{2g(k_1 - \eta)h_d} \qquad (3.1-38)$$

半有压长洞下限流量：

$$Q_{2x} = \mu\omega \sqrt{2g\left[H_{sd} - H_{xd} + (k_1 - \beta)h_d\right]} \tag{3.1-39}$$

陡坡洞有压自由出流下限流量：

$$Q_{3x} = \mu\omega \sqrt{2g\left[H_{sd} - H_{xd} + (k_{2s} - \beta)h_d\right]} \tag{3.1-40}$$

缓坡洞有压自由出流下限流量：

$$Q_{4x} = \mu\omega \sqrt{2g\left[H_{sd} - H_{xd} + (k_{2m} - \beta)h_d\right]} \tag{3.1-41}$$

式中：H_{sd} 为隧洞进口底板高程，m；H_{xd} 为隧洞出口底板高程，m。

流态判别及界限流量计算公式中各参数意义及计算如下：

临界底坡 i_k：$i_k = \dfrac{g\chi_k}{\alpha C_k^2 B_k}$。

系数 k_1：$k_1 = 1.15 \sim 1.25$。

系数 k_2：陡坡时，$k_{2s} = 1.50$；缓坡时，$k_{2m} = 1 + \dfrac{1}{2}\left(1 + \sum\xi + \dfrac{2gL_d}{C^2 R}\right) \times \dfrac{v^2}{gh_d} - i_d \dfrac{L_d}{h_d}$

临界长度 L_k：缓坡接近平坡时 $L_k = (106 - 270m)h_k$ 或 $(64 - 163m)H$；缓坡接近临界坡时，取 $1.3L_k$；陡坡 $(i_d > i_k)$ 时泄流能力不受洞长影响，按短洞考虑。

式中：m 为洞进口流量系数（无坎宽顶堰），取 $0.32 \sim 0.36$；H 为上游水深，m。

缓坡洞 L_{km}：$L_{km} = 2.7h_d + L_{s1}$（L_{s1} 为 C_1 型水面曲线长度）。

陡坡洞 L_{ks}：$L_{ks} = (1.4 - 1.9)h_d + L_{s2}$（$L_{s2}$ 为 C_2 型水面曲线长度）。

（3）各种流态的上游水位计算公式。

1）有压淹没出流：

$$H_s = \frac{1}{2g}\left(\frac{Q}{\mu\omega}\right)^2 + h_t + H_{xd} \tag{3.1-42}$$

其中

$$\mu = \frac{1}{\sqrt{1 + \sum\xi_i\left(\dfrac{\omega}{\omega_i}\right)^2 + \sum\dfrac{2gL_i}{C_i^2 R_i}\left(\dfrac{\omega}{\omega_j}\right)^2}}$$

式中：H_s 为上游水位；m；μ 为流量系数；ξ_i 为导流隧洞第 i 段的局部水头损失系数；ω_i 为与之相应的流速所在的断面面积；L_i 为导流隧洞第 i 段的长度；ω_j、C_i、R_i 分别为与之相应的断面面积、谢才系数、水力半径；ω 为隧洞出口断面面积；h_t 为下游水深。

2）有压自由出流：

$$H_s = \frac{1}{2g}\left(\frac{Q}{\mu\omega}\right)^2 + \beta h_d + H_{xd} \tag{3.1-43}$$

其中，当出口有侧墙约束时，β 取 0.85；当出口无侧墙约束时，β 取 0.70。

以下对 β 做进一步分析。

令 $T_0 = H_s - H_{xd}$，$h_p = \beta h_d$，可将有压淹没出流和有压自由出流的泄流能力公式统一为

$$Q = \mu\omega \sqrt{2g(T_0 - h_p)} \tag{3.1-44}$$

式中：T_0 为出口底板高程以上的总水头（含行进流速水头）；h_p 为出口断面底板高程以上的计算水深（平均单位势能），$h_p = \beta h_d$。

其中，淹没出流时，β 取 1.0。自由出流时，大气射流情况下，β 取 0.50；出口有顶托、

侧墙无约束时，β 取 0.70；出口有顶托、侧墙有约束时，β 取 0.85。

$$\beta = \begin{cases} 淹没出流:1.0 \\ 自由出流 \begin{cases} 大气射流:0.50 \\ 出口有顶托、侧墙不约束:0.70 \\ 出口有顶托、侧墙有约束:0.85 \end{cases} \end{cases}$$

综上可知：$\beta = h_p / h_d$。

而出口断面的水流平均单位势能为

$$h_p = 0.5 h_d + \frac{\overline{P}}{\gamma}$$

式中：$\dfrac{\overline{P}}{\gamma}$ 为出口断面的水流平均单位压强，m。

淹没出流时，出口断面水流压强符合静水压强分布规律，$\dfrac{\overline{P}}{\gamma} = 0.5 h_d$，于是 $h_p = 0.5 h_d + 0.5 h_d = h_d$，$\beta = 1.0$，$Q = \mu \omega \sqrt{2g(T_0 - h_d)}$。自由出流时，出口断面水流压强不符合静水压强分布规律，一般情况下，导流隧洞出口有顶托、有侧墙约束，$\beta = 0.85$。但值得注意的是，出口断面局部存在负压，此时就需要测量出口断面的平均单位压强 $\dfrac{\overline{P}}{\gamma}$ 来计算 β 值，当导流隧洞出口出现部分淹没时，$\beta > 0.85$。例如：亚碧罗水电站施工导流模型试验结果表明，左洞出口为半淹没流态时，根据试验结果计算的 β 值为 0.87～0.92。

3）半有压流。半有压短洞（陡坡或缓坡）时，$H = \dfrac{1}{2g}\left(\dfrac{Q}{\mu' \omega}\right)^2 + \eta h_d + H_{sd}$；半有压长洞（缓坡）时，$H = \dfrac{1}{2g}\left(\dfrac{Q}{\mu \omega}\right)^2 + \beta h_d + H_{xd}$（与有压自由出流同）；半有压长洞（陡坡）时，不稳定流态，无公式计算。

μ'、η 可根据相关文献确定。

对于大断面陡坡长洞，水流脱壁现象明显。根据工程经验总结分析，建议：①门槽局部水头损失系数范围为 0.05～0.2，建议取下限值 0.05；②水流在出口处存在脱壁现象，脱壁长度为 $(0.5 \sim 1.5) h_d$，沿程水头损失计算时，洞长 L 可取 $L - 1.5 h_d$；③出口自由出流折减系数，考虑侧墙约束，β 值可取 0.6。

4）无压流：

$$H_s = \left(\frac{Q}{\sigma_s mb \sqrt{2g}}\right)^{2/3} + H_{sd} \tag{3.1-45}$$

其中

$$\sigma_s = f(H/h_c')$$

式中：σ_s 为洞进口宽顶堰流淹没系数；H、h_c' 分别为上、下游水深。

判断是否淹没需求洞中水面线，一般应由下游向上游推算水面线至进口断面处的水深 h_c'。如为淹没堰流，需进行试算；如为自由堰流，$\sigma_s = 1.0$。

（4）数据光滑处理。由于导流隧洞泄流能力曲线为单调上升曲线，因此，在得到系列计算型值点后，可采用相应光滑算法（如五点三次平滑法）进行曲线光滑处理。

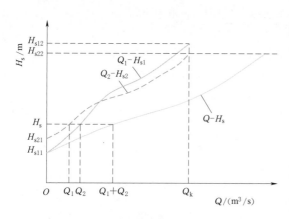

图 3.1-8 两条导流隧洞总泄流能力曲线

2. 多条导流隧洞总泄流曲线

假定各条导流隧洞泄流互不影响，按以上方法计算得到各条导流隧洞的单独泄流能力曲线，然后进行叠加，可得到多条导流隧洞的总泄流能力曲线。以两条导流隧洞为例（图 3.1-8），叠加步骤如下：

（1）找到 Q_k 对应的最小上游水位 H_{s22}（Q_k 至少为导流设计流量的 $1/2$），找到 $Q=0$ 对应的最小上游水位 H_{s11}。

（2）给定 $H_s \in [H_{s11}, H_{s22}]$，用插值算法得到对应的 Q_1、Q_2，叠加得到总泄流量 $Q=Q_1+Q_2$，这样可得到总泄流系列型值点（Q_i，H_{si}）（$i=1$，2，3，…），最后用光滑算法绘制两条导流隧洞的总泄流能力曲线。

3.1.1.3 导流明渠水力计算

对于导流明渠而言，明渠泄流时，水流可能呈均匀流或非均匀流。导流明渠水力计算的目的在于根据不同情况，计算渠道各段水深（水位）、流速及泄流能力，求得上游壅高水位及进、出口的水流衔接型式，据此确定上游围堰高程、侧墙高度及防护措施等。

1. 明渠均匀流

明渠均匀流的水流保持匀速直线运动，重力所做的功等于水流阻力所做的功。因此水力坡降 J、水面坡降 J_s、渠底坡度 i 都相等，即 $J=J_s=i$。均匀流的基本公式为

$$Q=vA=AC\sqrt{Ri}=F(h_0) \tag{3.1-46}$$

$$K=\frac{Q}{\sqrt{i}}=AC\sqrt{R} \tag{3.1-47}$$

$$C=\frac{1}{n}R^{1/6} \tag{3.1-48}$$

式中：K 为流量模数，m^3/s；A 为过水断面面积，m^2；v 为流速，m/s；R 为水力半径，m；C 为谢才系数，$m^{1/2}/s$；n 为糙率；h_0 为正常水深，m。

2. 明渠非均匀流

（1）棱柱形渠道的基本性质和水面曲线的类型。断面的单位能量 E_s 为

$$E_s=h+\frac{\alpha v^2}{2g}=F(h) \tag{3.1-49}$$

在缓流区，断面单位能量随水深增加而增大。在急流区，断面单位能量随水深增加而减小。断面单位能量最小时的水深 h_k 为临界水深。

当渠道通过某一流量时，断面的正常水深 h_0 恰好等于临界水深 h_k，这时渠底坡度为临界坡度 i_k，计算公式为

$$i_k = \frac{g\chi_k}{\alpha C_k^2 B_k} \tag{3.1-50}$$

式中：χ_k、B_k、C_k 分别为临界水深时的断面湿周、水面宽度和谢才系数；α 为动能修正系数，可取值为 1.05～1.10。

当渠道底坡 $i < i_k$ 时为缓坡，$i > i_k$ 时为陡坡，$i = i_k$ 时为临界坡。棱柱形渠道恒定渐变流水面曲线的类型如图 3.1-9 所示（图中，$K—K$ 为正常水深线，$N—N$ 为临界水深线，ⓐ、ⓑ、ⓒ 表示实际水深所处的区间），计算时应先判别水面曲线的类型及其特性。各型水面曲线的特性和控制断面见表 3.1-2。

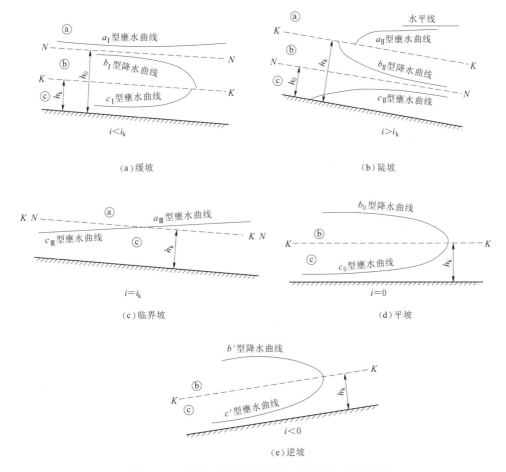

图 3.1-9　棱柱形渠道恒定渐变流水面曲线的类型

表 3.1-2　　　　　　棱柱形渠道各型水面曲线的特性和控制断面

底坡	水面曲线类型	水面曲线特性和控制断面
$i < i_k$	a_{I} 型，缓流，壅水曲线	上游端水深渐近于 h_0，控制断面在下游端，水深大于 h_0
	b_{I} 型，缓流，降水曲线	上游端水深渐近于 h_0，控制断面在下游端，下游水深 $h_s \leqslant h_k$ 时，取计算水深 $h_p = h_k$；$h_s > h_k$ 时，$h_p = h_s$
	c_{I} 型，急流，壅水曲线	控制断面在上游端收缩断面处

底坡	水面曲线类型	水面曲线特性和控制断面
$i > i_k$	a_{II}型，缓流，壅水曲线	控制断面在下游端
	b_{II}型，急流，降水曲线	下游端渐近于h_0，控制断面在上游端，控制水深小于h_k
	c_{II}型，急流，壅水曲线	下游端渐近于h_0，控制断面在上游端收缩断面处
$i = i_k$	a_{III}型，缓流，壅水曲线	上游端渐近于h_k，控制断面在下游端，控制水深大于h_k
	c_{III}型，急流，壅水曲线	下游端渐近于h_k，控制断面在上游端
$i = 0$	b_0型，缓流，降水曲线	控制断面在下游端，计算水深同h_k
	c_0型，急流，壅水曲线	控制断面在上游端收缩断面处

（2）分段累计法。分段累计法适用于棱柱形渠道和非棱柱形渠道，计算公式为

$$\Delta S = \frac{\left(h_{n+1} + \frac{V_{n+1}^2}{2g}\right) - \left(h_n + \frac{V_n^2}{2g}\right)}{\bar{J} - i} = \frac{\Delta E}{\bar{J} - i} \tag{3.1-51}$$

其中

$$\bar{J} = \frac{\bar{V}^2}{\bar{C}^2 \bar{R}} \tag{3.1-52}$$

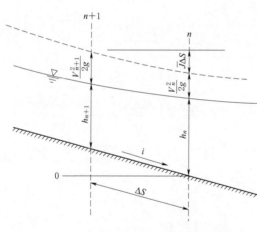

图 3.1-10 相邻断面的比能变化

式中：$\bar{J}$、$\bar{V}$、$\bar{R}$、$\bar{C}$ 分别为两断面之间的平均水力坡降、平均流速、平均水力半径、平均谢才系数；ΔE 为上游断面与下游断面的比能差。

图 3.1-10 显示了相邻断面的比能变化情况。

计算时，根据水面曲线的类型，由控制断面算起，假定前一断面的水深，并求得有关水力要素，列表依次进行推算。

3. 上游壅高水深的确定

（1）明渠进口按宽顶堰流计算公式计算。对于缓坡渠道，计算上游壅高时可按表 3.1-3 的准则判别是否淹没。

表 3.1-3　　　　　　　　　　分期导流的流态界限

宽 顶 堰 流		明 渠 流	
$l/H = 2.5 \sim 20$		$l/H > 20$	
自由出流	淹没出流	缓流	急流
$h_s < 1.25 h_k$	$h_s \geqslant 1.25 h_k$	$i < i_k$	$i > i_k$
$h_s < 0.8 H_0$	$h_s \geqslant 0.8 H_0$	$h_0 > h_k$	$h_0 < h_k$

注　l 为明渠长度；H 为上游水深；H_0 为上游水头；h_0 为正常水深；h_k 为临界水深。

上游壅高水深 Z 近似计算采用淹没宽顶堰流计算公式：

$$Z = \frac{1}{\varphi^2} \frac{V_e^2}{2g} - \frac{V_0^2}{2g} \tag{3.1-53}$$

式中：φ 为流速系数；V_e 为进口断面处流速，根据进口断面处水深 h_e 与相应面积 A_e 和流量求得；h_e 应从明渠末端水深 h_s 通过水面曲线推算。

（2）陡坡渠道，在非淹没条件下，即 $h_s - il < 1.25 h_k$ 时，按自由出流宽顶堰公式计算：

$$H_0 = \left(\frac{Q^2}{m^2 \overline{B}_k^2 2g} \right)^{1/3} \tag{3.1-54}$$

其中
$$\overline{B}_k = A_k / h_k \tag{3.1-55}$$

式中：$\overline{B}_k$ 为临界水深下过水断面的平均宽度；A_k 为临界水深下的过水面积。

3.1.2　截流水力学计算

3.1.2.1　计算原理

计算原理如下：

$$Q = Q_d + Q_n + Q_s + Q_a \tag{3.1-56}$$

式中：Q 为截流设计流量，m^3/s；Q_d 为分流量，m^3/s；Q_n 为龙口泄流量，m^3/s；Q_s 为戗堤渗透流量，m^3/s；Q_a 为调蓄流量，m^3/s，由于截流一般在枯水期进行，调蓄流量较小，可忽略不计。

3.1.2.2　分流能力曲线

1. 分流建筑物

分流建筑物一般是利用已具备过水条件的导流泄水建筑物，从工程实践来看，其具体型式和流态有以下几种情况。

（1）导流隧洞。洞中流态可能是明渠非均匀流（常见）、半有压流（例如：根据模型试验研究，溪洛渡水电站截流工程在截流设计流量 $5160\mathrm{m}^3/\mathrm{s}$ 下部分导流隧洞内出现半有压流）、有压流（罕见）。

（2）导流明渠。流态为明渠非均匀流（如三峡工程大江截流）。

（3）导流底孔。流态可能是明渠非均匀流、半有压流、有压流（如三峡工程三期截流）或堰流。

（4）泄水闸孔。流态一般为宽顶堰流（如峡江水电站三期截流）。

2. 分流能力曲线的计算

应根据分流建筑物的型式和其中的流态，采用相应的计算方法和计算公式进行计算，得到分流量 Q_d 和戗堤上游水位 H（一般称为分流点水位或分流断面水位）的关系曲线，通常称为分流能力曲线。

应当注意的是，计算导流隧洞分流能力曲线时（图 3.1-11），导流隧洞出口下游水位（一般称为汇流点水位或汇流断面水位）始终是截流设计流量对应的下游水位，这一水位在整个截流合龙过程中应保持不变，这与上述导流隧洞分流能力曲线是不同的。

3.1.2.3　龙口泄流曲线簇

大量试验和工程经验表明，龙口水流接近宽顶堰流，其计算公式如下：

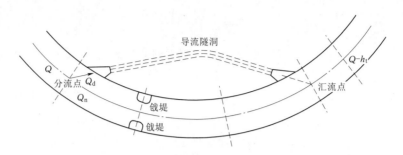

图 3.1-11 导流隧洞分流能力曲线计算简图

$$Q_n = m\overline{B}\sqrt{2g}\,H^{3/2} \tag{3.1-57}$$

式中：Q_n 为龙口泄流量，m^3/s；m 为流量系数；$\overline{B}$ 为龙口平均过水宽度，m；H 为戗堤上游水头，m，如有护底，应从护底顶部高程起算（图 3.1-12）。

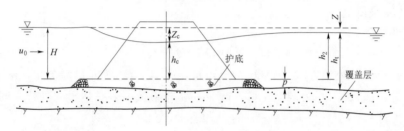

图 3.1-12 立堵截流水力计算简图

1. 龙口平均过水宽度

龙口平均过水宽度计算公式为

$$\overline{B} = \frac{B_1 + B_2}{2}$$

式中：B_1 为戗堤轴线断面龙口水面宽度，m；B_2 为相应的龙口底宽，m，当龙口为三角形断面时，$B_2 = 0$。

2. 流量系数 m

列别捷夫根据系统试验，提出了流量系数 m 试验曲线，如图 3.1-13 所示。

对试验曲线进行拟合，得到流量系数 m：

$$m = \begin{cases} 0.385, & \text{自由堰流} \\ \left(1 - \dfrac{z}{H_0}\right)\sqrt{\dfrac{z}{H_0}}, & \text{淹没堰流} \end{cases} \tag{3.1-58}$$

自由堰流（非淹没堰流）情况下，列别捷夫建议取宽顶堰流流量系数的理论最大值，实际应用时应进行适当折减。

3. 淹没标准

如图 3.1-14 所示，一般有坎宽顶堰的淹没标准为：当进口平顺时，$\dfrac{h_s}{H_0} > 0.75$ 为淹没堰流，否则为自由堰流；当进口不平顺时，$\dfrac{h_s}{H_0} > 0.85$ 为淹没堰流，否则为自由堰流。

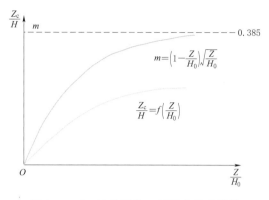

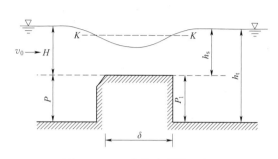

图 3.1-13 流量系数 m 试验曲线示意图　　　图 3.1-14 有坎宽顶堰示意图

对于龙口水流，其淹没标准有以下研究成果：

（1）列别捷夫研究成果。龙口过水断面由梯形变为三角形时，是淹没堰流与自由堰流的分界点。建议的淹没标准：$\dfrac{h_s}{H} > 0.7$ 或 $\dfrac{z}{H} < 0.3$ 时为淹没堰流，否则为自由堰流。

（2）原武汉水利电力学院与长江流域规划办公室的研究成果。

对于梯形断面，$\dfrac{h_s}{H} > 0.6 \sim 0.8$ 或 $\dfrac{z}{H} < 0.4 \sim 0.2$ 时为淹没堰流，否则为自由堰流。

对于三角形断面，$\dfrac{h_s}{H} > 0.8$ 或 $\dfrac{z}{H} < 0.2$ 时为淹没堰流，否则为自由堰流。

3.1.2.4　戗堤渗透流量

立堵截流的戗堤渗透流量可用下式估算：

$$Q_s = K_s (\overline{B}_{0s} - \overline{B}) H \sqrt{\frac{z}{L_s}} \tag{3.1-59}$$

其中
$$L_s \approx (m_1 + m_2) p + a$$

式中：$\overline{B}_{0s}$ 为起始龙口平均宽度，或有渗流通过的戗堤总长度，m；$\overline{B}$ 为合龙过程中的龙口平均水面宽度，m；H 为戗堤上游平均水深，m；K_s 为紊流渗透系数，m/s；z 为落差，m；L_s 为平均渗径，m；a 为戗堤顶宽；p 为戗堤高度；m_1、m_2 分别为戗堤上、下游边坡。

当采用块石且戗堤渗透为紊流时，K_s 可按伊兹巴斯公式计算：

$$K_s = n \left(20 - \frac{A}{D}\right) \sqrt{D} \tag{3.1-60}$$

式中：n 为戗堤孔隙率；D 为抛投料的化引粒径，m；A 为材料特征系数，外形较圆滑的石料 $A = 14$，有棱角的碎石 $A = 5$。

K_s 也可按表 3.1-4 选用。

计算得到龙口流量、分流量、戗堤渗透流量以后，可根据相关文献的方法进行截流水力计算。

表 3.1-4　　　　　　　　　　　抛投料的紊流渗透系数 K_s

材料质量/kg		1.36	10.5	80	160	500	1000	3000	5000	10000
材料化引粒径/m		0.10	0.20	0.40	0.50	0.75	0.90	1.30	1.60	2.00
块石，$n=0.4$		0.235	0.345	0.500	0.570	0.690				
渗透系数 $K_s/(\text{m/s})$	混凝土立方体，$n=0.475$			0.610	0.680	0.830	0.930	0.110	0.120	0.130
	混凝土四面体，$n=0.5$				0.700	0.930	0.100	0.120	0.140	0.150
	钢筋混凝土构架，$n=0.8$				0.200	0.250	0.280	0.330	0.360	0.410

3.1.2.5　截流水力参数计算

由截流水力计算得到结果（B_i，H_i，Q_{ni}，Q_{di}），其意义为：在某龙口宽度为 B_i 时，相应的龙口上游水位为 H_i，龙口流量为 Q_{ni}，分流量为 Q_{di}。据此，以戗堤轴线断面为计算断面，可求解龙口水力参数。

（1）戗堤轴线断面平均流速：

$$\overline{v}_{ci} = \frac{Q_{ni}}{\overline{B}_i h_{ci}} \tag{3.1-61}$$

式中：$\overline{B}_i$ 为某龙口的平均过水宽度，m；h_{ci} 为戗堤轴过水线断面水深，m，可根据图 3.1-10 确定。

（2）单宽流量：

$$q_i = \frac{Q_{ni}}{\overline{B}_i} \tag{3.1-62}$$

（3）落差：

$$z_i = H_i - h_t \tag{3.1-63}$$

式中：h_t 为戗堤下游水深，m。

（4）单宽功率：

$$N_i = \gamma q_i z_i \tag{3.1-64}$$

式中：γ 为水的容重，N/m^3。

3.2　施工导流截流模型试验

3.2.1　模型制作

在制作水工模型时，水库及河道地形缩制占很大的工作量。水工模型地形断面板自动化制作系统由水工模型地形处理软件、图形转换软件、木工雕刻机和控制软件组成，实现了地形断面绘制过程和断面板制作过程的自动化。白鹤滩水电站河道截流模型采用了上述系统，模拟范围为上游围堰轴线上游800m，下游围堰轴线下游1000m，全长2800m，模型上游顶高程为 665.0m，下游顶高程为 635.0m。模型长度比尺为 1∶60。

3.2.2　黏性流体相似准则

1. 相似条件

（1）几何相似。要求原型水流与模型水流的所有几何量相似，即

$$\frac{L_p}{L_m} = \lambda_L, \frac{A_p}{A_m} = \lambda_A, \frac{V_p}{V_m} = \lambda_V, \cdots \tag{3.2-1}$$

式中：L、A、V 分别为长度、面积、体积（p 表示原型，m 表示模型）；λ_L、λ_A、λ_V 分别为长度比尺、面积比尺、体积比尺。

（2）运动相似。要求原型水流与模型水流的所有运动量相似，即

$$\frac{v_p}{v_m} = \lambda_v, \frac{a_p}{a_m} = \lambda_a, \frac{t_p}{t_m} = \lambda_t, \cdots \tag{3.2-2}$$

式中：v、a、t 分别为流速、加速度、时间；λ_v、λ_a、λ_t 分别为流速比尺、加速度比尺、时间比尺。

（3）动力相似。要求原型水流与模型水流的各种作用力相似，即

$$\frac{F_{1p}}{F_{1m}} = \lambda_{F1}, \frac{F_{2p}}{F_{2m}} = \lambda_{F2}, \cdots \tag{3.2-3}$$

式中：F_i 为作用力，$i = 1$，2，$\cdots$，n；λ_{Fi} 为第 i 个作用力的比尺。

2. 一般相似准则

由牛顿第二定律及紊流雷诺方程组，可以得到以下五个相似准则。

（1）非恒定性相似准则。又称为司特鲁哈相似准则，即模型与原型的司特鲁哈数（Sh）相等：

$$Sh = \frac{L}{vt}, (Sh)_m = (Sh)_p$$

由此导出的比尺关系为

$$\frac{\lambda_L}{\lambda_t \lambda_v} = 1 \tag{3.2-4}$$

（2）重力相似准则。又称为弗劳德相似准则，即模型与原型的弗劳德数（Fr）相等：

$$Fr = \frac{v^2}{gL}, (Fr)_m = (Fr)_p$$

由此导出的比尺关系为

$$\frac{\lambda_v^2}{\lambda_g \lambda_L} = 1 \tag{3.2-5}$$

对于水流，$\lambda_g = 1$，因此，$\lambda_v = \lambda_L^{1/2}$。

（3）黏滞力相似准则。又称为雷诺相似准则，即模型与原型的雷诺数（Re）相等：

$$Re = \frac{vL}{\nu}, (Re)_m = (Re)_p$$

由此导出的比尺关系为

$$\frac{\lambda_v \lambda_L}{\lambda_\nu} = 1 \qquad (3.2-6)$$

式中：ν 为运动黏性系数（或运动黏度），m^2/s。

（4）压力相似准则。又称为欧拉相似定律，即模型与原型的欧拉数（Eu）相等：

$$Eu = \frac{P}{\rho v^2}, (Eu)_m = (Eu)_p$$

由此导出的比尺关系为

$$\frac{\lambda_P}{\lambda_\rho \lambda_v^2} = 1 \qquad (3.2-7)$$

对于水流，$\lambda_\rho = 1$，因此，$\lambda_P = \lambda_v^2$。

（5）紊动相似准则。即模型与原型的紊流数（N_{ji}）相等：

$$N_{ji} = \frac{\overline{v_j' v_i'}}{\overline{v^2}}, (N_{ji})_m = (N_{ji})_p$$

由此导出的比尺关系为

$$\frac{\lambda_v^2}{\lambda_{v'}^2} = 1 \qquad (3.2-8)$$

3.2.3 施工导流截流模型试验相似准则

从黏性流体相似条件和一般相似准则可以看出，要做到模型水流和原型水流完全相似，必须满足弗劳德相似准则、雷诺相似准则、欧拉相似准则、司特鲁哈相似准则和紊动相似准则，但是，这是难以做到的。

施工导流截流模型试验采用恒定流试验方法，司特鲁哈相似准则自然不考虑。

如满足雷诺相似准则，则模型与原型的 Re 相等，根据比尺关系有 $\nu_m = \nu_p \lambda_L \dfrac{\nu_m}{\nu_p}$；如

满足弗劳德相似准则，则模型与原型的弗劳德数 Fr 相等，根据比尺关系有 $\nu_m = \nu_p \sqrt{\dfrac{1}{\lambda_L}}$；

若两者同时满足，则有 $\lambda_L^{3/2} = \dfrac{\nu_p}{\nu_m}$。这就要求模型流体与原型流体的运动黏性系数不同。因

此，重力相似准则与黏滞力相似准则不可能同时满足，但由于重力是水流的主要作用力，因此，必须满足重力相似准则。

对于紊动相似准则，要求模型与原型阻力相似，即

$$\lambda_f = 1$$

$$\lambda_f = \frac{\lambda_n^2}{\lambda_L^{1/3}}, \lambda_n = \lambda_L^{1/6} \qquad (3.2-9)$$

尼古拉兹、蔡克日达的试验表明：对于层流（黏性底层），当模型与原型的雷诺数 Re 相同时，模型与原型的阻力系数 f 相同；对于过渡区（层），当模型与原型的雷诺数 Re 相同，且相对糙率相等时，阻力系数 f 相同。

对于阻力平方区（紊流核心区），当模型与原型的相对糙率相等时，阻力系数 f 相同，因此，阻力平方区称为自动模型区。

根据尼古拉兹圆管均匀流的试验结果，结合壁面粗糙的影响，圆管内紊流的分区标准为

$$\begin{cases} Re^* = \dfrac{u_* \Delta}{\nu} < 5, \text{光滑区} \\[2mm] 5 \leqslant Re^* = \dfrac{u_* \Delta}{\nu} < 70, \text{过渡区} \\[2mm] Re^* = \dfrac{u_* \Delta}{\nu} \geqslant 70, \text{粗糙区} \end{cases} \qquad (3.2-10)$$

式中：Re^* 为阻力雷诺数；u_* 为阻力流速，m/s；Δ 为绝对粗糙度，m；ν 为运动黏性系数，m^2/s。

根据蔡克日达明渠均匀流的试验结果，结合壁面粗糙的影响，明渠内紊流的分区标准为

$$\begin{cases} Re^* = \dfrac{u_* \Delta}{\nu} < 8.5, \text{光滑区} \\[2mm] 8.5 \leqslant Re^* = \dfrac{u_* \Delta}{\nu} < 44.5, \text{过渡区} \\[2mm] Re^* = \dfrac{u_* \Delta}{\nu} \geqslant 44.5, \text{粗糙区} \end{cases} \qquad (3.2-11)$$

考虑原型与模型的比尺关系：

$$Re^* = \frac{Re_p^*}{\lambda_{Re^*}} = \frac{\lambda_\nu}{\lambda_{u*} \lambda_\Delta} Re_p^* = \frac{\lambda_\nu}{\lambda_u \lambda_L} Re_p^* \geqslant 44.5$$

因此，模型比尺关系为

$$\lambda_L \leqslant \frac{\lambda_\nu}{\lambda_u} \times \frac{Re_p^*}{44.5}$$

将 $\lambda_\nu = 1$，$\lambda_u = \lambda_L^{1/2}$ 代入得

$$\lambda_L \leqslant \left(\frac{Re_p^*}{44.5} \right)^{\frac{2}{3}} \qquad (3.2-12)$$

综上所述，施工导流截流模型试验的相似准则如下：

（1）遵循重力相似准则，即 $\lambda_\nu = \lambda_L^{1/2}$。

（2）遵循阻力相似准则，即模型水流应达到阻力平方区，如有困难，则至少应保证充分紊流。

（3）为了消除表面张力的影响，模型最小水深应大于 30mm。

（4）满足式（3.2-12）的要求。

3.2.4 缩尺效应

从以上施工导流截流模型试验的相似准则分析过程来看，模型试验本身存在一些理论上的缺陷，必然会带来一些模型与原型不相似的问题，这就是缩尺效应。

1. 糙率的相似性问题

如前所述，模型水流应达到阻力平方区时，要求模型与原型的糙率相似，包括河道和泄水建筑物的糙率相似。

对于模型河道糙率，可以根据原型的水面线进行率定。当模型水面线与原型水面线相差较大时，可以通过加糙或减糙措施进行调整，直到满足要求为止。但必须指出的是，应做到均匀加糙或减糙，否则会造成河道局部地形不相似而带来局部几何不相似的问题。

对于泄水建筑物，原型多为混凝土结构，根据施工水平其糙率在 $0.017 \sim 0.012$ 之间。为了便于观察流态，一般采用有机玻璃来模拟泄水建筑物，有机玻璃模型成品的平均糙率为 0.00875，这样，需要的模型长度比尺 $\lambda_L > 20$。由于场地、经济等因素的制约，不可能建造这么大的施工导流截流模型。因此，在选定比尺下，就会造成泄水建筑物糙率不相似。如果泄水建筑物规模较大（如导流隧洞为长洞、断面尺寸较大等），沿程水头损失就会出现较大偏差。这时，应根据试验结果具体评估由于泄水建筑物糙率不相似给导流截流工程带来的影响程度，也可以采用糙率修正方法进行修正。目前，一般采用修正洞长法和变态比例尺法。

由于模型与原型的糙率不相似，导致沿程阻力不相似，如果不考虑局部阻力的相似，对于恒定均匀管流，修正方法如下。

对于恒定均匀流，根据达西-魏斯巴哈公式可得沿程水头损失：

$$h_f = \lambda \frac{L}{4R} \frac{v^2}{2g}$$

沿程水头损失系数：

$$\lambda = \frac{8g}{C^2}$$

由曼宁公式得谢才系数：

$$C = \frac{1}{n} R^{1/6}$$

所以

$$h_f = \frac{Lv^2 n^2}{R^{4/3}}$$

$$h_{fy} = \frac{Lv^2 n_y^2}{R^{4/3}}, \quad h_{fs} = \frac{Lv^2 n_s^2}{R^{4/3}}$$

假定原型与模型的水深和流速相同，沿程水头损失修正值 δh 为

$$\delta h = h_{fy} - h_{fs} = \frac{Lv^2 (n_y^2 - n_s^2)}{R^{4/3}} = \frac{LQ^2 (n_y^2 - n_s^2)}{\omega^2 R^{4/3}} \tag{3.2-13}$$

式中：n_y 为模型按比尺换算后应有的糙率；n_s 为有机玻璃模型的实际平均糙率，为 0.00875。

由于 $n_y < n_s$，因此 $\delta h < 0$。必须指出，式（3.2-13）是针对均匀流提出的修正公式，绝大多数情况下，导流截流泄水建筑物内的水流流态为非均匀流，因此，这只是一种近似方法。

2. 无量纲数的相似问题

对于无量纲数，并没有明确的相似准则，这就会带来相应的问题。例如截流戗堤边坡的相似问题。如果原型抛投块石料粒径为 $50 \sim 80 \mathrm{cm}$，其自然休止角 $\varphi = 43°$，在模型长度比尺 $\lambda_L = 100$ 时，模型抛投料粒径为 $5 \sim 8 \mathrm{mm}$，其自然休止角为 $\varphi = 32° \sim 34°$，这样就造成了原型与模型的截流戗堤边坡不相似，进一步带来水面宽度、龙口底宽不相似的问题，

造成几何不相似。同样，材料的孔隙率不相似会带来几何条件、抛投料容重、抛投料流失量、龙口底部覆盖层冲刷程度等一系列不相似的问题。

此外，缩尺效应还包括立轴漩涡、导流隧洞磨蚀、小粒径覆盖层、较高负压等不相似的问题。

3.3　施工期通航、过冰水力学模型试验

3.3.1　施工期通航水力学模型试验

1. 分期导流束窄河床通航

（1）观测不同流量时束窄段进口、出口，龙口上、下游的流态及控制断面水深，流速（包括横向流速）和束窄段水面比降，主流位置的变化规律。

（2）观测航道有无急流险滩和强度很大的漩涡或泡漩，以及它们随流量变化的规律。

（3）观测龙口护底、泥沙冲淤及开挖出渣对通航的影响。

通过上述试验，考虑交通部门的要求，提出改进方案和措施，确定合理的河道和龙口宽度以及适于通航的水位和流量范围。

2. 船闸通航

（1）根据通航要求，对上游、下游引航道的布置（轴线位置、断面尺寸、弯道半径与主航道的交角等）进行试验，提出改进方案。

（2）观测航道淤积情况，研究拦沙防淤和冲沙措施。必要时作专门性的挟沙水流的动床试验。

（3）观测船闸充、泄水时闸室内水流的平稳情况，以及闸室泄水时下游航道水深、水面波动和冲淤情况。

3. 明渠、底孔、隧洞通航

（1）对上游、下游引航道及临时通航建筑物本身的净空布置和效果进行论证，提供改进方案。

（2）进口、出口流态观测。

1）观测不同流量下，进口水流收缩跌落、波动、主流方向以及表面流速（包括横向流速）的变化规律；下游连接型式应避免发生水跃，力求水流平稳；在提出改进措施的同时，确定通航的水位和流量范围。

2）观测不同流量下，渠身、洞身的水深和表面流速的变化规律；观测弯道水流的漩涡、折冲和水位波动及横向流速对通航的影响，提出改进措施。

其他通航途径如缺口或泄水洞等，试验内容和要求可参照上述情况进行。

3.3.2　施工期过冰水力学模型试验

（1）模拟冰块尺寸、数量，分析冰块下潜、破碎、卡堵、溃决等运动特性。

（2）提供冰坝形成的条件，分析冰坝溃决对导流建筑物的影响、围堰漫溢的可能性。

（3）提供最大流冰强度和开河最大流量，分析流冰对建筑物的影响，提出为使流冰通

畅的改进意见。

（4）分析冰塞的可能性，需考虑因冰塞壅高水位的因素，分析不同冰塞程度对泄流能力的影响。

（5）冰期截流的试验研究。

3.4 施工水力学原型观测

3.4.1 围堰

1. 挡水围堰

（1）监测汛期围堰上游水位流量关系以及风浪和流冰等因素对水位的影响，为围堰安全度汛提供措施。

（2）汛期对易受冲刷、淘刷的部位（上、下游转角，纵向围堰，下游横向围堰）进行监测。及时提供堰身及其基础的冲刷、淘刷破坏情况。

（3）观测天然铺盖形成的范围和厚度，取样分析其渗透特性。

（4）观测堰体和基础的防渗及导渗降压设施的工作情况和效能：

1）在堰体内预埋渗压计或打测压孔，观测浸润曲线随上游水位和时间的变化规律；观测下游边坡渗出点位置的变化。

2）在基础的强透水带部位埋设渗压计观测防渗排水效果，预防基础发生渗流变形。

3）观测渗流流量，在围堰下游挖集渗槽，观测渗流量与水位和时间的变化规律。

4）为防止堰身和基础内部发生冲刷及管涌现象，应测定围堰和基础的渗水透明度，必要时应对所含泥沙的颗粒进行分析，如有异样变化，可在上游水下撒放荧光粉，以查明隐患发生的部位。

5）围堰的软硬接头部位（特别是草土围堰），汛期应加强渗流情况的监测。

6）观测泥沙铺盖和闭气的防渗效果。

2. 过水围堰及土石坝过水

（1）观测过水围堰的泄流能力和流量分配情况。

（2）观测围堰、土石坝过水时的流态和溢流面防护材料抗冲稳定情况，以及堰体的变形稳定情况，随时监测可能出现的险情。

（3）观测度汛过水时下游基础和基坑的冲刷情况，如基坑采取预充水措施，则应观测其消能防冲的效果。

（4）对溢流面压强和流速分布进行观测，以便对护面材料的抗冲稳定性进行验算。

（5）非汛期过水围堰的观测内容和要求与挡水围堰基本相同。

3.4.2 导流泄水建筑物

1. 泄流能力观测

（1）度汛和截流时，应观测导流建筑物在不同运用情况下的泄流能力和分流能力。测定水位-流量关系曲线，并与原设计和水力学模型试验相对照分析。

（2）测定压力洞和明渠（洞）的流量或流速系数、进口阻力系数、糙率以及衬砌与不衬砌连接段的阻力系数值；测定梳齿、缺口的流量系数。

2. 流态观测

（1）压力洞。观测来流平顺情况下，上游立轴漩涡及掺气对泄流能力的影响，以及明流、满流转变的水位、流量界限和洞内流态。

（2）明渠（无压洞）。观测来流平顺情况下，进口收缩跌落和淹没现象；观测弯道及有关建筑物的阻水壅水以及下游水位对泄流能力的影响。无压洞应观测闸门后的流态、通气、掺气和水面波动现象。

（3）双层泄流时，观测上层水流对底孔出流的干扰，以及对建筑物的撞击和对泄流能力的影响；观测梳齿、缺口溢流对下游鼻坎和基础的撞击冲刷作用。

（4）监测明渠进口、出口的裹头及围堰、河岸和桥墩等处的冲刷、淘刷现象。

3.4.3　立堵截流

1. 截流前观测内容

（1）在龙口上、下游，因戗堤局部阻力所造成的水位急剧变化的范围内，在两岸设置数个水尺（位置尽量与模型试验一致），观测龙口上游、下游水位落差和水面曲线的变化。

（2）观测龙口泄流能力、龙口及裹头附近的流态、水深和流速，监测裹头的冲刷情况，提供防护措施。

（3）观测龙口上游、下游河道的冲淤变化及其对龙口水深、水位和航运的影响。

（4）为控制护底质量，应在护底前和完工后进行水下地形观测。

2. 截流时观测内容

截流时应观测水位、水深、流量、流速、流态、抛投料的稳定、流失等情况，分述如下。

（1）观测戗堤进占中流量的变化规律、上游主流流向的变化、上游来水量、下游泄水量、相应龙口流量、泄水建筑物分流量（一期围堰拆除程度或堆渣及淤积的影响）和分流比、戗堤渗流量、水库拦蓄等因素对流量的影响。

（2）观测戗堤进占过程中龙口水流落差变化规律、自上游水位开始跌落到下游水位正常为止，为分析龙口堰流变化规律、淹没流发生的界限提供数据。

（3）观测戗堤进占过程龙口流速变化的规律、顺水流方向沿程流速分布，以及沿戗堤轴线方向的流速分布和平均流速的变化规律。

（4）观测戗堤抛投前沿流速分布、流态变化，挑角抛投时周围的绕流、冲淘、稳定、流失情况，特别是抛投大块体时应重点观测，为现场选择抛料及抛投方式提供依据，也可为确定抛投料在临界稳定状态下的综合稳定系数提供数据资料。

（5）对降低截流难度的一些辅助措施的效果进行分析。

（6）合龙断流后，观测戗堤全线的渗漏、抛投料流失范围、不同抛料的流失部位，以及河床糙率、动床冲刷、护底对抛料稳定的影响。

（7）如为双戗堤截流，应观测双戗进占时落差分配情况，在缓流连接的条件，控制双戗的合理进占位置。

将上述实测结果与模型试验进行对比分析，总结经验教训。

3.4.4 消能防冲

观测的目的在于监测导流建筑物下游消能防冲的效果，掌握冲刷情况，以便及时采取保护措施。

1. 底流消能

（1）下游不设消能建筑物，水流直接泄入河道，其观测内容有：导流孔、闸出口明满流态、水流衔接型式和消能效果，以及下游河床冲刷、淘刷的部位和深度。

（2）下游设有消能建筑物，可参照有关文献的要求进行。

2. 挑流消能

（1）观测泄流流态、坝面掺气、起挑、水舌消散及入水情况。

（2）观测挑距、冲刷坑的位置和深度，对是否会危及基础做出判断。施工期水头低、挑距较近，冲刷往往危及基础，应加强监测。

（3）观测水流对坝面和鼻坎的空蚀破坏作用。

3. 其他

（1）同一部位有梳齿、缺口与底孔双层泄流时，应观察下泄水流互相干扰及其对泄流能力的影响；还应监测下游冲刷破坏情况。

（2）监测导流建筑物下游岸坡和桥墩的冲刷是否危及交通运输。

3.5 施工导流截流数值模拟

3.5.1 数值模拟基本方程

三维水流连续性微分方程：

$$\frac{\partial(u_i A_i)}{\partial x_i}=0 \quad \frac{\partial u_x}{\partial x}+\frac{\partial u_y}{\partial y}+\frac{\partial u_z}{\partial z}=0 \tag{3.5-1}$$

三维水流动量方程：

$$\begin{cases} \frac{\partial u_i}{\partial t}+\frac{1}{V_F}\left(u_j A_j \frac{\partial u_i}{\partial x_j}\right)=-\frac{1}{\rho}\frac{\partial \rho}{\partial x_i}+g_i+f_i \\ X-\frac{1}{\rho_w}\frac{\partial p}{\partial x}+\frac{\mu}{\rho_w}\left(\frac{\partial^2 u_x}{\partial x^2}+\frac{\partial^2 u_x}{\partial y^2}+\frac{\partial^2 u_x}{\partial z^2}\right)=\frac{\partial u_x}{\partial t}+u_x\frac{\partial u_x}{\partial x}+u_y\frac{\partial u_x}{\partial y}+u_z\frac{\partial u_x}{\partial z} \\ Y-\frac{1}{\rho_w}\frac{\partial p}{\partial y}+\frac{\mu}{\rho_w}\left(\frac{\partial^2 u_y}{\partial x^2}+\frac{\partial^2 u_y}{\partial y^2}+\frac{\partial^2 u_y}{\partial z^2}\right)=\frac{\partial u_y}{\partial t}+u_x\frac{\partial u_y}{\partial x}+u_y\frac{\partial u_y}{\partial y}+u_z\frac{\partial u_y}{\partial z} \\ Z-\frac{1}{\rho_w}\frac{\partial p}{\partial z}+\frac{\mu}{\rho_w}\left(\frac{\partial^2 u_z}{\partial x^2}+\frac{\partial^2 u_z}{\partial y^2}+\frac{\partial^2 u_z}{\partial z^2}\right)=\frac{\partial u_z}{\partial t}+u_x\frac{\partial u_z}{\partial x}+u_y\frac{\partial u_z}{\partial y}+u_z\frac{\partial u_z}{\partial z} \end{cases} \tag{3.5-2}$$

式中：μ 为动力黏性系数；ρ 为水密度；$i=x, y, z$，分别表示笛卡尔坐标系的 x、y、z 方向。

式（3.5-1）和式（3.5-2）称为不可压缩黏性水流 N-S 方程。

3.5.2 紊流模型

描述紊流的 N-S 方程是高度非线性的复杂偏微分方程，理论上无法求解，只有通过数值模拟方法得到方程的近似解。大量的计算表明，计算结果与实际比较吻合。紊流的数值求解方法包括直接数值模拟法和间接数值模拟法两大类。

所谓直接数值模拟法，就是对紊流不做任何假定或近似处理，直接求解由式（3.5-1）和式（3.5-2）组成的封闭方程组，可以得到相对精确的数值解。然而，基本方程的非线性性质使得这种方法对计算机运算速度与容量的要求非常高，目前在技术上尚难以满足。试验表明：在一个 $0.1\text{m}^2 \times 0.1\text{m}^2$ 的流动区域内，高雷诺数的紊流中包含尺度为 $10\sim100\mu\text{m}$ 的微小涡体，需要网格节点 $10^9\sim10^{12}$ 个；涡流脉动频率约为 10kHz，需时间离散步长约 $100\mu\text{s}$。对于这样的计算要求，目前还难以做到，但随着计算机（例如量子计算机）技术的不断发展，将来有可能实现这种直接数值模拟。

间接数值模拟法是在对紊流做某种假定或近似处理的基础上，求解基本方程。根据近似处理方法的不同，又可进一步区分为大涡模拟法、雷诺平均法等。

大涡模拟法是一种基于空间平均的方法。其基本思路是将紊流中小尺寸的涡体过滤（利用滤波函数）出来，即将瞬态控制方程［式（3.5-2）]做空间平均处理，得到大涡运动方程，用近似方法（亚格子尺度模型，subgrid scale model）处理被滤掉的小涡对大涡的影响，对大尺寸的涡旋进行直接模拟。但对硬件条件的要求仅次于直接模拟方法，多用超级计算机或网络机群并行算法计算。

雷诺平均法是一种时间平均法。由于水流黏滞性的影响，天然河道中的水流流动形态一般都属于紊流，只有在近壁处才存在极薄的层流层。N-S 方程描述的是微元瞬时的运动状态，具有随机的脉动性，而在实际大多数情况下人们更关心的是其在某个时间段的平均效应。雷诺于是将瞬时值分解为时均值和脉动值两部分：

$$u_i = \overline{u_i} + u_i' \tag{3.5-3}$$

其中
$$\overline{u_i} = \frac{1}{t_2-t_1}\int_{t_1}^{t_2} u_i \mathrm{d}t \qquad \frac{1}{t_2-t_1}\int_{t_1}^{t_2} u_i' \mathrm{d}t = 0, i = x,y,z$$

式中：$\overline{u_i}$ 为时均流速；u_i' 为脉动流速；t_1、t_2 为两个时间点。

雷诺于 1895 年推导了著名的雷诺方程组：

$$
\begin{cases}
\dfrac{\partial \overline{u_x}}{\partial x} + \dfrac{\partial \overline{u_y}}{\partial y} + \dfrac{\partial \overline{u_z}}{\partial z} = 0 \\[2mm]
\rho_w X - \dfrac{\partial \overline{p}}{\partial x} + \mu\left(\dfrac{\partial^2 \overline{u_x}}{\partial x^2} + \dfrac{\partial^2 \overline{u_x}}{\partial y^2} + \dfrac{\partial^2 \overline{u_x}}{\partial z^2}\right) + \dfrac{\partial}{\partial x}(-\rho_w \overline{u_x'^2}) + \dfrac{\partial}{\partial y}(-\rho_w \overline{u_x'u_y'}) \\[2mm]
\quad + \dfrac{\partial}{\partial z}(-\rho_w \overline{u_x'u_z'}) = \rho_w\left(\dfrac{\partial \overline{u_x}}{\partial t} + \overline{u_x}\dfrac{\partial \overline{u_x}}{\partial x} + \overline{u_y}\dfrac{\partial \overline{u_x}}{\partial y} + \overline{u_z}\dfrac{\partial \overline{u_x}}{\partial z}\right) \\[2mm]
\rho_w Y - \dfrac{\partial \overline{p}}{\partial y} + \mu\left(\dfrac{\partial^2 \overline{u_y}}{\partial x^2} + \dfrac{\partial^2 \overline{u_y}}{\partial y^2} + \dfrac{\partial^2 \overline{u_y}}{\partial z^2}\right) + \dfrac{\partial}{\partial x}(-\rho_w \overline{u_y'u_x'}) + \dfrac{\partial}{\partial y}(-\rho_w \overline{u_y'^2}) \\[2mm]
\quad + \dfrac{\partial}{\partial z}(-\rho_w \overline{u_y'u_z'}) = \rho_w\left(\dfrac{\partial \overline{u_y}}{\partial t} + \overline{u_x}\dfrac{\partial \overline{u_y}}{\partial x} + \overline{u_y}\dfrac{\partial \overline{u_y}}{\partial y} + \overline{u_z}\dfrac{\partial \overline{u_y}}{\partial z}\right) \\[2mm]
\rho_w Z - \dfrac{\partial \overline{p}}{\partial z} + \mu\left(\dfrac{\partial^2 \overline{u_z}}{\partial x^2} + \dfrac{\partial^2 \overline{u_z}}{\partial y^2} + \dfrac{\partial^2 \overline{u_z}}{\partial z^2}\right) + \dfrac{\partial}{\partial x}(-\rho_w \overline{u_z'u_x'}) + \dfrac{\partial}{\partial y}(-\rho_w \overline{u_z'u_y'}) \\[2mm]
\quad + \dfrac{\partial}{\partial z}(-\rho_w \overline{u_z'^2}) = \rho_w\left(\dfrac{\partial \overline{u_z}}{\partial t} + \overline{u_x}\dfrac{\partial \overline{u_z}}{\partial z} + \overline{u_y}\dfrac{\partial \overline{u_z}}{\partial y} + \overline{u_z}\dfrac{\partial \overline{u_z}}{\partial z}\right)
\end{cases} \tag{3.5-4}
$$

式 (3.5－4) 中的未知量，即 $\overline{u_i}$、$\overline{p}$、$-\rho_w \overline{u_i' u_j'}$，共有 4 个方程，方程组不封闭，无法求解。要使式 (3.5－4) 封闭，必须对雷诺应力 $-\rho_w \overline{u_i' u_j'}$ 做出假定，即用某种数学模型来建立雷诺应力的表达式，称该模型为紊流模型。根据对雷诺应力的假定方式不同，紊流模型可分为雷诺应力模型和涡黏性模型。

1. 雷诺应力模型

直接建立雷诺应力的微分方程，来封闭雷诺方程组 [式 (3.5－4)]：

$$\frac{\partial \overline{u_i' u_j'}}{\partial t} + \overline{u} \frac{\partial \overline{u_i' u_j'}}{\partial x_i} = -\frac{\partial \overline{u_i' u_j' u_l'}}{\partial x_l} - \frac{1}{\rho}\left(\frac{\partial \overline{u_j' p'}}{\partial x_i} + \frac{\partial \overline{u_i' p'}}{\partial x_j}\right) + \nu \frac{\partial^2 \overline{u_i' u_j'}}{\partial x_l^2} - \overline{u_i' u_l'} \frac{\partial \overline{u_j}}{\partial x_l} - \overline{u_j' u_l'} \frac{\partial \overline{u_i}}{\partial x_l}$$

$$+ \frac{\overline{p'}}{\rho}\left(\frac{\partial u_i'}{\partial x_j} + \frac{\partial u_j'}{\partial x_i}\right) - 2\nu \overline{\frac{\partial u_i'}{\partial x_l} \frac{\partial u_j'}{\partial x_l}} \qquad (3.5-5)$$

式 (3.5－5) 中出现了新的未知脉动量相关矩，如三次脉动流速相关矩 $\overline{u_i' u_j' u_l'}$ 等，这可以用半经验的方法解决封闭问题。

2. 涡黏性模型

1877 年，布辛涅斯克 (Boussinesq) 仿照层流理论中应力应变关系 $\tau = \rho\nu \dfrac{\mathrm{d}u}{\mathrm{d}y} = \mu \dfrac{\mathrm{d}u}{\mathrm{d}y}$，提出了以下假定，此假定建立了雷诺应力与平均流速梯度的关系：

$$-\rho \overline{u_i' u_j'} = \mu_t \left(\frac{\partial \overline{u_i}}{\partial x_j} + \frac{\partial \overline{u_j}}{\partial x_i}\right) - \frac{2}{3}\left(\rho k + \mu_t \frac{\partial \overline{u_i}}{\partial x_i}\right)\delta_{ij} \qquad (3.5-6)$$

式中：μ_t 为紊流黏度；δ_{ij} 为克罗内克尔 (Kronecker delta) 符号（$i=j$ 时，$\delta_{ij}=1$；$i \neq j$ 时，$\delta_{ij}=0$）；k 为紊动能，其表达式为

$$k = \frac{\overline{u_i' u_j'}}{2} = \frac{1}{2}\left(\overline{u_x'^2} + \overline{u_y'^2} + \overline{u_z'^2}\right) \qquad (3.5-7)$$

可见，引入布辛涅斯克假定后，紊流数值模拟的关键是如何确定紊流黏度 μ_t。所谓涡黏性模型，就是将紊流黏度与紊流时均量联系起来的一种模型，经过 100 多年的研究，发展了多种模型来封闭雷诺方程组。根据确定紊流黏度微分方程的个数，涡黏性模型可以分为零方程模型、一方程模型和二方程模型。

所谓零方程模型，是指不采用微分方程，而采用代数方程把紊流黏度与时均量联系起来的模型，如普朗特 (Prandtl) 动量传递混合长理论、泰勒 (Taylor) 涡量传递理论等。这些模型只能用于模拟简单流动，在工程实际中很难应用。

一方程模型增加了一个微分方程，即紊动能 k 的输运方程，并将 μ_t 表示为 k 的函数：

$$\frac{\partial(\rho k)}{\partial t} + \frac{\partial(\rho k \overline{u_i})}{\partial x_i} = \frac{\partial}{\partial x_i}\left[\left(\mu + \frac{\mu_t}{\sigma_k}\right)\frac{\partial k}{\partial x_i}\right] + \mu_t\left(\frac{\partial \overline{u_i}}{\partial x_j} + \frac{\partial \overline{u_j}}{\partial x_i}\right) - \rho C_D \frac{k^{3/2}}{l} \qquad (3.5-8)$$

其中 $$\mu_t = \rho C_\mu \sqrt{k} l \qquad (3.5-9)$$

式中：σ_k、C_D、C_μ 为经验常数，相关文献建议 $\sigma_k=1.0$，$C_D=0.08 \sim 0.38$，$C_\mu=0.09$；l 为紊流脉动的特征长度。

特征长度 l 的确定存在困难，因此，一方程模型在工程实际中很难应用。

二方程模型是在紊动能 k 的输运方程 [式 (3.5－8)] 的基础上，再增加一个紊流耗

散率 ε 方程，构成 $k-\varepsilon$ 二方程模型。ε 定义如下：

$$\varepsilon = \frac{\mu}{\rho} \overline{\left(\frac{\partial u_i'}{\partial x_k}\right)\left(\frac{\partial u_j'}{\partial x_k}\right)} \tag{3.5-10}$$

并将 μ_t 表示为 k 和 ε 的函数：

$$\mu_t = \rho C_\mu \frac{k^2}{\varepsilon} \tag{3.5-11}$$

$k-\varepsilon$ 二方程模型包括标准 $k-\varepsilon$ 模型、RNG $k-\varepsilon$ 模型、Realizable $k-\varepsilon$ 模型等。

（1）标准 $k-\varepsilon$ 模型。不可压缩水流的标准 $k-\varepsilon$ 模型如下：

$$\frac{\partial(\rho k)}{\partial t} + \frac{\partial(\rho k u_i)}{\partial x_i} = \frac{\partial}{\partial x_j}\left[\left(\mu + \frac{\mu_t}{\sigma_k}\right)\frac{\partial k}{\partial x_j}\right] + G_k - \rho\varepsilon \tag{3.5-12}$$

$$\frac{\partial(\rho\varepsilon)}{\partial t} + \frac{\partial(\rho\varepsilon u_i)}{\partial x_i} = \frac{\partial}{\partial x_j}\left[\left(\mu + \frac{\mu_t}{\sigma_\varepsilon}\right)\frac{\partial\varepsilon}{\partial x_j}\right] + C_{g l}\frac{\varepsilon}{k}G_k - C_{\varepsilon 2}\rho\frac{\varepsilon^2}{k} \tag{3.5-13}$$

式中：μ_t 按式（3.5-11）确定，其中 $C_\mu = 0.09$；σ_k 和 σ_ε 分别为紊动能和耗散率所对应的普朗特数，一般取 $\sigma_k = 1.0$，$\sigma_\varepsilon = 1.3$；$C_{g l}$、$C_{\varepsilon 2}$ 为经验常数，一般取 $C_{g l} = 1.44$，$C_{\varepsilon 2} = 1.92$；G_k 为紊动能的产生项，其表达式为

$$G_k = \mu_t\left(\frac{\partial u_i}{\partial x_j} + \frac{\partial u_j}{\partial x_i}\right)\frac{\partial u_i}{\partial x_j} \tag{3.5-14}$$

（2）RNG $k-\varepsilon$ 模型。标准 $k-\varepsilon$ 模型假定紊动黏度是各向同性的标量，而且采用了一系列经验常数，这些常数都是在一定的试验条件下得出来的，因而限制了其使用范围。对此，RNG $k-\varepsilon$ 模型进行了两点改进：第一，由于在弯曲流或强旋流的情况下紊流实际上为各向异性，因而紊流黏度应该是各向异性的张量，考虑了平均流动中的旋转和旋流流动情况，对紊流黏度进行了修正；第二，在 ε 方程中增加了一项 E_{ij}，从而反映了主流的时均应变率。

不可压缩水流的 RNG $k-\varepsilon$ 模型如下：

$$\frac{\partial(\rho k)}{\partial t} + \frac{\partial(\rho k u_i)}{\partial x_i} = \frac{\partial}{\partial x_j}\left[\sigma_k(\mu + \mu_t)\frac{\partial k}{\partial x_j}\right] + G_k - \rho\varepsilon \tag{3.5-15}$$

$$\frac{\partial(\rho\varepsilon)}{\partial t} + \frac{\partial(\rho\varepsilon u_i)}{\partial x_i} = \frac{\partial}{\partial x_j}\left[\sigma_\varepsilon(\mu + \mu_t)\frac{\partial\varepsilon}{\partial x_j}\right] + C_{g l}^*\frac{\varepsilon}{k}G_k - C_{\varepsilon 2}\rho\frac{\varepsilon^2}{k} \tag{3.5-16}$$

式中：μ_t 按式（3.5-11）确定，其中 $C_\mu = 0.0845$；$\sigma_k = \sigma_\varepsilon = 1.39$；$C_{g l}^*$、$C_{\varepsilon 2}$ 为经验常数，一般取值如下

$$C_{g l}^* = C_{g l} - \frac{\eta(1 - \eta/\eta_0)}{1 + \beta\eta^3}$$

$$C_{g l} = 1.42$$

$$\eta = (2E_{ij}\cdot E_{ij})^{\frac{1}{2}}\frac{k}{\varepsilon}$$

$$E_{ij} = \frac{1}{2}\left(\frac{\partial u_i}{\partial x_j} + \frac{\partial u_j}{\partial x_i}\right)$$

$$\eta_0 = 4.377, \quad \beta = 0.012$$

$$C_{\varepsilon 2} = 1.68$$

（3）Realizable k -ε 模型。在时均应变率特别大的水流情况下，标准 k -ε 模型有可能导致负的正应力，对此，需要对正应力进行数学约束，即式（3.5-11）中的系数 C_μ 不为常数，而是应变率的函数。这样建立的 Realizable k -ε 模型如下：

$$\frac{\partial(\rho k)}{\partial t}+\frac{\partial(\rho k u_i)}{\partial x_i}=\frac{\partial}{\partial x_j}\left[\left(\mu+\frac{\mu_t}{\sigma_k}\right)\frac{\partial k}{\partial x_j}\right]+G_k-\rho\varepsilon \tag{3.5-17}$$

$$\frac{\partial(\rho\varepsilon)}{\partial t}+\frac{\partial(\rho\varepsilon u_i)}{\partial x_i}=\frac{\partial}{\partial x_j}\left[\left(\mu+\frac{\mu_t}{\sigma_\varepsilon}\right)\frac{\partial\varepsilon}{\partial x_j}\right]+\rho C_1 E\varepsilon-\rho C_2\frac{\varepsilon^2}{k+\sqrt{v\varepsilon}} \tag{3.5-18}$$

其中 $\qquad\qquad\qquad\qquad \sigma_k=1.0,\ \sigma_\varepsilon=1.2,\ C_2=1.9$

$$C_1=\max\left(0.43;\frac{\eta}{\eta+5}\right)$$

$$\eta=(2E_{ij}\cdot E_{ij})^{1/2}\frac{k}{\varepsilon}$$

$$E_{ij}=\frac{1}{2}\left(\frac{\partial u_i}{\partial x_j}+\frac{\partial u_j}{\partial x_i}\right)$$

$$\mu_t=\rho C_\mu\frac{k^2}{\varepsilon}$$

$$C_\mu=\frac{1}{A_0+A_s U^* k/\varepsilon}$$

$$A_0=4.0$$

$$A_s=\sqrt{6}\cos\varphi$$

$$\varphi=\frac{1}{3}\cos^{-1}(\sqrt{6}W)$$

$$W=\frac{E_{ij}E_{jk}E_{ki}}{(E_{ij}E_{ij})^{1/2}}$$

$$E_{ij}=\frac{1}{2}\left(\frac{\partial u_i}{\partial x_j}+\frac{\partial u_j}{\partial x_i}\right)$$

$$U^*=\sqrt{E_{ij}E_{ij}+\overline{\Omega_{ij}}\,\overline{\Omega_{ij}}}$$

$$\overline{\Omega_{ij}}=\Omega_{ij}-2\varepsilon_{ijk}\omega_k$$

$$\Omega_{ij}=\overline{\Omega_{ij}}-\varepsilon_{ijk}\omega_k$$

标准 k -ε 模型、RNG k -ε 模型和 Realizable k -ε 模型均属于高雷诺数紊流模型，适用于充分紊流流动。对低雷诺数水流和近壁区的水流流动，计算结果会失真，需要进行特殊处理，通常的方法是采用壁面函数法处理近壁区流动，或用低雷诺数的 k -ε 模型进行计算（如 Jones 和 Launder 针对标准 k -ε 模型进行修正后提出的低雷诺数 k -ε 模型）。

3.5.3　数值离散方法

数值离散方法可分为无网格法和网格法两大类。无网格法的理论研究刚起步（如无网格伽辽金法），网格法主要包括特征线法、有限分析法、有限元法、有限差分法、有限体积法。真正取得实际应用效果的方法主要是有限差分法和有限体积法。

1. 有限差分法

有限差分法在 20 世纪 50 年代就被用于流场的数值模拟，并且由于计算机的应用而发展迅速，一度在数值模拟领域处于统治地位，目前仍是应用最广泛的计算方法之一。其思路是利用差分网格划分求解域，以泰勒级数展开等方法将控制方程的微商用差商代替进行离散，从而建立代数方程组来求解。

有限差分法具有数学概念直观、表达简单的优点，且对其研究最为深入广泛，解的存在性、收敛性和稳定性都已有较完善的成果，是一种较成熟的数值模拟方法。

2. 有限体积法

有限体积法又称有限控制容积积分法，它与有限元方法一样，以若干点为中心，把整个计算区域划分为若干个互相连接但不重叠的控制体，对每一个控制体进行水量和动量平衡计算，可以得到一组以控制体特征量平均的物理量为未知数的方程组，同时沿坐标方向对方程组进行离散，形成的离散方程与有限差分格式相似。由于控制体之间的通量相互抵消，整个计算区域严格满足守恒定律，消除了守恒误差。

有限体积法从物理规律出发，每个离散方程组都是该控制体上的守恒表达式，物理概念清晰，可保证离散方程的守恒特性。同时，能像有限元法一样适用于不规则网格和复杂边界，效率与有限差分相当，远高于有限单元法，可以说是一种相当完美的数值模拟方法。

3.5.4　数值模拟的基本过程

数值模拟的基本过程包括建立模型、求解模型和计算结果可视化。随着 Fluent、Flow-3D 等 CFD 商业软件的发展，大量计算实践证明了三维数值模拟的计算成果与物理模型试验的结果是相对一致的，可以与物理模型试验共同为实际工程问题提供参考和依据。针对三维河道地形及导流建筑物建模的复杂问题，一般还应借助 CATIA、Autodesk 等集成化三维设计软件，以实现河道与导流建筑物联合三维流场模拟。

通过三维建模软件 CATIA 进行三维设计建模，应用 Flow-3D 为平台进行数值模拟计算分析。数值模拟采用适合实际问题的 RNG k-ε 紊流模型，例如：对苏丹上阿特巴拉水利枢纽儒米拉大坝导流工程进行了数值模拟，对比了物理模型试验数据，结果表明上述数值模拟方法对大坝导流工程的计算模拟是合适与合理的，证明了在复杂三维地形下的三维导流数值模拟是可以实现的，同时体现了数值模拟计算的参考价值。

3.5.5　典型案例

3.5.5.1　白鹤滩水电站

白鹤滩水电站工程导流隧洞条数多、断面大，如何合理确定导流隧洞的条数和洞径规模，将直接影响导流工程的投资。为了深化 5 条导流隧洞（以下简称"5 洞"）方案和 6

条导流隧洞（以下简称"6 洞"）方案的研究，进行了水力学三维数值模拟分析研究，5 洞方案和 6 洞方案的主要区别在隧洞出口的水流条件。三维数值模拟分析主要针对两个方案的初期导流进行了研究，计算模型的布置方案如下：

5 洞方案：导流隧洞左岸布置 3 条（1 号～3 号），右岸布置 2 条（4 号～5 号）。进口高程：1 号导流隧洞为 605.0m，2 号～5 号导流隧洞为 585.0m。出口高程：3 号导流隧洞为 582.0m，其他 4 条导流隧洞为 572.0m。洞身断面采用 17.5m×22.5m 城门洞形。

6 洞方案：导流隧洞左岸布置 3 条（1 号～3 号），右岸布置 3 条（4 号～6 号）。进口高程：1 号和 6 号导流隧洞为 605.0m，2 号～5 号导流隧洞为 585.0m。出口高程：3 号和 4 号导流隧洞为 582.0m，其他 4 条导流隧洞为 572.0m。洞身断面采用 17.0m×20.0m 城门洞形。

1. 出口区水流流态及流速

在各洞有压流工况下，5 洞方案左岸泄量较右岸偏大 58%～59%，这造成出口对撞段流态的不对称性加剧，下游河道流态不如 6 洞方案平顺。6 洞方案的主流已经具有逐级偏右趋势，5 洞方案会强化该趋势。鉴于 5 洞方案对撞段主流偏右较严重，使表层水流对两岸的斜冲击作用很不对称，其中，对左岸冲击较弱，水位壅高幅度会相对降低；而对右岸冲击大幅度增强，右岸壅高随之大幅度增加。两方案隧洞出口区水流流速特性比较见表 3.5-1。两方案在 $Q = 26482 \mathrm{m}^3/\mathrm{s}$ 工况下出口及下游河道流速分布如图 3.5-1～图 3.5-4 所示。由表 3.5-1 可知，两方案出口平均流速指标相差不大，最大流速 6 洞方案略高于 5 洞方案。由图 3.5-1～图 3.5-4 可知，射流不对称对撞使主螺旋流有所加强，两岸近壁流速相对增强，河心流速相对降低，5 洞方案因为右岸高速带加宽，下游河道流速右高左低的不对称性比 6 洞方案有所增强。尽管 5 洞方案泄流不对称性较严重，下游河道流势却稳定，没有发生主流折冲等不利流态。

表 3.5-1　　　　　　　　　两方案隧洞出口区水流流速特性比较

总泄量 Q /(m³/s)	5 洞方案		6 洞方案	
	断面平均流速 /(m/s)	断面最大流速 /(m/s)	断面平均流速 /(m/s)	断面最大流速 /(m/s)
29556	6.09	12.35	6.45	14.23
28148	6.01	11.55	6.31	13.30
26482	5.84	11.00	5.79	12.68
22000	5.21	9.35	5.42	10.13
19000	5.13	8.90	4.94	8.97

2. 出口射流对撞压强

在各洞满流泄流工况下，6 洞方案的射流对撞点（压强高峰处）偏向右岸，右岸 6 号导渠射流与河心主流的对撞点上发生最大滞压；而 5 洞方案撞击河心主流的左岸射流很强，造成的对撞滞压会普遍高于 6 洞方案，且迫使主流逐级向右岸偏斜。6 洞方案的主流已经具有逐级偏右趋势，5 洞方案会强化该趋势。两方案在 $Q = 26482 \mathrm{m}^3/\mathrm{s}$ 工况下各水平剖面的射流冲击压强分布如图 3.5-5～图 3.5-10 所示，图中显示了射流对撞压强的分布形态。

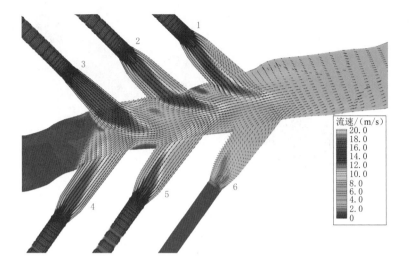

图 3.5－1　5 洞方案 $Q=26482\text{m}^3/\text{s}$（下游水位 624.4m）
工况出口（高程 588.0m 水平面）流速分布

图 3.5－2　5 洞方案 $Q=26482\text{m}^3/\text{s}$（下游水位 624.4m）
工况下游河道（高程 621.4m 水平面）流速分布

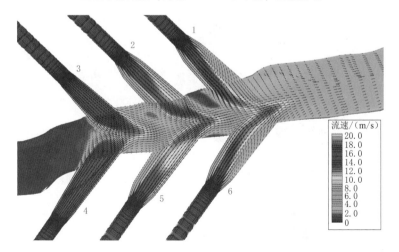

图 3.5－3　6 洞方案 $Q=26482\text{m}^3/\text{s}$（下游水位 624.4m）
工况出口（高程 586.0m 水平面）流速分布

图 3.5 - 4 6 洞方案 $Q = 26482\text{m}^3/\text{s}$ （下游水位 624.4m）
工况下游河道（高程 622.5m 水平面）流速分布

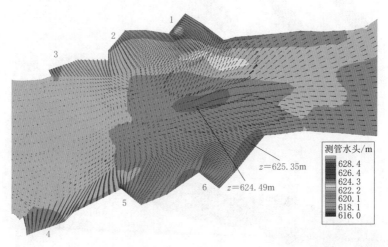

图 3.5 - 5 5 洞方案 $Q = 26482\text{m}^3/\text{s}$ （下游水位 624.4m）
工况（高程 621.4m 水平面）射流冲击压强分布

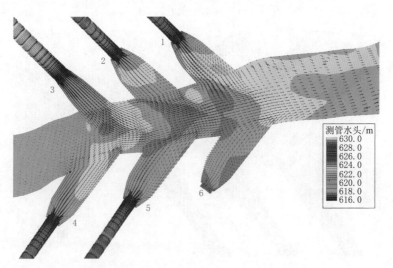

图 3.5 - 6 5 洞方案 $Q = 26482\text{m}^3/\text{s}$ （下游水位 624.4m）
工况（高程 592.0m 水平面）射流冲击压强分布

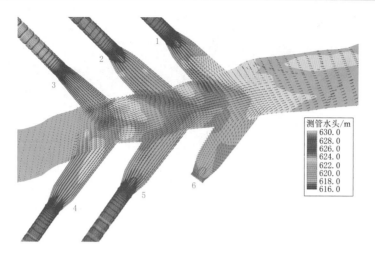

图 3.5 - 7　5 洞方案 $Q=26482\text{m}^3/\text{s}$（下游水位 624.4m）
工况（高程 588.0m 水平面）射流冲击压强分布

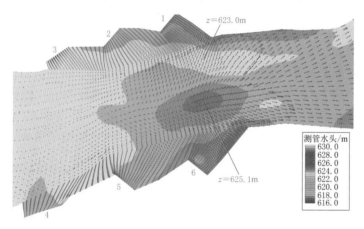

图 3.5 - 8　6 洞方案 $Q=26482\text{m}^3/\text{s}$（下游水位 624.4m）
工况（高程 623.0m 水平面）射流冲击压强分布

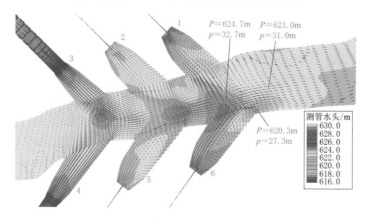

图 3.5 - 9　6 洞方案 $Q=26482\text{m}^3/\text{s}$（下游水位 624.4m）
工况（高程 592.0m 水平面）射流冲击压强分布

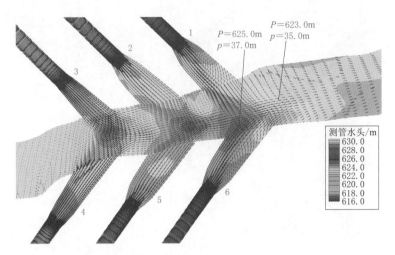

图 3.5 - 10 6 洞方案 $Q = 26482 \text{m}^3/\text{s}$（下游水位 624.4m）
工况（高程 588.0m 水平面）射流冲击压强分布

3.5.5.2 DG 水电站

1. 概述

DG 水电站设有两条导流隧洞，1 号导流隧洞长 976.34m（包括进口明洞段 20m，出口明洞段 24m），2 号导流隧洞长 1160.06m（包括进口明洞段 20m，出口明洞段 12m），中心距为 50.0～60.0m。其中，1 号导流隧洞进口高程为 3368.50m，2 号导流隧洞进口高程为 3371.50m，两条导流隧洞出口高程均为 3363.00m。隧洞采用城门洞形断面，全洞段钢筋混凝土衬砌，衬后断面尺寸为 15.0m×17.0m（宽×高）。

2. 计算模型及方法

（1）计算方法。数值模拟采用标准 $k - \varepsilon$ 模型和追踪自由水面的流体体积（volume of fluid，VOF）法，采用有限体积方法离散控制方程，计算通过控制体表面的对流扩散通量，采用几何重组方法计算 VOF 模型中的表面通量，采用分段线性的方法表示流体间的分界面（图 3.5 - 11），这种方法特别适用于通常的非结构化网格。假定在每个控制单元内流体间的界面存在一线性坡度，用这一线性坡度来计算流经控制体表面的扩散通量。

（2）三维模型。由于隧洞结构复杂，沿程体型弯曲，过流断面形态多变，选用在航空航天、机械制造、水利工程领域应用较为广泛，在曲面建模上采用拥有独特优势的 CATIA V5 R20 三维建模软件作为几何建模平台。几何模型包括导流隧洞进口、洞身、出口以及导流隧洞进口上游 200m 至导流隧洞出口下游 100m 的河床地形（受到监测点位置的影响，监测点的水位数据将作为计算模型的边界条件）。导流隧洞三维几何模型如图 3.5 - 12 所示。

（3）网格划分。模型网格采用 ICEM 软件进行划分，成果如图 3.5 - 13 所示。导流隧洞大部分区域采用六面体网格划分，对于出口段等局部边界形态较大区域采用四面体网格划分。总网格数约为 120 万个。其中，最小网格尺寸为 0.4m，最大网格尺寸为 4.5m。

（4）边界条件。

1）进口边界：依据上游水位情况给定，进口边界的紊动能 k 及紊动能耗散率 ε 值由经验公式计算给出。

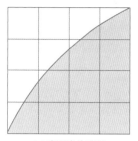 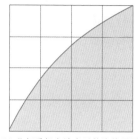

（a）实际流体界面　　　（b）几何重组方法表示的流体界面

图 3.5-11　流体界面的表示

图 3.5-12　导流隧洞三维几何模型图

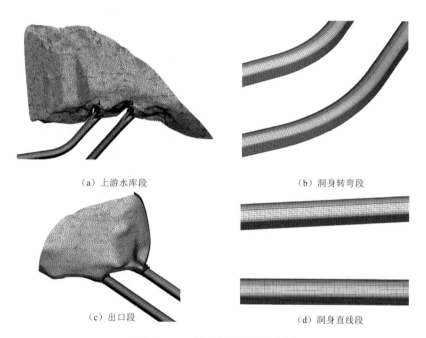

（a）上游水库段

（b）洞身转弯段

（c）出口段

（d）洞身直线段

图 3.5-13　计算区域的网格划分

$$\begin{cases} k = 0.0037u^2 \\ \varepsilon = \dfrac{k^{\frac{3}{2}}}{0.4L} \end{cases}$$

式中：u 为断面平均流速；L 为紊流特征长度，计算时取水力直径。

2）出口边界：依据下游水位情况给定。

3）进口边界：设定为压力进口，压力值为 1 个当地大气压，即 101.325kPa。

4）固壁边界：设定为无滑移边界条件，并给定 k_s，由 $n=n(k_s,\ R)$ 得出。

设定初始流场速度为 0，计算开始流动为非恒定常流，随着时间的推移，水从进口边界慢慢流入，经过一段时间的计算，隧洞内各水力要素均趋不变，流动趋于定常，计算即告结束。

3. 主要成果

（1）单洞泄洪能力。1号导流隧洞在 0.011 和 0.012 糙率条件下，数值模拟结果与试验结果（修正）的对比如图 3.5－14 所示。数值模拟结果与试验结果吻合较好。在高水位条件下，糙率对导流隧洞过流能力的影响较为明显。

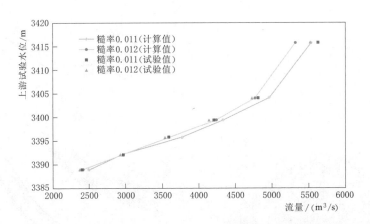

图 3.5－14　1号导流隧洞泄流流量计算值与试验值的对比

（2）双洞联合泄洪能力。计算值与试验值对比成果如图 3.5－15 所示。结果表明，计算流量与试验值最大误差为 5.1%，数值模拟结果与试验结果吻合较好。在不同糙率条件下，双洞联合泄流量变化在 1210.8～239.5m³/s 范围内。在高水位条件下，糙率对导流隧洞过流能力的影响较为明显。

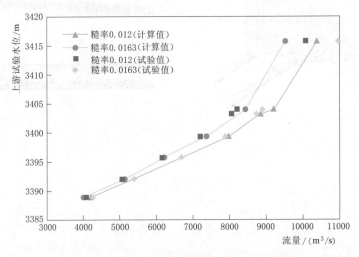

图 3.5－15　双洞联合泄洪流量计算值与试验值的对比

（3）流态。图 3.5－16～图 3.5－18 为 3 种流量下隧洞内水面线的变化情况。

随着上游水位的不断提升，流量不断加大，导流隧洞内流态从明流逐渐向明满流转变。由于1号导流隧洞进口高程（3368.5m）低于2号导流隧洞进口高程（3371.5m），因此1号导流隧洞先于2号导流隧洞达到明满流状态。在计算的3种流量下，2号导流隧

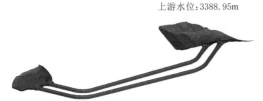

上游水位:3388.95m

下游水位:3373.53m

图 3.5-16　$Q=4500\mathrm{m}^3/\mathrm{s}$ 时洞内流态及典型
断面水面形状

（红色区域为水，蓝色区域为空气）

上游水位:3395.77m

下游水位:3374.75m

图 3.5-17　$Q=7000\mathrm{m}^3/\mathrm{s}$ 时洞内流态及典型
断面水面形状

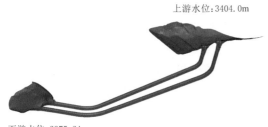

上游水位:3404.0m

下游水位:3375.64m

图 3.5-18　$Q=9000\mathrm{m}^3/\mathrm{s}$ 时洞内流态及
典型断面水面形状

洞始终处于明流流态，1 号导流隧洞在最大流量时洞内水流出现明满流交替状态。

对数值模拟的各特征水位工况洞内流态情况进行统计，结果见表 3.5-2。随着上游库水位提升，1 号导流隧洞流态逐渐从明流过渡到明满流状态，流态分界点大概在 $3399.36\sim3404.00\mathrm{m}$（$H/a$ 为 $1.815\sim2.088$）区间范围内，2 号导流隧洞内水位也逐渐提升，但仍保持明流状态。

表 3.5-2　　各特征水位工况流态统计表

上游水位/m	1 号导流隧洞		2 号导流隧洞	
	流态	水头/洞高（H/a）	流态	水头/洞高（H/a）
3404.00	明满流	2.088	明流	1.911
3399.36	明流	1.815	明流	1.638
3395.77	明流	1.604	明流	1.427
3392.05	明流	1.385	明流	1.208
3388.95	明流	1.203	明流	1.026

（4）环境气压的影响分析。大气压力与高度有密切关系，即大气压力随高度的增加而递减。在近海平面 1000hPa 附近，高度每上升约 10m，气压下降 1hPa；在 500hPa（5500m）附近，高度每上升约 20m，气压下降 1hPa；在 200hPa（12000m）附近，高度每上升约 30m，气压下降 1hPa；海拔 3365m 对应的大气压约为 666hPa。通过建立的三维数值模型，改变其环境大气压为 666hPa，数值模拟研究了上游实测水位为 3403.19m、下游实测水位为 3379.31m 这一工况下导流隧洞的过流能力的变化，成果见表 3.5-3。

表 3.5 - 3 环境气压对过流流量的影响（0.012 糙率）

上游实测水位/m	下游实测水位/m	运行气压条件	过流流量/(m³/s)
3403.19	3379.31	标准大气压	8833.6
		海拔 3365m 对应的大气压	8756.2

结果显示，在相同的上下游条件下，环境气压的改变对导流隧洞的过流能力影响不大，海拔3365m对应的大气压约为666hPa，导流隧洞的过流流量为8756.2m³/s，相比于标准大气压下的流量8833.6m³/s，减少了0.88%。为缩短数值计算时间，此数学模型中没有考虑表面张力、密度等因素变化所带来的影响，过流能力计算成果可能存在一定的偏差。

图 3.5 - 19 为流量为9000m³/s时导流隧洞流态。由图 3.5 - 19 可以看出，相比于标准大气压，环境气压的变化对洞内流态影响较小，在该水位条件下，1号导流隧洞内呈现出明满流交替状态，2号导流隧洞则为明流状态。从理论角度分析，由于影响导流隧洞过流能力的主要因素是导流进出口的压强差，虽然随着海拔的增加，导流隧洞环境运行压力会逐渐降低，但其进出口的压强差并没有显著改变，因此海拔变化导致的环境气压的改变对于导流隧洞的过流能力影响较小。

图 3.5 - 19 流量为9000m³/s时导流隧洞流态

（5）闸门槽封闭对流动的影响分析。两条导流隧洞的进出口均设置了闸门，闸门槽开启和关闭对隧洞泄流能力及洞内流态是否存在影响，值得进一步研究。通过三维数值模拟，以上游水位为3403.19m、下游水位为3379.31m这一工况为例，研究闸门槽封闭对导流隧洞过流能力的影响，计算成果见表 3.5 - 4。

表 3.5 - 4 闸门槽封闭对导流隧洞过流能力的影响（0.012 糙率）

上游实测水位/m	下游实测水位/m	闸门槽状态	过流流量/(m³/s)
3403.19	3379.31	开启	8833.6
		封闭	8712.1

由计算结果可见，在相同的上下游条件下，闸门槽封闭状态下，导流隧洞的过流流量为8712.1m³/s，相比于开启状态下的流量8833.6m³/s，闸门槽关闭使导流隧洞的过流能力减少了1.38%。

3.5.5.3 苏丹上阿特巴拉水利枢纽工程儒米拉大坝

1. 概述

上阿特巴拉水利枢纽工程儒米拉大坝工程施工导流采用二期三段法。二期导流采用100年一遇洪水标准，流量为5380m³/s。二期导流平面布置如图 3.5 - 20 所示。

2. 三维河道地形生成

构建完成的三维河道地形如图 3.5 - 21 所示。

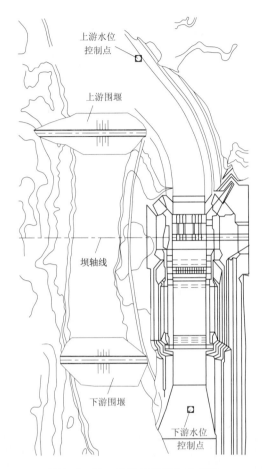

图 3.5 - 20　二期导流平面布置图

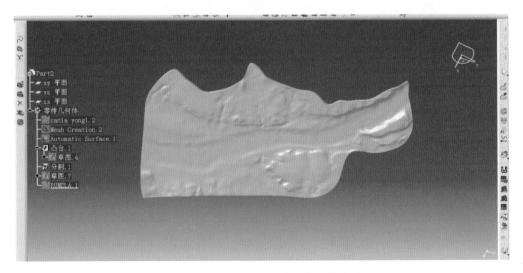

图 3.5 - 21　构建完成的三维河道地形

3. 建筑物创建与装配设计

溢洪道及围堰三维模型、大坝导流工程三维模型如图 3.5-22 和图 3.5-23 所示。

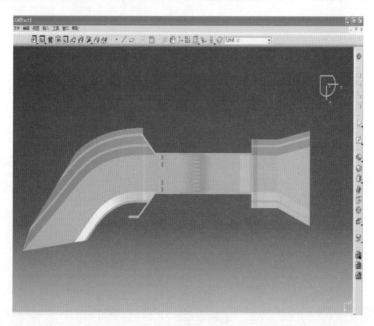

(a)溢洪道

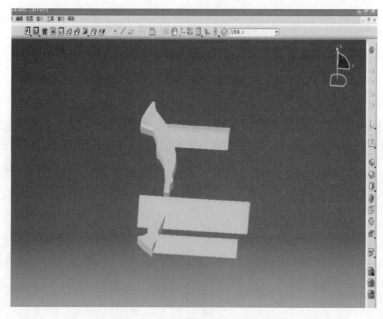

(b)围堰

图 3.5-22　溢洪道及围堰三维模型

4. 数值模拟

数值模拟与物理模型试验流态对比如图 3.5-24 所示。

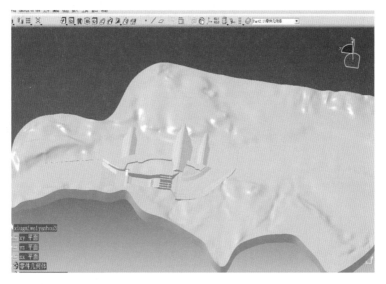

图 3.5 - 23　儒米拉大坝导流工程三维模型

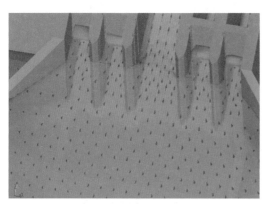

（a）数值模拟溢流洪道进口流态

（b）物理模型试验溢洪道进口流态

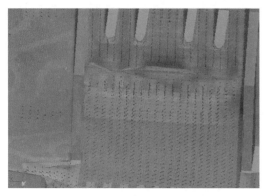

（c）数值模拟消力池流态

（d）物理模型试验消力池流态

图 3.5 - 24　数值模拟与物理模型试验流态对比

第 4 章

截流

4.1 概述

河道截流方法主要包括戗堤截流法、瞬时截流法和无戗堤截流法。其中，戗堤截流法可分为单戗堤截流法、多戗堤截流法和宽戗堤截流法。传统意义上的单戗堤截流法又包括平堵截流法、立堵截流法以及两者的组合方法（例如平立堵法、立平堵法等）。国内外部分高难度截流工程的截流指标见表 4.1-1。我国部分水电工程的截流指标见表 4.1-2。

表 4.1-1　　　　　　　　国内外部分高难度截流工程的截流指标

国别	工程名称	流量 /(m³/s)	最大流速 /(m/s)	最大落差 /m	最大水深 /m	最大抛投强度 /(m³/d)	截流方式
中国	葛洲坝	4720	7.50	3.23	14.2	72000	单戗立堵
中国	三峡二期	8480～11600	4.22	0.66	60	194000	单戗立堵
中国	三峡三期	7970～9050	6.00	2.85	24	154000	双戗立堵
中国	龙开口	592	7.00	4.88			单戗立堵
中国	锦屏二级	746	7.4	4.6	15.4		单戗立堵
中国	ZM（明渠）	684	6.23	5.23			单戗立堵
中国	GGQ	666	7.55	7.20			单戗立堵
中国	溪洛渡	3560	9.50	4.50	20	2300*	单戗立堵
中国	瀑布沟	890	8.10	4.35			单戗立堵
中国	NZD	2890	9.02	7.16	16.5	5706*	单戗立堵
中国	桐子林（明渠）	1710	7.45	10.00			单戗立堵
中国	深溪沟	1030	10.2	4.90	9.36		单戗立堵
中国	龚嘴	448	7.10	4.24			单戗立堵
巴西和巴拉圭	伊泰普	8100	6.10	3.74	40	146000	双戗立堵
阿根廷和乌拉圭	雅西雷塔	8400	2.30	5.90		58460	平立堵
俄罗斯	上杜洛马	1600		8.80～10.50			双戗立堵
吉尔吉斯斯坦	托克托古尔	1600	12.0	7.18			单戗立堵
俄罗斯	汉泰	1600	11.0	6.57			三戗立堵
吉尔吉斯斯坦	努列克	2790	10.0	5.45			单戗立堵
俄罗斯	布拉茨克	6500	7.40	3.50			单戗立堵
美国	奥瓦赫	1600	8.80	7.60～8.50			宽戗立堵
美国	达勒斯	3280	6.40	3.00	55	9000	平立堵，宽戗
赞比亚	卡博拉巴萨	1600		7.00			三戗立堵
柬埔寨	桑河二级（明渠）	1200	9.0	8.00			单戗立堵

注　表中数据均为实测值，标注 * 的最大抛投强度为最大小时抛投强度。

表4.1-2　我国部分水电工程的截流指标

编号	工程名称	所在河流	截流时间	截流流量/(m³/s) 设计	截流流量/(m³/s) 实际	截流方法	龙口宽度/m	最大落差/m	最大流速/(m/s)	主戗堤顶宽/m	截流历时/h	抛投强度/[m³/d 或 (m³/h)]	主要截流材料 一般材料	主要截流材料 合龙用特殊材料	主要机械设备 运输机械	主要机械设备 其他机械设备
1	三门峡	黄河	1958年11月	1000	2030	单戗一岸立堵	56	2.97	6.75	25	133	>7000(294)	石渣0.1~1.0m	3~5t大块石、15t混凝土四面体、铝丝石笼	12.5~25t自卸汽车	推土机、起重机、挖掘机
2	盐锅峡	黄河	1959年4月	—	—	单戗一岸立堵	55	4.43	5.2	10	36	(190)	石渣	3~5t大块石、15t混凝土四面体	10~25t自卸汽车23辆	5~15t起重机5台、3台D80推土机
3	丹江口	汉江		640	310	立堵		2.84	6.88				石渣	15t混凝土四面体		
4	刘家峡	黄河			210	立堵		5.97	5.0				石渣			
5	青铜峡	黄河			325	立堵	40	1.49	4.65				石渣			
6	西津	郁江		1300	594	立堵		1.75	4.70				石渣			
7	龚嘴	大渡河			448	立堵		4.0	7.0			(287)	石渣	9~15t混凝土四面体		
8	天桥	黄河			690	立堵		3.10	6.0			(3000)	石渣	6t混凝土四面体		
9	白山	松花江		440~260	126	立堵	40	1.48	4.80			(5270)	石渣			
10	龙羊峡	黄河	1979年12月	800	170	单戗立堵		1.4	3.0	8~10	4	(800)	石渣	大石、钢筋石笼、四面体	10~25t自卸汽车55辆	挖掘机、装载机、推土机、吊车
11	大化	红水河	1980年10月	1500	1390	单戗单向立堵、预平抛	59.4	2.32	4.2	16	24	12686(654)	粒径0.4~1m大石为主、少量石渣	粒径1m以上大块石、竹笼、铝丝石笼、10t四面体	20t、15t、12t自卸汽车75辆	挖掘机7台、推土机8台、吊车14座

续表

编号	工程名称	所在河流	截流时间	截流流量/(m³/s) 设计	截流流量/(m³/s) 实际	截流方法	龙口宽度/m	最大落差/m	最大流速/(m/s)	主戗堤顶宽/m	截流历时/h	抛投强度/[m³/d 或(m³/h)]	主要截流材料 一般材料	主要截流材料 合龙用特殊材料	主要机械设备 运输机械	主要机械设备 其他机械设备
12	葛洲坝	长江	1981年1月	5200	4720	单戗双向立堵、拦石坎护底	203	3.23	7.5	25	36	70000	石渣粒径0.4~0.7m块石	粒径1m以上大块石、15~25t四面体钢架石笼	20~45t自卸汽车417辆、20t为主	推土机、起重机、挖掘机、装载机、开底驳等
13	安康	汉江	1983年12月	300	180	单戗立堵	36.2	1.2	3.9	9	1.3	(858)	石渣	铅丝石笼	20t自卸汽车85辆	装载设备4台、推土机10台、吊车2台
14	铜街子	大渡河	1986年11月	750	850	单戗单向立堵	80	2.4	5.4	22	19	23000	粒径不超过0.7m石渣	粒径1m大块石、15t四面体石、铅丝石笼、异形体	20t、15t自卸汽车80辆	挖掘机11台、推土机15台、汽车吊6辆
15	岩滩	红水河	1987年11月	1900	1160	自右向左单戗立堵	59	2.6	3.5	30	9.2	(972)	石渣	粒径0.6m以上块石、4~10t石串	20t、32t自卸汽车52辆	挖掘机12台、推土机11台、汽车吊19辆
16	MW		1987年12月	922	636	单戗立堵	65	3.0	7.13	30	22	35000	石渣、中小石	大石、立体四角钢架、钢筋铝丝石笼塔(708m³)	20t自卸汽车82辆	挖装设备8台、推土机8台、吊车5台
17	隔河岩	清江	1987年12月	—	—	—	15	2.7	7.0	15	3.6	(800)	石渣	大石串、四面体	20t自卸汽车50辆	挖装设备9台、推土机8台、吊车2台
18	水口	闽江	1989年9月	1620	1133	单戗双向立堵	82.5	0.95	3.34	26	15.4	33700(2200)	石渣,粒径0.45m块石占20%~30%	粒径0.9m大块石、8t以上大石串	45t、32t、20t自卸汽车46辆	装载机10台、推土机7台

续表

编号	工程名称	所在河流	截流时间	截流流量/(m³/s) 设计	截流流量/(m³/s) 实际	截流方法	龙口宽度/m	最大落差/m	最大流速/(m/s)	主戗堤顶宽/m	截流历时/h	抛投强度/[m³/d 或 (m³/h)]	主要截流材料 一般材料	主要截流材料 合龙用特殊材料	主要机械设备 运输机械	主要机械设备 其他机械
19	李家峡	黄河	1991年10月	300	620	单戗立堵	40	5.3	5.4	15	51	7680	石渣	15t、20t四面体、0.8m×0.8m×2m铝丝石笼	12~20t自卸汽车共30辆	装载机2、推土机2台、吊车5台
20	五强溪	沅水	1991年11月	1400	613	单戗立堵	85	2.56	5.56	18~20	29.8	(695)	中小石	粒径0.6m以上大石、钢筋石笼、四面体	20t、32t自卸汽车共42辆	装载机5台、推土机6台
21	二滩	雅砻江	1993年11月	2000	1440	平堵立堵	52	3.83	7.14	—	3.4	(600)	石渣	粒径0.7m石料	30t自卸汽车22辆	装载机、推土机
22	天生桥一级	红水河	1994年12月	473	428	单戗双向立堵	28.45	1.43	4.82	15	4.3	(834)	粒径不超过0.8m石渣	粒径0.8~1.6m大石、10t石串	32t自卸汽车65辆	装载机、推土机
23	江垭	澧水	1994年12月	42.6	33	单戗单向立堵	25	1.89	3.67	10	3.0	(867)	石渣、一般块石	粒径大于0.7m块石料、钢筋石笼	20t自卸汽车8辆	挖掘机、装载机、推土机、汽车吊各1台
24	万家寨	黄河			510			3.49	6.75				石渣	18t混凝土四面体		
25	小浪底	黄河	1997年10月	132~190		单戗立堵	60	3.73	4.8	25	63	(3574)	石渣			
26	DCS	黄河	1997年11月	873	618	单戗立堵		3.96	7.0	25	20.25	(1066)	粒0.8~1.6m大石、10t石串	粒径1.0m以上大石、钢筋石笼、四面体	15t、32t自卸汽车共80辆	挖掘机、装载机、汽车吊
27	珊溪	飞云江	1997年11月	80.6		单戗单向立堵	25	1.55	3.3	10			石渣及块石料			

续表

编号	工程名称	所在河流	截流时间	截流流量/(m³/s) 设计	截流流量/(m³/s) 实际	截流方法	龙口宽度/m	最大落差/m	最大流速/(m/s)	主戗堤顶宽/m	截流历时/h	抛投强度/[m³/d 或 (m³/h)]	主要截流材料 一般材料	主要截流材料 合龙用特殊材料	主要机械设备 运输机械	主要机械设备 其他机械
28	三峡大江截留	长江	1997年11月	14000～19400	8480～11600	单戗立堵、平抛垫底	130	1	4.22	30	30	120090 (144.6)	粒径1.0m以上大石、钢筋石笼、四面体	5～10t大石	77t、45t、30t自卸汽车351辆	10m³挖装设备50台、710HP推土机20台、平抛船
29	引子渡	乌江	2001年10月	58		单戗单向立堵	40	3.77	3	12	15	(600)	小石、中石和普通石碴、大石、中石	特大石	自卸汽车（15～20t）20辆	装载机（3～6m³）3台、挖掘机（4m³）3台、推土机（180～320HP）3台、汽车起重机（20～40t）2辆、木船2艘
30	碗米坡	酉水	2001年11月	357	137	单戗立堵	60	2.1	4.0	15	36	(600)	石渣	1.5m³块石、钢筋石笼	自卸汽车	
31	公伯峡	黄河	2002年3月	360	100	单戗立堵	30			20	24	(600)	石渣	10t重混凝土四面体、1.2m³钢筋石笼	20t自卸汽车30辆	3m³装载机3台、大型推土机两台
32	三峡导流明渠	长江	2002年11月	10300～11000	7970～9050	双戗立堵平抛垫底	上150 下125	4.11	6	30	约120	42700 (3000)	粒径1.0m以上大石、钢筋石笼、四面体	8m³钢筋石笼等	77t、45t、30t自卸汽车295辆	10m³挖装设备50台、710HP推土机20台、平抛船
33	三板溪	清水江	2003年9月	394	100	单戗立堵	65	3.12	4.3	20	24	(660)				

续表

编号	工程名称	所在河流	截流时间	截流流量/(m³/s) 设计	截流流量/(m³/s) 实际	截流方法	龙口宽度/m	最大落差/m	最大流速/(m/s)	主戗堤顶宽/m	截流历时/h	抛投强度/[m³/d 或 (m³/h)]	主要截流材料 一般材料	主要截流材料 合龙用特殊材料	主要机械设备 运输机械	主要机械设备 其他机械
34	龙滩	红水河	2003年11月	1570	1100～830	单戗单向立堵	70	0.7	3.8	20	48	(1060)	石渣	块石最大粒径 0.6～0.8m，少量钢筋石笼	20t、32t 自卸汽车	推土机、反铲
35	拉西瓦	黄河	2004年1月	20～30	20～30	单戗立堵	35			15			石渣			
36	XW		2004年10月	1320	1030	单戗单向立堵	60	5.92	5.1	20			石渣混合渣、石渣料、中小石、大块石、块石钢筋石笼	特大块石及混凝土四面体	15～32t 自卸汽车	装载机、挖土机和推土机
37	光照	北盘江	2004年10月	433	122	单戗单向立堵	55	6.36	5.03	15		(668)	石渣、中石、大石	特大块石及钢筋石笼		
38	构皮滩	乌江	2004年11月	819	577	单戗单向立堵	40	1.58	4.57	12			石渣、中石、大石	钢筋石笼、混凝土四面体	32t、25t、20t 自卸汽车	挖掘机、装载机、推土机、汽车吊、洒水车
39	JH		2005年1月	633		单戗单向立堵	50	3.14	5.33	28.5			石渣料及大块石			
40	滩坑	瓯江	2005年10月	114		单戗双向立堵	25	2.3	3.27	12			石渣、块石			
41	繁汗乌苏	开都河	2005年11月	89.5		单戗单向立堵	30	4.9	4.43	18	24	(600)	石渣	混凝土四面体和钢筋石笼	45t 和 20t 自卸汽车	4m³ 挖掘机、1m³ 反铲
42	瀑布沟	大渡河	2005年11月	1000	890	单戗双向立堵	40.8	4.35	8.1	20	10	(2793)	石渣	四面体、大石串	32t、20t 自卸汽车	推土机、吊车

续表

编号	工程名称	所在河流	截流时间	截流流量/(m³/s) 设计	截流流量/(m³/s) 实际	截流方法	龙口宽度/m	最大落差/m	最大流速/(m/s)	主龙堤顶宽/m	截流历时/h	抛投强度/[m³/d 或 (m³/h)]	主要截流材料 一般材料	主要截流材料 合龙用特殊材料	主要机械设备 运输机械	主要机械设备 其他机械设备
43	金安桥	金沙江	2005年12月	889	829	宽铰堤单向立堵	50	4.72	7.15	60	45	(1785)	石渣、中石、大块石	钢筋石笼、混凝土四面体	32t、25t、20t、15t自卸汽车	挖掘机、装载机、推土机、汽车吊、洒水车
44	土卡河	李仙江	2005年12月	271	280	单铰双向立堵	30	4.5	6	15	9.5		石渣、中石、大块石	钢筋石笼、大石串	20t、15t自卸汽车20辆	推土机3台、1.2m³反铲5台
45	锦屏一级	雅砻江	2006年12月	814	523	单铰立堵	40	5.23	6.41	25	32.5	(1197)	石渣、中石(0.4～0.7m)、大块石(0.7～1.1m)	5t重钢筋石笼		
46	溪洛渡	金沙江	2007年11月	5160	3560	单铰双向立堵	75	4.5	9.5	30	31	(2300)	粒径不大于0.6m石渣料	混凝土四面体和钢筋石笼、石串	32t、20t自卸汽车129辆	推土机10台、4～5.3m³挖装设备24台和25～50t汽车吊7辆
47	NZD		2007年11月	1815	2890	单铰双向立堵	66.6	7.16	9.02	25	27	(3216)	石渣、大块石	3m³钢筋石笼、4.5m³钢筋石笼、7～8.5t石串、15t混凝土四面体块、混凝土六面体块、25t混凝土六面体块	20t与32t自卸汽车173辆	正铲挖掘机(6m³)反铲挖掘机(4.5m³、2.0m³、1.6m³)和装载机(3m³)共计19台、D155、320HP、D85及220HP推土机10台、25～50t汽车吊3台

续表

编号	工程名称	所在河流	截流时间	截流流量/(m³/s) 设计	截流流量/(m³/s) 实际	截流方法	龙口宽度/m	最大落差/m	最大流速/(m/s)	主戗堤顶宽/m	截流历时/h	抛投强度/[m³/d 或 (m³/h)]	一般材料	合龙用特殊材料	运输机械	其他机械
48	蜀河	汉江	2007年12月	415	133	单戗立堵	50	2.84	4.31	15	22	(400)	石渣料	钢筋石笼与大块石	20t与45t自卸汽车	装载机、液压反铲、推土机、汽车吊
49	大岗山	大渡河	2008年1月	410	272	单戗双向立堵	40	7.2	7.65	25	24	(1483)	大、中石和石渣	钢筋或铅丝石笼串		
50	锦屏二级	雅砻江	2008年11月	637	746	单向单戗立堵	40	4.6	7.4	18	36	(800)	石渣及块石料	块石串、钢筋石渣及混凝土四面体		
51	GGQ	金沙江	2008年11月	727	660	单戗立堵	50	7.2	7.55	20	48	(1420)	石渣	钢筋石笼、大块石串和混凝土四面体	20t和32t自卸汽车	装载机、反铲、推土机、汽车吊
52	阿海	金沙江	2008年12月	951	650	宽戗堤单向立堵	65	8.0	5.73	60			石渣料、中石、大石	钢筋石笼、混凝土四面体	32t、25t、20t自卸汽车	挖掘机、装载机、推土机、汽车吊
53	龙开口	金沙江	2009年1月	707	592	单戗立堵	38	4.88	5.5	23～26	31	(3000)	石渣料	直径大于0.9m的大块石、重8t以上石串	20t与32t自卸汽车63辆	装载机共6台、挖掘机23台、推土机5台、汽车吊6台
54	鲁地拉	金沙江	2009年1月	654	590	单向单戗立堵	50	6.2	4.9	30	16.3	(1003)	石渣、中石、大块石	特大石、混凝土四面体、钢筋石笼	32t、25t自卸汽车	推土机、装载机

4.2 截流水动力学过程与能耗规律

4.2.1 立堵截流进占规律

20世纪30年代，伊兹巴斯在同一流量下用相同粒径的抛投材料对立堵截流过程进行了实验研究，结果表明截流过程包括如图4.2-1所示的四个阶段，其中冲刷面的形成标志着截流进入困难区段。

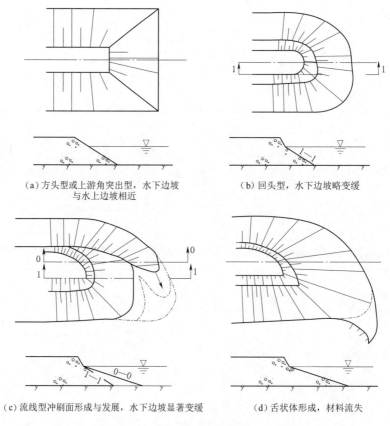

（a）方头型或上游角突出型，水下边坡　　　　（b）回头型，水下边坡略变缓
　　　　与水上边坡相近

（c）流线型冲刷面形成与发展，水下边坡显著变缓　　（d）舌状体形成，材料流失

图4.2-1　立堵截流戗堤头部形状变化

实际截流过程中，上游河道来流量、龙口及分流建筑物的水力参数（如流量、流速、水位等）随着时间和龙口宽度的变化而变化，本质上是非恒定流。但是，由于截流时间较短，通常假定上游河道来流量不变（即截流设计流量）。同时，为了简化计算，视龙口水流为分段恒定流。其基本水力过程是，随着龙口宽度的逐渐减小，上游水位逐渐壅高，分流量逐渐增大，而龙口流量逐渐降低。合龙过程的水力学指标呈现不同的变化规律（图4.2-2）。有关理论研究表明，龙口最大单宽功率和最大流速应该出现在龙口形成三角形断面以后、由淹没堰流向非淹没流过渡时的临界流状态，对应

于临界龙口宽度和临界落差。但是，截流过程中戗堤形状、河床底部高程等边界条件会发生一定变化，龙口水流并非标准的宽顶堰流，而是接近宽顶堰流，因此，理论推导会存在一定误差。大量模型试验研究结果表明，表征水流活性的最大单宽功率、最大流速和最大单宽流量并不同时出现最大值。因此，从实用的角度出发，可以认为截流困难区段就是三者峰值形成的区间。

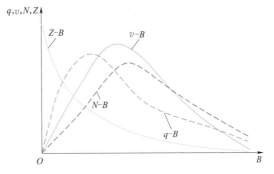

图 4.2-2 截流水力参数变化规律示意图

q—单宽流量，$\mathrm{m^3/(s \cdot m)}$；v—龙口平均流速，$\mathrm{m/s}$；
N—单宽功率，$\mathrm{t \cdot m/(s \cdot m)}$；$Z$—落差，$\mathrm{m}$；
B—截流过程中龙口宽度，m

4.2.2 立堵截流难度及其衡量指标和工程分类

4.2.2.1 截流难度及其衡量指标

1. 截流难度

广义上讲，立堵截流难度涉及截流有关的各项设施和工作的难易程度，包括合龙施工难度、分流建筑物施工难度和施工组织难度三个概念。其中，合龙施工难度是指截流戗堤进占难度，截流戗堤包括预进占段、合龙段和护底（或垫底）；分流建筑物往往利用规划设计的导流泄水建筑物，在截流时段内其难度主要是指导流泄水建筑物进出口围堰拆除、部分引渠开挖施工的施工难度；而施工组织难度则与截流规模相关联，包括设备、道路、备料等方面。截流规划设计的核心问题应当是正确估计这三项难度，从而找到一个技术可行、经济合理的方案，即截流综合施工难度最小的方案。

国内外截流实践积累了很多宝贵经验，但是，截流规划设计中也存在一些教训，主要是高估合龙施工难度而又低估分流建筑物施工难度，造成了以下三种情况：

（1）为了降低合龙难度而把分流建筑物的规模规划得很大，总结经验时只看到了合龙施工顺利的一面，而忽略或回避了在分流工程上付出的代价。

（2）由于对合龙难度估计过高，在龙口采取了一些不必要的措施，使合龙费用显著增加，例如，俄罗斯布拉茨克水电站设置的截流栈桥实践证明是多余的。

（3）在规划时对分流建筑物施工难度估计不足，致使分流建筑物未达到设计要求，增加了实际合龙施工难度。另外，国内外一些工程在截流备料方面数量偏多、尺寸偏大的情况，也常常与高估合龙难度有关。

由此可见，截流综合难度包括合龙施工难度、分流建筑物施工难度和施工组织难度，将三者联系起来全面考虑，在截流规划设计中是一个非常重要的问题。

2. 截流难度影响因素

（1）影响合龙施工难度的因素很多，大致可以分为三个方面。

1）龙口水流活性，主要反映龙口水流对截流抛投材料的冲刷能力。

2）抛投材料阻抗，材料种类、尺寸、数量以及允许形成的戗堤断面形状（包括允许流失与否），这些因素构成广义的材料阻抗概念，主要反映抛投材料在不同条件下抵抗水流冲刷的能力。当龙口水流活性大于材料阻抗时，合龙困难，反之，则合龙可靠。

3）施工因素和自然条件，施工手段、抛投强度及龙口地形、地质条件是构成龙口水流活性和材料阻抗之间矛盾的具体条件，这些条件在很大程度上影响到矛盾主要方面的转化。

（2）影响分流建筑物施工难度的主要因素是分流工程量及其施工条件，特别是水下开挖技术的可靠程度及施工强度，两者与工程所拥有的施工手段密切相关，后者还取决于河道的水文特性以及截流日期的选择是否恰当。对滩槽型河床，一期工程多布置在滩地上，二期截流时所需的引渠开挖工程量往往较大。

（3）影响施工组织难度的主要因素是截流规模，其大小主要由截流流量及河床地形条件（河床形状、河宽与水深）等因素决定。一般来说，截流流量越大，相应的河宽与水深、戗堤与分流工程的规模也越大，抛投强度也越大，设备、道路、备料等方面的要求也越高，这些方面体现了施工组织的复杂程度。例如，溪洛渡水电站河道截流工程，在狭窄陡峭的河谷施工，针对现场施工交通条件的局限性，设置了左岸堤头临时交通隧洞，形成环行交通通道，使重车行车路线和空车路线不交叉，大大提高了物料运输能力，提高了龙口抛投强度，确保了截流物料运输的施工高效率。

3. 立堵截流难度衡量指标

立堵截流难度包括合龙施工难度、分流建筑物施工难度和施工组织难度三个方面。

（1）对通常所说的合龙施工难度，国内外研究者提出过各种衡量指标。第一类是表征水流活性的各种单一或复合水力学指标。最常用的有龙口流速 V、龙口落差 Z 和单宽功率 N_b；也有用河道流量 Q、龙口单宽流量 q、戗堤上游角流 $u(u=0.85u_{max})$ 及 u 的持续时间 t 来表示的。第二类是考虑材料要素和施工要素在内的综合指标。研究表明，V、Z、N_b 和 h 基本上反映了龙口的水流活性，用来综合衡量合龙施工难度，具有简洁明了的优点，便于应用。而且，从合龙过程水力计算和模型试验成果的应用角度来看，采用这些指标最直观、最方便，因此，合龙施工难度的衡量指标为戗堤轴线断面最大平均流速 V_{max}、最大落差 Z_{max}、最大单宽功率 N_{bmax} 和最大水深 h_{max}。

（2）分流建筑物施工难度主要体现在分流建筑物进出口围堰拆除、引渠水下开挖的技术难度、技术可靠程度和额外的费用付出，难以用单一的定量指标来描述分流建筑物施工难度，因此，在认识立堵截流综合难度时应该对分流建筑物施工难度进行综合定性评估。

（3）施工组织难度由截流流量 Q 相应的截流规模决定，主要体现在道路、设备和备料等方面截流准备的技术和费用方面。Q 越大，截流规模越大，要求的戗堤抛投量和抛投强度也越大，截流准备的技术和费用要求越高，或者说施工组织难度越高。因此，截流流量 Q 可以作为衡量施工组织难度的定量指标。

4.2.2.2 立堵截流工程分类

国内外大量立堵截流工程实践积累了丰富的工程资料，这些工程可以区分为多种类型，每种类型具有不同的特点。也可以说，不同类型的工程对应不同的截流风险和截流难度。应在大量实际工程资料的基础上，对截流工程进行科学分类，正确认识不同类型截流工程的特点、风险和难度，给拟建工程的截流规划、设计和施工提供参考。国内外部分河道截流工程实测资料聚类结果参见表 4.2-1。

表 4.2 - 1   国内外部分河道截流工程实测资料聚类结果

分类	聚类结果	工 程 特 点
第Ⅰ类	隔河岩、万家寨、锦屏一级、鲁地拉、DCS、李家峡、MW、锦屏二级、金安桥、瀑布沟、XW、三门峡神门河、向家坝、葛洲坝、米克纳尔、龚嘴、长洲	流量一般（或较大），流速较大（7.00m/s 左右），落差较大（3.50m 左右），水深一般。这类工程截流规模较大（或一般），抗冲风险较高，合龙难度较大。以葛洲坝、向家坝和 DCS 为代表。 向家坝水电站截流进占期最大流量为 2350m³/s，龙口最大水深为 20.0m，最大流速为 6.10m/s，最大落差为 2.34m，最大抛投强度为 3255m³/h，上游单戗双向立堵进占，从 2008 年 12 月 28 日 10 时 58 分小龙口开始进占，到 11 时 26 分截流合龙，共激战 28min
第Ⅱ类	天生桥一级、五强溪、东山、铜街子、龙滩、大化、飞来峡二期截流、近尾洲水电站二期、白石窑二期、金河水电站、江垭、鲁布革、万安一期、万安二期、切博克萨雷、高尔基、昭平、高坝洲二期	截流流量一般（或较小），流速较小，落差较小，水深较小（一般）。这类工程截流规模较小（或一般），抗冲风险较低，堤头坍塌风险很低。尤其是该类中的江垭、万安一期、万安二期工程，在所有类中截流难度最小。该类的龙滩、高尔基、大化等，截流流量相对大一些，截流规模也大一些，但总体水力学指标还是不大
第Ⅲ类	深溪沟、二滩、NZD、溪洛渡	截流流量大（或较大），龙口落差很大（6.00m 左右），流速特大（9.00m/s 左右）；水深一般（或较大）。该类工程综合截流难度大，抗冲风险高，坍塌风险较低，典型代表工程有 NZD、溪洛渡。 NZD 水电站大江截流施工难度很大，其成功截流，为水电建设行业在大流量、高流速、高落差、大单宽功率工况下如何确保截流成功提供了宝贵的经验
第Ⅳ类	水口、岩滩、达勒斯、吐库鲁、大峡	截流流量较大（或一般），落差较小，流速较小，龙口水深很大（20m 以上）。截流规模较大，抗冲风险小，但由于龙口水深很大，易造成戗堤坍塌，危及截流机械和人员安全，进而影响截流进度。该类工程，水深比流量级别相同的其他工程要大得多，重要原因是河床地形的特殊性决定的，河槽的一侧存在深槽。该类工程截流，一般在截流前进行平抛垫底，以保证截流安全。中低流量、大水深、低落差、低流速的截流工程将会越来越多，随着梯级电站的不断开发，经常会出现上游电站将会在下游电站库区截流。典型代表工程有水口、岩滩、吐库鲁
第Ⅴ类	伊泰普、三峡明渠截流、三峡大江截流	截流流量特大（8000m³/s 以上），截流落差小，流速低，龙口水深很大（20m 以上）。综合截流难度很大，其中三峡大江截流、三峡明渠截流和伊泰普截流都是世界上截流规模非常大的工程，抗冲风险较低、坍塌风险很高。典型代表工程有三峡大江截流。 三峡大江截流，采用了平抛垫底，龙口轴线处最大水深由原来的 60m 减少为 27.7m，减少了堤头坍塌的规模和坍塌次数

4.3 截流材料的抗冲稳定性

4.3.1 稳定的概念

如图 4.3 - 1 所示，抛投料入水后的稳定状态比较复杂，但归结起来就是起动和止动两种。

4.3.2 抛投料粒径计算

抛投料一般分天然材料和人工材料。天然材料有石渣混合料、石渣料（小石、中石、大石）、特大石等，人工材料有混凝土六面体、混凝土四面体、混凝土四脚体、钢筋混凝土构架、钢筋石笼、铅丝石笼、合金网石兜等。

图 4.3-2 为溪洛渡水电站截流的钢筋石笼，尺寸为 1.25m×1.2m×2m，单个石笼体积为 3m³，骨架用 φ16 钢筋、8 号铁丝制作，网格尺寸为 10cm×10cm，石块粒径大于 20cm，填满后再加盖，用铅丝绑扎，石笼密度约 2.0t/m³，设 4 个吊点。

图 4.3-1 抛投料的稳定型式　　　　　　图 4.3-2 溪洛渡水电站截流的钢筋石笼

抛投料粒径一般按照截流水力计算成果确定。

4.3.2.1 按最大流速计算

（1）伊兹巴斯公式（1932 年）。伊兹巴斯于 1936 年在第二次国际大坝会议上提出了截流抛石粒径的半理论半经验公式，从此，该公式广泛应用于世界各国的截流工程。

$$v = K \sqrt{2g \frac{\gamma - \gamma_w}{\gamma_w} d} \qquad (4.3-1)$$

式中：v 为流速，m/s；K 为综合稳定系数，抗滑时取 0.86，抗倾时取 1.2；γ 为块石密度，t/m³；γ_w 为水的密度，t/m³；d 为块石化引球径，m。

伊兹巴斯公式的推导和使用条件为：①按起动流速、平堵截流推导，用于止动流速、立堵截流时需要修正；②综合稳定系数 K 的确定，是采用较圆的卵砾石，平均化引球径为 1.38cm，平均体积为 2.77cm³，平均密度为 2640kg/m³，堆石体孔隙率为 0.37。

国内外研究者对各种抛投材料的抗滑稳定进行了大量理论推导和试验研究，研究结果表明，稳定计算公式形式与伊兹巴斯公式相同，只是综合稳定系数 K 不一样，不同情况下的 K 值如下：

1）伊兹巴斯公式适用于一般块石截流。20 世纪 60 年代，伊兹巴斯及其助手们将 K 值修正为 0.90，用于立堵截流。

2）用于巨型混凝土块体时，根据相关试验研究成果，K 值按表 4.3-1 取用。

表 4.3-1　　　　　　　　　　　　　　混凝土块体止动稳定系数

综合糙率 n		$\leqslant 0.03$	$0.035 \sim 0.045$
稳定系数 K	混凝土立方体	$0.57 \sim 0.59$	$0.76 \sim 0.80$
	混凝土四面体	$0.51 \sim 0.53$	$0.68 \sim 0.72$

3）对于大块石串、混凝土四面体串，根据相关试验研究成果，K 值可参考表 4.3-2 取用。

表 4.3-2　　　　　　　　　　　　　等重单体串的综合稳定系数 K

抛投料	串联个数	起动 K 平均值 ($n=0.03$)	止动 K			
			（上挑角 67°），$n=0.064$		（上挑角 45°），$n=0.064$	
			区间值	平均值	区间值	平均值
混凝土四面体串	单体	0.630	$0.707 \sim 0.817$	0.744	$0.667 \sim 0.735$	0.701
	2 个一串	0.855	$0.710 \sim 0.860$	0.767	$0.682 \sim 0.777$	0.730
	3 个一串	1.120	$0.760 \sim 0.870$	0.798	$0.726 \sim 0.809$	0.768
	4 个一串	>1.120	$0.793 \sim 0.900$	0.829	$0.785 \sim 0.843$	0.814
大块石串	单体	0.740	$0.730 \sim 0.800$	0.753	$0.725 \sim 0.712$	0.719
	2 个一串	0.926	$0.750 \sim 0.850$	0.789	$0.755 \sim 0.775$	0.765
	3 个一串	1.220	$0.767 \sim 0.878$	0.814	$0.786 \sim 0.791$	0.789
	4 个一串	>1.220	$0.790 \sim 0.900$	0.829	$0.785 \sim 0.840$	0.813

4）不均匀混合料群体抛投。混合料等值粒径用平均粒径代表：

$$d_e = \frac{\sum \Delta P_i d_i}{100}$$

式中：d_e 为混合料的等值粒径，m；ΔP_i 为粒径 d_i 的石块质量占总质量的百分比。

K 值可参考表 4.3-3 取用。

表 4.3-3　　　　　　　　　　　　　　岩基上抛石稳定系数

单粒抛投 $\overline{K}_1$	群体抛投均匀料 $\overline{K}_2$	群体抛投混合料 $\overline{K}_3$
0.89	1.07	0.93

（2）斯蒂芬森（Stephenson，1979）公式：

$$v = K \sqrt{2g \frac{\gamma - \gamma_w}{\gamma_w} d} \qquad (4.3-2)$$

其中　　　　　　　　　　　　$K = \sqrt{2\cos\theta \sqrt{\tan^2\phi - \tan^2\theta}}$

式中：ϕ、θ 分别为抛投材料的天然休止角与边坡坡角。

此公式在我国应用较少，主要原因是：公式中 K 仅与 ϕ、θ 有关，事实上 K 还与河床糙率等其他因素有关；应用不方便。

4.3.2.2　按最大落差计算

最大流速 v_{max} 对应的落差为临界落差 Z_k，对应的最大粒径为 d_m。

由

$$v = K\sqrt{2g\frac{\gamma - \gamma_w}{\gamma_w}d}$$

及

$$v = \varphi\sqrt{2gz}$$

联解得

$$d_m = \frac{\varphi^2\gamma_w Z_k}{K^2(\gamma - \gamma_w)} \qquad (4.3-3)$$

式中：d_m 为整个截流过程中的块石最大粒径，m；φ 为立堵截流流速系数，参见分期导流的流速系数；Z_k 为临界落差，实用计算可取 $Z_k = (0.70 \sim 0.90)Z_m$。

4.3.3 钢筋石笼或铅丝笼稳定性计算

4.3.3.1 六面体钢筋石笼的稳定性试验

试验水槽长度比尺为 $1:60$，在三级试验流量 50L/s、75L/s、100L/s 下进行止动和起动试验。止动试验程序为：保持流量不变，调节下游水位，在试验段抛投块体，如稳定，微调下游水位，直至抛投块体部分流失、部分滑动一段又能稳定下来为止。起动试验程序为：保持流量不变，预先将块体放置在试验段底板上，调节下游水位，直至块体开始滑动，且滑动速度较慢，直至部分块体滑动一段又能稳定下来为止。

对正方体钢筋石笼稳定性，选取 7 种尺寸的正方体钢筋石笼，其整体容重均为 $19.6kN/m^3$，相应的原型质量为 $2.00 \sim 31.25t$。

对不同形状六面体钢筋石笼稳定性，考虑六面体钢筋石笼两种体型变化。令其长轴、中轴、短轴长度分别为 a、b、c，扁度系数为 $\lambda = \sqrt{ab}/c$，$a = b = c$ 时为正六面体钢筋笼；$a > b > c$ 时为条形钢筋石笼；$a = b > c$ 时为扁钢筋石笼。采用容重为 $19.6kN/m^3$（相应的原型质量为 16t）的条形钢筋石笼和扁钢筋石笼进行试验，保持体积及质量与 16t 正六面体钢筋石笼一致。

4.3.3.2 六面体钢筋石笼稳定性计算公式

将前述不同形状六面体钢筋石笼稳定性试验中得到的各工况试验成果进行拟合和验证，得到的钢筋石笼稳定性计算公式为

$$\begin{cases} V_l = \left[0.53 + 0.47\left(\dfrac{\Delta}{D}\right)^{1/2}\right]\sqrt{2g\dfrac{\gamma_s - \gamma}{\gamma}D\lambda} \\ V_i = \left[0.65 + 0.80\left(\dfrac{\Delta}{D}\right)^{1/2}\right]\lambda^{1/3}\sqrt{2g\dfrac{\gamma_s - \gamma}{\gamma}D} \end{cases} \qquad (4.3-4)$$

式中：V_l、V_i 分别为止动和起动流速，m/s；γ_s 为钢筋石笼的密度，t/m^3；g 为重力加速度，m/s^2；$\dfrac{\Delta}{D}$ 为相对糙率，其试验条件及相应试验尺寸（原型）为：16t 钢筋石笼，化引直径 $D = 2.48m$，光滑水泥面时 $\Delta = 0.045m$，石渣垫底时 $\Delta = 0.3m$。

4.3.3.3 四面体钢筋石笼的稳定性试验

四面体具有重心低、结构上易于稳定的特点，将其形体特性与钢筋石笼的透水性及可充分利用当地石材增大单体尺度等特性结合起来，创建了四面体钢筋石笼结构方案，以期获得稳定性较好且经济实用的新型截流人工块体。

为了方便比较，试验采取与前述正六面体钢筋石笼质量相同的 5 种四面体钢筋石

笼（6.75t、10.72t、16.00t、22.78t、31.25t），容重均采用 19.6kN/m³。

与前述相同质量的正方体钢筋石笼相比，就截流抛投止动而言，四面体钢筋石笼的稳定性明显高于正方体钢筋石笼，而对于护底起动来说，两者的稳定性相差不大。

4.4　宽戗堤立堵截流技术

4.4.1　宽戗堤截流水力特性

与传统意义上的窄戗堤相比，宽戗堤截流龙口的水力特性会有所不同。戗堤加宽后，增加了龙口水流的沿程阻力损失，可以壅高戗堤上游水位，提高分流流量，降低龙口流速，降低截流难度。而且，从施工的角度上讲，戗堤加宽后可以提高抛投强度，减少抛投料流失。

研究表明，当戗堤顶宽 a 与龙口水头 H_0 之比 $a/H_0 > 2 \sim 3$，且综合糙率为 0.05 左右时，虽然水流条件仍处于一般宽顶堰范围，但其水流流态与宽顶堰流并不相符合，而是与短明渠非均匀渐变流的特性接近。当流量一定、综合糙率为 0.05 时，行进流速水头总是随戗堤宽度变化而变化。

当 $a/H_0 > 2 \sim 3$ 时，水面线呈单降，仅有一次跌落，戗堤中心线处水深 h_c 大于临界水深 h_k，这种流态与顶宽不足的宽顶堰流态类似；当 $a/H_0 > 2 \sim 3$ 时，水面线有两次跌落，且当 a/H_0 较小时，戗堤中心线水深 h_c 较单降水面线时有所降低，但仍大于临界水深，且 $(h_c - h_k)/h_k$ 随 a/H_0 的增加而增加，类似于短明渠非均匀渐变流的水流特性。

宽戗堤的宽度效应并非戗堤顶宽越大越好，而是 a/H_0 略大于 2～3 后，宽度效应已趋明显，继续增宽，宽度效应并未成比例增大。一般当 a/H_0 小于 2～3 到 a/H_0 略大于 2～3 范围内，宽度效应最明显，这时龙口内一般都能形成淹没流，可以充分发挥宽戗堤截流的优越性。

4.4.2　典型工程实例

4.4.2.1　金安桥水电站宽戗堤截流

1. 概况

金安桥水电站采用全年断流围堰、隧洞导流、大坝全年施工的导流方式。两条导流隧洞布置在右岸，洞身断面为 16m×19m（宽×高），均为城门洞形。其中 1 号导流隧洞为低洞，进口高程为 1289.9m，出口高程为 1287.18m，洞身长度为 941.232m，纵向坡比为 0.003；2 号导流隧洞为高洞，进口高程为 1295.00m，出口高程为 1291.39m，洞身长度为 1231.989m，纵向坡比为 0.003。导流隧洞闸门闸室均采用岸塔式闸室结构。截流时只有 1 号导流隧洞参加分流。

2. 截流设计

（1）设计截流时段。截流流量采用 12 月中旬 10 年一遇旬平均流量 889m³/s，非龙口段预进占流量采用 12 月上旬 10 年一遇旬平均流量 990m³/s，预进占戗堤裹头保护流量采用 12 月 20 年一遇最大流量 1030m³/s。

（2）模型试验成果。截流模型试验进行了单戗双向进占、单戗单向进占、宽戗堤、双戗堤等多种工况的水力模型试验。

采用宽戗堤单向立堵截流时龙口最大平均流速（戗堤轴线处）为5.54m/s，相应龙口宽为18m；龙口最大单宽流量为43.87m³/(s·m)，相应龙口宽为35m；龙口最大单宽功率为141.28t·m/(s·m)，相应于龙口宽为18m；截流最终总落差为6.12m。宽戗堤单向立堵进占截流方案的龙口段特征水力参数见表4.4-1。

表4.4-1　　　　　　　　　龙口段特征水力参数

（流量889m³/s，宽戗堤单向进占，导流隧洞进口3m岩埂）

龙口宽度/m	55	50	40	32	25	15	0
戗堤上游水位/m	1294.96	1295.38	1296.52	1297.44	1298.25	1299.25	1300.37
戗堤落差/m	0.97	1.40	2.60	3.53	4.21	5.04	6.12
分流量/(m³/s)	155.7	180.5	261.6	425	632.8	773.5	853.9
龙口流量/(m³/s)	733.3	708.5	627.4	464	256.2	115.5	35.2
龙口水面宽/m	44.93	40.38	33.16	27.30	21.21	12.27	
龙口底宽/m	14.24	9.20	0.54	0			
龙口最大水深/m	11.75	12.17	12.28	8.77	5.63	2.70	
龙口平均流速/(m/s)	2.98	3.27	4.53	5.12	5.31	5.39	
龙口平均单宽流量/[m³/(s·m)]	28.8	32.01	41.32	43.65	38.51	24.6	
龙口平均单宽功率/[t·m/(s·m)]	19.79	34.69	105.36	127.16	137.97	140.07	

（3）截流方案。从水力学观点看，宽戗堤能够使龙口冲刷流速显著降低，增大龙口前壅水高度，增大隧洞分流量，从而减少龙口水流流速、整体降低截流难度。考虑到金安桥坝址区的左岸岸坡陡峻，左岸施工布置尤其是交通布置较困难，不适宜双戗堤进占施工布置。

综合考虑模型试验的水力学成果、现场地形条件、截流完成对后续工程特别是防渗墙施工的影响等因素后，决定采用60m宽戗堤右岸单向进占、立堵截流的方式。

3. 截流施工

（1）预进占施工。预进占在上游围堰戗堤右岸单向进占，戗堤预进占段长为72m，工程量为102600m³。预进占完成后戗前水位将壅高3.8m左右，达到高程1301.73m，戗堤预进占在导流隧洞进口岩埂拆除后进行，预进占主要利用大坝坝肩开挖料，自卸汽车运输至戗堤右端，端进法卸料，推土机推赶，戗堤行车路线拟布置6~8车道，堤头全面抛投。预进占时首先抛投最大粒径0.2~0.35m的石渣混合料，进占至67m时，采用下挑脚先进占、上挑脚跟进、轴线再跟进的抛投方式，抛投粒径0.35~0.8m中石进占至72m，形成50m龙口段。预进占每天填筑7000m³，15d内完成。在预进占抛投过程中，由于流速逐步增加，河床被束窄，水流流态发生变化，采用大块石与块石钢筋笼、四面体等特殊材料在下游护坡形成裹头。

（2）合龙施工。龙口截流共历时45h，截流过程中实测龙口最大流速为7.15m/s，最大落差为4.72m，龙口平均单宽流量为50.06m³/(s·m)，龙口平均单宽功率为180.92t·m/(s·m)，龙口最大小时抛投强度为1785m³，最大日抛投强度为37595m³。

4. 小结

根据对截流水力学模型试验成果的研究分析，结合围堰和导流隧洞的布置特点、现场地形、截流备料、道路、截流场地布置以及前期坝肩开挖的进展情况，最终选用了 60m 宽戗堤右岸单向进占立堵截流方案，工程顺利截流成功。

4.4.2.2 溪洛渡水电站截流工程

1. 概况

溪洛渡水电站导流工程包括 6 条导流隧洞、上游土石围堰及下游土石围堰。1 号、2 号、5 号洞进口底板高程为 368.00m，出口底板高程为 362.00m；3 号、4 号洞进口底板高程为 368.00m，出口底板高程为 364.50m；6 号洞进口底板高程为 380.00m，出口底板高程为 362.00m。上游、下游土石围堰均按 50 年一遇最大流量 32000m³/s 设计，上游围堰堰顶高程为 436.00m，堰体防渗采用斜心墙，堰基防渗采用塑性混凝土防渗墙。下游围堰堰顶高程为 407.00m，堰体防渗采用土工膜心墙，堰基防渗采用塑性混凝土防渗墙。

溪洛渡水电站计划 2007 年 11 月上旬实施河道截流，截流设计标准为 10 年一遇旬平均流量，相应流量为 5160m³/s。2007 年 10 月下旬进行预进占，设计流量为 7600m³/s。同时，考虑到河道来流量可能偏小或出现超标准来流的情况，还需要进行在来流量为 4090m³/s（11 月中旬 $P=10\%$）、6500m³/s 时截流的研究工作。河道截流采用 1～5 号导流隧洞分流、立堵进占的截流方式。

2. 实施阶段试验研究成果

实际施工中由于导流隧洞实际施工进度滞后，导致导流隧洞进出口围堰不能在水位较低的枯水期拆除，只能在水位较高的汛后退水期进行。由于水深较大，开挖设备工作深度有限，进出口围堰爆破后形成的爆堆石渣不能完全清除，这样会大大增加合龙难度。为此，2007 年 8 月进行了实施阶段试验研究。

（1）流量为 4090m³/s、5160m³/s 和 6500m³/s 时导流隧洞分流能力曲线分别如图 4.4-1、图 4.4-2 和图 4.4-3 所示。

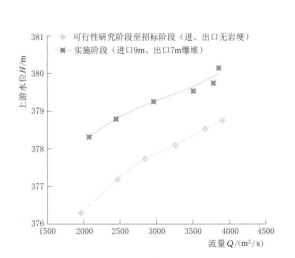

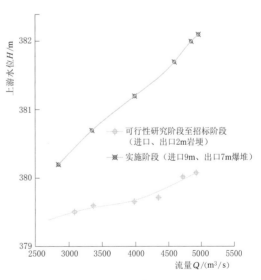

图 4.4-1　流量为 4090m³/s 时导流隧洞的分流能力曲线（上游水位指戗上水位）

图 4.4-2　流量为 5160m³/s 时导流隧洞的分流能力曲线（上游水位指分流点水位）

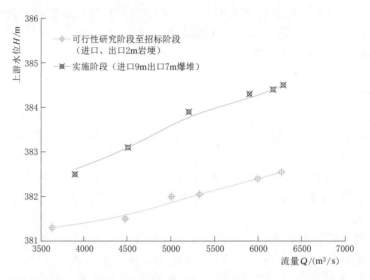

图 4.4 - 3 流量为 6500m³/s 时导流隧洞的分流能力曲线
（上游水位指分流点水位）

由此可见，进口 9m 出口 7m 爆堆对导流隧洞分流能力具有很大影响。

（2）合龙试验对比。试验流量为 4090m³/s、5160m³/s、6500m³/s。在各种截流方式下，随着流量的增加，截流落差、龙口最大平均流速等水力学指标相应地增大，且在各流量下单戗截流的水力学指标均较高，特别是单宽流量和单宽功率较大，这表明截流有难度。在来流量为 4090m³/s、5160m³/s 时，进口 11m 出口 9m 爆堆下，单戗截流水力学指标很高，截流难以顺利完成。详见表 4.4 - 2。

表 4.4 - 2　　　　　　　　　　实施阶段与可行性研究阶段类似工况比较

流量 /(m³/s)	试验阶段	爆堆	水力学指标			
			Z_{max} /m	$\overline{v}_{max}$ /(m/s)	$\overline{q}_{max}$ /[m³/(s·m)]	$\overline{N}_{max}$ /[t·m/(s·m)]
4090 （单戗）	可研	无爆堆	1.94	3.32	64.08	77.40
	实施	进口 6m 出口 0m	2.60	5.13	68.09	209.23
	实施	进口 9m 出口 7m	3.45	5.26	73.12	196.45
5160 （单戗）	可研	无爆堆	2.28	4.46	70.26	119.32
	可研	进口 2m 出口 2m	2.58	4.74	71.96	147.38
	实施	进口 6m 出口 0m	2.74	5.30	71.43	184.29
	实施	进口 9m 出口 7m	3.64	5.49	74.48	199.93
	实施	进口 11m 出口 9m	4.80	6.46	88.03	271.99
5160 （双戗上）	可研	无爆堆	1.00	3.01	57.07	48.96
	可研	进口 2m 出口 2m	1.16	3.15	62.25	54.78
	实施	进口 9m 出口 7m	1.90	4.81	79.07	111.61
	实施	进口 11m 出口 9m	2.64	5.71	81.09	147.99

流量 /(m³/s)	试验阶段	爆堆	水力学指标			
			$\overline{Z}_{max}$ /m	$\overline{v}_{max}$ /(m/s)	$\overline{q}_{max}$ /[m³/(s·m)]	$\overline{N}_{max}$ /[t·m/(s·m)]
5160 （双戗下）	可研	无爆堆	1.10	3.56	66.52	55.88
	可研	进口 2m 出口 2m	1.16	4.00	63.73	65.00
	实施	进口 9m 出口 7m	1.89	4.45	76.08	102.71
	实施	进口 11m 出口 9m	2.52	5.32	81.09	127.56
6500 （单戗）	可研	无爆堆	2.99	5.53	86.88	169.42
	可研	进口 2m 出口 2m	3.05	5.58	89.37	171.03
	实施	进口 9m 出口 7m	3.70	5.70	91.45	201.96

5160m³/s 流量，单戗双向进占、隧洞进口 9m 出口 7m 高爆堆时，戗堤轴线断面最大平均流速为 5.49m/s，最大落差为 3.64m，最大平均单宽流量为 71.00m³/(s·m)，最大平均单宽功率为 169.00t·m/(s·m)，最大水深为 12.60m。

（3）导流隧洞冲渣试验。在导流隧洞冲渣试验（70m 龙口宽）中，每条隧洞洞内的沿程底部流速较小，一般小于 3.00m/s；在预进占过程中，每条隧洞洞内的沿程底部流速、平均流速一般小于 3.00m/s；在合龙过程中，进占至龙口宽 60m 时，每条隧洞洞内的沿程底部流速一般小于 4.00m/s，且基本呈现沿程递减的规律。从龙口宽 60m 至最终合龙，每条隧洞洞内的沿程底部流速逐渐增加，有少量渣子冲至出口爆堆附近。从总体上讲，合龙过程中导流隧洞的泄渣能力较弱。

3. 截流实施

由于溪洛渡水电站导流隧洞施工进度滞后，其进出口围堰错过了在枯水期拆除的最佳时机，截流时段内水力冲渣效果较差，爆堆石渣不能完全被清除，导致导流隧洞进出口爆堆石渣高度较大，严重影响了导流隧洞分流能力，恶化了龙口水力学指标，合龙施工难度显著增加。

经水力学计算分析及模型试验验证，拟定该工程采用双向进占、单戗立堵方式截流，设计戗堤顶宽 30m。由于事前及时进行了深入研究和周密准备，河道截流于 2017 年 11 月顺利完成，解决了截流龙口水位落差大、流速大的技术难题。图 4.4-4 为溪洛渡水电站河道截流过程照片。

4.4.2.3　柬埔寨桑河二级水电站明渠变截面宽戗堤截流

1. 概况

柬埔寨桑河二级水电站明渠导流设计流量为 14200m³/s，截流设计流量为 1200m³/s，龙口最大流速 9m/s、最大落差 8m，综合技术难度居世界前列。为优化永久运行期泄洪条件、简化导流程序、缩短工程工期，桑河二级工程导流明渠截流时利用泄洪闸段 10 孔等高溢流堰作为分流建筑物，溢流堰堰顶与导流明渠进口底板自然落差已达 7m，明渠内截流难度极大。结合海外工程截流备料困难、施工组织困难的特点，平堵截流、双戗堤截流、普通宽戗堤均不适用于该工程大流速、高落差、高单宽功率并存的明渠截流，需要另

(a)截流开始

(b)铅丝笼串体抛投

(c)龙口宽度18m

(d)即将合龙

图 4.4-4　溪洛渡水电站河道截流过程照片

辟蹊径提出其他的辅助截流措施。

2. 高落差预控式截流技术及其水力特性

（1）预控式截流工型式。通过提前布置截流工，优化龙口三维形状（图 4.4-5），将龙口水流与戗堤下游低水位水流隔开，达到降低截流难度的目的。

(a)壅拦坎截流工

(b)楔形裹头截流工

(c)组合截流工

图 4.4-5　新型辅助截流工示意图

（2）壅拦坎截流工对立堵截流龙口水力参数的影响。可以在明渠开挖的过程中在特定位置预留岩坎并加固形成壅拦坎（图 4.4-6）。

1）壅拦坎截流工对龙口流态的影响。通过数值模拟和物理模型试验，单戗堤立堵截流龙口垂线平均流速沿程急剧增大，而壅拦坎立堵截流垂线平均流速水流方向先增大后减小，在轴线附近区域垂线平均流速基本保持不变（图 4.4 - 7）。

在壅拦坎的前沿区域，底部流速沿水流方向逐渐减小，有利于上游已起动截流材料的再次止动，能有效阻止截流材料的流失（图 4.4 - 8）。

壅拦坎能显著壅高局部戗堤下游坡脚处水位，降低龙口水流水力坡降，使水流能量在龙口区域主要以势能的形式存在，从而减小动能，降低对截流材料的冲刷（图 4.4 - 9）。

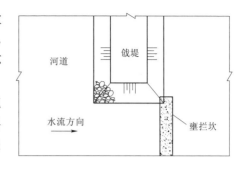

图 4.4 - 6　壅拦坎截流工立堵截流
平面布置示意图

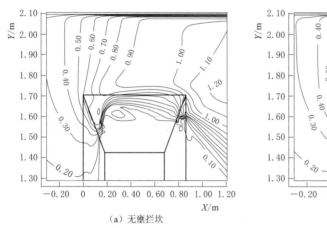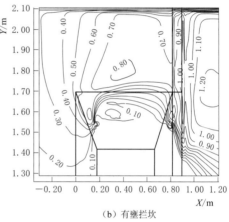

（a）无壅拦坎　　　　　　　　　　　（b）有壅拦坎

图 4.4 - 7　龙口区域垂线平均流速等值线（单位：m/s）

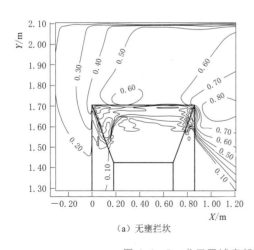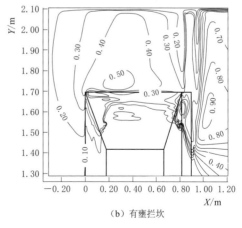

（a）无壅拦坎　　　　　　　　　　　（b）有壅拦坎

图 4.4 - 8　龙口区域底部流速等值线（单位：m/s）

壅拦坎对龙口流速及落差影响较大，对龙口过流量的影响较为有限（表 4.4 - 3）。

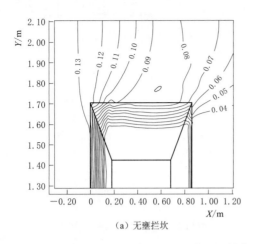

（a）无壅拦坎

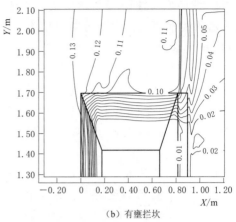

（b）有壅拦坎

图 4.4-9　龙口区域水深等值线图（单位：m）

表 4.4-3　　　　　　　　　　　　　龙口主要水力指标对比

项目	轴线平均流速	轴线水深	单宽流量	落差
单戗堤	0.891m/s	0.091m	0.075m³/(s·m)	0.059m
壅拦坎	0.741m/s	0.107m	0.070m³/(s·m)	0.030m
变幅	−16.745%	16.726%	−5.480%	−48.737%

壅拦坎能有效壅高戗堤下游坡脚处水位，降低戗堤上游、下游坡脚之间的落差，减小龙口水流水力坡降，继而降低流场区域的流速，显著减小截流材料的粒径，防止截流材料流失。

2）壅拦坎高度对龙口主要水力指标的影响。随着壅拦坎高度的增大，轴线平均流速、单宽流量以及戗堤上游到壅拦坎前沿的落差均减小，轴线水深增大。当壅拦坎高度由 0.0125m 增大为 0.0500m 时，轴线平均流速减小幅度为 42.17%，单宽流量减小幅度为 27.40%，落差减小幅度达 68.89%，轴线水深增大幅度为 31.91%。壅拦坎高度对龙口主要水力指标的影响如图 4.4-10 所示。

壅拦坎高度是影响龙口流场的主要因素，壅拦坎越高，壅水效果越明显，流速越低，对截流越有利。

3）壅拦坎截流工立堵截流龙口水力计算方法。壅拦坎立堵截流龙口水面线示意图如图 4.4-11 所示。

其能量方程为

$$H + \frac{\alpha_0 v_0^2}{2g} = P + h_3 + \frac{\alpha_3 v_3^2}{2g} + (\xi_1 + \xi_2 + \lambda)\frac{v_3^2}{2g} \tag{4.4-1}$$

式中：H、α_0 以及 v_0 分别为 0—0 断面的平均水深、动能修正系数以及断面平均流速；g 为重力加速度；P 为壅拦坎高度；h_3、α_3 以及 v_3 分别为 3—3 断面的平均水深、动能修正系数以及断面平均流速；ξ_1 为龙口进口处局部水头损失系数；ξ_2 为壅拦坎前沿局部水头损失系数；λ 为 0—0 断面和 3—3 断面之间的沿程水头损失系数。

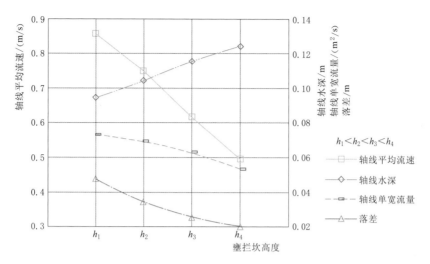

图 4.4－10 壅拦坎高度对龙口主要水力指标的影响

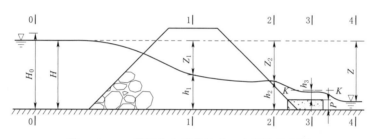

图 4.4－11 壅拦坎立堵截流龙口水面线示意图

3. 抗冲刷式变截面宽戗堤技术

考虑到桑河二级水电站位于平原地区，当地全风化料及强风化料储量丰富且易于开采，而块石料等不易开采，考虑经济性和环保要求，结合平原地区宽导流明渠的特点，提出了一种兼顾裹头抗冲刷性及进占材料利用率的抗冲刷式变截面戗堤技术。

三期截流戗堤总长约 250m。根据截流水力学计算及模型试验成果，确定龙口长度 80m。因此，龙口段及近龙口段 100m 考虑按 40m 宽戗堤布置，抛投料为石渣料，以提高抛投强度，减少抛投量的流失，增加龙口沿程损失，预进占戗堤在 100～150m 范围顶宽按 40～30m 的渐变宽度布置。抛投料为石渣料与强风化料的混合料，预进占戗堤在 150～200m 范围顶宽按 30～25m 布置，满足截流抛投料运输通道强度要求即可，抛投料直接采用全风化料及强风化料。

根据楔形裹头的理论研究，采用粗钢丝绳固定钢筋石笼，将串联好的钢筋石笼与埋设在戗堤堤头顶面的四面体用粗钢丝绳连在一起后再使用，形成顶部牵引式钢筋石笼串，在裹头上下游双犄角部位同时抛投，在上游能避免进口绕流导致戗堤坍塌，在下游可防止斜向水流冲刷戗堤，同时形成了戗堤下堤脚突出形式的楔形裹头，可进一步减小龙口水流水力坡降。图 4.4－12 为戗堤抗冲刷防护体布置示意图。

抗冲刷式变截面宽戗堤技术的应用，有效地抵抗了龙口高流速对戗堤的冲刷，利用当

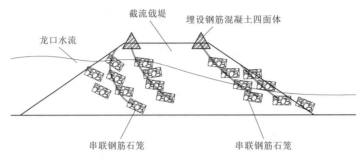

图 4.4 - 12 戗堤抗冲刷防护体布置示意图

地开采的低强度小粒径块石即可实施截流，龙口段进占期间，堤头采用牵引式钢筋石笼，通过慢速缓进、稳扎稳打，实现了低抛投料流失率、高水力指标截流。

4. 预控式截流技术在高落差、大流速明渠截流中的实践

桑河二级采用了阶梯形斜坡下潜式壅拦坎（见图 4.4 - 13），在导流明渠开挖及防护工程施工过程中可同步施工，体型简洁、工程量少、施工简单。图 4.4 - 14 为抗冲刷戗堤进占现场。

图 4.4 - 13 壅拦坎的现场施工

图 4.4 - 14 抗冲刷戗堤进占现场

龙口段截流于 2017 年 1 月 18 日上午约 7：30 开始，至 1 月 21 日凌晨，完成合龙。在龙口段 64h 的施工过程中，堤头单位平均抛投强度达到 1100m³/h，最大的抛投强度达 2000m³/h。

5. 小结

（1）首次提出并系统研究了预控式截流技术。针对高落差、大流速截流的技术难题，发明了壅拦坎＋楔形裹头等新型截流工型式，回归了龙口主要水力指标计算的半经验公式，研究采用了抗冲变截面戗堤技术，减小了龙口流速和单宽功率，有效降低了截流难度。

（2）研究了平原枢纽导流明渠水流流态多工况控制结构。"首部斜坡式引流段＋中部壅拦坎＋尾部叶脉式潜坝"组合结构，改善了大流量导流明渠内的流态，在保证明渠抗冲安全的条件下，实现了明渠无底板衬砌过流，优化了岸坡防护结构。

4.5　双戗堤立堵截流技术

4.5.1　控制水力条件

双戗堤立堵截流就是由上下游两个戗堤相互配合完成河道截流。采用双戗堤立堵截流时，必须保证两个戗堤在合龙全过程中各自的最大水力学指标都同时小于单戗堤立堵截流的最大水力学指标，同时，在保证下戗合龙的最大水力学指标小于单戗合龙最大水力学指标的前提下，下戗壅水能够改善上戗合龙时的最大水力学指标，使之小于相应单戗合龙时的最大水力学指标，这种水力条件称为双戗堤立堵截流控制水力条件，即上下游戗堤间距 S 应满足：

$$\sqrt{\frac{1-M_d}{M_d}\left(\frac{h_d}{0.8h_t}-1\right)}\,l_d < S < \frac{h_t+Z_{kd}-p_{1k}-1.25h_{kd}}{i} \qquad (4.5-1)$$

式中：M_d 为上戗单戗合龙时最困难区段的龙口束窄度；h_d 为上戗单戗合龙时最困难区段的龙口水深，m；h_t 为下游水深，m；l_d 为戗堤下游回流长度，m；Z_{kd} 为下戗单戗合龙时最困难区段的龙口落差，m；p_{1k} 为上戗护底垫层厚度，m，不护底为 0；h_{kd} 为上戗临界水深，m；i 为河床底坡。

4.5.2　双戗协调进占计算

双戗协调进占计算包括上下戗堤进占配合计算和上戗困难时下戗及时壅水为上戗"解危"的壅水时间计算。

4.5.2.1　上下戗堤进占配合计算

要使双戗堤立堵截流的优越性充分发挥出来，必须解决好两个问题：一是双戗堤之间落差怎样分配才算合理；二是在实际截流施工中，怎样按照预定的计划做到合理分配。这就是落差的分配与控制问题。

要按预定计划分配落差，是不容易办到的。这主要是因为影响落差分配的因素很多，如截流河段的比降、可冲河床的情况、护底的条件和可靠性、水下地形、两个戗堤之间的距离、两个戗堤进占的速度配合、截流的总落差大小、两个戗堤之间的岸坡条件及流态的变化等。因此，在选定一种落差分配方式后的上、下戗堤口门水力计算就应综合考虑以上因素。

但从理论推导及现场观测方面来看，落差的控制主要还是表现在上游、下游戗堤口门宽度的配合比上。图 4.5-1 为双戗堤立堵截流上下戗配合进占计算示意图。

当两龙口均为淹没流时（图 4.5-1），两龙口平均水面宽度比值可表示为

$$\frac{B_1}{B_2}=\frac{Q_{n1}(h_t-P_2-h_{d2})}{Q_{n2}(h_t+Z_2-P_1-h_{d1})}\sqrt{\frac{Z_2}{Z_1}} \qquad (4.5-2)$$

式中：B_1、B_2 分别为上、下戗过水断面平均宽度，m；P_1、P_2 分别为上、下戗龙口护底高度，m；h_{d1}、h_{d2} 分别为上、下戗龙口底部高程，m；Z_1、Z_2 分别为上、下戗龙口落差，m；h_t 为下游水位，m；Q_{n1}、Q_{n2} 分别为上、下游龙口流量，$\mathrm{m^3/s}$。

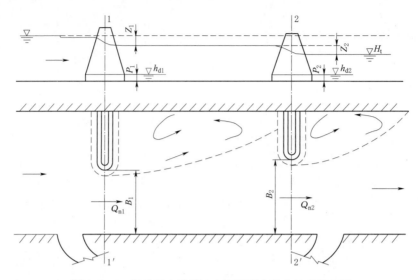

图 4.5-1 双戗堤立堵截流上下戗配合进占计算示意图

当两龙口流态不确定时，可用下面一般式表示：

$$\frac{B_1}{B_2}=\frac{Q_{n1}}{Q_{n2}}\frac{m_2}{m_1}\frac{H_{02}^{3/2}}{H_{01}^{3/2}}$$

(4.5-3)

式中：m_1、m_2 分别为上、下戗龙口流量系数；H_{01}、H_{02} 分别为上、下戗龙口堰顶上游水头，m。

4.5.2.2 下戗壅水时间计算

双戗堤截流的最大优点是两戗共同分担截流落差。当上戗堤龙口水力条件恶化时，下戗堤是否能够及时进占，争取承担更多的落差，及时改善上戗龙口水力条件，是评价双戗截流是否成功的关键。

上戗困难区段一般出现在龙口平均流速超过 4m/s 以后，由于此时龙口流速较大，较小的抛投材料难以稳定，而且湍急的水流淘刷戗堤堤脚，可能使堤头发生坍塌，因此如果准备不足，很有可能会出现戗堤不进反退的情况。此时如果下戗能够及时地快速进占，壅高上戗下游水位，则可以降低上戗龙口流速和落差，使上戗顺利渡过困难段。

下戗从开始进占至上戗龙口水力条件达到改善的时间称为壅水时间，壅水时间分为两部分：①下戗的进占时间，称之为进占时间，其与进占的强度和方量有关；②水波自下戗龙口传播至上戗龙口的时间，称之为水波传播时间，与下戗龙口水深和两戗间距等有关。进占时间容易得到，而水波传播时间则需详加研究，现推导如下。

假设上戗堤的下游不存在其他建筑物，水流就很自然地扩散流向下游。但是下戗堤的存在改变了上戗龙口的水流特性，因此下戗可视为上戗龙口边界条件的改变而对水流产生了干扰，这样就可以用干扰波理论对壅水的实质进行解释。

干扰波是水流由波源处开始以单个小波的形式传播的，看起来是一个大的波体，这是由于相邻波的快速移动形成的，它表现为水体的水位、流速变化。波是向四周传播的，由于研究对象是两道戗堤之间的水体变化情况，长度方向相对于河宽大得多，因此水体横向坡降可以忽略不计，波的横向传播也可以忽略不计。水波由下游传到上游属于逆行波，因此可以用波速理论来计算壅水时间，波源就是下游戗堤龙口。波速的计算公式为

$$v_c = \sqrt{gh} \tag{4.5-4}$$

式中：v_c 为波速，m/s；g 为重力加速度，取 $9.8\,\mathrm{m/s^2}$；h 为下游龙口水深，m。

则干扰波向上游传播的速度为

$$v = v_c - v_0 \tag{4.5-5}$$

式中：v 为干扰波向上游传播的速度，m/s；v_0 为两戗堤之间水流的流速（回流区除外），m/s。

如图 4.5-2 所示，回流边界曲线近似为抛物线，方程为

$$B_p - B_x = (B_p - B_1)(1 - x^2/l_d^2) \tag{4.5-6}$$

式中：B_p 为河道宽度，m；x 为回流边界曲线上任一点距上戗的距离，m；B_x 为回流边界曲线上任一点距戗堤对岸的过水宽度，m；B_1 为上游龙口宽度，m；l_d 为回流区沿水流方向的长度，m。

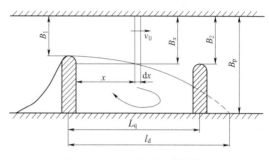

图 4.5-2　壅水时间计算简图

又有

$$v_0 = \frac{Q_n}{B_x h_x} = \frac{Q_n}{h_x B_p [1 - m_{b1}(1 - x^2/l_d^2)]} = \frac{Q_n}{h_t B_p [1 - m_{b1}(1 - x^2/l_d^2)]} \frac{h_t}{h_t + Z_2} \tag{4.5-7}$$

其中

$$m_{b1} = \frac{B_p - B_1}{B_p}$$

式中：v_0 为两戗堤之间水流流速（除去回流区），m/s；Q_n 为龙口流量，$\mathrm{m^3/s}$；h_x 为回流边界曲线上任一点出的平均水深，m；m_{b1} 为上戗河床束窄度；h_t 为下游水深，m；Z_2 为下戗落差，m。

记 $\dfrac{Q_n}{h_t B_p} \dfrac{h_t}{h_t + Z_2} = v_0'$，则

$$v_0 = \frac{v_0'}{1 - m_{b1}(1 - x^2/l_d^2)} \tag{4.5-8}$$

设水波传播时间为 t_2，则有

$$dt = \frac{dx}{v_c - v_0} \tag{4.5-9}$$

式中：v_c 为波速，m/s。

可得

$$t_2 = \int_0^{L_q} \frac{dx}{v_c - \dfrac{v_0'}{1 - m_{b1}(1 - x^2/l_d^2)}} = \frac{1}{v_c} \int_0^{L_q} \left[1 + \frac{v_0' l_d^2}{[(1 - m_{b1})v_c - v_0']l_d^2 + m_{b1} v_c x^2} \right] dx \tag{4.5-10}$$

令 $v_0' l_d^2 = A$，$[(1-m_{bl})v_c - v_0'] l_d^2 = B$，$m_{bl} v_c = M$，则有

$$t_2 = \frac{1}{v_c} \int_0^{L_q} \left(1 + \frac{A}{B+Mx^2}\right) dx = \frac{1}{v_c}\left(L_q + \frac{A}{\sqrt{BM}} \arctan \sqrt{B/M} L_q\right)$$

$$\approx \frac{1}{v_c}\left(L_q + \frac{A}{\sqrt{BM}} \frac{\pi}{2}\right) \tag{4.5-11}$$

由式（4.5-11）可知，只要知道龙口水面宽、两戗间距等参数即可求出水波传播时间。

4.5.3　典型工程实例

4.5.3.1　三峡工程导流明渠截流水力计算

三峡工程导流明渠截流水力计算包括上下戗堤龙口水力参数计算和抛投材料计算。

1. 龙口水力参数计算

双戗堤立堵截流同一般单戗堤立堵截流一样，其主要水力参数是龙口平均流速、落差、单宽流量、单宽功率等，这些参数的大小决定了截流材料的大小和质量，也决定了截流的难度。

（1）计算模型。为降低导流明渠截流难度，预先在上下游龙口部位设置垫底加糙拦石坎，垫底后的截流戗堤龙口可视为有侧向收缩、有底坎的宽顶堰。假设通过上、下戗龙口的流量分别为 Q_1、Q_2，则由流量关系可得（不计戗堤渗流量和两戗堤间调蓄流量）

$$\begin{cases} Q_1 = m_1 B_{s1} H_{01}^{3/2} \sqrt{2g} \\ Q_2 = m_2 B_{s2} H_{02}^{3/2} \sqrt{2g} \\ Q_1 = Q_2 \\ Q_1 + Q_d = Q_r \end{cases} \tag{4.5-12}$$

式中：Q_d 为导流底孔分流量，m^3/s；Q_r 为河道流量，m^3/s；B_{s1}、B_{s2} 分别为上、下戗龙口平均过水宽度，m；H_{01}、H_{02} 分别为上、下戗龙口堰顶上游水头，m；m_1、m_2 分别为上、下戗龙口流量系数。

上戗和下戗龙口流量系数 m_1 和 m_2 是上游、下游及两戗堤中间水位的函数。上游、下游及两戗堤中间水位之间的关系见图4.5-3。

图 4.5-3　双戗堤截流水位关系示意图
H_u—上游水位；H_m—上下戗堤中间水位；H_d—下游水位

解方程组（4.5-12）可得到不同龙口宽度、不同来流量下的龙口流量、水位、流速、落差等截流水力参数，还可确定不同落差分配关系下的上下戗堤的进占配合关系。

计算假定葛洲坝坝前水位为66.00m。

（2）计算方法。

1）由于河道来流量已知，则通过河道水位-流量关系可以得出下游水位 H_d。

2）然后假定上游水位 H_u，根据上下戗堤落差分担关系，可以得到两戗堤之间水位 H_m。对于每一上戗龙口宽度 B_{s1} 都可以求得上戗龙口流量 Q_1，同时对应每一上游水位都有一个确定的导流底孔分流量 Q_d。如果 Q_1 与 Q_d 之和等于总的河道来流量 Q_r，则假定的上游水位正确，否则重新假定，直到相等为止。

3）又由下戗上下侧水位和龙口流量可以求得下戗龙口宽度，即可确定相应落差分担关系下的进占协调关系和上下戗堤的龙口水力学参数。

龙口水力参数计算流程见图 4.5-4。分别对五级来流量（8000m³/s、8500m³/s、9000m³/s、10000m³/s、11000m³/s）在不同落差分担关系（上戗分别承担 1/3、1/2、2/3、3/4 落差）下的龙口水力参数进行计算。

（3）计算结果及分析。龙口水力参数计算主要包括上下戗堤龙口的流速、落差、单宽流量、单宽功率和龙口流量等，主要计算成果见表 4.5-1。

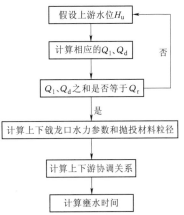

图 4.5-4　龙口水力参数计算流程图

表 4.5-1　　　　　　　　　龙口水力参数计算成果简表

工况	上戗最大流速及出现位置		下戗最大流速及出现位置		上戗最大单宽功率及出现位置		下戗最大单宽功及出现位置	
	$V_{上max}$ /(m/s)	$B_上$ /m	$V_{下max}$ /(m/s)	$B_下$ /m	$N_{上max}$ /(kN/s)	$B_上$ /m	$N_{下max}$ /(kN/s)	$B_下$ /m
1/3，11000	5.78	30	7.50	26	96.6	40	280.2	26
1/3，10000	5.33	30	7.04	26	71.6	40	210.4	26
1/3，9000	4.85	30	6.49	25	51.3	40	152.3	25
1/3，8500	4.60	30	6.18	24	42.9	40	127.5	24
1/3，8000	4.33	30	5.89	18	35.5	40	105.7	24
1/2，11000	6.61	40	6.77	22	164.0	40	177.6	32
1/2，10000	6.11	40	6.36	21	122.9	40	134.6	31
1/2，9000	5.71	40	5.87	20	89.0	40	99.0	31
1/2，8500	5.49	30	5.59	20	74.6	40	90.9	28
1/2，8000	5.23	30	5.30	20	61.9	40	75.7	28
2/3，11000	7.21	40	5.84	23	230.7	40	101.8	23
2/3，10000	6.81	40	5.34	23	175.7	40	75.0	23
2/3，9000	6.30	40	4.83	22	128.9	40	52.8	22
2/3，8500	6.00	40	4.59	13	108.7	40	44.2	22
2/3，8000	5.68	30	4.36	12	90.6	40	36.6	22
3/4，11000	7.30	40	5.20	16	259.0	40	71.7	25
3/4，10000	7.01	40	4.80	15	199.7	40	52.4	24

续表

工　况	上戗最大流速及出现位置		下戗最大流速及出现位置		上戗最大单宽功率及出现位置		下戗最大单宽功及出现位置	
	$V_{上max}$ /(m/s)	$B_上$ /m	$V_{下max}$ /(m/s)	$B_下$ /m	$N_{上max}$ /(kN/s)	$B_上$ /m	$N_{下max}$ /(kN/s)	$B_下$ /m
3/4, 9000	6.56	40	4.37	14	147.8	40	37.5	24
3/4, 8500	6.28	40	4.14	13	125.1	40	31.3	24
3/4, 8000	5.97	40	3.91	13	104.5	40	25.6	23

注　"1/3，11000"工况指上戗承担 1/3 落差，河道来流量 11000m³/s，余同。

从表 4.5-1 中可以看出，在各种落差分配方案下，上下戗堤龙口的最大平均流速大都出现在口门宽 15～40m 区域内，但各方案下最大流速值有较大差别。单宽功率受来流量的影响很大，随着来流量的减小，其最大值下降得很快。上戗最大单宽功率一般出现在龙口宽 40m 处，下戗一般在 22～26m 处，仅个别工况在 31m、32m 处。

2. 龙口抛投材料粒径计算

抛投材料的粒径除与龙口流速、落差、自身容重有关外，与龙口水深、抛投方式和抛投强度等也密切相关，但这些因素很难全面考虑到，故计算时只考虑主要因素，其他次要因素则包括在安全系数内。分别对五级来流量（8000m³/s、8500m³/s、9000m³/s、10000m³/s、11000m³/s）在不同落差分担关系（上戗分别承担 1/3、1/2、2/3、3/4 落差）下的抛投材料的粒径进行计算。困难区段上下戗龙口抛投材料粒径计算结果见表 4.5-2。

表 4.5-2　　　　　　　　困难区段上下戗龙口抛投材料粒径计算结果

工　况	上　戗　龙　口		下　戗　龙　口	
	困难区段/m	抛投材料种类及粒径	困难区段/m	抛投材料种类及粒径
1/3, 11000	30～40	1.5m 块石或 20t 混凝土块	21～26	1.5m 以上块石或 20t 混凝土块
1/3, 10000	30～40	1.2m 块石或 20t 混凝土块	20～26	1.5m 块石或 20t 混凝土块
1/3, 9000	30～40	1.2m 块石	19～25	1.2m 块石或 20t 混凝土块
1/3, 8000	30～40	1.2m 块石	18～24	1.5m 块石
1/2, 11000	30～40	1.5m 块石或 20～30t 混凝土块	22～32	1.5m 以上块石或 20t 混凝土块
1/2, 10000	30～40	1.5m 块石或 20t 混凝土块	21～31	1.2m 块石或 20t 混凝土块
1/2, 9000	30～40	1.2m 块石或 20t 混凝土块	20～31	1.2m 块石或 20t 混凝土块
1/2, 8000	30～40	1.5m 块石	20～28	1.2m 块石
2/3, 11000	30～40	1.5m 块石或 20t 混凝土块	23～36	1.5m 以上块石
2/3, 10000	30～40	1.5m 以上块石或 20～30t 混凝土块	23～36	1.5m 块石
2/3, 9000	30～40	1.5m 块石或 20t 混凝土块	35～44	1.2m 以上块石
2/3, 8000	30～40	1.5m 块石	35～43	1.0m 块石
3/4, 11000	30～40	1.5m 块石或 20～30t 混凝土块	35～39	1.2m 以上块石
3/4, 10000	30～40	1.5m 以上块石或 20～30t 混凝土块	15～24	1.2m 块石
3/4, 9000	30～40	1.5m 块石或 20t 混凝土块	14～24	1.0m 块石
3/4, 8000	30～40	1.5m 块石或 20t 混凝土块	13～23	0.6～0.8m 块石

4.5.3.2 三峡导流明渠截流双戗协调进占计算

双戗协调进占计算包括上下戗堤进占配合计算和上戗困难时下戗及时壅水为上戗"解危"的壅水时间计算。

1. 双戗进占配合计算

（1）计算内容。从理论上讲，上下戗堤平均分担落差是最理想的方案，因为在这种分担方式下，上下戗堤所承受的最大落差减至最小，截流困难度被最大限度地降低。但是在实际截流施工中，不可能保证在整个合龙过程中完全将落差平均分配，因此考虑多种落差分配方案很有必要。

在研究中分别对五级来流量（8000m³/s、8500m³/s、9000m³/s、10000m³/s、11000m³/s）的不同落差分担关系（上戗分别承担 1/3、1/2、2/3、3/4 落差）在困难区段（上戗龙口口门宽度 80～20m）的上下戗堤协调进占问题进行计算分析。由于落差的分担难以精确保证，故对上戗龙口流速对于口门宽度的敏感性也做了研究。

（2）计算结果及分析。

1）上下戗堤配合进占。上下戗堤配合进占计算结果见表 4.5-3～表 4.5-6。

表 4.5-3　　　　　　　　上戗承担 1/3 落差时上下戗堤配合进占计算结果

上戗口门宽/m	11000m³/s			10000m³/s			9000m³/s			8500m³/s			8000m³/s		
	下戗口门宽/m	上戗水面宽/m	下戗水面宽/m	下戗口门宽/m	上戗水面宽/m	下戗水面宽/m	下戗口门宽/m	上戗水面宽/m	下戗水面宽/m	下戗口门宽/m	上戗水面宽/m	下戗水面宽/m	下戗口门宽/m	上戗水面宽/m	下戗水面宽/m
80	51.0	71.8	47.9	50.7	70.9	47.4	50.5	70.0	47.0	50.5	69.6	47.0	50.7	69.3	47.0
77	49.1	68.9	46.1	48.8	68.0	45.5	48.6	67.1	45.1	48.6	66.7	45.1	48.6	66.3	45.0
74	47.2	66.1	44.2	46.9	65.1	43.7	46.7	64.2	43.2	46.6	63.8	43.0	46.7	63.4	43.1
71	45.3	63.2	42.4	45.0	62.2	41.8	44.7	61.3	41.2	44.7	60.9	41.1	44.7	60.5	41.1
68	43.4	60.4	40.5	43.1	59.4	39.9	42.8	58.4	39.3	42.8	58.0	39.2	42.8	57.6	39.2
65	41.6	57.6	38.7	41.2	56.5	38.0	40.9	55.5	37.4	40.9	55.1	37.4	40.7	54.7	37.1
62	39.7	54.7	36.8	39.3	53.7	36.1	39.0	52.6	35.5	38.8	52.2	35.3	38.8	51.8	35.2
59	37.8	51.9	34.9	37.4	50.8	34.2	37.1	49.7	33.7	36.9	49.3	33.4	36.9	48.9	33.4
56	35.9	49.1	33.1	35.5	48.0	32.4	35.2	46.9	31.8	35.0	46.4	31.5	34.9	46.0	31.4
53	34.1	46.3	31.3	33.5	45.2	30.5	33.3	44.0	29.9	33.1	43.6	29.7	33.0	43.1	29.4
50	32.2	43.6	29.4	31.7	42.3	28.7	31.4	41.2	28.0	31.2	40.7	27.8	31.1	40.2	27.5
47	28.5	40.8	25.8	27.8	39.5	24.8	27.4	38.3	24.0	27.3	37.8	23.8	27.1	37.4	23.6
44	30.5	37.7	27.8	28.0	36.5	25.0	27.3	35.3	24.0	27.1	34.8	23.7	26.8	34.3	23.3
41	27.0	34.9	24.3	26.2	33.6	23.2	25.5	32.4	22.2	25.2	31.9	21.8	24.9	31.4	21.4
38	25.3	32.2	22.7	24.4	30.8	21.4	23.6	29.5	20.3	23.3	29.0	19.9	23.0	28.5	19.5

上戗口门宽/m	11000m³/s			10000m³/s			9000m³/s			8500m³/s			8000m³/s		
	下戗口门宽/m	上戗水面宽/m	下戗水面宽/m	下戗口门宽/m	上戗水面宽/m	下戗水面宽/m	下戗口门宽/m	上戗水面宽/m	下戗水面宽/m	下戗口门宽/m	上戗水面宽/m	下戗水面宽/m	下戗口门宽/m	上戗水面宽/m	下戗水面宽/m
35	23.7	29.4	21.1	22.7	28.0	19.8	21.8	26.7	18.5	21.4	26.1	18.0	21.1	25.6	17.6
32	21.7	26.6	19.2	21.0	25.2	18.1	20.1	23.8	16.8	19.6	23.2	16.2	19.2	22.7	15.7
29	19.9	23.9	17.6	19.0	22.3	16.3	18.3	20.9	15.1	17.9	20.3	14.5	17.4	19.7	13.9
26	17.9	21.1	15.6	17.1	19.5	14.5	16.4	18.0	13.3	16.1	17.4	12.8	15.7	16.8	12.2
23	15.7	18.3	13.6	14.9	16.7	12.4	14.4	15.2	11.3	14.1	14.5	10.8	13.6	13.9	10.2
20	13.5	15.6	11.6	12.6	13.9	10.2	12.0	12.3	9.1	11.7	11.6	8.6	11.4	11.0	8.1

表 4.5-4　　　　上戗承担 1/2 落差时上下戗堤配合进占计算结果

上戗口门宽/m	11000m³/s			10000m³/s			9000m³/s			8500m³/s			8000m³/s		
	下戗口门宽/m	上戗水面宽/m	下戗水面宽/m	下戗口门宽/m	上戗水面宽/m	下戗水面宽/m	下戗口门宽/m	上戗水面宽/m	下戗水面宽/m	下戗口门宽/m	上戗水面宽/m	下戗水面宽/m	下戗口门宽/m	上戗水面宽/m	下戗水面宽/m
80	64.5	70.6	61.3	63.6	69.9	60.2	62.7	69.2	59.1	62.1	68.9	58.4	61.7	68.6	58.0
77	62.0	67.8	58.8	61.1	67.0	57.7	60.1	66.2	56.5	59.6	66.0	56.0	59.2	65.7	55.5
74	59.3	64.9	56.2	58.5	64.1	55.1	57.6	63.3	54.0	57.1	63.0	53.5	56.7	62.7	53.0
71	56.7	62.0	53.5	55.8	61.2	52.4	55.1	60.4	51.5	54.6	60.1	51.0	54.2	59.8	50.5
68	54.1	59.1	50.9	53.3	58.3	50.0	52.4	57.5	48.9	52.0	57.2	48.4	51.7	56.9	48.0
65	51.5	56.3	48.4	50.7	55.4	47.3	50.0	54.6	46.4	49.5	54.3	45.9	49.1	54.0	45.4
62	48.9	53.5	45.8	48.1	52.6	44.7	47.3	51.7	43.8	46.9	51.4	43.3	46.6	51.1	42.9
59	46.3	50.6	43.2	45.5	49.7	42.2	44.7	48.8	41.1	44.4	48.5	40.8	44.0	48.2	40.3
56	43.6	47.8	40.5	42.9	46.8	39.6	42.2	45.9	38.7	41.8	45.6	38.2	41.5	45.2	37.8
53	40.9	45.0	37.9	40.2	44.0	36.9	39.6	43.1	36.0	39.3	42.7	35.7	38.8	42.4	35.2
50	38.2	42.2	35.2	37.6	41.2	34.3	36.9	40.2	33.4	36.6	39.8	33.1	36.3	39.5	32.7
47	35.6	39.4	32.6	34.9	38.4	31.6	34.3	37.4	30.8	34.0	37.0	30.4	33.7	36.6	30.1
44	35.6	36.4	32.6	35.0	35.3	31.8	34.3	34.3	30.8	34.0	33.9	30.4	33.5	33.5	29.9
41	32.7	33.6	29.7	32.1	32.5	28.9	31.5	31.5	28.0	31.2	31.0	27.7	30.9	30.6	27.3
38	28.0	30.9	25.1	27.4	29.7	24.2	26.8	28.6	23.3	26.6	28.1	23.0	26.4	27.7	22.7
35	25.6	28.2	22.7	25.1	26.9	21.8	24.5	25.7	21.0	24.2	25.3	20.6	24.0	24.8	20.3
32	23.1	25.5	20.3	22.6	24.1	19.4	22.0	22.9	18.5	21.8	22.4	18.2	21.5	21.9	17.8
29	20.7	22.8	17.9	20.2	21.4	17.1	19.6	20.1	16.1	19.3	19.5	15.7	19.0	19.0	15.3
26	18.9	20.0	16.2	18.0	18.6	14.9	17.1	17.2	13.7	16.9	16.7	13.3	16.7	16.1	13.0
23	16.4	17.4	13.8	15.7	15.5	12.6	14.9	14.4	11.5	14.7	13.8	11.1	14.1	13.3	10.4
20	14.2	14.7	11.7	13.5	13.1	10.5	12.6	11.6	9.2	12.3	11.0	8.8	11.7	10.4	8.1

表 4.5－5　　　　　　上龙承担 2/3 落差时上下龙堤配合进占计算结果

上龙口门宽/m	11000m³/s 下龙口门宽/m	上龙水面宽/m	下龙水面宽/m	10000m³/s 下龙口门宽/m	上龙水面宽/m	下龙水面宽/m	9000m³/s 下龙口门宽/m	上龙水面宽/m	下龙水面宽/m	8500m³/s 下龙口门宽/m	上龙水面宽/m	下龙水面宽/m	8000m³/s 下龙口门宽/m	上龙水面宽/m	下龙水面宽/m
80	82.5	69.7	79.2	80.3	69.1	76.8	77.9	68.5	74.2	76.6	68.3	72.9	75.3	68.1	71.5
77	79.1	66.8	75.8	77.1	66.2	73.6	74.9	65.6	71.2	73.5	65.4	69.8	72.2	65.1	68.4
74	75.6	63.9	72.3	73.8	63.3	70.3	71.6	62.6	67.9	70.5	62.4	66.7	69.1	62.2	65.4
71	72.2	61.0	68.9	70.3	60.4	66.8	68.4	59.7	64.7	67.2	59.5	63.5	66.1	59.3	62.3
68	68.7	58.1	65.4	66.9	57.4	63.5	65.0	56.8	61.4	64.0	56.5	60.3	63.0	56.3	59.2
65	65.0	55.3	61.8	63.6	54.6	60.1	61.8	53.9	58.1	60.8	53.6	57.1	59.8	53.4	56.0
62	61.5	52.4	58.3	60.1	51.7	56.6	58.3	51.0	54.6	57.4	50.7	53.7	56.5	50.5	52.8
59	57.9	49.6	54.6	56.5	48.8	53.1	54.9	48.1	51.3	54.2	47.8	50.5	53.3	47.5	49.6
56	54.2	46.7	51.0	52.9	45.9	49.4	51.6	45.2	47.9	50.7	44.9	47.0	50.0	44.6	46.2
53	50.5	43.9	47.3	49.4	43.0	45.9	48.1	42.3	44.4	47.3	42.0	43.6	46.6	41.7	42.9
50	46.7	41.1	43.5	45.7	40.2	42.3	44.4	39.4	40.8	43.8	39.1	40.1	43.1	38.8	39.3
47	42.9	38.3	39.7	41.9	37.4	38.5	40.9	36.5	37.2	40.3	36.2	36.6	39.7	35.9	36.0
44	42.1	35.3	38.9	41.5	34.4	38.0	40.6	33.5	37.0	40.1	33.2	36.5	39.6	32.9	35.8
41	37.8	32.6	34.6	37.4	31.6	34.0	36.6	30.6	33.0	36.3	30.3	32.7	35.7	29.9	32.0
38	33.5	29.9	30.4	33.4	28.8	30.0	33.0	27.8	29.4	32.7	27.4	29.0	32.2	27.0	28.5
35	28.1	27.2	24.9	27.5	26.0	24.1	27.5	25.0	23.9	27.4	24.5	23.7	27.3	24.1	23.5
32	25.1	24.5	21.9	24.6	23.3	21.2	24.3	22.1	20.6	24.3	21.7	20.6	24.2	21.3	20.4
29	22.3	21.9	19.1	21.7	20.6	18.2	21.2	19.3	17.5	20.8	18.9	17.0	21.0	18.4	17.1
26	19.6	19.3	16.5	18.9	17.9	15.4	18.3	16.6	14.6	18.2	16.0	14.4	17.9	15.6	14.0
23	17.3	16.7	14.1	16.4	15.2	13.0	15.5	13.8	11.8	15.2	13.3	11.4	14.9	12.7	11.1
20	15.1	14.2	12.0	14.1	12.6	10.6	13.2	11.2	9.5	12.9	10.6	9.1	12.3	10.0	8.4

表 4.5－6　　　　　　上龙承担 3/4 落差时上下龙堤配合进占计算结果

上龙口门宽/m	11000m³/s 下龙口门宽/m	上龙水面宽/m	下龙水面宽/m	10000m³/s 下龙口门宽/m	上龙水面宽/m	下龙水面宽/m	9000m³/s 下龙口门宽/m	上龙水面宽/m	下龙水面宽/m	8500m³/s 下龙口门宽/m	上龙水面宽/m	下龙水面宽/m	8000m³/s 下龙口门宽/m	上龙水面宽/m	下龙水面宽/m
80	93.5	69.3	90.1	90.5	68.8	87.0	87.0	68.2	83.3	85.0	68.1	81.2	82.9	67.9	79.1
77	89.7	66.4	86.3	86.9	65.9	83.3	83.5	65.3	79.8	81.6	65.1	77.8	79.7	64.9	75.9
74	85.8	63.5	82.5	83.2	62.9	79.7	80.0	62.4	76.3	78.2	62.2	74.5	76.3	62.0	72.5
71	81.9	60.6	78.5	79.4	60.0	75.9	76.5	59.4	72.8	74.7	59.2	71.0	73.0	59.0	69.2
68	77.9	57.7	74.6	75.6	57.1	72.1	72.7	56.5	68.9	71.2	56.3	67.4	69.4	56.1	65.7
65	73.8	54.8	70.5	71.6	54.2	68.1	69.0	53.6	65.3	67.5	53.3	63.8	66.1	53.1	62.3

续表

上龱口门宽/m	11000m³/s			10000m³/s			9000m³/s			8500m³/s			8000m³/s		
	下龱口门宽/m	上龱水面宽/m	下龱水面宽/m	下龱口门宽/m	上龱水面宽/m	下龱水面宽/m	下龱口门宽/m	上龱水面宽/m	下龱水面宽/m	下龱口门宽/m	上龱水面宽/m	下龱水面宽/m	下龱口门宽/m	上龱水面宽/m	下龱水面宽/m
62	69.6	51.9	66.2	67.7	51.3	64.2	65.2	50.6	61.5	63.9	50.4	60.1	62.4	50.2	58.6
59	65.3	49.1	62.0	63.6	48.4	60.1	61.2	47.7	57.5	60.1	47.5	56.3	58.9	47.3	55.1
56	61.1	46.2	57.8	59.5	45.5	56.0	57.4	44.8	53.7	56.3	44.6	52.5	55.1	44.3	51.3
53	56.7	43.4	53.4	55.2	42.6	51.7	53.3	41.9	49.6	52.3	41.7	48.6	51.3	41.4	47.5
50	52.3	40.6	49.0	50.8	39.8	47.3	49.2	39.0	45.5	48.3	38.8	44.6	47.3	38.5	43.6
47	47.8	37.8	44.5	46.6	36.9	43.1	45.0	36.2	41.3	44.2	35.9	40.5	43.4	35.6	39.6
44	46.1	34.8	42.9	45.6	34.0	42.1	44.5	33.1	40.9	43.8	32.8	40.1	43.1	32.6	39.3
41	40.7	32.1	37.5	40.4	31.2	37.0	39.8	30.3	36.2	39.3	30.0	35.6	38.7	29.6	34.9
38	35.6	29.5	32.3	35.7	28.4	32.3	35.3	27.4	31.7	35.0	27.1	31.3	34.6	26.7	30.8
35	32.2	26.7	29.0	31.8	25.7	28.3	31.2	24.6	27.6	31.1	24.2	27.4	30.8	23.9	27.0
32	26.7	24.1	23.4	26.2	22.9	22.7	25.9	21.8	22.2	25.6	21.4	21.9	25.8	21.0	22.0
29	23.6	21.5	20.3	23.0	20.2	19.5	22.6	19.1	18.8	22.4	18.6	18.6	22.3	18.1	18.4
26	20.7	18.9	17.3	19.9	17.6	16.4	19.3	16.3	15.5	19.0	15.8	15.2	19.0	15.3	15.1
23	18.0	16.4	14.7	17.3	15.0	13.7	16.4	13.6	12.6	16.1	13.1	12.2	15.8	12.5	11.9
20	15.5	14.0	12.2	14.7	12.5	11.0	13.8	11.0	9.9	13.2	10.4	9.3	12.9	9.8	8.9

由表 4.5-3～表 4.5-6 可以得到在不同流量下，不同落差分担关系上下游龱堤进占的配合关系，见图 4.5-5。

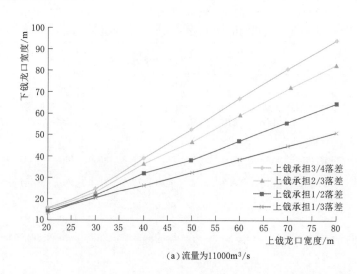

（a）流量为11000m³/s

图 4.5-5（一）　不同落差分担关系上下游龱堤进占的配合关系

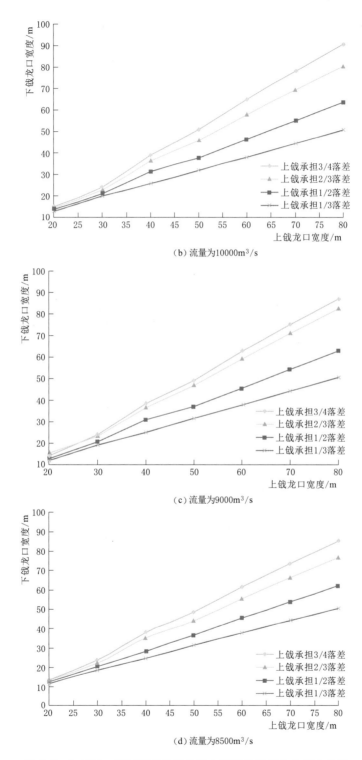

（b）流量为10000m³/s

（c）流量为9000m³/s

（d）流量为8500m³/s

图 4.5-5（二）　不同落差分担关系上下游戗堤进占的配合关系

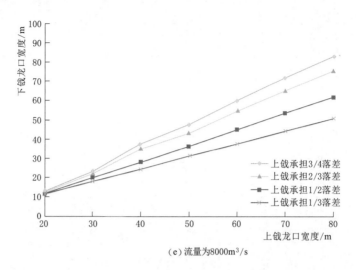

(e) 流量为8000m³/s

图 4.5-5（三）　不同落差分担关系上下游戗堤进占的配合关系

从图 4.5-5 中可以看出，在上戗承担 1/3 落差时，下戗领先进占得较多，在上戗口门宽 80m 时下戗领先达 29m 左右，即使在上戗口门宽 50m 时，下戗领先也达 18m 左右；在两戗平分落差时，下戗只需领先进占约 8~15m 即可；而上戗承担 2/3 落差情况下，上下戗堤进占基本上同步，仅在上戗进入口门宽 40m 区段后，下戗领先 5m 左右；当上戗承担 3/4 时，在大流量下，40~80m 区段反而由上戗领先进占，进入 40m 后，下戗渐渐领先。

2）敏感性分析。上戗龙口流速对口门宽度敏感性的计算结果见表 4.5-7。

表 4.5-7　　　　　　上戗龙口流速对口门宽度敏感性的计算结果（±3m）

工况	上 戗 宽 度														
	70m					40m					20m				
	原流速/(m/s)	超进流速/(m/s)	敏感性/%	欠进流速/(m/s)	敏感性/%	原流速/(m/s)	超进流速/(m/s)	敏感性/%	欠进流速/(m/s)	敏感性/%	原流速/(m/s)	超进流速/(m/s)	敏感性/%	欠进流速/(m/s)	敏感性/%
1/3，11000	3.94	4.01	1.78	3.88	−1.5	5.50	5.62	2.2	5.38	−2.2	5.37	5.06	−5.8	5.55	3.4
1/3，10000	3.63	3.68	1.38	3.57	−1.7	5.03	5.14	2.2	4.92	−2.2	4.87	4.67	−4.1	5.21	7.0
1/3，9000	3.32	3.37	1.51	3.27	−1.5	4.55	4.65	2.2	4.45	−2.2	4.56	4.28	−6.1	4.82	5.7
1/3，8500	3.16	3.21	1.58	3.12	−1.3	4.30	4.40	2.3	4.21	−2.1	4.40	4.09	−7.0	4.61	4.8
1/3，8000	3.01	3.05	1.33	2.97	−1.3	4.05	4.14	2.2	3.97	−2.0	4.23	3.90	−7.8	4.39	3.8
1/2，11000	4.66	4.75	1.93	4.57	−1.9	6.61	6.66	0.8	6.50	−1.7	5.70	5.36	−6.0	5.97	4.7
1/2，10000	4.27	4.35	1.87	4.19	−1.9	6.11	6.20	1.5	5.98	−2.1	5.31	4.95	−6.8	5.61	5.6
1/2，9000	3.87	3.94	1.81	3.80	−1.8	5.56	5.67	2.0	5.42	−2.5	4.92	4.54	−7.7	5.25	6.7
1/2，8500	3.67	3.74	1.91	3.61	−1.6	5.26	5.38	2.3	5.13	−2.5	4.74	4.34	−8.4	5.07	7.0
1/2，8000	3.47	3.54	2.02	3.42	−1.4	4.96	5.08	2.4	4.83	−2.6	4.55	4.14	−9.0	4.75	4.4

工况	上 饧 宽 度																		
	70m					40m					20m				
	原流速/(m/s)	超进流速/(m/s)	敏感性/%	欠进流速/(m/s)	敏感性/%	原流速/(m/s)	超进流速/(m/s)	敏感性/%	欠进流速/(m/s)	敏感性/%	原流速/(m/s)	超进流速/(m/s)	敏感性/%	欠进流速/(m/s)	敏感性/%
2/3，11000	5.26	5.38	2.28	5.15	−2.1	7.21	7.03	−2.5	7.24	0.4	5.91	5.50	−6.9	6.23	5.4
2/3，10000	4.80	4.91	2.29	4.70	−2.1	6.81	6.77	−0.6	6.75	−0.9	5.52	5.09	−7.8	5.85	6.0
2/3，9000	4.34	4.44	2.30	4.25	−2.1	6.30	6.34	0.6	6.18	−1.9	5.13	4.67	−9.0	5.47	6.6
2/3，8500	4.11	4.19	1.95	4.02	−2.2	6.00	6.08	1.3	5.87	−2.2	4.94	4.48	−9.3	5.29	7.1
2/3，8000	3.87	3.96	2.33	3.80	−1.8	5.68	5.79	1.9	5.54	−2.5	4.75	4.29	−9.7	5.11	7.6
3/4，11000	5.50	5.63	2.36	5.38	−2.2	7.29	7.30	0.1	7.43	1.9	5.96	5.48	−8.1	6.31	5.9
3/4，10000	5.03	5.14	2.19	4.92	−2.2	7.01	6.84	−2.4	7.02	0.1	5.59	5.09	−8.9	5.94	6.3
3/4，9000	4.54	4.65	2.42	4.44	−2.2	6.56	6.54	−0.3	6.48	−1.2	5.20	4.69	−9.8	5.56	6.9
3/4，8500	4.29	4.39	2.33	4.20	−2.1	6.28	6.31	0.5	6.16	−1.9	5.01	4.49	−10.2	5.38	7.4
3/4，8000	4.04	4.13	2.23	3.96	−2.0	5.97	6.04	1.2	5.83	−2.3	4.82	4.32	−10.4	5.19	7.7

注 "1/3，11000" 工况指上饧承担 1/3 落差，来流量 11000m³/s，余同。

敏感性分析表明，在下饧未进入三角形区段时，流速对宽度不太敏感，如在上饧口门宽度为 70m 时，超进占或欠进占 3m 对流速的影响一般在 5% 内；在梯形区段向三角形区段过渡时，由于此时流速处于高速区段，宽度的影响更小，大都在 3% 内（上饧宽度 40m±3m）；但进入三角形区段以后，宽度的影响迅速加大，最大可达 10.4%（上饧宽度 20m±3m，上饧承担 3/4 落差，流量为 8000m³/s），所以，在此区段应该严格按照上下游配合关系协调进占，做好备料工作，施工车辆和人员也应注意安全（流速突然增大时对饧堤底部的淘刷可能会引起堤头坍塌）。

2. 壅水时间计算

双饧堤截流的最大优点是两饧共同分担截流落差。当上饧堤龙口水力条件非常困难时，下饧堤是否能够及时进占，争取承担更多的落差，及时改善上饧龙口水力条件，是评价双饧截流是否成功的关键。

壅水时间包括水波传递时间和下饧进占时间。下饧进占时间影响因素很多，除主要因素抛投强度和进占长度外，还与流失量、抛投材料的粒径与浸润角等有关。为计算简便起见，根据经验将流失量统一定为 10%，堤头进占坡角为 1∶1.2，下饧龙口平抛垫底至高程 50m。计算工况为下饧进占以使上饧承担落差由 2/3 减至 1/2 的情况，计算结果见表 4.5 - 8。需要说明的是壅水是一个渐进的过程。

计算结果表明，水波传递时间较短，一般在 2～3min，在绝大部分区段与下饧进占时间相比基本上可以忽略不计，因此下饧进占时间是壅水时间的主要决定因素。而抛投强度对下饧进占时间的影响很大。为节约时间，在上饧困难时能及时壅高水位，下饧可采取降低堤顶高程加速推进的措施，渡过困难区段后再加高至设计高程。

表 4.5-8　　　　　　　　　　　　　上龙困难区段下龙配合壅水时间表

来流量/(m³/s)	上龙口门宽度/m		70	60	50	40	30	20
11000	下龙进占区段/m		71.0~55.8	59.0~47.2	46.7~38.2	36.3~31.8	23.1~21.5	15.1~14.2
	抛投方量/(m³/s)		15353	11956	8569	4577	1623	244
	水波传播时间/min		2.6	2.7	2.8	2.8	2.9	3.1
	进占时间/min	4000m³/h	230	179	129	69	24	4
		3000m³/h	307	239	171	92	32	5
		2000m³/h	461	359	257	137	49	7
10000	下龙进占区段/m		69.3~55.1	57.7~46.3	45.7~37.6	36.0~31.2	22.7~21.0	14.1~13.5
	抛投方量/(m³/s)		14325	11513	8196	4879	1774	147
	水波传播时间/min		2.4	2.5	2.6	2.6	2.7	2.9
	进占时间/min	4000m³/h	215	173	123	73	27	2
		3000m³/h	287	230	164	98	35	3
		2000m³/h	430	345	246	146	53	4
9000	下龙进占区段/m		67.2~54.2	56.1~45.6	44.4~36.9	35.5~30.6	22.0~20.4	13.2~12.6
	抛投方量/(m³/s)		13146	10625	7531	4869	1623	134
	水波传播时间/min		2.3	2.4	2.5	2.5	2.6	2.7
	进占时间/min	4000m³/h	197	159	113	73	24	2
		3000m³/h	263	213	151	97	32	3
		2000m³/h	394	319	226	146	49	4
8500	下龙进占区段/m		66.2~53.8	55.2~45.3	43.8~36.6	35.0~28.1	22.0~20.2	12.9~12.3
	抛投方量/(m³/s)		12551	10041	7238	6936	1774	132
	水波传播时间/min		2.2	2.3	2.4	2.5	2.6	2.7
	进占时间/min	4000m³/h	188	151	109	104	27	2
		3000m³/h	251	201	145	139	35	3
		2000m³/h	377	301	217	208	53	4
8000	下龙进占区段/m		65.0~53.3	54.4~44.8	43.1~36.3	34.6~28.0	22.0~19.9	12.3~11.7
	抛投方量/(m³/s)		11815	9607	6795	6643	2067	122
	水波传播时间/min		2.1	2.2	2.3	2.3	2.4	2.5
	进占时间/min	4000m³/h	177	144	102	100	31	2
		3000m³/h	236	192	136	133	41	2
		2000m³/h	354	288	204	199	62	4

由于壅水时间的人为控制因素较多，计算结果仅供参考。

4.5.3.3　三峡导流明渠截流落差分配方案的选择

落差分配方案的选择牵涉到各种因素，单从截流困难度的分担来说，选择平分落差最好。但是考虑到下龙龙口处平抛垫底后，水深较小（13~18m），在同样流速下同粒径的抛投材料更容易稳定，流失量较小，且戗堤断面积也较小。因此下游戗堤具备快速领先进占的条件，可以分担更多落差，有利于截流的顺利完成。至于上戗承担 3/4 落差的情况，只有在极端情形下才会出现，可以不予考虑。

综合各种因素，落差分配方案应以平分落差为首选，同时上戗做好在困难时段承担 2/3 落差的准备，下戗做好在困难区段快速进占、争取多分担落差、减轻上戗困难度的准备。

4.5.3.4　三峡导流明渠截流效果

从应用的效果和与实测参数的对比看，研究成果是基本符合实际的，但是由于导流底孔的泄流能力比计算值和试验值大，且部分时间段内下戗承担落差甚至超过了 2/3，上戗的流速比预计的稍小。具体实施过程如下。

在完成截流施工准备和上下游戗堤龙口平抛护底加糙工作以后，上游戗堤于 2002 年 10 月 12 日开始非龙口段进占施工，至 10 月 28 日形成 127.6m 宽的龙口；下游戗堤跟进施工至 146.7m 的龙口。10 月 28—31 日，上游戗堤停止进占，下戗堤继续进占至 102.7m 宽度龙口。此时，截流流量 9100m³/s 的截流落差 0.80m，其中上戗堤落差 0.44m，下戗堤落差 0.39m。

11 月 1 日开始，上下戗堤按施工设计进度安排，同时开始进占。至 11 月 6 日 9：00，上戗堤龙口宽度已束窄至 5.0m，下戗堤龙口宽度束窄至 4.0m，随后完成合龙。图 4.5-6 和图 4.5-7 分别为导流明渠即将停航的上游戗堤和上戗堤合龙现场照片。

图 4.5-6　导流明渠即将停航的上游戗堤　　　　图 4.5-7　上戗堤合龙

第 5 章

土石围堰

5.1 概述

土石围堰按其使用功能可分为不过水土石围堰、过水土石围堰和分期实施土石围堰；按堰体材料可分为均质土围堰和土石混合围堰；按防渗体结构可分为斜墙防渗围堰、斜心墙防渗围堰和心墙防渗围堰；按防渗体材料又分为塑性混凝土防渗墙围堰、刚性混凝土防渗墙围堰、土工膜防渗围堰。

国内外典型不过水围堰工程的主要几何体型、堰体结构、堰体防渗型式、堰基防渗型式及施工情况等相关资料见表 5.1-1～表 5.1-6。国内和国外部分水电工程过水土石围堰运用状况见表 5.1-7 和表 5.1-8。

表 5.1-1　　　　　　　　土工膜心墙型式围堰汇总表

序号	施工年份	围堰名称	围堰规模			堰体防渗			堰基防渗		
			围堰级别	最大堰高/m	堰顶宽度/m	防渗型式	挡水水头/m	防渗参数	防渗型式	挡水水头/m	防渗墙深度/m
1	1990	水口上游围堰	4	44.55	10	土工膜心墙	26.55	两布一膜 300g/0.8mm PVC/300g	塑性混凝土防渗墙	70.15	43.6
2	1990	水口下游围堰	4	31.9	12	土工膜心墙	9.9	两布一膜 175g/0.16mm/175g	塑性混凝土防渗墙	46.6	36.7
3	1992	李家峡上游围堰		45		土工膜心墙	25.25	复合土工膜 300g/0.8mm PVC/300g			
4	1998	珊溪上游围堰	4	20	10	土工膜心墙	13	两布一膜 300g/0.8mm/300g	塑性混凝土防渗墙	40	28.1
5	1998	三峡二期上游横向围堰	2	82.5	15	土工膜心墙	15	双排	塑性混凝土防渗墙		74
6	2002	水布垭上游围堰		27		土工膜心墙	6.9				31.3
7	2002	公伯峡上游围堰	4	38	10	土工膜心墙	36.48	两布一膜 300g/0.8mm/300g	混凝土防渗墙	45.48	15
8	2003	紫坪铺上游围堰		48		复合土工膜心墙	39		塑性混凝土防渗墙		33
9	2005	XW 上游围堰	3	60.59	8	土工膜心墙	33		塑性混凝土防渗墙	80	47
10	2005	XW 下游围堰	3	38	8	土工膜心墙	13		可控帷幕灌浆	58	45
11	2005	JH 二期上游围堰	3	65	12	土工膜心墙	27.83	两布一膜 300g/0.75mm/300g	高压旋喷灌浆	64.37	36.54
12	2005	JH 二期下游围堰	3	42.5	10	土工膜心墙	16.16	两布一膜 300g/0.75mm/300g	高压旋喷灌浆	54.52	38.36

续表

序号	施工年份	围堰名称	围堰规模			堰体防渗			堰基防渗		
			围堰级别	最大堰高/m	堰顶宽度/m	防渗型式	挡水水头/m	防渗参数	防渗型式	挡水水头/m	防渗墙深度/m
13	2005	滩坑上游围堰	4	23.5	8	土工膜心墙	17	两布一膜 300g/0.8mm/300g	混凝土防渗墙	45	26
14	2005	喜河二期上游横向围堰	4	21.5	7	土工膜心墙	12	—	黏土心墙下接水泥黏土灌浆	33.5	13
15	2006	察汗乌苏上游围堰	4	31.88	7	土工膜心墙	15.88	两布一膜 600g/0.8mm/600g	悬挂式高压旋喷	45.88	30
16	2006	金安桥上游围堰	3	62	15	土工膜心墙	35.21	两布一膜 300g/0.5mm/300g	混凝土防渗墙	66.7	33.7
17	2007	锦屏一级下游围堰	3	23	10	土工膜心墙	10.53		塑性混凝土防渗墙	75.03	54
18	2007	浪石滩水电站上游围堰	4			黏土心墙上接复合土工膜	8	150g/0.3mm HDPE/150g	黏土心墙		
19	2008	溪洛渡下游围堰	3	52	12	土工膜心墙	32.5	两布一膜 350g/0.8mm/350g	塑性混凝土防渗墙	79	46.5
20	2008	大岗山上游围堰	3	50.53	10	土工膜心墙	36.5	两布一膜 350g/0.8mm/350g	混凝土防渗墙	61	25.1
21	2008	大岗山下游围堰	3	32	10	土工膜心墙	11.5	两布一膜 350g/0.8mm/350g	混凝土防渗墙		21
22	2008	NZD下游围堰	3	42	12	土工膜心墙	9.85		塑性混凝土防渗墙	49.85	40
23	2008	龙开口二期上游围堰	4	55	10	土工膜心墙	33.49	两布一膜 350g/0.5mm/350g	混凝土防渗墙	61.3	33.5
24	2008	龙开口二期下游围堰	4	30	10	土工膜心墙	12.89	两布一膜 350g/0.5mm/350g	混凝土防渗墙	40.69	27.5
25	2008	天花板上游围堰	4	40.5	8	土工膜心墙	28.54	两布一膜 900g/0.5mm/900g	帷幕灌浆	50.04	23
26	2009	GGQ上游围堰	4	22.5	10	土工膜心墙	12.5		C20混凝土防渗墙	54.5	48.3
27	2009	阿海上游围堰	4	69	15	土工膜心墙	38	两布一膜 300g/0.75mm/300g	混凝土防渗墙	72	34
28	2009	阿海下游围堰	4	30	15	土工膜心墙	17.2	两布一膜 300g/0.75mm/300g	混凝土防渗墙	42	24.8
29	2009	苗家坝上游围堰	4	25.8	10	土工膜心墙	20	250g/0.3mm HDPE/250g	C20混凝土防渗墙		44.1
30	2009	苗家坝下游围堰	4	14.5	8	土工膜心墙	5	250g/0.3mm HDPE/250g	C20混凝土防渗墙		26.2
31	2011	观音岩上游围堰	3	52	12	土工膜心墙	18		混凝土防渗墙	62	43
32	2011	ZM下游围堰	4	16	10	土工膜心墙	10	350g/0.8mm HDPE/350g	塑性混凝土防渗墙		48

续表

序号	施工年份	围堰名称	围堰规模			堰体防渗			堰基防渗		
			围堰级别	最大堰高/m	堰顶宽度/m	防渗型式	挡水水头/m	防渗参数	防渗型式	挡水水头/m	防渗墙深度/m
33	2011	长河坝上游围堰	3	54	13.5	土工膜心墙	35.5	350g/0.8mm HDPE/350g	混凝土防渗墙		83.23
34	2011	猴子岩下游围堰		25		土工膜心墙	10	350g/0.8mm HDPE/350g	塑性混凝土防渗墙		80
35	2012	仙居	4	41.3		土工膜心墙			塑性混凝土防渗墙		26
36	2013	埃塞俄比亚吉贝（Gibe）Ⅲ上游围堰		50		土工膜心墙		1200g/3.5mm PVC/1200g	黏土截水槽		
37	2013	MW上游围堰	3	65	15	土工膜心墙	43.5	350g/0.8mm HDPE/350g	C20混凝土防渗墙		38
38	2013	MW下游围堰	3	28.5	10	土工膜心墙	7.5	350g/0.8mm HDPE/350g	C20混凝土防渗墙		25
39	2014	沙坪二级下游围堰	4	25	10	土工膜心墙	5	350g/0.8mm HDPE/350g	塑性混凝土防渗墙		39.5
40	2015	白鹤滩下游围堰	3	53	12	土工膜心墙	21	350g/1.0mm HDPE/350g	塑性混凝土防渗墙		45

表 5.1－2　　　　　　　　土工膜斜墙型式围堰汇总表

序号	施工年份	围堰名称	围堰规模			堰体防渗			堰基防渗		
			围堰级别	最大堰高/m	堰顶宽度/m	防渗型式	挡水水头/m	防渗参数	防渗型式	挡水水头/m	防渗墙深度/m
1	1970	努列克工程上游围堰		125		土工膜斜墙	50	厚1.0mm 聚乙烯膜			
2	1992	宝珠寺上游二期围堰		31		土工膜斜墙	25.5	复合土工膜300g/0.8mm PVC/300g	塑性混凝土防渗墙		16.5
3	2016	两河口上游围堰	3	64.5	12	土工膜斜墙	44.5		混凝土防渗墙	70	24
4	2002	引子渡上游围堰	4	23.5	10	土工膜斜墙	5	—	高喷防渗墙	40	35
5	2004	拉西瓦上游围堰	4	45.3	15	土工膜斜墙	24		混凝土防渗墙	69	45
6	2004	土卡河二期上游横向围堰	4	17.5	8	土工膜斜墙下接黏土斜墙	15	两布一膜200g/0.5mm/200g	高压旋喷灌浆	26	13.5
7	2005	光照上游围堰	4	22	15	土工膜斜墙	12.5	—	高喷防渗墙	38.5	26
8	2006	瀑布沟上游围堰	3	47.5	10	土工膜斜墙	38.5	两布一膜350g/0.8mm/350g	悬挂式塑性混凝土	79.5	41
9	2006	瀑布沟下游围堰	3	18	10	土工膜斜墙	7	两布一膜350g/0.8mm/350g	悬挂式塑性混凝土	26.5	19.5
10	2007	深溪沟上游围堰	4	45		土工膜斜墙	34	300g/1.0mm/300g	塑性混凝土防渗墙		34

续表

序号	施工年份	围堰名称	围堰规模			堰体防渗			堰基防渗		
			围堰级别	最大堰高/m	堰顶宽度/m	防渗型式	挡水水头/m	防渗参数	防渗型式	挡水水头/m	防渗墙深度/m
11	2007	锦屏一级上游围堰	3	64.5	10	土工膜斜墙	39.25	350g/0.8mm HDPE/350g	塑性混凝土防渗墙	75.03	53.15
12	2009	泸定水电站上游围堰		42	10	复合土工膜斜墙	26	300g/1.0mm HDPE/300g	塑性混凝土防渗墙		40
13	2011	ZM上游围堰	4	40	10	土工膜斜墙	21.4	350g/0.8mm HDPE/350g	塑性混凝土防渗墙		55
14	2011	猴子岩上游围堰		55		土工膜斜墙	33.5	350g/0.8mm HDPE/350g	塑性混凝土防渗墙		80
15	2014	沙坪二级上游围堰	4	34	12	土工膜斜墙	7	350g/0.8mm HDPE/350g	塑性混凝土防渗墙		43
16	2015	白鹤滩上游围堰	3	83	12	土工膜斜墙	40.58	350g/1.0mm HDPE/350g	塑性混凝土防渗墙		45

表 5.1-3　　　　　　　　　土工膜斜心墙型式围堰汇总表

序号	施工年份	围堰名称	围堰规模			堰体防渗			堰基防渗		
			围堰级别	最大堰高/m	堰顶宽度/m	防渗型式	挡水水头/m	防渗参数	防渗型式	挡水水头/m	防渗墙深度/m
1	2008	NZD上游围堰	3	74	15	土工膜斜心墙	29.85	350g/0.8mm HDPE/350g	塑性混凝土防渗墙	79.85	50
2	2009	向家坝二期上游围堰	3	59	10	土工膜斜心墙	28.56	两布一膜 350g/0.5mm/350g	混凝土防渗墙	90.56	62
3	2009	向家坝二期下游围堰	3	45	10	土工膜斜心墙	19.5	两布一膜 350g/0.5mm/350g	混凝土防渗墙	64.5	45

表 5.1-4　　　　　　　　黏（碎石）土心（斜）墙型式围堰汇总表

序号	施工年份	围堰名称	围堰规模			堰体防渗			堰基防渗		
			围堰级别	最大堰高/m	堰顶宽度/m	防渗型式	挡水水头/m	防渗参数	防渗型式	挡水水头/m	防渗墙深度/m
1	1957	达勒斯上游围堰		90		黏土心墙	90		黏土心墙		
2	1964	奥罗维尔		135.4		黏土斜心墙	135.4		黏土斜心墙		
3	1966	恰尔瓦克上游围堰		40		黏土铺盖	40		黏土铺盖		
4	1970	科雷马二期上游围堰		62.2		亚黏土斜墙	62.2		亚黏土斜墙		
5	1978	伊泰普上游围堰		90		黏土斜墙	90		黏土斜墙		
6	1993	二滩上游围堰	3	56	12	黏土心墙	42	顶宽5m,坡比1:0.3	高压旋喷	97	44

续表

序号	施工年份	围堰名称	围堰规模			堰体防渗			堰基防渗		
			围堰级别	最大坝高/m	堰顶宽度/m	防渗型式	挡水水头/m	防渗参数	防渗型式	挡水水头/m	防渗墙深度/m
7	1993	二滩下游围堰	4	30	15	黏土斜墙	15	顶宽7.5，挡水侧坡比1:3	悬挂式高压旋喷	47	32
8	1997	DCS下游围堰	4	17	10.2	黏土心墙	16	最小底宽5.0	高压旋喷灌浆	30	14
9	2002	公伯峡下游围堰	4	10	10	黏土心墙	4		高压喷射灌浆（旋摆结合）	19	10
10	2002	碗米坡上游围堰	4	28	7	黏土心墙	26.5	—	黏土心墙	31	4.5
11	2004	三板溪上游围堰	4	30	7	黏土心墙	30	—	黏土心墙	31	
12	2008	溪洛渡上游围堰	3	78	12	碎石土斜心墙	52		塑性混凝土防渗墙	104	52

表 5.1－5　　　　　　　　混凝土（高喷）墙防渗型式围堰汇总表

序号	施工年份	围堰名称	围堰规模			堰体防渗			堰基防渗		
			围堰级别	最大坝高/m	堰顶宽度/m	防渗型式	挡水水头/m	防渗参数	防渗型式	挡水水头/m	防渗墙深度/m
1	2004	彭水下游围堰		20		高压旋喷灌浆			高压旋喷灌浆		74
2	1988	MW上游围堰		56	10	混凝土防渗墙	56				32
3	1998	珊溪下游围堰				高喷防渗墙			高喷防渗墙		25
4	2002	水布垭下游围堰		12	10	混凝土防渗墙					22.1
5	2003	紫坪铺下游围堰		18		混凝土防渗墙					
6	2004	拉西瓦下游围堰	4	20	15	混凝土防渗墙	14	厚0.8m，深14m	混凝土防渗墙	33	19
7	2004	土卡河二期下游横向围堰	5	8	6	高压旋喷灌浆	2.4	桩径1m，孔距0.8m	高压旋喷灌浆	14.4	12.6
8	2004	彭水上游围堰		40		高压旋喷灌浆		高压旋喷灌浆	高压旋喷灌浆		
9	2007	深溪沟下游围堰	4	19		混凝土防渗墙	19				56
10	2009	鲁地拉上游围堰	4	36.5	65	混凝土防渗墙	9.07	厚1.5m，深10m	混凝土防渗墙	47.07	38
11	2009	鲁地拉下游围堰	4	19.5	20	混凝土防渗墙	15.9	厚1.5m，深15.9m	混凝土防渗墙	35.9	20
12	2009	锦屏二级上游围堰	4	24.5	10	塑性混凝土防渗墙	24	厚0.8m	混凝土防渗墙	68	68
13	2009	锦屏二级下游围堰	4	19	6	塑性混凝土防渗墙	19	厚0.8m	塑性混凝土防渗墙		

表 5.1-6　　　　　　　　　　我国部分工程围堰填筑强度指标表

序号	工程名称	堰高/m	填筑总量/万 m³	施工时段	平均填筑强度/(万 m³/月)	堰体平均升高速度/(m/月)
1	MW	56.0	78.33	12 月 20 日至次年 6 月 20 日	13.10	9.3
2	二滩	56.0	124.00	12 月 10 日至次年 6 月 30 日	18.50	8.4
3	XW	58.6	111.46	11 月 20 日至次年 6 月 30 日	15.30	8.0
4	溪洛渡	上游围堰 78.0；下游围堰 52.0	262.38	11 月 8 日至次年 6 月 25 日	39.75	上游围堰 11.82；下游围堰 7.88
5	NZD	84.0	135	3 月 20 日至 5 月 31 日	42	实际 1.16m/d
6	MW	上游围堰 65.0	129.96	11 月 1 日至次年 5 月 30 日	18.57	9.14
7	白鹤滩	上游围堰 83.0	200	11 月 27 日至次年 6 月 7 日	33.1	13.83

表 5.1-7　　　　　　　　　　国内部分水电工程过水土石围堰运用状况

工程名称	堰高/m	护面类型 [材料尺寸(m×m×m 或 m)]	过水状况	损坏状况
上犹江	14.0	混凝土板（厚 1.5）	$q=27.0$, $v_m=5.0$	
柘溪	28.0	混凝土板（厚 0.5）和 $\phi1.0$ 石笼	$q=10.0$, $H=3.08$ 水跃跃首 $v_m=14.5$	铅丝笼有损坏，抗滑差（笼内石料太小）
庙岭	20.3	沥青混凝土护面	$q=11.0$, $v_m=16.0\sim17.0$	表面轻度损坏（糙率由 0.0167 增至 0.0189）
石桥	20.3	沥青混凝土护面	$q=12.5$	完好
高思	19.4	干砌石、浆砌石	$q=6.0$, $h=2.6$	
王家园	36.8	混凝土护面	$q=24.6$	
故县	14.0	混凝土护面	$q=11.0$	
天生桥	14.7	堰顶混凝土板，护坡为混凝土楔体（3.5×2.0×0.7）	$v_m=9.0$, $H=5.7$	模型上 $q=40$, $Z=4$ 仍安全（坡面 1:6）
东风	14.7	堰顶混凝土板，护坡为混凝土楔体（厚 0.7）	$q=10.5$, $v_m=11.2$ $H=8.6$, $Z=4.0$	完好无损（坡面 1:6.5，边坡上水跃）
流溪河	14.0	混凝土板	$q=30.0$, $H=3.8$, $v_m=8.0$	安全度汛
楠木峡	20.0	混凝土板（厚 0.4），毛石镇墩	$q=6.7$	正常（下游坡 1:1.5）
普定	13.0	键槽楔形体，互相搭接	$H=12.5$, $Z=5.4$	（下游坡 1:6）
新丰江	25.0	块石	$q=31.0$, $v_m=15.0$	楔体稳定，仅尾部两排楔体上抬 10cm
DCS	17.0	碾压混凝土（厚 0.9m）	$q=12.9$, $v_m=9.0$	完好无损

续表

工程名称	堰高/m	护面类型［材料尺寸（m×m×m 或 m）］	过水状况	损坏状况
锦屏二级	21	混凝土板（厚 1.2m）	$Q=6960$，$q=40.0$，$v_m=10.2$	完好无损
鲁地拉	33.5	碾压混凝土（厚 4.0m）	$Q=5225$，$q=32.3$，$v_m=13.3$ $H=6.29$，$h=4.95$	完好无损
GGQ	22.5	混凝土楔形面板	$Q=2200$，$q=12.5$ $v_m=12.7$（接近最大）	完好无损

注　q 为实际过水单宽流量，$m^3/(s \cdot m)$；v_m 为实际堰面最大流速，m/s；H、h、Z 为堰上水头、堰面水深和水头，m；Q 为实际过水流量，m^3/s。

表 5.1-8　　　　　　　　国外部分水利水电工程过水土石围堰运用状况

工程名称	国名	堰高/m	护面类型［材料尺寸/（m×m×m 或 m）］	过堰水流情况	护面损坏状况
卡博拉巴萨（Caborabosa）	莫桑比克	37.0	3～5t 块石混凝土板（7×7×2.5 透水）	$q=50.0$，$h=4.0$，$v_m=9.0$	未发生严重损坏（设计 $q=100.0$，$v_m=23$）
阿科姆博（Akocombo）	加纳	68.0	铅丝笼（0.92×0.92×2.75）	$q=67.0$，$h=5.12$，$v_m=13.0$	正常（$q=69.3$）
奥尔特（Ord）	澳大利亚	31.8	块石（1.0）砌护钢筋锚固	$q=46.0$，$v_m=4.5$	总体完好，少量小块石冲失
阿里德阿达维拉	西班牙	30.0	混凝土护面（6×6，厚 0.8）	$q=40.0$	安全度汛
露色雷斯	苏丹		石笼块石	$q=40.0$	正常

注　q 为实际过水单宽流量，$m^3/(s \cdot m)$；v_m 为实际堰面最大流速，m/s；H、h、Z 为堰上水头、堰面水深和水头，m。

5.2　土工膜防渗土石围堰设计

5.2.1　防渗膜材料选择

5.2.1.1　防渗膜材料选型

工程常用土工膜有聚氯乙烯（PVC）和聚乙烯（PE）两种材质，两者防渗性能相当，主要差异如下：PVC 膜比重大于 PE 复合土工膜；PE 复合土工膜弹性模量小于 PVC 复合土工膜；PE 复合土工膜成本价低于 PVC 复合土工膜；PVC 复合土工膜可采用热焊或胶粘，PE 复合土工膜适合热焊。复合土工膜是用土工织物与土工膜复合而成的不透水材料，分为一布一膜和两布一膜，PVC 复合土工膜和 PE 复合土工膜还有一个突出的差别，就是膜的幅宽，PVC 复合土工膜一般为 1.5～2.0m，PE 复合土工膜可达 4.0～6.0m，相应地接缝 PE 复合土工膜可以比 PVC 复合土工膜减少一半以上。

近期修建的围堰工程基本采用 PE 复合土工膜防渗材料，同时考虑到 PE 复合土工膜接缝采用热焊，施工质量稳定，焊缝质量易于检查，施工速度快，工程费用低；而 PVC 复合土工膜焊接性能较 PE 复合土工膜差，且质量大、造价高、幅宽小，因此，土石围堰防渗优先采用 PE 复合土工膜，尤其是 HDPE 复合土工膜。

5.2.1.2 防渗膜设计指标

土工膜（复合土工膜）自身性能包括以下主要项目：

（1）物理指标：膜设计厚度、无纺织物克重。

（2）力学指标：拉伸强度、断裂伸长率、撕裂强度、胀破强度、顶破强度、刺破强度。

（3）水力学性能：渗透系数、抗渗强度。

（4）耐久性：抗老化性、抗化学腐蚀性。

（5）可操作性：幅宽、布膜分离要求。

依据围堰高度及防渗水头高低，按照抗水压顶张及抗变形复核厚度后适当选取土工膜（复合土工膜）的厚度。

1. 物理指标

（1）膜设计厚度及无纺织物克重。土石围堰不同挡水水头所需膜厚度见表 5.2-1。不同挡水水头所需无纺织物克重见表 5.2-2。

表 5.2-1　　　　土石围堰不同挡水水头所需膜厚度

挡水水头/m	$H \leqslant 20$	$20 < H \leqslant 30$	$30 < H \leqslant 40$	$H > 40$
HDPE 膜厚度/mm	0.5～0.6	0.6～0.8	0.8～1.0	需专门论证

表 5.2-2　　　　土石围堰不同挡水水头所需无纺织物克重

挡水水头/m	$H \leqslant 20$	$20 < H \leqslant 30$	$30 < H \leqslant 40$	$H > 40$
无纺织物克重/(g/mm²)	200～250	250～300	300～350	350～400

（2）厚度均匀性。防渗膜厚度偏差应控制在 -10%，复合土工膜端部布膜分离部位常由于均匀性问题出现"荷叶边"现象，导致焊接效果较差，建议该部位厚度偏差控制在 $-5\% \sim 5\%$ 以内。

2. 力学指标

土石围堰防渗膜一般采用表 5.2-3 所示的物理力学指标，依据围堰高度及防渗水头高低，按照抗水压顶张及抗变形复核厚度后适当选取部分指标。

表 5.2-3　　　　复合土工膜常用性能指标汇总表

序号	项目	单位	指标	备注
1	抗拉强度	kN/m	$\geqslant 14 \sim 20$	纵横向
2	延伸率	%	$\geqslant 60 \sim 100$	纵横向

续表

序号	项 目	单位	指 标	备 注
3	CBR 顶破强度	kN	$\geqslant 2.5 \sim 3.2$	
4	梯形撕裂强度	kN	$\geqslant 0.48 \sim 0.70$	
5	渗透系数	cm/s	$\leqslant 1 \times 10^{-11}$	
6	抗渗强度	MPa（24h）	$\geqslant 1.5$	
7	耐化学腐蚀性	在 5% 的酸（H_2SO_4）、碱（NaOH）、盐（NaCl）溶液中浸泡 24h，抗拉能力基本不变		

注 土工膜的性能指标应同时符合《水电工程土工膜防渗技术规范》（NB/T 35027—2014）的要求。

3. 界面摩擦指标

界面摩擦指标主要是指防渗膜与其接触材料之间的抗剪强度指标。对于斜墙型防渗的围堰而言，主要包括防渗膜与垫层之间、防渗膜与保护层之间的界面指标。

对于斜墙型防渗的围堰型式而言，防渗膜界面指标是十分重要的指标，直接关系到围堰的安全性与经济性，是围堰坡面抗滑稳定校核的重要依据。对于小型工程，可通过类比已建工程或参考文献确定，常用土工合成材料与保护层、垫层料间的摩擦系数见表 5.2-4。界面摩擦指标一般与相互接触的材料性质、材料密实度、材料干湿程度等相关。

表 5.2-4   常用土工合成材料与保护层、垫层料间的摩擦系数

土工合成材料		摩 擦 系 数														
		黏土		砂壤土		细砂		粗砂		混凝土块		聚乙烯膜 0.05mm		聚乙烯膜 0.12mm	
		干	湿	干	湿	干	湿	干	湿	干	湿	干	湿	干	湿
聚乙烯膜	0.06mm	0.14	0.13	0.17	0.19	0.22	0.23	0.15	0.16	0.27	0.27	0.15	0.14	0.19	0.16
	0.12mm	0.14	0.12	0.22	0.24	0.34	0.37	0.28	0.30	0.27	0.27	0.15	0.14	0.14	0.13
土工织物	250g/m²	0.45	0.41	0.40	0.43	0.35	0.37	0.35	0.37	0.39	0.41	0.15	0.13	0.15	0.13
	300g/m²	0.48	0.45	0.47	0.46	0.54	0.55	0.44	0.43	0.40	0.41	0.10	0.15	0.15	0.14

白鹤滩上游围堰曾采用美国 Geocomp 公司生产的大型土-土工合成材料直剪仪进行过 400g/1.0mm HDPE/400g 复合土工膜与两种级配砂砾料垫层间的直剪试验。试验结果表明，当垫层料相对密度达到 0.7 以上时，两者摩擦系数取值范围为 0.404~0.598。直剪摩擦试验使用的砂砾料模拟材料粒径组成见表 5.2-5，其试验结果见表 5.2-6。

表 5.2-5   直剪摩擦试验使用的砂砾料模拟材料粒径组成

直剪摩擦试验编号	模拟材料类型	粒组含量/%							
		20~10mm	10~5mm	5~2mm	2~0.5mm	0.5~0.25mm	0.25~0.075mm	0.075~0.005mm	<0.005mm
1	砂砾料级配 M1	24	24	12	18	8	8	3	3
2	砂砾料级配 M2	32	26	12	14	6	5	2	3

表 5.2 - 6　　　　　　　　　　　砂砾料与复合土工膜直剪摩擦试验成果

填料	界面材料	备 样 条 件				界面摩擦系数	界面强度指标	
		最大密度/(g/cm³)	最小密度/(g/cm³)	试验控制相对密度	试样密度/(g/cm³)		c/kPa	φ/(°)
砂砾料级配M1	复合土工膜	2.345	2.018	0.7	2.236	0.404	24.5	22
砂砾料级配M2	复合土工膜	2.353	1.997	0.7	2.234	0.579	21.5	30.1
		2.353	1.997	0.75	2.253	0.598	24.5	30.9
		2.353	1.997	0.7	2.324（湿）	0.593	19.0	30.7

5.2.1.3　土工膜安全复核

依据经验选择土工膜（复合土工膜）的指标后，还要对土工膜进行安全复核。以心墙式复合土工膜围堰为例，复合土工膜心墙在运行过程中将受到三种主要荷载的作用：①复合土工膜在水压力作用下将被压入颗粒之间的孔隙，主要为水压局部顶张作用；②复合土工膜在施工铺设及碾压过程中受到周围填料颗粒的局部作用，主要包括刺破、穿透、顶破等；③施工及运行过程中围堰堰体存在大范围的竖直沉降及水平变形，而复合土工膜的刚度不足以抵抗该类变形，主要为随堰体变形的附着变形作用。

1. 变形安全复核

（1）水力顶张变形。土工膜的厚度主要由防渗和强度两个因素决定。对一般水利水电工程而言，由于土工膜渗透系数很小，渗漏量的大小往往不是一个关键问题。决定膜厚的主要是强度，当土工膜支撑材料为粗颗粒时，在水压力作用下，土工膜在颗粒孔隙中变形以及产生顶破，或被尖锐的棱角所穿刺。目前，防渗膜以顶破时产生的抗拉强度设计。铺在颗粒地层或缝隙上的土工膜受水压力荷载时的厚度主要有四种计算方法，可根据工程实际情况选用合适的计算方法：①顾淦臣薄膜理论公式；②苏联的经验公式；③Giroud 近似计算方法（1982）；④美国 GSI（土工材料研究所）计算法。

（2）锚固部位的集中变形。复合土工膜铺设在围堰上游面作为防渗面板使用，土石围堰复合土工膜在与趾板的锚固部位以及与防渗墙的连接部位产生明显的"夹具效益"，易产生应变集中而破坏，且破坏型式多样，不仅为拉坏，还存在剪切破坏，此现象已经在试验及围堰拆除后得到验证。锚固处的集中应变难以通过一般的有限元方法进行计算，该处类似于面板坝的"周边缝单元"受力状态，可采用"周边膜单元"计算方式。

以白鹤滩上游围堰为例，将"周边膜单元"力学模型植入三维有限元程序计算满蓄期各部位的变位计算量值见图 5.2 - 1，其中左岸、右岸的变位形态与水平膜和防渗墙连接段存在差异，左岸、右岸以张拉及顺趾板向错切为主，而复合土工膜水平段与防渗墙接头部位以顺防渗墙沉陷为主。左岸段变位最大为 18mm，右岸为 25mm，水平膜与防渗墙连接段为 8mm。

蓄水后，在水压和自重作用下垫层料与趾板之间存在剪切、拉压变形，则应变公式的分母则为垫层料沿岸边潜在错动带的宽度，围堰砂砾料垫层料的最大粒径 D_{max} 为 40mm，

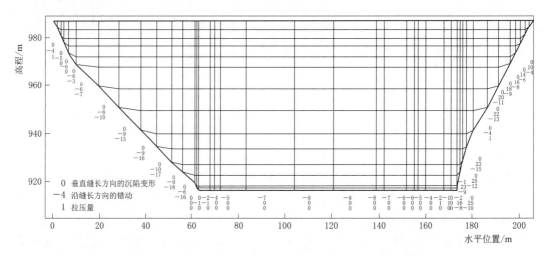

图 5.2-1　蓄水后复合土工膜与周边接头段相对变位分布

砾料的平均粒径 D_{50} 为 10mm，依据直接剪切试验中剪切带的一般宽度 $L_0/D_{50} \approx 11 \sim 12$，则可推断剪切带 $L_0 \approx 110 \sim 120$mm。

实际上，围堰防渗膜发生水力顶张的某些部位同时发生随堰体变形或锚固相对变形，因此，变形安全复核应该是以上应变叠加后的应变与土工膜材料允许应变相比较。

在一般情况下，理论计算得到的厚度常常较薄，原因是理论计算是依据简化条件，公式中包含了很多假定，如膜下挠曲的大小与形状是带有任意性的假定，公式也并不能完全反映诸多涉及膜安全的因素，如施工影响、尖角颗粒刺穿、土工膜本身的渗漏特性、土工膜的不均匀性和缺陷；此外，土工膜聚合物中增塑剂的流失也与膜厚有关；膜的抗冲击能力也随膜厚度增加而提升，1.5mm 厚的膜比 1.0mm 厚的膜在耐久性和抗刺穿性能上有显著改善。所以理论公式计算的膜厚是最低要求，实际工程中，可先采用理论计算，并结合工程经验确定膜厚。

2. 防渗结构的抗滑稳定复核

（1）施工期的抗滑稳定复核。土工膜在铺设、拼接、锚固及保护层施工过程中承受自重、风力、位置调整、爆破振动等影响，需对土工膜进行土工膜施工期的抗滑稳定复核，对难以定量确定的荷载可通过不同的安全系数值来体现差异。

（2）运行期的抗滑稳定复核。蓄水后，由于增加法向水压力作用，有利于防渗膜系统的稳定。当水库水位骤降时，由于失去了水压力，抗滑稳定性将降低，需复核运行期的抗滑稳定。

5.2.2　土石围堰面膜防渗设计

5.2.2.1　典型土石围堰面膜防渗断面型式设计

根据以往类似围堰工程的成功经验及相关规范规定，依据施工条件及填料所需承担的功能不同，将围堰断面分为水上碾压石渣料区、水下抛填石渣料区、截流戗堤、垫层、膜上保护层、复合土工膜防渗层等主要分区，如图 5.2-2 所示。

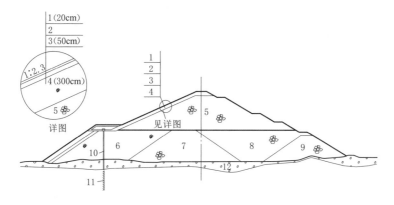

图 5.2-2　面膜防渗土石围堰填筑主要分区图

1—混凝土保护层；2—复合土工膜防渗层；3—垫层；4—过渡层；5—碾压的石渣料；6—抛填细石渣料；
7—截流戗堤；8—抛填的石渣料；9—排水棱体；10—防渗墙；11—灌浆帷幕；12—堰基覆盖层

面膜防渗土石围堰一般采用单层防渗结构。单层防渗结构包括下支持层、防渗层、上保护层，防渗结构如图 5.2-2 中详图所示。下支持层主要包括垫层及其下过渡层，防渗层主要是复合土工膜，上保护层主要包括混凝土保护层、颗粒保护层及袋装填料保护层等类型。

5.2.2.2　过渡层设计

在复合土工膜膜下垫层与堰体石渣料间一般设置颗粒材料过渡层，保证垫层料与石渣料的力学模量与水力过渡。

过渡层厚度要求：过渡层一般厚度为 2.5～3.0m，可依据现场围堰规模、施工条件、料源情况做局部调整。

过渡层颗粒粒径与级配要求：过渡料最大粒径为 15～30cm，过渡料和石渣料颗粒粒径需满足以下要求：

$$\frac{D_{15}}{d_{85}} \leqslant 7 \tag{5.2-1}$$

式中：D_{15} 为石渣料的计算粒径，表示小于该粒径的料按质量计占石渣料总量的 15%；d_{85} 为过渡料的计算粒径，表示小于该块径的料按质量计占过渡料总量的 85%。

过渡料需满足级配良好要求，其上、下包线形态应尽量符合满足级配优良、密度最大的塔尔博特曲线线型。小于 5mm 的颗粒含量不超过 20%，小于 0.075mm 的颗粒含量不超过 5%。建议过渡料级配包络线可参照图 5.2-3。

过渡层母岩材料要求：可采用弱风化～微风化或新鲜的开挖石渣料，石块饱和抗压强度以大于 35MPa 为宜。

过渡层压实指标要求：孔隙率不大于 20%，渗透系数不小于 1×10^{-3} cm/s。

5.2.2.3　膜下垫层设计

1. 颗粒垫层

在复合土工膜与过渡层间一般设置颗粒垫层，垫层材料应具有较好适应堰体变形的能

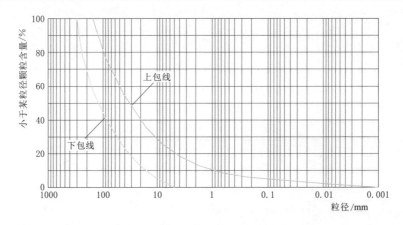

图 5.2-3　建议过渡料级配包络线

力，保证土工膜具有良好的支撑条件，同时具有一定透水能力，保证能及时排除膜后渗水。

垫层厚度要求：垫层一般厚度为 0.5～1.0m，可依据现场围堰规模、施工条件、料源情况可做局部调整。

垫层颗粒粒径与级配要求：垫层最大粒径 2～4cm，垫层料与过渡料颗粒粒径同样需满足与式（5.2-1）类似的层间系数要求。

垫层料需满足级配良好要求，其上、下包线形态应尽量符合满足级配优良、密度最大的塔尔博特曲线线型。小于 5mm 的颗粒含量宜为 30%～50%，小于 0.075mm 的颗粒含量不超过 5%。建议级配包络线可参照图 5.2-4。

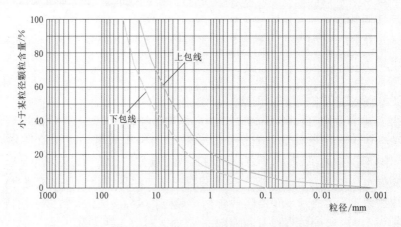

图 5.2-4　建议垫层料级配包络线

垫层料母岩材料要求：可采用天然砂砾料或天然砂砾料掺入工砂，避免采用片状、针状等棱角形颗粒。为保证垫层料在施工过程中不刺破土工膜，应安排生产性试验进行验证。尽可能利用天然砂砾料作为垫层料，如果采购不到或总量不足，垫层料可部分掺入工砂。

垫层压实指标要求：孔隙率不大于 18%，渗透系数不小于 $(5\sim10)\times10^{-4}$cm/s。

2. 无砂混凝土垫层

无砂混凝土是近年发展起来的一种新型的集支撑（承重）、透水、反滤三种用途为一体的新型工程材料，它是由粗骨料、水泥和水拌制而成的一种多孔混凝土，不含细骨料，由粗骨料表面包覆一薄层水泥浆相互黏结形成孔穴均匀分布的蜂窝状结构，具有一定的强度和渗透性。在公路、铁路、水工建筑物中，可用无砂混凝土作为透水的渗沟、渗管、挡墙等需要排水或反滤的结构，以代替施工浮渣的反滤层和透水结构，并可承受适当的荷载，具有透水性、过滤性和稳定性好、施工简便、省料等优点。

鉴于无砂混凝土具备以上优点，其支撑、透水及过滤等材料特性非常符合其作为土工膜垫层料的要求。其平整的表面利于复合土工膜的铺设且不会产生棱角刺破等问题。锦屏一级土工膜斜墙围堰采用 10cm 厚无砂混凝土作为垫层，围堰运行情况良好。但无砂混凝土作为垫层料使用仍存在一定缺点，如土工膜垫层需具备一定的柔韧性以协调膜和堰体之间变形协调要求，但无砂混凝土表现出一定刚性和脆性，所以锦屏一级上游围堰仅采用 10cm 厚无砂混凝土垫层，膜下再设置了 20cm 厚的颗粒垫层。一些专家在选择无砂混凝土作为高围堰土工膜垫层时仍持谨慎态度。

3. 快速施工薄层贫水泥砂浆垫层

高土石围堰一般采用无黏性颗粒垫层料。垫层料施工时临近雨季，夜晚降雨会对垫层料表面产生明显冲沟，施工人员的反复行走也会导致垫层料表面产生大量凹坑，且难以修复，见图 5.2-5。为解决该问题，通过现场配合比和施工试验，在垫层料表面增加了 1cm 厚薄层贫水泥砂浆（10％水泥含量）固坡护面，该护面可采用人工宽木槌拍打夯实的方法快速施工，见图 5.2-6。该垫层料固坡护面为复合土工膜形成了一个平整基面利于土工膜焊接，且对土工膜约束性较小，同时，简易渗透试验表明其透水性良好，不会在土工膜与护面之间形成滞留水层而影响土工膜的抗滑稳定。

图 5.2-5　颗粒垫层表层冲刷现场

图 5.2-6　薄层贫水泥砂浆垫层施工现场

5.2.2.4　防渗层设计

土工膜斜墙围堰防渗层的设计包括土工膜铺设坡比，土工膜与上、下相邻层间抗滑稳定复核，土工膜的抗顶张、抗拉复核等设计。

1. 铺设坡比

我国部分较高土工膜斜墙围堰铺设坡度见表 5.2-7，经统计其上游坡比多在 1:2.0

至 1：2.5 之间，铺设坡比依据类比经验及垫层材料性质选择，铺设坡比影响土工膜与上、下相邻层间的抗滑稳定性及土工膜的受力变形性质。

表 5.2-7　　　　　　　　　　　我国部分较高土工膜斜墙围堰铺设坡度表

工程名称	最大堰高/m	挡水水头/m	上游坡度（水上）
深溪沟上游围堰	45	34	1：2.5
泸定水电站上游围堰	42	26	1：2.25
ZM 上游围堰	40	21.4	1：2.5
猴子岩上游围堰	55	33.5	1：2.0
白鹤滩上游围堰	83	40.58	1：2.3
锦屏一级上游围堰	64.5	39.25	1：2.0

2. 抗滑稳定复核

根据《水利水电工程土工合成材料应用技术规范》（SL/T 225—98）的规定，斜墙式土工膜应对沿土工膜和堰体的接触带进行抗滑稳定验算。与土工膜抗滑稳定有关的是两个可能滑动面是否产生滑动：①膜上保护层与土工膜之间是否产生滑动；②土工膜与膜下垫层之间是否产生滑动。

（1）保护层或垫层料透水性良好。保护层或垫层料透水性良好，若不计保护层与土工合成材料交界面黏聚力，安全系数 F_s 计算公式为

$$F_s = \frac{\tan\delta}{\tan\alpha} \tag{5.2-2}$$

式中：δ 为上垫层土料与土工膜之间的摩擦角；α 为土工膜铺放坡角。

（2）保护层或垫层料透水性不良。保护层透水性不良，若不计保护层与土工合成材料交界面黏聚力，安全系数 F_s 计算公式为

$$F_s = \frac{\gamma'}{\gamma_{sat}} \frac{\tan\delta}{\tan\alpha} \tag{5.2-3}$$

式中：γ'、γ_{sat} 为保护层的浮容重和饱和容重，kN/m^3。

其中常用土工合成材料与保护层、垫层料间的摩擦系数见表 5.2-4。

5.2.2.5　膜上防护层设计

防护层可采用砂土、碎（卵）石土、混凝土板、浆砌块石、干砌块石、土工砂袋等。

土工膜的防护层主要做法可参考表 5.2-8，国内外类似工程斜墙式复合土工膜防护层及垫层型式见表 5.2-9。表 5.2-8 中复合土工膜的 4 种防护层型式在类似工程中均有成功实例，高土石围堰中以采用施工简便、快速的现浇（喷）混凝土板进行防护者居多。

表 5.2 - 8　　　　　　　　　　　　斜墙式复合土工膜防护层

防护层型式	土工膜类型	建议上垫层型式	防护层做法
预制混凝土板（适应于缓于 1∶1.75 的堰坡）	复合土工膜	不设上垫层	混凝土板直接铺在复合膜上（厚 20cm 以上）
	土工膜	喷沥青胶砂或浇厚约 4cm 的无砂混凝土	板铺在垫层上，接缝处塞防腐土条或沥青玛琋脂
现浇混凝土板或钢筋网混凝土	复合土工膜	不设上垫层	板直接浇在膜上（厚 15cm 以上）
	土工膜	先浇厚约 5cm 的细砾无砂混凝土	在垫层上布置钢筋，再浇混凝土，分缝间距为 15m，接缝处塞防腐土条或沥青玛琋脂
浆砌石块	复合土工膜	铺厚约 15cm、粒径小于 2cm 的碎石垫层	在垫层上砌石，应设排水孔，间距为 1.5m
	土工膜	铺厚约 5cm、细砾混凝土垫层	
干砌石块（适应于缓于 1∶1.75 的堰坡）	复合土工膜	铺厚约 15cm，粒径小于 4cm 的碎石垫层	在垫层上铺干砌石块
	土工膜	铺厚约 8cm 的细砾混凝土垫层或无砂沥青混凝土垫层	

表 5.2 - 9　　　　　　　国内外类似工程斜墙式复合土工膜防护层及垫层型式

工程名称	堰高 /m	土工膜结构型式	土工膜材质	防护层及垫层型式
Poze de Los Ramos 坝（西班牙）1984 年完成	94（后加高至 134）	斜墙	下部厚 2.0mm PE 膜上部厚 1.0mm PE 膜	钢筋网混凝土护坡；不分块、无止水；水泥砂浆垫层
Bovilla 坝（阿尔巴尼亚）	91	斜墙	3.0mm PVC 膜下复合 700g/m² 的涤纶织物上复合 800g/m² 的 PE 织物	预制混凝土板置于浇筑的混凝土横梁上
钟吕坝（江西婺源）	51	斜墙	复合土工膜 350g/0.6mm PVC/350g，复合土工膜 350g/0.4mm PVC/350g，复合土工膜 350g/0.8mm PVC/350g	现浇 C9 混凝土护坡；无砂混凝土涂抹水泥浆垫层
Jibiya（尼日利亚）	23.5	斜墙	2.1mm 厚复合土工膜0.7mm 厚 PVC 膜	现浇厚 8cm 混凝土护坡
锦屏一级上游围堰	64.5	斜墙	复合土工膜 350g/0.8mm HDPE/350g	喷 20cm 厚混凝土防护层、上抛袋装厚 1m 石渣料；20cm 厚人工碎石垫层料、上喷 10cm 厚无砂混凝土

续表

工程名称	堰高/m	土工膜结构型式	土工膜材质	防护层及垫层型式
深溪沟上游围堰	45.0	斜墙	复合土工膜 300g/0.8mm HDPE/300g	表面采用φ6@20cm×20cm的钢筋网、喷5cm厚的C20混凝土进行封闭。 备注：受"5·12"汶川地震影响，混凝土护面出现两条长裂缝，但下部膜完好，坡面也未发生滑动（1∶2.5）；采用挂网喷混凝土措施基本成功，"5·12"汶川地震造成山上飞石坠落堰面，复合土工膜受损轻微
宝珠寺水电站二期上游围堰	31.0	斜墙	复合土工膜 300g/0.8mm PVC/300g	喷水泥砂浆防护层厚5～10cm；喷水泥砂浆垫层厚5cm
NZD上游围堰	82	斜墙	复合土工膜 300g/0.8mm PE/300g	上游大块石护坡，复合膜上游侧铺4.6m厚过渡料Ⅱ，7.65m厚过渡料Ⅰ
向家坝二期上游围堰	59	斜心墙	复合土工膜 300g/0.5mm PE/300g	上游、下游各设0.5m厚的砂垫层及1.0m厚的砂砾石过渡料，过渡料上为碾压石渣
狮子坪上游围堰	17	斜心墙	复合土工膜 300g/0.5mm PE/300g	上、下各30cm厚粗砂垫层、砂垫层上铺任意料，铺盖压重后抛大块石护坡
白鹤滩上游围堰	83.0	斜墙	复合土工膜 350g/1.0mm PE/350g	保护层采用挂钢丝网喷20cm厚混凝土，垫层50cm厚天然砂砾料

1. 现浇混凝土保护层

现浇混凝土板或钢筋混凝土板，可在复合土工膜的土工织物上浇筑。对于非复合式土工膜，应在土工膜上先浇5cm左右薄层细砾混凝土垫层，然后绑扎钢筋，再浇混凝土，分缝间距约15m。如果滑膜浇筑，可不设横缝。缝内填塞经防腐处理的木条或玛琦脂，并留有一些排水孔。为防止土工膜老化，现浇混凝土板的厚度不小于15cm。

2. 喷混凝土保护层

围堰复合土工膜表面可采用"喷混凝土＋铺机编网"的方式进行保护。初喷C25混凝土10cm、铺设机编钢丝网、复喷C25混凝土10cm。喷混凝土沿纵横方向每隔5m设一道伸缩缝，分缝垂直于坡面，两层分缝需对齐；其中横缝（顺围堰轴线方向）缝宽2cm，缝内填充土工布（350g/m²）包裹的沥青木板，纵缝（垂直围堰轴线方向）缝宽5cm，缝内填充土工布（350g/m²）包裹的泡沫板。机编钢丝网采用性能优良的低碳镀锌钢丝，编织成网状结构，网孔80mm×100mm，网丝φ2.6，网目均匀；采用过缝布置，过缝部位涂刷沥青防锈漆，接头错开混凝土分缝40cm以上。

喷射作业时，必须保持喷头和受喷面的夹角在 75°～90°之间，喷头角度过小，粗骨料不宜嵌入砂浆中，易造成回弹料增加。喷头与受喷面距离一般要求为 0.6～1.2m，前期喷混凝土试验时采用的喷射距离为 1～1.2m，喷射效果较好，因此，喷射距离宜采用 1～1.2m。喷射混凝土施工时，操作手应抓紧喷头，换肩操作时，应保证喷头角度不发生较大变化。每块混凝土喷射时，喷射顺序自下而上，保持缓慢而匀速地顺时针转动，将喷射面喷射至设计厚度后，紧挨着该喷射面缓慢移动到下一喷射面，不得出现漏喷。禁止大幅度或快速转动喷头，也禁止采用上下滑动喷头的方式喷射。必须正确地选择喷射风压，如果风压或风量不足，混凝土在高压管内的运动速度缓慢，容易造成堵管，也会减弱冲击振实力量，造成混凝土的密实性差。根据上游围堰喷混凝土试验结果，高压管长不大于 50m 时，选择 0.4MPa 风压喷射效果较好；超过 50m 时，每延长 10m，建议增加风压 0.1MPa；风压高于 0.6MPa 时，应通过工艺性试验确定风压。

3. 预制混凝土板保护层

预制混凝土板可铺设在复合式土工膜的土工织物上。对于非复合式土工膜，上面没有土工织物，可先喷沥青胶砂，或浇筑薄层（厚约 4cm）无砂混凝土作为垫层，然后铺预制混凝土板。预制混凝土板的面积和厚度，根据坝坡坡率及波浪高度计算确定。为防止土工膜老化，混凝土板厚度至少在 20cm 以上，混凝土板之间的拼接缝，应填塞经防腐处理的木条或沥青玛琋脂，以免日光由缝隙照射土工膜。填塞木条或玛琋脂时应留有一些排水孔。

4. 颗粒保护层

干砌石块面层，因块石重量大且棱角尖锐，不宜与土工膜或复合土工膜直接接触。在复合土工膜的土工织物上可铺粒径小于 4cm 的碎石垫层，厚度 15cm 左右，再在其上做干砌石块。在非复合土工膜上，可浇筑细砾无砂水泥混凝土或细砾无砂沥青混凝土做垫层，厚约 8cm，再在其上做干砌石面层。

浆砌石块面层可在复合式土工膜的土工织物上先铺粒径小于 2cm 的碎石垫层，厚约 5cm，在其上砌筑浆砌块石。在非复合土工膜上，可先铺设厚约 5cm 的细砾混凝土垫层，再在其上砌筑浆砌块石。浆砌块石面层应设排水孔，间距约 1.5m。

5. 袋装石渣保护层

袋装石渣保护层属于堆叠式柔性保护层，一般要求编织袋单位面积质量不小于 130g/m²，极限抗拉强度不小于 18kN/m。装填石渣的最大粒径不大于 100mm，装填石渣量不超过编织袋容积的 70%。当堰肩两岸高程存在危岩体或落石风险时可采用这种柔性保护层。

5.2.2.6　防渗膜的连接锚固设计

根据类似工程经验教训，土工膜防渗边界处理至关重要，为形成一个完整封闭的防渗体系，土工膜与混凝土防渗墙和堰坡混凝土趾板需要采用可靠有效的方法进行连接，同时需保证施工简便。斜墙式土工膜与塑性混凝土防渗墙及周围岸坡趾板混凝土的连接均采用埋置法。

1. 与防渗墙连接锚固

（1）预埋式锚固。土工膜与下部混凝土防渗墙连接：在塑性混凝土防渗墙顶部设置盖帽混凝土，将土工膜埋入盖帽混凝土内，土工膜埋入二期混凝土的长度根据膜与混凝土的允许接触比降（允许接触比降通过试验得到）确定，一般不小于0.8m，土工膜传统的埋设方式见图5.2-7，其锚固接头具体型状及尺寸可依据围堰规模和施工条件调整。该锚固方式构造简单，但主要存在两方面的不足：①对于防渗墙而言，直接将复合土工膜埋设于盖帽混凝土中，在混凝土浇筑振捣过程中容易发生移位，引起土工膜褶皱等；②若盖帽混凝土上游面发生局部裂缝可能会产生渗漏。

（2）螺栓机械式锚固。若围堰防渗要求较高或施工存在困难时，可采用机械式锚栓法先将土工膜沿盖帽混凝土轴线固定后再浇筑二期混凝土。土工膜的螺栓固定与封边见图5.2-8。该方法一方面满足了复合土工膜固定与连接要求；另一方面采用了SR等高分子材料，对复合土工膜进行了找平、预紧与封边处理，对截断渗漏水流能起到较好的封闭作用。

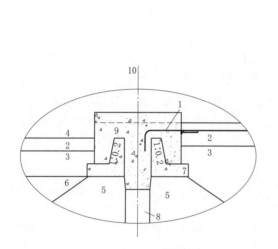

图5.2-7 土工膜的传统埋设方式
1—复合土工膜；2—垫层；3—过渡料；
4—碎石土；5—细石渣料；6—抛填石渣；
7—导向槽；8—防渗墙；9—盖帽混凝土；
10—防渗墙轴线

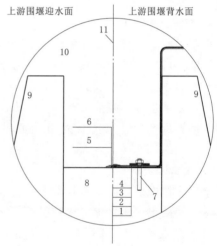

图5.2-8 土工膜的螺栓固定与封边
1—SR找平层；2—复合土工膜防渗；3—橡胶垫片；
4—扁钢；5—SR防渗胶带；6—聚氨酯弹性材料；
7—镀锌螺栓；8—一期混凝土；9—导向墙；
10—二期混凝土；11—防渗墙轴线

2. 与周边盖板（趾板）连接锚固

（1）预埋式锚固。土工膜与两岸岸坡趾板混凝土的连接：两岸岸坡处设有趾板混凝土，一方面作为帷幕灌浆施工的盖板，另一方面将土工膜埋进混凝土，形成土工膜和堰肩帷幕灌浆的防渗体系。盖板混凝土底宽应为挡水水头的1/20～1/10，厚1.5m。土工膜埋入二期混凝土的长度根据膜与混凝土的允许接触比降（允许接触比降通过试验得到）确定，并不小于0.8m。土工膜与趾板预埋式锚固见图5.2-9，其锚固接头具体型状及尺寸可依据围堰规模和施工条件调整。

（2）螺栓机械式锚固。若围堰防渗要求较高或施工存在困难时可采用机械式锚栓法先将土工膜沿趾板轴线固定后再浇筑二期混凝土。采用图5.2-10及图5.2-11所示的螺栓机械锚固方式。一方面满足了复合土工膜固定与连接要求，另一方面采用了SR等高分子材料对复合土工膜进行了找平、预紧与封边处理，对截断渗漏水流能起到较好的封闭作用。

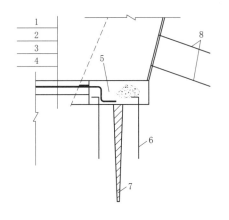

图 5.2 - 9　土工膜与趾板预埋式锚固
1—混凝土保护层；2—复合土工膜防渗层；
3—砂砾石垫层；4—过渡料；5—趾板；
6—锚筋；7—帷幕灌浆；8—锚杆

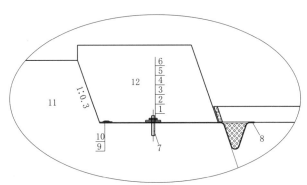

图 5.2 - 10　土工膜与趾板机械式锚固
1—沥青找平层；2—复合土工膜防渗层；3—橡胶垫片；
4—扁钢；5—弹簧垫圈；6—镀锌螺母；7—镀锌螺杆；
8—伸缩节；9—SR防渗胶带；10—聚氨酯弹性材料；
11—一期混凝土；12—二期混凝土

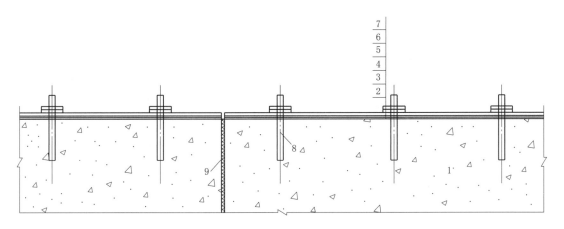

图 5.2 - 11　土工膜与趾板混凝土螺栓机械式锚固轴线
1—趾板混凝土；2—沥青找平层；3—复合土工膜防渗层；4—橡胶垫片；5—扁钢；
6—弹簧垫圈；7—镀锌螺母；8—镀锌螺杆；9—趾板伸缩缝

5.2.2.7　相关施工工艺流程与技术要求

大面积土工膜采用焊接方式，边角及破损修补采用 KS 黏结（或手持式挤压焊机焊接），土工布采用手提式缝包机缝合。

复合土工膜施工工艺流程为：施工准备→放样→铺膜、裁剪→对正、搭齐→压膜、定型→擦拭尘土→焊接试验→焊接→检测（包括目测、检漏、抽样做抗拉试验）→修补→缝下层布→检测→翻面铺设→缝上层布→下道工序。复合土工膜施工工艺示意见图 5.2-12。

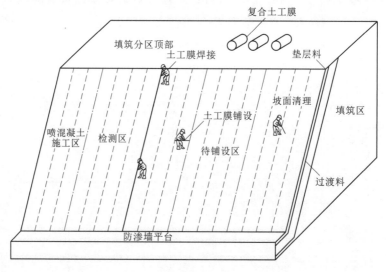

图 5.2-12　复合土工膜施工工艺示意图

1. 铺设

（1）复合土工膜在使用前委托专业检测机构对产品的各项技术指标进行检测，各项指标均应符合标准规定和设计要求方可用于施工。

（2）土工膜铺设前，应按设计图纸要求在基础铺筑 300cm 厚过渡料和 60cm 厚垫层料，基础垫层必须采用平板夯将坡面碾压密实、平整，清除一切尖角杂物，欠坡回填夯实、富坡削坡挖平，为复合土工膜铺设提供合格工作面。

（3）施工前应根据复合土工膜分区规划和下料设计图要求下料，按编号一一对应将土工膜运至现场。考虑土工膜单卷较重，采用 25t 汽车吊吊装至载重汽车内，运至工作面后，采用汽车吊卸车。土工膜在运输过程中不得拖拉、硬拽，避免尖锐物刺伤。

（4）土工膜铺设面上应清除一切树根、杂草和尖石，保证铺设砂砾石垫层面平整，不允许出现凸出及凹陷的部位，并应碾压密实。排干铺设工作范围内的所有积水。

（5）土工膜铺设前，先对铺设区域进行复检，再将编号区域对应的土工膜搬运到工作面，铺设时根据现场实际条件，采取从上往下推铺的方式铺设。铺设前，采用 ϕ48 钢管作为滚轴，滚轴两端设置拉绳，人工自坡顶沿坡面下放翻滚推铺，拖拉平顺，松紧适度，并注意预留接头及伸缩节，保证土工膜整体受力性能。

（6）铺设土工膜时应对正、搭齐，同时做到压膜、定型，铺设到位后用沙袋或软性重物压住土工膜，防止被风吹起扭卷，直至保护层施工完毕为止。当天铺设的土工膜应在当天全部拼接完成。

（7）铺设过程中，作业人员穿平底胶鞋，不得穿硬底皮鞋及带钉的鞋。不准采用带尖头的钢筋作撬动工具，严禁在复合土工膜上敲打石料和一切可能引起材料破损的施工作业。

（8）复合土工膜与基础垫层之间应压平贴紧，避免架空，清除气泡，以保证安全。

（9）对施工过程中遭受损坏的土工膜，应及时进行修理，在修理土工膜前，应将保护层破坏部位不符合要求的料物清除干净，补充填入合格料物，并予以平整。对受损的土工合成材料应另铺一层合格的土工合成材料在破损部位之上，其各边长度应至少大于破碎部位 1.0m 以上，并将两者进行拼接处理。

（10）施工过程中应采取有效措施防止大石块在坡面上滚滑，以及防止机械搬运损伤已铺设完成的土工膜。

2. 拼接

（1）复合土工膜接缝采用焊接工艺连接，搭接长度为 10cm；局部无法焊接或焊接有问题的部位采用黏结方式，搭接长度为 20cm。

（2）土工膜拼接可采用如下施工工艺参数：①土工膜焊接，焊机行走速度为 2m/min、施焊温度为 320℃，搭接长度为 10cm，分 2 道焊缝，焊缝宽度为 10mm，2 道焊缝间的距离为 12mm；②土工膜黏结，采用 KS 胶，双面均匀涂抹，搭接长度 20cm。并应根据现场生产性试验确定。

（3）拼接前必须对焊接面进行清扫，焊接面不得有油污、灰尘。阴雨天应停止施工或在雨棚下作业，以保持焊接面干燥。焊接时在焊接部分的底部垫一条平整的长木板，以便焊机在平整的基面上行走，保证焊接质量。

（4）在斜坡上搭接时，应将高处的膜搭接在低处的膜面上。

（5）膜块间的接头应为 T 形，不得为"十"字形，T 形接头宜采用母材补疤，补疤尺寸为 300mm×300mm，疤的直角应修圆。

（6）土工膜的拼接接头应确保具有可靠的防渗效果。在拼接过程中和拼接后 2h 内，拼接面不得承受任何拉力，严禁拼接面发生错动。

（7）土工膜按照下料设计图剪裁整齐，保证足够的搭接宽度，接缝应"平整、牢固、美观"。当施工中出现脱空、收缩起皱及扭曲鼓包等现象时，应将其剔除后重新焊接。

（8）土工膜焊接、黏结好后，必须妥善保护，避免阳光直晒，以防受损。

3. 缺陷修补

（1）焊接检验切除样件部位、铺焊后发现的材料破损与缺陷、焊接缺陷以及检验时发现的不合格部位等，均应进行修补。

（2）修补的程序：对随时发现的缺陷部位用特制的白笔标注，并加编号记入施工记录，以免修补时漏掉；修补处的编号应连续排列；修补后应对成品抽样做检漏试验（充气法或真空法）。

（3）各种空洞的修补：根据洞的大小而定，当洞大于 5mm 时，应用 10cm 圆形或椭圆形的衬垫修补。对于小的针眼或空洞，可以用点焊。

4. 土工膜与周边连接施工

（1）土工膜应通过混凝土趾板、锚固槽与河床或岸坡的不透水基岩紧密连接，顶部应锚固于堰顶路面中，以形成整体防渗，其锚固长度应符合施工图纸的要求。

（2）土工膜与周边的连接型式应符合施工图纸的要求，结构尖角处应倒角圆润。

（3）在趾板转弯处，土工膜与趾板的连接应平顺过渡。

5.2.3 土石围堰芯膜防渗设计

5.2.3.1 典型土石围堰芯膜防渗断面型式设计

根据以往类似围堰工程的成功经验及相关规范规定，基于施工条件及填料所需承担的功能不同，可将土工膜心墙（芯膜）围堰断面分区划为水上填筑料、水下抛填料、过渡料、垫层料及防渗层，各主要分区见图 5.2-13。

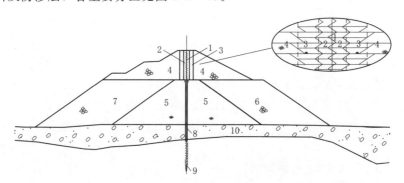

图 5.2-13　心墙土工膜围堰填筑主要分区图
1—复合土工膜防渗层；2—垫层；3—过渡层；4—碾压石渣料；5—抛填细石渣料；
6—抛填的石渣；7—排水棱体；8—防渗墙；9—帷幕灌浆；10—堰基覆盖层

心墙式（芯膜）土石围堰土工膜的防渗一般采用单层防渗，心墙式单层防渗结构包括土工膜防渗层、垫层及过渡层，如图 5.2-13 中详图所示。为了方便施工及缓解土工膜应变以适应堰体变形，常将土工膜心墙设计成"之"字形薄层转折。

5.2.3.2 过渡层设计

过渡层厚度要求：过渡层一般厚度为 3.0m，可依据现场围堰规模、施工条件、料源情况做局部调整。

过渡层颗粒粒径与级配要求：最大粒径 10～20cm，小于 5mm 的颗粒含量不超过 20%，小于 0.075mm 的颗粒含量不超过 5%。其上、下包线形态应尽量满足级配优良、密度最大的塔尔博特曲线线型。过渡料和石渣料颗粒粒径还需满足层间系数要求。建议的下游围堰过渡料级配包络线可参照图 5.2-14。

过渡层母岩材料要求：可采用弱风化～微风化或新鲜的开挖石渣料，石块饱和抗压强度以大于 35MPa 为宜。

过渡层压实指标要求和填筑设计指标要求：孔隙率不大于 20%，渗透系数不小于 $1×10^{-3}$ cm/s。

5.2.3.3 垫层设计

理想的垫层料应当是符合级配要求的、颗粒圆滑的天然砂砾料，但当工区缺少该类型垫层材料时只能外购，为了控制成本，也需采用砂石加工系统加工人工砂与小石掺合料。但人工砂和小石颗粒锐角突出，在施工碾压过程中可能对土工膜造成顶破、刺破或穿透等破坏。为了研究真实的现场施工条件下人工砂石垫层料对土工膜安全性的影响，需按照真实的围堰施工工艺、施工工序进行土工膜与垫层料的现场碾压试验，从而客观评价土工膜的

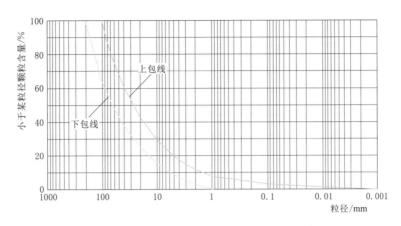

图 5.2 - 14　下游围堰过渡料级配包络线

施工安全性。

1. 天然砂砾料垫层

在复合土工膜与过渡层间一般设置天然砂砾料颗粒材料垫层，垫层材料应具有较好适应堰体变形能力，保证土工膜具有良好的支撑条件，同时具有一定透水能力，保证能及时排除膜后渗水。

垫层厚度要求：垫层一般厚度为 2.0m，可依据现场围堰规模、施工条件、料源情况做局部调整。

垫层颗粒粒径与级配要求：垫层最大粒径为 2cm，垫层料与过渡料颗粒粒径同样需满足与式（5.2-1）类似的层间系数要求。

垫层料需满足级配良好要求，其上、下包线形态应尽量符合满足级配优良、密度最大的塔尔博特曲线线型。小于 5mm 的颗粒含量不少于 50%，小于 0.075mm 的颗粒含量不超过 5%。建议垫层料级配曲线见图 5.2-15。

垫层压实指标要求：相对密度不小于 0.8，渗透系数不小于 $(5\sim10)\times10^{-4}$ cm/s。

2. 人工砂石垫层

在心墙土工膜土石围堰施工与运行过程中，复合土工膜被置于其中，起到防渗、加筋作用。在施工期，土工织物将受到填筑土石料引起的法向载荷的作用。法向荷载可能是静力的，也可能是动力的，或者是两者的组合。填筑物可能是圆钝的卵石，也可能是有尖角的碎石，还有可能有掺杂在填筑物中的树桩、断枝等杂物。顶破试验、刺破试验和穿透试验便是模拟工程实际而制定的试验项目。诚然，通过圆球顶破试验、CBR 顶破试验、刺破试验及落坠可获得土工膜的相关定量指标，但难以建立垫层料实际颗粒受力状态下对土工膜的破坏作用，其最直接的评价土工膜施工前后性态变化的试验仍是现场碾压试验。下面以某心墙土工膜围堰填料碾压试验为例，说明人工砂石料垫层的适应性。

（1）土工膜混合碾压试验方案。为了检验埋设于土体中的复合土工膜随土体受压变形时（如施工碾压荷载）土工膜是否会受到损伤，以及选择合适的垫层料支持层，进行现场碾压试验。其后小心剥去上层土样，取出复合土工膜进行外观检查，并加做大型渗透试验，以准确检验和评价膜的损伤情况，试验目的如下：

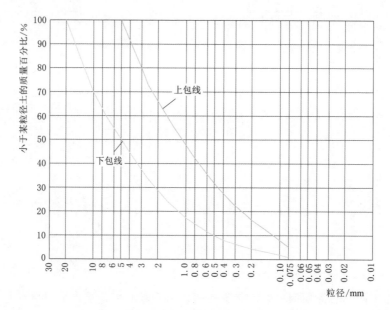

图 5.2－15　垫层料级配曲线

1）根据垫层料级配要求，通过试验确定人工砂与小石的掺合比例，核实垫层料的设计填筑标准的合理性和可行性。

2）通过现场碾压试验检验人工砂与小石掺合垫层料是否会破坏土工膜及 PE 膜。

3）研究达到设计填筑标准的压实方法，通过试验和比较确定合适的碾压施工参数，包括铺料厚度和碾压遍数等。

现场碾压试验场次及试验内容见表 5.2－10；碾压场地布置及各料区分块示意见图 5.2－16；土工膜及 PE 膜布置示意见图 5.2－17。

表 5.2－10　　　　　　　　现场碾压试验场次及试验内容表

场次	试验内容	垫层料砂石比例（质量比）/%	土工膜、PE 膜	碾压机具	碾压遍数	每遍数布取样点	铺料厚度/cm	试验项目、数量		
								级配试验	渗透试验	相对密度试验
1		50∶50	两种规格土工膜及 PE 膜			3				
2	垫层料土工膜现场碾压试验	60∶40	两种规格土工膜及 PE 膜			3				
3		65∶35	两种规格土工膜及 PE 膜	20t 振动碾	4，6	3	45/50	各 2 组	各 2 组	各 2 组
4		70∶30	两种规格土工膜及 PE 膜			3				
5		100∶0	—			3				

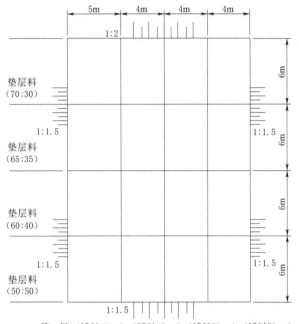

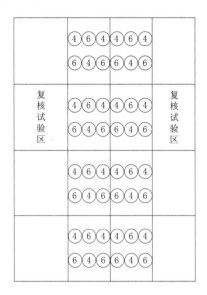

（a）垫层料掺合比例及铺料厚度　　　　　　（b）碾压遍数

图 5.2-16　碾压场地布置及各料区分块示意图

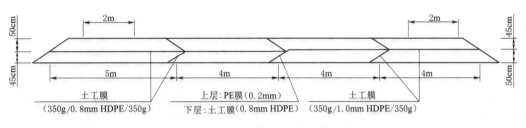

图 5.2-17　土工膜及 PE 膜布置示意图

（2）复合土工膜碾压试验成果与结论。为了评价真实施工工艺条件下复合土工膜的抗施工破坏安全性，试验后小心将土工膜上覆垫层料剥离，对每类试验采取不少于 3 个试验样本，检测了不同砂石掺配比例垫层条件下土工膜的力学指标，复合土工膜的抗施工破坏安全性通过"综合评定"来评价，统计多个试验样板的特征值，如果所有检测项目的最大值、最小值和平均值均合格，那么判定为合格，否则判定为不合格。不同砂石掺配比例下土工膜检测成果统计分析见表 5.2-11。

复合土工膜与垫层料混合碾压试验结果如下：

1）通过圆球顶破试验、CBR 顶破试验、刺破试验及落坠可获得土工膜的相关定量指标，但难以建立垫层料实际颗粒受力状态下对土工膜的破坏作用，其最直接的评价土工膜施工前后性态变化的试验仍是现场碾压试验。

表5.2—11　不同砂石掺配比例下土工膜检测结果统计分析表

掺配比例	膜厚/mm	铺填方式	CBR顶破强力(≥3kN) 最大值	判定	最小值	判定	平均值	判定	渗透系数(≤10×10⁻¹²cm/s) 最大值	判定	最小值	判定	平均值	判定	耐静水压(≥1.2MPa) 最大值	判定	最小值	判定	平均值	判定	综合评定
70:30	0.8	斜向	4.349	合格	3.487	合格	3.767	合格	25.30	不合格	16.50	不合格	21.87	不合格	1.74	合格	1.02	不合格	1.46	合格	不合格
	0.8+PE膜	斜向	4.306	合格	3.553	合格	3.942	合格	11.40	不合格	8.50	合格	9.78	合格	1.51	合格	1.02	不合格	1.25	合格	不合格
	1.0	斜向	5.977	合格	4.955	合格	5.559	合格	6.72	合格	2.72	合格	4.38	合格	2.21	合格	1.89	合格	2.00	合格	合格
	0.8	水平	—		—		4.299	合格	10.80	不合格	7.58	合格	8.81	合格	1.71	合格	1.53	合格	1.64	合格	不合格
	1.0	水平	—		—		6.721	合格	6.87	合格	2.67	合格	4.39	合格	2.21	合格	1.80	合格	2.07	合格	合格
65:35	0.8	斜向	4.507	合格	3.869	合格	4.137	合格	12.90	不合格	7.57	合格	9.41	合格	1.51	合格	1.12	不合格	1.28	合格	不合格
	0.8+PE膜	斜向	4.014	合格	3.351	合格	3.724	合格	29.60	不合格	6.28	合格	15.18	不合格	1.82	合格	0.88	不合格	1.34	合格	不合格
	1.0	斜向	6.036	合格	4.798	合格	5.200	合格	12.80	不合格	5.02	合格	9.71	合格	1.89	合格	1.31	合格	1.67	合格	不合格
	0.8	水平	4.412	合格	3.915	合格	4.189	合格	16.40	不合格	5.54	合格	10.91	不合格	1.74	合格	1.02	不合格	1.46	合格	不合格
	1.0	水平	5.579	合格	4.715	合格	5.032	合格	8.76	合格	5.17	合格	7.44	合格	1.82	合格	1.21	合格	1.48	合格	合格
60:40	0.8	斜向	4.524	合格	3.842	合格	4.174	合格	14.00	不合格	8.47	合格	10.48	不合格	1.73	合格	1.60	合格	1.65	合格	不合格
	0.8+PE膜	斜向	4.408	合格	3.269	合格	3.740	合格	31.10	不合格	9.28	合格	19.69	不合格	1.91	合格	0.92	不合格	1.52	合格	不合格
	1.0	斜向	5.634	合格	4.718	合格	5.115	合格	9.54	合格	6.86	合格	7.97	合格	1.92	合格	1.28	合格	1.54	合格	合格
	0.8	水平	4.564	合格	4.148	合格	4.302	合格	9.39	合格	7.43	合格	8.49	合格	1.68	合格	1.42	合格	1.57	合格	合格
	1.0	水平	6.409	合格	4.816	合格	5.838	合格	11.80	不合格	0.32	合格	4.18	合格	2.01	合格	1.61	合格	1.85	合格	不合格
50:50	0.8	斜向	3.979	合格	3.428	合格	3.731	合格	19.10	不合格	6.87	合格	14.52	不合格	1.71	合格	0.78	不合格	1.30	合格	不合格
	0.8+PE膜	斜向	4.087	合格	3.472	合格	3.747	合格	16.00	不合格	7.69	合格	11.43	不合格	1.82	合格	1.31	合格	1.64	合格	不合格
	1.0	斜向	5.212	合格	4.365	合格	4.826	合格	9.71	合格	5.03	合格	7.19	合格	1.92	合格	1.62	合格	1.79	合格	合格
	0.8	水平	4.182	合格	3.506	合格	3.812	合格	12.30	不合格	9.00	合格	10.30	不合格	1.72	合格	0.93	不合格	1.41	合格	不合格
	1.0	水平	5.912	合格	5.414	合格	5.681	合格	6.40	合格	3.59	合格	5.31	合格	2.01	合格	1.87	合格	1.93	合格	合格

2）通过砂石掺配比例为 50：50～70：30 等不同掺配比例下的碾压试验可知：掺合料颗粒级配曲线基本处于设计包络线内，但小于 0.075mm 颗粒含量稍偏多；各种掺配比例下振压 6 遍压实干密度和渗透系数均符合设计要求。

3）对碾压后土工膜各物理力学指标重新检测并统计分析，对各指标特征值综合评定后可知：在各种掺配比例下振压 6 遍，除掺配比例为 65：35 布置于斜向和 60：40 布置于水平方向膜厚为 1.0mm 的土工膜渗透系数稍偏大外，其余布置于斜向和水平方向膜厚为 0.8～1.0mm 的土工膜各项检测指标均合格。

4）碾压试验表明采用人工砂石料比例配比垫层具有较好的级配特性、压实特性，其施工过程中对水平铺置的复合土工膜破坏作用稍大，对斜铺式土工膜的破坏作用在可接受的范围内。

5.2.3.4　防渗层设计

为缓解心墙式（芯膜）土工膜施工期及运行期的应变，心墙土工膜铺设成"之"字形折皱状，心墙土工膜典型断面及现场见图 5.2-18。考虑到施工便利性，转折高度一般为 45cm（工期紧张时可采用 90cm），依据水口水电站围堰经验，转折角为 32°时施工适应性及土工膜应力状态较好。

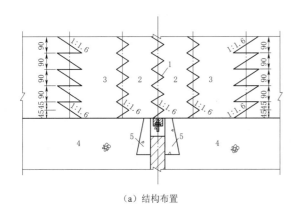 

（a）结构布置　　　　　　　　　　　　　　（b）现场

图 5.2-18　心墙土工膜典型断面及现场图（单位：cm）

1—复合土工膜；2—垫层料；3—过渡料；4—细堆石料；5—C20 混凝土防渗墙

5.2.3.5　防渗膜的连接锚固设计

根据类似工程经验教训，心墙土工膜防渗边界处理至关重要，土工膜与混凝土防渗墙和堰坡需要采用严密可靠的方法进行连接。

1. 与防渗墙连接锚固

土工膜与下部混凝土防渗墙连接：土工膜与下部混凝土防渗墙连接采用在防渗墙顶部盖帽混凝土并在顶部预留槽，土工膜通过螺栓固定于盖帽混凝土的预留槽内，浇筑二期混凝土时封闭预留槽，使防渗土工膜与防渗墙连接形成封闭整体。盖帽混凝土中预留槽一般宽 0.5m、深 0.4m。土工膜嵌入混凝土的长度根据膜与混凝土的允许接触比降（允许接触比降通过试验获得）确定，一般不小于 0.8m。其锚固接头具体形状及尺寸可依据围堰规模和施工条件调整。

心墙土工膜与防渗墙接头处理方式见图 5.2-19。

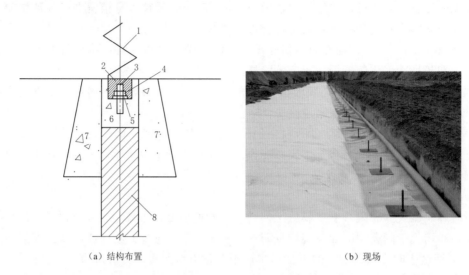

（a）结构布置　　　　　　　　　　　（b）现场

图 5.2-19　心墙土工膜与防渗墙接头处理方式

1—复合土工膜；2—二期混凝土；3—锚栓；4—螺母 AM20；5—钢板垫片；6—盖帽混凝土；
7—导向槽混凝土；8—C20 混凝土防渗墙

2. 与周边盖板（趾板）连接锚固

土工膜与堰肩趾板连接：土工膜与堰肩连接时先开挖堰肩基础，后浇筑盖板混凝土，在盖板混凝土顶部预留槽，土工膜通过螺栓固定于盖板混凝土的预留槽内，后浇筑二期混凝土封闭预留槽，防渗土工膜与堰肩连接形成封闭整体。盖板混凝土底宽应为挡水水头的 1/20~1/10，一般取 4.0m 宽。预留槽宽 2.0m，深 0.4m。土工膜埋入二期混凝土的长度根据膜与混凝土的允许接触比降（允许接触比降通过试验获得）确定，并不小于 0.8m。心墙土工膜与堰肩边界接头处理方式见图 5.2-20。

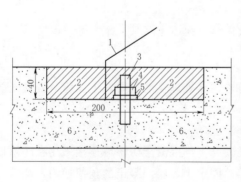

（a）结构布置（单位：mm）　　　　　　　（b）现场

图 5.2-20　心墙土工膜与堰肩边界接头处理方式

1—复合土工膜；2—二期混凝土；3—锚栓；4—螺母 AM20；5—钢板垫片；6—盖板混凝土

5.2.3.6 相关施工工艺流程与技术要求

1. 工艺流程

心墙式土工膜施工的基本流程为：铺设→裁剪→基面平整→压膜定型→对正搭接→黏接检测→验收→成品保护。基本类似于斜墙围堰，此处不再赘述，仅针对心墙土工膜施工特点叙述如下：

心墙土工膜围堰复合土工膜一般采用"之"字形向上铺设形式，折叠坡比为 1:1.6，"之"字形每层转折高度 45cm 或 90cm（转折高度按照两层垫层料的压实厚度确定）。土工膜两侧采用垫层料保护层，单侧宽 2m。

心墙式土工膜施工工艺流程见图 5.2-21。

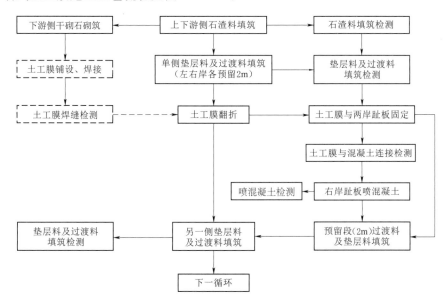

图 5.2-21 心墙式土工膜施工工艺流程

2. 流程说明与技术要求

（1）图 5.2-21 为不包含提前填筑区域的施工流程。提前填筑区域主要为石渣料及干砌石护坡填筑，每一循环石渣料均先填筑最下游侧石渣料条带（10~15m 宽），以保证干砌石护坡连续施工。

（2）提前填筑区域可缩短每层填筑施工时间，中间形成的沟槽还可起到挡风作用，方便土工膜的铺设、焊接及翻折，故 1~10 层填筑均可采用提前填筑上下游侧方式施工（10层以上围堰下游侧石渣料宽度不足 20m）。提前填筑区域与中间沟槽高差不宜大于 5m，否则应暂缓提前填筑区域施工。

（3）石渣料、过渡料及垫层料松铺层厚、加水量、碾压遍数等均以碾压试验确定的施工参数为准；土工膜焊接温度及焊机行走速度以焊接试验确定的施工参数为准。

（4）土工膜横向铺设；大面焊接采用热楔式爬行焊接，T 形结点补强焊接及个别区域可采用挤压式热焊接；焊接完成后通长翻折；采用光面膜（膜布分离）部位，在土工膜连接完成后立即粘贴土工布，以防土工膜破坏。

（5）若围堰下游侧无对外施工道路，围堰下游侧施工材料、设备均通过跨土工膜钢栈桥从围堰上游侧运输至作业位置。

5.3　土石围堰力学特性

5.3.1　主要试验内容与方法

5.3.1.1　主要试验内容

土石围堰力学特性试验内容主要包括围堰填筑料的水下抛填密度试验、围堰填筑料及基础覆盖层的静力参数试验和复合土工膜与填筑材料的界面摩擦特性试验等部分。如白鹤滩围堰主要试验的组数见表 5.3-1。

表 5.3-1　　　　　　　　白鹤滩围堰主要试验的组数

材　料	试　验　组　数						
	击实或密度试验	水下抛填密度模型试验	水下抛填休止角模型试验	饱和三轴试验（CD）	压缩变形特性试验	复合土工膜物理力学性质测试	土工膜与接触材料的摩擦特性试验
石渣料Ⅰ（碾压）	2	—	—	2	—	—	—
石渣料Ⅰ（抛填）	5	4	2	6	2	—	—
砂砾料（抛填）	1	2	1	3	—	—	—
上游、下游覆盖层	2	—	—	4	—	—	—
复合土工膜	—	—	—	—	—	1	4
合计	10	6	3	15	2	1	4

5.3.1.2　主要试验方法

白鹤滩围堰主要试验方法如下。

1. 水下抛填体密度及休止角的试验方法

（1）对原型材料进行缩尺，缩尺应满足模型箱对颗粒尺寸的要求（按模型箱宽度的1/10 控制）。

（2）对缩尺后的模型材料进行密度试验，确定其最大干密度及最小干密度。

（3）按照最小干密度在模型箱内松填并完成模型制备，记录初始密度，作为模型试验的初始值。

（4）加水至设定水位，运行至设计加速度，观测模型体积变化，通过体积变化换算为密度值的变化；休止角模型主要观察坡体的变化，测定稳定状态下的坡比。

（5）确定水下抛填体的密度和休止角。试验在 CKY-200 型多功能土工离心机上完成，CKY-200 型多功能土工离心机试验系统如图 5.3-1 所示。

2. 填筑料变形、强度参数试验方法

强度参数试验采用大型击实试验或者密度试验获得试样最大干密度或者密度试验成果，根据压实度或者相对密度确定试验密度。采用大型三轴试验仪进行强度参数试验。

（a）主机　　　　　　　　　　　（b）远程监控及数据采集

图 5.3-1　CKY-200 型多功能土工离心机试验系统

5.3.1.3　复合土工膜与砂砾石垫层摩擦系数的试验方法

考虑到砂砾石垫层颗粒尺寸较大，采用常规直剪试验方法将存在较大的尺寸效应，试验采用大型土-土工合成材料直剪仪进行试验。

5.3.2　围堰填料力学特性研究

5.3.2.1　抛填料密度试验成果

1. 白鹤滩上游围堰

各组模型材料采用大型击实法确定的最大干密度和松填法确定的最小干密度，试验成果见表 5.3-2。

表 5.3-2　　　　　　　　　白鹤滩上游围堰干密度极值试验成果表

级配编号	模 型 材 料 类 型	最大干密度 /(g/cm^3)	最小干密度 /(g/cm^3)
L1	原型石渣料上包线模拟（柱状节理）	2.241	1.799
L2	原型石渣料下包线模拟（交通洞）	2.066	1.639
L3	砂砾料模拟（大沙坝料场）	2.379	2.056
L4	石渣料下包线级配，但采用砂砾料替代	2.303	2.006
L5	石渣料下包线级配，再缩尺4倍（共缩尺40倍）	2.048	1.741

白鹤滩上游围堰各组模型材料的水下抛填密度与水深的变化关系见图 5.3-2。

主要试验结论如下：

（1）石渣料抛填体密度范围值为 1.75～1.90g/cm^3，由于级配不同，密度有所不同，但差别不大。石渣料 30m 水深抛填体的密实度较低，主要反映了石渣颗粒初始堆积后，形成了一定的架空骨架，后续抛填料荷重引起的变形很小。

（2）砂砾料抛填后密度较高，一般为 2.01～2.22g/cm^3，级配对密度值有一定影响，但抛填后的密度值均大于 2.0g/cm^3。

（3）砂砾料抛填后的密度值远大于石渣料，可见不仅级配对密度会有影响，颗粒形状对密度的影响更大，砂砾料颗粒磨圆度较大，更容易形成密实的抛填体。

2. 三峡二期围堰

三峡二期围堰抛填风化砂不同 P_5 含量条件下水下堰体填料的密度沿抛填深度的变化关系曲线见图 5.3-3，其干密度在 $1.65 \sim 1.85 t/m^3$ 范围内变化。

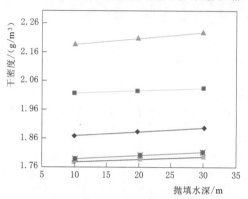

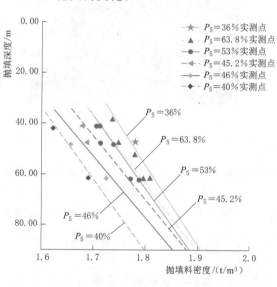

图 5.3-2 白鹤滩上游围堰各组模型材料的
水下抛填密度与水深的关系曲线

图 5.3-3 三峡二期围堰水下抛填料密度
与抛填深度的关系曲线

5.3.2.2 抛填料稳定坡角试验成果

1. 白鹤滩上游围堰

针对两种主要抛填料进行了水下抛填体休止角的离心模型试验，BHT-2模型为石渣料下包线的模拟（级配L2），BHT-3模型为砂砾料的模拟（级配L3）。

（1）石渣料下包线的模拟。根据试验前后休止角的变化，绘制稳定的边坡线和坡体变形状态，石渣料级配下包线在30m水深条件下抛填后的稳定坡角为34°，如图5.3-4所示。

（2）砂砾料的模拟。砂砾料在30m水深条件下抛填后的稳定坡角为30°，如图5.3-5所示。

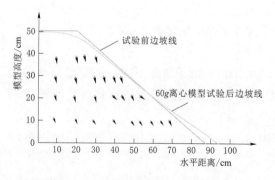

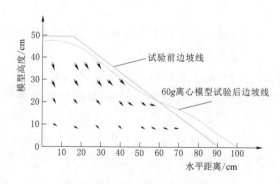

图 5.3-4 BHT-2模型试验前后边坡变化

图 5.3-5 BHT-3模型试验前后边坡变化

（3）试验成果小结。

1）石渣料在 30m 水深下形成抛填体的休止角相对较高，为 34°～36°；砂砾料为 30°，较石渣料低；石渣料颗粒具有明显的棱角，而砂砾料颗粒的磨圆度较高，表明颗粒形状对休止角具有较大的影响。

2）石渣料抛填体密度低，但休止角相对较高；而砂砾料抛填体密度高，但休止角相对较低。因此，在设计选用抛填材料时，应综合考虑以上两个因素。

2. 三峡二期围堰

三峡二期围堰抛填风化砂不同 P_5 含量条件下自稳坡角见表 5.3 - 3，多组试验表明 60m 水深条件下抛填稳定坡角在 27°以上，变化范围为 27°～32°。

表 5.3 - 3　　　　　水下抛填休止角试验成果汇总表

序号	试料（风化砂）含量 P_5/%	单（双）面坡	休止角/(°)
1	24.3	单	28
2	24.3	双	29
3	45	单	27
4	45	双	29
5	36	单	28～30
6	61	双	30～32

5.3.2.3　非线性弹性模型参数

由于抛填试验目的不同试验结果的影响因素不同，围堰填料的静力参数试验按平均设计级配进行，级配编号为 SZIP（平均线），囊括填料参数的可能变化范围，又由于静力参数与材料母岩破碎性质相关，因此同种级配又采用了不同来源的石渣料。

1. 白鹤滩上游围堰

（1）石渣料 I（碾压）。选取 504 交通洞、导流隧洞两种石渣料，进行大型饱和固结排水剪切试验三轴试验。试验密度按压实度 93% 控制，试验围压取 0.3MPa、0.6MPa、1.2MPa、1.8MPa。

504 交通洞和导流隧洞的两组三轴试验，试验成果见表 5.3 - 4。

表 5.3 - 4　　　　石渣料 I（碾压）强度与变形参数（邓肯-张 $E-\mu$ 模型）

料源	ρ /(g/cm³)	压实度 /%	c /kPa	φ /(°)	k	n	R_f	G	F	D
504 交通洞	2.141	93	215	38.8	1311	0.213	0.824	0.320	0.168	6.801
导流隧洞	2.149	93	179	39.6	1359	0.279	0.830	0.326	0.170	7.024

（2）石渣料 I（抛填）。石渣料 I（抛填）成果静力参数试验级配既包含了前述实际离心机抛填试验级配 L1、L5，又包含了平均设计级配 SZIP。

根据前述离心模型试验的密度进行力学性试验，试验模拟了 10m、30m 水深条件下的密度条件。

离心模型试验 BTH - 1 的 10m 水深下的干密度值为 1.868g/cm³，对应孔隙率为

30.8%，根据离心模型试验的密度进行力学性试验。

离心模型试验 BTH-1、BTH-2 得到的 30m 水深的干密度值为 $1.80 \sim 1.90 \text{g/cm}^3$，由此得到的孔隙率为 29.7%～33.5%，考虑到离心模型试验是采用静态抛填方法进行，实际工程中动态抛填的密度要稍大，因此确定石渣料Ⅰ（抛填）力学性试验的试验密度达到中密状态，按照孔隙率 26.1%～33.7%进行控制。试验成果见表 5.3-5。

表 5.3-5　　　石渣料Ⅰ（抛填）强度与变形参数表（邓肯-张 $E-\mu$ 模型）

料源	级配	ρ /(g/cm^3)	孔隙率 /%	c /kPa	φ /(°)	k	n	R_f	G	F	D
柱状节理带	L1	1.868	30.8	7.1	39.4	296	0.448	0.827	0.265	0.109	4.865
	SZIP	1.923	28.8	141	38.0	527	0.343	0.768	0.214	0.084	5.265
导流隧洞5号交通支洞	SZIP	1.996	26.1	159	38.7	641	0.433	0.785	0.164	0.021	5.353
504交通洞	L5	1.789	33.7	19	38.6	218	0.472	0.748	0.313	0.274	3.890
	SZIP	1.962	27.3	186	38.8	615	0.382	0.761	0.292	0.216	6.650

（3）砂砾料（抛填）成果。采用平均设计级配线进行室内试验，确定砂砾料（抛填）力学性试验的试验密度达到中密状态，按照孔隙率 19.1%、18.3%及 16.3%控制，对应的试验干密度采用了 2.183g/m^3、2.205g/m^3 和 2.262g/m^3。砂砾料（抛填）强度与变形参数见表 5.3-6。

表 5.3-6　　　砂砾料（抛填）强度与变形参数表（邓肯-张 $E-\mu$ 模型）

料源	ρ /(g/cm^3)	孔隙率 /%	c /kPa	φ /(°)	k	n	R_f	G	F	D
砂砾石	2.183	19.1	20	38.3	346	0.485	0.852	0.364	0.245	3.330
砂砾石	2.205	18.3	55	38.9	513	0.465	0.819	0.346	0.129	4.078
砂砾石	2.262	16.3	87	39.4	583	0.515	0.813	0.423	0.200	3.887

（4）试验成果小结。

1）504 交通洞和导流隧洞 5 号交通支洞两个料源的力学性质较接近，优于柱状节理带料源的力学性质。具体表现在变形参数和试验后的颗粒破碎方面。

2）石渣料Ⅰ（碾压）的三轴试验的抗剪强度指标 c' 值为 179～215kPa，φ' 值为 38.8°～39.6°。

3）石渣料Ⅰ（抛填）的三轴试验的抗剪强度指标：按离心模型试验 10m 水头的密度值控制试验密度时，c' 值为 7.1～51kPa，φ' 值为 38.5°～39.4°；按离心模型 30m 水头并适当增加的密度值控制试验密度时，c' 值为 141～186kPa，φ' 值为 38.0°～38.8°。石渣料Ⅰ抛填的试验参数均低于碾压的参数。

4）砂砾料（抛填）的抗剪强度指标 c' 值为 20～87kPa，φ' 值为 38.3°～39.4°。

2. 三峡二期围堰

三峡二期围堰填料邓肯模型参数见表 5.3-7。

表 5.3 - 7　　　　　　　　　　　三峡二期围堰填料邓肯模型参数

粒状非线性 材料	ρ /(t/m³)	φ /(°)	c /kPa	k	n	R_f	K_b	m	G	D	F
（1）风化砂（水下 40m 高程以上）											
（湿态）	1.85	33.50	0	330	0.42	0.72	70	0.4	0.4	4.0	0.1
（饱态）	2.08	33.0	0	200	0.42	0.72	60	0.4	0.4	4.0	0.1
（2）风化砂（水下 40m 高程以下）											
（湿态）	1.95	34.5	0	330	0.37	0.90	110	0.30	0.4	3.76	0.18
（饱态）	2.15	34.0	0	300	0.37	0.90	100	0.30	0.4	3.76	0.18
（3）水上干填风化砂											
（湿态）	2.01	35.0	0	530	0.34	0.80	150	0.26	0.40	3.58	0.18
（饱态）	2.18	34.5	0	500	0.34	0.80	140	0.26	0.40	3.58	0.18
（4）堆石或石渣											
（湿态）	1.99	38.5	0	650	0.34	0.80	170	0.57	0.37	2.70	0.30
（饱态）	2.25	38.0	0	630	0.34	0.80	160	0.57	0.37	2.70	0.30
（5）反滤料											
（湿态）	1.95	38.5	0	500	0.73	0.86	150	0.20	0.40	4.30	0
（饱态）	2.07	37.0	0	420	0.73	0.86	140	0.20	0.40	4.30	0

3. 乌东德围堰

根据乌东德工程设计要求，进行了开挖料水下抛填和水上碾压的压实及力学性质试验研究。成果已经应用到设计计算。

选取白云岩和灰岩为主的开挖料，进行大型饱和固结排水剪切三轴试验。试验密度采用相应压实度控制。试验围压取 0.3MPa、0.6MPa、0.9MPa 三级。剪切速率为 0.4mm/min。试验成果按照邓肯-张模型进行整理，得到乌东德强度与变形参数（邓肯-张 $E-\mu$ 模型）见表 5.3 - 8。

表 5.3 - 8　　　　　　乌东德强度与变形参数（邓肯-张 $E-\mu$ 模型）

料源	ρ /(g/cm³)	压实度 /%	c /kPa	φ /(°)	k	n	R_f	G	F	D
白云岩	2.06	85.3	103	38.9	563	0.473	0.866	0.323	0.241	5.96
	2.17	90.0	89	41.8	810	0.473	0.868	0.341	0.181	5.94
灰岩	2.08	86.4	124	39.0	572	0.318	0.779	0.367	0.279	5.21
	2.15	89.0	118	40.3	763	0.369	0.782	0.268	0.074	5.22
	2.194	91.0	87	41.2	1039	0.249	0.843	0.453	0.321	5.49
	2.242	93.0	165	40.1	1255	0.458	0.882	0.389	0.224	6.52

4. 葛洲坝大江上游围堰

葛洲坝大江上游围堰依据室内及室外试验，确定上游围堰强度与变形参数（邓肯-张 $E-B$ 模型）见表 5.3 - 9。

表 5.3－9　　　葛洲坝大江上游围堰强度与变形参数（邓肯-张 $E-B$ 模型）

材料名		ρ /(g/cm³)	k	n	R_f	G	F	D	φ_0 /(°)	$\Delta\varphi$ /(°)
覆盖层		2.08	730	0.62	0.71	0.3	0.15	6.5	36.0	4.0
堆石	湿态	2.13	700	0.45	0.70	0.3	0.15	4.0	45.0	5.1
	饱态	2.16	680	0.55	0.67	0.34	0.15	3.8	40.5	5.0
反滤料	湿态	1.95	600	0.73	0.86	0.40	0	4.3	38.0	4.0
	饱态	2.07	510	0.75	0.86	0.40	0	4.3	34.2	4.0
砂砾料	湿态	2.24	630	0.40	0.75	0.35	4.17	5.5	35.6	4.0
	饱态	2.29	554.5	0.47	0.70	0.35	0.14	4.5	34.6	4.0
混合料	湿态	2.23	645.5	0.295	0.85	0.30	0.15	4.4	22.0	4.0
	饱态	2.27	563.0	0.297	0.81	0.30	0.15	4.0	21.7	4.0
砂砾石	湿态	2.25	680.0	0.60	0.75	0.35	0.175	5.5	35.6	3.5
	饱态	2.37	600.0	0.65	0.70	0.36	0.146	4.5	34.6	3.5
灰岩	饱态	2.18	450.0	0.46	0.67	0.30	6.15	4.0	32.8	3.0

5.3.3　土工膜防渗材料力学特性研究

5.3.3.1　接触界面摩擦性质

1. 试验设备及方法

考虑到砂砾石垫层颗粒尺寸较大，采用常规直剪试验方法将存在较大的尺寸效应，试验采用大型土-土工合成材料直剪仪进行试验，试样尺寸为 305mm×305mm，试样高度为 100mm，界面摩擦直剪试验的界面正应力分别选取 50kPa、100kPa、150kPa、200kPa，直剪试验采用应变控制方式，水平位移速率选取为 0.5mm/min。

2. 试验材料选取

复合土工膜界面摩擦直剪试验所用界面摩擦材料为指定复合土工膜。以白鹤滩围堰工程为例，因对克重要求最低为 400g，选用的材料规格为 400g/1.0mm HDPE/400g。室内检测其厚度为 2.28mm，质量为 468g/m²，纵向拉伸强度为 5.74kN/m，纵向延伸率为 70.71%，横向拉伸强度为 5.81kN/m，横向延伸率为 95.49%。填料利用两种典型的砂砾料 M1 与 M2，其直剪摩擦试验成果表 5.3－10。砂砾料 M1 相对密度控制为 0.7，砂砾料 M2 相对密度分别控制为 0.7 和 0.75。

3. 试验成果及分析

当试验中正应力较大（＞200kPa）时，由于剪切强度较大，复合土工膜本身产生了较大的拉伸变形，造成了测得的剪切盒位移中包含了一部分"假"位移，从而使求得的界面摩擦角 φ 偏小（约为 12°）。为避免土工膜在高应力下的自身拉伸变形而导致误差，根据水利行业相关标准规程的建议，在较小的正应力 50kPa、100kPa、150kPa、200kPa 下开展直剪摩擦试验。为尽可能减小复合土工膜剪切时与下盒之间的"打滑"现象，将复合土工膜与剪切下盒表面黏结为一体后再进行试验。

表 5.3-10 砂砾料与复合土工膜直剪摩擦试验成果表

填　料	界面材料	备样条件				界面摩擦系数	界面强度指标	
		最大密度 /(g/cm³)	最小密度 /(g/cm³)	试验控制相对密度	试样密度 /(g/cm³)		c/kPa	φ/(°)
M1（砂砾料级配1）	复合土工膜	2.345	2.018	0.7	2.236	0.404	24.5	22
M2（砂砾料级配2）	复合土工膜	2.353	1.997	0.7	2.234	0.579	21.5	30.1
		2.353	1.997	0.75	2.253	0.598	24.5	30.9
		2.353	1.997	0.7	2.324（湿）	0.593	19.0	30.7

利用直剪仪试验得到的界面摩擦特性可以表示为 $\sigma-\tau$ 曲线的形式，直线斜率即为界面摩擦角的正切值 $\tan\varphi$，在纵轴上的截距就是界面黏聚力 c。

试样 M1、M2 在不同干密度及饱和条件下的界面摩擦性状汇总于表 5.3-10。表明砂砾料与复合土工膜的摩擦系数介于 0.404 至 0.598 之间，不同工况条件对摩擦系数均有一定的影响。在相同级配条件下，粗颗粒含量越高，相对密度越大，摩擦系数越大；砂砾石层饱水后摩擦系数与饱水前相比，界面摩擦角无明显变化，但界面黏聚力略为减小。

5.3.3.2 复合土工膜关键连接部位力学特性

复合土工膜用于围堰防渗虽有很多成功的工程经验，但据统计，近 47% 工程的复合土工膜存在相对严重的渗漏，尤其在基础锚固处或与防渗墙的接头处，这些软硬交界部位可能因复合土工膜应变集中而存在结构性的损坏。

一般而言，复合土工膜完全能承受由原来平面状变成凹面状而产生的平均拉伸变形。但在岸坡复合土工膜与刚性基础锚固端或与防渗墙的接头处，由于刚性锚固和巨大的水压力作用，堰体整体变形并与锚固处产生相对位移，而这些相对位移仅由锚固处周围极小范围之内复合土工膜承担，若锚固或伸缩节设置不当，在堰体和岸坡结合的周边处必然出现明显的"应变集中"，即呈现"夹具效应"。

"夹具效应"的存在，已为实际观测和理论所证实。而"夹具效应"在面板坝的周边缝止水处有更形象而明显的体现，如 Anchicaya、Golillas、New Exchequer、株树桥等四座坝止水片拉断、撕裂或拔出。对于复合土工膜而言，在其与基础趾板的锚固处类似于面板堆石坝中周边缝止水的受力状态（图 5.3-6），不但存在简单拉伸，还存在横剪（垂直坡向剪）、竖剪（沿坡向剪）等复杂应力状态。

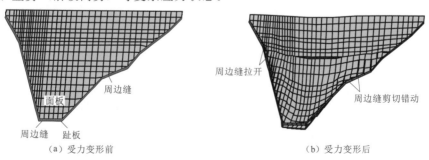

（a）受力变形前　　　　　　　　　（b）受力变形后

图 5.3-6 面板坝周边缝受力变形示意图

如某水电站土石围堰在复合土工膜与左岸导流明渠边墙的交界部位，高程3266.7m以下半径15m范围内的沉陷达60～100cm，复合土工膜被严重撕裂，撕裂长度约为21m；高程3266.7m以上半径8m范围内的沉陷为30～50cm，复合土工膜撕裂长度约为15m，复合土工膜局部损坏情况见图5.3-7。

而三峡二期围堰拆除后发现复合土工膜与防渗墙顶部混凝土盖帽搭接处有不同程度的损坏，其损坏情况见图5.3-8。在桩号0＋463～0＋463.5附近出现了复合土工膜的"拉破"现象，长度范围30～50cm；在复合土工膜与墙体之间的双墙上游墙0＋460处，有长1m左右一段与墙体脱落，堰体相对防渗墙沉陷变形达30cm左右。在这些部位，堰体与防渗墙存在较大的相对变位，而这些相对变位却由连接处局部复合土工膜承担，难以传递到较大范围的复合土工膜内，变形的集中导致复合土工膜损坏，而损坏的类型却无法判断，可能并不仅仅为简单拉伸。

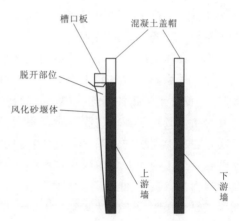

图5.3-7　复合土工膜局部损坏情况　　　图5.3-8　复合土工膜连接脱落

5.3.3.3　复合土工膜离心模型试验

1. **试验目的及试验方案**

在常重力模型试验的基础上，结合离心模型试验，研究复合土工膜与防渗墙连接部分在堰体填筑和蓄水期间的变形。以白鹤滩大坝上游围堰工程为原型，在相似理论的基础上，通过概化模型和参数相似设计，在200g-t离心机中开展土工膜铺设和连接型式的离心机试验研究。开展五组离心模型试验，方案见表5.3-11。

表5.3-11　　　　　　　　　　离心模型试验方案

编号	模型	伸缩节	离心加速度	研　究　内　容
TGM-1	整体模型	平铺	100g	模拟复合土工膜与防渗墙间无伸缩节，堰体填筑及上游蓄水工况下复合土工膜的整体变形
TGM-2	局部模型	折叠式	60g	复合土工膜与防渗墙设置折叠式伸缩节，主要研究堰体填筑工况下复合土工膜的竖向变形
TGM-3	局部模型	U形	60g	复合土工膜与防渗墙间设置U形伸缩节，主要研究堰体填筑工况下U形伸缩节的竖向变形

续表

编号	模型	伸缩节	离心加速度	研　究　内　容
TGM-4	局部模型	折叠式	60g	复合土工膜与防渗墙设置折叠式伸缩节，主要研究堰体上游蓄水工况下复合土工膜的水平变形
TGM-5	局部模型	U形	60g	复合土工膜与防渗墙间设置U形伸缩节，主要研究堰体上游蓄水工况下U形伸缩节的水平变形

（1）整体模型试验方案。白鹤滩大坝上游围堰最大堰高83m，其中堰基最大防渗墙高度50m，堰体最大防渗高度42.5m，围堰上游面坡比为1：1.5～1：2.3，下游面坡比为1：1.75，离心模型试验布置见图5.3-9。

（2）局部模型试验方案。为正确模拟复合土工膜与防渗墙连接处不同伸缩节形式对复合土工膜变形的影响，采取对复合土工膜与防渗墙局部接缝位置展开局部离心模型试验。拟在整体模型试验的基础上，开展四组局部离心模型试验，局部模型试验初步定为离心加速度为60g。

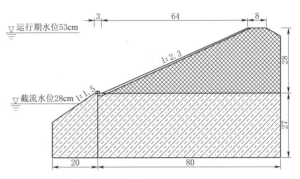

图5.3-9　离心模型试验布置图（单位：cm）

局部模型试验模拟布置见图5.3-10。

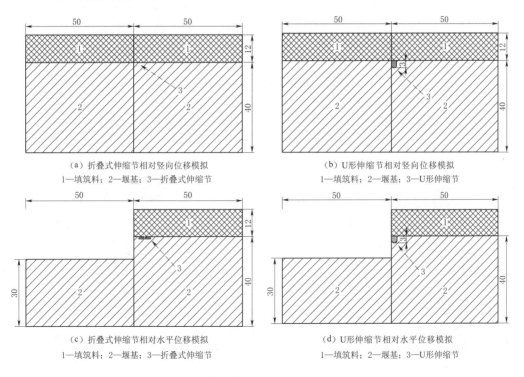

（a）折叠式伸缩节相对竖向位移模拟
1—填筑料；2—堰基；3—折叠式伸缩节

（b）U形伸缩节相对竖向位移模拟
1—填筑料；2—堰基；3—U形伸缩节

（c）折叠式伸缩节相对水平位移模拟
1—填筑料；2—堰基；3—折叠式伸缩节

（d）U形伸缩节相对水平位移模拟
1—填筑料；2—堰基；3—U形伸缩节

图5.3-10　局部模型试验模拟布置（单位：cm）

试验在 CKY-200 型多功能土工离心机上完成，容量为 200g-t，有效半径为 3.7m，最大加速度为 200g，模型箱尺寸 1.0m（长）×0.4m（宽）×0.8m（高）。

2. 材料相似模拟

（1）堰体填筑料的模拟。整体模型堆石料采用白鹤滩交通洞碎石料，模型材料在振动台上进行试验得其最小干密度为 1.68g/cm³，最大干密度为 2.07g/cm³，试验中模型材料相对密度为 0.7，控制密度为 1.95g/cm³。

（2）防渗墙的模拟。采用薄铝板进行模拟（根据其抗弯模量、水平加荷限值及水平位移值的要求综合确定铝板的厚度为 2mm），底部设置宽承台，以达到底部固定的目的。防渗墙与土工膜的连接采用夹具进行夹紧，并用螺丝固定。

（3）复合土工膜的模拟。模型试验中复合土工膜的模拟是关键环节，必须满足与原型相似的要求。重点是考虑复合土工膜与风化砂的摩擦特性、抗拉强度和伸长率等三个因素要满足相似条件：①满足界面摩擦特性相似的要求，即模拟材料与原型材料具有相同的摩擦系数，原则上选择模拟材料时应选用与原型复合土工膜表面相同的材料；②满足抗拉强度相似的要求，模拟材料的抗拉强度为原型的 1/N，模型比尺为 50:1，模拟材料的抗拉强度为 0.4kN/m；③满足伸长率相似的要求，模拟材料的伸长率也应该要达到 60%。根据以上控制因素，此次离心模型采用土工膜单膜，厚度为 0.2mm，伸长率为 65%。

3. 模型制备及试验过程

局部模型制作过程见图 5.3-11，包括了离心模型制作和传感器布置等关键步骤。

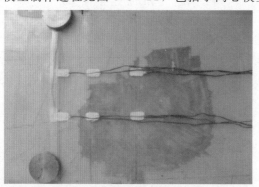

（a）应变片粘贴　　　　　　　　　　　　　　　　（b）土样称量

（c）土工膜敷设　　　　　　　　　　　　　　　　（d）位移计架设

图 5.3-11（一）　局部模型制作过程

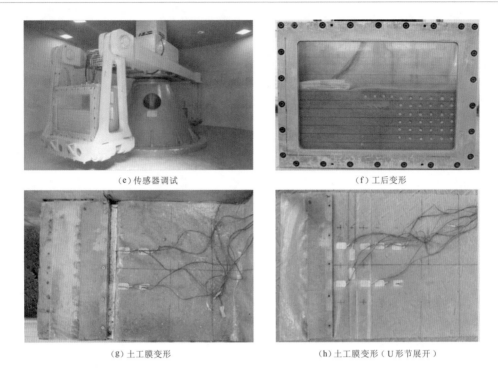

（e）传感器调试　　　　　　　　　　（f）工后变形

（g）土工膜变形　　　　　　　　　（h）土工膜变形（U形节展开）

图 5.3-11（二）　局部模型制作过程

模型的监测内容包括对土体表面与内部变形、防渗墙侧向变形及土工膜的变形等的测量。整体模型和局部模型监测点分布分别如图 5.3-12 和图 5.3-13 所示。

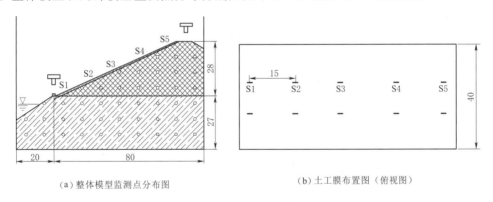

（a）整体模型监测点分布图　　　　　　（b）土工膜布置图（俯视图）

图 5.3-12　整体模型监测点分布图和土工膜布置图（单位：cm）

S1～S5—应变片

4．试验成果及分析

（1）试验 TGM-1。试验 TGM-1 采用整体模型对复合土工膜斜墙防渗墙围堰原型结构进行概化模拟，主要模拟堰体在填筑过程和上游蓄水两种工况下复合土工膜以及堰体的整体变形情况。试验工况一通过增加离心力来增加模型应力场，模拟堰体填筑过程；工况二在工况一的基础上，通过在堰体上游设置水袋模拟上游蓄水过程。100g 时土工膜应变分布规律如图 5.3-14 所示。

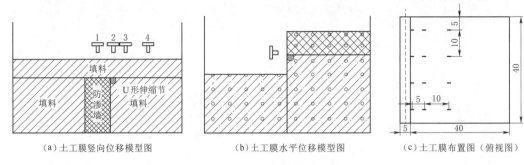

（a）土工膜竖向位移模型图　　　（b）土工膜水平位移模型图　　　（c）土工膜布置图（俯视图）

图 5.3-13　局部模型监测点分布图（单位：cm）

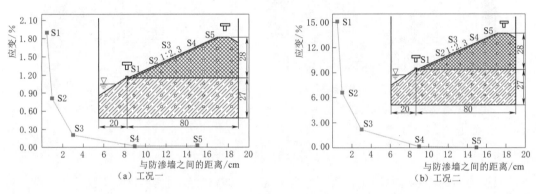

（a）工况一　　　　　　　　　　　　　　　（b）工况二

图 5.3-14　100g 时土工膜应变分布规律（单位：cm）

（2）试验 TGM-2。试验 TGM-2 采用局部模型对传统折叠式伸缩节竖向变形进行模拟，复合土工膜深入防渗墙内 1.5cm 位置进行锚固，伸缩节折叠宽度为 2cm，折叠后平铺在填料中，试验前在复合土工膜上距离防渗墙水平距离 2.5cm、9.5cm 和 20cm 位置粘贴柔性应变片，用于监测试验过程中土工膜的拉伸变形，模型制作后在填料表层架设激光位移传感器，监测填料表层沉降。试验成果如图 5.3-15 和图 5.3-16 所示。

（3）试验 TGM-3。试验 TGM-3 采用局部模型对复合土工膜与防渗墙连接处设置的 U 形伸缩节进行模拟，研究复合土工膜上覆填筑料填筑过程中，复合土工膜与防渗墙连接位置处 U 形伸缩节的伸展情况以及复合土工膜的变形特征。试验成果如图 5.3-17～图 5.3-20 所示。

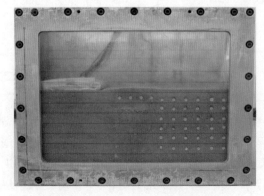

图 5.3-15　TGM-2 试验后模型图

（4）试验 TGM-4。试验 TGM-4 采用局部模型对复合土工膜与防渗墙连接位置设置的折叠式伸缩节进行模拟，研究防渗墙相对复合土工膜发生水平位移时，复合土工膜与防渗墙连接位置处折叠式伸缩节的伸展情况以及复合土工膜的变形特征。试验成果如图 5.3-21 所示。

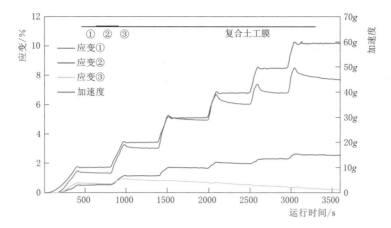

图 5.3 - 16　TGM - 2 复合土工膜应变

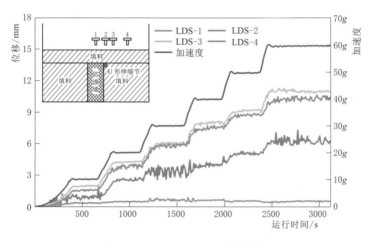

图 5.3 - 17　TGM - 3 竖向位移

（5）试验 TGM - 5。试验 TGM - 5 采用局部模型对复合土工膜与防渗墙连接位置处设置的 U 形伸缩节进行模拟，研究防渗墙相对复合土工膜发生水平位移时，复合土工膜与防渗墙连接位置处 U 形伸缩节的伸展情况以及复合土工膜的变形特征。试验成果如图 5.3 - 22 和图 5.3 - 23 所示。

5. 离心模型试验小结

针对斜墙式复合土工膜防渗围堰在施工期和蓄水期土工膜发生破坏的问题，提出一种新型复合土工膜与防渗墙连接形式，采用离心模型试验对新型 U 形伸缩节较传统折叠式伸缩节的改善效果进行研究。

（1）施工期堰体发生沉降变形，土工膜与防渗墙间产生不均匀沉降，蓄水期堰体水平变形增加，土工膜受拉变形增大。

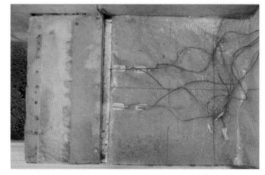

图 5.3 - 18　TGM - 3 试验后模型图

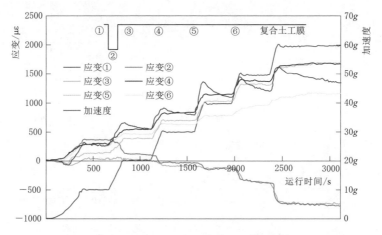

图 5.3-19　TGM-3 复合土工膜应变

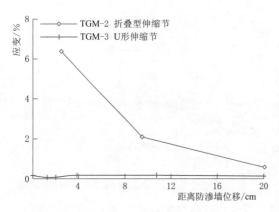

图 5.3-20　折叠型伸缩节与 U 形伸缩节
最大应变对比图

（2）施工期防渗墙与复合土工膜因不均匀沉降导致土工膜临近防渗墙位置处应变集中，土工膜与防渗墙不均匀沉降为 7mm 时，折叠式伸缩节最大应变为 6.35%，设置 U 形伸缩节后最大应变为 0.17%，应变大幅度降低。

（3）蓄水期防渗墙与土工膜产生相对侧向水平位移 17mm 左右时，常规折叠型伸缩节最大应变为 14.4%，U 形伸缩节最大应变为 8%，设置 U 形伸缩节效果显著。

（4）无论是施工期还是蓄水期，常规折叠型伸缩节、U 形伸缩节两种复合土工膜连接方式应变均随与防渗墙距离增加而急剧降低，应变与墙体距离呈幂函数关系降低，常规折叠型伸缩节的下降坡度明显陡于新

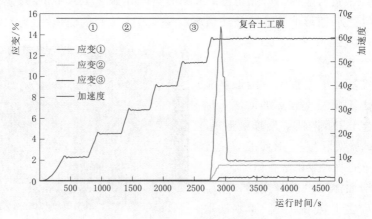

图 5.3-21　TGM-4 复合土工膜应变

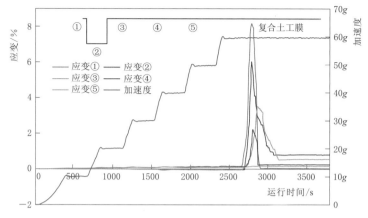

图 5.3-22　TGM-5 复合土工膜应变

型的 U 形伸缩节，由此说明常规折叠型伸缩节较 U 形伸缩节应变的集中更为明显，大部分应变聚集在与防渗墙连接的极窄区域内，而 U 形伸缩节能明显坦化集中区域的应变，使得墙、膜连接后应变更为均匀。

5.3.3.4　复合土工膜细观数值模拟

1. 拉伸试验细观数值模拟及参数标定

参照《土工合成材料测试规程》（SL 235—2012），采用离散元颗粒流软件 PFC2D 对土工膜拉伸试验进行细观模拟，模拟结果表明，复合土工膜实际拉伸曲线标

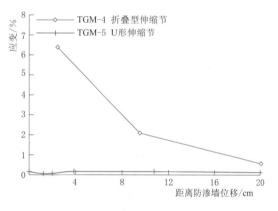

图 5.3-23　折叠型伸缩节与 U 形伸缩节最大应变对比图

定符合复合土工膜变形、强度特性的综合性细观参数，可用于后续解析复合土工膜、防渗墙、填料等相互作用的机理。拉伸试验细观数值模拟及参数标定如图 5.3-24～图 5.3-26 所示，各计算方案对应细观参数见表 5.3-12。

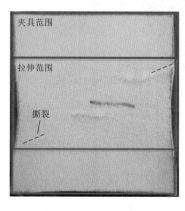

（a）实际试验拉伸试样

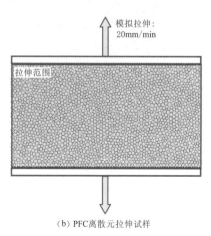

（b）PFC 离散元拉伸试样

图 5.3-24　复合土工膜拉伸试验试样

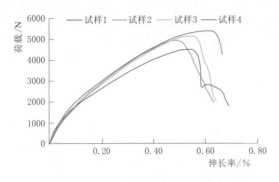

图 5.3-25 复合土工膜拉伸试验成果　　　　图 5.3-26 PFC 参数标定

表 5.3-12　　　　　　　　　各计算方案对应细观参数

方案编号	密度 /(g/cm³)	粒径范围 /mm	切向刚度 /(N/m)	法向刚度 /(N/m)	切向黏结强度 /(N/m)	法向黏结强度 /(N/m)	颗粒形状
1	1100	1.2～2.0	9.0×10^5	9.0×10^5	45	22.5	盘状
2	1100	1.2～2.0	3.0×10^5	3.0×10^5	23	11.5	盘状
3	1100	1.2～2.0	3.0×10^5	3.0×10^5	45	22.5	盘状

PFC 细观模型速度矢量场见图 5.3-27，PFC 细观模型力链分布见图 5.3-28。

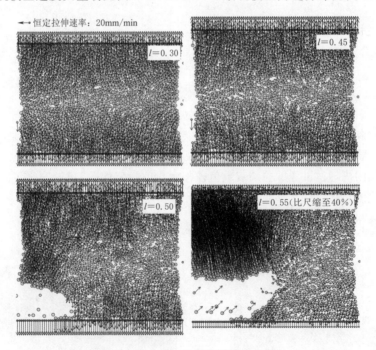

图 5.3-27　PFC 细观模型速度矢量场

2. 复合土工膜与防渗墙连接型式的细观数值模拟

复合土工膜与防渗墙采用普通折叠伸缩节连接型式的细观数值模拟如图 5.3-29～图 5.3-31 所示。

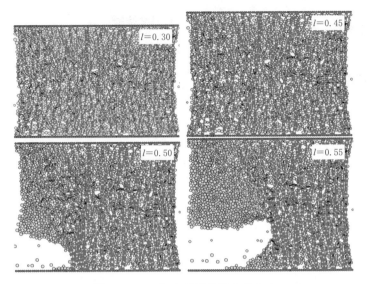

图 5.3 - 28　PFC 细观模型力链分布

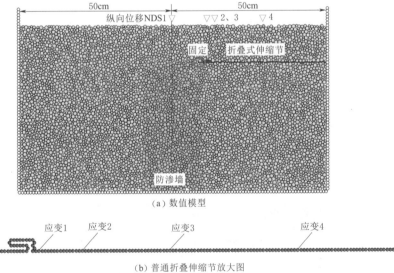

（a）数值模型

（b）普通折叠伸缩节放大图

图 5.3 - 29　普通折叠伸缩节土工膜离散元细观模型

　　复合土工膜与防渗墙采用改进的 U 形伸缩节连接型式的细观数值模拟如图 5.3 - 32～图 5.3 - 34 所示。

　　3. 细观数值模拟小结

　　采用离散元颗粒流软件 PFC2D 建立了复合土工膜、防渗墙及围堰填料三者细观离散元模型，从细观层次测定不同伸缩节型式下伸缩节周围不同距离处土工膜应变集中程度及状态，从细观尺度观测了复合土工膜、防渗墙、围堰填料三者相互作用的过程，从细观角度测定细观组构、变形、速度及力链变量变化，从细观形态解析各种型式伸缩节所发挥的作用，弥补了常规宏观试样方法难以测定、评价的不足。计算和分析结果表明：

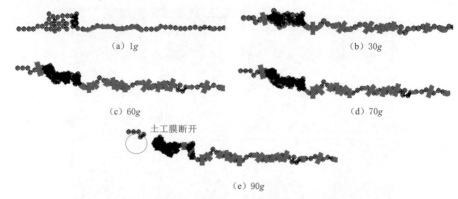

(a) 1g

(b) 30g

(c) 60g

(d) 70g

土工膜断开

(e) 90g

图 5.3 - 30　普通折叠伸缩节复合土工膜力链随重力加速度的变化规律

（力链分布：红色为受拉，黑色为受压）

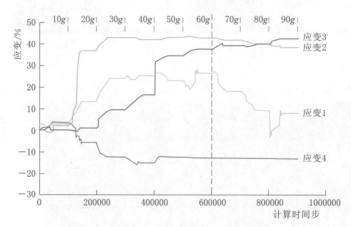

图 5.3 - 31　普通折叠伸缩节复合土工膜应变过程

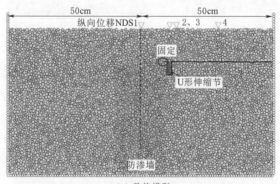

（a）数值模型

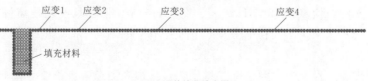

（b）U形伸缩节放大图

图 5.3 - 32　TGM - 3 离散元细观模型

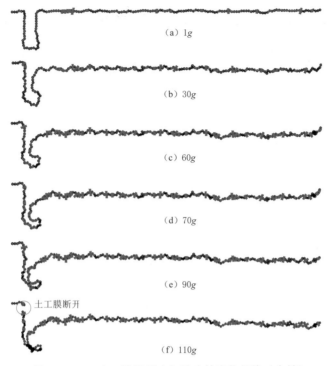

(a) 1g

(b) 30g

(c) 60g

(d) 70g

(e) 90g

土工膜断开

(f) 110g

图 5.3 - 33　土工膜随重力加速度的变化规律（力链）

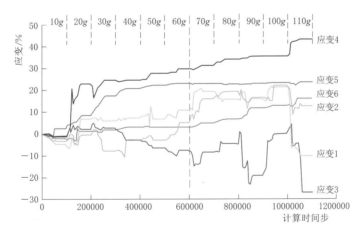

图 5.3 - 34　U 形伸缩节周围不同应变测点的应变变化过程

（1）U 形伸缩节发挥作用较为明显，当堰体填料相对防渗墙发生较大变形时，新型 U 形伸缩节较常规折叠型伸缩节发挥的作用更为明显，常规折叠型伸缩节在承载力为 60g 时伸缩节周边测点应变达到 40%，而 U 形伸缩节最大应变约为 26%。

（2）U 形伸缩节较常规折叠型伸缩节能较大幅度提高极限承载能力，U 形伸缩节极限承载能力约为 110g，而常规折叠型伸缩节约为 90g。

（3）U 形伸缩节较常规折叠型伸缩节展开适应能力更强，采用 U 形伸缩节后，土工膜水平铺设段约有 1/2 范围内应变有所降低，而常规折叠型伸缩节仅在折叠局部位置应变有所缓解。

5.3.3.5 "周边膜单元"力学模型

复合土工膜实际受力情况较为复杂，不仅限于简单拉伸这种最为理想化的应力状态，还应包括剪切受力状态，尤其在与趾板及防渗墙接头处更可能包含横剪、竖剪等多向剪切状态，复合土工膜剪切试验示意如图 5.3-35 所示。

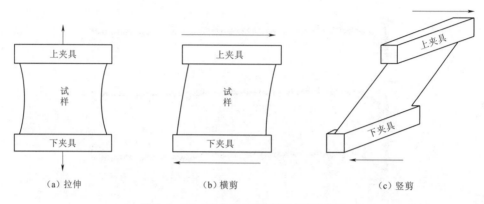

图 5.3-35　复合土工膜剪切试验示意图

复合土工膜与趾板及防渗墙接头处的周边膜单元为无厚度的六面体单元（图 5.3-36）。周边膜力学试验坐标如图 5.3-37 所示。

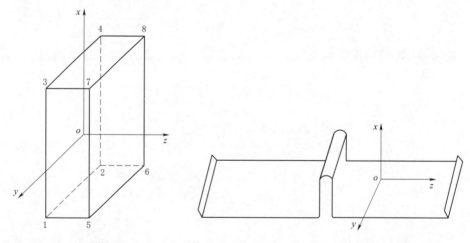

图 5.3-36　无厚度周边膜单元　　　　图 5.3-37　周边膜力学试验坐标

可计算缝左、缝右的相对位移为

$$\{\delta\} = \{\delta_{zx}\,\delta_{zz}\,\delta_{zy}\}^{\mathrm{T}} \tag{5.3-1}$$

式中：δ_{zx} 为缝左右节点在垂直坡向的相对剪切位移（错台）；δ_{zy} 为缝左右节点在顺坡向的相对剪切位移；δ_{zz} 为缝左右节点相对法向位移（拉开或压紧）。

缝间膜单元在三个方向的应力为

$$\{\sigma\} = \{\tau_{zx}\,\sigma_{zz}\,\tau_{zy}\}^{\mathrm{T}} \tag{5.3-2}$$

则有

$$\{\sigma\} = [k_0]^e\{\delta\} \tag{5.3-3}$$

其中

$$[k_0] = \begin{bmatrix} k_{zx} & 0 & 0 \\ 0 & k_{zz} & 0 \\ 0 & 0 & k_{zy} \end{bmatrix}$$

式中：k_{zx}、k_{zz} 及 k_{zy} 由复合土工膜受力与变形关系确定。

单元节点力 $\{F\}^e = [k]^e\{\delta\}^e$，用虚位移原理求得单元劲度矩阵为

$$[k]^e = \frac{1}{4}\begin{bmatrix} [k_0] & & & \text{对} \\ [k_0] & [k_0] & & \\ [k_0] & [k_0] & [k_0] & \text{称} \\ [k_0] & [k_0] & [k_0] & [k_0] \end{bmatrix} \tag{5.3-4}$$

以上的劲度矩阵是在局部坐标下建立的，实际上周边膜单元的局部坐标与整体坐标并不一致，而是需要做坐标的变换，若整体坐标 Z 与局部坐标 z 轴同向，周边膜单元局部坐标 x、y 与整体坐标 X、Y 有夹角 β，则有

$$\begin{bmatrix} x \\ y \\ z \end{bmatrix} = [\alpha]\begin{bmatrix} X \\ Y \\ Z \end{bmatrix} \tag{5.3-5}$$

其中

$$[\alpha] = \begin{bmatrix} \cos\beta & \sin\beta & 0 \\ -\sin\beta & \cos\beta & 0 \\ 0 & 0 & 1 \end{bmatrix} \tag{5.3-6}$$

因此，整体坐标下的单元劲度矩阵为

$$[\bar{k}]^e = [Q]^{\mathrm{T}}[k]^e[Q] \tag{5.3-7}$$

其中 $[Q]$ 定义为由 $[\alpha]$ 组成的对角阵：

$$[Q] = \begin{bmatrix} [\alpha] & & & & & & & 0 \\ & [\alpha] & & & & & & \\ & & [\alpha] & & & & & \\ & & & [\alpha] & & & & \\ & & & & [\alpha] & & & \\ & & & & & [\alpha] & & \\ & & & & & & [\alpha] & \\ 0 & & & & & & & [\alpha] \end{bmatrix} \tag{5.3-8}$$

典型的塑料止水片与周边膜单元的 $F-\delta$ 关系见表 5.3-13。各个方向的单位长度劲度模量由表 5.3-13 中的 $F-\delta$ 关系对 δ 求导得到，即 $k = \dfrac{\mathrm{d}F}{\mathrm{d}\delta}$。

表 5.3 – 13 典型的塑料止水片与周边膜单元的 $F-\delta$ 关系

受力状态		塑料止水片	复合土工膜周边膜单元	劲度模量符号
拉	$F-\delta$	$F=k\delta$	$F=k\delta$	k_{zz}
	参数	$k=4000$，$\delta<0.0115$ $k=600$，$\delta>0.0115$	$k=8000$，$\delta<0.005$ $k=660$，$\delta>0.005$	
压	$F-\delta$	$F=k\delta$	$F=k\delta$	k_{zz}
	参数	$k=0$	$k=0$	
法向剪	$F-\delta$	$F=k\delta$	$F=k\delta$	k_{zx}
	参数	$k=0$	$k=2800$	
坡向剪	$F-\delta$	$F=k\delta$	$F=k\delta$	k_{zy}
	参数	$k=1400$	$k=2800$	

注 表中 δ 单位为 m；F 单位为 kN/m。法向剪为垂直止水片的剪切，即垂直坝坡的剪切，坡向剪为顺坝坡方向的剪切错动。k_{zz}、k_{zx}、k_{zy} 都是单位长度劲度模量。按试验缝宽为 50mm 计。

5.3.4 高土石围堰静力学特征有限元分析

5.3.4.1 有限元计算模型

1. 几何模型

以白鹤滩大坝上游高土石围堰为例，依据围堰的设计分区及地形地质剖面，建立如图 5.3 – 38 和图 5.3 – 39 所示的三维有限元模型和断面网格。主要采用六面体等参单元对围堰实体进行有限元剖分，在岸坡地形变化部位采用局部退化四面体和五面体单元过渡，防渗墙和填料接触部位设置 8 节点 Goodman 接触面单元，防渗墙底部设置 40cm 厚沉渣单元以模拟不同介质的相互作用。模型共划分节点 10556 个、单元 10118 个。计算过程中网格的分层加载顺序与实际填筑过程保持一致，以仿真围堰实际受力性态并反映应力路径对围堰变形的影响。

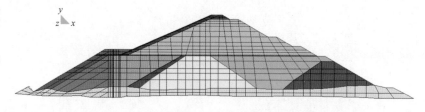

图 5.3 – 38 白鹤滩大坝上游围堰三维有限元模型

2. 材料本构模型

占围堰主体的石渣料采用 Duncan 和 Chang 的 $E-\mu$ 模型模拟，该本构模型各参数物理意义简单明确，其切线弹性模量 E_t 和切线泊松比 μ_t 的表达式为

$$E_t = kp_a \left(\frac{\sigma_3}{p_a}\right)^n (1-R_f s)^2 \tag{5.3-9}$$

$$\mu_t = \frac{G-F\lg(\sigma_3/p_a)}{\left[1-D(\sigma_1-\sigma_3)/E_i(1-R_f s)\right]^2} \tag{5.3-10}$$

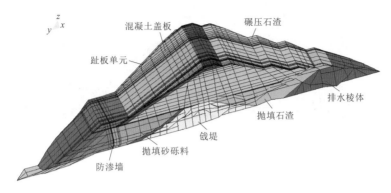

图 5.3-39　河床中心段第 22 号断面网格 (SEC 0+139.10)

其中
$$s = \frac{\sigma_1 - \sigma_3}{(\sigma_1 - \sigma_3)_f}　(5.3-11)$$

式中：k、n、R_f、G、F、D 为模型参数；p_a 为单位大气压力；σ_1、σ_3 为土体大、小主应力；E_i 为初始切线模量；s 为剪应力水平，反映材料强度发挥程度。

防渗墙与堰体之间采用 Goodman 接触面单元模型。复合土工膜与防渗墙之间、复合土工膜与趾板之间采用周边膜模型。白鹤滩大坝上游围堰填料和防渗墙接触面的物理力学参数分别见表 5.3-14 和表 5.3-15。周边膜力学参数参照表 5.3-13 参数。

表 5.3-14　　　　　　　　白鹤滩大坝上游围堰填料物理力学参数

材料名称	γ_d /(g/cm³)	k	n	R_f	G	F	D	φ_0 /(°)	$\Delta\varphi$ /(°)	E /MPa	μ
碾压石渣	2.14	1311	0.213	0.824	0.320	0.168	6.801	40	8.3	—	—
抛填石渣	1.96	615	0.382	0.761	0.292	0.216	6.650	38	8.3	—	—
抛填砂砾料	2.26	583	0.515	0.813	0.423	0.200	3.887	35	4.6	—	—
覆盖层	2.28	1431	0.327	0.861	0.320	0.096	6.082	40	8.0	—	—
沉渣	2.30	—	—	—	—	—	—	—	—	1.0×10^3	0.25

表 5.3-15　　　　　　　白鹤滩大坝上游围堰防渗墙接触面物理力学参数

φ/(°)	c/kPa	R_f'	k_s	k_n	n_s
11	0	0.75	10000	1×10^8	0.65

3. 加载过程模拟

为了真实地反映围堰施工过程中的应力调整及变化过程，对围堰的施工顺序和过程进行了分时段模拟（图 5.3-40），计算中模拟的施工程序为：①围堰的地基初应力→②分 6 级填筑截流堤至高程 610.0m→③水下分 7 级抛填上游砂砾石料至高程 612.00m 防渗墙施工平台→④施工塑性混凝土防渗墙→⑤水下分 6 级填筑下游石渣混合料至高程 610.00m→⑥水上分 7 级填筑石渣混合料及过渡料、垫层料→⑦分 1 级铺设预制混凝土板至堰顶高程 658.00m→⑧分 1 级填筑碎石土→⑨基坑抽水并分 12 级蓄水至高程 655.58m。

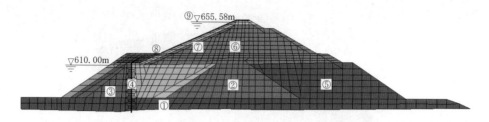

图 5.3-40 白鹤滩大坝上游围堰施工加级顺序图

①~⑨—与文中对应的施工顺序

5.3.4.2 计算结果与分析

1. 堰体计算结果

图 5.3-41 为围堰顺河向水平位移，图 5.3-42 为围堰 0+120.9 剖面（最大典型剖面）竖直向位移。蓄水后，在自重和水荷载的综合作用下，堰体向上游最大位移为 8.1cm，向下游最大位移为 21.5cm，分别发生在堰体上游、下游侧中部高程处。最大竖向位移为 67.6cm，发生在河床 0+120.9 断面高程 612.00m 附近的戗堤抛填石渣顶部，约占堰高的 0.80%。

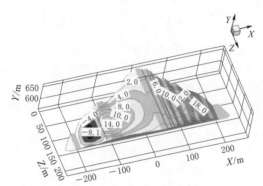

图 5.3-41 围堰顺河向水平位移（单位：cm）

2. 普通膜单元计算成果

蓄水后，土工膜向下游最大变形为 11.6cm，位于 0+120.9 剖面的土工膜底部，竖向沉降为 11.9cm，位于 0+120.9 剖面高程 620.00m 处。普通膜单元计算成果见表 5.3-16，蓄水后复合土工膜变形分布如图 5.3-43 所示。经换算，其普通膜单元的应变均小于 2%。

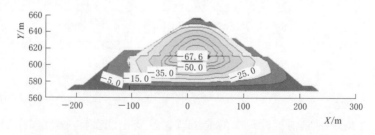

图 5.3-42 围堰 0+120.9 剖面竖直向位移（单位：cm）

表 5.3-16   普通膜单元计算成果   单位：cm

工况	最大堰轴向水平位移		最大顺河向水平位移		最大竖向位移
	向左岸	向右岸	向上游	向下游	
满蓄期	1.5	1.7	0	11.6	11.9

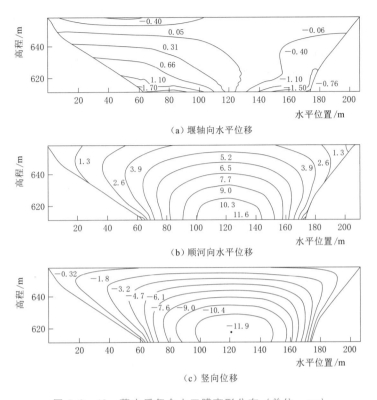

图 5.3 - 43　蓄水后复合土工膜变形分布（单位：cm）

3. 周边膜计算结果

（1）位移。复合土工膜铺设在围堰上游面作为防渗面板使用，蓄水后，防渗墙或岸坡与堰体之间较大的相对位移只在膜的很小区域内产生，复合土工膜应变可采用伸长率公式，即

$$\varepsilon_{p}=\frac{L_{f}-L_{0}}{L_{0}} \qquad (5.3-12)$$

式中：L_0 为土工膜应变集中处原有长度；L_f 为受力变形后长度；ε_p 为变形后的应变。

周边膜单元计算成果见表 5.3 - 17，蓄水后复合土工膜与周边接头段相对变位分布见图 5.3 - 44。

表 5.3 - 17　　　　　　　　周边膜单元计算成果　　　　　　　　单位：mm

变形部位	周边膜错动变位		周边膜拉压变位	
	法向沉陷 δ_x	顺缝剪切 δ_y	张拉 δ_z	压缩 δ_z
左岸	<1	9	18	—
右岸	<1	25	15	—
水平膜与防渗墙衔接段	8	1	—	—

（2）局部应变。

1）复合土工膜与防渗墙连接处。在三峡二期围堰拆除过程中，对堰体和防渗墙进行

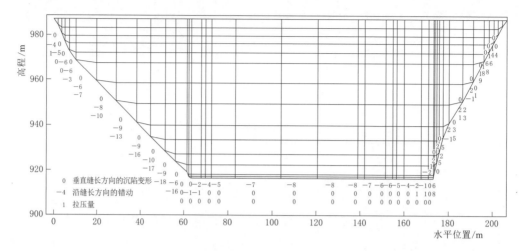

图 5.3－44　蓄水后复合土工膜与周边接头段相对变位分布

了取样调查，防渗墙与风化砂之间普遍存在 2～4cm 厚的泥皮，见图 5.3－45。

　　斜墙式复合土工膜随抛填砂砾料与防渗墙之间沿泥皮产生相对变形，而这部分变形将由堰体与防渗墙之间的泥皮厚度范围内的复合土工膜来承担。可认为式（5.3－12）中的 L_0 大致等于泥皮厚度与填筑料剪切带宽度之和，偏保守考虑取厚度为 3cm，而 L_f-L_0 为接头处复合土工膜的局部变形值，最大应变为 26.7%。

　　2）复合土工膜与岸边趾板锚固处。运行和试验资料表明，周边缝过大的剪切位移是引起铜片和塑料片止水失效的主要因素。相对面板坝而言，斜墙土工膜围堰周边膜工作性态相对较差，面板坝周边缝的构造是经过专门设计的，以预估的位移值为基础。对于围堰而言，复合土工膜无明显的周边缝宽，其一般的铺设方式见图 5.3－46。

图 5.3－45　三峡二期围堰拆除时实测泥皮厚度

图 5.3－46　复合土工膜沿周边趾板的铺设方式

　　由于复合土工膜铺设在垫层表面，与垫层料协调变形，蓄水后，在水压和自重作用下垫层料与趾板之间存在剪切、拉压变形，则应变公式的分母则为垫层料沿岸边潜在错动带的宽度，围堰砂砾料垫层料的最大粒径 $D_{max}=40mm$，砾料的平均粒径 $D_{50}=10mm$，依据直接剪切试验中剪切带的一般宽度 $L_0=(11\sim12)D_{50}$，则可推断剪切带 $L_0\approx110\sim120mm$。此外，通过直剪试验同样可得出剪切带宽度为 60mm，而试验填料 $D_{50}=5mm$，同样满足该规律，剪切带分布见图 5.3-47。

5.3.5　高土石围堰动力特性研究

水电工程围堰属于临时性建筑物，其抗震安全性一般不被重视。白鹤滩大坝上游土石围堰高度超过 90m（含覆盖层），实为一座较高土石坝，其运行时间超过 4 年，加之白鹤滩工程坝址区域基本烈度达到Ⅷ度，其抗震安全性亦不容忽视。2008 年 "5·12" 汶川地震中苗家坝、毛尔盖及麒麟寺三座水电站围堰因震损而拖后工期，造成了较大损失。

对于工程规模较大的 3 级围堰，建议采用拟静力法和动力法计算围堰的动力性态。以下采用动力法研究白鹤滩围堰的主要动力特性。初步分析后认为白鹤滩大坝上游高土石围堰可能具备以下动力特性：

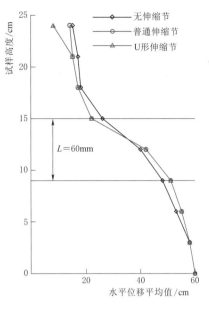

图 5.3-47　大型直剪试验剪切带分布

（1）堰体动力绝对加速度较大。上游围堰覆盖层厚度为 4.50～12.00m，将其上填筑的堰体与覆盖层视为整体，将基岩地震波从覆盖层底部输入后，可能由于输入波的卓越周期较为接近围堰的自振周期而产生共振，导致某些部位的加速度反应较大。

（2）永久变形较大。其防渗墙施工平台高程 610.00m 下均采用抛填施工，相对一般碾压施工的土石坝其下层较为松散，水上部位碾压亦不如一般土石坝。动三轴试验时试样的永久变形与其初始密实度息息相关，可预见地震引起的围堰永久变形将较大。

（3）防渗墙动力反应较大。围堰采用防渗墙上接斜墙式复合土工膜的型式，防渗墙位于堰体上游的抛填砂砾料中，不同于一般土石坝位于坝轴线附近的心墙底部，该结构型式防渗墙的自由度较大，从局部看防渗墙连同周围砂砾料支撑体的区域 "自振周期" 较为接近输入波的卓越周期，从而导致防渗墙动力加速度及动应力偏大。为探求白鹤滩上游围堰的动力安全性，对围堰进行了三维动力有限元分析，力求较为准确、全面地掌握围堰遭遇不同可能地震后的力学性态。

为考虑地形及河谷对堰体的影响，采用三维有限元计算方法，计算地震情况下围堰的动力反应。

5.3.5.1　动力平衡方程求解方法

将堰体离散后，由单元劲度矩阵、质量矩阵及阻尼矩阵组合后形成的整体动力平衡方程为

$$([M]+[M_p])\{\ddot{\delta}\}+[C]\{\dot{\delta}\}+[K]\{\delta\}=-([M]+[M_p])[G]\{\ddot{\delta}_g\} \qquad (5.3-13)$$

式中：$[M]$ 为整体质量矩阵；$[C]$ 为整体阻尼矩阵；$[K]$ 为整体劲度矩阵；$\{\ddot{\delta}_g\}$ 为地震加速度列阵；$\{\ddot{\delta}\}$ 为相对加速度列阵；$\{\dot{\delta}\}$ 为相对速度列阵；$\{\delta\}$ 为相对位移列阵；

$[G]$ 为地震加速度三个分量到 n 个自由度体系的 n 维空间的转换矩阵。

动力计算采用 Wilson-θ 法，进行时程逐步数值积分，求解动力平衡方程式 （5.3-13）。将整个地震过程分为若干时段（每时段 $1\sim2s$），以提高迭代收敛速度，同时反映地震过程中材料的软化。

5.3.5.2 计算结果与分析

围堰三维地震反应计算成果主要整理了石渣堰体的绝对加速度、永久变形，以及防渗墙加速度反应和动应力。

1. 围堰的地震反应极值

图 5.3-48 为极值剖面处的顺河向加速度反应极值。

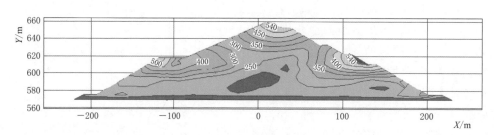

图 5.3-48 顺河向加速度反应极值（单位：Gal，$1Gal=1cm/s^2$）（SEC 0+120.9）

2. 防渗墙动应力反应

上游围堰防渗墙在地震过程中静应力与动应力极值叠加以后的数值及位置列于表 5.3-18 中。

表 5.3-18 防渗墙地震反应静应力与动应力叠加极值

取值类型	$\sigma'_y+\sigma_y$	$\sigma'_z+\sigma_z$	$\sigma'_y-\sigma_y$	$\sigma'_z-\sigma_z$
取值/MPa	2.47	1.61	-0.4	-1.74
位置	防渗墙中部	左岸、右岸顶部	防渗墙中部	左岸、右岸顶部

注 $\sigma'_y+\sigma_y$ 为竖向静应力与动应力之和的最大压应力值；$\sigma'_y-\sigma_y$ 为竖向静应力与动应力之和的最大拉应力值；其中静应力 σ'_y 取三维静力分析时所得的计算值。

图 5.3-49 为地震过程中上游围堰防渗墙应力水平极值分布。

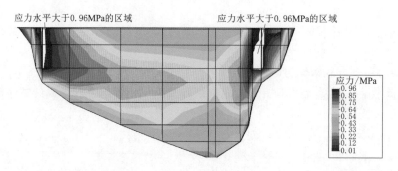

图 5.3-49 地震过程中上游围堰防渗墙应力水平极值分布

3. 地震后围堰的永久变形

图 5.3-50 为地震后的竖向永久变形分布。

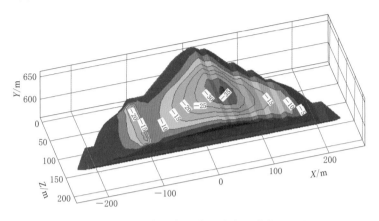

图 5.3-50 竖直向永久变形分布（单位：cm）

4. 围堰堰坡动力稳定性分析

在场地谱地震波作用下，地震过程中上游堰坡的危险滑动面及其最小安全系数分布分别如图 5.3-51 和图 5.3-52 所示。在整个地震过程中，滑弧将分区且成束出现，其中上游堰坡安全系数 F_s 小于 1.15 的滑弧主要位于上游抛填砂砾料区及防渗墙施工平台碎石土填筑的Ⅰ区，为浅层滑动。

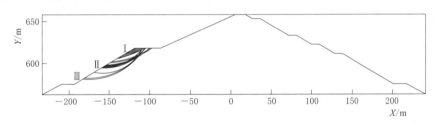

图 5.3-51 动力法计算所得上游堰坡的危险滑动面

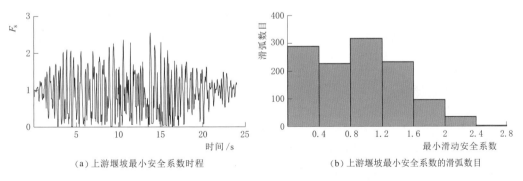

(a) 上游堰坡最小安全系数时程 　　　　　 (b) 上游堰坡最小安全系数的滑弧数目

图 5.3-52 动力法计算上游危险滑动面的最小安全系数分布

5. Newmark 法计算大坝潜在滑动面的永久滑移量

图 5.3-53 为设计地震过程中采用 Newmark 法计算堰体上游堰坡潜在滑块的永久变

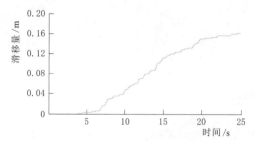

图 5.3-53　Newmark 法计算上游潜在滑块地震后的永久变形

形，其最大滑移量为 0.16m。

由于动力时程线法求得的地震作用下堰坡安全系数小于 1 的瞬时超载时间一般比较短暂，因此不会发生像静力失稳那样的破坏，但对堰体会产生一定的破坏作用。

综上，在场地谱地震波输入条件下上游堰坡抛填砂砾料及碎石土区域较为危险，属于中等破坏，该部位需加强碾压以及在砂砾料上游多抛大块石压坡。

5.4　土石围堰及超大深基坑渗流控制

5.4.1　正常情况下超大深基坑渗流控制

白鹤滩水电站坝址地质条件复杂，右岸地形陡峭，左岸地形稍缓但卸荷深，围堰堰址区柱状节理玄武岩、层间层内错动带、断层等区域，堰基脉状透水带等特殊透水地层发育，基坑围护面积达 $1.8km^2$，上游、下游围堰渗控面积达 7.8 万 m^2，在国内外狭窄河谷的巨型工程中渗控风险最高。基于此，建立了包括上游围堰、下游围堰、复合土工膜、围堰防渗墙、灌浆帷幕、大坝基坑在内的精细化三维有限元渗流分析模型，为超大基坑渗控标准选定及脉状透水带等特殊地层的处理范围提供了理论依据。为深入研究土工膜斜墙堰型围堰结构，开展了渗流及应力应变三维有限元计算分析。

5.4.1.1　堰址区三维渗流计算模型

（1）计算范围。根据白鹤滩上游、下游围堰设计情况以及堰址区水文地质资料，确定计算模拟的区域。

（2）计算模拟的结构物及地层。模拟的主要水工结构物有堰体结构（复合土工膜斜墙、塑性混凝土防渗墙、复合土工膜心墙）、灌浆帷幕等。

（3）有限元计算模型。有限元网格生成采用基于 AutoCAD 的断面节点控制自动剖分方法。围堰防渗体系网格图如图 5.4-1～图 5.4-3 所示。

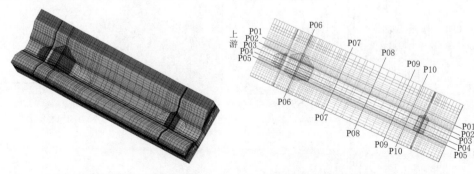

（a）上、下游围堰整体三维有限元网格　　　　（b）围堰及基坑整体区域渗流场典型剖面布置

图 5.4-1　计算网格及剖面布置图

图 5.4 - 2　河床中心典型断面 P04 网格图

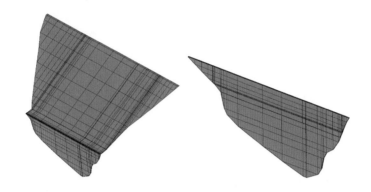

（a）上游、下游围堰防渗墙连接复合土工膜

（b）上游、下游围堰基础灌浆帷幕

图 5.4 - 3　围堰防渗体系有限元网格图

5.4.1.2　计算成果和结论

计算成果见表 5.4 - 1 及图 5.4 - 4，分析主要结论如下：

（1）堰体、堰基各部位渗透坡降均在其允许坡降范围内，仅在上游围堰边坡逸出点处坡降较大，在该部位需抛填大石块作为排水棱体，以保证渗透稳定。

（2）对不设帷幕、灌浆至 10Lu 线、灌浆至 3Lu 线等不同的渗控方案进行比较计算表明，围堰总渗流量虽均不大（不设帷幕情况下为 960m³/h），但设帷幕后渗流量将大幅度减小，帷幕灌至 10Lu 线方案，围堰总渗流量仅为 548m³/h，且上游围堰边坡逸出点处渗透坡降也可降低，因此围堰宜采用设帷幕灌至 10Lu 线以下方案。

（3）若在围堰出现防渗墙开叉或土工膜与防渗墙接头的局部拉脱，依据计算假定出现 40cm 宽的防渗墙开叉，或出现长 34m、宽 10cm 的土工膜裂缝时渗流量大幅增加，分别增加至 1022m³/h 和 2007m³/h，同时出现一个半径为 30m 的渗透坡降临界区域，由此可知，防渗体系的封闭完整性对围堰渗水量及围堰安全挡水的控制至关重要，尤其是土工膜与防渗墙的接头设计应谨慎处理，避免土工膜产生大范围的结构性拉坏或剪坏。

表 5.4-1　　　　　　　　　　　　　三维渗流计算成果表

计　算　工　况		帷幕灌浆	防渗墙最大坡降	上游围堰最深剖面处边坡出逸点比降	渗流量/(m³/s)	
					上游	下游
方案1	防渗系统无缺陷情况	无	65.5	0.278	0.188	0.078
方案2	防渗系统无缺陷情况	灌浆至10Lu线	70.9	0.246	0.105	0.047
方案3	防渗系统无缺陷情况	灌浆至3Lu线	77.0	0.182	0.097	0.042
方案4	上游防渗墙开叉，防渗墙在覆盖层所在的深12m的范围内形成宽40cm的空腔，空腔由砂卵石充填	灌浆至10Lu线	63.7	0.263	0.239	0.045
方案5	上游复合土工膜斜墙与防渗墙搭接部位局部拉脱的情况，产生了一条跨越两个河床断面的34m的裂缝	灌浆至10Lu线	41.1	0.371	0.519	0.039

注　上游围堰水位为 650.78m，下游围堰水位为 624.30m。

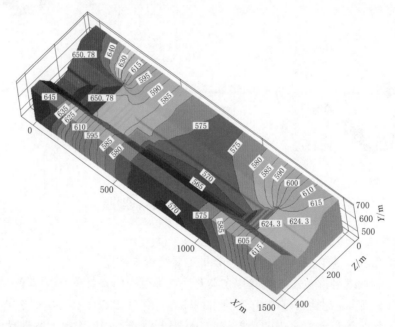

图 5.4-4　上游、下游围堰及基坑区域整体渗流场水头等势线（单位：m）

5.4.2　非正常情况下的渗流控制

5.4.2.1　我国水电工程基坑非正常渗流概况

我国西部多个水电工程围堰及基坑工程存在渗水量大、基坑排干困难、围堰存在安全风险甚至防渗体系发生明显破坏的工程案例。如某工程围堰由于防渗墙部分槽段未入岩及堰体大变形导致复合土工膜心墙撕裂而渗水严重，甚至渗水难于控制而淹没基坑，工期严重滞后而陷入被动。表5.4-2列出了我国部分典型工程围堰基坑的渗水性状。

表 5.4-2　　　　　　　　我国部分典型工程围堰基坑的渗水性状

工程名称	围堰高度 /m	渗水量 /(m³/h)	渗水特征	渗水来源或围堰损坏特征
ZM 大坝上游围堰	40.0	1600	内外水头存在联系	土工膜撕裂 21m，防渗墙未入岩
XLD 大坝上游围堰	78.0	2000~2500	内外水头存在联系	
CHB 大坝上游围堰	73.0	8850	内外水头存在联系	堰基防渗未到位
MW 大坝上游围堰	65.0	375	内外水头存在联系	强倾倒堰肩灌浆难以达到设计要求
XJ 抽水蓄能电站 下水库进/出水口围堰	41.3	81.9	内外水头存在联系	土工膜接头
SP 二级大坝上游围堰	34.0	3400	基坑渗水将随着基坑 下挖增加，局部浑水	防渗墙未入岩
SW 电站围堰	5.0	5000~8000		基岩完整性差，夹砂层及熔岩角砾岩分布

5.4.2.2　我国水电工程基坑非正常渗流处理方式研究

1. 某水电站围堰

某水电站导流采用左岸明渠导流、主体工程分三期、基坑全年施工的方式。

二期上游、下游围堰导流设计标准选取 20 年一遇洪水，相应全年设计流量为 8870m³/s。

二期上游围堰为碾压式斜墙堆石围堰，采用复合土工膜斜墙与混凝土防渗墙防渗，最大堰高 40m，堰顶宽度 10m。堰体采用 350g/0.8mm/350g 的复合土工膜斜墙防渗，最大防渗高度 21.4m，底部采用 30cm 厚碎石垫层和 200cm 过渡料进行保护；表面喷 10cm 厚 C20 混凝土进行保护。堰基防渗采用全封闭式塑性混凝土+墙下帷幕结构，防渗墙嵌入基岩 1m，最大深度 55.0m，墙厚 0.8m。

下游围堰为碾压式心墙堆石围堰，采用复合土工膜心墙与混凝土防渗墙防渗，堰体采用 350g/0.8mm/350g 的复合土工膜心墙防渗，最大防渗高度 10m，上游、下游均设过渡层与堰体填筑料连接。基础采用混凝土防渗墙，最大深度约 48m，墙厚 0.8m，对堰基部分进行了单排帷幕灌浆。

二期上游、下游围堰由于防渗墙未入岩及复合土工膜拉裂而致防渗体封闭不完全，围堰防渗体系在施工基本完成后渗流量为 1600m³/h，而河道过流洪水达 4580m³/s 时，基坑产生大量渗水无法控制而淹没。简要情况如下。

（1）基坑渗水情况及抽水情况简况。第一阶段是 2011 年 7 月 10 日前。河道流量为

2470m³/s 以下，二期围堰上游水位在高程 3257m 以下，下游水位在高程 3250.5m 以下，基坑渗水不超过 2500m³/h，水位均在土工膜底座以下。主要渗水点有三个：上游围堰堰脚右侧高程约 3235m 处、上游围堰堰脚中部高程 3245m 处、下游围堰齿槽右侧。

第二阶段是 2011 年 7 月 11—31 日。河道流量在 2260～4390m³/s 之间，其中最大流量发生在 2011 年 7 月 26 日，上游围堰迎水面水位上升至高程约 3264m，下游围堰迎水面水位上升至高程约 3252.5m，水位已经抬升至底座以上的土工膜防渗高程范围。基坑渗水约 4000m³/h，主要增加了部分渗水点，可见渗水点在上游围堰脚桩号 0＋189.5～0＋240、高程 3245～3248m 的范围。

第三阶段是 2011 年 8 月 1 日以后。流量继续增加至 6060m³/s，上游围堰迎水侧水位上升至高程 3267.8m，下游水位上升至高程 3253.95m。基坑渗水量估计达到 7000m³/h 左右。其中在 8 月 1 日，流量达到 4500m³/s 以上时，在基坑上游左侧增加多处渗水点，第二阶段新增加的渗水点渗水流量继续增大；当天凌晨，基坑渗水流量超过水泵抽水能力，水位上升，在当天 9：00 被迫拆除基坑水泵，基坑水位开始快速上升。

（2）复合土工膜破坏简况。巡视共发现土工膜严重拉裂 5 处，尤其在复合土工膜与左岸导流明渠边墙的交接部位，高程 3266.7m 以下半径 15m 范围内沉陷达 60～100cm，复合土工膜被严重撕裂，撕裂长度约为 21m；高程 3266.7m 以上半径 8m 范围内沉陷为 30～50cm，复合土工膜撕裂长度约为 15m。

（3）处理措施。该围堰经过多方案，即水平铺盖方案、高喷灌浆方案、2～5 排帷幕灌浆方案、恢复防渗墙方案等进行综合比较，并经技术及经济方案比较发现：采用恢复防渗墙方案，其总投资 6493 万元，缺陷处理工期约 4.5 个月；当采用 2～5 排帷幕灌浆方案时，总投资约 11200 万元，缺陷处理工期约 5.5 个月，且帷幕灌浆的可靠性不如防渗墙。故采用恢复防渗墙方案。

2. 仙居抽水蓄能电站下水库进/出水口围堰

（1）渗流简况。浙江仙居抽水蓄能电站为日调节纯抽水蓄能电站，安装 4 台 375MW 立轴单级混流可逆式水轮发电机组，总装机容量为 1500MW，年平均发电量为 25.125 亿 kW·h，年平均抽水电量 32.63 亿 kW·h。仙居抽水蓄能电站下水库进/出水口和泄放洞进口位于已建的下水库内，需修建下水库进/出水口围堰。围堰采用土石结构，防渗型式采用塑性混凝土防渗墙＋土工膜心墙，最大坝高 41.30m。围堰于 2012 年 9 月开始填筑施工，于 2013 年 1 月完成防渗墙，2013 年 5 月围堰全部完工。围堰防渗墙形成后，基坑内有少量渗水，采取了抽排措施。6 月初，随着降雨量增大，下水库水位升高，加之基坑开挖后堰底覆盖层出露；6 月 5 日，围堰背水侧高程 176.8m 沿线出现集中出水点，如图 5.4－5 所示。

（2）处理措施简况。

1）渗水区域外侧坡脚浇筑 C20 混凝土挡墙，挡墙内埋设排水管。与现有集水坑相邻的挡墙背部设置翼墙加强，翼墙下部卡入集水坑内侧。

2）以挡墙作支撑，在堰坡渗水区域设置反滤和压坡：第一层对围堰坡面整平后铺设一层土工布，凹凸不平处采用天然砂砾料整平，土工布规格为 400g/m²；第二层铺设 10cm 厚塑料渗排水片（孔隙率为 82％～85％）进行反滤排水，紧贴渗水区域边坡布置；

第三层为格宾笼装块石压坡，兼作排水通道，紧贴塑料渗排水片布置。

3）对于集中出水处，采用碎石反滤包填充 ϕ150 PVC 排水管引接至集水坑。

仙居抽水蓄能电站下水库进水口、出水口渗水处理示意见图 5.4 - 5。

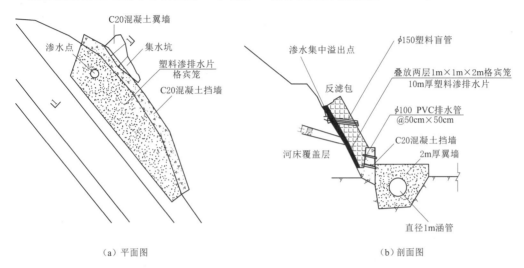

（a）平面图　　　　　　　　　　　　　　　（b）剖面图

图 5.4 - 5　仙居抽水蓄能电站下水库进水口、出水口渗水处理示意图（单位：m）

经处理，围堰运行情况良好，顺利完成了既定工程任务。

5.4.3　土石围堰及深基坑渗流控制创新技术

5.4.3.1　陡立式岸坡防渗墙精准控制及快速施工技术

白鹤滩大坝围堰基础地形、地质条件复杂，堰基处理难度大。河床岩面形态复杂，右岸岩坡为约 87°的陡壁，陡壁高差达 45m，陡立式岸坡防渗墙造墙难度极大。

1. 陡立式岸坡防渗墙底线精准控制技术

为精准控制防渗墙入岩，采用措施具体如下：

（1）前期勘探与预灌、预爆技术相结合精确确定基覆分界线。

（2）物探方法。钻孔全景成像使用智能钻孔全孔成像仪（见图 5.4 - 6）。钻孔电视观察利用摄像探头、电子罗盘、深度计数装置将钻孔岩壁的全断面图像、方位及深度摄录下来。通过观察钻孔孔壁图像和罗盘方位，确定岩层节理、裂隙、破碎带和软弱夹层的位置和性状，检查左右岸帷幕及防渗墙墙下帷幕灌浆效果。

2. 陡立式岸坡防渗墙快速施工技术

（1）陡坡段成孔造墙技术。白鹤滩大坝上游、下游围堰防渗墙槽孔按"一期小槽、二期大槽"的原则划分，河床中部及

图 5.4 - 6　智能钻孔全景成像仪

右侧防渗墙较深部位一期槽长度为4.0m，在两岸防渗墙较浅部位的一期槽和二期槽长度为7.0m，Ⅰ、Ⅱ序槽孔间隔布置，先施工Ⅰ序槽孔，再施工Ⅱ序槽孔。混凝土槽孔造孔采用"钻劈法"施工工艺。

上下游围堰右岸边槽防渗墙为陡倾岩面，施工重难点为防止钻孔飘钻，确保防渗墙最浅部位入岩不小于1.0m，现场施工采取如下施工措施：

1）岸陡倾岩面区域，增加复勘孔，准确确定基覆界线的位置和基岩面的坡度。

2）右岸趾板基础开挖和混凝土浇筑时预留钻孔基岩平台，便于坐钻。

3）合理安排钻孔次序，优先安排紧邻趾板混凝土的主孔钻孔施工，严格控制钻孔孔斜，根据岩面坡度确定主孔入岩孔深。

4）综合采用台阶法、平打与纵打相结合、"溜打"台阶尖角等钻孔施工方法，确保防渗墙入岩深度。

结合复勘成果，综合采用了平底钻头重复钻凿、地质钻机预裂基岩面、钻孔爆破手段对陡坡段基岩面进行处理。

（2）陡坡段防渗墙接头技术。

1）防渗墙体与刚性盖帽混凝土接头的膨胀止水技术。防渗墙墙顶与盖帽混凝土受力情况复杂，若两种材料的衔接出现问题则容易拉开而产生集中渗漏，在盖帽混凝土浇筑过程中主要采用了三个措施：①挖除塑性混凝土顶部1m高度较松散浆层；②留25cm高的预埋灌浆钢管作为并缝桩；③采用膨胀止水封闭潜在层间缝。

为保证上游围堰防渗墙与盖帽混凝土连接部位的防渗效果，同时减少埋设常规止水开凿塑性墙体的损伤，对防渗墙与盖帽混凝土连接部位新增膨胀止水，具体见图5.4-7。

图5.4-7 墙顶保留灌浆管及无损型膨胀止水

2）防渗墙体与墙底帷幕灌浆低压接头技术。防渗墙墙下帷幕灌浆过程中因预埋灌浆管底处通常有沉渣、淤泥等，而导管又可能没嵌入基岩中，导致灌浆过程中不能正常升压；或当压力升高时，在管底处产生击穿，不仅反复待凝与复灌费时较长，而且耗浆量大。该处若灌浆未能完全封闭墙底与基岩间隙，容易产生集中渗漏通道。为保证墙下帷幕灌浆效果，同时防止接触段顶托防渗墙导致破坏，针对白鹤滩围堰特点，制定了以下对策：①陡壁段处灌浆预埋管，间距由一般1.5m缩小为1.0m，减小灌浆半径控制范围，为降低灌浆压力提供先天条件。②确定基覆界限，对预埋灌浆管准确下料，保证预埋管密切贴合基岩面，防渗墙浇筑过程中采用专门措施应对灌浆管变形、上浮。③陡壁段和河床段采用因地制宜的接触段灌浆方法，结合先导孔的钻孔成像资料，陡壁段及河床基岩破碎段，由于墙身低及渗透性强、抗击穿作用差，采用对导管下部基岩分段钻进和分段阻塞灌浆；对河床中心段基岩完整位置采用减小分段搭配0.5MPa低压循环复灌。灌浆后采用钻孔成像，表明灌浆效果良好，如图5.4-8所示。

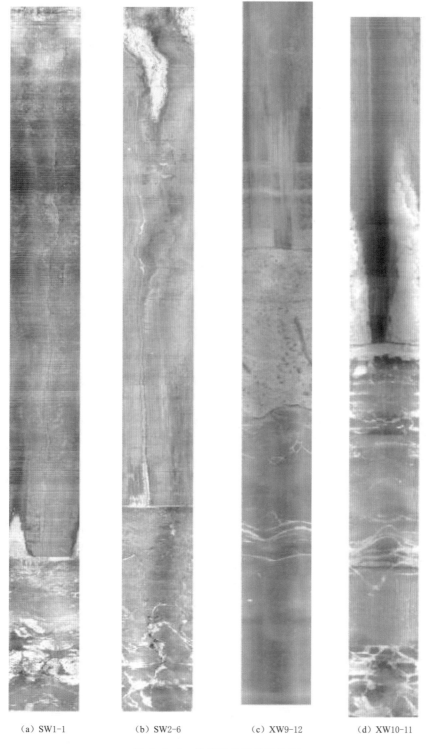

(a) SW1-1　　　(b) SW2-6　　　(c) XW9-12　　　(d) XW10-11

图 5.4-8　灌浆后钻孔成像检查

3．陡立式岸坡防渗墙质量检查

为保证防渗墙施工质量，采用了先导孔钻孔全孔成像、冲击钻钻渣识别等技术实现防渗墙准确嵌岩，引入了墙体CT检测，从防渗墙施工的初始、中间过程、完工等多阶段、分层次的保证陡坡段防渗墙入岩，确保了45m高差直立岩壁条件下混凝土防渗墙的防渗效果。

孔间声波CT测试使用武汉岩海公司生产的RS-ST01C声波测试仪，配备一发一收大功率超磁置换能器。以上游围堰20单元SY15槽段为例，CT波速等值线色谱图见图5.4-9。从图5.4-9可以看到，上游围堰20单元SY15槽段1号、2号预埋管之间断面的声波波速值范围为1.9～3.4km/s。局部出现零星低速区，相对低速区声波速度不大于2.2km/s。其整体效果较好。

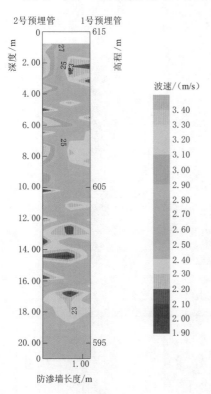

图5.4-9　CT波速等值线色谱图

5.4.3.2　围堰整体灌浆标准选取

1．设计标准

（1）白鹤滩上游围堰。

白鹤滩上游围堰堰基岩体表层由于卸荷、风化等综合作用，使岩体裂隙扩张，透水性变大。强卸荷带岩体透水率一般为10Lu，为中等透水；弱卸荷带岩体透水率一般为3～10Lu，平均为5Lu。层间错动带C_3工程类型为岩屑夹泥型，试验表明，其渗透系数为10^{-4}cm/s。

考虑到该围堰设计挡水水头达95m，以及围堰工程的重要性，结合上游围堰的基础水文地质条件，层间错动带C_3分布于左岸高程595m左右，为解决堰肩和堰基基岩透水层防渗问题，在防渗墙下部及土工膜趾板下部设置防渗帷幕，防渗帷幕贯穿过透水率$q=3$Lu线以下深度3～5m（同时保证帷幕贯穿左岸及堰基C_3埋深较浅部位），并将防渗帷幕向两岸延伸，左岸、右岸分别延伸75.0m和85.0m，左岸堰肩帷幕灌浆深度为35～60m，右岸帷幕灌浆深度为24～75m。上游围堰防渗体系展示图见图5.4-10。

C_3层间错动带在上游围堰堰基部位未出露，且越往两岸延伸，埋深越大，对渗流量及渗透稳定的影响不大。且在河床部位埋深较浅，堰基灌浆帷幕已经穿透错动带并截断，两岸较深部位已有较厚的上覆岩体可消减较高的水头。

左岸发育NW向断层F_{11}、右岸主要发育NE向断层F_4在围堰堰基部位出露，但依据其走向向两岸山体内部深处延伸，不会延伸至大坝基坑部位出露，且帷幕灌浆在堰基及堰肩较浅部位（40m深度范围内）已经截断F_{11}断层及F_4断层，阻断了F_{11}与F_{17}及C_3缓倾层间错动带组合的可能优势水力路径，在很大程度上延长了断层的渗径，减小可能渗漏量，降低断层的渗透坡降。上游围堰帷幕与主要断层的相互关系见图5.4-11。

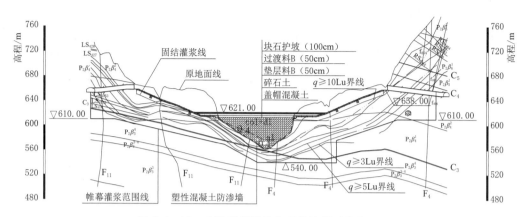

图 5.4 - 10　上游围堰防渗体系展示图（单位：m）

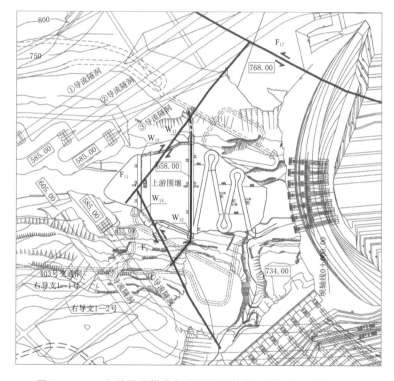

图 5.4 - 11　上游围堰帷幕与主要断层的相互关系图（单位：m）

（2）MW 大坝上游围堰。

MW 大坝上游围堰为 3 级建筑物，围堰相对不透水层埋深较大，帷幕灌浆工程量较大，考虑到围堰为临时工程，施工工期紧，遭遇设计标准洪水的概率较低，且一定量的渗水可采用抽排水措施解决，需对不同部位进行不同防渗标准的渗流敏感性分析及经济性分析，研究在《碾压式土石坝设计规范》（DL/T 5395—2007）和《水电工程围堰设计导则》（NB/T 35006—2013）的基础上依据工程实际情况及地质条件因地制宜地降低围堰帷幕灌浆标准的可行性。

此外，浅部强风化地层及强卸荷带局部岩石破碎裂隙张开，透水量大。在上游围堰右堰肩帷幕灌浆施工过程中，由于岩层缝隙宽大，灌浆孔段多数为压水试验不起压，耗灰量大，灌浆时虽然采取了限压、限流、间歇、待凝、灌砂浆等多种处理措施，仍普遍存在需多次待凝才能灌浆结束。帷幕灌浆后检测发现该部位透水率远大于设计要求，最大处甚至超过100Lu，参建各方对围堰的安全性存在疑虑。需根据帷幕灌浆透水率现场检测情况对围堰的渗流性状进行研究，跟踪分析并预测围堰的渗流量及渗透比降的分布情况，评价围堰的渗透稳定安全性，为现场帷幕灌浆的补强设计与处理决策提供参考。

设计阶段分别对上游围堰堰基及堰肩部位分别把10Lu、30Lu作为帷幕灌浆的设计标准进行平面渗流量计算，以追求灌浆标准与抽排渗水量的平衡。计算成果见表5.4-3。

表5.4-3 MW上游围堰堰基及堰肩不同灌浆标准比较计算成果表

部　　位	堰　　基		堰　　肩	
防渗标准（透水率）/Lu	10	30	10	30
单宽渗流量/(m²/d)	24.20	28.12	14.60	18.91
帷幕灌浆工程量/万 m	0.43	0.32	0.81	0.41
相对可比投资/万元	414.65	308.57	781.08	395.36

经有限元计算成果分析，考虑不同部位的重要性及经济性，上游围堰帷幕灌浆设计标准为：防渗墙墙下帷幕＋右岸堰肩＋左岸堰肩盖板高程1338.00m以下范围设计防渗标准为10Lu；左岸堰头（高程1360.00m）设计防渗标准为30Lu；左岸堰肩盖板高程1338.00～1360.00m范围帷幕灌浆深度渐变，并保证不低于相应堰高的2/3。

2. 帷幕灌浆参数选取

根据《碾压式土石坝设计规范》（DL/T 5395—2007）8.4.9条的规定，灌浆帷幕一般宜采用一排灌浆孔。对基岩破碎带部位和喀斯特地区宜采用两排或多排孔。对于高坝，根据基岩透水情况可采用两排。

白鹤滩上游围堰防渗帷幕防渗墙部位采用在混凝土防渗墙内预埋灌浆管的方法施工，堰肩部位的灌浆布置在两侧堰顶的上堰交通洞兼灌浆平洞内实施。帷幕灌浆防渗标准为：①灌浆界线为3Lu线，采用单排孔，灌浆孔距1.5m；②幕厚 $\delta \geq 2.0$m；③透水率 $q \leq$ 3Lu；④允许渗流梯度 $[J] \geq 20$；⑤渗透系数 $k \leq 3 \times 10^{-5}$cm/s。

5.4.3.3 围堰特殊透水带的处理

1. 白鹤滩围堰脉状透水带的精确定位

通过智能钻孔电视成像仪观察钻孔孔壁图像和罗盘方位，确定岩层节理、裂隙、破碎带和软弱夹层的位置和性状，以检查左右岸帷幕及防渗墙墙下帷幕灌浆效果。脉状透水带的精确定位如图5.4-12所示。

2. 脉状透水带的精准处理

根据上游围堰帷幕灌浆先导孔、部分灌浆孔压水试验、钻孔电视及灌浆试验等综合成果，为保证围堰整体防渗效果，并考虑各高程概率洪水对围堰渗流量的影响，对帷幕灌浆底线进行调整。帷幕灌浆实际底线及脉状透水带见图5.4-13。

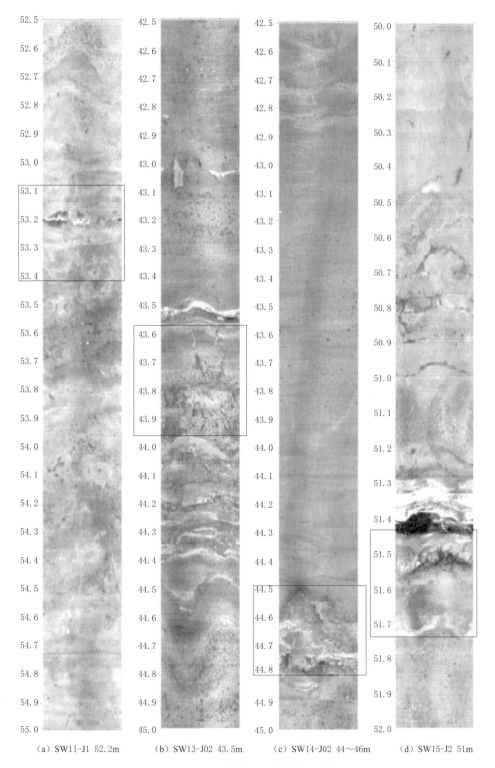

（a）SW11-J1 52.2m　　（b）SW13-J02 43.5m　　（c）SW14-J02 44～46m　　（d）SW15-J2 51m

图 5.4－12　脉状透水带的精确定位

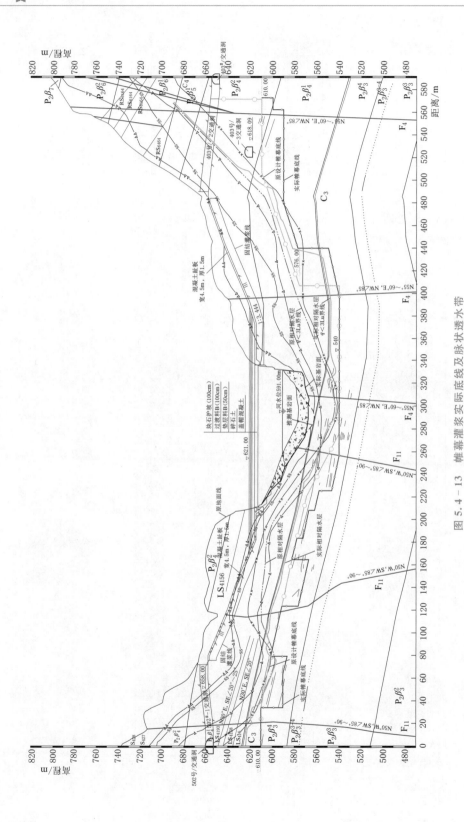

图 5.4－13　帷幕灌浆实际底线及脉状透水带

5.5　过水土石围堰

5.5.1　过水土石围堰的组成

过水土石围堰堰体表面一般由上游护坡、堰顶平台、下游堰身护面、下游平台、下游护坡组成，对堰体而言又是由堰体、防渗体、排水棱体和护面设施组成，见图 5.5-1。

5.5.2　过水土石围堰主要型式

过水土石围堰按其堰体型式可分为实用堰和宽顶堰；按溢流面所使用的材料可分为混凝土面板溢流堰、大块石或石笼护面溢流堰、块石加钢筋网护面溢流堰等；按其消能、防冲方式可分为镇墩挑流式溢流堰和顺坡护底式溢流堰。

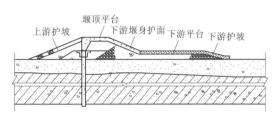

图 5.5-1　过水土石围堰的构成

过水土石围堰过水防护设计需综合分析堰顶过流时的单宽流量和流速，并考虑流速分布、流态和脉动压力等水力学指标确定。根据工程实践经验，单宽流量小于 $40\text{m}^3/(\text{s}\cdot\text{m})$、流速在 5m/s 以内时，围堰溢流面一般采用铅丝笼块石或大块石（粒径 0.5～0.8m）保护；流速为 5～7m/s 时，一般采用钢筋石笼、浆砌块石、特大块石（重 3～5t）保护；流速为 7～10m/s 时，一般采用混凝土块保护。单宽流量大于 $40\text{m}^3/(\text{s}\cdot\text{m})$ 或流速大于 10m/s 时，要深入分析围堰过水水力条件，并通过施工导流水力学模型试验研究，采取防冲措施以确保安全运行，围堰溢流面通常采用混凝土块保护。

过水土石围堰下游坡脚防护根据地质条件和水力学条件一般选择坡面平台消能式、顺坡护底式、镇墩挑流式。坡面平台消能式，借助平台挑流形成面流消能，通常由上游坡、堰顶、堰顶至消能平台堰坡、消能平台和下游坡组成。上游坡根据所采取的防护材料不同，通常坡度为 1:1.5～1:2.5，堰顶宽度一般为 5～15m；堰顶至消能平台堰坡坡度通常为 1:3～1:7；消能平台宽度一般为 8～15m；下游坡通常采用 1:1.5～1:2。上游过水围堰消能平台一般低于下游过水围堰堰顶高程。顺坡护底式，保护堰体坡脚及下游河床覆盖层，护底长度根据水力学条件和覆盖层厚度确定。流速小于 5m/s 时，一般采用粒径 0.5～0.8m 的大块石或铅丝笼块石保护；流速为 5～7m/s 时，一般采用 3～5t 特大块石或钢筋石笼保护；流速大于 7m/s 时，通常采用 3～5t 特大块石串或混凝土块柔性排保护。镇墩挑流式，在基岩上设置重力式挑流墩，借助挑流鼻坎形成挑流消能。

1. 宽顶堰式溢流堰

这种型式利用了坡面平台挑流，以形成面流水跃衔接，因此平台以下护面结构可相应简化，尤其是面板施工无须等待基坑抽水就可进行，加速了围堰施工进度。大化电站二期上游围堰（图 5.5-2）采用这种型式使水跃基本发生在 1:8 的斜坡内，取得了良好的效果。莫桑比克的卡博拉巴萨水电站大坝下游围堰也是采用了这类型式，如图 5.5-3 所示。

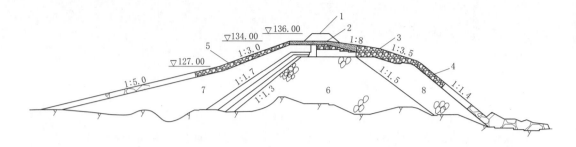

图 5.5-2　大化电站二期上游围堰宽顶堰式溢流堰（单位：m）

1—土堤；2—混凝土板，厚 0.8m；3—钢筋石笼；4—大块石，石浆勾缝；5—铅丝笼；6—堆石；7—黏土；8—块石

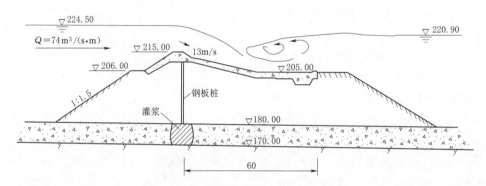

图 5.5-3　卡博拉巴萨水电站大坝下游围堰宽顶堰式溢流堰（单位：高程、水位 m，尺寸 cm）

2. 大块石护面溢流堰

这种型式护面结构简单，一般用于无覆盖层河床。我国南方小型水电工程应用较普遍，但通常堰高不大于 5m，过水单宽流量不大于 $10m^3/(s \cdot m)$。在国外有采用块石护面规模大的围堰工程，如赞比亚的卡里巴水电站采用了块石护面过水围堰，堰高 23m，堰体石料平均质量 250kg，过水流量 $17000m^3/s$，堰顶水深 20m，单宽流量约 $100m^3/(s \cdot m)$。这种护面过水围堰的断面尺寸拟定及稳定分析，渗透计算等，均可按一般堆石围堰设计，但溢流面坡度需根据过水单宽流量结合护面块石的大小确定，必要时需通过模型试验验证。

3. 块石加钢筋护面溢流堰

这种型式我国应用较少。澳大利亚莫却拉勃拉坝于 1957 年首次成功地采用了这种围堰，堰高 15m，顶宽 6m，下游坡度陡至 1:1.33；其后美国的阿夫脱贝坝、南非的豪哈坝等也相继采用。此外，这种型式还广泛用于土石坝的临时度汛保护。堆石钢筋网护面，是在块石上铺设钢筋网，块石尺寸需小一些，溢流面坡度可适当变陡。钢筋网由水平锚筋、纵向主筋、横向分布筋组成。

4. 镇墩挑流式溢流堰

这种型式常用混凝土面板，溢流面结构可靠，整体性好，能宣泄较大的单宽流量。镇墩可缩短坡脚长度，保护堰脚不被冲刷，其断面型式示例见图 5.5-4。其缺点是镇墩混凝土施工须待基坑抽水后才能进行，对围堰施工干扰大。尤其在覆盖层较深的河床，须先进行开挖，修建镇墩后才能回填块石，然后浇筑溢流面板，不仅延误工期，还常带有一定的施工风险。

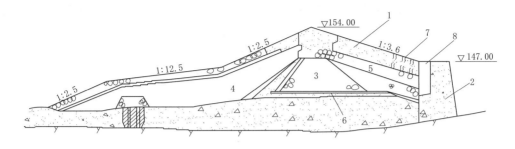

图 5.5-4　上犹江水电站过水土石围堰镇墩挑流式溢流堰示意图

1—混凝土面板；2—镇墩；3—堆石；4—黏土；5—干砌石；6—柴排；7—排水孔；8—集水井

5. 顺坡护底式溢流堰

这种型式堰后无镇墩，将面板延伸，坡脚用混凝土、石笼或梢捆、柴排等护底，避免了镇墩施工的干扰，简化了施工，又争取了工期，适宜于河床覆盖层较厚的地基，黄龙滩水电站采用了这种型式，见图 5.5-5。

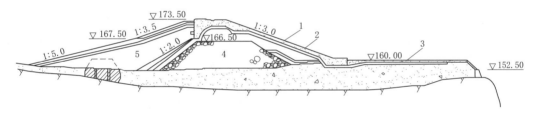

图 5.5-5　黄龙滩水电站过水土石围堰顺坡护底式溢流堰示意图

1—混凝土板，厚 1m；2—干砌石，厚 0.6m；3—混凝护坦；4—堆石；5—黏土

5.5.3　过水围堰主要构造与计算

混凝土护面过水围堰包括防渗体、堆石体、堰头、溢流面板、镇墩、护坦或坡脚保护及地基处理等。无论斜墙或心墙结构，防渗体与堆石体的布置要求及地基处理均同土石围堰。

1. 溢流面板

溢流面板的作用是保护堆石体不被水流冲刷破坏。因此，要求面板有足够的强度和稳定性，当堆石体和地基发生沉陷时，要能适应变形而不被折断。

溢流面板的坡度一般为 1:2~1:3。面板厚度不等，厚者达 3m，薄者仅 0.2m，一般为 0.5~1.0m。为防止因沉陷、温度收缩产生裂缝，面板应分块分缝，缝间嵌入沥青木板或灌注沥青砂浆，板内配置温度筋，钢筋按网格式布置，每米 4~5 根，板下设置干砌石垫层。为保证面板的整体性，分块板之间一般设 $\phi 10 \sim 16$ 的联系钢筋，每块板四边各按每米宽度内放 4 根钢筋。为加强面板的稳定性，板底还可设一定数量的锚筋，锚入堆石体内。为减少作用于面板的扬压力，面板上一般设置排水孔，排水孔间距 2～3m、孔径 5～10cm。但由于堆石体内浸润线较低，在下游水位以上部位的面板并无扬压力作用，设置排水孔反而对面板不利。因此，排水孔应设在下游水位以下部位，下游水位以上部位不宜设置排水孔。

面板的平面分块尺寸需考虑强度和稳定要求，一般可取 8～10 倍板厚，其形状可为正方形或矩形。板的连接一般采用平接或搭接。面板的最大边长 l 可按式（5.5-1）验算：

$$l = d\sqrt{\frac{20[R_1]}{p + \rho_a d}} \qquad (5.5-1)$$

式中：d 为混凝土面板厚度；ρ_a 为面板混凝土的密度；$[R_1]$ 为混凝土的允许抗拉强度，一般取 $3 \times 10^5 \sim 4 \times 10^5 \mathrm{Pa}$；$p$ 为水流作用于面板上的压力强度。

式（5.5-1）是假定面板两端各有 1/6 边长的支承段、中间 2/3 边长面板下部产生悬空时估算的经验公式。

2. 堰面过流面板

在实际工程中，由于施工和运行条件的限制，护板之间往往存在一些沉陷缝，使各护板处于相对"孤立"状态。当过流量不太大时，护板保持绝对静止。随着过流量的不断增大，护板受力条件随之恶化，可能会有一块和几块处于临界状态。当护板的受力条件继续恶化时，这块板或这些板可能向下游滑动，也可能向上浮升，或绕自身下游底边向下游倾覆翻转，或绕自身侧面底边侧向翻转。当板向下游滑动时，由于板间缝隙微小，护板将很快与下游板碰撞，在受到下游板约束力的作用后，又重新稳定，即处于"局部约束"状态。而上述其他三种运动只会出现两种结果：一种是继续运动，导致失稳破坏；另一种是遇到下游（或侧面）护板的约束反力后，恢复到受"局部约束"的状态。当过流量继续增大，进一步导致受局部约束护板受力条件恶化时，护板将产生浮升，向下游倾覆或向侧面倾覆，进而导致失稳破坏。护板各种失稳方式示意图如 5.5-6 所示。

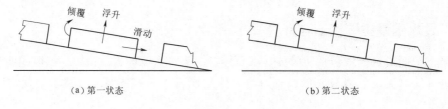

（a）第一状态　　　　　　　　　　　（b）第二状态

图 5.5-6　护板各种失稳方式示意图

过水围堰下游边坡混凝土板受水流的作用发生运动的过程，称为失稳过程。需复核混凝土板的尺寸所必须满足的相关稳定性计算要求。

3. 混凝土楔形体护板

过水土石围堰下游坡混凝土楔形护板是一种非常优越的护坡型式，其基本结构如图 5.5-7 所示。

由于结构的独特性，与普通巨型混凝土护板相比，混凝土楔形护板有如下优点：

（1）混凝土楔形护板在过水土石围堰下游坡面上呈阶梯状布置，下块的头部被压在上

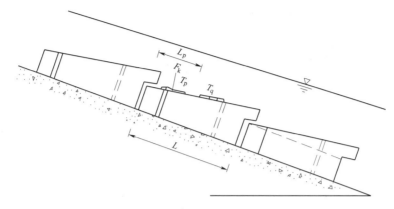

图 5.5-7 混凝土楔形护板基本结构示意图

块的尾部以下，这样能减少水流对板头的迎水推力。

（2）临近护板尾部的水流，在两块板的连接部位流向弯曲向下，这在楔形护板的 L_p 区会产生有利于板块稳定的动水附加冲击力 F_k。

（3）由于临近尾部的水流在上下两块板衔接处流向为弯曲向下，当部分水流绕过楔形护板时，将在 L_p 范围内形成绕流脱离并产生旋滚，使该区成为低压区。因此，若在该区布置排水孔，护板底部的渗透压力将会得到削减，而且排水孔的作用随着过堰流速的增大而加强。

（4）由于水流在 L_p 内形成旋滚，逆向水流会产生向上的拖拽力 T_p，从而抵消部分向下的拖拽力 T_q。

（5）护板表面呈阶梯状布置，可以起到跌坎消能的作用，这样可以减轻水流对堰脚的冲刷。

（6）由于混凝土楔形护板本身具有较强的抗冲刷能力，块体尺寸可以做得小一些，因而具有较大的变形适应能力，特别适用于碾压不够密实、沉降量较大的未完建土石坝和土石围堰的过水保护。

（7）这类结构具有良好的整体性，块与块之间的重叠使之具有强烈的约束和连接作用，从而更有利于护板的稳定。

基于上述优点，混凝土楔形护板在工程中得到越来越广泛的重视和应用。模型试验和工程实践表明，新型护面结构适应于单宽流量大的工程，经济合理，并具有良好的稳定性。然而，由于楔形护板的流态复杂，使得其受力条件也较为复杂，需对处于过水运行状态的混凝土楔形护板的失稳进行力学分析，提出较为简单、符合工程实际的稳定厚度的计算公式。

5.5.4 过水围堰水力学模型试验

5.5.4.1 试验内容

大型过流土石围堰一般进行以下项目的水力学模型试验：

（1）导流隧洞（导流明渠）泄量率定试验，验证围堰挡水高程。

（2）验证导流隧洞与基坑分流比。

（3）上下游过水围堰各方案各项水力学参数。

（4）基坑充水试验。

5.5.4.2 模型制作及测试方法

模型试验中模型与原型的相似条件和相似比尺的选择按以下方法进行。

1. 模型与原型的力学相似条件

根据相似原理，模型与原型的力学相似条件主要有以下三个：

（1）流场中任意一个相应点处的流体质点上，作用着同名的（同一性质）一个或数个力。

（2）所有作用在相应点处（以单位流体体积计算）的同名力之间的比值都是相同的。

（3）这些流动的运动学和动力学的起始条件和边界条件是相同的。

相似条件（1），在某一流动点处作用力为重力（G）、压力（P）、黏滞力（F_V），则另一相似系的对应点处也必然作用着 G、P、F_V。

相似条件（2）若用公式表达则为

$$\frac{\dfrac{G_1}{\nabla_1}}{\dfrac{G_2}{\nabla_2}} = \frac{\dfrac{P_1}{\nabla_1}}{\dfrac{P_2}{\nabla_2}} = \frac{\dfrac{F_V}{\nabla_1}}{\dfrac{F_V}{\nabla_2}} \qquad (5.5-2)$$

式中：∇ 为流体的容积。

可见，相似条件并不决定作用力的大小，而只决定相似系中的相应点作用力之间的比值。只要知道了作用力的性质及其表达式，就可构造出流体运动的物理方程或微分方程，同时，这些方程中，不仅相应点处作用力性质相同，而且所有对应项都为同一比值。

众所周知，同一结构的微分方程，也可能因起始条件及边界条件的不同而得到多个解，因此还必须要有统一的起始条件及边界条件，这就引出了上述的相似条件（3），即相似系中的运动学及动力学的起始条件及边界条件是相同的。

只有同时满足了以上三个相似条件之后，才能保证力学相似的同一解答，从而保证模型换算到原型的正确性。

2. 模型相似比尺的选择

三维水流的描述方程，应从三维紊动水流方程导出。其比尺关系式一共有 5 个：

$$\frac{\lambda_L}{\lambda_v \lambda_t} = 1 \quad 或 \quad Sh = \frac{L}{vt} = const \qquad (5.5-3)$$

$$\frac{\lambda_v^2}{\lambda_g \lambda_l} = 1 \quad 或 \quad Fr = \frac{v^2}{gL} = const \qquad (5.5-4)$$

$$\frac{\lambda_v \lambda_l}{\lambda_\nu} = 1 \quad 或 \quad Re = \frac{vL}{\nu} = const \qquad (5.5-5)$$

$$\frac{\lambda_P}{\lambda_\rho \lambda_v^2} = 1 \quad 或 \quad Eu = \frac{p}{\rho v^2} = const \qquad (5.5-6)$$

$$\frac{\lambda_v^2}{\lambda_{v'}^2} = 1 \quad 或 \quad N_{ij} = \frac{v_i'^2 v_j'^2}{v'^2} = const \qquad (5.5-7)$$

上述 5 个相似判据中，因欧拉数 $Eu = f(Fr, Re, Sh, N_{ij})$，故可不单独考虑它。

而雷诺数与弗劳德数在导流截流模型中不可能同时满足。相对而言，Fr 判据是决定性的，所以雷诺数判据也可不单独考虑；但应加大模型水流的数，使之充分达到紊流，并进入阻力平方区，而自动满足与原型水流相似。经过这样处理后，剩下来的比尺关系式实际上只有 3 个，即

$$\frac{\lambda_L}{\lambda_v \lambda_t}=1,\quad \frac{\lambda_v^2}{\lambda_g \lambda_L}=1,\quad \frac{\lambda_v^2}{\lambda_{v'}^2}=1 \tag{5.5-8}$$

由式（5.5-8）中第一个比尺关系式可得　　$\lambda_t = \dfrac{\lambda_L}{\lambda_v}$

这是一个确定时间比尺 λ_t、流速比尺 λ_v 及长度比尺 λ_L 之间的关系式。在上述 5 个比尺关系式中的第五个比尺 N_{ij} 是紊动判据，它实质上与惯性力和阻力之比相似，一般紊动水流中自然要求满足这个准则。但因脉动流速这个比尺在模型水流中很难直接控制，也无法实施间接控制，于是有些学者从模型与原型所共同遵循的微分方程的边界条件出发，导出了与阻力相似的有关比尺关系式：

$$\frac{\lambda_v^2}{\lambda_f \lambda_v^2}=\frac{1}{\lambda_f}=1,即\ \lambda_f=1 \tag{5.5-9}$$

式（5.5-9）可以说明，要满足紊动相似，或惯性力与紊动阻力之比相似，在正态模型中，则必须满足阻力系数的比尺 $\lambda_f=1$。而阻力系数 f 在阻力平方区内仅与相对糙率有关，只要原型和模型的相对糙率相等（即满足模型和原型的几何相似），则阻力系数也就相等。综上，只要模型水流位于阻力平方区，而又严格满足几何相似条件，则阻力相似自然得到满足，从而 N_{ij} 的比尺关系也就基本得到满足。

另外，为了保证模型与原型水流能遵循同一物理方程描述，还必须同时满足：①模型水流必须是充分紊动，要求模型水流的 $Re \geqslant 1000 \sim 2000$；②不使表面张力干扰模型水流运动，要求模型水流水深至少大于 2cm。

5.5.5　过水土石围堰水力学性态

5.5.5.1　围堰过流性状监测

鲁地拉水电站的过水围堰设计、监测及反分析，为在大江大河上采用土石-碾压混凝土混合过水围堰积累了理论和实践经验，也为国内外同类工程提供了设计、研究及试验的借鉴。

鲁地拉水电站上游土石-碾压混凝土混合过水围堰已经历了 2009—2011 年 3 个汛期：2009 年、2010 年汛期围堰过流时，大坝基坑开挖未完成，上游围堰下游水深由下游围堰控制，水深较小，围堰过流工况较差；2011 年大坝两侧挡水坝段浇筑至水面以上，上游围堰下游水深由缺口控制，水深较大，围堰过流工况较好。

2009 年、2010 年两个汛期进行了围堰水力学监测，2009 年、2010 年两个汛期围堰过水历时达 4294h，金沙江最大来流量为 8950m³/s，过堰最大流量为 5225m³/s，最大单宽流量为 32.5m³/(s·m)，上下游最大水头差达 17.1m。2009 年、2010 年汛期上游过水围堰过流情况见表 5.5-1。

表 5.5-1   2009 年、2010 年汛期上游过水围堰过流情况

过水年度	过 水 历 程	过水历时/h	河道最大总来流量/(m³/s)	过堰最大流量/(m³/s)	最大水头差/m	最大单宽流量/[m³/(s·m)]
2009	2009 年 7 月 1 日至 2009 年 10 月 2 日	2230	8950	5225	17.1	32.5
2010	2010 年 7 月 10 日至 2010 年 8 月 9 日、2010 年 8 月 18 日至 2010 年 9 月 29 日、2010 年 9 月 30 日至 2010 年 10 月 22 日（间歇性断流）	2064	6220	2788	15.5	17.5

5.5.5.2 仪器布置、安装

监测工作内容主要为鲁地拉水电站上游过水围堰堰面流速监测、动水压力监测、堰顶水位监测和过流流态监测，以及相应的监测成果分析。其中流态监测采用摄像和人工描述方式。过水围堰监测项目及测点布置见表 5.5-2 及图 5.5-8。

表 5.5-2   过水围堰监测项目及测点布置

序号	监测项目	测 点 部 位	测点编号	测点高程/m	备注
1	水位	堰顶左岸护坡	S1		槽钢水尺
		堰顶左岸护坡	S3		
		堰顶右岸护坡	S2		
		堰顶右岸护坡	S4		
		1139m 平台左岸	S5		
		1139m 平台右岸	S6		
		基坑	JK1		
2	流速	堰顶坝上 0-146.34 中部	TY01	1156.39	底流速仪数据采集仪
		跌坎坝上 0-166.50 中部	TY02	1145.00	
		1139m 平台 0-130.00 右侧	TY05	1139.05	
		1139m 平台 0-118.00 右侧	TY07	1139.03	
3	动水压力	1139m 平台 0-128.00 中部	TY03	1138.86	脉压传感器数据采集仪
		1139m 平台 0-128.00 左侧	TY04	1139.10	
		1139m 平台 0-118.00 左侧	TY06	1139.06	
		后坡 0-099.00 中部	TY08	1127.85	
4	流态	指定或据实情另行确定	编辑		摄像、照相

5.5.5.3 监测成果分析

1. 水位流量情况

2009 年整个汛期过流 93d，金沙江来水流量 4000m³/s 以上的达 54d，占整个汛期围堰过流天数的 58.06%，可见常遇流量在 4000m³/s 以上；金沙江来水流量 5000m³/s 以上的达 29d，约占整个汛期围堰过流天数的 31.18%；大于鲁地拉坝址 5 年一遇洪水流量

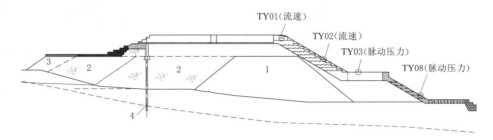

图 5.5 - 8　鲁地拉水电站过水围堰测点剖面布置图
1—截流戗堤；2—石渣填筑；3—块石填筑；4—C15 混凝土防渗墙

$8270\text{m}^3/\text{s}$ 的过流天数为 2d，发生在 8 月中旬。

围堰过流期间金沙江最大来流量为 $8950\text{m}^3/\text{s}$，大于鲁地拉坝址 5 年一遇洪水流量（$8270\text{m}^3/\text{s}$），接近鲁地拉坝址 10 年一遇洪水流量（$9550\text{m}^3/\text{s}$），最大过堰流量 $5225\text{m}^3/\text{s}$。汛期过流天数统计见表 5.5 - 3。

表 5.5 - 3　　　　　　　　汛 期 过 流 天 数 统 计

总流量 /(m³/s)	过 流 天 数/d					过流百分比 /%	备　注
	7 月	8 月	9 月	10 月	汛期		
8270		2			2	2.15	
7000		4			4	4.30	
6000	3	9			12	12.90	
5000	7	22			29	31.18	
4000	20	31	3	0	54	58.06	
2890	31	31	30	1	93	100.00	围堰挡水流量 2890m³/s

2. 围堰过堰流态

围堰过流期间，金沙江总来流量为 $2890\sim8950\text{m}^3/\text{s}$，围堰堰前及堰顶平台水流流态平稳，没有涌浪出现。水流在堰顶平台前端形成水面跌落，跌落值在 $0\sim0.81\text{m}$ 之间，跌落值随流量增大而增大。

金沙江来流量为 $2890\sim3000\text{m}^3/\text{s}$ 时，过堰水流流速较小，在每个台阶上形成一种自然的跌落。金沙江来流量为 $3000\sim5600\text{m}^3/\text{s}$ 时，过堰水流流速加大，自堰顶平台下游端出现水面跌落开始，堰面台阶出现过渡水流：上部台阶为滑行水流，水流表面较平稳，下部台阶为掺气水流，水流紊动剧烈，出现类似水跃或半水跃的水面壅高现象。随着流量增大，滑行水流区域增大，掺气水流区域逐渐下移，流量达到 $5600\text{m}^3/\text{s}$ 时，台阶掺气现象基本消失。金沙江来流量大于 $5600\text{m}^3/\text{s}$ 后，堰面台阶出现滑行水流，流量较小时，水流表面受台阶影响，有微小水跃现象，随着流量增大，水流表面趋于平稳。

消能平台及下游基坑流态：由于下游围堰高程高于消能平台高程，下游水深较大，可以满足大流量时消能需要。流量较小时，由于台阶掺气明显，消能率较高，水流到达消能平台后，流速较低，水流基本在表面紊动，水跃范围较小；流量较大时，台阶消能率降低，斜坡滑行水流流速较大，直接潜入下游水面，形成淹没水跃，水流翻滚，紊动剧烈，水跃基本控制在平台范围以内，平台下游水流紊动明显减弱，趋于平稳。

水流通过堰顶平台后，左右堰肩水流由于收缩，水流均有不同程度的折冲。右堰肩流态过堰顶平台后，水流衔接较好，水流较均匀，折冲水流相对较小。

左堰肩流态过堰顶平台后，水流收缩较厉害，折冲水流较大，堰顶平台下游与1139.00m 消能平台护岸左侧部位为基岩，经过水流冲刷，上述部位基岩被淘刷，过水结束后形成了一个冲坑。

典型洪水过程各级流量下围堰过水流态见图 5.5-9 和图 5.5-10。

图 5.5-9　鲁地拉水电站过水围堰过水流态　　　　图 5.5-10　鲁地拉水电站过水围堰过流
（$Q=2910\mathrm{m^3/s}$）　　　　　　　　　　　左侧水流流态（$Q=8900\mathrm{m^3/s}$）

3. 围堰过流流速及动水压力

（1）堰顶平台平均流速。根据来水流量及堰顶水深计算得到堰顶平台平均流速，结果见图 5.5-11。

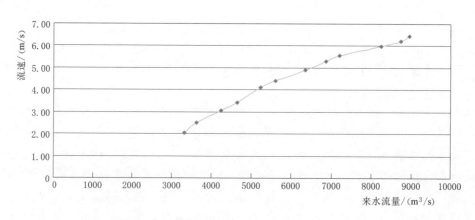

图 5.5-11　各来水流量下堰顶平台平均流速曲线

从图 5.5-11 可以看出，金沙江来水流量为 $3320\sim8950\mathrm{m^3/s}$ 时，堰顶平台流速为$2.04\sim6.43\mathrm{m/s}$，流速随流量的增大而增大。

（2）底部流速。根据 2009 年监测数据整理得到特征流量下各测点最大流速，见表 5.5-4。

表 5.5-4　　　　　　　　　　　　　　特征流量下各测点最大流速

流量 /(m³/s)	上游水位 /m	底部最大流速/(m/s)			
		TY01	TY02	TY05	TY07
3620	1158.2	9.83		8.41	13.56
4250	1159.22	10.90	11.84	13.09	15.26
4660	1159.72	11.11		14.10	16.02
5240	1160.36	11.81		16.08	16.44
5610	1160.67	11.42		16.20	15.92
6010	1160.91	11.26		17.38	15.88
6300	1161.15	11.65		17.43	16.12
6870	1161.54	11.83		18.38	17.04
7200	1161.77	13.89			
8240	1162.41	12.88			
8750	1162.65	13.05			

监测结果表明，堰顶平台圆弧段流速为 10～13m/s，而消能平台流速呈现以下规律：TY05 测点平均流速随过堰流量增大而显著增大，变化幅度较大，而 TY07 测点平均流速与过堰流量关系不大，变化不规律，流速变化幅度不大，相对比较稳定，这与 TY07 测点位于围堰中部，水流相对稳定有一定关系；在斜坡与消能平台相接部位，由于斜坡水流直接切入下游水面，此部位流速较大，流量为 5500m³/s 时，平均流速为 14～16m/s，最大流速达 18m/s 以上；而消能平台后部由于水流在平台前段经过掺气、紊动、消能后，流速降低，平均流速为 12～15m/s，说明消能平台消能效果较为明显。

（3）底部动水压力。在涨水和退水过程中各特征流量下的动水压力监测值见图 5.5-12 和图 5.5-13。

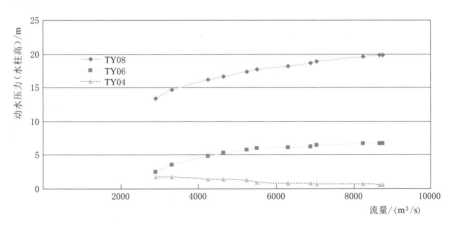

图 5.5-12　流量与动水压力关系曲线（涨水过程）

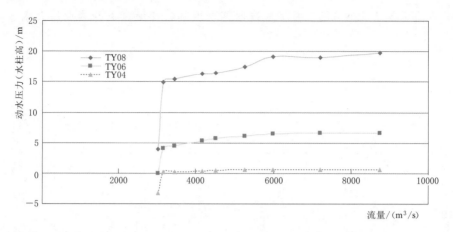

图 5.5-13　流量与动水压力关系曲线（退水过程）

涨水过程中，TY04 测点动水压力随流量增大而减少；退水过程中，TY04 测点动水压力随流量减小而减小。动水压力极值分别为 1.71m 和 -3.16m。在各流量下，动水压力变幅均很小，最大变幅为 0.92m。此测点动水压力表明，测点部位掺气明显，动水压力较小，虽然在过水末期退水过程中出现负压，但负压较小，由负压产生的瞬时压力与混凝土板块底部的扬压力共同作用产生的上举力小于混凝土板块的自重，所以混凝土板块稳定性较好。

涨水过程中，TY06 测点动水压力随流量增大而增大；退水过程中，TY06 测点动水压力随流量减小而减小。涨水过程中，金沙江总流量为 2910～8740m³/s 时，动水压力为 2.51～6.74m；退水过程中，金沙江总流量为 8740～3040m³/s 时，动水压力为 6.67～0.02m。动水压力变幅基本随过堰流量增大而增大，金沙江来流量小于 5000m³/s 时，动水压力变幅基本在 2m 以下，大流量时，最大变幅达 5.97m。说明此测点部位动水压力在小流量时相对稳定，变化幅度不大，水流流态较为平稳，流量较大时动水压力波动较大，水流流态较为紊乱，但混凝土板上瞬时压力为正，所以混凝土板稳定性好。

涨水过程中，TY08 测点动水压力随流量增大而增大，金沙江总流量为 2910～8740m³/s 时，动水压力为 13.4～19.78m。退水过程中，TY08 测点动水压力随流量减小而减少，金沙江总流量为 8740～3040m³/s 时，动水压力为 19.78～3.88m。在各流量下，动水压力变幅均很小，最大变幅仅为 0.42m。说明此测点部位水流流态平稳，混凝土板稳定性好。

各测点动水压力数据表明，围堰过流后，综合 1139.00m 消能平台上两个测点 TY04、TY06 的数据，平台平均最大压力在 4.0m 以内，总体在 1.0m 附近波动，最大负压为 3.16m，由负压产生的瞬时压力与混凝土板底部的扬压力共同作用产生的上举力小于混凝土板的自重，所以混凝土板稳定性较好，混凝土板未造成破坏；平台下游边坡压力在整个过流期间较稳定，基本在 13.0～20m/s 之间，流态衔接较好。

综上所述，在 2009 年汛期过流期间，围堰 1139m 消能平台及以下边坡稳定性较好，运行良好，未产生破坏现象。

（4）断流后检查。断流后对基坑的静水进行观察，高程 1139m 平台有翻水、冒泡现象，表明堰体局部可能已形成渗透通道。上游围堰消能台阶由于水流冲刷，出现多处表面混凝土剥离、损坏等缺陷，缺陷深度较浅，一般在 0.2m 以下。断流后各部位情况见图 5.5-14。

（a）高程1139m平台翻水现象　　　　　　　　（b）高程1139m平台冒泡现象

（c）台阶表面混凝土剥离、损坏情况　　　　　　　　（d）围堰左侧冲坑

图 5.5-14　断流后各部位情况

5.6　分期实施土石围堰

一些大中型水电站在工程建设中，受施工条件制约，采用了分期实施土石围堰创新技术，也就是将全年围堰分两期实施技术。分期实施土石围堰主要面对以下不利施工边界条件：

（1）深厚覆盖层地区较高的全年围堰难以在一个枯水期全部完成。在深厚覆盖层上修建高围堰，围堰基础一般采用防渗墙型式，防渗体具有工程量大、墙深、施工难度大的特点，而一般枯水期施工时间仅 6 个月左右。防渗墙施工进度主要受防渗墙的深度控制，当防渗墙超过一定的深度，围堰难以在一个枯水期完建，为确保围堰度汛安全，需分期实施土石围堰，如乌东德水电站。

（2）实施阶段导流泄水建筑物具备分流条件时间滞后，占用了部分枯水期时间，围堰施工时间减少，围堰难以在一个枯水期完建，以及受移民、交通、度汛水位等条件的限制，不允许一次完建全年挡水围堰情况，而高山峡谷地区高坝坝肩开挖所面临的施工条件差，需要尽早形成基坑内集渣条件。

在高山峡谷地区修建高拱坝水电站工程，大坝工程施工是关键线路上的项目。其中，坝肩高边坡开挖又是大坝工程施工难度最大、工期最难控制的环节，一般都尽早安排，对于坝址两岸地形陡峻、存在坝肩开挖出渣道路布置困难、拦渣措施难于到位、开挖渣料下江难以避免、渣料下汇将造成水土流失等不利影响，妥善解决工程进度与安全、环境保护、水土保持之间的矛盾，是工程建设前期的关键问题。

针对高山峡谷高坝坝肩开挖所面临的施工难题，实施提前分流的建设方案，即分期实施土石围堰方案，可尽快在基坑内形成集渣条件，提高出渣效率，以加快坝肩的开挖进度，同时也能满足环保、水土保持、交通、安全生产等方面的要求。如大岗山水电站、猴子岩水电站实施提前分流方案后，彻底改善了前期坝肩开挖的施工条件，使工程建设得以快速、环保、安全地推进。

5.7 典型工程实例

5.7.1 不过水土石围堰工程实例

5.7.1.1 三峡水利枢纽工程二期上游围堰

三峡水利枢纽工程二期围堰包括上游和下游土石围堰。上游土石围堰采用低双塑性混凝土墙接土工膜防渗，风化砂壳堰体，堰顶全长 1238m，堰顶高程 88.50m，最大堰高 88.6m，位于基岩 40m 以上的两岸漫滩部位为单墙，河床槽段为长约 150m 的双墙，两道墙中心距离 6m。防渗墙顶高程 73.00m，墙顶以上接土工膜防渗。二期围堰最大填筑水深达 60m，挡水水头超过 85m。

上游围堰基本断面为石渣夹风化砂复式断面，防渗体为 1～2 排塑柔性混凝土防渗墙，上接复合土工膜，基岩防渗采用帷幕灌浆并与防渗墙相接。其双墙段土石围堰典型断面见图 5.7-1。二期上游围堰深槽段采用双排塑性混凝土防渗墙上接土工合成材料防渗心墙结构，防渗墙施工平台高程 73.00m，设计采取上游墙完建后，于上游侧墙筑子堰临时度汛，采用 20 年一遇洪水标准，子堰顶高程 83.50m，采用复合土工膜防渗，土工膜厚度不小于 0.5mm，抗拉强度不小于 20kN/m。土工膜子堰结构见图 5.7-2。

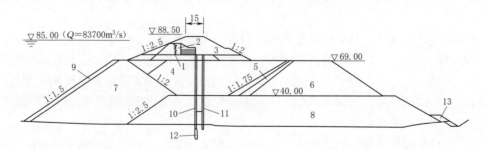

图 5.7-1 三峡水利枢纽工程二期双墙段围堰典型断面（单位：m）

1—复合土工膜；2—风化砂垫层；3—过渡层；4—风化层；5—过渡层；6—截流戗堤；7—石渣；
8—平抛垫底；9—堆石；10—上游防渗墙；11—下游防渗墙；12—灌浆帷幕；13—砂卵石压坡体

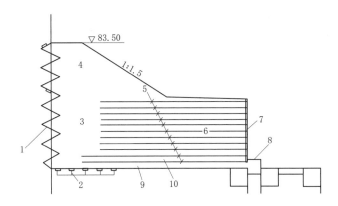

图 5.7-2　三峡水利枢纽工程二期土石围堰土工膜子堰结构（单位：m）

1—复合土工膜防渗层；2—土工膜应变计；3—风化砂；4—石渣混合料；5—CAT30020B 筋带；

6—石屑料；7—面板；8—上游防渗墙轴线；9—风化砂；10—砂卵石料

　　在三峡工程二期深水高土石围堰拆除过程中，对堰体和防渗墙进行了调查、取样和相关参数的测试，专门安排了围堰工程的实录和性状验证。根据观测项目特点和围堰的拆除程序，对现场观测、调查和取样位置进行了布置，见图 5.7-3。

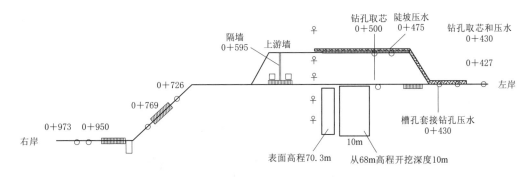

图 5.7-3　二期围堰拆除中各项调查位置布置示意图

　　深入分析主要技术问题后发现：①风化砂堰体的密度有所增大，增幅约 30%；②防渗墙墙体材料的抗压强度和初始切线模量均有一定的增长，模量与强度比值基本不变，渗透系数也有降低的趋势；③防渗墙各槽段之间存在套接缝，缝宽为 2～3mm，抗渗透破坏性能良好，但它是防渗墙中抗渗透破坏的薄弱部位；④防渗墙和风化砂之间普遍存在薄膜型泥皮，厚度在 2～3cm 之间，风化砂、泥皮、防渗墙三者之间分界明显；⑤防渗墙顶部所接土工膜整体完整性完好，土工膜之间的搭接良好，但土工膜与防渗墙顶部混凝土的连接处局部有不同程度的老化或拉破现象。

5.7.1.2　白鹤滩水电站大坝上游围堰

　　白鹤滩大坝上游围堰为全年挡水土石围堰，最大高度达 83m，堰前设计水位为 655.58m，堰顶高程为 658.00m。其采用防渗墙上接斜墙式复合土工膜防渗，防渗墙最大深度达 50m，防渗墙底部采用帷幕灌浆防渗。复合土工膜防渗水头达 40.58m，填筑量达

200万m³，白鹤滩上游围堰采用土工膜斜墙防渗型式，土工膜用量达到25000m²，土工膜下采用60cm厚颗粒垫层料，土工膜上采用喷20cm混凝土保护。其主要分区见图5.7-4。

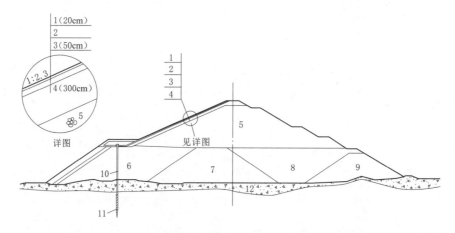

图5.7-4　面膜防渗土石围堰填筑主要分区图

1—喷混凝土保护层；2—复合土工膜防渗层；3—垫层；4—过渡层；5—碾压石渣料；6—抛填细石渣料；
7—截流戗堤；8—抛填石渣；9—排水棱体；10—防渗墙；11—灌浆帷幕；12—覆盖层

白鹤滩上游围堰从2015年11月27日实现大江截流，至2016年6月14日围堰完工，在一个枯水期内完成分项工程多达数百项。

1. 防渗墙施工

河床覆盖层最大厚度14m，采用1.0m厚塑性混凝土防渗墙，入岩1.0m，最大深度48.70m，共4131m²，分21个槽段施工，已于2016年3月5日施工完毕并闭气。防渗墙施工见图5.7-5。

图5.7-5　防渗墙施工

2. 围堰填筑施工

上游围堰总填筑量约200万m³，共分三期进行施工。第一期为水下抛填及填筑至615.00m平台，第二期填筑至643.00m高程，2016年6月7日第三期填筑至堰顶658.00m，月平均强度达 34 万 m³。围堰填筑施工见图 5.7-6。

（a）堰体的碾压施工　　　　　　　　　（b）垫层料斜坡的平板夯施工

图 5.7-6　围堰填筑施工

3. 复合土工膜施工

共铺设 350g/1.0mm/350g 规格的 HDPE 复合土工膜约 25000m²，膜上部采用喷 20cm 厚混凝土进行保护，设计防渗水头 40.58m。复合土工膜共分两期进行施工，高程 642.00m 以下约 16400m²，高程 642.00m 以上 8600m²，2016 年 6 月 14 日全部完成。白鹤滩上游围堰复合土工膜施工过程见图 5.7-7。

（a）复合土工膜铺设　　　　　　　　　（b）首创的自适应U形伸缩节

（c）复合土工膜与趾板连接锚固　　　　　（d）复合土工膜与防渗墙连接锚固

图 5.7-7　白鹤滩上游围堰复合土工膜施工过程

白鹤滩围堰经过一个汛期洪水的考验表明，其堰体变形、防渗墙应力、渗压等各项监测指标均正常，防渗效果优于我国同类型围堰，上游、下游围堰及基坑估算总渗水量小于50L/s。白鹤滩上游围堰运行实景见图 5.7－8。

图 5.7－8　白鹤滩上游围堰运行实景

5.7.1.3　锦屏一级水电站大坝上游围堰

锦屏一级水电站上游围堰为土石围堰，采用复合土工膜斜墙加塑性混凝土防渗墙进行防渗。上游围堰堰顶高程为 1691.50m，顶宽 10.00m，长约 186m，最大底宽约 312m，最大堰高 64.50m，采用复合土工膜斜墙与塑性混凝土防渗墙防渗。迎水面坡度为1∶2.50，背水面坡度为 1∶1.75。堰体采用 350g/0.8mm HDPE/350g 的复合土工膜斜墙防渗，最大防渗高度 44.00m，表面采用现浇 20cm 厚混凝土板进行保护，并铺设袋装石碴作为辅助保护材料。堰基采用塑性混凝土与墙下帷幕灌浆防渗，堰肩利用灌浆平洞内的帷幕灌浆进行防渗。防渗墙施工平台高程为 1647.50m，混凝土防渗墙厚度 1.0m、最大深度约 53.15m，成墙面积 4700m²。右岸灌浆平洞长度为 33.0m，帷幕灌浆最大造孔深度约 43m。左岸灌浆平洞与右岸连接洞相结合，帷幕灌浆最大造孔深度为 60.00m。墙下帷幕最大造孔深度 16m。堰体堆筑总量为 117.88 万 m³。

锦屏一级水电站大江截流及上游围堰工程于 2006 年 10 月 15 日开工，2006 年 12 月 4日成功截流。上游围堰主体工程于 2007 年 6 月 30 日完工，2010 年 10 月底拆除，运行情况良好。其上游围堰典型断面见图 5.7－9。

5.7.1.4　MW 水电站大坝上游围堰

MW 水电站大坝上游围堰堰顶高程 1360.00m，最大堰高 65.00m，堰顶宽 15.0m，堰顶轴线长 338.57m。上游边坡在高程 1316.00m 以上坡度为 1∶1.8，在高程 1316.00m

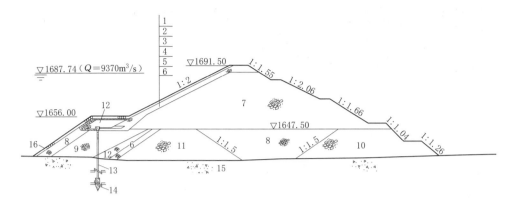

图 5.7-9　锦屏一级上游围堰典型断面

1—袋装石渣；2—喷混凝土保护层；3—复合土工膜；4—无砂混凝土；5—垫层；6—过渡层；7—堆石 A 区；

8—堆石 B 区；9—堆石 C 区；10—堆石 D 区；11—截流戗堤；12—碎石土；13—防渗墙；

14—帷幕灌浆；15—堰基覆盖层；16—块石护坡

以下坡度为 1：1.5；下游边坡坡度 1：1.65，坡面布置堰后下基坑道路，道路综合坡度 10.5%。

混凝土防渗墙施工平台高程为 1316.00m，围堰最大高度 65.0m，高程 1316.00m 以上堰体采用土工膜心墙防渗，防渗体顶高程 1359.50m，防渗体高度 43.50m。心墙采用 350g/0.8mm PE/350g 复合土工膜防渗，两侧分别设置 2.0m 厚的垫层及 3.0m 厚的过渡层防护，复合土工膜与基础防渗结构的连接采用预留 50cm×40cm 的槽，土工膜固定在槽里后回填二期混凝土，复合土工膜与岸边采用预留 200cm×40cm 的槽，土工膜固定在槽里后回填二期混凝土。高程 1316.00m 以下堰体及基础采用 C20 混凝土防渗墙防渗，防渗墙厚 0.8m，最大墙深 38.0m，防渗墙下接帷幕灌浆，灌浆深度至 10Lu 线。MW 上游围堰典型断面图见图 5.7-10，复合土工膜岸边锚固施工现场见图 5.7-11。

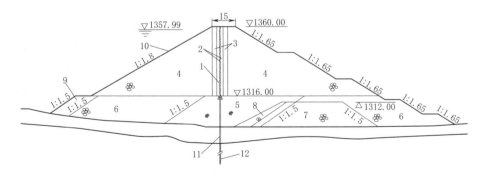

图 5.7-10　MW 上游围堰典型断面图

1—复合土工膜防渗层；2—垫层；3—过渡层；4—碾压石渣料；5—抛填细石渣料；6—抛填石渣；

7—截流戗堤；8—砾石土；9—大块石护坡；10—干砌石护坡；11—混凝土防渗墙；12—帷幕灌浆

该围堰于 2013 年 5 月底填筑完成，经过两个汛期的考验围堰运行性态良好，实测最大渗水量为 600m³/h。

图 5.7 - 11　复合土工膜岸边锚固施工现场

5.7.1.5　龙开口水电站上游主围堰

龙开口水电站上游主围堰为 4 级建筑物，采用土石结构，上游主围堰堰顶高程 1261.00m，高程 1229.00m 以上堰体采用土工膜防渗，高程 1229.00m 以下堰体及堰基采用塑性混凝土防渗墙防渗，局部采用灌浆帷幕防渗，最大堰高 55m，围堰轴线长达 512.79m，围堰典型断面见图 5.7 - 12，其施工现场见图 5.7 - 13。

2009 年 1 月中旬主河床截流后，龙开口围堰于 2009 年 6 月填筑完成，运行情况良好，于 2012 年 5 月开始拆除。

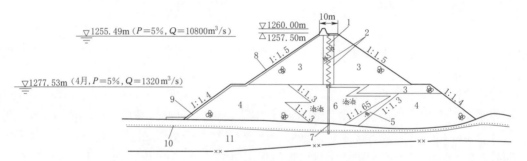

图 5.7 - 12　龙开口水电站上游主围堰典型断面

1—复合土工膜防渗层；2、6—砂砾料；3—堆石料；4—抛填石渣；5—反滤料；
7—防渗墙；8—块石护坡；9—抛填大块石；10—覆盖层；11—基岩

5.7.1.6　NZD 水电站上游围堰

NZD 水电站上游围堰为与坝体结合的土工膜斜心墙土石围堰，堰顶高程 656.00m，围堰顶宽 15m，堰顶长度 265m，高程 624.00m 以下上游面坡度为 1：1.5，高程 624.00m 以上上游面坡度 1：3，下游面坡度为 1：2，最大堰高 82m。上部采用土工膜斜心墙防渗，下部及堰基采用混凝土防渗墙防渗。其围堰典型断面见图 5.7 - 14。

上游围堰土工膜斜墙坡度 1：2，沿高程方向每 8m 设置一伸缩节；土工膜与

图 5.7 - 13　龙开口水电站上游主围堰施工现场

基础防渗结构及岸坡的连接采用预留 50cm×40cm 的槽，土工膜固定在槽里后回填二期混凝土，土工膜规格为 350g/0.8mm PE/350g。斜心墙土工膜铺设示意详图见图 5.7 - 15。

该围堰填筑于 2008 年 3 月 20 日开始，于 2008 年 5 月 31 日结束。运行期现场监测表

明，沉降变形和防渗效果良好。

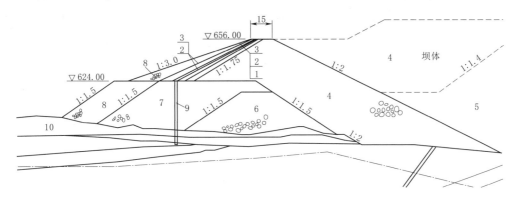

图 5.7-14　NZD 上游围堰典型断面（单位：m）

1—复合土工膜；2—过渡料Ⅰ；3—过渡料Ⅱ；4—Ⅰ区粗堆石料；5—上游Ⅱ区堆石料；6—截流戗堤；
7—抛填石渣料；8—抛块石护坡；9—混凝土防渗墙；10—河床冲积层

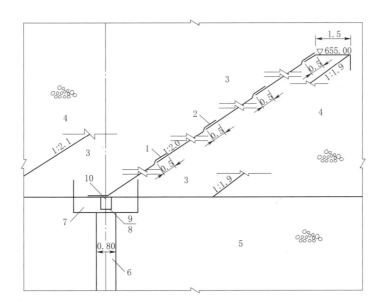

图 5.7-15　斜心墙土工膜铺设示意图（单位：m）

1—复合土工膜；2—伸缩节；3—过渡料Ⅰ；4—过渡料Ⅱ；5—石渣料；6—混凝土防渗墙；
7—盖帽混凝土；8—钢垫片；9—锚固螺母；10—二期混凝土

5.7.2　过水土石围堰工程实例

5.7.2.1　锦屏二级水电站过水土石围堰

锦屏二级水电站上游围堰采用过水土石围堰结构型式，如图 5.7-16 所示。堰体及基础采用 0.8m 的塑性混凝土防渗墙。堰轴线长为 150.4m，最大堰高为 21.0m，堰顶高程为 1641.00m，堰顶宽为 10.0m，上游堰坡为 1:1.5～1:5，下游堰坡为 1:3.5～1:2，在 1626.00m 处设置宽 35m 的消能平台。围堰保护依据的水力特性为：过水最大堰顶设计单宽流量47.0m³/(s·m)，堰面最大流速约12.7m/s，过水时最大水位差约6m等。围堰堰顶及下游坡面采用混凝土护面保护，混凝土护面厚1.2m，面板设置排水孔和拉筋。

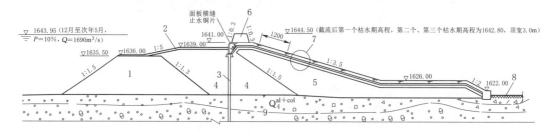

图5.7-16　锦屏二级上游过水围堰典型剖面图（单位：m）

1—截流戗堤；2—干砌块石护面；3—塑性混凝土防渗墙；4—洞渣料；5—堆石；
6—黏土草包围堰（汛前拆除）；7—混凝土溢流面板；8—钢筋石笼保护；9—覆盖层

下游围堰也采用过水土石围堰结构型式，堰体及基础也采用0.8m的塑性混凝土防渗墙。堰轴线长为107.0m，最大堰高为19.0m，堰顶高程为1633.8m，堰顶宽为6.0m，上游边坡为1:2，下游边坡为1:5～1:1.5，在1631.0m处设置宽45m的消能平台。围堰保护依据的水力特性为：过水最大堰顶设计单宽流量为65.0m³/(s·m)，堰坡最大流速为9.7m/s，过水时最大水位差约3m等。围堰堰顶、下游坡面及消能平台采用混凝土和钢筋石笼上浇20cm厚混凝土护面保护，混凝土面板厚为1.2m，面板设置排水孔。

5.7.2.2　GGQ水电站过水土石围堰

1. 概况

GGQ水电站上游围堰河床覆盖层推测厚度为6～27m，实际揭露最大厚度32m。下游围堰河床覆盖层厚度20～29m，最深部位位于左侧岸约33m。河床覆盖层以冲积含漂石卵、砾石为主，覆盖层密实性差，结构疏松，以粗颗粒为主，级配不良，渗透系数（K_{20}）一般大于1.76×10^{-2}cm/s，属强透水层。与我国同类围堰工程相比，GGQ水电站过水土石围堰具有以下特点和难点：

（1）堰基河床覆盖层深厚，致使上游围堰高度达到52.5m，堰顶距基坑深度达57.5m，基础防渗量大、围堰坡面的防护难度大、工期紧张。

（2）上下游围堰堰顶高差达10.5m，最大流速超过15m/s，较大的水头落差和流速，使得围堰的防护更加困难。

（3）上游围堰中下部采用胶凝砂砾石材料，总方量达9万m³，高度达40m。

GGQ水电站过水围堰布置示意图如图5.7-17所示。

2. 上游过水围堰布置及结构

（1）上游围堰轴线长为185.26m，堰顶高程（不含子堰）为1262.50m，防渗墙施工平台高程为1256.00m，截流戗堤顶高程1252.00m。

（2）上游围堰顶宽为10m，堰后消能平台高程为1250.00m，平台宽度30m。平台以上堰坡坡度为1:4.5，采用平均1.0m厚的混凝土楔形面板防护，消能平台为平坡，采用1.0m厚混凝土板防护。

（3）消能平台以下高程1244.00m设二级平台，宽20m，二级平台以下1:2.0坡度

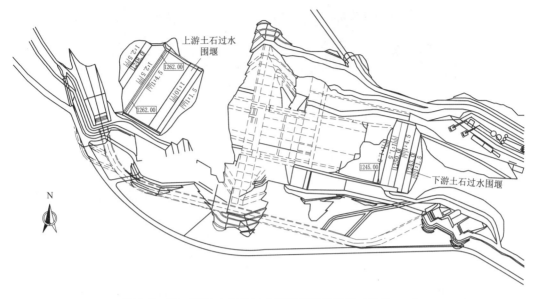

图 5.7 - 17   GGQ 水电站过水围堰布置示意图（单位：m）

直至基坑，均采用平均 6.0m 厚的胶凝砂砾石进行防护。

（4）堰体防渗分为两块，高程 1256.00m 以下采用混凝土防渗墙，墙厚为 0.8m，高程 1256.00m 以上采用复合土工膜，上部与堰顶面板连接。

数值计算成果与模型试验成果基本吻合，上游围堰堰面最大流速为 16.01m/s，下游围堰最大流速为 14.01m/s，最大流速出现在流量为 5490m³/s 的时刻。GGQ 水电站上游过水围堰流速矢量图如图 5.7 - 18 所示。

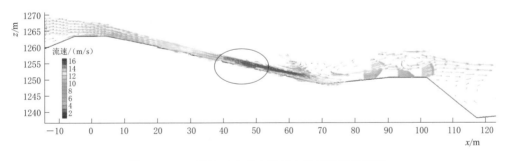

图 5.7 - 18   GGQ 水电站上游过水围堰流速矢量图

3. 下游覆盖层防护方案

根据防护材料的不同，主要拟定了两种防护型式，分别为钢筋笼防护和胶凝砂砾石防护。高程 1240.00m 处堰脚流速约 7m/s，采用胶凝砂砾石作为护坡材料简单可行，整体造价较低，抗冲效果较好，对围堰整体稳定有利，最终选择胶凝砂砾石防护。GGQ 水电站上游过水围堰下游视图见图 5.7 - 19。

5.7.2.3   鲁地拉水电站过水土石围堰

鲁地拉水电站上游过水围堰是我国第一次在大江大河干流上成功实施、运行的土石-

图 5.7 - 19　GGQ 水电站上游过水围堰下游视图

碾压混凝土混合过水围堰，围堰经历了 2009—2011 年 3 个汛期，运行良好。

鲁地拉上游土石-碾压混凝土混合过水围堰首次大规模将土石填筑体、碾压混凝土两种不同的材料有机结合在一起，充分发挥了施工简便、快速的特点，极大提高了堰面的防护效果。通过分层碾压、控制施工期沉降、设过渡层、混凝土底部设限裂钢筋等一系列有效的工程措施，尽量减少碾压混凝土裂缝，从而保证了混凝土的完整性及堰面的抗冲能力。

鲁地拉水电站上游过水围堰一改以往过水围堰缓坡、水跃消能的单一的传统消能形式，首次将溢流道（坝）消能台阶应用于过水围堰溢流面，从而形成了"大陡坡、台阶消能＋下游消能平台水跃消能"两级联合消能围堰消能新模式，有效减小了消能平台宽度，提高了消能率，提升了消能平台的可靠度。

1. 围堰堰顶高程确定

在设计挡水流量 2170m³/s 时，水力学计算、水力学模型试验和数值模拟计算的围堰挡水高程分别为 1153.88m、1155.63m 和 1155.2m。由于在此流量下，导流隧洞为半有压流，三种方式得出的围堰挡水水位差值基本在正常范围内。围堰挡水高程的高低将影响围堰挡水时间，进而影响到大坝基坑施工的进度。受截流推迟 2 个月影响，大坝施工进度已稍显紧张。因此，在保证围堰运行安全的情况下，适当抬高围堰顶高程，延长围堰挡水时间，可以保证大坝施工进度。综上所述，上游围堰堰顶高程确定为 1156.50m。

2. 围堰断面

（1）上游坡。考虑到上游坡施工时上游水位较高，若采用一坡到底的方式，防渗墙施工平台高程 1146.50m 以下护坡材料需进行水下抛投，施工不便，也难以保证防护质量和效果。为此，上游过水围堰上游坡不采取一坡到底的方式，而是采用了在中间设平台过渡的方式，在高程1146.50m处设30m的防护平台。

模型试验成果表明，围堰堰前最大流速达7.65m/s，围堰堰前流速自下游往上游呈递减趋势，故分区域进行防护：为保证围堰上游坡稳定，围堰堰顶平台上游10m范围内采用碾压混凝土防护，围堰堰顶平台上游10m范围外及高程1146.50m平台下游侧15m范围内采用1m厚钢筋石笼防护，平台上游侧15m范围内采用1m厚串联大块石防护。钢筋笼尺寸为2m×1m×1m。

（2）堰顶平台。围堰平台高程为1156.50m，顶宽为65m，采用碾压混凝土进行防护，厚度为4m。为保证堰顶平台的稳定性，在平台前端设置混凝土深齿槽，齿槽宽8.0m、高2.5m，下部与现浇混凝土防渗墙相接，也保证了围堰防渗墙的完整性。为保证通过堰顶平台的水流平顺与堰面衔接，在转角处设圆弧过渡面，圆弧过渡面上部采用常态混凝土。

（3）围堰堰面。围堰堰面坡度为1:1.75，采用碾压混凝土防护，碾压混凝土厚度应满足以下两点要求：①围堰过水时面板自身稳定要求；②碾压混凝土入仓、铺料、碾压等机械设备的运行要求。结合围堰过流面板稳定计算成果及围堰碾压混凝土施工布置要求，确定围堰堰面的碾压混凝土厚度为4m，台阶高度为1.5m。

（4）下游消能平台。下游消能平台碾压混凝土厚度为4m，与堰面相同。由于围堰碾压混凝土工程量较大，应尽早提供碾压混凝土施工工作面，而受防渗墙施工影响，围堰堰面、消能平台下游坡工作面无法尽早提供，只有下游消能平台工作面可能具备条件。由于基坑未抽水，基坑内水位基本与下游河道水位持平，高程约1134.50m，故消能平台高程不宜太低，结合模型实验成果，确定下游消能平台高程为1139.00m。从模型实验及数值模拟计算成果可知，下游主要消能区长度约20m，故消能平台宽度确定为20m。

（5）下游坡。模型实验成果显示，由于流速较大，钢筋石笼不能满足防冲要求，因此，下游坡面采用4m厚的碾压混凝土防护。为保证围堰堰脚稳定，碾压混凝土基础坐落在基岩上，堰脚设齿槽，齿槽宽度为10m，深入基岩3m，齿槽基础设插筋。

5.7.3　分期实施土石围堰工程实例

5.7.3.1　猴子岩过水土石围堰

猴子岩水电站拦河坝为混凝土面板堆石坝，最大坝高为223.5m。根据施工导流规划，猴子岩围堰另需满足后期坝肩开挖拦渣环保及枯水期尽早展开防渗墙施工奠定基础的要求，采用上游、下游分流过水围堰分别与上游、下游挡水围堰结合布置的型式。分流围堰堰顶高程不低于挡水围堰混凝土防渗墙施工平台高程1708.00m和1699.00m，并与上游、下游挡水围堰结合布置。

上游挡水围堰设计标准为50年一遇，相应流量为5590m³/s。上游挡水围堰为土工膜斜墙型式的土石围堰，堰顶高程为1745.00m，最大堰高55m，堰体高程1709.00m以上采用复合土工膜（350g/0.8mm HDPE/350g）斜墙防渗，最大防渗高度36m，复合土工膜采用20cm厚喷混凝土进行保护。复合土工膜与防渗墙仍采用锚固型式。高程

1709.00m 以下采用全封闭混凝土防渗墙，厚度为 1.0m，最大深度约 80m。总填筑量约为 53 万 m³，防渗墙面积为 8340m²。猴子岩水电站上游分流过水围堰与挡水围堰结合布置典型剖面见图 5.7 - 20。图 5.7 - 21 为施工现场照片。

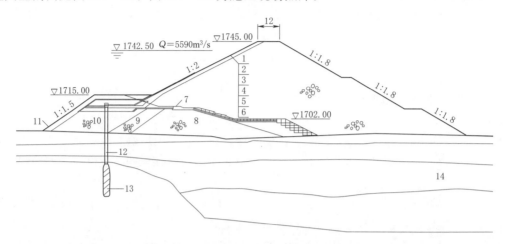

图 5.7 - 20　猴子岩水电站上游分流过水围堰与挡水围堰结合布置典型剖面图 （单位：m）
1—喷混凝土保护层；2—复合土工膜；3—无砂混凝土；4—垫层；5—过渡层；6—堆石；
7—分流围堰轮廓；8—截流戗堤；9—砾石土；10—洞渣料；11—块石护坡；
12—塑性混凝土防渗墙；13—帷幕灌浆；14—覆盖层

图 5.7 - 21　猴子岩上游围堰施工现场

　　下游挡水围堰为土工膜心墙型式的土石围堰，堰顶高程为 1710.00m，最大堰高为 25m，高程 1700.00m 以上采用复合土工膜心墙防渗，最大防渗高度为 10m，高程 1700.00m 以下采用全封闭混凝土防渗墙，厚度为 1.0m，最大深度约为 80m。总填筑量约 5.4 万 m³，防渗墙面积为 6100m²。猴子岩水电站下游分流过水围堰与挡水围堰结合布置围堰典型断面见图 5.7 - 22。

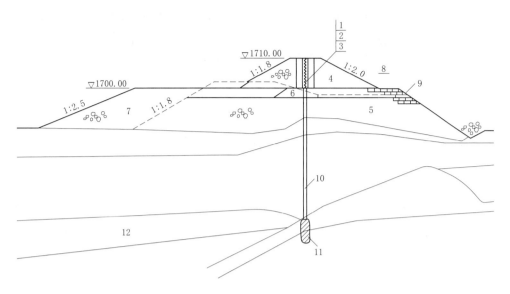

图 5.7－22　猴子岩水电站下游分流过水围堰与挡水围堰结合布置围堰典型断面图

1—复合土工膜防渗层；2—垫层；3—过渡层；4—碾压石渣料；5—分流围堰；6—洞渣料；7—弃渣压重；
8—干砌石块；9—钢筋石笼护坡；10—混凝土防渗墙；11—帷幕灌浆；12—覆盖层

5.7.3.2　乌东德水电站深厚覆盖层分期实施土石围堰

1. 概述

乌东德水电站围堰工程为 3 级临时建筑物，设计挡水标准为全年 50 年一遇洪水，相应洪峰流量为 26600m³/s。上游、下游围堰最大堰高分别为 72.00m 和 45.00m，上游围堰采用复合土工膜斜墙土石围堰，下游围堰采用复合土工膜心墙土石围堰，堰基覆盖层均采用塑性混凝土防渗墙防渗。上游、下游围堰最大墙深分别达 95.0m 和 91.0m，墙厚为 1.2m，且墙下设有防渗帷幕，防渗墙施工难度大，围堰要在 2015 年的汛前约 5 个月内完成 95m 深防渗墙的施工并形成全年挡水围堰的难度很大，一旦汛前不能完建，围堰度汛风险极大。为此采用了分期实施围堰方案，围堰分两个枯水期进行施工，以确保围堰汛期度汛安全：2015 年汛前完成上游、下游围堰防渗墙深槽段施工及围堰临时断面过流保护，汛期堰面过流度汛，汛后继续进行围堰剩余防渗墙及加高施工，至 2016 年汛前围堰全部完建，具备挡水度汛条件。

2. 一期实施围堰设计标准

一期实施围堰需考虑防渗墙施工平台挡水标准及汛期过流度汛标准。

11 月至次年 5 月挡水标准采用 20 年一遇洪峰流量，即 7100m³/s，来水由 4 条导流隧洞下泄，相应上游和下游水位分别为 830.97m 和 827.38m。

过流度汛标准采用全年 20 年一遇洪峰流量设计，即 23600m³/s，汛期由一期实施的围堰与岸边 4 条导流隧洞联合过流度汛。

3. 一期实施围堰断面拟定及结构设计

考虑河床围堰布置特点、河床覆盖层深度、水文条件及现场实际情况，防渗墙平台过流度汛防护结构溢流面型式采用坡面平台面流式，即在防渗墙平台下游侧设置低平台，呈高、低平台布置，借助低平台挑流与下游水流形成面流水跃衔接，利用面流消能，以降低防渗墙平台下游河床覆盖层的防护难度。根据水工模型试验和水力学计算成果，上游、下游一期实施围堰断面顶部设高、低两个台阶，中间采用1：5缓坡衔接。

（1）上游一期实施围堰断面及防护结构设计。上游一期实施围堰防护结构从上游至下游按高、低错台布置，上游侧高平台高程为834.50m，沿水流向长为121.0m，下游侧低平台高程为830.00m，沿水流向长为79.0m。上游、下游两侧边坡坡度为1：1.5。两平台之间采用1：5斜坡连接，斜坡段水平长度为22.5m。

平台上游宽42m采用1.0m厚钢筋石笼（2.0m×2.0m×1.0m）、下游宽60m采用0.5m厚混凝土板，中间6m宽采用1.5m厚钢筋石笼（2.0m×2.0m×1.5m）衔接；高程830.00m低平台采用0.5m厚混凝土板防护，斜坡段采用0.8m厚混凝土板进行防护，与斜坡段相接的高低平台水平段各设8m宽混凝土齿槽段。乌东德水电站上游分流围堰典型断面见图5.7-23。

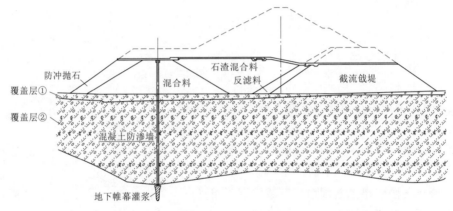

图5.7-23　乌东德水电站上游分流围堰典型断面图

（2）下游一期实施围堰断面及防护结构设计。下游一期实施围堰度汛防护结构从上游至下游按高、低错台布置，上游侧高平台高程为831.00m，沿水流向长为57.0m，下游侧低平台高程为826.00m，沿水流向长为45.5m。上游、下游两侧边坡坡度为1：1.5。两平台之间采用1：5斜坡连接，斜坡段水平长度为25.0m。为了确保下游防渗墙平台度汛防护断面下游坡脚安全，在原下游防冲抛石体下游侧加抛顶高程826.00m、顶宽20m大块石体防冲。

高程831.00m和826.00m高、低平台均采用1.5m厚钢筋石笼（2.0m×2.0m×1.5m），斜坡段采用1.2m厚混凝土板进行防护。乌东德水电站下游分流围堰典型断面见图5.7-24。

4．一期实施围堰渗流稳定分析

2014年12月下旬导流隧洞分流后，随后进行主河床截流，当月完成堰体高程832.50m和829.00m以下部分填筑，形成上游、下游围堰防渗墙施工平台，并开始围堰防渗墙一期槽施工，2015年5月初完成上游、下游围堰过流面防护。第4年1—5月隧洞分流时计算的水力学指标见表5.7-1。

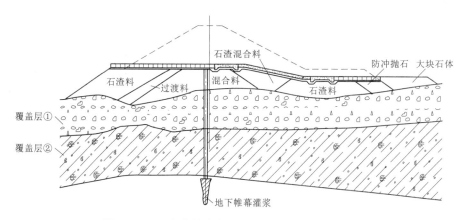

图 5.7-24　乌东德水电站下游分流围堰典型断面图

表 5.7-1　第 4 年 1—5 月隧洞分流时计算的水力学指标

挡水时段	挡水流量 /(m³/s)	泄水建筑物	挡水建筑物	上游水位 /m	下游水位 /m	水位差 /m	堰体渗径 长度/m	平均渗透 比降
第 4 年 1—5 月	$Q_{5\%}=7100$	1 号～4 号 导流隧洞	防渗墙平台	830.97	827.38	3.59	153	0.023

由表 5.7-1 可以看出，未进行防渗处理的堰体承担的水头为 3.59m，不考虑堰体渗漏量，假定水头差全部由上游围堰承担，平均渗透比降为 0.023。由于此部分（高程 832.50～806.00m）堰体主要采用石渣混合料碾压填筑而成，粒径范围一般为 0.1～600mm，含泥量不大于 5%，参考堰基覆盖层的允许渗透比降（0.11～0.28），围堰不会发生渗透破坏。

5．围堰实施情况

围堰施工于 2014 年 11 月开始实施防渗墙生产性试验，2015 年 6 月完成一期实施围堰过流面板防护工程，顺利实现 2015 年度汛目标，2015 年 10 月汛后围堰进行二期施工，至 2016 年 7 月全部完建。

5.7.3.3　大岗山水电站分流围堰

1．提前分流设计背景

大岗山水电站初期施工导流采用全年土石断流围堰、隧洞导流方式，导流建筑物包括 2 条导流隧洞和上游、下游围堰。

大岗山水电站围堰工程为 3 级临时建筑物，设计挡水标准为全年 30 年一遇洪水，相应洪峰流量为 6190m³/s。上游、下游围堰最大堰高分别为 50.50m 和 32.00m，围堰型式均采用复合土工膜心墙土石围堰，堰基覆盖层均采用混凝土防渗墙防渗，上游、下游围堰最大墙深分别 25.1m 和 21.0m。

根据招标进度计划要求，右岸导流隧洞应在 2007 年 12 月完建过流，2008 年 1 月河床截流，2 月左岸导流隧洞过流，2008 年 1—3 月进行围堰基础防渗墙施工，汛前围堰填筑至设计高程，汛期围堰挡水度汛。

实施过程中由于导流隧洞工期滞后，截流时间推迟，2008 年汛前围堰难以达到设计高程；同时受交通条件的限制，2008 年汛期上游水位需限制在高程 976.00m，而根据导流隧洞的泄流能力，在相应限制水位导流隧洞仅能宣泄 3800m³/s，低于 2 年一遇流量 3920m³/s，为满足 2008 年汛期地方交通要求，汛前不能修建全年围堰。但由于大岗山水电站坝址两岸边坡陡峻，在坝肩开挖施工中存在施工道路布置困难，拦集渣措施设置及出渣困难，难以进行大规模的开挖，而坝肩开挖是控制工期的关键项目，为给坝肩开挖创造在基坑内形成集渣条件，妥善解决工程进度与环保、水保之间的矛盾，确定采用分流围堰提前分流实施方案，即分期实施土石围堰方案，2008 年汛前完成分流围堰（一期），汛期过流，汛后继续施工，至 2009 年汛前围堰全部完建。

2. 分流围堰设计情况

综合考虑汛期上游限制水位、导流隧洞泄流能力和度汛设计流量以及汛期过流时上下游围堰基本均分落差等因素，最终确定上游分流围堰过流平台高程为 965.00m，下游分流围堰考虑在常年洪水流量（$Q_{50\%} = 3920m^3/s$）下不过水及均分落差，确定高程为 960.00m。上游分流围堰堰顶长 65.0m，下游分流围堰堰顶长 45.0m，2008 年汛期基坑过流，左岸、右岸导流隧洞联合基坑泄流，过流度汛标准采用全年 10 年一遇，相应流量 $Q = 5360m^3/s$，上游水位、下游水位分别为 972.71m 和 969.85m。

(1) 上游分流围堰过流防护设计。根据水工模型试验资料，过流堰面流速为 7m/s 左右，顶部采用 0.8m 厚的钢筋石笼保护，堰后斜坡水面以上部分由于水跃存在，采用 0.8m 厚的混凝土面板叠压浇筑成阶梯形防冲，并进行局部消能，坡比 1:4，混凝土面板尺寸为 8m×8m，混凝土强度等级为 C25。为便于快速施工，可采用碾压混凝土，层与层混凝土面板间用 $\phi32$ 插筋连接，$L=1m$，间距 2m，相邻混凝土面板间用 $\phi20$ 联系筋连接，$L=2m$，间距 1m，增强整体性并适应变形。混凝土面板与堰体石渣填料间设置 30cm 厚（砂砾料）的垫层。为减小在过水时对混凝土面板的扬压力，堰面上的混凝土面板设直径 50mm 的排水孔，间排距 2m，梅花形布置。堰后斜坡水面以下部分及堰脚考虑施工因素采用抛大块石防护，3～5 块石块之间用钢丝绳连成串，以增加其抗冲能力。大岗山水电站上游围堰断面示意和实际面貌分别如图 5.7-25 和图 5.7-26 所示。

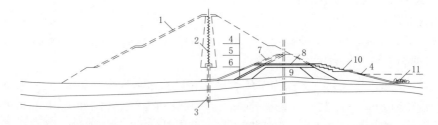

图 5.7-25　大岗山水电站上游围堰断面示意图

1—块石护坡；2—土工膜心墙；3—混凝土防渗墙；4—大块石护坡；5—防渗料；6—反滤料；
7—土工膜；8—钢筋石笼；9—戗堤；10—混凝土面板；11—护脚大块石

(2) 下游分流围堰过流防护设计。下游围堰作为关键的拦挡渣料建筑物，其最大流速发生在堰顶面，达 8.7m/s，对过流堰面采用 1.0m 厚的混凝土面板进行保护。堰下游斜坡水面以上部分由于紊动的波状水跃存在，采用 1.0m 厚的混凝土面板叠压浇筑成阶梯形防冲，层与层混凝土面板间用 $\phi 32$ 插筋，$L=1m$ 连接，间距 2m，相邻混凝土面板间用 $\phi 20$ 联系筋，$L=2m$，间距 1m 连接，增强整体性并适应变形。为增加混凝土面板的抗冲稳定性，下游斜坡面上的混凝土面板设 $\phi 25$ 水平拉筋，$L=8m$ 埋入围堰堆筑体内。混凝土面板与堰体石渣填料间设置 30cm 厚（砂砾料）的垫层。堰后斜坡水面以下部分及堰脚流速在 3～5m/s，流速不高，考虑施工

图 5.7－26　大岗山水电站上游围堰实际面貌

因素可采用抛大块石防护，石块之间用钢丝绳连成串（3～5 块），以增加其抗冲稳定能力。根据模型试验成果，左右岸导流隧洞出口泄流与围堰泄流相遇，三股水流随分流量的变化而出现不稳定摆动，出口水流方向紊乱，对导流隧洞出口及下游围堰堰脚的冲刷非常不利。需在围堰与导流隧洞出口之间设置隔流堤，减轻水流对围堰坡脚的冲刷。大岗山水电站下游围堰断面示意和实际面貌分别如图 5.7－27 和图 5.7－28 所示。

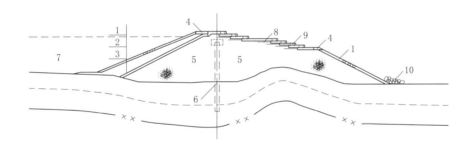

图 5.7－27　大岗山水电站下游围堰断面示意图

1—大块石护坡；2—防渗料；3—反滤料；4—钢筋石笼；5—块石填筑；6—混凝土防渗墙；7—基坑堆渣；8—水平拉筋；9—混凝土面板；10—护脚大块石

图 5.7－28　大岗山水电站下游围堰实际面貌

（3）分流挡渣堤的主要成效。大岗山坝址两岸谷坡陡峻，基岩以澄江期黑云二长花岗岩为主，其中有发育的辉绿岩脉；两岸边坡岩体风化卸荷强烈，两岸坝顶以上开挖又以左岸为控制项目，左岸坝顶以上开挖边坡高为 315m，土石方开挖量约为 350 万 m^3，锚索约为 3000 根，边坡地质条件差，锚固工作量大，出渣通道不畅，使得坝肩开挖难度非常大。坝顶以上开挖初期，基坑不具备集渣和出渣条件，在缆机平台高程设置集渣平台，

通过左岸上坝公路将渣料运输至渣场，这样的开挖方式集渣效果差，出渣强度低，重车长距离下坡安全风险大，以致一直不能打开大规模开挖的局面。提前分流后，坝肩开挖渣料可直接下溜至基坑，彻底改善了出渣条件；通过调整开挖方案，加大边坡支护力度，坝肩高边坡开挖实现了安全快速的下挖。左岸坝顶以上自 2007 年 9 月 25 日进入开口线内开挖区施工，至 2008 年 12 月底，开挖至高程 1145.00m，月平均开挖约 21m。

第 **6** 章

混凝土与胶凝砂砾石围堰

6.1 概述

混凝土围堰根据材料和施工特点可分为常态混凝土围堰和碾压式混凝土围堰，根据挡水条件可分为水下混凝土围堰和过水混凝土围堰，根据结构受力特点可分为重力式围堰和拱围堰等。混凝土围堰与混凝土大坝在功能、作用、设计和施工方法等方面的区别不大，主要区别在于使用功能、使用年限和体型尺寸。我国部分混凝土围堰工程特性及施工指标见表 6.1-1。

表 6.1-1　　　　　　　　　我国部分混凝土围堰工程特性及施工指标

编号	项目名称	围堰名称	围堰特性			围堰施工指标			
			最大高度/m	轴线长度/m	混凝土方量/万m³	浇筑历时/d	月高峰浇筑强度/(万m³/月)	最大月上升高度/(m/月)	最大日浇筑量/(万m³/日)	最大日上升高度/(m/日)
1	岩滩水电站	上游重力式混凝土围堰	52	278	17.2	106	12.3	25.3	0.82	1.5
2	隔河岩水电站	上游重力式混凝土围堰	42	290	11.1	87		20.7	0.79	1.47
3	龙滩水电站	上游重力式混凝土围堰	73.2	368.3	48.6	139	18.5	21	1.05	1.2
4	长江三峡水利枢纽	三期重力式混凝土围堰	115	580	167	122	47.5	28.2	2.1	1.2
5	构皮滩水电站	上游重力式混凝土围堰	72.6	124		103				
6	构皮滩水电站	下游重力式混凝土围堰	47.4		12.68	102			0.51	
7	向家坝水电站	二期下游重力式混凝土围堰	37.5		8.3	62	4.0			
8	水口坝下水位治理与通航改善工程	纵向重力式碾压混凝土围堰	35	582.5	22.02					
9	土卡河水电站	厂房混凝土围堰	25.8	165	3.6	110				
10	DCS水电站	上游混凝土双曲拱围堰	53	175.5		82		24		
11	紧水滩水电站	上游混凝土拱围堰	26.5	229	0.39					
12	乌江渡水电站	上游混凝土拱围堰	40	54	0.2					
13	大藤峡水电站	纵向重力式碾压混凝土围堰	36.68	789	13					

胶凝砂砾石（或称胶结砂砾石）是以天然砂砾石料或开挖石渣料为主，掺以少量胶凝材料，加水及外加剂等，经过拌和、摊铺、碾压形成的材料。胶凝砂砾石围堰为主要采用胶凝砂砾石铺筑而成的围堰。目前，胶凝砂砾石围堰工程实践经验尚不够丰富，对高水头

下的围堰材料选择、防渗设计、层间结合质量控制等措施要进行专门研究。

6.2　常态混凝土围堰

6.2.1　重力式混凝土围堰设计

6.2.1.1　围堰典型断面初步拟定

围堰设计先确定围堰典型剖面，即围堰高度和剖面的几何尺寸，再通过稳定、应力计算复核确认。在确定围堰剖面后，在枢纽布置图上初拟围堰布置。

重力式围堰合理的形状为三角形，与承受的水压力图基本形成对称关系。首先，根据设计流量和水力学计算成果确定围堰高程；其次，根据地质条件初定建基面高程并获得围堰高度后可初拟围堰断面。当围堰仅为单侧挡水时，迎水面通常采用垂直坡度或较小倾角坡度，背水面坡度取 1：0.7～1：0.85；当围堰采取双向挡水时，剖面两侧均采用放坡方式，一般坡度取 1：0.35～1：0.45。为了利用水体自重，迎水面可采取折坡方式，折坡点布置在围堰高度的 1/3～2/3 处，放坡坡度取 1：0.05～1：0.25。

6.2.1.2　围堰布置的一般原则

1. 上、下游横向围堰布置

围堰轴线布置考虑的要素：围堰背水面的堰趾与建筑物开口线间应留有一定的安全和通道宽度，通道宽度一般大于或等于 3m，安全宽度要考虑施工和相关安全要求；其他考虑的要素，包括永久建筑物开挖线坡脚与建筑物的安全距离、排水井（沟）的尺寸、其他设备布置尺寸等；围堰的轴线长度相对较短；选定的围堰轴线工程量（开挖和混凝土）相对较少；围堰基础及与两岸的接头处理简单，一般可选基岩裸露的岸坡作为围堰接头位置。

根据上述考虑要素，在平面图上拟定围堰轴线布置，并通过横剖面复核轴线的布置是否合适。具体做法是：沿着坝址横剖面处的最低位置绘出围堰的横剖面，同时将大坝的横剖面也布置在同一张横剖面图上，可初步确定围堰的轴线布置和范围是否合理。

2. 纵向围堰布置

对于分期导流而言，纵向围堰的布置是导流平面布置设计的关键。首先，根据纵向轴线附近的地形和地质条件、水力学条件，结合水工建筑物布置，初步拟定纵向围堰轴线位置，一般情况下，一期围堰缩窄河床程度为 35%～60%；其次，根据拟定的位置和最新地质断面图，进行各期的水力学计算成果，复核选定的位置是否合适。相对比较合理的纵向围堰位置，除了前述的因素外，还要考虑确定一期、二期围堰的挡水高度是否基本一致，高度一致时纵向混凝土围堰工程量较少，工程费用较省。

6.2.1.3　围堰横断面设计

围堰横断面设计，首先根据导流建筑物的级别，选定导流建筑物洪水设计标准。导流建筑物的级别，根据导流建筑物保护对象和导流建筑物失事的后果、使用年限及导流建筑物的规模选定，具体可根据《水电工程施工组织设计规范》（NB/T 10491—2021）选用。围堰横断面设计，首先要确定围堰的顶高程，围堰的顶高程确定后，即可确定围堰高度和围堰的断面尺寸。围堰顶高程确定，应首先进行水力学计算，必要时经过水力模型试验复核。根据水力学计算成果和模型试验成果的复核（如果有）确定上游设计水位和下游设计水位，从而可确定围堰的堰顶高程。

围堰堰顶高程计算的基本公式如下：

$$H = H_{u(d)} + h_w + \delta \qquad (6.2-1)$$

式中：H 为上（下）游围堰的顶高程，m；$H_{u(d)}$ 为上（下）游设计洪水位下上游水位，m；h_w 为风浪爬高，m；δ 为不过水围堰的安全超高值，m。

风浪爬高可按照相关规范计算后得出，建议按照《碾压式土石坝设计规范》（SL/274—2020）附录 A "波浪和护坡计算"的公式进行计算。注意，在该公式中，风浪爬坡的高度用 R_w 表示。

一般情况下，其3级导流建筑物的安全超高 $\delta = 0.4\text{m}$，4级、5级混凝土围堰安全超高 $\delta = 0.3\text{m}$。

6.2.1.4 设计荷载、设计工况和荷载组合及荷载计算

1. 设计荷载

围堰设计荷载主要考虑自重、静水压力、浪压力、冰压力、泥沙压力、土压力和扬压力。进行计算时，扬压力的选取应特别重视。在围堰上游面不进行灌浆、不设排水孔的情况下，上游面的扬压力折减系数为1.0，即上游面的扬压力即为围堰的挡水水头值；如上游面的基础设置排水设施（如排水孔等）时，折减系数为0.3~0.5；如果排水设施不太理想，建议为0.5~0.7。上述规定的扬压力折减系数是按照偏安全考虑的。在设计混凝土围堰时，偏安全的考虑是围堰设计的重要原则。

混凝土围堰设计可按照水工建筑物设计的相关规范进行，但荷载组合只考虑正常洪水情况下的设计水位工况。对于较为重要的围堰，如挡水发电的围堰，经研究后可考虑校核洪水、地震工况。

混凝土围堰的荷载主要包括：堰体自重、静水压力、扬压力、浪压力、动水压力、泥沙压力、冰压力、土压力。

2. 设计工况和荷载组合

围堰的设计工况按照围堰的设计洪水位工况、围堰堰前水位骤降、围堰施工工况和过水围堰不利工况进行，并按照表6.2-1规定取用。

表6.2-1　　　　　　　　　　荷 载 组 合 表

编号	设计工况	堰体自重	静水压力	扬压力	浪压力	动水压力	冰压力	泥沙压力	土压力
1	围堰设计洪水工况	√	√	√	√			√	√
2	围堰堰前水位骤降	√	√	√				√	√
3	围堰施工工况	√	√	√					√
4	过水围堰不利工况	√	√	√		√		√	√

注　1. 重要围堰考虑地震力。

2. 拱围堰还要考虑温度作用。

3. 浪压力和冰压力不能同时出现。

3. 荷载计算

水工建筑物的一般荷载计算如下。

（1）堰体自重。堰体自重采用体积乘以密度再乘以 g 表示，计算公式如下：

$$W = \rho V g \tag{6.2-2}$$

式中：W 为重力，kN；ρ 为堰体材料的密度，kg/m^3；V 为体积，m^3；g 为重力加速度，取 $9.81m/s^2$。

或者用下式计算：

$$W = \gamma V \tag{6.2-3}$$

式中：γ 为堰体材料的容重，kN/m^3。

（2）静水压强。垂直作用于建筑物（结构）表面某点处的静水压强计算公式如下：

$$p_{wr} = \gamma_w H \tag{6.2-4}$$

$$p_{wr} = \rho_w g H \tag{6.2-5}$$

式中：p_{wr} 为压强，kN/m^2；H 为计算点处的作用水头，m，按照计算水位与计算点间高差确定；ρ_w 为水的密度，kg/m^3；γ_w 为水的容重，kN/m^3。

（3）扬压力。混凝土围堰的扬压力是作用在堰体内的重要荷载，对扬压力的认识是通过大量的工程实践获得的。通常，建在岩基上的围堰一般不会进行防渗帷幕灌浆，因此，其基底的水压力折减系数为1。但对于重要的混凝土围堰，如果进行帷幕灌浆和设置排水廊道和排水孔，可按照重力坝上游面设置排水设施时的情况，应对其折减系数进行适当的考虑。特殊情况下，上游面的排水孔等排水设施可作为混凝土围堰的安全储备，不考虑折减系数。扬压力的详细计算，可参照《水工建筑物荷载设计规范》（SL 744—2016）的坝体扬压力公式计算。扬压力计算简图见图 6.2-1。

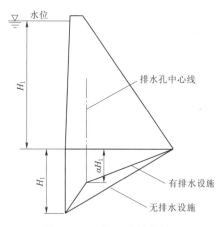

图 6.2-1　扬压力计算简图

当堰基设有排水廊道和排水孔时，上游水位为 H_1，上游面基底（堰踵）扬压力也为 H_1，排水孔中心线处的扬压力为 αH_1（α 为扬压力折减系数），通常当上游面及基础进行帷幕灌浆时扬压力折减系数 α 为 $0.2 \sim 0.35$；当不进行灌浆时，扬压力折减系数 α 为 $0.3 \sim 0.5$，基于安全考虑，可取 $0.5 \sim 0.7$。通常，高度在 30m 以下的围堰一般不设排水廊道。当需要设置排水廊道时，排水廊道一般与上游面距离为 $(0.05 \sim 0.1)H_1$ 并不小于 2.5m。

（4）泥沙压力。泥沙压力采用库仑公式计算：

$$P_n = \gamma_n h_n \tan^2 \left(45° - \frac{\varphi_n}{2}\right) \tag{6.2-6}$$

式中：P_n 为在铅直面上泥沙或土体对堰体基点的压力强度，kN/m^2；γ_n 为泥沙或土体容重，kN/m^3，水位线以下时采用浮容重，水位线以上时采用湿容重；φ_n 为泥沙或土体内摩擦角，$(°)$；h_n 为堰体基点以上的淤沙厚度，m。

（5）土压力。在纵向围堰或横向围堰的背水面需回填土时应该计算土压力。土压力可按照《水工建筑物荷载设计规范》（SL 744—2016）的有关规定计算，也可按照式（6.2-6）计算。

（6）其他荷载，如动水压力、浪压力、地震作用、温度作用等，计算可参见《水工建筑物荷载规范》（DL 5077—1997），并应特别注意量纲的一致性。

4. 单一系数法堰体稳定计算

按照《水电工程围堰设计导则》（NB/T 35006—2013）的规定，重力式混凝土围堰的抗滑稳定计算，可采用单一的安全系数法进行，也可采用概率极限状态设计原则，用分项系数极限状态设计代表式进行计算。

（1）单一系数法堰体稳定计算。根据工程计算习惯和经验，采用单一的安全系数法比较简单明了，其计算可根据《混凝土重力坝设计规范》（SL 319—2018）及其他相关规范进行。当堰基存在软弱结构面和缓倾角裂隙时，应复核堰基深层抗滑稳定。采用单一系数法计算的重力式围堰抗滑稳定最小安全系数见表 6.2-2。

表 6.2-2　　　　　　单一系数法计算的重力式围堰抗滑稳定最小安全系数

	计算方法	抗剪断强度公式	抗剪强度公式	备注
最小安全系数	堰基面抗滑稳定	3.0	1.05	两种方法均可用
	堰基深层抗滑稳定	3.0	论证后确定	首选抗剪断强度公式

重力式混凝土围堰堰基面抗滑稳定核算公式如下。

1）抗剪断强度：

$$K' = \frac{f'\sum W + C'A}{\sum P} \qquad (6.2-7)$$

式中：K' 为按抗剪断强度计算的抗滑稳定安全系数；f' 为堰体混凝土与堰基接触面的抗剪断摩擦系数；C' 为堰体混凝土与堰基接触面的抗剪断黏聚力，kN/m^2；A 为堰基接触面截面积，m^2；$\sum W$ 为作用在堰体上的全部荷载对滑动面的法向分力，kN；$\sum P$ 为作用在堰体上的全部荷载对滑动面的切向分力，kN。

2）抗剪强度：

$$K = \frac{f\sum W}{\sum P} \qquad (6.2-8)$$

式中：K 为按抗剪强度计算的抗滑稳定安全系数；f 为坝体混凝土与堰基接触面的抗剪摩擦系数；其他符号意义同前。

（2）堰基深层活动面单一安全系数计算方法。当堰基岩体内存在软弱结构面、缓倾角裂隙时，应核算深层抗滑稳定。根据滑动面的分布情况综合分析后，可分为单滑面、双滑面和多滑面计算模式，以刚体极限平衡法计算为主，必要时可辅以有限元法分析深层抗滑稳定，并进行综合评定，其成果可作为堰基处理方案选择的依据。

广义上稳定计算有三种方法：刚体极限平衡法、有限元法、地质力学模型试验法。地质力学模型试验法一般很少在工程中应用，本书不作介绍。

一般情况下采用刚体极限平衡法计算，重要工程用有限元法进行复核。刚体极限平衡法概念清楚，可以人工手算，也可编制电子表格计算；缺点是不能考虑岩体受力后所产生变形的影响。

有限元法可以计算地基受力平衡后的应力和位移场，对于特别重要的围堰（利用围堰进行挡水发电，或作为临时坝体使用，有位移控制要求）需进行计算，具体根据工程情况和要求进行。堰基软弱夹层破坏标准由以下三种方法判断：

1）超载法。作用于堰体的外荷载逐渐扩大，直到滑动面处于临界状态。

2）强度储备法。降低软弱夹层和尾岩抗力体的抗剪参数指标，直到滑动面处于临界状态，参数的降低倍数即视为安全系数。

3）剪力比例法。根据有限元计算所得的软弱夹层面的正应力和剪力的分布，求出滑面上的抗滑力和滑动力，两者的比值视为安全系数。

当堰基岩体内无不利的顺流向断层裂隙及堰体横缝设有键槽并灌浆时，核算深层抗滑稳定时可计入相邻堰段的阻滑作用。

堰基深层存在的缓倾角结构面，根据地质资料一般可概括为单滑动面、双滑动面和多滑动面，其中双滑动面为最常见情况（图 6.2-2）。

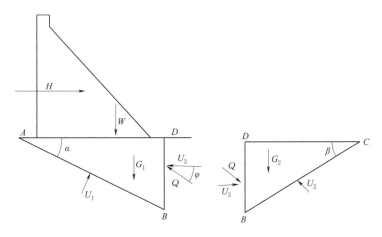

图 6.2-2　双滑动面示意图

刚体极限平衡法分为被动楔形体抗力体法、剩余推力法、等安全系数（稳定）法和等稳定力系平衡法。《水工设计手册》所列计算方法的成果表明，进行刚体极限平衡稳定计算时，采用等安全系数（稳定）法的计算较为合理，深层抗滑稳定采用等安全系数法，按抗剪断强度公式或抗剪强度公式进行计算。

1）抗剪断强度计算公式，考虑滑块 ABD 的稳定，则有

$$K_1' = \frac{f_1'[(W+G_1)\cos\alpha - H\sin\alpha - Q\sin(\varphi-\alpha) - U_1 + U_3\sin\alpha] + c_1'A_1}{(W+G_1)\sin\alpha + H\cos\alpha - U_3\cos\alpha - Q\cos(\varphi-\alpha)} \qquad (6.2-9)$$

$$K_2' = \frac{f_2'[G_2\cos\beta + Q\sin(\varphi+\beta) - U_2 + U_3\sin\beta] + c_2'A_2}{Q\cos(\varphi+\beta) - G_2\sin\beta + U_3\cos\beta} \qquad (6.2-10)$$

式中：K'_1、K'_2为按抗剪断强度计算的抗滑稳定安全系数；W为作用于堰体上全部荷载（不包括扬压力，下同）的垂直分值，kN；H为作用于堰体上全部荷载的水平分值，kN；G_1、G_2为岩体 ABD、BCD 重量的垂直作用力，kN；f'_1、f'_2为 AB、BC 滑动面的抗剪断摩擦系数；c'_1、c'_2为 AB、BC 滑动面的抗剪断黏聚力，kPa；A_1、A_2为 AB、BC 面的面积，m^2；α、β 为 AB、BC 面与水平面的夹角；U_1、U_2、U_3 为 AB、BC、BD 面上的扬压力，kN；Q 为 BD 面上的作用力，kN；φ 为 BD 面的上作用力 Q 与水平面的夹角需经论证后选用，从偏于安全考虑 φ 可取为 $0°$。

通过式（6.2-9）和式（6.2-10）及 $K'_1 = K'_2 = K'$ 求解 Q、K' 值，获得该值后，即可获得安全系数值 K。

2）抗剪强度计算公式：

$$K_1 = \frac{f_1\left[(W+G_1)\cos\alpha - H\sin\alpha - Q\sin(\varphi-\alpha) - U_1 + U_3\sin\alpha\right]}{(W+G_1)\sin\alpha + H\cos\alpha - U_3\cos\alpha - Q\cos(\varphi-\alpha)} \tag{6.2-11}$$

$$K_2 = \frac{f_2\left[G_2\cos\beta + Q\sin(\varphi+\beta) - U_2 + U_3\sin\beta\right]}{Q\cos(\varphi+\beta) - G^2\sin\beta + U_3\cos\beta} \tag{6.2-12}$$

式中：K_1、K_2 为按抗剪强度计算的抗滑稳定安全系数；f_1、f_2 为 AB、BC 滑动面的抗剪摩擦系数；φ 为 BD 面的上作用力 Q 与水平面的夹角，（°），夹角 φ 值需经过论证后选用，从偏于安全考虑 φ 值可取 $0°$。

通过式（6.2-11）和式（6.2-12）及 $K_1 = K_2 = K$ 求解 Q、K 值。多滑面情况可根据上述思路，推导出公式进行计算，并获得安全系数值。计算完成后，形成计算稿。计算稿应包括计算说明（工程情况说明）、设计输入（相关参数的选定和依据）、计算成果、计算结论等。

5. 单一系数法堰体应力计算

堰体的应力分析，归纳为理论计算和模型试验两大类，鉴于围堰为临时工程，运行时间较短，堰体高度总体高度不高，因此，一般只进行理论计算就已经足够。

目前计算混凝土围堰应力的方法有材料力学法和有限元法。通常，一般性的围堰采用材料力学法已经足够满足设计要求。对于等级较高的重力式混凝土围堰，如利用混凝土围堰进行挡水发电、特殊地基上的混凝土围堰等，必要时进行有限元法验证。

（1）计算规定。

重力式混凝土建基面垂直正应力应按《混凝土重力坝设计规范》（DL 5108—1999）的规定计算。用材料力学方法计算最大、最小垂直正应力时，迎水面基底允许主拉应力不大于 0.15MPa，迎水面堰体允许主拉应力不大于 0.2MPa。

高水头、深基坑上围堰宜进行有限元应力应变分析。计算参数可结合工程类比选用，必要时应由试验并结合坝基试验成果确定。

（2）计算方法。

本书仅讨论重力式围堰的计算方法，即材料力学法。有限元法计算可参考其他参考文献。

对于实体围堰，通常沿坝轴线围堰最高处（或代表性剖面）取单位宽度（1m）来进行计算。应根据堰高选定计算截面，包括堰基面、折坡处的截面及其他需要计算的截面。
混凝土围堰上游垂直面的堰基应力，按照以下公式计算：

$$\sigma_{yu} = \frac{\sum W}{T} + \frac{6\sum M}{T^2} \tag{6.2-13}$$

$$\sigma_{yd} = \frac{\sum W}{T} - \frac{\sum M}{T^2} \tag{6.2-14}$$

式中：σ_{yu} 为围堰迎水上游面垂直应力，kN/m^2；σ_{yd} 为围堰迎水下游面垂直应力，kN/m^2；$\sum W$ 为作用于堰基段上或 1m 堰基长上全部法向荷载（包括扬压力，下同）在堰基截面上法向力的总和，kN；$\sum M$ 为计算截面上全部垂直力和水平力对于计算截面形心的作用力矩之和，$kN \cdot m$；T 为 1m 宽堰基沿上、下游方向的长度，m。

围堰的运行期，迎水堰基面的垂直主拉应力应小于 $0.15N/mm^2$，迎水面的垂直主拉应力应小于 $0.2N/mm^2$。其他的应力计算，如上游面的剪应力，详见《混凝土重力坝设计规范》（NB/T 35026—2014）。

6. 分项系数极限状态堰体应力计算

水工建筑物的安全级别分为三级，即安全级别为Ⅰ级的水工建筑物，其建筑物级别为 1 级；安全级别为Ⅱ级的水工建筑物，其建筑物级别为 2 级、3 级；安全级别为Ⅲ级的水工建筑物，其建筑物级分别为 4 级、5 级。1～3 级建筑物的结构使用年限为 100 年，其他永久建筑物的使用年限为 50 年。临时建筑物结构使用年限一般为 5～15 年。近 20 年来，水电工程的水工结构，特别是永久结构，基本都采用了以概率论为基础，以分项系数表达的极限状态设计法。临时结构通常也采用上述方法，但经验不多，在《水电工程围堰设计导则》（NB/T 35006—2013）中，混凝土重力式围堰抗滑稳定采用单一安全系数法进行计算，也可采用概率极限状态设计原则，以分项系数极限状态设计表达式进行计算。因此，建议统一采用单一系数法，较适合临时工程的设计。为了本书的完整性和读者阅读方便，以下简要介绍概率极限状态分项系数法。鉴于围堰为临时性工程，设计采用基本荷载组合，不考虑偶然荷载组合，同时，对每一种组合设计均应采用最不利的效应设计值。详细内容见《混凝土重力坝设计规范》（NB/T 35026—2014）。

（1）基本组合情况下，采用极限状态设计表达式：

$$\gamma_0 \Psi S(\gamma_G G_k, \gamma_Q Q_k, \alpha_k) \leqslant \frac{1}{\gamma_d} R\left(\frac{f_k}{\gamma_m}, \alpha_k\right) \tag{6.2-15}$$

或

$$\eta = \frac{1}{\gamma_d} R\left(\frac{f_k}{\gamma_m}, \alpha_k\right) \div \gamma_0 \Psi S(\gamma_G G_k, \gamma_Q Q_k, \alpha_k) \geqslant 1 \tag{6.2-16}$$

式中：γ_0 为结构重要性系数，对应安全级别为Ⅲ级的结构取为 1.0；Ψ 为设计状况系数，对于持久工况、短暂工况，可分别取 1.0、0.95；$S(\cdot)$ 为作用效应函数；$R(\cdot)$ 为结构抗力函数；γ_G 为永久作用分项系数，见表 6.2-3；γ_Q 为可变作用分项系数，见表 6.2-3；G_k 为永久作用标准值；Q_k 为可变作用标准值；α_k 为几何参数的标准值（可作为定值处理）；f_k 为材料性能的标准值；γ_m 为材料性能分项系数，见表 6.2-4；γ_d 为基本组合结构系数，见表 6.2-5；η 为抗力作用比数。

鉴于围堰为临时结构，不考虑偶然组合。

表 6.2-3　　　　　　　　　　　　　永久、可变作用分项系数

编号	作　用　类　别	γ_G、γ_Q
1	自重	1.0
2	静水压力	1.0
3	动水压力：时均压力，离心力，冲击力，脉动压力	1.05，1.1，1.1，1.3
4	渗透压力、扬压力	1.2
5	浮托力	1.0
6	土压力和泥沙压力	1.2

表 6.2-4　　　　　　　　　　　　　材 料 性 能 分 项 系 数

材　料　性　能			分项系数
抗剪断强度	混凝土/混凝土	摩擦系数 f'_c	1.7
		黏聚力 c'_c	2.0
	混凝土/基岩	摩擦系数 f'_d	1.7
		黏聚力 c'_d	2.0
	结构面	摩擦系数 f'_d	1.2
		黏聚力 c'_d	4.3
混凝土强度		抗压强度 f_c	1.5

表 6.2-5　　　　　　　　　　　　　基 本 组 合 结 构 系 数

项　　目	结构系数	备　　注
抗滑稳定极限状态设计式	1.5	包括建基面、层面、深层滑动面
混凝土抗压极限状态设计式	1.8	
混凝土温度应力极限状态设计式	1.5	

（2）正常使用极限状态作用效应设计表达式：

$$\gamma_0 S(G_k, Q_k, f_k, a_k) \leqslant C \tag{6.2-17}$$

式中：C 为正常使用极限状态结构的功能限值；$S(\cdot)$ 为作用的效应函数。

（3）材料力学法计算的应力。

1）堰趾的抗压强度作用效应计算式：

$$S(\cdot) = \left(\frac{\sum \boldsymbol{W_R}}{A_R} - \frac{\sum \boldsymbol{M_R} T_X}{J_R} \right) \tag{6.2-18}$$

式中：$\sum \boldsymbol{W_R}$ 为堰基上全部法向作用之和，kN，向下为正；$\sum \boldsymbol{M_R}$ 为全部作用对堰基面形心的力矩之和，kN·m，逆时针方向为正；J_R 为坝基面对形心轴的惯性矩，m^4；A_R 为坝基面的面积，m^2；T_X 为堰踵或堰趾到几何形心轴的距离，m。

2）混凝土抗压强度极限状态计算式：

$$R(\cdot) = f_{ck}/\gamma_m \tag{6.2-19}$$

3）围堰的抗压强度承载能力极限状态表达式：

混凝土强度：

$$\eta = \frac{\frac{1}{\gamma_d} R(\cdot)}{\gamma_0 \Psi S(\cdot)} = \frac{f_{ck}/(\gamma_d \cdot \gamma_m)}{\gamma_0 \Psi \left(\frac{\sum W_R}{A_R} - \frac{\sum M_R T_X}{J_R} \right)} \geqslant 1 \qquad (6.2-20)$$

基岩强度：

$$\eta = \frac{f_R}{\gamma_0 \Psi S(\cdot)} = \frac{f_R}{\gamma_0 \Psi \left(\frac{\sum W_R}{A_R} - \frac{\sum M_R T_X}{J_R} \right)} \geqslant 1 \qquad (6.2-21)$$

式中：f_R 为基岩允许承载力，MPa，可按《水力发电工程地质勘察规范》（GB 50287—2016）的有关规定选取。

4）运行期堰基上游面（堰踵）应力控制最低标准：

$$S_1(\cdot) = \frac{\sum W_R}{A_R} + \frac{\sum W_R T_R}{J_R} \geqslant -0.15(MPa) \qquad (6.2-22)$$

5）运行期堰体上游面（堰踵）应力控制最低标准：

$$S_1(\cdot) = \frac{\sum W_R}{A_R} + \frac{\sum W_R T_R}{J_R} \geqslant -0.20(MPa) \qquad (6.2-23)$$

注：迎水面的堰基主拉应力不大于 0.15MPa，迎水面的堰体主拉应力不大于 0.2MPa。

7. 刚体极限平衡法计算

用刚体极限平衡法进行围堰抗滑稳定计算时，应根据围堰的高度选定计算剖面，包括堰基面、折坡处的截面及其他需要计算的剖面等。

（1）刚体极限平衡表达式：

$$\eta = \left(\frac{R(\cdot)}{\gamma_d} \right) \Big/ [\eta_0 \psi S(\cdot)] \geqslant 1 \qquad (6.2-24)$$

其中

$$S(\cdot) = \sum P_R \qquad (6.2-25)$$

$$R(\cdot) = f'_R \sum W_R + c'_R A_R \qquad (6.2-26)$$

式中：$S(\cdot)$ 为作用效应函数；$R(\cdot)$ 为抗滑稳定抗力函数；$\sum P_R$ 为堰基面上全部切向作用之和，kN；f'_R 为堰基面抗剪断摩擦系数；$\sum W_R$ 为堰基面上全部法向作用之和，kN，向下为正；c'_R 为堰基面抗剪断黏聚力，kPa；A_R 为堰基面的面积，m^2。

（2）堰体混凝土层面刚体极限平衡抗滑稳定承载能力极限状态计算。

1）作用效应函数：

$$S(\cdot) = \sum P_c \qquad (6.2-27)$$

2）抗滑稳定抗力函数：

$$R(\cdot) = f'_c \sum W_c + c'_c A_c \qquad (6.2-28)$$

式中：$\sum P_c$ 为计算层面上全部切向作用之和，kN；f'_c 为计算层面抗剪断摩擦系数；$\sum W_c$ 为计算层面上全部法向作用之和，kN，向下为正；c'_c 为计算层面抗剪断黏聚力，kPa；A_c 为计算层面的面积，m^2。

8. 围堰构造和基础处理

（1）围堰的构造。

1）灌浆和排水廊道。一般情况下混凝土围堰不设廊道。对于重要的围堰或结构，需要时宜布置廊道系统。廊道有纵向廊道（平行于围堰轴线）和横向廊道（垂直于围堰轴线）两种。廊道内应有适宜的通风条件，每隔一定距离应设置竖井通至堰顶或下游堰外，否则，应配备人工通风系统。廊道上游侧面至堰体上游面的距离一般为 $(0.07\sim0.1)H$（H 为堰面水头）且不小于 2.5m。廊道的断面应按其用途决定，一般采用城门洞形，基础灌浆廊道一般宽度为 2.5～3.0m，高度为 3.0～4.0m；基础排水廊道一般宽度为 1.5～2.5m，高度为 2.2～3.5m；交通廊道及其他廊道最小尺寸为宽 1.2m，高 2.2m。较长的基础灌浆廊道，每隔 50～100m 宜设置灌浆泵房，其纵向坡度应缓于 45°；当岸坡基础地陡于 45°时，灌浆廊道可分层布置，用竖井连接。廊道周边一般浇筑厚 1～2m 的常态钢筋混凝土。廊道底脚按需要设置排水沟，排水沟宽度一般为 20～25cm，深 20～30cm，排水沟通至集水井，排水沟底坡不应缓于 1.5‰。

2）堰体止水。一般在迎水面、陡坡段堰段与基础接触面设置。一般情况下，在非寒冷地区，设置一道塑料止水片，寒冷地区设置一道橡胶止水片。有特殊要求或特殊情况下，可设置止水铜片。止水设置位置通常距上游堰面 0.5～2.0m，寒冷地区宜稍远。所有孔洞穿过堰体永久横缝时均应设一圈塑料止水带。当岸坡堰段基础开挖成陡坡（陡于 1：1）时，应设陡坡止水，陡坡止水一般采用止水槽形式，止水槽深 0.4～0.6m，宽 1～2m，并设锚筋加固，和预埋止水片与横缝止水对应。对于特别重要的围堰，两道止水片之间还应设排水槽，止水片下游宜设排水孔以利排除渗水。

3）堰体排水。堰体竖向排水系统的排水管一般设置在堰体上游防渗层后，排水管顶部按需要通至堰顶或堰体某一高程，其底部通至排水廊道、基础灌浆廊道内。排水管一般为预制的无砂混凝土管，亦可采用钻孔或拔管等方法形成，管距为 2.0～3.0m，内径为 7～15cm。

4）堰体分缝。混凝土围堰一般不设置纵缝，由于地质情况和温度控制的要求，一般设置横缝，横缝间距 15～30m。由于混凝土围堰体量较小，一般不进行温控处理也不设纵缝，重要的围堰应进行温控计算和温控设施设计。

（2）堰基处理设计的基本要求。

1）堰基处理。堰基处理方式与大坝坝基处理基本一致，施工前，设计应提出围堰堰基的基础处理技术要求：

a. 根据设计的假定，确定基岩利用线，从而确定堰基开挖面。一般情况下可建在弱风化中下部或强风化下部的基岩上。

b. 基础开挖后，其基础面应满足强度、完整性、抗渗性和耐久性的要求，不符合要求的，应进行必要的基础处理。

c. 在有结构面的地段，必要时应进行基础固结灌浆，其压力和孔距可参考低坝布置，一般孔距为 2～5m，灌浆压力为 0.2～0.4MPa。具体参数根据经验或试验确定。留有岩埂的导流隧洞进出口混凝土围堰，宜进行基础的固结灌浆。通过基础固结灌浆，一方面改善了堰基的物理力学性能，另一方面对堰基的抗渗也起到了较好的作用。

2）断层和破碎带的处理：

a. 堰基范围内单独出露的断层破碎带，其组成物质主要为坚硬的构造岩，对基础的强度和压缩变形影响不大时，可将断层破碎带及其两侧影响带岩体适当挖除后回填混凝土。

b. 断层破碎带规模不大，但其组成物质以软弱的构造岩为主，且对基础的强度和压缩变形有一定影响时，可用混凝土塞加固，其深度可为断层带宽度的 1 倍，或根据计算确定。贯穿堰基上下游的纵向断层破碎带的处理要特别当心，要向上下游堰基基外适当延伸，延伸的长度要商地质工程师和计算成果综合考虑后确定。

c. 规模较大的断层破碎带或断层交汇带，影响范围较广，且其组成物质主要是软弱构造岩，并对基础的强度和压缩变形有较大的影响时，应进行专门的处理设计。

3）提高堰基深层抗滑稳定性的原则：

a. 提高软弱结构面抗剪能力。

b. 增加尾岩抗力。

c. 提高软弱结构面抗剪能力与增加尾岩抗力相结合。

d. 根据软弱结构面形状、埋深、特性及其对坝体影响程度，结合工程规模、施工条件和工程进度，进行综合分析比较后选定。

围堰基础开挖，应根据堰基应力、基岩强度、堰体抗滑稳定条件（抗滑参数的确定）及岩体完整性结合上部结构对基础的要求，由地质和设计人员共同拟定基岩利用标准，由于围堰是临时性结构，一般情况下，比同样高度的大坝的要求略低或基本一致。

堰基开挖面不应向下游倾斜，若利用基岩表面向下游倾斜，应开挖成大的水平台阶，台阶宽度和高度应与混凝土浇筑块大小、下游堰体厚度相适应。

平行围堰轴线方向的两岸岸坡，为满足堰体侧向稳定，应在斜坡上按堰体分缝开挖成台阶，并使围堰连续横缝位于平台上，开挖平台宽度一般为堰体分块宽度的 $50\%\sim70\%$，具体尺寸应由堰体施工期及运行期的侧向稳定计算成果来确定。

（3）堰基帷幕灌浆。

应根据地质条件和围堰的渗流计算结果确定是否进行帷幕灌浆。帷幕灌浆的相对不透水层的透水率 $q=5\sim10Lu$，或由设计人员根据工程和地质条件与地质工程师商定。

帷幕灌浆应布置在堰基的迎水面，距离上游堰面 $0.1B$（B 为围堰底宽）。

帷幕孔距一般为 3m，深度由基础岩石内不透水层深度、堰体挡水水头等因素确定。当堰基相对隔水层埋藏深度不大时，帷幕伸入相对不透水层以下 $2\sim5m$。当相对隔水层较深或分布无规律时，帷幕深度可在 $(0.3\sim0.7)H$（H 为上下游水位差）范围内选择。

帷幕灌浆排数在考虑帷幕上游区的固结灌浆对加强基础防渗作用后，一般采用 1 排，特殊情况或有特殊要求的围堰可选择 2 排。帷幕灌浆孔距与基岩裂隙程度、钻孔排数以及灌浆压力等有关，一般应通过试验确定，无试验资料时，孔距可取 3.0m 以下。排距可比孔距略小。

（4）基岩固结灌浆。

有结构面的基岩地段，经过分析认为有必要时，可进行基础固结灌浆，其压力和孔距可参考低坝布置，一般孔距为 $3\sim4m$，孔深 $3\sim8m$，灌浆压力为 $0.2\sim0.4MPa$，具体参数根据试验确定。

6.2.2 混凝土拱围堰

6.2.2.1 混凝土拱围堰的特性

混凝土拱围堰是一个空间壳体结构（图6.2-3），在上游面形成向上游的弧形拱圈。

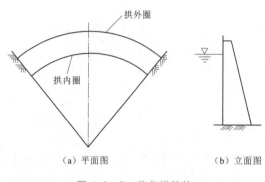

（a）平面图　　（b）立面图

图6.2-3　单曲拱结构

堰体承受的水压力、泥沙压力、温度荷载等通过拱作用传到两岸基岩。堰体的横向外荷载如同一系列的悬臂梁，因此部分荷载也可通过悬臂梁的作用传到基岩。拱是一种推力结构，在外荷载的作用下主要承受径向压力，有利于充分发挥混凝土的抗压强度。因而对于同一高度的混凝土围堰而言，混凝土工程量可节省1/3～1/2。因此，从节约工程投资而言，相对于混凝土重力式围堰，在适合修建混凝土拱围堰的条件下，拱围堰具有一定的优势。

（1）拱（拱单元，图6.2-4）。拱是指由上下两个间距为1m的水平面形成的拱圈，是拱围堰的一部分。拱单元可以是均匀厚度，也可以设计为基准面两侧逐渐增厚（变厚度拱）。即拱围堰是由多个间距1m的水平面界定的拱单元从基础到堰顶的组合。

（2）悬臂梁（梁单元，图6.2-5）。悬臂梁（或者梁单元）指间距1m的两个垂直径向面之间的堰体的一部分。

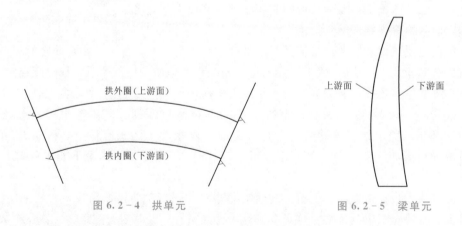

图6.2-4　拱单元　　　　　　　　图6.2-5　梁单元

（3）拱外圈和拱内圈是分别指拱围堰的上游面和下游面。

（4）基准面。基准面垂直于河床径向面，即与河流方向基本平行。基准面包括了拱冠梁和中心点的位置。

（5）拱冠梁。拱冠梁定义为最大高度的垂直悬臂梁，通常位于河床中，径向指向轴线中心。对称拱围堰的拱冠梁和拱冠位置相同，对于非对称拱围堰，拱冠会向长边侧偏移。对于对称拱围堰，最大径向变位发生在拱冠梁；非对称拱围堰则是在拱冠梁和拱冠之间。

（6）单曲拱围堰。单曲拱围堰只有在平面上是弯曲的，垂直剖面即悬臂梁的面是垂直的，或者是直线或斜面。

拱围堰承受的推力，从空间布置来看，由悬臂梁和拱圈共同承受。由于拱是一种推力结构，在外荷载情况下主要承受轴向压力，可充分发挥混凝土的抗压强度。

6.2.2.2　设计的一般考虑

1. 堰趾

通常，拱围堰要求堰肩具有足够的强度以支撑拱推力。在特殊情况下，如果堰肩不适用或地形缺失，可采用人造拱座（推力墩）的方法解决。

推力墩是另一种外部结构混凝土，作为拱围堰基础的一部分。通常建在基岩上的大体积混凝土，构成拱座的延伸。在边坡陡峭，距顶部高度 3/4 处迅速变缓的堰趾，推力墩特别有用。对于基准线以外缓坡延伸短的堰趾，推力墩横剖面形状可以是拱围堰形状的延续，在越过基准线的某段距离内，拱作用范围可以承担部分作用荷载，超过该距离后梁作用承载水荷载，采用重力围堰设计方式。

2. 拱座

拱围堰剖面应当做得尽可能光滑。每个拱座的剖面应当是由一条或者两条抛物线或双曲线构成的平顺几何曲线。每个拱座剖面有一反弯曲点，使沿岩石的接触面作用力分布均匀。原始地表在开挖前可能都是非常不规则的，开挖风化层达到坚固的岩体时挖除突出岩体。拱座表面的凹凸不规则点都是受力分布不规则处，凸点出现受力集中，在凹点受力较小。

当堰趾几何形状合适时，拱围堰的另一个重要因素是基岩等高线或者拱与堰肩岩石等高线构成的夹角。图 6.2-6 中角 α 一般要大于 30°，以避免在岩石表面附近出现高度集中的剪应力。拱圈的布置要使得 β 角大于 40°。

全径向拱座（垂直于坝轴线）有利于使岩石获得良好的承载力，当采用全径向拱座需要在外拱圈做大量开挖，而岩石又有足够的强度和稳定性时，可采用半径向拱座（图 6.2-7）。

拱围堰需要有足够强度的岩石基础以承载来自拱围堰的自重、温度应力和水荷载。由于荷载沿堰基接触区传递至堰基，所以堰肩也必须达到与堰的最深处同样的最低的技术要求，并与相应拱高程合力的大小相称。拱围堰具有

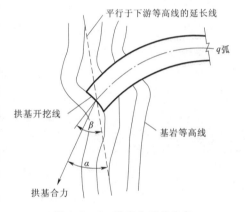

图 6.2-6　拱座合适的夹角

横跨堰基软弱区域的能力，只要软弱区域的厚度不超过堰体底厚度的 1 倍，断层和剪切带不会显著影响坝内的应力。

6.2.2.3　拱围堰设计的荷载及荷载组合

1. 荷载

静水压力和温度荷载是作用在拱围堰上的主要荷载。拱座和堰基稳定分析时，应计算扬压力的作用。泥沙压力在少沙的河流中一般不考虑，拱围堰初步计算时也可不考虑。浪压力、冰压力所占比例小，一般不考虑。应注意，有浪压力时不考虑冰压力，有冰压力时

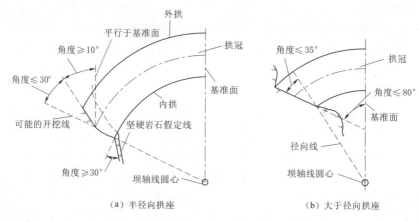

（a）半径向拱座   （b）大于径向拱座

图 6.2-7 拱座示意图

不考虑浪压力。拱围堰一般不考虑地震力。

（1）自重。自重应包括堰体混凝土的全部重量及其上的辅助设备。如果堰体混凝土浇筑全部完成后进行收缩缝的灌浆，灌浆前的全部自重均由悬臂梁承受，自重变位已经完成，不参加拱梁分载法的变位调整。如堰身混凝土浇筑到某一高程后进行收缩缝灌浆，即灌浆前的混凝土自重由悬臂梁单独承受，灌浆后的混凝土自重、应参加拱梁法中的变位调整。

（2）温度荷载。温度荷载系根据堰身收缩灌浆后的温度变化量来确定。接缝灌浆以前的混凝土温度变化，仅仅对各自混凝土块体产生应力，不参加拱梁法的变位调整。温度荷载计算只需考虑坝身收缩缝灌浆后的温度变化，考虑温度上升和下降两种情况，但要注意，收缩缝灌浆应在堰体达到稳定后进行。有关混凝土块体温度应力计算，可参考相关规范和书籍。

2. 荷载组合

拱围堰的荷载组合，考虑其施工期短，可分为基本组合和特殊组合（施工期工况）两类，鉴于围堰运行的特殊性，特殊荷载组合仅考虑施工期的荷载组合。荷载组合见表 6.2-6。

（1）基本荷载组合。

1）围堰设计洪水位和设计正常温降及相应的下游水位：自重、静水压力、设计正常温降、扬压力、淤沙压力、浪或冰压力（有浪压力就没有冰压力）。

2）围堰设计洪水位和设计正常温升及相应的下游水位：自重、静水压力、设计正常温升、扬压力、淤沙压力、浪压力。

3）围堰最低水位＋温降：自重、静水压力、设计正常温降、扬压力、淤沙压力、动水压力。

4）围堰过水不利工况＋温降：自重、静水压力、设计正常温降、扬压力、淤沙压力、动水压力。

5）围堰过水不利工况＋温升：自重、静水压力、设计正常温升、扬压力、淤沙压力、动水压力。

（2）特殊荷载组合（仅考虑施工横缝灌浆情况）。

1) 横缝部分灌浆＋温降：自重、静水压力、设计正常温降。

2) 横缝部分灌浆＋温升：自重、静水压力、设计正常温升。

3) 横缝部分灌浆＋遭遇施工洪水：自重、静水压力、设计正常温升、扬压力。

表 6.2-6　　　　　　　　　　　　荷 载 组 合

荷载组合	设 计 工 况		自重	静水压力	温度荷载		扬压力	淤沙压力	浪压力	冰压力	动水压力
					设计正常温降	设计正常温升					
基本荷载组合	1) 围堰设计洪水＋温降		√	√	√		√	√	√		
	2) 围堰设计洪水＋温升		√	√		√	√	√	√		
	3) 围堰最低水位＋温升		√	√		√	√	√	√		
	4) 围堰过水不利工况＋温降		√	√	√						√
	5) 过水围堰不利工况＋温升		√	√		√					√
特殊荷载组合	施工期工况	1) 横缝部分灌浆＋温降	√	√	√						
		2) 横缝部分灌浆＋温升	√	√		√					
		3) 横缝部分灌浆遭遇洪水	√	√		√	√				

注　本表主要参照《混凝土拱坝设计规范》(SL 282—2018) 表 6.2.1 编制。

6.2.2.4 拱围堰的应力分析

1. 概述

应力分析方法分为结构力学法、壳体理论计算法和有限元法。

(1) 结构力学法。拱围堰实质上是一个空间壳体，由于空间结构的复杂性，要进行非常准确的理论计算有一定困难。为了便于计算，进行了必要的简化和假定：

1) 圆筒法。单项构建的计算法假定坝体由拱圈垫置而成，每一层拱圈单独承受水压力。

2) 纯拱法。纯拱法假定堰体有各层水平拱圈叠合而成，每层拱圈作为弹性固端计算。计算荷载可以包括水压力、泥沙压力、温度变化、地基变形和地震荷载影响。

3) 拱梁法。拱梁法为规范规定的计算方法。拱梁法为双向杆件计算法，将拱看成由许多水平拱圈和悬臂梁系统组成。围堰的外荷载一部分由拱系承担，另一部分由悬臂梁承担。拱和梁的荷载分配，由交点处的变位一致确定。荷载分配以后，梁是悬臂结构，可以算出应力。拱的应力计算可按照弹性拱进行。拱围堰采用拱梁法计算可以满足各阶段的要求。

对于拱围堰而言，计算可以进一步简化，可以按照拱冠梁处的荷载分配为代表，计算拱冠梁和若干拱圈的应力，水平拱圈分 5～7 道即可。拱冠梁法可以用于围堰的施工图设计。

(2) 壳体理论计算法。早在 20 世纪 30 年代，F. 托尔克提出了按照薄壳理论计算拱坝的近似方法，近年来，随着计算机技术的进步，该计算方法取得了巨大进展。

(3) 有限元法。有限元法为《混凝土拱坝设计规范》(SL 282—2018) 规定的计算方法。用有限元法计算时，应补充计算"有限元等效应力"，按照"有限元等效应力"求得坝体的主拉应力和主压应力，允许压应力安全系数为 3.0，允许拉应力为 1.5MPa。同时还规定，拱坝除了运行期应力分析外，还要研究施工期的坝体应力和抗倾覆的稳定性。因此，拱围堰设计时，应该按此规定执行。

2. 应力分析的控制指标及相关规定

（1）采用拱梁分载法计算时，堰体的主压应力不应大于混凝土的允许压应力。混凝土的允许压应力等于混凝土强度除以安全系数，混凝土拱围堰的安全系数为 3.0；对于基本荷载组合，允许拉应力为 $1.2N/mm^2$；施工期荷载组合，允许拉应力小于 $1.5N/mm^2$。

（2）采用有限元法计算时，按有限元等效应力计算的堰体主压应力不应大于混凝土的允许压应力。混凝土的允许压应力等于混凝土强度除以安全系数，混凝土拱围堰的安全系数为 3.0；对于基本荷载组合，允许拉应力为 $1.5N/mm^2$；施工期荷载组合，允许拉应力小于 $2.0N/mm^2$。

6.2.2.5 拱座的稳定分析

1. 拱座稳定分析安全系数

按照《混凝土拱坝设计规范》（SL 282—2018）的规定，拱围堰采用单一系数法进行拱座抗滑稳定计算，其稳定安全系数在基本荷载组合情况下取 $K_2 = 1.3$，特殊荷载组合情况下取 $K_2 = 1.1$。

2. 拱座稳定性计算

确保拱座稳定是拱围堰设计的重要环节。在完成拱围堰布置后，应按下式进行拱座岩体稳定计算：

$$K_2 = \frac{\sum Nf}{\sum T} \tag{6.2-29}$$

式中：K_2 为滑裂面抗滑稳定安全系数；$\sum T$ 为沿滑裂面的滑动力；N 为垂直于滑裂面的作用力；f 为滑裂面的抗剪摩擦系数。

3. 抗滑稳定分析的基本步骤

（1）分析可能滑裂面的位置。在进行稳定计算时，首先把围堰轴线附近的基岩节理、裂隙以及各种软弱结构面的节理、裂隙以及各种软弱结构面分析清楚，用以判断可能结构面的位置。凡是平行河床方向的结构面均能导致滑动，倾入山体的结构面影响不大。如果节理走向大致平行于河流，而倾角大致平行于山坡，对稳定最为不利，特别是节理面间有软弱充填物时要更加注意。

（2）根据拱圈、梁的计算成果和地质专业提供的结构面资料和参数，进行滑动面上的稳定计算。

（3）整体稳定计算。

（4）根据结构面的情况进行整体稳定计算，即整个拱沿着滑动面向下游或堰体旋转滑动。

4. 基础处理和改善拱座稳定的措施

拱围堰的基础处理应按照拱坝设计规范的基础处理要求进行，并根据实际情况适当简化。拱围堰基础处理后，应满足计算所需要的地基强度和刚度；满足拱围堰整体和拱座稳定；满足堰基变形均匀性；满足抗渗稳定要求。

改善拱座稳定的措施包括：加强地基处理，进行有效的固结灌浆；将拱端向岸壁深挖嵌深，扩大下游抗滑岩体；拱圈布置时，尽量使推力垂直于结构面的走向；局部扩大拱座或增加推力墩；必要时对拱座或推力墩的基础用预应力锚索锚固。

6.2.3　混凝土围堰温控

6.2.3.1　温控问题概述

混凝土围堰尺寸较大，是典型的大体积混凝土结构。美国出版的关于大体积混凝土的文献认为，只要温度的变化对结构有影响的都可以定义为大体积混凝土。大体积混凝土结构需要研究并控制温度变化及温度应力问题，以降低水泥水化热对围堰开裂造成的不利影响。水利水电工程中，混凝土围堰一般不进行温控计算，但常采用温控措施。重要的混凝土围堰、需要挡水发电的围堰宜进行混凝土围堰温控研究和计算。混凝土凝固过程中，会产生大量的水化热，使堰体内部温度急剧上升，逐渐冷却收缩的过程产生温度应力，在不利的条件下使混凝土结构产生开裂。因此，混凝土温控的目的是减少水化热导致的混凝土围堰开裂，从而减少对结构和抗渗性的不利影响。

6.2.3.2　温控研究的目的

根据混凝土围堰的现场基本条件和结构特征，结合国内外温控防裂技术的进展和工程经验，结合已有的混凝土材料性能试验成果，利用各种方法，对混凝土围堰的温度场、温度应力以及温控措施进行研究，提出安全可靠、施工可行、经济合理的温控方案，为围堰的设计和施工提供参考。

6.2.3.3　主要研究内容

（1）水库水温分析。

（2）围堰的稳定温度场、接缝灌浆温度和温度控制标准。

（3）有条件和必要时进行温度场和应力场的仿真分析研究。

（4）温控关键因素的敏感性分析。

（5）类似工程对比。

6.2.3.4　温控措施

（1）改善混凝土围堰结构的体型以及合理分块；尽量改善原材料的热学性能；降低混凝土入仓温度；加速浇筑块的散热；进行保温隔热（减少内外温差）；进行堰体人工冷却，如预埋冷却水管。

（2）鉴于大体积混凝土温控为特别专业的技术，有关温控的计算、措施研究等，可参照重力坝温度控制的相关规范、手册、研究成果及工程实践经验。

6.3　碾压混凝土围堰

6.3.1　碾压混凝土围堰设计

6.3.1.1　围堰断面的设计

（1）重力式碾压混凝土围堰堰顶高程和断面的设计与前面所述的常态混凝土围堰断面

设计完全一致，但考虑到碾压混凝土围堰的可施工性，实际采用时略有区别。

（2）碾压混凝土围堰堰顶宽度的选择。堰顶宽度为碾压混凝土区域宽度和变态混凝土区域宽度两者之和。堰顶宽度的选择要满足结构设计、交通要求及碾压混凝土围堰施工的特点。

（3）变态混凝土宽度的选择。变态混凝土宽度除了需满足防渗等结构要求外，还需综合考虑围堰坡比、模板类型及模板高度引起的立模空间大小。综合以上要求确定碾压混凝土宽度。

（4）碾压混凝土区域宽度的确定需考虑碾压设备的选择，不同的碾压设备其尺寸、转弯半径等参数不同，对应碾压混凝土区域宽度也不同。

（5）碾压混凝土重力式围堰的断面设计在体型上应力求简单，不同的工程可根据自身结构设计、交通要求，特别是混凝土立模的要求、碾压设备及工艺的选择综合确定，为便于施工，围堰顶宽度一般为 5～8m；特殊情况下，堰顶宽度不小于 3m。

6.3.1.2 碾压混凝土堰体构造要求

（1）堰体分缝和止水。碾压混凝土重力式围堰不宜设置纵缝，根据工程的具体条件和需要设置横缝或诱导缝。横缝或诱导缝间距应根据堰基地形地质条件、堰体布置、堰体断面尺寸、温度应力、施工强度等因素综合比较确定，其间距宜为 20～30m。围堰横缝在常态混凝土或变态混凝土范围内采用 10mm 厚的沥青杉木板嵌缝，在碾压混凝土内均采用切缝机切缝，缝内填 10mm 厚聚乙烯闭合泡沫隔缝板。

（2）碾压混凝土围堰横缝止水一般设置塑料止水带，重要工程或重要部位经过研究可采用止水铜片。止水设置位置通常距上游面 0.5～2.0m，寒冷地区宜稍远，目的是减少外界气温对止水结构的影响，减少漏水的风险。所有孔洞穿过堰体永久横缝时应设一圈塑料止水带。当岸坡堰段基础开挖成陡坡（陡于 1∶1）时，应设陡坡止水，陡坡止水一般采用止水带。止水槽深 0.4～0.6m，宽 1～2m，并设锚筋加固，和预埋止水片与横缝止水对应。

（3）横缝或诱导缝内止水设施及材料应根据工作水头、气候条件、所在部位和便于施工等因素确定；采用二级配碾压混凝土或常态混凝土作为上游防渗层时，止水设施应置于防渗层内；采用沥青材料、合成橡胶及复合土工膜等材料作为上游坝面防渗层时，应结合防渗布置设置止水设施。堰体横缝或诱导缝内不宜设沥青井。

（4）堰体竖向排水系统的排水管一般设置在堰体上游防渗层后，排水管顶部按需要通至堰顶或堰体某一高程，其底部通至排水廊道、基础灌浆廊道内。排水管一般为预制的无砂混凝土管，亦可采用钻孔或拔管等方法形成，管距 2.0～3.0m，内径 7～15cm。围堰工程为临时工程，施工和运行时间短，排水孔可适当简化，当计算采用的扬压力系数采用 1 时，可不设排水孔，或随机设置排水孔。

6.3.1.3 堰体混凝土材料和堰体分区

1. 混凝土材料

（1）碾压混凝土所用的水泥、骨料、活性掺合料、外加剂和拌和用水应符合国家现行有关标准的规定。

（2）碾压混凝土中宜掺用满足可碾性、缓凝性和耐久性要求的缓凝减水剂、引气剂等外加剂。外加剂的品质及掺量应通过试验确定，并应选择有较好信誉的厂家的产品。

（3）鉴于混凝土围堰为快速启用结构，其抗压强度一般采用 90d 龄期，当堰体开始承受荷载时间早于 90d 时，应进行结构复核，必要时可调整龄期到常规混凝土的 28d 强度或调整混凝土强度等级。

（4）堰体内部混凝土的强度等级，一般采用同一种，不同强度等级的混凝土，其分区宽度应根据堰体受力状态、构造要求和施工条件确定。内部碾压混凝土强度等级的宜采用一种，高混凝土围堰可按高程或部位采用不同的强度等级的。坝体不同分区的碾压混凝土所用的水泥，宜采用同一品种。

（5）目前，我国很多学者和专家研究了粉煤灰掺量对碾压混凝土性能的影响，研究成果初步表明：当掺量超过 75% 时，对碾压混凝土的性能会带来不利影响；当掺量为 40%～60% 时，其后期强度较为理想，综合性能较好。

2. 堰体分区

碾压混凝土围堰一般分区：基础垫层常态混凝土、堰体碾压混凝土、防渗层变态混凝土、廊道和孔洞周边混凝土等。

碾压混凝土垫层采用常态混凝土，其厚度一般为 1.0～1.5m。堰身采用碾压混凝土，迎水面有防渗要求的采用变态混凝土。根据《碾压混凝土坝设计规范》（SL 314—2018）规定，二级配碾压混凝土防渗层上游表面采用变态混凝土时，变态混凝土的厚度宜为 50～80cm，最大厚度不宜大于 100cm。防渗层混凝土抗渗等级的最小允许值：水头 $H<30m$ 时为 W4，$H=30～70m$ 时为 W6。围堰基础帷幕灌浆廊道和排水廊道及止水铜片周边不小于 1m 范围内采用变态混凝土，深槽部位采用常态混凝土回填，断层刻槽混凝土塞和止水铜片基座均采用细石混凝土回填。

6.3.2　碾压混凝土围堰施工技术

碾压混凝土围堰往往需在一个枯水期内达到挡水水位要求，施工强度高、工期紧，应采用连续浇筑、不间断上升的方式进行施工。因此，除了必须合理安排施工进度外，必须优化模板设计、碾压混凝土运输入仓方式、混凝土摊铺方式等。

6.3.2.1　模板

对于碾压混凝土围堰，模板设计的优化与否是决定上述要求能否顺利实施的要素之一。

碾压混凝土施工中的模板，应能适应堰体上升速度快和振动压实力大的特点，做到快速安装、易于固定、稳定性好、拆除方便、对碾压机械设备的行走干扰小。为了便于周边的铺筑作业，不宜设斜向拉条。

悬臂翻升模板结构简单，重量轻，拆装灵活，可适应碾压混凝土的连续上升，因而已逐渐成为我国碾压混凝土大坝施工中坝体外表面模板的主流，特别是下游斜面，采用的就是悬臂翻升模板。悬臂翻升模板在棉花滩水电站大坝首次成功使用，经百色大坝工程进一步改进后，其技术与应用已日趋成熟。

1. 三峡三期碾压混凝土围堰模板（图 6.3-1）应用情况

三峡三期碾压混凝土围堰上游悬臂翻升模板以垂直叠放的三块模板为一个施工单元，

在混凝土浇筑过程中交替上升，每块模板长300cm、宽210cm、重约1t，主要构件包括面板、支撑桁架、调节螺杆、操作平台、锚固件等，全部为钢结构。

翻转模板安装时，吊车通过平衡梁对准下块模板上口，徐徐落下，使模板准确就位，然后将桁架内、外弦杆铰接；此时，吊车与模板脱钩，安装人员通过调节螺杆来实现面板内外倾斜度的调整，使其达到施工精度要求；当混凝土浇筑至锚筋布置高程后进行锚筋预埋。

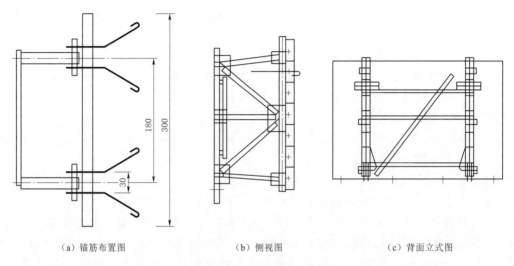

（a）锚筋布置图   （b）侧视图   （c）背面立式图

图6.3-1　三峡三期碾压混凝土围堰悬臂翻升模板结构图（单位：cm）

随着混凝土浇筑的上升，以同样的方法依次将三层模板的底层模板翻转至顶部以达到混凝土连续上升的目的。在浇筑过程中，中间层模板锚锥不紧固，所受荷载全由底层翻转模板锚筋承担。当混凝土浇筑至距顶层模板上口60cm左右时，先将中层模板锚锥紧固，然后将底层模板拆装至顶部之上，如此反复，实现交替上升的目的。

模板安装均以测量放样点进行控制，安装好后需经测量校核，直至满足精度要求。考虑模板受力后将产生走样，每块模板安装时顶部一律按向仓内预倾1cm控制。

2．百色水利枢纽碾压混凝土大坝模板（图6.3-2）应用情况

直立面悬臂翻升钢模板。模板尺寸为3m×3m，设计1210kg/块，采用6根ϕ25锚筋固定；面板采用2块3000mm×1500mm×5mm冷轧钢板，横围采用10号槽钢4根，并兼作面板横肋；竖围及板后桁架由2［10和2∠50×5组成；面板四周采用∠30×5作装饰条以弥补加工精度不足及相邻面板之间的接缝误差。

斜面悬臂翻升钢模板。设计总重720kg/块，采用4根ϕ25锚筋固定；面板采用1块3000mm×1875mm×5mm冷轧钢板，横围采用10号槽钢2根，并兼作面板横肋；竖围及板后桁架由2［10和2∠50×5组成；面板四周采用∠30×3作装饰条以弥补加工精度不足及相邻面板之间的接缝误差。

悬臂翻升钢模板的拆除与安装是现场模板施工前后紧密衔接的两道工序，下层模板拆除后即安装成为上层模板，此时原上层模板即成为下层模板，依此类推。模板拆除时，首先采用8t仓面吊，吊住设于面板两侧的吊耳，使上下层模板后桁架连杆拆除时模板处于

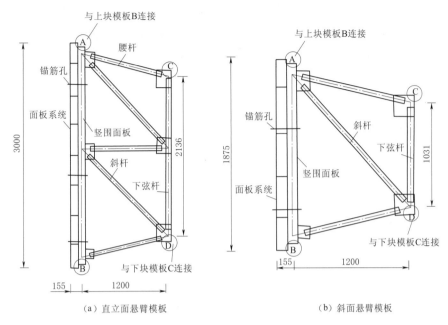

（a）直立面悬臂模板　　　　　　　　　　（b）斜面悬臂模板

图 6.3-2　百色水利枢纽碾压混凝土大坝模板结构（单位：mm）

自重状态，然后再拆除上下模板间连接的螺栓与套筒螺栓。模板拆除时须控制模板的晃动，防止面板激烈撞击已拆模的混凝土表面。

模板拆除后应先用人工清除模板面板及边框上黏结的少量水泥浆块，然后才能进行安装。安装时，仓面吊通过平衡梁将模板对准上仓块翻升模板的导向机构，徐徐落下，模板即可准确就位，然后再将桁架后部连杆铰接，而成为新的悬臂模板。此时，仓面吊与模板脱钩，通过调节桁架连杆来实现面板内外倾斜度的调整，使之达到施工精度要求。

6.3.2.2　碾压混凝土运输入仓方式

运输碾压混凝土可采用自卸汽车、皮带输送机、布料机、负压溜槽（管）、专用垂直溜管、满管溜槽（管），也可采用缆机、门机、塔机等设备或采用几种方式的组合。运输机具应在使用前进行全面检查和清洗。

（1）采用自卸汽车运输混凝土时，车辆行走的道路应平整；自卸汽车入仓前应将轮胎清洗干净，防止将泥土、水、杂物带入仓内；进出仓口应采取跨越模板措施。在仓面行驶的车辆应避免急刹车、急转弯等有损混凝土层面质量的操作。

（2）采用皮带输送机运输混凝土时，应有遮阳、防雨设施，必要时加设挡风设施。并应采取措施以减少骨料分离和灰浆损失。

（3）采用负压溜槽（管）运输混凝土时，应在负压溜槽（管）出口设置垂直向下的弯头；负压溜槽（管）盖带的局部破损处，应及时修补，负压溜槽（管）盖带破损到一定程度时应及时更换。负压溜槽（管）的坡度宜为 40°~50°，长度不宜大于 100m，防止分离措施应通过现场试验确定。

（4）专用垂直溜管应具有抗分离的功能，必要时可设置防止堵塞的控制装置。

（5）各种运输机具在转运或卸料时，出口处混凝土自由落差均不宜大于 1.5m，超过

1.5m 时宜加设专用垂直溜管或转料漏斗。连续运输机具与分批运输机具联合运用时，应在转料处设置容积足够的贮料斗。使用转料漏斗时应有解决混凝土起拱的措施。从搅拌设备到仓面的连续封闭式运输线路，应设置弃料及清洗废水出口。目前，碾压混凝土围堰快速施工常用的运输方式是自卸汽车运输。

6.3.2.3 碾压

振动碾机型的选择，应考虑碾压效率、激振力、滚筒尺寸、振动频率、振幅、行走速率、维护要求和运行的可靠性。

建筑物周边部位，宜采用与仓内相同型号的振动碾靠近模板碾压；无法靠近的部位，采用小型振动碾压实，其允许压实厚度和碾压遍数，应经试验确定。

振动碾行走速率应控制在 1.0～1.5km/h。

施工中采用的碾压厚度及碾压遍数宜经过试验确定，并与铺筑的综合生产能力等因素一并考虑。根据气候、铺筑方法等条件，选用不同的碾压厚度。碾压厚度不宜小于混凝土最大骨料粒径的 3 倍。

堰体迎水面 3～5m 范围内，碾压方向应平行于坝堰轴线方向。碾压作业应采用搭接法，碾压条带间搭接宽度为 100～200mm，端头部位搭接宽度宜为 1m 左右。

需作为水平施工缝停歇的层面，达到规定的碾压遍数及表观密度后，宜进行 1～2 遍的无振碾压。铺层厚度一般为 30～40cm，最大不超过 80cm。

6.3.2.4 成缝

横缝可采用切缝机具切制、设置诱导孔或设置填缝材料等方法形成，缝面位置、缝的结构形式及缝内填充材料均应满足设计要求。采用切缝机切缝时，宜根据工程具体情况采用"先碾后切"或"先切后碾"的方式。采用"先碾后切"时应对缝口进行补碾。设置诱导孔，宜在层间间歇期内完成，成孔后孔内应及时用干砂填塞。

设置填缝材料时，衔接处的间距不得大于 100mm，高度应比压实厚度低 30～50mm。

有重复灌浆要求的横缝，灌浆系统的制作和安装均应满足设计要求。

6.3.2.5 层面和缝面处理

连续上升铺筑的碾压混凝土，层间间隔时间应控制在直接铺筑允许时间以内，即要在混凝土的初凝时间内完成。超过直接铺筑允许时间的层面，应先在层面上铺垫层拌和物，再铺筑上一层碾压混凝土。超过了加垫层铺筑允许时间的层面应按施工缝处理。

直接铺筑允许时间和加垫层铺筑允许时间，应根据工程结构对层面抗剪能力和结合质量的要求，综合考虑拌和物特性、季节、天气、施工方法、上下游不同区域等因素经试验确定。

应进行施工缝面处理。缝面处理可用刷毛、冲毛等方法清除混凝土表面的面浆皮及松动骨料，达到微露粗砂即可。冲毛、刷毛时间可根据施工季节、混凝土强度、设备性能等因素，经现场试验确定，不得过早冲毛。完成缝面处理并清洗干净，经验收合格后，应及时铺垫层拌和物，然后铺筑上一层混凝土，并在垫层拌和物初凝前碾压完毕。

垫层拌和物可使用与碾压混凝土相适应的灰浆、砂浆或小骨料混凝土。灰浆的水胶比应与碾压混凝土相同，砂浆和小骨料混凝土的强度等级应提高一级。垫层拌和物应与碾压混凝土一样逐条带摊铺，其中砂浆的摊铺厚度为 10～15mm。

因施工计划的改变、降雨或其他原因造成施工中断时，应及时对已摊铺的混凝土进行碾压。停止铺筑的混凝土面边缘宜碾压成不陡于 1∶4 的斜坡面，并将坡脚处厚度小于 150mm 的部分切除。当重新具备施工条件时，可根据中断时间采取相应的层、缝面处理措施后继续施工。

层间水平施工缝在允许的间歇时间内一般不予处理，但超过允许的间歇时间或被污染等对层间胶结有影响时，应对层面做必要的处理。参照国内外经验，层间间歇一般不大于 8～12h，冬季气温较低时，可延长到 14～16h，否则应进行铺砂浆等处理。

6.3.2.6　雨季施工

在降雨等级为"小雨"时，可采取措施继续施工；降雨等级超过"小雨"时，应停止拌和，并迅速完成尚未进行的卸料、平仓和碾压作业，仓面应采取防雨和排水措施。

一般降雨量大于 3～5mm/h 时应考虑停工。

恢复施工前，应严格处理已损失灰浆的碾压混凝土，并进行层、缝面处理。

6.3.3　混凝土围堰拆除

6.3.3.1　爆破设计

1. 炮孔布置

（1）确定最小抵抗线。最小抵抗线是指在工程爆破中，药包中心或重心到最近自由面的最短距离，一般用 W 表示。最小抵抗线根据爆破体的类型、性质、围堰的结构尺寸、破碎程度和清渣条件等确定。

（2）炮孔间距和排距。根据有关规范和经验公式确定。一般为 $(1\sim1.5)W$。

（3）炮孔直径和深度。炮孔直径一般为 32～45mm。炮孔深度根据设计爆破拆除部分的高度（厚度）计算。

（4）炮孔布置方式。炮孔布置分切割式布置和非切割式布置。

2. 装药量计算

（1）光面切割爆破或多排炮孔临空面一排的装药量计算：

$$q=KWaH \tag{6.3-1}$$

式中：q 为单孔装药量，g；K 为单位用药量，g/m³，参考有关资料和规范；W 为最小抵抗线，m；H 为爆破拆除高度，m；a 为炮孔间距，m。

（2）多排炮孔布置中间各排炮孔的药量计算：

$$q=KBaH \tag{6.3-2}$$

式中：K 为单位用药量，g/m³，参考有关资料和规范，选用多临空面的单位用药量；B 为爆破体宽度或厚度，m，$B=2W$。

3. 装药结构

装药结构分为耦合装药、不耦合装药和间隔装药。

4. 起爆程序

起爆程序主要根据爆破结构的受力特点进行爆破程序设计，其目的是减少爆破对其他结构和本身带来的不利影响；必要时进行结构力学分析后确定起爆和拆除程序。

5. 覆盖保护

覆盖保护是控制飞石的有效措施。围堰拆除时应该进行覆盖，覆盖的厚度应根据计算和经验确定。

6.3.3.2 无声破碎

无声破碎主要用于不允许有振动、飞石、噪声和瓦斯的混凝土围堰拆除。由于该技术发展很快，有关无声破碎的设计、施工等应参考有关规范、资料和实际工程经验。

6.4 胶凝砂砾石围堰

6.4.1 胶凝砂砾石配合比

6.4.1.1 胶凝砂砾石配合比设计方法

与普通混凝土相比，胶凝砂砾石在材料组成方面有一些显著特点（图 6.4-1），其中两个较为突出：一是骨料不筛分，又称统级配骨料；二是胶凝材料（简称胶材）用量少，通常小于 100kg/m^3。

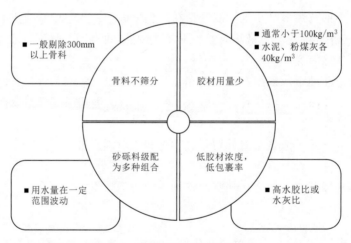

图 6.4-1 胶凝砂砾石材料特点

胶凝砂砾石与普通混凝土配合比设计流程见图 6.4-2。

围堰对胶凝砂砾石筑坝材料性能要求相对较低，其显著特点是就地、就近取材，砂砾石料中简单剔除一定尺寸的最大粒径骨料（一般剔除 300mm 以上骨料，个别工程剔除 600mm 以上骨料）后不再设置骨料筛分和拌和系统，可采用反铲等进行简易拌和，加快了施工进度。配合比试验通常以工程现场砂砾料中的平均级配砂砾石料为主要材料，或选取几个代表性级配的砂砾石料，通过调整胶材用量，控制相对宽松的用水量范围达到设计强度。由于用水量的控制基本以满足工作性为要求，砂砾石料级配变化大带来用水量的波动大，从而造成围堰工程胶凝砂砾石的强度离散也大，极易出现强度不满足设计要求的情况。我国几个围堰工程的胶凝砂砾石配合比见表 6.4-1。

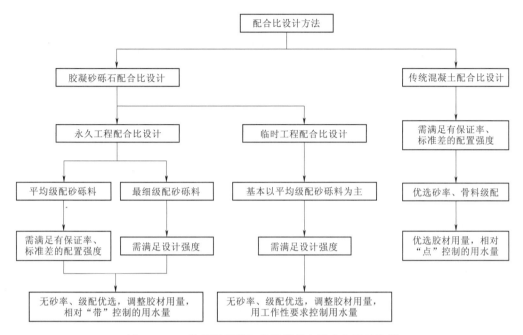

图 6.4 - 2　胶凝砂砾石与普通混凝土配合比设计流程

表 6.4 - 1　　　　　　　　我国几个围堰工程的胶凝砂砾石配合比

工程名称	设计强度	设计表观密度 /(kg/m³)	单位材料用量/(kg/m³)						说明
			用水量	水泥	粉煤灰	石粉	砂砾石	缓凝高减水剂	
街面	180d 龄期 C7.5	≥2300	80	45	45	0	2340	0.63	
洪口	28d 抗压强度大于 4MPa 28d 抗拉强度大于 0.35MPa	≥2200	85	40	40	20	2175	0	2 组 不同配合比
			115	55	45	30	2105	0	
GGQ	90d 龄期 C5W4	≥2300	72	100	0	0	2238	0	5 组 不同配合比
			74	70	30	0	2235	0	
			74	90	0	0	2245	0	
			97	100	0	0	2213	0	
			97	77	33	0	2203	0	
沙沱	28d 抗压强度不低于 4MPa 28d 抗拉强度大于 0.35MPa 180d 抗压强度不低于 10MPa	≥2200	75	40	40	0	2398	0.4	3 组 不同配合比
			70	30	30	0	2391	0.3	
			70	25	25	0	2401	0.25	
飞仙关	28d 抗压强度大于 4MPa 180d 抗压强度不低于 7.5MPa	≥2300	80	45	45	0	2250	0	2 组 不同配合比
			80	40	40	0	2260	0	

　　不同级配下设计龄期的抗压强度与用水量的关系见图 6.4 - 3。由于砂砾石级配的波动性，建立不同级配下胶凝砂砾石强度与用水量的关系非常重要。

　　配合比设计试验中，"配合比控制范围"中平均级配胶凝砂砾石强度最小值应满足配

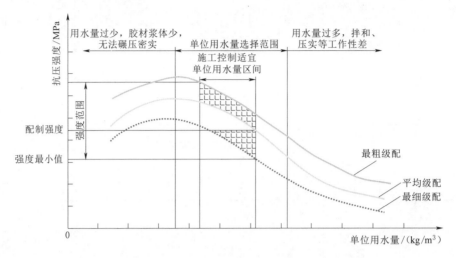

图 6.4-3　不同级配下设计龄期的抗压强度与用水量的关系

制强度要求。由于强度的波动性，同时要求"配合比控制范围"中胶凝砂砾石的最低强度不得低于设计强度，在此范围内不同用水量的任何级配的胶凝砂砾石均可以获得更高的强度，从而使得总体胶凝砂砾石的强度有保证。若施工中将砂砾石级配控制在一个较窄范围内，或通过更准确的方法检测砂砾石料的级配、吸水率及表面含水率，将用水量控制在较窄范围时，则胶凝砂砾石最低强度将会提高。

其中采用平均级配砂砾石料的胶凝砂砾石配制强度按下式计算：

$$f_{cu} = f_{cu,k} + t\sigma \tag{6.4-1}$$

式中：f_{cu} 为胶凝砂砾石的配制强度，MPa；强度设计龄期取 90d、180d 或更长；$f_{cu,k}$ 为胶凝砂砾石设计龄期的强度标准值，MPa；t 为概率度系数，依据保证率 P 选定，参照碾压混凝土，P 取 80% 时，其值为 0.84；σ 为胶凝砂砾石抗压强度标准差，MPa，对于设计强度小于 C10 的胶凝砂砾石，无统计资料时，胶凝砂砾石的强度标准差可取 $\sigma = 3.0 \sim 3.5$MPa。

6.4.1.2　胶凝砂砾石配合比主要参数

胶凝砂砾石配合比主要参数包括：水胶比、胶凝材料用量、掺合料掺量、砂率、单位用水量、灰浆裕度和砂浆裕度等。胶凝砂砾石配合比设计参数的选取应满足下列要求：

（1）水胶比。应根据设计提出的胶凝砂砾石强度要求及砂砾石的特性确定水胶比，一般宜控制在 0.7～1.3。

（2）胶凝材料用量。胶凝材料用量不宜低于 80kg/m³，其中水泥熟料用量不宜低于 32kg/m³。

（3）掺合料掺量。应根据水泥品种、水泥强度等级、掺合料品质、胶凝砂砾石设计强度等具体情况通过试验确定。

（4）砂率。胶凝砂砾石中砂率宜在 18%～35% 之间。

（5）单位用水量。可根据胶凝砂砾石施工工作度、砂砾石的种类和最大粒径及含砂量、外加剂等选定。

（6）灰浆裕度和砂浆裕度。灰浆裕度 α 和砂浆裕度 β 宜不小于 1。

6.4.2　胶凝砂砾石围堰结构设计

胶凝砂砾石坝（堰）是结合了碾压混凝土坝和混凝土面板堆石坝的优点而发展起来的一种新坝型，是一种经济、快速且适应能力强的坝型，同时实现了设计合理化、施工合理化以及材料利用合理化，也是迄今为止的"最优重力坝"。因硬化后的胶凝砂砾石性能与混凝土类似，国际大坝委员会 126 号公告中明确指出胶凝砂砾石坝设计可直接采用传统混凝土重力坝的设计方法。与此同时，因胶凝砂砾石坝与传统重力坝的断面有本质差异，设计时也必须考虑到这两种坝型的根本性区别。

传统混凝土重力坝的应力分布随满库和空库变化很大。满库时，最大压应力位于下游坝趾区，空库时位于坝踵区；满库时上游坝踵区可能出现拉应力。此外，传统断面的混凝土重力坝对于建基面的抗剪摩擦系数要求相当高，因此需要比较好的坝体基础条件。这些因素使传统重力坝设计从 19 世纪以来一直沿用两个准则：

Mauric 高程 évy 条件　　　　　　　　$\sigma_u - \gamma_w H > \sigma_t$

Oscar Hoffman 条件　　　　　　　　$d\sigma_u / da > 0$

式中：σ_u 为上游面垂直应力之和；γ_w 为水的比重；H 为库水深；σ_t 为混凝土单轴抗拉强度；a 为裂缝距上游面长度。

满足上述条件的传统重力坝最优断面是上游面垂直（或接近垂直），下游面坡比接近 1 : 0.8 的三角形断面。图 6.4 - 4 显示了一座 100m 高的传统混凝土重力坝基础底部应力分布。

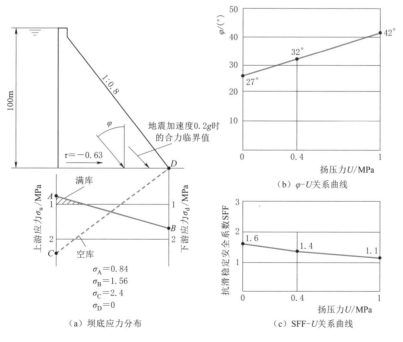

图 6.4 - 4　传统混凝土重力坝基础底部应力分布

与传统混凝土重力坝断面设计目标将坝体设计成最小体积不一样，胶凝砂砾石坝主要是根据材料强度设计坝体断面。胶凝砂砾石坝筑坝材料强度相对较低，通常情况下，采用上下游对称三角形断面。对称三角形断面的明显优势是，在不同荷载情况下（满库与空库），坝体内部的应力和作用在基础上的荷载变化很小。图 6.4-5 为坝高 100m 带面板的胶凝砂砾石坝（上下游坡比均为 1：0.7）的基础底部应力分布情况。

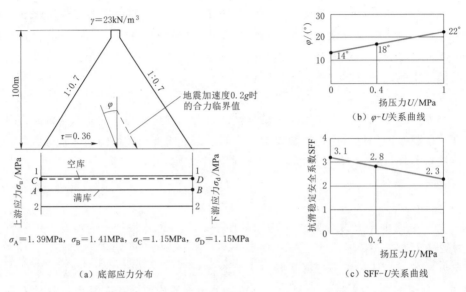

（a）底部应力分布

（b）φ-U关系曲线

（c）SFF-U关系曲线

图 6.4-5　带面板的胶凝砂砾石坝基础底部应力分布

此外，如图 6.4-6 所示，坝体内的扬压力和基础的扬压力不会改变坝体层间或坝体与基础接触面对剪切摩擦系数的要求。

对于坝高低于 50m 的胶凝砂砾石坝，或胶凝砂砾石围堰等临时性水工建筑物，根据胶凝砂砾石坝的特征，可不设上游基础廊道、排水等。但对于坝高超过 50m 的永久性胶凝砂砾石坝，特别是坝高超过 100m 时，有必要修建足够大的上游基础廊道，进行排水、基础钻孔、灌浆，并对基础灌浆帷幕进行维护。

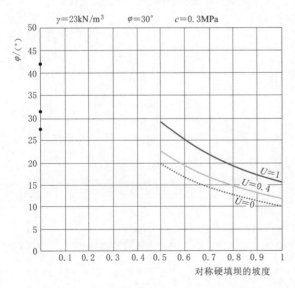

图 6.4-6　胶凝砂砾石坝的 φ 角

6.4.3　胶凝砂砾石围堰施工

胶凝砂砾石围堰施工方法的基本程序是选用土石方施工设备采挖河床天然砂砾石、开挖弃渣，掺合一定的胶凝材料，并采用通用挖装机械翻拌胶凝砂砾石拌和物，用平仓机分层摊铺平仓，再用振动碾振碾压实，完成碾压后，挖坑结合核子水分密度仪打孔检测压实度，对胶凝砂砾石与周边结合部位加浆做变态振捣处理，浇筑后进行养护。胶凝砂砾石主要施工工艺流程见图6.4-7。

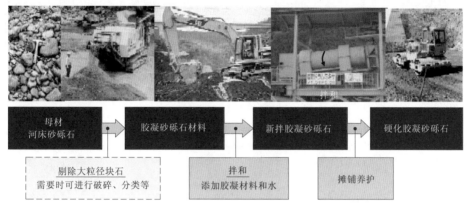

图 6.4-7　胶凝砂砾石主要施工工艺流程

国内外在胶凝砂砾石筑坝材料的拌和手段与拌和工艺方面较为接近：对于围堰工程，多采用反铲简易拌和；对于永久工程，主要采用强制式搅拌机拌和，同时严格控制最大骨料粒径。如在建的守口堡水库胶凝砂砾石坝施工过程中，为了控制施工质量，研制了专门的强制式设备用于胶凝砂砾石拌和。总体而言，胶凝砂砾石施工流程与碾压混凝土的施工流程较为接近，但碾压混凝土施工更为精细，要求更高。我国部分已建胶凝砂砾石围堰工程特性及施工工艺概况见表6.4-2。

表 6.4-2　　　　我国部分已建胶凝砂砾石围堰工程特性及施工工艺概况

工程名称	洪 口	街 面	GGQ	沙 沱
胶凝砂砾石堰体高度/围堰总高度	20m/35.5m	13.5m/16.3m	40m/52.5m	5m/14m
上下游坡比	上游1:0.3，下游1:0.75	上游为1:0.4，下游为1:0.96	上游为1:0.4，下游为1:0.7	上游1:0.6，下游1:0.6
顶宽/m	5.25	4		10
堰顶总长/m	80	51.93	130	132.5
工程量/m³	33000	4177	95270	8580
基础	岩性为流纹岩岩体，较坚硬完整	岩性为重结晶坚硬泥岩，较坚硬完整	（1）砂质板岩夹变质砂岩；（2）土石围堰堰体	灰岩
防渗结构	上游可振捣粗粒混凝土，自下而上厚2.5~0.5m	从坝顶到基础的防渗帷幕灌浆	土石围堰内及堰基覆盖层的混凝土防渗墙及现浇防渗混凝土	上下游面各2m厚的C15三级配变态混凝土
强度等级	28d抗压强度大于4MPa，28d抗拉强度大于0.35MPa	180d龄期抗压强度等级为C7.5	90d龄期80%保证率的强度等级为C5W4	28d抗压强度不低于4MPa，28d抗拉强度大于0.35MPa，180d龄期抗压强度不低于10MPa

工程名称	洪 口	街 面	GGQ	沙 沱
表观密度/(kg/m³)	≥2200	≥2300	≥2300	≥2200
石料来源	河床天然砂砾石、坝基开挖弃渣，导流隧洞开挖弃渣、进水口开挖弃渣	河床天然砂砾料	河床天然砂砾石料	石渣为下游左岸爆破石渣，爆破孔间排距为2.0m×2.0m
砂料来源	已筛分河砂、天然砂砾料、开挖渣料中的细渣料。外掺石粉采用罗源石材厂生产的袋装石粉	河床天然砂砾料	河床天然砂砾石料	砂为人工砂。石粉含量10%～22%，其中≤0.08mm的石粉含量9.9%
最大粒径/mm	300	300	400	650
最大碾压厚度/mm	700	600	800	700
最小胶凝材料用量/kg	80	80	100	50
水泥品种	P·O32.5R袋装水泥	P·O42.5	P·O42.5	P·O42.5
配合比（水：水泥：粉煤灰：石粉：缓凝减水剂）	85：40：40：20：0；115：55：45：30：0	80：45：45：0：0.63	72：100：0：0：0；74：70：30：0：0；74：90：0：0：0；97：100：0：0：0；97：77：33：0：0	75：40：40：0：0.4；70：30：30：0：0.3；70：25：25：0：0.25
拌和方法	反铲挖机在挖坑内翻拌，拌和6～8遍	装载机在地面上摊铺混合	反铲配合装载机，干拌2遍，湿拌4遍	采用拌和楼拌制砂浆，运至现场再用反铲CAT365B挖掘机拌制硬填料
碾压方法	以26t钢轮振动碾进行层厚60cm碾压为主，碾压遍数6遍；以12t双钢轮振动碾进行层厚40cm碾压为辅，碾压遍数8遍	26t钢轮振动碾，通仓平层碾压，碾压遍数为6遍	20t钢轮振动碾，碾压遍数为6～8遍	26t钢轮振动碾，碾压层厚分50cm、60cm、70cm、80cm四种，碾压6～8遍
表观密度检测方法	挖坑找平，用核子水分密度仪检测坑底	挖坑灌水法	（1）核子密度仪检测表层；（2）挖坑找平，用核子水分密度仪检测坑底	挖坑灌水法
应用效果	围堰建成2个月后经受了超标洪水考验，围堰主体无较大损伤		围堰建成后4次过水，并经受了设计洪水考验	

6.5 典型工程案例

6.5.1 常态混凝土围堰案例

6.5.1.1 构皮滩水电站上游围堰

1. 工程概况

构皮滩水电站施工导流采用围堰一次拦断河床、隧洞导流、基坑全年施工的导流方式。构皮滩水电站共布置了三条导流隧洞，断面型式均为马蹄形，断面尺寸 15.6m×17.7m，过水面积 $3×235.5m^2$，其中左岸两条低洞进口底高程 430m，右岸一条高洞进口底高程 450m。

2. 地质条件

上游碾压混凝土围堰区乌江流向南，与岩层走向近于正交，为横向河谷。堰体处河谷狭窄，两岸地形陡缓相间，其中，左岸 465m 高程以下地形较平缓，坡度为 20°~30°，465m 高程以上至 535m 高程间为陡崖，535m 高程以上地面坡度 30°~40°；右岸 440m 高程以下较平缓，坡度为 20°~30°，440~483m 高程间为陡崖，483m 高程以上地面坡度 35°~45°。围堰处乌江枯水位 432m，水面宽约 45m。河床覆盖层厚度 5~8m，主要由块石、碎石夹砂砾石组成，透水性较强。河床基岩面高程 412~425m。

堰基及附近发育 F_{142}、F_{55}、F_{121}、F_{44}、F_{118}、F_{119}、F_{120} 等断层，除右岸 F_{119} 断层走向 NE40，倾向 NW，倾角 24°~35°外，其余断层走向为 NWW 或 NW，倾角均大于 60°。

堰基岩体为二叠系下统茅口组灰岩，单轴湿抗压强度一般为 60~90MPa，变形模量 20~35GPa，岩体弹性纵波速度一般为 4000~5500m/s，主要属中等完整~较完整岩体，但处于岸坡卸荷及断裂破碎带部位，岩体完整性相对较差。受卸荷影响，岩体中裂隙溶蚀较强，岩体较破碎，岩体透水性虽随深度增加而逐渐减弱，但规模较大的断层附近仍具有较强的透水性，特别是河床右侧围堰上游附近发育的 6 号岩溶，其地下暗河 K_{w90} 出口主要沿 F_{44} 断层发育而成。

3. 围堰设计

（1）围堰布置。

上游围堰采用碾压混凝土重力式围堰，挡水标准为全年 10 年一遇洪水，设计洪峰流量为 $13500m^3/s$。在乌江干流，构皮滩坝址以上当时已建和在建的有乌江渡水电站、东风水电站和洪家渡水电站，总的调节库容达 52 亿 m^3，控制了乌江渡坝址以上洪水。工程施工的 2005 年和 2006 年的 6—7 月，上游水库预留 5.5 亿 m^3 的防洪库容。设计洪水过程以 1991 年洪水为典型，经上游水库预留库容和围堰库容共同调蓄后，设计洪水洪峰流量由 $13500m^3/s$ 降低为 $10930m^3/s$，上游围堰堰前水位 483.06m，相应洪水导流隧洞总下泄量 $10415m^3/s$。

围堰布置的原则为：在满足大坝施工场地要求的基础上，尽量避开Ⅲ$_{01}$ 夹层与 6 号岩溶，同时给上游小土石围堰布置预留适当的空间。围堰处河谷从上至下呈"八"字形，上游碾压混凝土围堰布置在上游小土石围堰和大坝之间，基本与河床垂直。围堰轴线长约 124m。

（2）堰基开挖。

围堰堰基为灰岩，其抗风化性能好，决定建基面的因素为岩体卸荷情况。由于强卸荷带内断层、裂隙发育，岩体完整性差，作为围堰基础时，基础处理工作量大，综合分析后，确定围堰建基面为弱卸荷带顶部。根据地质资料分析，河床处基础岩石出露高程 416m 左右，强卸荷带底板最低高程 412m。由于工程截流后才能进行高程 435m 以下堰基的开挖，围堰建基面低，不但使基础开挖时间增加，同时也增加了堰体的混凝土回填浇筑时间，根据施工进度分析，确定围堰建基面最低高程为 412m，基础地质缺陷处采用混凝土局部置换和固结灌浆处理，固结灌浆深度按 8m 控制。

围堰左岸高程 450m 以上、右岸高程 430m 以上为陡崖，为了减少围堰基础开挖量，除对此部位的危岩体进行清除外，不进行大面积开挖，清除岩体表面的腐殖土和有机杂物后，在岩体上直接进行围堰混凝土填筑，堰体与陡岩之间进行接触灌浆。

（3）围堰断面。

考虑上游设计水位、风浪爬高、风浪壅高、安全超高，围堰顶高程定为 484.6m。围堰为梯形断面，顶宽 8m，最大堰高 72.6m。迎水面高程 430.0m 以上为直立坡，以下坡比 1：0.2。背水面高程 476.6m 以上为直立坡，高程 476.6～425.0m 之间坡比为 1：0.75，高程 425.0m 设一平台宽 10m，平台侧面为直立面（至基岩）。

（4）堰体分缝。

构皮滩上游碾压混凝土围堰混凝土施工不设纵缝，永久横缝间距约 40m，共分 3 个堰块（①～③堰块），采用切缝机切缝或嵌缝材料（沥青杉板）成缝。每两条永久横缝中间设一条诱导缝，缝末端距堰体上游面 4m，并设置一个直径 500mm 的应力释放孔，以限制缝的延伸。诱导缝采用 10mm 厚的沥青杉板作为填缝料。

（5）混凝土材料及堰体分区。

堰体混凝土分为 4 个区：1 区为右岸高程 430m 和左岸高程 450m 以下基础，设三级配常态混凝土（C15）垫层，厚 1m，右岸高程 430m 和左岸高程 450m 以上基础设三级配变态混凝土（C15）垫层，厚 1m，起到找平基岩建基面、提高堰基面抗剪强度及抗渗能力的作用；2 区为围堰迎水面防渗体，采用三级配变态混凝土，厚 0.7m，抗渗等级 W8，为堰体防渗结构；3 区为高程 460.0m 以下堰体，采用三级配碾压混凝土（$C_{90}15W8$）；4 区为高程 460.0m 以上堰体，采用三级配碾压混凝土（C15W6）。

（6）廊道布置。

堰体设一层基础灌浆廊道和一层排水廊道，其中心线均位于围堰轴线下游 1.75m。排水廊道为水平廊道，底板高程为 458.84m，其右端与 1 号公路隧洞连接，左端端部设有通向下游的横向廊道。基础灌浆廊道最低底板高程为 425.0m，最高底板高程为 458.84m，高低廊道纵坡，左、右端均为 1：1.0，在高程 425.0m 廊道左端设置通向下游出口的横向廊道。

两层廊道断面均采用城门洞形，尺寸均为 2.5m×3.0m（宽×高），顶拱为半圆拱，半径为 1.25m。廊道两侧设 25cm×30cm（宽×深）的排水沟。廊道顶拱、侧墙采用预制钢筋混凝土结构，周边采用变态混凝土（厚 70cm）。

（7）止水结构。

永久横缝和诱导缝的迎水面均设两道止水，上游侧采用Ⅱ型止水铜片，下游侧采用654 型塑料止水带。Ⅱ型止水铜片距上游面 0.4m，654 型塑料止水距Ⅱ型止水铜片1.2m。两道止水片底部埋入基础 200cm×170cm×50cm（长×宽×深）的止水槽内，槽内填二级配细石混凝土（C15，W8）。永久横缝和诱导止水缝部位浇筑 200cm×200cm 的变态混凝土。堰体内廊道穿过永久横缝处，在廊道周边设一圈封闭的 654 型塑料止水片，止水片距离廊道内边线 50cm。

（8）排水系统。

由于上游碾压混凝土围堰岸坡卸荷及断裂破碎带部位岩体完整性较差，堰基和堰肩全线设防渗帷幕，帷幕灌浆灌至岩体透水率小于 5Lu 处，最低灌浆孔底高程 393m。灌浆帷幕布置在围堰轴线下游 1.35m，采用单排帷幕，垂直钻孔，孔距 3m。

上游碾压混凝土围堰堰体内设排承管，其中心线位于围堰轴线下游 0.5m，排水管通至堰顶，以下通至排水廊道或基础廊道。堰体排水管采用钻孔法施工，孔距 3m，孔径168mm，一部分在堰顶施钻，一部分在排水廊道内施钻。围堰基础设置排水孔，其孔距3m，孔径 168mm，向下游倾斜 10°，在基础廊道排水沟内施钻。排水孔孔深按帷幕灌浆钻孔孔深的 50%控制。

2005 年 2 月 7 日晚，围堰首仓基础层混凝土正式浇筑，6 月 20 日浇筑完工。2005 年汛期，围堰挡水运行。在整个汛期，基坑渗水量极少，围堰运行正常。

6.5.1.2　乌江渡拱围堰水下施工

1. 工程概况

乌江渡水电站拱围堰最大高度 40m，拱轴长 54m，厚高比为 0.2，底宽 12m。河床水面宽 35～45m，枯水期水深 8～14m，流速 2～3m/s，河床覆盖层 6～8m。

2. 拱围堰水下施工技术

拱围堰采用水下混凝土施工方法：对于浅水，可用麻袋混凝土或在清基立模后，直接浇筑混凝土，施工较为简单；对于深水，施工较为复杂，其工艺程序一般是测量放样、水下清基、立模就位，清仓堵漏、水下混凝土浇筑及模板拆除等。此外还有预填骨料灌浆混凝土。动水施工环境较为复杂。

乌江渡水电站拱围堰是在动水中施工，且围堰施工时导流隧洞还未打通，须考虑泄洪和截流问题。围堰工程量约 3 万 m³，其中水下混凝土约 0.5 万 m³。根据流速、流态和地基覆盖层情况，水下混凝土分为五段四个步骤浇筑（图 6.5－1）：第一步先浇左、右岸边墩；第二步进行中墩施工，将河水分成左右两部分；第三步浇筑中墩与左边墩之间的底坎，形成泄流闸孔；第四步进行深水河槽施工，改由闸孔泄流。导流隧洞通水后，最后下闸截流，封堵闸孔，围堰全线加高。

各段施工主要措施介绍如下。

（1）水下清基。

采用空气吸砂器和人工水下装吊两种方法进行。小颗粒砂砾，吸砂器可以吸出；30～40cm 的块石，由潜水员将块石装入钢筋笼内吊出；50～60cm 的大块石，则套扎钢丝绳直接吊出运走。水下装吊作业每台班（两个潜水员）可装 6～7m³。遇更大的巨石，需进

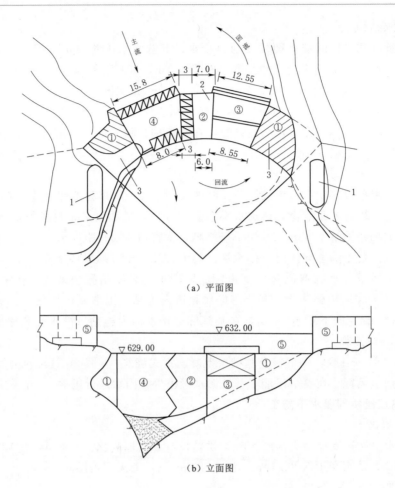

（a）平面图

（b）立面图

图 6.5-1 乌江渡水电站拱围堰浇筑程序（单位：m）

1—桥墩；2—中墩；3—边墩；①～⑤—浇筑顺序

行水下爆破后清除。

空气吸砂器，又称高压空气吸砂泵。其工作原理（图 6.5-2）表达式为

$$H\gamma_w > (H+h)\gamma_b \qquad (6.5-1)$$

式中：H 为吸砂管下潜深度；h 为吸砂管进口中轴线至水面的高度；γ_w 为水的容重；γ_b 为空气、水、砂混合物的容重。

从使用情况来看，对于以砂砾石为主的覆盖层效果较好；对于以块石为主的堆积层则效果不够理想，有时虽 40cm 以内的块石也能吸出，但时有时无，效率极低。

（2）水下爆破。采用以下两种方式进行：

1）钻孔爆破，用 300 型钻机钻孔，套管装药。用于深水急流、覆盖层较厚、潜水作业比较困难的地段，其爆破效果较好，但钻孔时间长，装药、爆破工序较麻烦。

2）药包明爆，采用大药包集中爆破和小药包分散爆破结合进行。大药包重 8～10kg，用于爆破大孤石；小药包重 0.5～2.0kg，用于炸碎一般中、小块石。

由于水下清基工作量大，清基时间长，需分段清基，分段浇筑。因此水下爆破对已浇混凝土有影响，尤其是大药包爆破，对岸边基岩也有影响。为保护已浇混凝土，采用了喷气防震帷幕（图 6.5-3），取得了良好的效果。

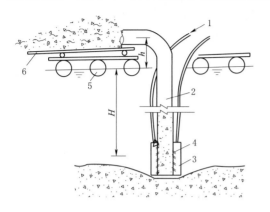

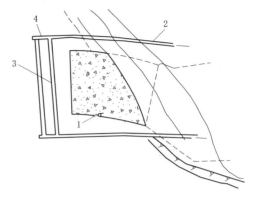

图 6.5-2　空气吸砂器工作原理示意图

1—进气管（60～80m³/min）；2—φ600 吸砂管；
3—风包；4—φ6 气孔；5—浮筒；6—溜槽

图 6.5-3　喷气防震帷幕示意图

1—左边墩；2—φ76 进气胶管；3—φ38 喷气管，
管距 250mm，气孔 φ2，气距 50mm；4—铁管接头

（3）左、右边墩和中墩水下混凝土浇筑。

边墩施工时最大水深 9m，流速在 0.5m/s 以内，由潜水员水下立模，导管浇筑混凝土。为了赶施工进度，对于浅水部位，采用了以混凝土赶水的直接浇筑方法。

中墩施工时最大水深 13m，流速 1.0～1.5m/s，无法进行水下立模，在中墩左右两侧各用钢围图组装模板下沉。钢围图长 11m、宽 3.0m、高 15m、重 25t，由两条固定缆索吊装定位。上、下游面采用整体模板下沉，用拉杆固定，然后进行清仓、堵漏，用导管浇筑混凝土（图 6.5-4）。

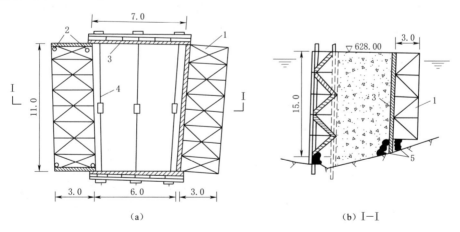

（a）

（b）I—I

图 6.5-4　中墩水下混凝土浇筑示意（单位：m）

1—钢围图；2—定位管柱；3—整装模板；4—拉杆；5—麻袋混凝土堵漏

左、右边墩和中墩水下混凝土的质量，经基坑抽水后钻孔取样检查，凡是用导管法浇筑，只要不漏浆，强度都能满足要求；水下直接浇筑的混凝土，质量较差。由于漏浆及骨料等原因，单位水泥用量一般为 300～400kg/m³，最多达 530kg/m³。

（4）闸孔段水下混凝土浇筑。

闸孔在左边墩和中墩之间，底坎高程在水面以下。因混凝土浇筑在流水中进行，其表面平整度较难控制，难以做到下闸时使叠梁闸门与底坎良好密合。因此，根据基础面坡度较陡的条件，上游面制作了人字梁式混凝土构架，下游面采用整体构架插模板，对拉固定（图6.5-5）。人字梁的一端做成铰接，另一端可自由伸张，以适应地形变化。梁上有预埋螺栓夹角钢，用于插入模板。下沉定位后，悬挂于中墩和边墩的吊耳上，将模板插到基岩。为保护混凝土，使底坎表面平整，在人字梁上嵌有厚10mm的钢板盖，盖板上设有浇筑孔，导管通过盖板孔插入仓内，进行水下混凝土浇筑。

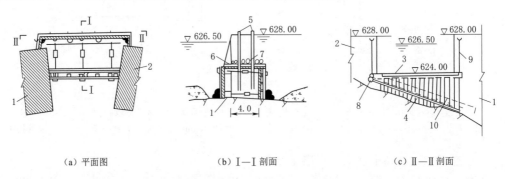

（a）平面图　　　　　　　（b）Ⅰ—Ⅰ剖面　　　　　　　（c）Ⅱ—Ⅱ剖面

图6.5-5　闸孔底坎水下混凝土浇筑（单位：m）

1—中墩；2—左边墩；3—上人字梁；4—下人字梁；5—导管；
6—钢盖板；7—压重；8—铰接；9—吊绳；10—模板

（5）深槽段水下混凝土施工。

深槽段在右边墩和中墩之间，须进行截流，改由闸孔泄流。施工时最大水深14m，流速2.0～3.0m/s。改流措施是在深槽上、下游侧采用两道钢围囹框架格栅沉放，然后在两围囹之间抛石截流（图6.5-6）。

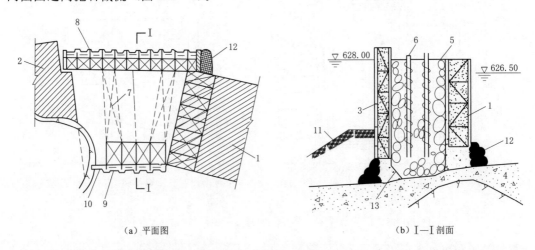

（a）平面图　　　　　　　　　　　　（b）Ⅰ—Ⅰ剖面

图6.5-6　深槽水下混凝土施工（单位：m）

1—中墩；2—右边墩；3—钢围囹；4—水下浇筑混凝土；5—填石；6—注浆管；7—拉杆；
8—钢筋混凝土插板，厚6cm；9—木插板，厚6cm；10—木模补缺；11—黏土；12—草袋黏土；13—钢栅

上游钢围图长 16.5m，宽 1.5m，高 15m，重约 30t；下游钢围图长 7.5m，宽 3.0m，高 12m，重约 20t。

上、下游围图均在水上拼装，用 24 根 ϕ30mm 拉筋联结成整体沉放。定位后随即抛填块石，然后在上、下游面插入钢筋混凝土预制模板。由于插板间缝隙较大，用悬挂帆布将模板包住，抛填黏土闭气，再在上、下游围图框架内浇筑混凝土，最后对填石体进行灌浆，形成注浆混凝土。

填石灌浆共布置 9 个注浆管，管距约 5m。填石灌浆压力采用 $20\sim30$N/cm^2，砂浆上升速率保持在 0.5m/h 左右，注浆管每次提升高度宜小于 0.5m，使管口不超过浆液面。

注浆材料采用 500 号火山灰水泥（或普通水泥），水灰比约 0.5，灰砂比 1：0.7，水泥用量 628kg/m^3。根据取样试验，质量不够稳定，离差系数较大，混凝土平均抗压强度为砂浆强度的 62.7％，这是由于漏浆严重等原因所致。

6.5.2　碾压混凝土围堰案例

6.5.2.1　三峡三期上游围堰

1. 工程概况

三峡三期上游碾压混凝土围堰设计进行了拱形围堰和重力式围堰方案的比较。拱围堰采用两侧拱座重力墩，中间圆形拱布置。拱围堰与重力式围堰比较混凝土工程量减少 25 万 m^3。拱围堰的优点是可削减碾压混凝土施工强度，有利于将围堰施工工期提前和避免高温季节施工碾压混凝土；缺点是拱形围堰左侧重力墩与纵向围堰上纵堰内段结合，拱座体型与明渠过水断面存在矛盾，且该部位水流流态较为复杂，增加拱座防冲保护难度。右岸拱座处山体单薄，岩石风化较深且裂隙发育，处理工作量大，鉴于围堰距大坝较近，坝基开挖时将拱座下游侧挖成临空面，直接影响拱座安全。三峡坝址为宽阔河床，三期碾压混凝土围堰轴线长达 580m，且右岸山体单薄，岩石较差，左侧为纵向围堰，采用拱形围堰的优越条件不甚突出。经综合比较，推荐采用重力式围堰。

三期上游碾压混凝土围堰平行大坝布置，围堰轴线位于大坝轴线上游 114m，围堰堰顶高程 140m，轴线全长 580m，顶宽 8m，最大高度 115m，最大底宽 107m，混凝土总量 167 万 m^3。三期碾压混凝土围堰必须在明渠截流后不到半年内建成，工期短，施工强度高、难度大，为三峡工程建设中的重大技术难题之一。

设计研究将围堰分两阶段施工：第一阶段，于 1997 年 5 月明渠通水前完成渠底高程 58m 和 50m 以下基础开挖及基础廊道、集水井等复杂结构和右岸部位堰体混凝土施工；第二阶段，在明渠截流后浇筑明渠渠底以上部位堰体混凝土。围堰施工过程中，在确保围堰安全运行的前提下，尽量将堰体结构简化，以便碾压混凝土高强度施工，并将基础廊道布置在明渠过水断面以下，在第一阶段施工的混凝土部位，为堰基帷幕灌浆与第二阶段堰体碾压混凝土同步施工创造了条件。

项目建设单位根据二期工程施工进展情况，精心组织，提前于 2002 年 11 月 6 日实现明渠截流，三期上、下游横向土石围堰防渗体在 11 月 30 日全线封闭；12 月 1 日三期基坑抽水，12 月 8 日基坑水位下降至高程 57.4m，高渠段（高程 58m）围堰基础露出水面，进行整修处理后，于 12 月 16 日开始浇筑碾压混凝土。2003 年 4 月 16 日三期碾压混凝土围堰浇筑至堰顶高程 140m，施工时间 122d，日最大浇筑强度 21066m³，日最大上升高度 1.2m，月最高浇筑强度 47.5 万 m³，月最大上升高度 28.2m。三峡水库于 2003 年 6 月 1 日开始蓄水，6 月 10 日库水位蓄至 135m，三期碾压混凝土围堰按设计水位运行，6 月 16 日，永久船闸试通航，7 月 7 日和 7 月 10 日，左岸水电站首批水轮发电机组（2 号机组和 5 号机组）发电。

2. 围堰设计

（1）围堰设计标准。

三峡工程为一等工程，枢纽主体建筑物为 1 级建筑物，相应导流建筑物为 4 级临时建筑物。三期碾压混凝土围堰运行后，拦蓄库容达 124 亿 m³，担负确保左岸水电站发电及永久船闸通航的重任。三期碾压混凝土围堰为 1 级临时建筑物，围堰设计洪水标准按 20 年一遇，洪水流量 72300m³/s，相应挡水位 135.4m；保堰洪水标准为 140m。设计按 1981 年洪水典型年采用坝址洪水进行调洪演算，利用大坝泄洪坝段导流底孔及深孔敞泄（2003 年汛期未考虑左岸电站首批机组投入运行），围堰最高挡水位达 140.5m；若采用入库洪水进行调洪复核，围堰最高挡水位可达 141.4m。因此，在围堰顶部迎水侧设置高 1.5m 的混凝土墙，确保 2003 年度汛，遭遇设计标准洪水不漫顶。2004 年至 2006 年的汛期，左岸电站投入运行的机组逐年增加，围堰度汛标准的洪水相应挡水位随之降低。

（2）围堰体型设计。

三期碾压混凝土围堰为重力式堰体，堰顶高程 140m，顶宽 8m，上游面高程 70m 以上为垂直坡，高程 70m 以下为 1：0.3 的边坡；下游面高程 130m 以上为垂直坡，高程 130～50m（58m）为 1：0.75 的边坡，其下为平台：导流明渠高渠段平台高程 58m，顺水流向宽 30m；低渠段平台高程 50m，顺水流向宽 24m，堰体最大高度 121m，最大底宽 107m。围堰建基面高程高于 58m 的岸坡段，上游面为垂直坡，下游面自高程 130m 以下为 1：0.75 边坡直至基岩面，不设平台。为便于碾压混凝土施工，下游面 1：0.75 斜坡改为高 60cm、宽 45cm 的台阶，采用混凝土预制块（长 198cm、宽 100cm、高 60cm）模板，预制混凝土模板作为堰体的一部分。图 6.5-7 为三峡工程三期碾压混凝土围堰断面图。

围堰上游迎水侧 4m 厚防渗层采用二级配碾压混凝土（R_{90}200 号，S_8），围堰上游面涂刷水泥基防渗料；其余为三级配碾压混凝土（R_{90}150 号，S_4）。堰体中的廊道、止水片，应力释放孔、排水槽、预埋件等周边及上游侧模板附近采用变态混凝土；与基岩接触部位铺设不小于 1m 厚的二级配常态混凝土（R_{90}200 号，S_8）。

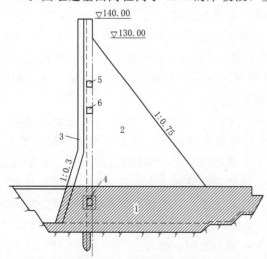

图 6.5-7　三峡工程三期碾压混凝土围堰断面图
1—第一阶段施工断面；2—第二阶段施工断面；3—防渗层；
4—基础廊道；5—107.5m 高程爆破廊道；6—90m 高程廊道

三期碾压混凝土围堰轴线长 580m，分为 15 个堰块，横缝间距一般为 40m，最大为 42m，最小为 18m，永久横缝中间一般设置诱导缝。第一阶段施工明渠部位混凝土时，因受浇筑季节、混凝土温度控制、结构形状等条件的限制，将 14 号、15 号堰块和 6 号堰块高程 82m 道路占压部位改为常态混凝土。将 14 号堰块分为 14-1 号、14-2 号两个堰块，沿围堰轴线长度改为 22m 和 18m，14-1 号、14-2 号和 15 号堰块中各设 4 条纵缝，纵缝距围堰轴线分别为 5m、25m、45m、65m，最大块体尺寸为 22m×20m；6 号堰块高程 82m 道路占压部位分 2 条纵缝，距围堰轴线 8m 和 29m；7 号堰块混凝土厚度薄，大部分仅为 3m，在围堰轴线下游侧 40m 处设一条纵缝。各纵缝都设置了键槽并进行接缝灌浆。图 6.5-8 为三峡工程三期碾压混凝土围堰沿轴线纵剖面图。

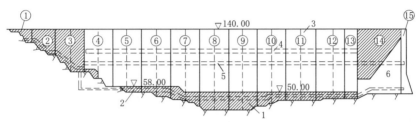

图 6.5-8　三峡工程三期碾压混凝土围堰沿轴线纵剖面图

1—第一阶段施工部位；2—基础廊道；3—第二阶段施工部位；4—107.5m 高程爆破廊道；

5—90m 高程廊道（明渠段未施工）；6—上游混凝土纵向围堰

①～⑮—堰块编号

第一阶段施工的其他堰块均未设纵缝，横缝间距 40～20m。8 号、10 号～13 号堰块上游面设置了 1 条诱导缝，7 号堰块上游面设置了 2 条诱导缝，9 号堰块因基岩形状的突变在堰块中部增设 1 条横缝。

第二阶段施工时，为便于与第一阶段施工部位的衔接，第二阶段施工的碾压混凝土围堰高程 50m、58m 以上部分设 9 条永久横缝和 9 条诱导缝，分 10 个堰段（6 号～15 号堰块），分缝位置与第一阶段施工相统一，不分纵缝浇筑。永久横缝间距一般为 40m，最大为 42m，采用切缝机切缝或嵌缝材料（沥青杉板）成缝，对于分段浇筑堰块，由浇筑模板自然成缝。诱导缝设在永久横缝中部，缝末端距堰体上游面 4m，并设置一个直径 500mm 的应力释放孔，以限制缝的延伸。诱导缝缝面结构采用 10mm 厚的沥青杉板嵌缝。

（3）廊道设计。

灌浆、排水廊道。三期碾压混凝土围堰布置三层廊道。

第一层廊道为基础灌浆和排水廊道，其中心线位于围堰轴线上游 2m。基础廊道高程随堰基开挖高程变化，廊道底板最低高程 40m，左侧与纵向混凝土围堰横向基础廊道（底板高程 55m）相接，右侧以交通洞及交通竖井与岸坡廊道相接（交通洞中心线位于围堰轴线下游 3.8m），并顺右岸山体上升，控制廊道纵坡不陡于 1:1，廊道设置横向出口与高程 82.0m 施工道路相通，并于高程 122.0m 设置横向出口通向下游。在导流明渠内高程 40.0m 设横向廊道通向下游从三期基坑出口，二期导流期间用钢门封堵，三期导流期间割开，兼作交通、排水之用；此外，在基础廊道中部 10 号堰块处设集水井。

第二层廊道为坝体观测排水廊道，其轴线位于围堰轴线上游 2.25m，廊道底板高程 90m，左侧与纵向混凝土围堰内段高程 90m 排水廊道相接，右端伸至岸坡段 5 号坝块内 3m，设一横向斜坡出口通向下游高程 82.0m 道路。

第三层为围堰拆除爆破廊道，其轴线位于围堰轴线上游 2.25m，廊道底板高程 107.5m，在右岸坡设一横向水平出口通向下游坡面。

围堰 14－2 号、15 号坝块间设跨缝廊道，长 68.0m（其上游端与基础灌浆廊道相通，下游端为盲段），以利于此两块纵缝间的接缝灌浆。

基础廊道均采用城门洞形，基础纵向廊道及其岸坡段通向下游的出口廊道和灌浆泵房断面尺寸均为 3.0m×3.5m（宽×高），顶拱为半圆拱，半径为 1.5m。

坝体观测、排水廊道及爆破廊道亦采用城门洞形，断面尺寸为 2.5m×3.0m（宽×高），顶拱为半圆拱，半径为 1.25m，廊道底板迎水侧设 25cm×30cm（宽×深）的排水沟，现浇常态钢筋混凝土结构，廊道周边常态混凝土厚 2m（顶拱最薄处 1.5m）；第二阶段施工的廊道顶拱、侧墙采用预制钢筋混凝土结构，周边为变态混凝土。

跨缝廊道采用城门洞形，断面尺寸为 2m×2.5m（高×宽），顶拱为半圆形，半径 1.0m，廊道底板两侧各设一条 10cm×20cm（宽×深）的排水沟。

三期碾压混凝土围堰第二阶段施工中，取消 6 号～14 号坝块高程 90m 廊道，15 号坝块高程 90m 廊道仅保留左侧 8m 长段，并设置横向廊道通向下游堰面，用以沟通纵向围堰高程 90m 廊道的对外交通。为满足 6 号、7 号坝块基岩帷幕灌浆的需要，在这两个坝块增设高程 82m 廊道，并采用非爆破方法凿除右岸坡与坝块高程 82m 廊道左端 2.5m 厚混凝土，使两者相通。

6.5.2.2 向家坝水电站二期纵向围堰

1. 工程概况

向家坝水电站施工导流采用分期导流方式，一期围堰和二期上、下游横向围堰均采用土石围堰，二期纵向围堰由大坝上游段、与永久建筑物结合段及大坝下游段三部分组成，总长 875.45m。其中：结合段总长 376.45m，与冲沙孔坝段、升船机船厢室段相结合；大坝下游段总长 240.00m，为碾压混凝土重力式结构；大坝上游段总长 259.00m，桩号二纵上 0－168.800～0－259.000 段为柔性结构段，桩号二纵上 0±000.000～0－168.800 段为沉井段。沉井段为混凝土重力式结构，由后浇碾压混凝土和沉井联合体组成（图 6.5－9）。

2. 地形地质条件

大坝上游二纵向碾压混凝土围堰布置于左岸大滩坝，其地基覆盖层厚度为 40～62m，基岩面总体倾向上游，倾角为 1°～6°，具有下游高、上游低、右侧高、左侧低的特点，基岩高程大致为 207.05～231.00m。堰基基岩为 T_3^{2-2}～T_3^{2-5} 厚～巨厚层的微风化～新鲜中细砂岩，岩石抗压强度大于 80MPa。堰基有 f_{20} 和 f_{27} 等断层通过，同时离立煤湾膝状挠曲带较近，岩体中陡倾角节理裂隙相对较发育，岩体完整性较差，岩体一般为Ⅲ～Ⅳ类。基岩除构造破碎带需局部处理外，承载力均能满足要求。浅表层岩体的透水率 q 值一般大于 10Lu，属中等透水范围。

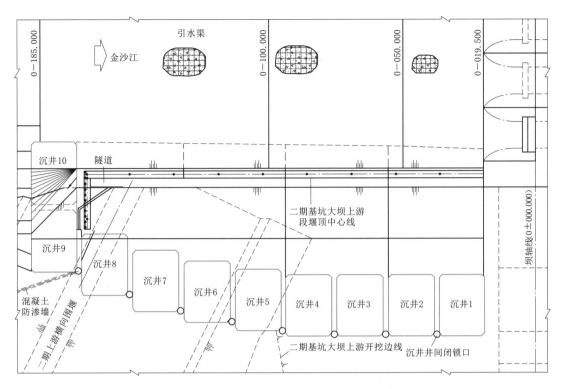

图 6.5-9 二期纵向围堰大坝上游沉井段平面布置图

3. 围堰设计

（1）体型设计。

向家坝水电站大坝上游二期纵向碾压混凝土围堰基础最低高程为 211.0m，最大堰高 94m。围堰使用年限 3 年，为 3 级临时建筑物，设计挡水标准采用全年 50 年一遇洪水 32000m³/s，相应水位 303.563m。

围堰桩号二纵上 0+000.000 至二纵上 0-152.000 段堰顶高程 305.0m，堰顶宽 7m，左侧迎水面高程 260m 以下为 1∶0.2 的斜坡面，高程 260m 以上为垂直立面；右侧高程 270m 以下碾压混凝土紧贴沉井布置并依靠联结筋与其浇筑成整体，高程 270～290.2m 为综合坡度 1∶0.75 的台阶状边坡，高程 290.2m 以上为垂直立面。桩号二纵上 0-000.500 横剖面图见图 6.5-10。桩号二纵上 0-152.000 至二纵上 0-168.800 段堰顶高程 305.0～297.0m，堰顶宽 5～7m，该段为扭变段。围堰的碾压混凝土量（含变态混凝土）为 38.84 万 m³，常态混凝土量为 18.12 万 m³（其中沉井混凝土量 17.06 万 m³）。

（2）材料分区。

围堰基础垫层混凝土为 1.0m 厚的 $C_{90}20W8$ 三级配常态混凝土，止水铜片基座回填混凝土采用 $C_{90}20W8$ 常态混凝土，堰基夹层、断层等刻槽部位采用 C20W8 常态混凝土回填；围堰基础帷幕灌浆和排水廊道周边不小于 1.0m 范围内采用 $C_{90}15W8$ 三级配变态混凝土；迎水面防渗层采用 0.5m 厚（设止水铜片处为 1.1m 厚）的 $C_{90}15W8$ 三级配变态混凝土；背水面、模板内侧边（包括分段浇筑的先浇块模板边）采用 0.5m 厚的 $C_{90}15W6$

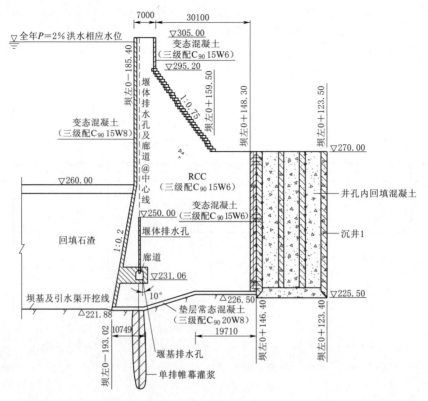

图 6.5－10　桩号二纵上 0－000.500 横剖面图（单位：高程 m，尺寸 mm）

三级配变态混凝土；沉井井间采用 $C_{90}15W6$ 三级配变态混凝土，设置有联结筋的沉井与二纵混凝土接触面处采用 2.0m 厚的 $C_{90}15W6$ 三级配变态混凝土；背水侧综合坡比 1：0.75 的台阶面采用 C20 混凝土预制模块；堰体其他部位采用 $C_{90}15W6$ 三级配碾压混凝土。

（3）堰体分缝和止水。

堰体原则上按"两个沉井段长设一道结构缝"设计，其结构缝桩号依次为二纵上 0－035.900、二纵上 0－073.900、二纵上 0－111.900 及二纵上 0－152.000。这 4 条结构缝将围堰分为 5 个堰块，从下游到上游依次编为 1 号～5 号堰块。其中：1 号堰块长 35.9m，2 号、3 号堰块长均为 38m，4 号堰块长 40.1m，5 号堰块长 16.8m；1 号～4 号堰块坐落在基岩上并紧贴沉井左侧布置，5 号堰块坐落在 9 号和 10 号沉井上。各堰块之间设置有 1cm 厚的横缝，各结构缝左端距边线 50cm 处设有一道 1.6mm 厚的止水铜片。

（4）排水和帷幕灌浆廊道。二期纵向围堰沉井段设一道 L 型基础帷幕灌浆和排水廊道，廊道尺寸为 2.5m×3.0m（宽×高）。堰基帷幕灌浆设单排，孔距 2.0m，造孔孔径 D56，灌浆帷幕深入弱偏中等透水岩石层（$q＝3～10Lu$），且帷幕深度不得小于 30m，当帷幕轴线处围堰建基面以下 $q＝3～10Lu$ 岩层埋深大于 50m 时，帷幕按 50m 深设计。堰基排水孔设单排，孔距 2.5m，造孔孔径 110mm，排水孔的深度取为灌浆帷幕深度的 0.5

倍。堰身高程 250.00m 以下设单排排水孔，孔距 3.0m，造孔孔径 110mm。堰身和堰基渗水通过排水廊道自排入集水井后抽排。

（5）沉井与碾压混凝土接合面处理。

大坝上游二期纵向围堰由后浇碾压混凝土和沉井联合体组成，由于两者的施工有先后，后浇碾压混凝土与沉井结合面将是一个软弱结构面，对联合体的整体性和安全性不利。鉴于沉井左侧面与后浇碾压混凝土之间结合情况的不确定性，通过建立二维有限元模型，采用摩擦型接触来模拟结合面，从而研究结合面的摩擦系数对沉井左侧面脚点的应力影响，为合理的处理方式提供参考。据分析，沉井与后浇混凝土结合面的传剪能力对沉井的受力状况影响十分明显，传剪能力越强，沉井的受力状况也越好。因此，对结合面做如下处理：待堰基开挖完毕。将沉井与混凝土结合面凿毛，并加设直径 28mm 联结筋（间距 1m，排距 0.5m，单根长度 3m，梅花型布置），以提高结合面的传剪能力，保证联合体的安全稳定。

6.5.2.3　水口坝下水位治理与通航改善工程纵向重力式碾压混凝土围堰

1. 工程概况

闽江水口水电站枢纽坝下水位治理与通航改善工程位于福建省闽江干流闽清县境内的闽江河段上，上距水口水电站 9km。工程枢纽建筑物由泄洪消能建筑物、右岸挡水建筑物、左岸护坡建筑物及通航建筑物等组成。泄洪建筑物布置在主河床，为无闸门控制的自由溢流坝，泄洪建筑物下游接消能建筑物；溢流坝右侧为船闸（并为后续发展预留位置），船闸与右岸岸坡间为混凝土坝，溢流坝左侧与左岸护坡连接。

施工导流采用分期导流方式。一期导流围右岸，枯水期一期上、下游过水土石围堰及纵向混凝土围堰挡水，束窄的左岸河床泄流和通航，汛期由基坑与束窄的左岸河床联合泄流；该阶段主要施工船闸、右岸挡水坝段、右岸 6 孔溢流坝段。二期导流围左岸，在二期上、下游枯水期围堰的围护下，施工左岸护坡和 10 孔溢流坝段；施工期由右岸已建溢流坝段过流，已建船闸通航。纵向混凝土围堰位于河床，为满足纵向混凝土围堰施工，需布置子围堰围护右岸。

纵向混凝土围堰轴线总长约为 582.5m，最大堰高约 35m。砂砾石开挖 26.67 万 m^3，石方开挖 3.54 万 m^3，常态混凝土 5.41 万 m^3，碾压混凝土及变态混凝土 16.61 万 m^3。

2. 地形地质条件

覆盖层主要由中粗砂、砂卵砾石层组成；卵石粒径一般 2～6cm，少量为 10～20cm，含量 30%～40%；砾石粒径一般 0.2～2cm，含量约 30%～35%；中粗砂充填，厚度约 5～18.5m。上游段覆盖层较薄，厚约 5～8m，下游段覆盖层较深厚，约 10～18.5m。该层结构松散，工程性能差，不能作为混凝土围堰基础，予以挖除。覆盖层下伏弱风化基岩（花岗斑岩），岩石坚硬，力学强度高，弱风化基岩岩体透水率为 0.19～3.73Lu，为弱～微透水层，岩体完整性差～较完整，建议以弱风化基岩为围堰基础，地质构造简单，断层不发育，未发现大的不利缓倾角软弱结构面，地基稳定性较好。

河床存在一基岩深槽，深槽走向基本平行于河床方向，至纵向混凝土围堰下游段往河床左岸外凸（图 6.5-11）。深槽部位覆盖层厚 17～40m，其中中粗砂层厚度 5～11m，结构松散，砂卵砾石层厚度 17～21m，左侧覆盖层厚 12～21m；下伏弱～微风化基岩（花岗斑岩），地质构造简单，深槽发育断层 F_8，宽约 3～5m，由断层角砾岩及碎粉岩填充，带内岩体呈强～弱风化。

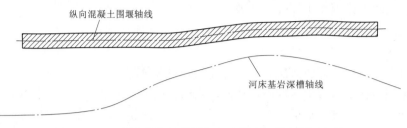

纵向混凝土围堰轴线

河床基岩深槽轴线

图 6.5-11　纵向混凝土围堰与河床基岩深槽位置示意图

3. 围堰设计

（1）围堰设计标准。

水口坝下枢纽工程为三等工程，工程规模为中型，其主要建筑物为 3 级，次要建筑物为 4 级，纵向混凝土围堰为 4 级建筑物。

一期导流阶段，导流标准为枯水期 9 月至次年 3 月 10 年一遇洪水，相应的流量为水口水库预降水位至 62m 时，经拦洪削峰后出库流量＋区间流量，$Q=8631\mathrm{m^3/s}$，相应的上、下游水位分别为 12.04m、10.47m；二期导流阶段，导流标准为枯水期 9 月至次年 2 月 10 年一遇洪水，相应的流量为水口水库预降水位至 60m 经拦洪削峰后出库流量＋区间流量，$Q=4301\mathrm{m^3/s}$，相应的上、下游水位分别为 14.10m、7.10m。

（2）围堰布置。

根据揭露的建基面地质情况，纵向混凝土围堰桩号纵堰 0+300.00 下游段位于河床基岩深槽影响区域，该处基岩面高程为 -20.00～-35.00m。由此，为避开基岩深槽，纵向混凝土围堰下游段往左岸偏移约 20m，也就是说，纵向围堰的布置根据地质已揭示情况进行适当调整；同时，为保证水流顺畅，轴线采用圆弧与直线段相衔接方式。

纵向混凝土围堰轴线总长约为 582.5m，最大堰高约 35m。平面上纵堰 0+000.00～0+220.00（坝下 0+030.00）段轴线不变，与溢流坝垂直布置；纵堰 0+220.00～0+270.00 段轴线为圆弧段，圆弧半径 394.44m，转角 7.25°；纵堰 0+270.00～0+370.00 段轴线为直线段；纵堰 0+370.00～0+420.00 段轴线为圆弧段，圆弧半径 394.44m，转角 7.25°；纵堰 0+420.00～0+582.50 段轴线为直线段。纵向混凝土围堰挡水段堰顶高程从 15.00m 台阶状渐变至 11.50m。纵向混凝土围堰长度、堰顶高程见表 6.5-1。

表 6.5-1　　　　　　　　　　纵向混凝土围堰长度、堰顶高程

桩　　号	长度/m	堰顶高程/m	备　注
纵堰 0+000.00～0+020.00	20.0	7.00	上游非挡水段
纵堰 0+020.00～0+040.00	20.0	10.00	上游非挡水段
纵堰 0+040.00～0+120.00	80.0	15.00	
纵堰 0+120.00～0+220.00	100.0	14.00	
纵堰 0+220.00～0+360.00	140.0	13.00	

续表

桩　号	长度/m	堰顶高程/m	备　注
纵堰 0＋360.00～0＋500.00	140.0	12.00	
纵堰 0＋500.00～0＋565.00	65.0	11.50	
纵堰 0＋565.00～0＋582.50	17.5	4.00	下游非挡水段

（3）围堰体型设计及材料分区。

纵向混凝土围堰基础高低起伏大，根据基岩面地形条件分段设置常态混凝土基础平台（图6.5-12）。

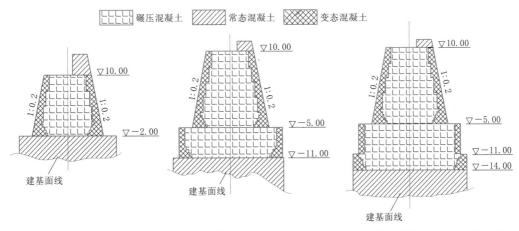

（a）适用于桩号0＋000.00～0＋340.00　　（b）适用于桩号0＋340.01～0＋460.00　　（c）适用于桩号0＋460.01～0＋582.50

图 6.5-12　纵向混凝土围堰体型设计及材料分区典型断面图

桩号0＋000.00～0＋340.00段，长340m，基岩面高程一般-4.00～-7.00m，最高点约-3.00m；其中，桩号0＋300.00～0＋340.00段（15号、16号堰段），沿纵向混凝土围堰轴线方向，基岩面存在陡降，形成上、下两个平台，上平台高程-4.00～-7.00m，下平台高程-10.00～-15.00m。因此，该段基础常态混凝土顶高程确定为-2.00m。该段基础常态混凝土-2.00m高程平台宽约19.5m，两侧均为直立坡。

桩号0＋340.01～0＋460.00段，长120m，该段受河床基岩深槽的影响，沿纵向混凝土围堰轴线方向，左侧基岩面高程高于右侧基岩面高程，左侧基岩面高程-12.00～-15.00m，右侧基岩面高程-12.00～-18.00m。因此，该段基础常态混凝土顶高程确定为-11.00m。该段基础常态混凝土-11.00m高程平台宽约23m，两侧均为直立坡。

桩号0＋460.01～0＋582.50段，长122.50m，基岩面高程一般-15.00～-20.00m；其中桩号0＋490.00～0＋520.00段基岩面最低点高程约为-22.00～-24.00m。因此，该段基础常态混凝土顶高程确定为-14.00m。该段基础常态混凝土-14.00m高程平台宽约19.5m，两侧均为直立坡。

基础常态混凝土顶面至高程10.00m为碾压混凝土区，碾压混凝土两侧均设置变态混凝土。其中，桩号0＋000.00～0＋020.00段碾压混凝土堰顶高程为7.00m；桩号0＋565.01～0＋582.50段碾压混凝土堰顶高程为4.00m。

桩号 0+040.00～0+565.00 段高程 10.00m 以上为常态混凝土，常态混凝土顶宽 3.00m，为便于立模，右侧坡比与碾压混凝土一致，为 1：0.2，左侧为直立坡。

6.5.2.4　大藤峡水利枢纽工程纵向重力式碾压混凝土围堰

1. 工程概况

大藤峡水利枢纽纵向碾压混凝土围堰长约 789m，由上游段、中间段（纵向围堰坝段）、下游段组成。其中：上游段轴 0−349.00～轴 0−174.00 为第一段，轴 0−174.00～轴 0−024.00 为第二段，工程施工完成后拆除至 36m 高程；中间段轴 0−024.00～轴 0+043.00 为第三段，共 1 个坝段（22 号坝段）；下游段轴 0+043.00～轴 0+238.00 为第四段，长度 195m，作为永久建筑物消力池隔墙使用；下游段轴 0+238.00～轴 0+440.26 为第五段，长度 202.26m，工程施工完成后拆除至 22m 高程。纵向围堰平面布置见图 6.5－13。

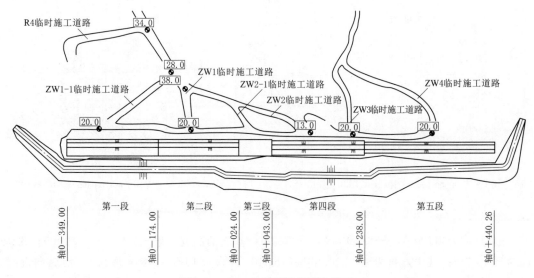

图 6.5－13　纵向围堰平面布置图

2. 围堰设计

上游纵向围堰为梯形断面，建基面高程 20.00m，顶高程 54.30m，顶宽 10m，长度 339.96m，最大高度 34.3m，基坑侧边坡 1：0.23，靠河侧边坡 1：0.45；下游纵向围堰为梯形断面，建基面高程为 7.00m、13.00m 及 20.00m，顶高程 43.68m，顶宽 8m，长度 202.26m，最大高度 36.68m，两侧边坡 1：0.35。纵向围堰横剖面见图 6.5－14。

3. 围堰施工

纵向碾压混凝土围堰设计全断面三级配混凝土 46.7 万 m³，其中：C₉₀20F100W6 常态混凝土 3.9 万 m³，C₉₀15F50W4 碾压混凝土 38.3 万 m³，C₉₀20F100W6 变态混凝土 4.5 万 m³。碾压混凝土施工采用 3.0m×3.3m 翻转模板。由于斜面模板拉锚筋长度需要，模板周边变态混凝土的宽度由 80cm 调整到 100cm。相应的，碾压混凝土量调整为 37.2 万 m³，变态混凝土量调整为 5.7 万 m³，变态混凝土相对比例平均为 15％，上游段仓面相对最大比例为 25％，下游段仓面相对最大比例为 33％。

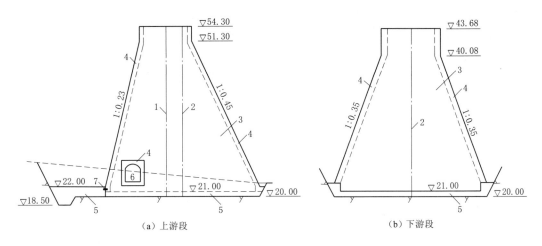

（a）上游段　　　　　　　　　　　　　　（b）下游段

图 6.5－14　纵向围堰横剖面图

1—纵向围堰中心线；2—围堰轴线；3—C$_{90}$15F100W6 变态混凝土；4—C$_{90}$20F100W6 变态混凝土；

5—C20F100W6 常态混凝土；6—纵向廊道；7—止水铜片

围堰 2016 年 1 月 30 日开始浇筑，2016 年 4 月 30 日全线达到 35.00m 高程，满足工程 2016 年度汛要求，2016 年 10 月 3 日碾压混凝土浇筑完成。

6.5.3　胶凝砂砾石围堰案例

6.5.3.1　国外工程实例

由于胶凝砂砾石坝结合了碾压混凝土坝和混凝土面板堆石坝的优点，具有较好的地基适应性和较高的安全性，在国外已得到一定程度的应用，尤其是在日本的一些水电工程的围堰工程中应用较多（表 6.5－2）。

表 6.5－2　　　　　　　　　　　日本的胶凝砂砾石坝围堰概况

工程名称	坝高/m	坝顶长/m	坝体积/m³	母材	完成年份	胶材用量/(kg/m³)
长岛水库二期截流围堰	15	87	30000	河床砂砾石	1992	80
忠别水库二期截流围堰	4	60	2500	河床砂砾石	1994	60
久妇须河水库二期截流围堰	12	88	13650	河床砂砾石	1994	60
摺上河水库导流挡土墙	21	120	14500	挖掘渣土	1996	60
德山水库一期截流围堰	14.5	140	44000	河床砂砾石及水库堆砂	2000	60
德山水库临时护岸	7	446	15000	河床砂砾石	1998	60
泷泽水库临时渠道	9	913	116000	渣土＋砂砾石	2000	60

6.5.3.2　我国工程实例

1. 街面水电站下游围堰

街面水电站下游胶凝砂砾石围堰兼作下游量水堰，即有两种工作状态，其一是作为下游围堰，在施工期挡下游水；其二是作为堆石大坝的下游坝趾量水堰，在大坝运行期挡上游水和堆石。两种工况的计算简图及荷载见图 6.5－15，其中工况 2 由于下游围堰是坝体的下游坡脚，坝体堆石对下游围堰有推力，这个推力按静止土压力计算。

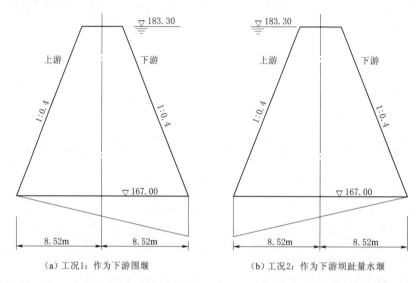

(a) 工况1：作为下游围堰   (b) 工况2：作为下游坝趾量水堰

图 6.5－15　街面枢纽下游围堰两种工况的计算简图及荷载

设计最大底宽约 17m，顶宽 4m，最大高度约 16.3m，最大长度约 49.5m，上下游面坡比 1：0.4（施工实际坡比为 1：0.6），总方量约 4500m³，中部采用富浆变态混凝土做防渗体。分别采用材料力学方法和随机有限元方法对上述两种工况的抗滑稳定及应力分布进行了详细计算。根据前述胶凝砂砾石筑坝材料特性研究成果，抗滑稳定计算中，取堰体材料与岩体接触面的抗剪断摩擦系数 $f'=0.85$，抗剪断黏聚力 $c'=0.75$MPa。堰体材料与岩体接触面的摩擦系数 $f=0.70$。坝体胶凝砂砾石材料指标取值见表 6.5－3。可靠度计算中抗拉、抗压强度的变异系数均取为 0.3，其他为定值。

表 6.5－3　　　　　　　　　　胶凝砂砾石材料指标取值

强度等级	弹性模量 /($\times 10^4$MPa)	泊松比	饱和容重 /(kN/m³)	抗压强度 /MPa	抗拉强度 /MPa
C7.5	1.75	0.15	24.00	10.4	0.90
C15	2.20	0.15	24.00	19.6	1.50

材料力学方法和随机有限元方法计算结果均表明，坝体抗滑稳定安全系数高，任何工况、任何位置都没有拉应力，且压应力很小，完全满足相关规范的要求。

根据工地现场条件及前述试验成果，胶凝砂砾石母材直接采用坝址附近河床的砂砾石，砂砾石在拌和之前需堆放一段时间，以免含水量过大。采用装载机拌和、自卸汽车上坝、反铲式挖掘机摊铺、振动碾碾压的施工工艺。正式施工前，进行了现场工艺试验，以确定胶凝砂砾石材料的具体配合比（即水泥用量和粉煤灰用量），以及装载机拌和遍数和振动碾碾压遍数。最终用于现场施工的参数如下：堆放后的砂砾石＋水泥 40kg/m³＋粉煤灰 40kg/m³，根据现场拌和情况加水。采用两台容量均为 3m³ 的装载机，每次铲 8 斗砂砾石，约 20m³，人工将水泥和粉煤灰均匀洒在砂砾石上，然后采用装载机拌和 8 次；每层摊铺厚度 75cm，下一层胶凝砂砾石摊铺前，在层面中间铺设一层水泥砂浆；采用 26t 振动碾进行碾压，仓面共碾压 6 次，其中第一次和最后一次采用静碾，中间 4 次采用振动碾压；岸坡部位浇筑常态混凝土。

街面水电站下游胶凝砂砾石围堰从 2004 年 11 月 21 日开始施工，2004 年 12 月 3 日建成并投入使用，工期仅 13d，比原设计采用常态混凝土方案缩短 17d。

街面水电站下游围堰工程实践表明，采用胶凝砂砾石筑坝技术加快了工程进度，与原设计采用常态混凝土方案比较，工期缩短了 17d（原设计工期 30d）；由于胶凝材料用量少，水化温升低，取消了施工横缝，降低了工程造价，在不考虑缩短工期的前提下，与常态混凝土方案相比，造价降低约 25%。

2. 洪口水电站上游围堰

洪口水电站上游胶凝砂砾石围堰设计最大堰高 35.5m，堰顶宽度 4.5m，堰体上游面坡度 1∶0.3，折坡点高程为 71.5m；下游面坡度为 1∶0.75，折坡点高程为 48.5m。胶凝砂砾石筑坝材料胶凝材料总量 70~90kg/m³，水泥用量不低于 35kg/m³。最小压实密度按 2200kg/m³ 控制，28d 抗压强度不小于 4MPa、抗拉强度不低于 0.3MPa。为便于胶凝砂砾石坝的快速施工，考虑胶凝砂砾石水泥用量小、水化热低，围堰采用全断面碾压，不设横缝和纵缝。由于围堰为过水围堰，过水时基坑无法抽水，堰体排水失效，因此不专门布设排水孔和排水设施。围堰上游面防渗采用 C20 预制混凝土块和富浆胶凝砂砾石材料联合防渗，预制混凝土块兼作模板，富浆胶凝砂砾石材料厚度按水头的 1/15 控制，在高程 41.5m 处厚 2.5m，堰顶处厚 0.5m。为了防止绕渗，在两侧岸坡与基岩接触处先铺设水泥浆，后铺设富浆胶凝砂砾石材料。围堰泄洪消能采用台阶式消能方式，台阶高 1.2m、宽 0.9m，为 C20 预制混凝土块，兼作模板。上游胶凝砂砾石围堰典型断面见图 6.5 - 16。

洪口水电站上游胶凝砂砾石围堰从 2006 年 2 月初开始施工，2006 年 3 月底竣工投入使用，总共铺筑胶凝砂砾石约 31500m³。

3. 沙沱水电站二期下游围堰

沙沱水电站二期下游胶凝砂砾石围堰顶部高程 301.0m，堰顶部宽 10m，上下游坝坡采用对称梯形的形式，坡比 1∶0.6，整个堰体上下游用 2m 厚的 C15 变态混凝土包裹，以起到防渗的作用。

根据配合比试验结果，最优配合比的水胶比为 0.70，单位用水量 70kg/m³，粉煤灰掺量在 60%，胶凝材料用量 100kg/m³，外掺砂率为胶凝砂砾石坝材料的力学性能介于碾压混凝土与堆石之间，且由于水泥等胶凝材料的存在，在一定堰坡下发生滑弧的可能性不大，因此参照类似工程及相关规范的要求，稳定计算采用抗剪公式进行计算，应力计算采用材料力学方法。

沙沱水电站下游胶凝砂砾石围堰的主要设计指标：①工作度 VC 值宜控制在 2~10s；②最小压实密度不低于 2200kg/m³；③胶凝砂砾石/岩体 $f'=0.7~0.8$，$c'=0.4~0.5$MPa；胶凝砂砾石层间 $f'=1.1$，$c'=0.35$MPa；④28d 抗压强度不低于 4MPa，28d 抗拉强度不低于 0.35MPa；⑤弹性模量 10GPa；⑥胶凝砂砾石中胶凝材料用量少，绝热温升相对碾压混凝土降低较多，水泥含量 40~60kg/m³ 时，绝热温升一般为 5~10℃。

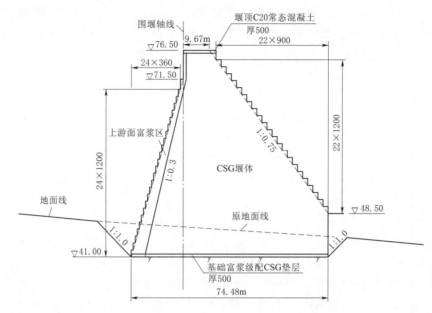

图 6.5-16 洪口水电站上游胶凝砂砾石围堰典型断面（单位：高程 m，尺寸 mm）

沙沱水电站下游胶凝砂砾石围堰建成使用后运行良好，与原碾压混凝土方案相比，缩短工期 40%，降低工程直接投资 25%。

4. 飞仙关水电站一期纵向围堰

飞仙关水电站由于工程所处位置枯洪水位变化显著，且必须采用分期导流的方式，才能实现混凝土干地施工，加上工程所在位置场地狭窄，施工导流布置非常困难。为此，工程在一期纵向围堰上采用了胶凝砂砾石，以减小围堰边坡，缩小围堰断面，从而确保明渠过流断面，同时也解决了抗冲防渗问题。2010 年 10 月至 2011 年 2 月为施工时段，堰顶全长约 335m，迎水面和背水面坡度 1：0.6，堰高约 12m。设计 28d 抗压强度不低于 4MPa，180d 抗压强度不低于 7.5MPa。迎水面进行了变态混凝土加强防渗处理，厚度 50cm。围堰最下部 80cm 厚采用 90kg/m³ 的胶凝材料进行拌和，上部堰体胶凝材料用量为 80kg/m³。

飞仙关水电站一期纵向围堰 2011 年 2 月建成后运行良好。2011 年 5 月钻芯取样结果显示，所取芯样外表光滑，没有大的空隙，粗骨料分布较均匀，整体碾压施工质量优良；芯样 180d 抗压强度均值 8.1MPa，满足 7.5MPa 的设计要求。

5. DHQ 上游过水围堰

DHQ 水电站上游胶凝砂砾石过水围堰顶高程 1426.0m，围堰顶宽为 7.0m，堰顶长约 125.0m。为使过堰水流集中在河床中部，右侧堰顶高程 1427.0m，左侧堰顶高程 1429.0m，右侧通过 10% 坡度、左侧通过 12% 坡度分别与中部衔接，以满足堰顶两岸交通要求（图 6.5-17）。围堰基础建在基岩上，建基面最低高程为 1377.0m，堰体最大高度 49.0m，最大底宽 60m。围堰上游迎水面边坡 1：0.5，下游背水面边坡 1：0.6，在 1390.2m 高程设置一平台，1390.2m 高程至基础建基面垂直坡布置。围堰堰顶浇筑 1.0m 厚 C20 常态混凝土，通过锚筋与堰体连接，上游迎水面与堰基设变态胶凝砂砾石作为防渗层，迎水面变态胶凝砂砾石厚度为 1～2m，堰基变态胶凝砂砾石厚度为 0.6m，围堰下游背水面根据施工需要设 1m 厚变态胶凝砂砾石，1390.2m 高程平台设 1.0m 厚常态混凝土。考虑胶凝砂砾石水化热低，围堰不设横缝及纵缝。围堰堰趾处设置 3m 高帷幕灌浆平台，帷幕灌浆孔间距 2m，灌浆平台以下钻孔深度 10～15m。围堰下游堰面依相应坡比位置采用台阶面，布置 C20 混凝土预制块进行防护，并作为堰体施工模板，混凝土预制块尺寸 2m×0.85m×1.2m（长×宽×高），预制块通过插筋与堰体连接。围堰下游面设直径 100mm 排水孔，以便排出堰体渗水。

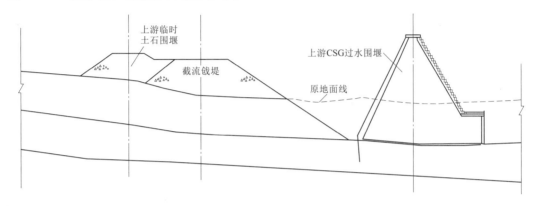

图 6.5－17　DHQ 上游胶凝砂砾石过水围堰布置

根据胶凝砂砾石围堰水力学模型试验，当库水位超过 1427.43m 后，堰顶水舌挑出，水舌下缘脱空，下游堰面后形成水帘，两侧堰肩水流沿堰面及坡面流动，封堵了下游堰面后的空腔，使胶凝砂砾石围堰后形成负压空腔，在该空腔内，水流沿下游堰面波动。为减小空腔负压和下游堰面的水流爬高，并增大水舌挑距，使水舌落点远离下游堰面，在围堰左右岸各布置了 3 根通气管，管径 40cm。

第 **7** 章

导流泄水建筑物

7.1 导流隧洞

7.1.1 概述

导流隧洞是临时建筑物，运用时间短。导流隧洞的布置决定于地形、地质、枢纽布置以及水流条件等因素，具体要求和永久水工隧洞类似。我国部分水电工程施工导流隧洞工程特性见表 7.1-1。

7.1.2 导流隧洞进出口边坡变形控制及支护

7.1.2.1 进出口布置

导流隧洞进出口的合理布置，是复杂地质条件下导流隧洞进出口边坡变形控制及支护的基础与关键，总体上应遵循以下几个原则：

(1) 在综合考虑导流隧洞洞线相对最短的前提下，进出口布置尽量避开不良地质条件区域。

(2) 进出口与上下游围堰堰脚保持足够距离，一般不小于 30～50m，以防导流隧洞进出口不稳定水流对围堰堰脚的淘刷。

(3) 进出口底板高程的选定要考虑截流落差、通航、封堵条件等。

(4) 对于岩性好的进口，可直接设置成岸坡式进口，前部用引渠连接；对于地质条件不良的进口，宜遵循"早进洞、晚出洞"的原则，尽量减少边坡高度，同时利用在洞口设置实体明洞作为进口边坡挡护结构，利于保证进口边坡稳定。

(5) 布置导流隧洞出口位置时，须考虑与主河道交角要尽量小，一般控制在 6°～9° 范围内；为了满足工程要求，当地质条件较差而交角较大时，应采取工程措施，以防止对下游河道产生不利冲刷。

(6) 为减少因布置进出口而形成高边坡，导流隧洞进出口可采用"斜进洞"方式，但须对洞室偏压问题进行分析论证。

7.1.2.2 进出口边坡开挖、排水、支护设计

1. 边坡开挖设计

导流隧洞进出口边坡开挖应根据地质条件及岩土特性，充分研究开挖边坡的稳定性，按照经验判断或稳定分析确定边坡的坡型及坡度，必要时可采用斜进洞的方式以避免高边坡。

边坡的坡型、马道宽度、梯段高度与坡度等应参考地质专业建议的坡比，结合水工布置和施工条件，考虑监测、维护及检修需要以及拟采用的施工方法等研究确定。通常马道宽度不小于 2m，岩质边坡梯段高度不大于 30m，土质边坡梯段高度不大于 10m。

表 7.1－1　我国部分水电工程施工导流隧洞工程特性

工程名称	坝型	坝高/m	设计流量（实际流量）/(m³/s)	导流隧洞					岩性	与永久泄水建筑物结合情况
				条数	断面型式	断面尺寸/(m×m)，洞径 φ/m	长度/m	衬砌		
乌江渡	混凝土拱形重力坝	165	1320	1	城门洞形	10×10	501	村砌段287m，其余不村砌和部分村砌	石灰岩、页岩	
刘家峡	混凝土重力坝	147	4700	2	城门洞形	13×13.5	683	全村330m，顶拱村砌110m，不村砌243m	云母石英岩	右岸洞与泄洪洞结合
碧口	土石坝	101	2840	1	城门洞形	11.5×13	658	381m顶拱未村砌和底板不村砌	千枚岩、凝灰岩	与泄洪洞结合
龙羊峡	混凝土重力拱坝	178	3340（5570）	1	城门洞形	15×18	661	全村22.7%村砌，其余做边墙和底板的护面村砌	花岗岩、闪长岩	
东江	混凝土双曲拱坝	157	2500	2	城门洞形	6.4×7.5（11×13）	525.7（495）	钢筋混凝土村砌	花岗岩	6.4m×7.5m导流隧洞与11m×13m泄洪放空洞结合
鲁布革	土石坝	101	4260	2	城门洞形	左12×15.31，右 φ10	786	钢筋混凝土村砌，部分顶拱喷锚支护		左、右导流隧洞分别与泄洪洞结合
隔河岩	混凝土重力拱坝	151	3000	1	城门洞形	13×16	695	0.4~2m厚钢筋混凝土村砌，部分洞顶喷锚厚0.15m	石灰岩、页岩	
小浪底	土石坝	167	8740（4000）	3	圆形	φ14.5	1220、1183、1149	钢筋混凝土村砌	砂页岩	与泄洪洞结合
MW	混凝土重力坝	132	9500	2	城门洞形	15×18	458、423	钢筋混凝土村砌，2号洞220m未村砌	流纹岩	
东风	混凝土双曲拱坝	162.3	3680	1	城门洞形	12×14.13	599.7	钢筋混凝土村砌	灰岩	

续表

工程名称	坝型	坝高/m	设计流量(实际流量)/(m³/s)	导流隧洞 条数	断面型式	断面尺寸(宽×高)/(m×m)、洞径φ/m	长度/m	衬砌	岩性	与永久泄水建筑物结合情况
李家峡	混凝土双曲拱坝	155	2000(1500)	1	城门洞形	11×14	1162.5	钢筋混凝土衬砌	黑云母更长质条带状混染岩	
二滩	混凝土双曲拱坝	240	13500(10500)	2	城门洞形	17.5×23	1090、1168	钢筋混凝土衬砌	正长岩、玄武岩	
莲花	混凝土面板堆石坝	71.8	3840	2	上段圆形下段城门洞形	φ13.7、12×14	913.75、746.83	上游半段0.6m钢筋混凝土村砌，下游半段钢筋混凝土村砌，其余0.15m厚喷混凝土支护	花岗岩	上游半段与引水发电洞结合
天生桥一级	混凝土面板堆石坝	178	10800(4430)	2	修正马蹄形	13.5×13.5	982、1054	喷锚与钢筋混凝土复合村砌	厚层、中厚层泥岩、砂岩互层	
DCS	碾压混凝土重力坝	115	6916(5000)	1	城门洞形	15×18	644	钢筋混凝土衬砌	玄武岩	
DHQ	碾压混凝土重力坝	107	3752	1	城门洞形	12×14	503	喷混凝土厚0.1~0.2m，混凝土村砌厚0.6~2.0m	板岩夹石英砂岩，薄层一互层结构	
溪洛渡	混凝土双曲拱坝	278	32000	6	城门洞形	18×20	1号1887.69、2号1649.91、3号1330.48、4号1218.85、5号1385.61、6号1727.72	喷混凝土厚0.05~0.1m，混凝土村砌厚0.8~2.0m	二叠系上统峨眉山玄武岩	1号、2号、5号、6号导流隧洞与2号~5号尾水洞相结合，3号导流隧洞将改建为泄洪洞
XW	混凝土双曲拱坝	294.5	10300	2	城门洞形	16×19	861.59、980.92	除2号导流洞洞身段有660.75m长的顶拱不衬砌外，其余全断面钢筋混凝土村砌，喷混凝土厚0.1~0.15m，混凝土村砌厚1.0~2.0m	黑色花岗片麻岩及角闪斜长岩，夹有少量片岩	
锦屏一级	混凝土双曲拱坝	305	9370调蓄后8877	2	城门洞形	15×19	1234.4、1210.7	喷混凝土厚0.05~0.1m，混凝土村砌厚0.6~1.0m	中上三叠统杂谷脑组二段中厚层状大理岩	

续表

工程名称	坝型	坝高/m	设计流量（实际流量）/(m³/s)	导流隧洞				岩性	与永久泄水建筑物结合情况
				条数	断面型式	断面尺寸（宽×高）/(m×m），洞径 φ/m	长度/m	衬砌	
构皮滩	混凝土双曲拱坝	232.5	13500 调蓄后 10930	3	马蹄形	15.6×17.7	左岸：888.13、673.21 右岸：917	Ⅰ，Ⅱ类围岩段顶拱厚15cm钢纤维混凝土喷锚、底板及侧墙为厚度0.30m钢筋混凝土衬砌；Ⅲ、Ⅳ、Ⅴ类围岩段均采用全断面钢筋混凝土衬砌，顶拱0.5~0.8m、侧墙0.5~2.0m、底板1.2~2.0m	灰岩、砂、页岩	
大岗山	混凝土双曲拱坝	210	6190	2	城门洞形	12.5×15	左岸：926.68 右岸：810.70	喷混凝土厚0.10~0.15m，混凝土衬砌厚0.6~2.0m	花岗岩	
拉西瓦	混凝土双曲拱坝	250	2500（1200）	1	城门洞形	φ15 13×14.5	1416.2	有压段（φ15）长739.6m，全断面钢筋混凝土衬砌厚1.5m，无压段钢筋混凝土底板边墙衬砌厚0.5m，顶拱喷混凝土厚0.10m	印支期花岗岩	
龙滩	碾压混凝土重力坝	216.5	14700（8890）	2	城门洞形	16×21	左岸：598.63 右岸：849.42	全断面钢筋混凝土衬砌，洞身前50m段衬砌厚2.5m，其他洞段衬砌厚1.5~0.8m	砂岩、泥板岩及凝灰岩	
金安桥	碾压混凝土重力坝	160	12400	2	城门洞形	16×19	936.23 1231.99	喷混凝土厚0.10~0.25m，混凝土衬砌厚0.6~1.0m	玄武岩、杏仁状玄武岩、火山角砾熔岩和凝灰岩	
NZD	心墙堆石坝	261.5	22000 调蓄后下泄 21292	5	圆形和城门洞形	φ20 φ20 φ20 7×8 7×9	1011.69 1129.28 1305.83 1734.26 892.32	喷混凝土厚0.20~0.25m，混凝土衬砌厚0.8~1.2m	花岗岩	2号导流隧洞与尾水洞相结合，5号导流隧洞与左岸泄洪洞结合

续表

工程名称	坝型	坝高/m	设计流量（实际流量）/(m³/s)	导流隧洞					岩性	与永久泄水建筑物结合情况
				条数	断面型式	断面尺寸（宽×高）/(m×m)，洞径 φ/m	长度/m	衬砌		
水布垭	混凝土面板堆石坝	233	7250	2	马蹄形	12.83×15.72	1115 1022	全断面钢筋混凝土衬砌，衬砌厚度1.2~1.5m	栖霞组含炭泥质灰岩、泥质灰岩、泥质灰岩等软层岩体	
锦屏二级	混凝土闸坝	34	1825	1	城门洞形	14×15	595.43	C30钢筋混凝土衬砌	灰黑、深灰色条带状泥质板岩	后期改建成永久生态流量泄放洞
光照	碾压混凝土重力坝	200.5	1120	1	城门洞形	11.5×16	804.86	堵头前钢筋混凝土全断面衬砌，堵头后仅衬砌边墙底板	灰色薄~厚层泥灰岩、粉砂岩互层、中厚层灰岩、钙质泥页岩夹泥质灰岩	
洪家渡	混凝土面板堆石坝	179.5	5210	2	马蹄形	13×14.82 11.6×12.79	950 798	钢筋混凝土断面衬砌	灰岩	
三板溪	混凝土面板堆石坝	185.5	7923（5250）	1	城门洞形	16×18	734	钢筋混凝土衬砌	凝灰质砂岩	
鲁地拉	碾压混凝土重力坝	140	5150	1	城门洞形	14.5×17	870	钢筋混凝土全断面衬砌	以青灰色变质砂岩为主、间夹正长岩脉等	
公伯峡	混凝土面板堆石坝	132.2	2000（1200）	1	城门洞形	12×15	724	钢筋混凝土全断面衬砌	花岗岩为主、同夹片岩捕房体	
GGQ	碾压混凝土重力坝	105	3000	1	城门洞形	16×18	837.7	钢筋混凝土衬砌、局部顶拱喷钢纤维混凝土	砂岩为主、局部为板岩条带	导流隧洞与尾水洞结合布置

续表

工程名称	坝型	坝高/m	设计流量(实际流量)/(m³/s)	导流隧洞					岩性	与永久泄水建筑物结合情况
				条数	断面型式	断面尺寸(宽×高)/(m×m),洞径φ/m	长度/m	衬砌		
阿海	碾压混凝土重力坝	138	12200	2	城门洞形	16×19	1054.92 1406.84	钢筋混凝土衬砌	砂岩、粉砂质板岩和灰岩及3条顺层侵入的辉绿岩条带	
梨园	混凝土面板堆石坝	155	10400 调蓄后 10127	2	城门洞形	15×18	1276.77 1409.70	钢筋混凝土衬砌	玄武质喷发岩	
两河口	心墙堆石坝	295	5240	2	城门洞形	12×14	1724 1983	钢筋混凝土衬砌	砂岩、板岩	
瀑布沟	砾石土心墙堆石坝	186	7320	2	城门洞形	13×16.5	926.44 1003.44	钢筋混凝土衬砌	以进口段f_2断层为限,上游段为玄武岩,下游段为花岗岩	2号导流隧洞与放空洞相结合;3号导流隧洞与竖井泄洪拱洞相结合
双江口	砾石土心墙堆石坝	314	4840	3	城门洞形	15×19 9×13.5 12×16	1522.61 1999.40 1593.45	钢筋混凝土衬砌	花岗岩	
白鹤滩	混凝土双曲拱坝		8980	5	城门洞形	17.5×22		钢筋混凝土衬砌		导流隧洞下游段均与尾水隧洞相结合,结合洞线长度为2006m
乌东德	混凝土双曲拱坝	270	26600	5	城门洞形	16.5×24 12×16		钢筋混凝土衬砌	大理岩化白云岩	左岸1号、2号导流隧洞出口段与左岸地下电站1号、2号尾水洞相结合;右岸3号、4号导流隧洞身出口段分别与右岸地下电站5号、6号尾水洞结合

2. 边坡排水设计

（1）地表排水。

边坡地表排水主要包括边坡开口线外截排水沟、边坡内部截排水沟、边坡防水措施等。边坡设计中应根据地形地质条件因地制宜地进行地表截排水系统的设计，将截排水系统汇集的地表水引至附近冲沟或河流中，并避免形成冲刷，必要时设置消能防冲设施。截排水沟断面通常采用梯形或矩形断面，并采用浆砌石或混凝土衬护。对于地形特殊地段，如陡立且地表水集中等，也可采用排水钢管等措施将水集中引排至截排水系统或附近冲沟。

（2）地下排水。

边坡地下排水方式主要包括截水渗沟、排水孔、排水井、排水洞等，其中排水孔是导流隧洞进出口边坡地下排水的常用措施。

导流隧洞进出口边坡表层喷锚支护、格构、挡墙等均应配套有系统排水孔，且若岩石较为破碎则排水孔应设置软式透水管等反滤措施。岩质边坡系统排水孔孔径不应小于50mm，深度不应小于4m，钻孔上仰角度不宜小于5°。

截水渗沟、排水井、排水洞等均属处理重要或不良地质条件边坡的非常规手段。截水渗沟一般用于土质边坡或滑坡周边，排水井主要用于降低土质边坡或滑坡内的地下水水位，排水洞一般用于重要边坡、堆积层边坡及滑坡体内。

3. 边坡支护设计

边坡支护主要措施有喷混凝土、框格梁、贴坡混凝土、钢筋石笼、砌石、土工织物、锚杆、锚筋桩、锚索、抗滑桩、抗剪洞、锚固洞、固结灌浆、支挡及植物措施等，其中导流隧洞进出口边坡常用的支护手段主要包括喷混凝土、框格梁、贴坡混凝土、锚杆、锚筋桩、锚索、固结灌浆等。各项支护措施应根据岩土力学特性、边坡结构、边坡变形与破坏机制，因地制宜地进行组合选择，并提出相应的设计参数。

喷混凝土作为边坡的表层防护措施，主要用于表面易风化、完整性差的岩质边坡，可结合锚杆、锚索等浅层支护措施进行。框格梁、贴坡混凝土应能在边坡表面保持自稳，并与布置的系统锚杆等连接，当其参与边坡抗滑作用时，应对其断面进行抗弯、抗剪计算。锚杆（锚筋桩）深度应根据不稳定块体的埋藏深度、岩体风化程度、卸荷松动深度等确定，且宜根据不稳定块体的滑动方向和施工条件等因素，选择锚杆（锚筋桩）打设方向及最优锚固角，锚杆（锚筋桩）的直径和间距应根据不稳定块体的下滑力计算分析或通过工程类比确定。

预应力锚索属于主动抗滑的支护结构，是实现复杂地质条件导流隧洞进出口边坡变形主动控制的重要手段。边坡预应力锚索的设计总锚固力应根据边坡抗滑稳定分析和应力变形分析确定。一般情况下，锚索均按照设计吨位锁定；当被加固边坡岩体结构松散，锚索预应力损失较大时，可采用超张拉锁定；当被加固边坡卸荷回弹较大或锚索与抗滑桩协同作用时，应采用欠张拉锁定。锚索的布置及其设计参数应根据边坡岩土体性状和拟采用的施工条件研究确定，但要避免产生大面积的拉应力带。

固结灌浆可有效提高岩体的整体性与均质性，提高岩体的抗压强度与弹性模量，减小岩体的变形与不均匀沉陷，在复杂地质条件导流隧洞进出口边坡应用较多，特别是隧洞进口周边边坡的岩体。固结灌浆通常利用贴坡混凝土作为盖重，并可与锚索、锚杆等支护措施及钻孔排水结合布置。

复杂地质条件下导流隧洞进出口边坡支护设计，应以边坡变形主动控制为核心建立支护体系，并密切结合监测数据，及时对边坡支护措施进行调整优化，实现动态设计、信息化施工。

7.1.2.3　进出口边坡稳定性分析评价

通过边坡稳定性分析评价，揭示边坡变形破裂机理与运动规律，是做好导流隧洞进出口边坡变形控制与支护设计的基础与参考，常用的方法主要有工程类比法、边坡稳定性图解法、刚体极限平衡分析法、数值分析法和块体单元法等。

7.1.2.4　不良地质条件导流隧洞进出口边坡变形控制措施

1. 以变形主动控制为核心的支护体系

不良地质条件下导流隧洞进出口高边坡岩体破碎，风化卸荷、倾倒等不良地质问题突出，开挖扰动后边坡变形大，发生局部滑塌甚至整体失稳的可能性很大。结合有限元分析成果，有针对性地布置锁口锚索、锚索框格梁、固结灌浆、贴坡混凝土等变形主动控制措施，结合常规锚喷措施建立以变形主动控制为核心的支护体系，在不良地质条件导流隧洞进出口边坡中显得尤为重要。

2. 施工工序及隧洞合理支护

导流隧洞进出口边坡在开挖基本完成后，经超前锚杆、超前小导管、管棚等超前支护后，需进行隧洞进出口洞段开挖。隧洞的开挖引起边坡应力重分布与变形调整，在不良地质条件下边坡通常会发生较大的变形。应通过对不同施工工序的数值分析，确定相对合理的施工工序，尽量降低隧洞开挖对原本脆弱的边坡的影响，确保不良地质条件导流隧洞进出口边坡变形的主动控制。

综合考虑不良地质条件下边坡及隧洞的地质特性，可采用由锚索、对穿锚索、预应力锚杆、管式锚杆、钢拱架、超前小导管、管棚和喷射混凝土等结构组成的三维洞身支护体系，同时以三维理论计算为依据，通过深层、浅层和面层支护的分工协作，验证不同支护结构对不良地质条件的适应性，通过馈控反演复核支护结构的有效性。依据不同地质条件及馈控结论，实时调整初期支护结构配置，主动适应复杂多变的地质条件，主动控制洞室变形，继而减少因洞室开挖对边坡安全稳定与变形的影响。如有因洞室变形导致边坡变形较大的情况出现，经论证，可采用隧洞预先衬砌的方式予以减轻，确保边坡稳定与隧洞开挖施工安全。

3. 施工工法

不良地质条件下导流隧洞进出口边坡岩体破碎，对爆破开挖的敏感性很大，其边坡变形对爆破的响应性也很大。因此，针对不良地质条件下导流隧洞进出口边坡及隧洞进出口洞段，宜尽可能采用"无爆破机械微创开挖"，确保边坡及洞室有效成型，减小爆破对边坡及洞室安全稳定的影响（图 7.1-1、图 7.1-2）。

7.1.3　导流隧洞初期支护及动态设计

7.1.3.1　锚喷支护参数确定

《岩土锚杆与喷射混凝土支护工程技术规范》（GB 50086—2015）中按照围岩分级给

图 7.1-1　MW 水电站不良地质条件
导流隧洞进口边坡

图 7.1-2　MW 水电站导流隧洞进口无爆破
机械微创开挖

出了隧洞与斜井的锚喷支护的设计参数（表 7.1-2），《水利水电工程锚喷支护技术规范》（SL 377—2007）给出的永久性锚喷支护设计参数见表 7.1-3。

7.1.3.2　锚喷支护的理论计算

（1）地下工程锚喷支护数值计算主要有以下几个特点：

1）根据地下工程的支护结构与其周围岩体共同作用的特点，通常可把支护结构与岩体作为一个统一的组合体来考虑，将支护结构及其影响范围内的岩体一起进行离散化。

2）作用在岩体上的荷载是地应力，主要是重力地应力和构造地应力。地应力的数值原则上应由实际测量来确定。

3）通常可把支护结构材料视作线性，而岩体及岩体中节理面的应力应变关系视作非线性，因而必须采用材料非线性的有限元法进行分析。

4）由于开挖及支护将会导致一定范围内围岩应力状态发生变化，形成新的平衡状态，因而分析围岩的稳定与支护受力状态都必须考虑开挖过程和支护时间早晚对围岩及支护的受力影响。因此计算程序中一般要考虑开挖与支护的施工步骤的影响。

（2）导流隧洞数值计算方法选择。

以硬岩为主的岩体，其围岩的初始应力水平在很大程度上决定了地下工程围岩二次应力的量级，而岩体的承载能力取决于岩石强度和结构面发育程度。这三者之间的关系直接影响着围岩的状态和潜在问题的性质。图 7.1-3 描述了这三个因素与围岩破坏特征的一般关系，其中左侧第 1 行描述了初始地应力水平，它是用初始地应力中的最大主应力与岩石（硬岩）的单轴抗压强度之比来表示的（即图中的 σ_1/σ_3，反映了岩体中应力与承载力之间的关系），其比值小于 0.15 时属于低地应力水平，0.15～0.4 为中地应力水平，高于 0.4 则是高地应力水平；岩体的完整性则由岩体 RMR 分类的分值表示，分别以 50 和 75 为界限划分出 3 种完整性类型的岩体。在低地应力水平条件下，不管岩体的完整程度如何，都不会表现出应力控制型破坏，视岩体完整程度，围岩分别表现出弹性响应、块体滑移和散体型破坏。相反，在高地应力水平条件下，应力控制型破坏则为显著特点。岩体完整程度的不同，总体上会影响具体的破坏范围和方式，但不会从根本上改变破坏的性质。

表 7.1-2　　　　　　　　隧洞与斜井的锚喷支护类型和设计参数

围岩类别	洞室开挖直径或跨度 B/m						
	$B \leq 5$	$5 < B \leq 10$	$10 < B \leq 15$	$15 < B \leq 20$	$20 < B \leq 25$	$25 < B \leq 30$	$30 < B \leq 35$
I	不支护	50mm 厚喷射混凝土	(1) 50~80mm 厚喷射混凝土；(2) 50mm 厚喷射混凝土，设置 2.0~2.5m 长锚杆@1.0~1.5m	100~120mm厚喷射混凝土，设置 2.5~3.5m 长的锚杆@1.25~1.5m，必要时，配置钢筋网	120~150mm厚钢筋网喷射混凝土，设置 3.0~4.0m 长锚杆@1.5~2.0m	150mm厚钢筋网喷射混凝土，相间布置 4.0m 锚杆和 5.0m 低预应力锚杆@1.5~2.0m	150~200mm厚钢筋网喷射混凝土，相间布置 5.0m 锚杆和 6.0m 低预应力锚杆 @1.5~2.0m
II	50mm 厚喷射混凝土	(1) 80~100mm厚喷射混凝土；(2) 50mm 厚喷射混凝土，设置 2.0~2.5m 长的锚杆@1.0~1.25m	(1) 100~120mm厚钢筋喷射混凝土，局部锚杆；(2) 80~100mm厚钢筋网喷射混凝土，设置 2.5~3.5m 长锚杆@1.0~1.5m，必要时，配置钢筋网	120~150mm厚钢筋喷射混凝土，设置 3.5~4.5m 长锚杆	150~200mm厚钢筋网喷射混凝土，设置 3.0m 锚杆和 4.5m 低预应力锚杆@1.5~2.0m	150~200mm厚钢筋网或钢纤维喷射混凝土，相间布置 5.0m 锚杆和 7.0m 低预应力锚杆@1.5~2.0m，必要时布置 $L \geq 10.0m$ 预应力锚杆	180~200mm厚钢筋网或钢纤维喷射混凝土，相间布置 6.0m 锚杆和 8.0m 低预应力锚杆@1.5~2.0m，必要时布置 $L \geq 10.0m$ 预应力锚杆
III	(1) 80~100mm厚喷射混凝土，设置 1.5~2.0m 长的锚杆@0.75~1.0m；(2) 50mm厚钢筋网喷射混凝土，设置 2.0m 长锚杆@1.0~1.25m	(1) 120mm厚钢筋网喷射混凝土，局部锚杆；(2) 80~100mm厚钢筋网喷射混凝土，设置 2.5~3.5m 长的锚杆@1.0~1.5m	100~150mm厚钢筋网喷射混凝土，设置 3.5~4.5m 长锚杆@1.5~2.0m，局部加强	150~200mm厚钢筋网或钢纤维喷射混凝土，设置 3.5~5.0m 长锚杆@1.5~2.0m，局部加强	150~200mm厚钢筋网或钢纤维喷射混凝土，相间布置 4.0m 锚杆和 6.0m 低预应力锚杆@1.50m，必要时局部加强布置 $L \geq 10.0m$ 锚杆	180~250mm厚钢筋网或钢纤维喷射混凝土，相间布置 6.0m 锚杆和 8.0m 低预应力锚杆@1.5m，必要时布置 $L \geq 15.0m$ 预应力锚杆	200~250mm厚钢筋网或钢纤维喷射混凝土，相间布置 6.0m 锚杆和 9.0m 低预应力锚杆@1.2~1.5m，必要时布置 $L \geq 15.0m$ 预应力锚杆
IV	80~100mm厚钢筋网喷射混凝土设置 1.5~2.5m 长的锚杆@1.0~1.25m	120~150mm厚钢筋网喷射混凝土，设置 2.0~3.0m 长锚杆@1.0~1.25m，必要时，设置钢筋仰拱，二次支护	200mm厚钢筋网或钢纤维喷射混凝土，设置 4.0~5.0m 长预应力锚杆@1.0~1.25m，局部钢拱架或格栅拱架，必要时，设置仰拱和实施二次支护				

续表

围岩类别	洞室开挖直径或跨度 B/m						
	B≤5	5<B≤10	10<B≤15	15<B≤20	20<B≤25	25<B≤30	30<B≤35
V	150mm 厚钢筋网或钢纤维喷射混凝土，设置 1.5~2.5m 长的锚杆@0.75~1.25m，设置仰拱和实施的锚喷二次支护	200mm 厚钢筋网或钢纤维喷射混凝土，设置 2.5~3.5m 长、预应力锚杆@0.75~1.0m，局部钢拱架或格栅拱架，设置仰拱和实施二次支护	—	—	—	—	—

注
1. 表中的支护类型和参数，是指隧洞和倾角小于 30°的斜井的永久支护，包括初期支护与后期支护的类型和参数。
2. 复合式衬砌的隧洞和斜井，初期支护采用表中参数时，应根据工程的具体情况，予以减小。
3. 表中凡标明有（1）和（2）两款的支护参数，可根据围岩特性选择其中一种作为设计支护参数。
4. 表中示范围内，洞室开挖跨度小时取小值，洞室开挖跨度大时取大值。
5. 二次支护可以是锚喷支护或现浇钢筋混凝土支护。
6. 开挖跨度大于 20m 的顶洞洞室锚杆宜采用张拉型（低）预应力锚杆。
7. 本表仅适用于洞室高跨比 H/B≤1.2 情况的锚喷支护设计。

表 7.1-3　永久性锚喷支护类型和支护参数表

围岩类别	洞室开挖直径或跨度 B/m					
	B≤5	5<B≤10	10<B≤15	15<B≤20	20<B≤25	25<B≤30
I	不支护	（1）不支护；（2）50mm 喷射混凝土	（1）50~80mm 喷射混凝土；（2）50mm 喷射混凝土，布置长 2.0~2.5m，间距 1.0~1.5m 砂浆锚杆	100~120mm 喷射混凝土，布置长 2.5~3.5m，间距 1.25~1.5m 砂浆锚杆，必要时设置钢筋网	120~150mm 钢筋网喷射混凝土，布置长 3.0~4.0m，间距 1.5~2.0m 砂浆锚杆	150mm 钢筋网喷射混凝土，相同布置和长锚杆，砂浆拉锚杆长 4.0m，间距 5.0m 张拉锚杆 1.5~2.0m

续表

洞室开挖直径或跨度 B/m

围岩类别	B≤5	5<B≤10	10<B≤15	15<B≤20	20<B≤25	25<B≤30
Ⅱ	(1) 不支护； (2) 50mm 喷射混凝土	(1) 80～100mm 喷射混凝土； (2) 50mm 喷射混凝土，布置长 2.0～2.5m、间距 1.0～1.25m 砂浆锚杆	(1) 100～120mm 钢筋网喷射混凝土； (2) 80～100mm 喷射混凝土，布置长 2.0～3.0m、间距 1.0～1.5m 砂浆锚杆，必要时设置钢筋网	120～150mm 钢筋网喷射混凝土，布置长 3.5～4.5m、间距 1.5～2.0m 砂浆锚杆	150～200mm 钢筋网喷射混凝土，布置长 3.5～5.5m、间距 1.5～2.0m 砂浆锚杆，原位监测变形较大部位进行二次支护	200mm 钢筋网喷射混凝土，相间布置长 4.0～5.0m 砂浆锚杆和张拉锚杆、间距 1.5～2.5m，原位监测变形大时，进行二次支护
Ⅲ	(1) 80～100mm 钢筋网喷射混凝土，布置长 1.5～2.0m、间距 0.75～1.0m 砂浆锚杆	(1) 120mm 钢筋网喷射混凝土，布置长 2.0～3.0m、间距 1.0～1.5m 砂浆锚杆	100～150mm 钢筋网喷射混凝土，布置长 3.0～4.0m、间距 1.0～2.0m 砂浆锚杆	150～200mm 钢筋网喷射混凝土，布置长 3.5～5.0m、间距 1.5～2.5m 砂浆锚杆，原位监测变形较大部位进行二次支护	200mm 钢筋网喷射混凝土，布置长 5.0～6.0m 砂浆锚杆和长 6.0～8.0m 张拉锚杆、间距 1.5～2.5m，原位监测变形大部位进行二次支护	
Ⅳ	80～100mm 钢筋网喷射混凝土，布置长 1.5～2.0m、间距 1.0～1.5m 砂浆锚杆	150mm 钢筋网喷射混凝土，布置长 2.0～3.0m、间距 1.0～1.5m 砂浆锚杆，原位监测变形较大部位进行二次支护	200mm 钢筋网喷射混凝土，布置长 4.0～5.0m、间距 1.0～1.5m 砂浆锚杆，原位监测变形较大部位进行二次支护，必要时设置钢拱架或格栅拱架			
Ⅴ	150mm 钢筋网喷射混凝土，布置长 1.5～2.0m、间距 1.25m 砂浆锚杆，原位监测变形较大部位进行二次支护	200mm 钢筋网喷射混凝土，布置长 2.0～3.5m、间距 1.0～1.25m 砂浆锚杆，原位监测变形较大部位进行二次支护，必要时设置钢拱架或格栅拱架				

注：
1. 表中空白部分表示不宜采用锚喷支护作为永久性支护。当采用锚喷支护作为临时性支护时，可参照上一档围岩类别或下一档洞室开挖跨度初步确定支护参数，再根据监测结果最后确定施工用的支护参数。
2. 表中凡标明有 (1) 和 (2) 两个款项支护参数时，可根据围岩特性选择其中一种作为设计支护参数。洞室开挖跨度小时取小值，洞室开挖跨度大时取大值。
3. 表中表示范围内的支护参数，原位监测变形较大部位进行二次支护。

图 7.1-3 可以很好地帮助判断工程中的岩体潜在稳定问题的性质和表现形式，从而可在工作开始阶段拟定计算、设计方法。这种判断仅是初步的，地下工程布置、开挖方式等都可以显著影响岩体的稳定性和破坏方式。随着工程开发进度的推进，可以获得更详细的信息，对问题作出进一步的判断。

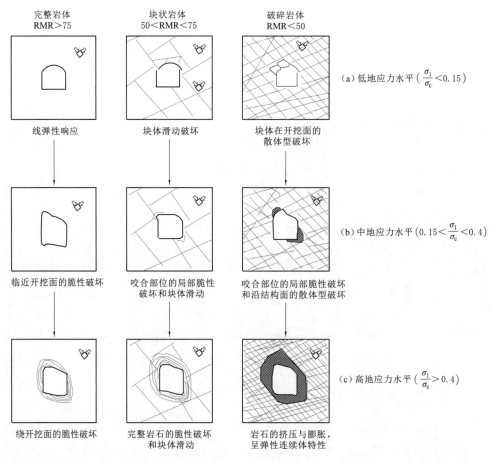

图 7.1-3　地下工程围岩初始条件与围岩稳定状态、破坏特征的一般关系

在工程建设，特别是大型水电工程建设中，工程场址是经过严格考察和论证以后选定的，一般不会选在 RMR 值小于 50 的破碎岩体中。自然界中 RMR 值大于 75 的岩体是比较少见的，在大多数情况下，这类工程场址区岩体以 RMR 值为 50～75 的占主导地位，且岩石以中、高强度为主。当这些工程在地表以下 300m 以内时，如果不考虑个别因素的影响（如边坡坡脚应力集中），最大初始主应力一般不会超过 15MPa，而中等坚硬岩石的单轴抗压强度可以接近 100MPa，这种条件属于低地应力的上限状态。也就是说，大体上，对地表边坡工程和浅埋地下工程而言，沿结构面的块体滑动将是起主导作用的潜在破坏形式，相关的地质调查、岩体力学试验、岩体稳定性研究和岩体加固设计都应该围绕这个主题进行。显然，一些建立在连续介质力学理论基础上的分析方法并不适合于进行这类工程问题的相关研究。

由于导流隧洞埋深一般都不大，涉及的岩体初始应力水平一般都不高，岩体的潜在破坏方式主要取决于岩体本身特性。对于坚硬和中等坚硬岩石地区的这类工程，一般而言，结构面对岩体的潜在破坏方式起决定性作用。因此，对导流隧洞围岩稳定进行岩体不连续力学方法的分析研究是非常必要的，基于连续介质的力学理论的一些分析方法和计算程序，在基本理论上尚不能正确有效地描述岩体的工程行为。

目前针对岩体不连续特性的力学方法大致有 5 种：①极限平衡理论方法；②动量转换方法；③不连续变形分析（discontinuous deformation analysis，DDA）方法；④模态方法；⑤离散元方法。这 5 种方法所涉及的理论假设以及由这些假设所规定的基本功能可以归纳于表 7.1-4。

表 7.1-4　　　　　　　　各种不连续介质的力学方法基本特点一览表

方法	接触性质		块体性质		变形		应变		块体数量		材料性质		破裂		岩体类型		力学状态		力-位移	
	刚性	可变性	刚性	可变性	小变形	大变形	小应变	大应变	少量	大量	线性	非线性	无破裂	有破裂	松散体	紧密型	静力学	动力学	力	力和位移
①	√		√		√				√	○						√	√		√	
②	√		√			√			√	√						○	√			√
③	√		√	√	√	√	√		√	○	√		√		√	√	○			√
④		√	√	√	√	√	√	√	√		○	√	√	√	√	○				√
⑤		√	√	√	√	√	√	√	√			√		√	√	√		√		√

注　"√"表示具备该功能或适用于该条件；"○"表示具备该项功能但可能不充分有效；空白表示不具备该项功能或没有进行这方面的考虑。

由此可见，在进行工程岩体岩石力学数值分析之前，正确认识问题的基本性质和潜在破坏方式的主要类型及其控制因素，是合理选择计算程序和确定计算方法的重要前提。

7.1.3.3　锚喷支护的监控反馈设计

由于地下工程的复杂性，自 20 世纪 50 年代以来，国际上就开始通过对地下工程的量测来监视围岩和支护的稳定性，并应用现场监测结果来修正设计，指导施工。近年来，现场量测又与工程地质、力学分析紧密配合，正在逐渐形成一整套监控设计（或称信息设计）的原理与方法，可较好地反映和适应地下工程的规律和特点，尽管这种方法目前还不是很完善，但无疑是今后发展的方向。岩体力学和测试技术的发展以及大型有限元计算的广泛应用，将会进一步促进地下工程监控设计方法的完善。

《水工隧洞设计规范》（NB/T 10391—2020）中规定，对于锚喷支护的设计，一般宜按工程类比法，对于 1 级或洞径（跨度）大于 10m 的隧洞，宜进行理论计算、数值计算和监控量测。《岩土锚杆与喷射混凝土支护工程技术规范》（GB 50086—2015）中明确指出，应按表 7.1-5 的规定实施现场监控量测。

目前，我国已建和在建的大中型水电工程中，导流隧洞跨度大于 10m 的数量众多，因此，虽然导流隧洞是临时工程（具有与永久隧洞结合要求的除外），施工期也应重视围岩稳定监控与反馈设计。

表 7.1-5 隧洞进行现场监控量测的选定表

围岩类别	洞室跨度（或高度）B/m				
	$B\leqslant5$	$5<B\leqslant10$	$10<B\leqslant15$	$15<B\leqslant20$	$20<B\leqslant25$
Ⅰ	—	—	△	△	√
Ⅱ	—	△	√	√	√
Ⅲ	△	√	√	√	√
Ⅳ	√	√	√	√	√
Ⅴ	√	√	√	√	√

注 "√"为应实施现场全面监控测量的隧洞洞室。"△"为应实施现场局部区段监控量测的隧洞洞室。

1. 监控设计的方法与内容

监控设计原理是通过现场监测获得围岩力学动态和支护工作状态的信息（数据），据此，再通过必要的力学分析，以修正和确定支护系统的设计和施工对策。

监控设计通常包含两个阶段——初始设计阶段和修正设计阶段。初步设计，一般应用工程类比法与理论与数值初步分析法进行。修正设计则是根据现场监控量测所得到的信息，进行理论解析与数值分析，作出综合判断，得出最终设计参数与施工对策。

监控设计的主要环节可以分为现场监测、数据处理、信息反馈三个方面。现场监测包括：制定方案，确定测试内容，选择测试手段，实施监测计划。数据处理包括：原始数据的整理，明确数据处理的目的，选择处理方法，提出处理结果。信息反馈包括：反馈方法（定性反馈与定量反馈）和反馈的作用（修正设计与指导施工）。

2. 监测数据反馈设计、施工的经验法

监测数据反馈设计、施工是监控设计中最重要的一环，但目前尚未形成完整的设计体系。当前采用的由测量数据反馈设计的方法主要是定性的，即依据经验和一些理论上的推理来建立一些准则。根据测量数据和这些准则即可调整设计参数和施工对策。

（1）围岩壁面位移分析。

用位移总量表达的围岩稳定准则通常是以围岩内表面的收敛值、相对收敛值或位移值等表示。《岩土锚杆与喷射混凝土支护工程技术规范》（GB 50086—2015）中提出了允许的围岩变形控制标准（表 7.1-6）。

表 7.1-6 围岩变形控制标准

围岩类别	洞周相对收敛量		
	洞深小于 50m	洞深为 50～300m	洞深大于 300m
Ⅲ	0.10～0.30	0.20～0.50	0.40～1.20
Ⅳ	0.15～0.50	0.40～1.20	0.80～2.00
Ⅴ	0.20～0.80	0.60～1.60	1.00～3.00

注 1. 洞周相对收敛量是指两测点间实测位移值与两测点间距离之比，或拱顶位移实测值与隧道宽度之比。
　　2. 脆性围岩取小值，塑性围岩取大值。
　　3. 本表适用于高跨比 0.8～1.2，埋深小于 500m，且其跨度分别不大于 20m（Ⅲ 类围岩）、15m（Ⅳ 类围岩）、10m（Ⅴ 类围岩）的隧洞洞室工程。否则应根据工程类比，对隧洞、洞室周边允许相对收敛值进行修正。

（2）围岩内位移及松动区分析。

围岩内位移及松动区的大小一般通过多点位移计和围岩声波检测确定。根据理论分析，围岩的洞壁位移量与松动区的大小一一对应，相对于围岩的最大允许变形量有一个最大允许松动区半径。当围岩松动区半径超过允许值时，围岩就会出现破坏，此时，必须加强支护或改变施工方式，以减少松动区范围。

（3）锚杆应力测量分析。

锚杆轴向力是检验锚杆效果与锚杆强度的依据，根据锚杆极限抗拉强度与锚杆应力的比值 K（锚杆安全系数）即能作出判断。锚杆轴力越大，K 值越小。当锚杆中某段最小的 K 值稍大于 1 时也应认为合理，即使出现局部段 K 值稍大于 1，一般亦不会拉断，因为钢材有较大的延性。

锚杆轴力在洞室断面各处是不同的，根据日本隧道工程的实际调查，可以发现：①锚杆轴力超过屈服强度时，净空变位值一般超过 50mm；②同一断面内，锚杆轴力最大者多数在拱部 45°附近到起拱线之间的锚杆；③拱顶锚杆，不管净空位移值大小如何，出现压力的情况是不少的。

（4）围岩压力测量分析。

根据围岩压力分布曲线可知围岩压力的大小与其分布状况。围岩压力的大小与围岩壁的位移量及支护刚度密切相关。围岩压力大，表明喷层受力大，这可能有两种情况：一种是围岩压力大但围岩变形量不大，这表明支护时间，尤其是仰拱的封底时间过早，需延迟支护和仰拱封底时间，让原岩释放较多的应力；另一种是围岩压力大，围岩变形量也很大，此时应加强支护，以限制围岩变形。当测得的围岩压力很小但变形很大时，还应考虑是否会出现围岩失稳。

（5）喷层应力量测分析。

喷层应力是指切向的应力，因为喷层的径向应力总是不大的。喷层应力可以是指初期支护中的喷层应力，也可以是指最终支护中的喷层应力，但一般是指前者。喷层应力反映喷层的安全度，设计者可据此调整锚喷参数，特别是喷层厚度。喷层应力是与围岩压力密切相联系的，喷层应力大，可能是由于支护不足，也可能是由于仰拱封底过早，其分析与围岩压力的分析大致相似。

（6）地表下沉量测分析。

地表下沉量测主要用于浅埋洞室，是为了掌握地面产生下沉的影响范围和下沉值而进行的。地表下沉曲线可以用来表征浅埋隧道围岩的稳定性，同时也可以用来表征对附近地表已有建筑物的影响。

横向地表下沉曲线如左右非对称，下沉值有显著不同时，多数是由于偏压地形、相邻隧道的影响以及滑坡等引起，故应附加其他适当量测，仔细研究地形、地质构造等影响。

（7）物探量测。

物探量测主要指声波法量测。按测试的声波速率可确定松动区的范围及其动态，并应与围岩内位移图获得的松动区相对照，以综合确定松动区范围。

7.1.4　导流隧洞衬砌结构

7.1.4.1　衬砌的作用及分类

导流隧洞衬砌的作用主要包括：①平整洞身围岩表面，降低糙率，减少水头损失；②提高洞身围岩的防渗能力；③防止水流、大气、温度和湿度变化对洞身围岩的冲刷与破坏；④加固洞身围岩、与围岩的初期支护联合承担荷载。

根据衬砌的受力不同，隧洞衬砌可分为不承载的混凝土衬砌、钢筋混凝土衬砌与钢板混凝土衬砌等。若洞身防渗要求较高，隧洞衬砌可考虑采用预应力混凝土衬砌。导流隧洞洞身常用的衬砌结构形式主要为不承载的混凝土衬砌与钢筋混凝土衬砌。不承载的混凝土衬砌通常用于Ⅰ类、Ⅱ类围岩洞段以及断面相对较小且为无压流的导流隧洞工程中，不良地质条件下大断面导流隧洞通常采用钢筋混凝土衬砌。

7.1.4.2　钢筋混凝土衬砌设计

1. 衬砌设计总体原则

钢筋混凝土衬砌主要在采用其他支护形式不能满足承载能力极限状态设计要求时采用，衬砌厚度应根据构造要求，并结合施工方法分析初步选择，经内力、配筋分析反馈最终确定。单层钢筋混凝土衬砌最小厚度不小于 30cm，双层钢筋混凝土衬砌最小厚度不小于 40cm。钢筋混凝土衬砌混凝土强度等级不低于 C20，钢筋保护层厚度不小于 5cm，泥沙含量大、冲刷严重的导流隧洞，其钢筋保护层厚度应适当加大至 10cm 左右。

2. 衬砌分缝

（1）在地质条件变化处，井、洞及进出口建筑物交会处，以及可能产生较大变位处，应设置变形缝。

（2）围岩条件比较均一的洞段，只设置施工缝，施工缝间的洞段长度根据施工方法、设备、混凝土浇筑能力及气温的变化等具体确定，一般为 6～12m，且底拱和边顶拱的环向缝不宜错开；对于无防渗要求的导流隧洞洞段的环向施工缝，分布钢筋可不过缝，不设置止水。

（3）纵向施工缝应设置在衬砌结构拉应力较小的部位。当先衬砌边顶拱（即带帽混凝土）时，对于拱座的反缝应进行妥善处理。

（4）导流隧洞永久堵头所在洞段衬砌环向施工缝应埋设永久止水结构。

3. 回填灌浆

回填灌浆的目的是使衬砌与围岩紧密贴合，使围岩和衬砌共同承受外水压力。无论围岩的性状如何，导流隧洞衬砌与混凝土围岩之间均应进行回填灌浆。回填灌浆的设计内容包括灌浆压力、灌浆孔排距及灌浆浓度等，设计时可根据规范和经验取值。

（1）一般情况下顶拱 90°～120° 范围内左右对称布置回填灌浆，单双排交替排列，孔排距一般为 2～6m，灌浆孔深入围岩 0.1m 以上。其他部位是否设置回填灌浆视混凝土衬砌浇筑情况决定。

对于塌陷、溶洞、较大超挖等部位，为保证灌浆效果，要求预埋灌浆管和排气管，其预埋管的数量和位置要根据实际情况确定。

（2）素混凝土灌浆压力可为 0.2～0.3MPa，钢筋混凝土灌浆压力可为 0.3～0.5MPa。

回填灌浆应在衬砌混凝土强度达到设计强度的 70％以后进行，如按龄期估算，建议在衬砌混凝土浇筑完成 14d 后进行。

4. 固结灌浆

固结灌浆能有效提高洞身围岩的承载能力与抗渗性能等力学性能，通常在进出口与较破碎的Ⅳ类、Ⅴ类围岩洞段采用，具体位置须根据工程地质条件、水文地质条件及运用要求，通过经济技术比较决定。固结灌浆一般可分为浅层低压固结灌浆与高压防渗固结灌浆。

（1）浅层低压固结灌浆一般情况下采用全断面对称布置、单双排交替排列，孔排距一般为 2.0～4.0m，灌浆孔深应穿过围岩松动圈，灌浆压力一般不超过 1.0MPa。

（2）高压防渗固结灌浆一般用于进口地质条件极差的围岩洞段及永久堵头段端部洞段，具体是否采用须根据实际地质条件、水文条件及运行条件确定。其主要作用为抵抗高外水压力，起到控制渗透稳定、减少渗透量的作用，兼有浅层固结围岩的作用。固结灌浆伸入围岩深度不小于 0.5～1 倍洞径，灌浆压力一般为水压力的 1～2 倍，且不小于 1MPa。

5. 排水孔

外水压力控制衬砌设计时，应设置排水孔降低外水压力，确保高水头压力作用下衬砌结构安全，节省工程投资。但衬砌设置排水孔会造成隧洞大量渗水或透水，永久堵头施工困难，甚至影响工程安全。同时，若围岩裂隙发育并夹有充填物时，应在排水孔中设置软式透水管，防止岩屑随水带出。一般也不建议在不良地质洞段采用排水孔排水。

随着理论的发展和工程的实践，特别是二滩、MW、溪洛渡等工程中一大批大断面高压导流隧洞的顺利封堵，采取"以堵为主，限量排放"或者称为"可控排放"的防排水设计准则，被更多工程师所接受，即利用回填、固结灌浆起到围岩与衬砌共同受力、减少渗透量的作用；利用衬砌设置浅排水孔达到降低作用在衬砌外表面的外水压力、实现"可控排放"的目的。

一般情况下，对于导流隧洞进口浅埋洞段，其地质条件差，且距库水位太近，不宜设置排水孔，其衬砌按全水头进行设计。进洞后地质条件相对好转，距离库水位相对较远，而衬砌还是受外水压力控制的洞段，可在隧洞的边顶拱设置浅排水孔；排水孔布置高程在多年平均流量对应水位以上，以防止长期的内水外渗至围岩。排水孔深度以打穿衬砌、入岩 10cm 左右控制。

6. 衬砌裂缝处理

导流隧洞衬砌裂缝产生的原因错综复杂，根据目前的认识，主要原因有以下几个方面：

（1）衬砌设计不当，致使衬砌内力超过混凝土强度设计值。

（2）温度应力或干缩应力超过混凝土的抗拉强度设计值。

（3）施工原因，如混凝土均质性差、模板变形、拆模过早、浇筑时地下水未妥善处理、冷缝以及超欠挖引起应力集中等。

（4）其他原因，如反缝或浇筑缝处理不当而重新开裂等。

当导流隧洞衬砌产生裂缝和渗漏时，应先查明裂缝的原因，并根据裂缝的原因、开裂和渗水的程度及其对工程的影响，再决定处理方式或者不处理。一般导流隧洞混凝土衬砌裂缝主要为上述（2）～（4）方面原因造成的，其处理一般采用水泥灌浆或加钢筋网喷浆，也有采用磨细水泥灌浆、化学灌浆和环氧树脂合成物填塞等措施。例如云南某水电工程导流隧洞衬砌裂缝处理要求如下：对于表面缝宽 $\delta < 0.3mm$ 的非贯穿性裂缝，原则上不做处理；对于 $0.3mm \leqslant \delta \leqslant 0.5mm$ 的非贯穿性裂缝，采用表面涂刷环氧涂料封闭或封闭后自流灌纯水泥浆进行处理；对于 $\delta > 0.5mm$ 的裂缝或贯穿性裂缝，凿槽封闭后低压灌纯水泥浆处理（灌浆压力不大于 0.5MPa。水泥宜采用超细水泥）。

7.1.4.3 隧洞衬砌结构计算

1. 水工隧洞结构计算现状

随着国内外水电工程的蓬勃发展与大量建设研究，水工隧洞衬砌结构的设计理论和计算方法均有了很大程度的进展。围岩是承担水压力的主要结构，衬砌对围岩起着加固作用的结论已基本形成共识。

随着对于水工隧洞的认识程度提高，在处理围岩稳定和衬砌设计方面产生了两类方法。第一类是根据工程地质条件和实践经验对围岩进行等级划分，然后按照不同围岩等级来确定所需的衬砌支护系统，即工程类比法。但是这种方法没有考虑衬砌与围岩之间的相互作用以及围岩对衬砌设计带来的一些影响，由于人们的认知程度不同，因此在设计中采用的参数就有所差异。第二类是利用连续或非连续介质的力学方法来处理围岩与衬砌之间的关系，这一方法就考虑到了衬砌与围岩之间共同作用的影响。连续或非连续介质力学分析方法为研究岩石力学问题的两个基本计算模型，但非连续介质力学分析方法在研究围岩稳定性的理论还在发展过程当中，目前还未用于实践，所以目前仍然采用连续介质力学作为岩石学问题研究的基本原理。

目前国内外水工隧洞结构设计计算方法有很多种，大致归纳如下：

（1）超静定反力分析法（即荷载-结构计算模型分析法）。在给定的围岩塌落体荷载作用下进行衬砌内力分析，研究静定荷载及反力系统作用下其支护状态。该方法适用于覆盖层较薄、岩土强度不高及跨度比较大的隧洞。

（2）复合整体法。研究围岩和支护系统组成复合体的状态。该方法应用范围广，但缺点是难以考虑开挖面的时间效应及三维效应。

（3）特征曲线法。根据衬砌和地层变形特征曲线的交点，确定支护系统所承受的压力。该方法可以弥补复合整体法的不足，更好地解释测试结果，但该模型大多用于研究无衬砌和锚喷支护系统的洞室围岩稳定分析。

（4）指标分类法。根据地质条件如岩体构造、岩石强度、岩性特征及坑道围岩稳定状态等，通过工程类比给出支护结构的参数和类型。

以上四种结构设计计算方法中，前三种是利用了连续或非连续介质力学分析方法研究围岩的稳定和支护系统设计，最后一种是根据工程地质条件和实践经验将围岩分类，进而确定支护系统。

2. 水工隧洞衬砌计算方法

在进行水工隧洞衬砌结构计算时，目前常用的方法有弹性力学法、结构力学法、有限元法。

（1）弹性力学法。

弹性力学法在水工隧洞衬砌计算中的应用经历了两个多世纪的发展，无论在理论还是实践方面都有举足轻重的地位。该方法的特点就是能够对围岩进行分析，严格按照围岩与衬砌共同作用条件分析，不需要借助弹性抗力。然而，弹性力学理论只能对某特定条件的水工隧洞求出精确解析式，在非圆形断面水工隧洞中就较难得出可用的解析解。为了能对其他各种形状断面的水工隧洞进行衬砌分析，可使用文克尔弹性地基杆件结构力学方法。

（2）结构力学法。

结构力学法不仅可以给出工程上实用的计算方法，而且揭示了各种因素、相关参数对结构应力分布的影响，对认识各影响因素具有重要意义。

1）传统结构力学计算方法。把衬砌当作弹性地基上的杆系结构，作用于衬砌上的荷载为破坏拱下的岩体重量及内、外水压力。在圆形断面中的顶拱法向位移为离开围岩的方向，因此假定顶拱的两侧 45°范围内没有抗力，其余 270°范围内的抗力假定按某种规律进行分布；同样对其他形状断面的顶拱抗力范围也可以采用该类型假定。此计算方法由于圆拱部分需要假定抗力的图形，就算直杆部分的杆件离开了围岩也加入了负的抗力，必然导致较大的计算误差。所以，水工隧洞衬砌的结构力学方法本身存在着如下几个缺点：①弹性抗力系列理论和实际情况不符合；②计算方法本身的思路有偏差，不是主动地去防止围岩坍塌，而是被动衬砌，以承受计算好的荷载，使得衬砌厚度增大；③该方法只能求出衬砌应力，不能求出围岩应力，无法分析围岩的稳定，因而很难从理论上研究其加固方法。

2）边值法。随着计算机技术的发展，为了克服传统结构力学计算方法的缺点，引进了边值法，即将水工隧洞衬砌结构计算转化成用初参数求解非线性常微分方程组的边值问题，并且结合水工隧洞计算分析荷载和洞型的特点，计算在各种荷载及其组合作用下水工隧洞衬砌的内力和位移。通过上述方法编成专业的程序，对衬砌上弹性抗力不作任何假定，最后即可由计算机进行迭代计算、求出抗力的分布。此方法是目前水工隧洞衬砌计算最常用的方法。

（3）有限元法。

有限元法是目前广为应用的数值计算方法，已经成为求解复杂地下隐蔽工程设计计算问题的重要工具。随着计算机的发展，从 20 世纪 70 年代以来，弹性力学方法中的数值方法主要是边界元法和有限元法。有限元法能对任何复杂岩体结构中的水工隧洞进行分析，从而成为水利水电技术中最为有效的方法。有限元法的应用有效与否，主要取决以下两个条件：一是能否准确了解地质变化情况，如岩体深部的岩性变化界限、断层延展的情况、节理裂隙实际分布的规律等；二是能否深入了解介质物性，就是岩体各个组成部分在复杂应力应变作用下的变形特性、强度特性和破坏规律等。

3．导流隧洞衬砌计算

导流隧洞属水工隧洞，衬砌计算可根据各设计阶段的要求、衬砌形式、作用特点、围岩情况和施工方法等进行计算方法选择：

（1）对于直径（或宽度）不小于 10m 的一级隧洞和高压隧洞，宜采用有限元法计算。

（2）在围岩相对均质且覆盖满足规范规定的有压圆形隧洞，可按厚壁圆筒方法进行计算，计算中考虑弹性抗力。

（3）对于无压圆形隧洞及其他形式断面（如城门洞形、马蹄形等）的隧洞，宜按数值解法计算。

平行布置多条隧洞时，衬砌强度的计算必须考虑相邻隧洞开挖引起的岩体应力状态和衬砌强度的变化，可采用有限元法计算。

导流隧洞通常为临时建筑物，其衬砌计算中无须考虑地震工况，但若是永临结合，则须对其衬砌结构进行抗震验算。

7.1.5 导流隧洞堵头结构

7.1.5.1 堵头型式及封堵机理

隧洞或涵洞封堵，需要浇筑一定长度的混凝土塞，俗称堵头。我国部分工程导流隧洞堵头型式及特性见表7.1-7。

表7.1-7　　　　　　　　　我国部分工程导流隧洞堵头型式及特性

工程名称	建设地点	图示		堵头型式	隧洞断面	设计水头/m	封堵长度/m	封堵年份
龙羊峡导流隧洞	青海黄河	平面图		瓶塞状	城门洞形	154	30	1987
李家峡导流隧洞	青海黄河	立面图		瓶塞状	城门洞形	135	60	1997
公伯峡导流隧洞改建	青海黄河	立面图		瓶塞状	城门洞形	108.9	30	2004
石门导流隧洞	陕西褒河	平面图		板壳状	城门洞形	70	2	1975
东风导流隧洞	贵州乌江	平面图		瓶塞状	城门洞形	142	30	1993

续表

工程名称	建设地点	图示		堵头型式	隧洞断面	设计水头/m	封堵长度/m	封堵年份
天生桥一级导流隧洞	广西南盘江	平面图		瓶塞状	马蹄形	147.2	21	1998
小浪底导流隧洞改建	河南黄河	立面图	孔板泄洪洞	柱状	圆形	143	49.5	2000
莲花导流隧洞改建	黑龙江牡丹江	平面图	2号引水洞 1号引水洞 1号、2号导流洞	柱状	圆形	50	约30	1996
碧口导流隧洞改建	甘肃白龙江	立面图	泄洪洞	柱状	城门洞形	86	45	1975

　　堵头型式有截锥形、短钉形、柱形、拱形及球壳形等。截锥形堵头能将压力较均匀地传至洞壁岩石，受力情况好，常被广泛采用。短钉形开挖较易控制，但钉头部分应力较集中，受力不均匀，不常采用。柱形堵头不能充分利用岩壁的承压，只能依靠自重摩擦力及黏结力达到稳定，隧洞较少采用，常用于涵洞。拱形堵头混凝土量少，但对岩石承压及防渗要求较高，可用于岩体坚固、防渗性较好的地层，如陕西石门水库导流隧洞封堵，就采用了这种堵头。球壳形堵头结构单薄，只能用作临时堵头，如石门水库引水洞竖井的临时封堵。

　　堵头承受的基本荷载除水头静水推力、自重、扬压力外，还应包括重新分布的地应力和周界接缝灌浆产生的径向弹性抗力所组成的综合围压，但以往的设计原则多未考虑综合围压的有利影响。

　　由于洞室开挖打破了地层原始平衡状态而发生地应力重分布，表现为洞周某一范围内的切向应力增大而径向应力减小，洞壁径向应力为0。在一般洞断面形状和岩石条件下，当地应力的水平分量与垂直分量之比（$\sigma_H/\sigma_V = \lambda$）不是特别大（$\lambda \gg 3$）或特别小（$\lambda \ll 0.3$）时，洞周各点将全面发生指向临空面的收敛变形，洞断面呈全面缩小趋势，堵头混凝土浇筑后，堵头区域内基本恢复为近似原始地层状态，在其邻近范围内必然会发生第二次应力重分布，使原来集中的地应力均化为接近原始地应力分布状态，堵头周界上就会承受来自围岩的压应力，形成可称为"围岩对堵头的握裹效应"的强劲约束，表现为堵头周界的抗剪断能力大大增强了，此时的堵头与围岩组成了一个统一的承载结构物。

为保证堵头周界同围岩良好接触，一般都要进行顶拱回填灌浆和接缝灌浆。灌浆后，由于浆液结石的"楔紧作用"，在周界上必然产生附加径向应力，使堵头同原衬砌或围岩间出现相互作用的弹性抗力，由此引起地应力分布的第三次调整，进一步加强地应力对堵头的握裹效应。有关隧洞的预压应力衬砌的原型观测和计算表明，即使考虑了混凝土和围岩徐变和浆液结石收缩等因素造成的应力松弛，接缝上的灌浆残余应力仍可保持在初始应力的 $40\%\sim70\%$。

上述地应力和灌浆预压应力是可能叠加的。综合围压的握裹作用转换为堵头周界的抗剪断力，也就是表面摩擦力和材料固有黏聚力的叠加。

归纳以上分析，堵头是一个上游端面受轴向水头推力和沿周界的摩擦力及黏聚力组成反向抗力的静力平衡的承载结构物，其周界是最大可能的破坏面。

7.1.5.2 封堵的一般要求

隧洞的堵头位置，一般设在靠上游或坝基下部，并与坝基防渗帷幕连接成防渗系统。涵洞堵头，对于心墙或斜墙坝，一般设在心墙或斜墙下部；对于均质土坝，宜设在靠上游 1/3 洞长附近的截流环处。无论隧洞或涵洞堵头，均须选择基岩较好的部位。若导流隧洞与永久水工隧洞相结合，则堵头的位置通常位于"龙抬头"抬头段的起始上游侧，即永久隧洞与导流隧洞交叉位置的上游侧。

对于不与永久泄水建筑物结合的导流泄水建筑物，或部分结合的导流隧洞，在完成导流任务后，需要进行封堵。对于专用导流底孔，为不影响坝的整体性，则须按坝体应力要求，通常应全堵（如拱坝），或堵塞其中大部分。对于导流隧洞的堵塞段，则须满足堵头的抗滑稳定和温控及防渗要求。为使新、老混凝土结合良好，孔壁须凿毛；为增加堵头的稳定性，在堵头浇筑混凝土以前，可在岩石中开挖键槽或在底孔和隧洞的混凝土衬砌中预留键槽，或埋设插筋等，并进行接缝灌浆，以保证混凝土堵头与岩石或衬砌间有足够的抗剪力。

导流隧洞（或涵洞）断面都较大，堵头体积也大，为防止产生温度裂缝，一般需分段分层浇筑，并有降温措施。堵头中部设有灌浆廊道，对接缝和周壁岩层进行固结灌浆。

7.1.5.3 堵头长度和稳定计算方法

1. 按导流隧洞直径倍数确定堵头长度

在早期工程中堵头长度常采用 3 倍洞径或更大，随着工程实践增多，此数值逐渐减小。目前采用该方法确定堵头长度时（多用于水头小的中小型工程）多采用 $2\sim2.5$ 倍洞径。这种单一考虑洞径因素的纯经验方法的主要缺陷是，堵头作为一个承载结构物，却没有计入构成主要作用荷载的水头因素，因而在概念上是含混的。

2. 按经验公式 $L=(3\sim5)H/100$ 选择堵头长度

该公式中，L 为堵头长度，H 为作用水头。挪威 80 多个导流隧洞或引水洞的支洞堵头，作用水头 $150\sim965m$，通常按作用水头百分数选取长度（早期个别工程达到 11%），百分数取值由设计者根据经验结合堵头直径、岩石条件综合考虑。这种方法的缺陷是忽略了断面大小等因素，具有较大的片面性。

3. 按经验公式 $L=\eta HD$ 选择堵头长度

该公式中，D 为混凝土堵头直径，m；η 为系数，$\eta=0.015\sim0.02$，$H<100\mathrm{m}$ 时取大值，$H\geqslant100\mathrm{m}$ 时取小值；若堵头截面形状不是圆形而是方圆形或其他形状，则 D 用等效直径，可按公式 $D=\sqrt{\dfrac{4\omega}{\pi}}$ 计算（ω 为堵头截面面积，m^2）。

该公式的合理性有了较大改善，它将堵头的长度 L 表示为水头 H 和堵头直径 D 的函数，比较符合实际情况，但缺陷是没有考虑与堵头联合作用的围岩的影响。

经过对大量投入运行堵头的计算和分析，按经验公式 $L=\eta HD$ 确定的堵头长度，中低水头的抗滑稳定安全系数基本合理，高水头的计算结果偏于安全。在设计初期和缺乏地质资料时，可用该经验公式来初拟堵头长度和估算工程量。

4. 极限承载能力计算理论

根据《水工隧洞设计规范》（NB/T 10391—2020）及《水工混凝土结构设计规范》（DL/T 5057—2009），有

$$\gamma_0\psi S(\,\cdot\,)\leqslant\frac{1}{\gamma_\mathrm{d}}R(\,\cdot\,) \tag{7.1-1}$$

其中
$$S(\,\cdot\,)=\sum P_\mathrm{R}$$
$$R(\,\cdot\,)=f_\mathrm{R}\sum W_\mathrm{R}+c_\mathrm{R}(A_\mathrm{R1}+\lambda A_\mathrm{R2})$$

式中：γ_0 为结构重要性系数，应按《水工混凝土结构设计规范》（NB/T 11011—2022）的有关规定选用；ψ 为设计状况系数，对应于持久状况、短暂状况、偶然状况，应分别取 1.0、0.95、0.85；γ_d 为结构系数，应按《水工混凝土结构设计规范》（NB/T 11011—2022）的有关规定选用；$S(\,\cdot\,)$ 为作用效应函数；$R(\,\cdot\,)$ 为抗力函数；$\sum P_\mathrm{R}$ 为滑动面上封堵体承受的全部切向作用之和，kN；f_R 为混凝土与围岩的摩擦系数；c_R 为混凝土与围岩的黏聚力，kPa；$\sum W_\mathrm{R}$ 为滑动面上封堵体全部法向作用之和，向下为正，kN；A_R1 为封堵体底部与围岩接触面的面积，m^2；A_R2 为封堵体侧面与围岩接触面的面积，m^2；λ 为封堵体侧面与围岩有效接触面面积系数，根据工程具体情况采用 0.3～0.8。

计算中相关作用及其分项系数、作用效应组合应按《水工隧洞设计规范》（NB/T 10391—2020）第 9.2.1 条的规定采用。

5. 抗滑稳定理论

此理论套用混凝土重力坝抗滑稳定核算方法并加以修正而形成，当不考虑浮托力时其表达式为

$$L=\frac{KAH\gamma_1}{A\gamma_2 f_\mathrm{R}+\alpha c_\mathrm{R}S} \tag{7.1-2}$$

考虑浮托力时其表达式为

$$L=\frac{KAH\gamma_1}{A(\gamma_2-\gamma_1)f_\mathrm{R}+\alpha c_\mathrm{R}S} \tag{7.1-3}$$

式中：K 为安全系数（设计 $K=3$，校核 $K=2.5$）；A 为堵头横截面的面积，m^2；H 为作用水头，m；γ_1、γ_2 分别为水和混凝土的容重，$\mathrm{N/m}^3$；f_R 为混凝土与围岩的摩擦系数；c_R 为混凝土与围岩的黏聚力，Pa；α 为封堵体与围岩有效接触面面积系数，按现行

《水工隧洞设计规范》（NB/T 10391—2020），底部取 1，侧壁取 0.3～0.8，顶部取 0。

此理论较全面地体现了影响堵头长度的各有关要素，受力概念明确。然而大量的研究表明，其计算方法中接触面有效面积系数 α 的取值与实际情况不符，因为通过灌浆可以保证堵头与围岩有一定的接触，但计算中顶拱 α 取 0，降低了堵头的抗滑力。

6. 圆柱面抗冲剪理论

从堵头混凝土与围岩接触面受剪切力的微观角度出发，认为堵头在水推力的作用下有沿圆周面的滑动趋势，材料的黏聚力是唯一的抗力。在周界上剪应力不大于允许剪应力时，认为堵头处于稳定状态。堵头长度为

$$L \geqslant \frac{P_{\mathrm{H}}}{C_{\mathrm{s}}[\tau]} \qquad (7.1-4)$$

式中：L 为堵头长度，m；C_{s} 为堵头横断面承剪边界周长，m；P_{H} 为水平合力，$10^6\mathrm{N}$；$[\tau]$ 为允许剪应力，一般取 0.2～0.3MPa。

这种设计原则下的堵头受力概念明确，计算简便，其柱面剪应力平均分布假定在一定长度范围内，就具有一定的合理性，有较好的实用性。

7. 堵头的有限元设计计算方法

随着计算理论、计算方法的发展和计算手段的不断更新，应用大型电子计算机和大型结构分析程序，对一些大型工程堵头及一定范围的围岩进行三维有限元应力分析计算所需堵头的长度，在一些工程已经得到应用。如鲁布革导流隧洞堵头长 23m（约为洞径的 1.5 倍），通过三维有限元计算表明，13m 长的第一段即可满足安全运行需要；二滩水电站导流隧洞堵头计算得出，当堵头长 49m（相当洞径 2.15 倍）时，可承受的安全荷载在 5 倍设计水头左右；澳大利亚歌登坝的导流隧洞堵头长度原为 14.6m（为洞径的 1.5 倍），经三维有限元分析计算后，实际采用的长度为 6.5m（约为洞径的 0.6 倍）。这些都说明应用三维有限元对堵头的应力进行分析计算以确定其长度是完全可行的。天荒坪抽水蓄能电站的 6 号施工支洞堵头承受 680m 水头压力，选用 Super SAIX I 版程序分析后，无论是堵头内轴向应力 σ_{c}、沿隧洞环向应力 σ_{v}，还是传向岩石的应力 σ_{t}，影响值较大的范围均约为 1 倍洞径的长度，堵头长度超过 1.5 倍洞径后，σ_{v}、σ_{t} 的值已非常小。天生桥一级水电站导流隧洞的堵头长度，通过三维有限元分析计算后，由原设计的 40m 缩短为 21m（约为洞径的 1.5 倍），两条导流隧洞共节约堵头混凝土 $7156\mathrm{m}^3$。

应用三维有限元分析计算，确定堵头长度及对其周围不良岩体应采用的加固措施，是水工隧洞堵头设计的发展方向，它不仅可以减少工程量、节省投资，而且缩短堵头的施工时间，使工程提前运行并尽快产生效益，值得推广和应用。

堵头稳定的有限元计算方法有如下两种。

（1）整体安全系数法。该方法考虑堵头与围岩之间的变形协调和应力分配，较客观地反映了围岩应力和渗透压力等环境因素的作用与影响。根据有限元计算结果得到接触面上法向应力 σ_{n} 与沿滑动面剪应力 τ，通过对所有接触面单元积分，计算堵头的整体安全系数。计算式为

$$K_{\mathrm{f}} = \frac{\sum \sigma_{\mathrm{n}i} f A_i + \sum \alpha_i c A_i}{\sum \tau_i A_i} \geqslant [K_{\mathrm{f}}] \qquad (7.1-5)$$

式中：K_f 为潜在滑动面抗剪断安全系数；f 为抗剪断摩擦系数；c 为黏聚力，MPa；σ_{ni} 为潜在滑动面某单元法向应力，MPa；τ_i 为潜在滑动面某单元剪应力，MPa；α_i 为该单元的有效面积系数，取值参考常规计算方法中的系数取值；A_i 为潜在滑动面某单元面积，m²。

（2）点安全系数法。点安全系数实际上不是某个节点或关键点的安全系数，而是局部区域的安全系数。总的设计思路是：如果所有的局部区域都处于安全稳定状态，那么结构的整体也一定是安全的。计算式为

$$K_c = \frac{\sigma_{ni} f + \alpha_i c_i}{\tau_i} \geqslant [K_c] \tag{7.1-6}$$

式中：K_c 为点抗剪断安全系数；f 为抗剪断摩擦系数；c_i 为黏聚力，MPa；σ_{ni} 为滑动面法向应力，MPa；τ_i 为滑动面剪应力，MPa。

7.1.5.4　堵头稳定计算方法评价

上述堵头长度计算的七种方法中，前三种为经验公式，第 1 种方法，单纯用封堵隧洞直径来确定堵头长度，没有考虑作用水头荷载，缺陷明显；第 2 种方法，则单纯用作用水头来确定堵头长度，没有考虑封堵洞径的影响，也是片面的；第 3 种方法，综合考虑了作用水头和封堵洞径的影响，具有一定的合理性。大量的工程实践证明，中低水头时该公式计算结果基本合理，但高水头的计算结果偏于安全。

第 4 和第 5 种方法均是由重力坝抗滑稳定计算公式得来，实质上第 4 种方法用各种分项系数代替了第 5 种方法中的安全系数 K。这两种方法采用传统设计思路，但是未考虑水压力作用下堵头混凝土受围岩的侧向约束的有利影响，同时在有效接触面面积系数取值时通常不是很合理。现行工程设计中一般是考虑堵头顶部接触不良、接缝灌浆效果不佳、接触面的处理清洗不良和混凝土的收缩等影响因素，堵头顶部一般取 0，侧墙部位取 0.3～0.8，底部取 1，在计算中偏于保守，往往造成在堵头长度设计时偏安全，使本来就比较短暂的封堵工期更加紧张，不利于充分保证施工质量。

第 6 种方法从微观角度出发，假定堵头周边承受均匀分布的剪应力，材料的黏聚力是唯一的抗力。与第 4 和第 5 种方法相比，第 6 种方法没有考虑滑动面法向力的有利影响，同时假定堵头承受均匀剪应力。但是其关键问题是 $[\tau]$ 值的选取，一些国外工程多在 0.1～0.3MPa 之间，我国一些已建堵头工程实例的平均剪应力多小于国外工程，《水电工程施工组织设计规范》（NB/T 10491—2021）建议 $[\tau]$ 值一般控制在 0.2～0.3MPa。若材料黏聚力 c 取 0.8～1.0MPa，不考虑滑动面法向力，大约相当于第 4 和第 5 种方法中的安全系数 K 为 2.67～3.2。

基于有限元计算的整体安全系数法和点安全系数法，分别考虑了堵头的整体和局部稳定性。同时考虑了混凝土与围岩间的变形协调和相应的应力应变关系，还可以综合考虑围岩压力、渗透水压力等因素的影响，比常规设计方法有很大程度的改善。但是堵头稳定的有限元计算方法仍然是以稳定性系数作为永久结构的安全评价标准，并没有根据有限元计算方法的特征提出相应的控制标准，只是比常规方法更为准确地在整体或者局部再现，因此，建立合理的体现有限元方法特点的堵头稳定评价控制标准应该是今后的发展方向。

7.1.5.5 堵头温度控制

导流隧洞封堵堵头混凝土施工温度控制应符合以下规定：

（1）堵头混凝土最高温度控制标准应按照设计温度控制要求或通过温度应力计算分析确定。

（2）堵头周边缝应进行接触灌浆，灌浆前应将堵头混凝土冷却至分区稳定温度或设计确定的接缝和接触灌浆温度。堵头混凝土的稳定温度取值与其周边混凝土或围岩的稳定温度一致，封堵混凝土宜分期冷却，降温过程同样应遵循小温差、早冷却、缓慢冷却的原则。接缝灌浆、接触灌浆系统设计应充分考虑现场施工条件及可能存在的缺陷问题，宜设置重复灌浆系统。

（3）堵头混凝土散热效果差，冷却条件不好，堵头混凝土经论证可采用微膨胀混凝土。环境水对混凝土无侵蚀性时，宜选用低热微膨胀水泥、中热硅酸盐水泥和低热硅酸盐水泥。

（4）对可能较早承受高水头的导流隧洞封堵体首段，宜尽早实施接触灌浆。

表7.1-8列出了我国若干水电工程导流隧洞封堵段情况。

表7.1-8　　　　　　　我国若干水电工程导流隧洞封堵段情况

序号	工程名称	省份	河流	用途	体型	断面尺寸（宽×高）/（m×m），洞径/m	水头/m	堵头长度/m	水头与堵头长度的比值	堵头长度与洞径的比值	修建时间
1	白鹤滩	四川/云南	金沙江	导流	瓶塞式	17.5×22	255	75	3.4	4.29	2019年11月—2021年4月
2	溪洛渡	四川/云南	金沙江	导流	瓶塞式	18×20	240	65	3.69	3.6	2013年
3	石门	陕西	褒河	导流	板壳式	6.5	70	2	35	0.31	1975年
4	碧口	甘肃	白龙江	导流	圆筒式	8×11.5	86	45	1.91	5.63	1975年
5	龙羊峡	青海	黄河	导流	瓶塞式	15×18	157	42	3.74	2.8	1987年
6	鲁布革	云南	黄泥河	导流	瓶塞式	12×16	88	23	3.83	1.92	1988年
7	MW	云南	澜沧江	导流	瓶塞式	15×19	110	35	3.14	2.33	1993年
8	东风	贵州	乌江	导流	瓶塞式	12×14.13	140	30	4.67	2.5	1993年
9	莲花	黑龙江	牡丹江	导流	圆筒式	12×14	55	30	1.83	2.5	1996年
10	李家峡	青海	黄河	导流	瓶塞式	11×14	135	60	2.25	5.45	1997年
11	天生桥一级	广西	南盘江	导流	瓶塞式	13.5	154	21	7.33	1.56	1998年
12	二滩	四川	雅砻江	导流	瓶塞式	17.5×23	194	49	3.96	2.8	1998年
13	小浪底	河南	黄河	导流	圆筒式	14.5	143	49.5	2.89	3.41	2000年
14	公伯峡	青海	黄河	导流	瓶塞式	11×14	109	30	3.63	2.73	2004年
15	珊溪	浙江	飞云江	导流	瓶塞式	9.6×11.6	110	36	3.06	3.12	2000年
16	牛头山	浙江		导流	圆筒式	6.3×7.8		18		2.36	2005年
17	安砂	福建		导流	瓶塞式	8.5×9		21		1.97	1997年

序号	工程名称	省份	河流	用途	体型	断面尺寸（宽×高）/（m×m），洞径/m	水头/m	堵头长度/m	水头与堵头长度的比值	堵头长度与洞径的比值	修建时间
18	棉花滩	福建	汀江	导流	瓶塞式	11×15	106.26～109.30	38	2.8～2.88	2.69	2000年
19	MW	云南		导流	城门洞式	13×15	106	45（永久堵头）	2.36	3.0	2016年
20	MW	云南		导流		15×17	96	20（临时堵头）	4.8	1.33	2016年
21	DG	西藏		导流	城门洞式	15×17	78.62	36（永久堵头）	2.18	2.40	2021年
22	DG	西藏		导流	城门洞式	15×17	77.00	15（临时堵头）	5.13	1.00	2021年

7.1.5.6　有关堵头设计的其他要求

1. 堵头的材料要求

《水工隧洞设计规范》（NB/T 10391—2020）规定，封堵体应采用混凝土结构，其迎水面强度等级不宜低于C20，其他部位不宜低于C15。

《水工隧洞设计规范》（SL 279—2016）规定，在封堵体设计和施工中应考虑温控措施。封堵混凝土可采用低热水泥、掺用粉煤灰等，必要时可考虑采用微膨胀水泥。选用微膨胀水泥的封堵体，应进行微膨胀水泥的物理力学试验、混凝土配比试验，根据试验成果研究封堵体的分层分块和回填及接缝灌浆问题。采用微膨胀水泥的封堵体宜进行专门设计。

采取了必要的温控措施后可不计温度应力。高地温区封堵体的温度应力问题应进行专门研究。

封堵体必须做好回填灌浆，必要时应进行二次回填灌浆。

2. 堵头的构造要求

《水工隧洞设计规范》（NB/T 10391—2020）规定，封堵体的开挖体型，可随主洞开挖一次成型，不宜进行二次开挖。

封堵体与围岩之间宜设置锚筋，锚筋间排距不宜小于2m，锚筋入岩深度可取2～4m，深入封堵体的长度不宜小于0.5m。

封堵体材料可采用微膨胀混凝土，膨胀剂及其掺量宜通过试验确定。封堵体顶部必须进行回填灌浆，周边接触灌浆宜根据封堵体位置、承受水头及重要性确定。封堵段围岩固结灌浆宜根据工程地质条件和防渗要求确定。固结灌浆的间排距宜为2～3m，灌浆孔深入围岩不宜小于 0.5 倍洞径（洞宽）。封堵体内宜设置灌浆廊道。

导流隧洞封堵段的固结灌浆宜在截流前完成。接缝灌浆、接触灌浆、补强帷幕灌浆宜在灌浆廊道内进行，并应在下闸蓄水前完成。

封堵体首部与主洞原衬砌结构应有 2m 的搭接长度。在搭接范围内应做好环向止水设计。

对于长度小于 20m 的封堵体，可不设横缝。

对有压导流隧洞，在截流前，宜对主洞封堵部位预留的三角槽进行临时回填处理。

7.1.6 导流隧洞堵头前衬砌结构安全性

7.1.6.1 概述

工程实践表明，导流隧洞在内水压力水头或外水压力水头大于等于 100m、等效洞径在 10m 以上的情况下，当存在断层、岩溶、库水位连通方面优势结构面等不良地质条件时，上覆岩体厚度较小或由于坝肩、溢洪道等枢纽建筑物边坡开挖造成上覆岩体厚度较小，堵头前衬砌结构安全性应引起足够重视。

我国水电工程建设实践表明，部分导流隧洞由于堵头前衬砌结构的安全性考虑不足，轻则结构缝、排水孔大量渗水，增加堵头施工难度；重则调整水库蓄水规划、延长发电工期，造成重大经济损失。

7.1.6.2 高水头条件下永久堵头前洞段结构设计要点

永久堵头前洞段除需要满足导流隧洞运行期的各种工况外，其结构设计尚需要满足永久堵头施工期的设计工况，这点区别于一般的水工隧洞。导流隧洞封堵期通常进行水库初期蓄水，库水位逐渐抬升，堵头前洞段又需保持无水状态，其衬砌结构承受的水头将越来越大。对于封堵期承受高水头的导流隧洞，堵头前洞段承受的外水压力较大，结构失事后将导致封堵工程无法开展，直接影响发电。永久堵头前洞段是否衬砌，除考虑地质条件外，尚需考虑下闸后库水位抬高带来的水文地质条件的变化，满足围岩的渗透稳定。如采用喷锚支护，喷混凝土承受的外水压力不高于喷混凝土与岩石之间的黏结强度。《岩土锚杆与喷射混凝土支护工程技术规范》（GB 50086—2015）第 6.3.3 条规定，喷混凝土与岩石基底间的黏结强度对于结构作用型不小于 0.8MPa，对于防护作用型不小于 0.2MPa。

导流隧洞进口洞段的围岩风化、卸荷一般较强，岩体质量较差，且上覆岩体厚度不大，水流渗径较短，其衬砌结构设计时的外水水头宜取全水头，既不进行水头折减，也不宜布置排水孔。进行全水头计算的长度应在分析围岩的允许水力比降的基础上合理确定，有研究者提出此段不宜少于 30~50m。

堵头前洞段沿线附近分布溶洞时应分析溶洞在水库蓄水后的水压升高及水头对隧洞衬砌结构的影响。溶洞与隧洞的水流渗径较短，围岩不满足渗透稳定时一般采用全水头进行衬砌结构设计。以下列举两个工程实例。

（1）彭水水电站。

彭水水电站 2008 年 1 月 12 日下闸，随即 2 号导流隧洞桩号 0+000～0+030 出现大流量渗水，渗水总量约 1.3m³/s。构皮滩水电站 2008 年 11 月 28 日下闸，当水库蓄水至 495m 高程时，左岸低线导流隧洞桩号 0+060～0+130 某部位发生透水，实测最大流量

$38\sim40\text{m}^3/\text{s}$，洞内水深 8.5m。

（2）构皮滩水电站。

乌江构皮滩水电站左岸 1 号导流隧洞距进口 50m 左右遇 5 号喀斯特分支。施工期为引排 5 号喀斯特来水（$10\sim13\text{m}^3/\text{s}$）设置了 5 号排水洞，直通水库。2008 年 11 月 29 日 1 号导流隧洞下闸，12 月 1 日库水位升至 490m，库水由导流底孔和放空底孔下泄，12 月 3 日 1 号导流隧洞 K0+080 顶拱喷混凝土被击穿，涌水水流直径 3m，导流隧洞内水深 8m，涌水波浪高度 1m 以上，实测涌水流量 $30.5\sim44.67\text{m}^3/\text{s}$，相应库水位 $493.92\sim495.46\text{m}$（高于进口底板高程 430m 约 60m），致使涌水点下游约 250m 的永久堵头施工无法进行。此次涌水为 5 号排水洞将库水引至 5 号喀斯特系统，击穿了导流隧洞洞顶喷混凝土衬砌所致。

导流隧洞封堵堵头和进口闸门间有大量气体时，封堵时堵头前一般有排气设施，以防止发生气爆等强烈破坏，排水设施设置在导流隧洞上游段较高部位，并与地面相通。双沟水电站导流隧洞长约 560m，断面 12m×12m。工程利用导流隧洞堵头埋设钢管（直径 1.4m）引水发电，以泄放下游河道生态流量。堵头前 0+098.77 设生态流量竖井，直径 2.0m，高程 553m 以上为四边形取水塔，塔顶高程 567.1m，塔壁厚 30cm，塔顶设直径 117mm 排气孔。导流隧洞堵头长 30m，分前 10m 和后 20m 两段，2009 年 9 月中旬下闸蓄水后随即进行封堵，前 10m 于 9 月 28 日浇完，后 20m 埋设压力钢管（直径 1.4m）、闸阀安装和混凝土浇筑同步进行，于 10 月 19 日浇完，11 月 4 日回填灌浆结束。2009 年 11 月 6 日 12：15，水库水位 553m，7 个灌浆工人突然听到一声巨响，并被强大的水流击倒，值班房被掀翻，洞内阀门和阀后钢管被水流冲出 20m 左右；7～8min 后钢管水流突然减小，且倒吸气并伴有尖锐叫声，此时洞内水深约 60cm；12：30 左右相隔 10s 内发出两声闷响，导流隧洞出口连续喷出高度超过 100m 的水柱，后者高于前者。13：50 进洞检查，发现导流隧洞内出水流量较大，生态流量竖井底部 2m 混凝土完好，2～5m 部位开裂、损坏，5m 以上全部崩塌，山坡上有水迹；闸门井下游山体有两处冒水泡，略带小漩涡，直径 30cm 左右。根据工程破坏过程及其水力现象分析，认为随着水库水位上升，导流隧洞闸门后隧洞衬砌喷混凝土结构被击穿后库水大量压入导流隧洞，压缩堵头和导流隧洞闸门间的气体，而生态流量竖井顶盖排气孔孔径仅为 117mm，不能及时排除压缩空气而发生了气爆事故。平寨水库导流隧洞由于堵头封堵时段计划调整，堵头封堵施工接近汛期，大大增加堵头封堵施工的强度和风险。为防止库水位上升至导流隧洞进口闸门设计最高挡水水位（1265.8m）后临时封堵闸门发生突然破坏而导致堵头上游段洞内瞬间充水而产生气爆，在导流隧洞堵头上游洞段桩号 0+204 和 0+240 分别设置了 2 个直径 150mm 排气减压孔，采用钢管直接伸向上部地面，与外界大气接通。

7.1.6.3　高压导流隧洞堵头前衬砌结构安全性分析

导流隧洞衬砌结构设计，封堵期往往是控制性工况，外水压力是封堵期的主要荷载，要确保衬砌结构安全，关键是确定作用在衬砌外表面的外水压力大小，研究需要采取的工程措施，并据此开展安全性验算。

目前对于外水压力有两种假设，即面力假设和体积力假设，两者最根本的区别在于渗流的性质。如果隧洞围岩和衬砌阻止了稳定渗流场的形成，水压力以静力的形式作用于衬砌外表面，这就是面力假设。体积力假设认为，围岩和衬砌都是渗水介质，水流在这些介质中形成稳定的渗流场，渗流场内产生与水压力梯度成正比的渗流体积力，体积力作用于围岩和衬砌，反过来又影响应力场。体积力假设试图以更广泛的视角来研究分析所出现的问题，具有一定的合理性。体积力假设需要开展渗流场的分析，计算相对较为繁杂。

外水压力的分析大致可分为三大类，包括规范取值、面力假定和体积力假定。

1. 规范取值

《水工隧洞设计规范》（NB/T 10391—2020）规定，作用衬砌结构外表面上的外水压力可采用地下水位线至隧洞中心的作用水头乘以外水压力折减系数，外水压力折减系数结合采取的截排水措施按表 7.1-9 选取。

表 7.1-9   外 水 压 力 折 减 系 数

隧洞级别	地下水活动状态	地下水对围岩稳定的影响	外水压力折减系数
1	洞壁干燥或潮湿	无影响	0~0.20
2	沿结构面有渗水或滴水	软化结构面的充填物质，降低结构面的抗剪强度，软化软弱岩体	0.10~0.40
3	沿裂隙或软弱结构面有大量滴水、线状流水或喷水	泥化软弱结构面的充填物质，降低其抗剪强度，对中硬岩体发生软化作用	0.25~0.60
4	严重滴水，沿软弱结构面有小量涌水	地下水冲刷结构面中的充填物质，加速岩体风化，对断层等软弱带软化泥化，并使其膨胀崩解及产生机械管涌，有渗透压力，能鼓开较薄的软弱层	0.40~0.80
5	严重股状流水，断层等软弱带有大量涌水	地下水冲刷带出结构面中的充填物质，分离岩体，有渗透压力，能鼓开一定厚度的断层等软弱带，并导致围岩塌方	0.65~1.0

2. 面力假定

规范取值方法中外水压力折减系数的取值与围岩水文地质条件、采取的截排水措施关系并不明确，增加了评价的不确定性。我国专家提出基于无限含水层中竖井理论的简化计算方法，视衬砌和围岩为各向同性的均匀介质，隧洞为圆形，水流为稳定流，其运动规律符合达西定律，计算模型见图 7.1-4。

根据地下水水力学理论，可推导出隧洞中作用在衬砌外表面的外水压力、作用在灌浆圈外表面的外水压力及隧洞涌水量的计算公式：

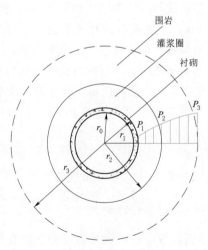

图 7.1-4   外水压力折减系数计算模型

$$P_1 = \frac{P_3 \ln \dfrac{r_1}{r_0}}{\dfrac{k_1}{k_3}\ln\dfrac{r_3}{r_2} + \dfrac{k_1}{k_2}\ln\dfrac{r_2}{r_1} + \ln\dfrac{r_1}{r_0}} \tag{7.1-7}$$

$$P_2 = \frac{\dfrac{k_2}{k_3}P_1\ln\dfrac{r_3}{r_2} + P_3\ln\dfrac{r_2}{r_1}}{\dfrac{k_2}{k_3}\ln\dfrac{r_3}{r_2} + \ln\dfrac{r_2}{r_1}} \tag{7.1-8}$$

$$Q = \frac{2\pi\dfrac{P_3}{\gamma}k_3}{\dfrac{k_3}{k_2}\ln\dfrac{r_2}{r_1} + \dfrac{k_3}{k_1}\ln\dfrac{r_1}{r_0} + \ln\dfrac{r_3}{r_2}} \tag{7.1-9}$$

式中：P_1 为作用在衬砌上的外水压力；P_2 为作用在灌浆圈外表面上的外水压力；Q 为隧洞涌水量；P_3 为外水压力；r_0 为衬砌等效内半径；r_1 为衬砌等效外半径；r_2 为灌浆圈等效半径；r_3 为围岩等效半径；k_1 为衬砌渗透系数；k_2 为灌浆圈渗透系数；k_3 为围岩渗透系数。

作用在衬砌外表面的外水压力折减系数 β_1 和作用在灌浆圈外表面的外水压力折减系数 β_2 分别计算如下：

$$\beta_1 = \frac{\ln\dfrac{r_1}{r_0}}{\dfrac{k_1}{k_3}\ln\dfrac{r_3}{r_2} + \dfrac{k_1}{k_2}\ln\dfrac{r_2}{r_1} + \ln\dfrac{r_1}{r_0}} \tag{7.1-10}$$

$$\beta_2 = \frac{\dfrac{k_2}{k_3}\beta_1\ln\dfrac{r_3}{r_2} + \ln\dfrac{r_2}{r_1}}{\dfrac{k_2}{k_3}\ln\dfrac{r_3}{r_2} + \ln\dfrac{r_2}{r_1}} \tag{7.1-11}$$

确定作用在衬砌外表面上的外水压力后，进行承载力极限状态的验算。

3. 体积力假定

体积力假定基于流固耦合理论：对于围岩，根据结构性状可采用各向同性或各向异性的介质模型，衬砌可采用各向同性的介质模型；对于围岩与混凝土的接触面，根据施工质量，建议选择专门的介质模型，如薄层单元等；对于排水孔，可认为是比一般渗流介质渗透系数大很多的特殊介质，简化计算中排水孔的渗透系数取值可为周边介质渗透系数的1000 倍。

根据有限元的计算成果（如渗流场的分布、最大水力梯度、渗流量等）来判断渗流稳定性。

对于大断面高压导流隧洞，除进行承载力极限状态的验算，尚应进行正常使用极限状态的验算。正常使用极限状态的验算主要是对衬砌作正截面裂缝宽度验算，计算方法可按《水工隧洞设计规范》（SL 279—2016）附录 D 推荐的公式进行，最大裂缝宽度不宜超过 0.4mm。

7.1.6.4　提高堵头前衬砌结构安全性的工程措施

1. 设计原则

大断面高压导流隧洞衬砌结构设计一直是导流设计中的难点问题，存在着"以堵为主"还是"以排为主"的争论。采用全封堵方案，衬砌将承受巨大的外水压力，以至于使结构设计变得十分困难，造成不必要的浪费；采用以排为主的方案，可大幅降低作用在衬砌上的外水压力，但会造成隧洞大量渗水或透水，永久堵头施工困难，甚至影响工程安全。

随着理论的发展和工程的实践，特别是二滩、MW、溪洛渡等工程中一大批大断面高压导流隧洞的顺利封堵，采取"以堵为主，限量排放"或称为"可控排放"的防排水设计准逐渐被更多工程师所接受，即利用回填、固结灌浆起到围岩与衬砌共同受力、减少渗透量的作用；利用衬砌设置浅排水孔，降低作用在衬砌外表面的外水压力，实现"可控排放"的目的。

2. 堵头前衬砌回填灌浆

堵头前衬砌回填灌浆的作用、要求及施工方法，与普通洞段衬砌类似。为确保导流隧洞堵头前衬砌结构安全，应严格做好堵头前衬砌洞段回填灌浆的质量检查。质量检查可分别采用吸浆法和雷达探测法。

3. 堵头前围岩固结灌浆

堵头前围岩固结灌浆是提高堵头前衬砌结构安全性的重要手段，但并非所有洞段都要固结灌浆，也并不是灌浆圈厚度越大越好，需要根据工程的具体条件经技术、经济比较确定。固结灌浆按作用可分为浅层低压固结灌浆和高压防渗固结灌浆。

浅层低压固结灌浆主要用于改善岩体的力学性能，提高围岩的自承载能力和抗渗性能，适用于进口等极浅埋洞段，灌浆压力一般不超过 1.0MPa，孔距和排距一般为 2~6m，深度应穿过围岩松弛圈。图 7.1-5 为 MW 水电站进口极浅埋洞段固结灌浆典型剖面图。值得注意的是，为确保围岩稳定并减少隧洞渗流量，极浅埋洞段衬砌不宜设置排水孔，在进行衬砌承载力验算时不宜考虑外水压力的折减。

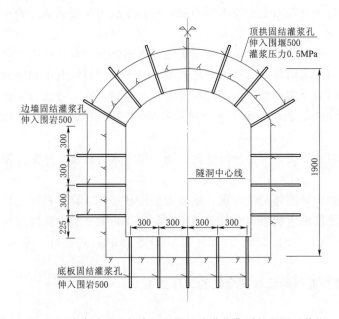

图 7.1-5　MW 水电站进口极浅埋洞段固结灌浆典型剖面图（单位：cm）

高压防渗固结灌浆主要为抵抗高外水压力，起到控制渗透稳定、减少渗透量的作用，兼有浅层低压固结灌浆的作用，灌浆压力宜高于作用在灌浆圈上外水压力 1.0MPa，孔距和排距一般为 2～6m，入岩深度不宜小于隧洞直径（或洞宽）的 1/2，灌浆圈渗透坡降可按不大于 50 控制，断层、岩溶等不良地质洞段灌浆参数应通过工程类比和现场试验确定。

固结灌浆的质量检查应严格控制，可分别采用压水试验和岩体波速测试两种方法，并以前者作为灌浆质量检查的主要控制标准。压水试验宜采用单点法，合格标准为 85％以上试段的透水率不大于设计规定，其余试段的透水率值不超过设计规定的 150％，且分布不集中。固结灌浆透水率设计标准一般为 3～5Lu，杨房沟、白鹤滩水电站固结灌浆透水率设计标准为 3Lu，MW 水电站固结灌浆透水率设计标准为 5Lu。

4. 堵头前衬砌排水孔

设置排水孔可有效降低作用在堵头前衬砌上的外水压力。为减小导流隧洞运行期内水外渗对围岩的影响，尽可能避免在常水位以下设置排水孔。排水孔的间距、排距可采用 2～4m，入岩深度以 0.5m 为宜，排水孔入岩过长不仅增加隧洞的渗流量，而且破坏固结灌浆的效果。为确保排水效果，以免堵塞，排水孔的施工应在回填灌浆、固结灌浆完成后进行。

为了阻止围岩中岩屑随水带出、恶化围岩，可在排水孔中设置软式透水管。当围岩中软弱面充填物有被水溶解和带走的可能性，为保持围岩稳定，需慎重研究是否设置排水措施。

设置排水孔洞段的岩体最小覆盖厚度应满足挪威准则。

5. 孔洞封堵

在导流隧洞前期勘探、施工过程中形成的探勘平洞、施工支洞应有效封堵，堵头型式优先采用易于施工的柱形，堵头段的长度及灌浆设计除满足渗流稳定外，尚应根据水文地质条件，满足渗透坡降的要求。

6. 工程实例

我国部分水电站导流隧洞堵头前衬砌截排水设计实例见表 7.1-10。

表 7.1-10　　　　我国部分水电站导流隧洞堵头前衬砌截排水设计

水电站	地质条件	隧洞规模	封堵期设计外水水头/m	衬砌厚度	截排水方案
MW	砂板岩互层，Ⅲ～Ⅳ类为主，局部Ⅴ类	城门洞形 13.0m×15.0m	106	进口渐变段 3m，其余洞段 1～2m	进口渐变段及Ⅳ～Ⅴ类围岩洞段进行固结灌浆；进口 108m 洞段不设排水孔，其余洞段边顶拱设排水孔
金安桥	玄武岩，Ⅲ类为主，局部Ⅱ类、Ⅳ类	1 号导流隧洞城门洞形 16.0m×19.0m	123	进口渐变段 2m，其余洞段 0.6～1m	Ⅳ类围岩洞段进行固结灌浆
杨房沟	变质粉砂岩和花岗闪长岩，Ⅳ类、Ⅱ类围岩为主，局部Ⅲ类	城门洞形 13.0m×16.0m	119	进口段 2.5m，其余洞段 0.6～2.0m	全断面固结灌浆；进口 120m 洞段不设排水孔，岩性接触带至堵头段不设排水孔，变质粉砂岩洞段设随机排水孔
白鹤滩	玄武岩，Ⅱ～Ⅲ类为主	城门洞形 17.5m×21.0m	约 117	进口洞段 2.5m，其余洞段 1.1～1.5m	第一类柱状节理洞段及Ⅳ类围岩洞段进行固结灌浆

7.1.6.5 导流隧洞大流量漏水处理实例

1. 三板溪水电站大流量漏水处理

三板溪水电站正常蓄水位 475m，施工导流采用围堰一次拦断河床、隧洞导流的方式，导流隧洞进口底板高程 317m，出口底板高程 313m，城门洞形断面，净断面尺寸 16m×18m（宽×高）。

导流隧洞于 2006 年 1 月 7 日下闸，下闸后进洞检查发现洞内多处渗水，主要集中在进口附近的排水孔、裂缝、结构横缝和门槽一、二期混凝土结合面。堵头施工期，漏水量约 0.3m³/s，在堵头上下游设置黏土围堰，采用 2 根 DN300 钢管进行排水，抽水采用 6 台潜水泵。

2. 构皮滩水电站大流量漏水处理

构皮滩水电站共 3 条导流隧洞，左岸 1 条低洞（高程 430m）和 1 条高洞（高程 450m），右岸 1 条低洞（高程 430m），平底马蹄形断面，净断面尺寸 15.6m×17.7m（宽×高）。

导流隧洞于 2008 年 11 月 28 日下闸，当水库蓄水至 495m 高程时，左岸低洞洞身桩号 0+060～0+130 某部位发生透水，实测最大流量 38～40m³/s，洞内水深 8.5m。

为满足永久堵头施工需要，在上下游设置混凝土围堰（后期加高作为临时堵头），混凝土采用水下浇筑，采用 1 根 DN2000 和 2 根 DN1400 钢管进行自流排水，钢管采用水下沉放。

3. 彭水水电站大流量漏水处理

彭水水电站共 2 条导流隧洞，1 号导流隧洞长 1308m，2 号导流隧洞长 1188m，洞室底板高程 208m，洞顶高程 224.6m。导流隧洞于 2008 年 1 月 12 日下闸，2 号导流隧洞洞身桩号 0+000～0+030 出现大量渗水孔，渗水流量约 1.3m³/s。

渗水处理采用内排方案，即用足够多的抽水设备对渗漏水进行强排，在 2 号导流隧洞永久堵头上、下游及 1 号导流隧洞下游设置混凝土临时堵头，上游临时堵头在 208m 高程预埋 2 根 ϕ1000 排水钢管，2 个下游临时堵头在 208m 高程各预埋 1 根 ϕ1000 排水钢管，确保永久堵头能在干地条件下施工。

临时堵头于 2008 年 1 月开始施工，为保证临时堵头的正常施工，共投入 5 台抽水泵（1260m³/h）进行抽水，2008 年 5 月 1 日临时堵头施工完成，开始永久堵头齿槽的开挖，2009 年 10 月 31 日永久堵头施工完成。

4. GGQ 水电站导流隧洞封堵渗水处理

GGQ 水电站共 1 条导流隧洞，导流隧洞长 837.26m，城门洞形断面，净断面尺寸 16m×18m。导流隧洞于 2011 年 9 月下旬下闸，下闸后导流隧洞洞身衬砌施工缝、排水孔部位多处发生渗水，估算全洞渗水总量约 1000m³/h。

渗水处理采用内排方案，即用足够多的抽水设备对渗漏水进行强排，在导流隧洞永久堵头上游设置 17m 长的混凝土临时堵头，临时堵头预埋排水钢管将渗水排导至永久堵头施工工作面下游，确保永久堵头能在干地条件上施工。

5. 滩坑水电站 1 号导流隧洞封堵体渗水处理

滩坑水电站 1 号导流隧洞布置于坝址左岸，为城门洞形断面，衬砌净断面尺寸 12m×

14m（宽×高），隧洞总长 1070m。导流隧洞堵头采用 30m 长的混凝土"瓶塞"型重力式堵头。受台风影响，堵头施工进度滞后，在主汛期来临之前，为确保工程安全，在堵头混凝土还未充分冷却收缩的情况下，进行了回填、接触灌浆，经一段时间收缩后，缝面张开，形成了渗水通道。

渗水处理采用"双孔双液、高压灌注、刚柔结合、快速封闭"的工艺方案，从下游向上游、从低处向高处的灌浆原则对堵头进行了补灌，补灌材料用水泥，补灌后缝面局部少量滴水、无集中渗水点，补灌效果明显。

6. 索风营水电站导流隧洞封堵

索风营水电站导流隧洞进口高程 761m，堵头上游洞身段分布有 f_2、f_3、f_{j4} 断层交汇带，岩体破碎，发育多个溶洞，形成近水平的 S_{63} 喀斯特系统，与河水联系密切。该洞段衬砌混凝土厚 0.6～1.0m。鉴于导流隧洞下闸蓄水后库水位上升很快，S_{63} 喀斯特系统附近第 4 天的渗透压约 35m，稳定后约 47m，可能导致衬砌失稳，使封堵工程失败。工程建设时将 781m 高程交通洞改造为后期导流隧洞，降低了左岸导流隧洞封堵期的挡水水头与风险。

7.1.7　导流隧洞衬砌混凝土温度控制

7.1.7.1　隧洞衬砌混凝土温控研究现状

导流隧洞属水工隧洞，其衬砌混凝土受水泥水化热作用、温度应力等影响，很多导流隧洞衬砌混凝土结构均发现了不同程度的温度裂缝。温度裂缝，尤其是贯穿性裂缝对结构安全影响很大，而隧洞又属于地下工程，一旦出现裂缝，修复处理工作难度大，因而危害也极大。

从目前工程经验与实践来看，国内外有关混凝土温控的研究大多集中于大坝等大体积混凝土，而关于地下工程（地下厂房、隧洞等）衬砌混凝土温度控制的研究相对很少。《水工隧洞设计规范》（NB/T 10391—2020）对温度荷载和温控要求的重视程度，远不及重力坝等其他水工结构设计规范，温度荷载只作为出现概率较小的特殊荷载在条文说明中阐述：温度变化、混凝土收缩、膨胀和灌浆压力等对衬砌的影响，我国传统的办法是采用施工措施和构造措施来解决；衬砌分缝在条文说明中的阐述是：施工缝之间的洞段长度，可根据施工方法、混凝土浇筑能力及气候变化等具体情况分析决定，一般宜采用 6～12m，且底拱和边、顶拱的环向缝不宜错开；条文说明中进一步补充说明：事实上衬砌与围岩密贴，且结合牢固，它与地面结构不同，其伸缩缝间的长度不能按地面结构规定，以计算确定，但工程实践亦反映，当采用高强度等级混凝土衬砌时，分段长度即使是少于6m，衬砌开裂情况仍很严重，故分段长度应结合围岩条件、工程情况、施工方法和施工能力等综合分析确定，一般仍宜采用 6～12m；希望在工程实践中不断总结归纳，提出更合理的规定。规范中对于隧洞衬砌的温度控制标准没有具体的规定和要求，仅在规范附录 J 混凝土衬砌裂缝及其防止措施中提出了若干相关建议。

在实际工程中，我国对于隧洞衬砌混凝土温控的研究工作也开展得少，XW、JW、天生桥一级、二级、龙滩、东江、东风、洪家渡等水电站的地下工程都没有进行过温度及温度应力分析，也没有提出相应的温控要求。有关设计院曾经因小浪底工程孔板泄水洞的尺寸大、衬砌厚度大、结构复杂等情况而进行了专门的温控研究，对不同强度等级、不同衬砌厚度的混凝土允许最高温度提出了要求（38～56℃）和一些温控措施，但只采用简化公式对隧洞的温度和温度应力进行计算分析。

7.1.7.2　隧洞衬砌混凝土温控基本认识

1. 温度随时间的变化

隧洞衬砌混凝土浇筑后，由于水化热作用温度场迅速升高，一般在 3d 左右达到最高温度；然后温度场迅速下降，1 个月左右表面温度接近洞内空气温度，之后进入年周期性循环变化。在周期性循环阶段，秋冬季节，衬砌温度高于空气温度；春夏季节，空气温度高于衬砌温度。

2. 衬砌结构温度场分布

衬砌结构段中心部位的温度最高，端部和表面的温度要低一些，中心温度与表面温度最大差值可达 10℃以上。边墙厚度方向的温度分布表现为：在温升阶段和早期温降阶段，中心部位温度最高，围岩侧次之，表面温度最低；进入周期性循环后，在秋冬季节围岩侧温度最高，中心次之，表面最低，但都略高于空气温度，春夏季则相反，围岩侧最低，表面最高，且都低于洞内空气温度。

3. 应力随时间的变化

温度应力变化过程一般表现为：在水化热温升阶段，衬砌混凝土压应力不断增长，温度达到最高时压应力达到峰值；然后随着温度的降低，压应力减小，直到表现为拉应力。在早期水化热温降阶段，拉应力增长很快，而且混凝土的早期抗拉强度较低。因此，防裂的重点在早期 28d 以内，尤其要注意开浇后 14d 内的温控防裂。

4. 衬砌结构应力场分布及裂缝发展

在温度最高的中心部位，应力变化的幅度和数值都是最大的，衬砌端部应力则要小得多。在水化热温升阶段，衬砌应力基本都表现为压应力，围岩侧应力值最大，中心次之，表面最小；水化热温降阶段的应力状态是：最初表现为表面拉应力最大，中心次之，围岩侧一般仍处于压应力状态，然后表现为中心拉应力最大，表面次之，围岩侧拉应力仍较小。因为几何约束条件复杂，在后期，拱脚处的拉应力一般发展较快，甚至超过边墙的拉应力值，所以，温度裂缝一旦发生，一般会发展至顶拱拐角。

7.1.7.3　隧洞衬砌混凝土温控措施

随着科学技术的进步和施工手段的发展，针对温度应力问题，目前已有多种温控措施，如降低浇筑温度、拆模前通风冷却、表面流水养护、通水冷却、冬季保温、减少胶凝材料用量、缩短衬砌段长度、延迟拆模时间等。对于导流隧洞衬砌混凝土温控来说，降低浇筑温度、表面流水养护、冬季保温、减少胶凝材料用量、延迟拆模时间等措施较为常用，通水冷却措施因大大增加了施工难度，目前应用较少。缩短衬砌段长度这一措施效果不佳，且大大影响隧洞衬砌施工进度，相对较少采用。

以下以云南某水电工程导流隧洞衬砌温控措施为例予以分析。

1. 温度控制标准

（1）基础温差控制标准。为防止发生贯穿裂缝，经分析计算拟定底板混凝土允许温差为 30℃。

（2）最高温度控制标准。根据计算，明渠导墙基础允许最高温度控制标准：①底板混凝土允许最高温度为 50.0℃。②边顶拱混凝土允许最高温度为 43.0℃。

（3）表面混凝土温控标准：①底板混凝土形成的内外温差控制不超过 20℃。②边顶拱混凝土形成的内外温差控制不超过 16℃。

2. 温控措施

根据施工期温度场和应力场计算成果，如夏季浇筑温度控制为 20℃时，底板混凝土内部最高温度为 49.2℃，边顶拱混凝土内部最高温度为 42.6℃。因此按混凝土最高温度控制标准，参考相关工程经验，推荐的温控措施如下。

（1）浇筑方法。根据一般工程经验，导流隧洞衬砌混凝土浇筑方法为：先浇筑底板及部分边墙混凝土（一般为 1.5m 高），底板浇筑层厚 3.0m；再浇筑边墙和顶拱混凝土，一次浇筑完成。

（2）浇筑温度。5—9 月，控制浇筑温度：当气温高于 17℃时，控制浇筑温度为 20℃；当气温低于 17℃时，混凝土自然入仓。10 月至次年 4 月，混凝土自然入仓。

（3）混凝土养护。5—9 月，浇筑的混凝土终凝后开始养护：混凝土浇筑完成 7d 以内采用在表面流水养护，7d 后洒水养护措施。混凝土浇筑时，在浇筑仓内喷雾以降低环境温度。

（4）其他综合措施。根据温度控制设计及温度控制标准，结合本工程温控特点及温控措施敏感性分析，拟定综合温控措施如下：

1）优化混凝土配合比。选择水化热较低的水泥、适宜的掺合料和外加剂，优化混凝土配合比设计，加强施工管理，提高施工工艺，改善混凝土性能，提高混凝土抗裂能力。

2）控制拌和楼出机口温度。控制出机口温度，使其满足入仓浇筑温度要求。

3）严格控制混凝土浇筑温度：

a. 为防止浇筑过程中的热量倒灌，需加快混凝土的运输速度，混凝土从拌和到振捣完毕最长时间不宜超过 2h。高温季节运输过程中，须加强运送机具的隔热保温措施，以减少运输过程中温度回升。

b. 尽量避免高温时段浇筑混凝土，应充分利用低温季节和早晚及夜间气温低的时段浇筑。

c. 加强混凝土表面保护及养护：①高温季节浇筑混凝土需要采取仓面喷雾措施，喷雾应能覆盖整个仓面，使仓面始终保持湿润，控制喷水量不得超过 3mm/h；②当完成一个浇筑层后，需加强混凝土的湿养护，养护时间不少于 28d，避免养护面干湿交替；③周转使用的保护材料，必须保持清洁、干燥，以保证不降低保护标准。

7.1.8　典型工程实例

7.1.8.1　白鹤滩水电站导流隧洞

1. 工程概况

白鹤滩水电站共布置 5 条导流隧洞，左岸布置 3 条，右岸布置 2 条，从左岸至右岸依次为 1 号～5 号导流隧洞，隧洞总长为 8980.26m，导流隧洞下游段均与尾水隧洞相结合，结合洞线长度为 2005.75m。各条导流隧洞特性见表 7.1-11，导流隧洞平面布置见图 7.1-6。

表 7.1-11   白鹤滩水电站导流隧洞特性

导流隧洞编号	进口高程/m	出口高程/m	洞长/m	与尾水隧洞结合段长/m	有坡段底坡/%	断面尺寸/(m×m)	过水面积/m²
1 号	585.00	574.00	2007.63	453.59	0.762	17.5×22.0	359.64
2 号	585.00	574.00	1791.31	400.32	0.851	17.5×22.0	359.64
3 号	585.00	574.00	1584.82	360.30	0.947	17.5×22.0	359.64
4 号	585.00	574.00	1650.87	351.12	0.903	17.5×22.0	359.64
5 号	605.00	574.00	1945.63	443.74	2.192	17.5×22.0	359.64

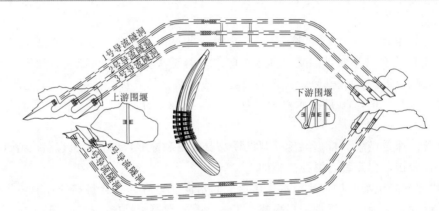

图 7.1-6   导流隧洞平面布置示意图

2. 导流隧洞布置

(1) 进出口高程。

共布置 5 条导流隧洞,左岸布置 3 条,右岸布置 2 条,从左岸至右岸依次为 1 号~5 号导流隧洞,导流隧洞下游段均与尾水隧洞相结合。

影响导流隧洞进、出口高程选择的主要因素是原河床的常水位、截流条件、水工结合隧洞的高程要求、进出口流态、施工条件、后期下闸和封堵条件等。综合考虑截流难度、后期下闸封堵程序、与尾水隧洞结合、尽量减少水下开挖深度等因素,导流隧洞进口按照"四低一高"布置,1 号~4 号导流隧洞进口高程 585.00m,5 号导流隧洞进口高程 605.00m,5 条洞出口高程均为 574.00m。

(2) 洞轴线布置。

经综合比较,5 条洞线均呈双弯,洞轴线间距左岸为 60m,右岸上游洞段考虑按 60m 间距布置时,右岸 5 号导流隧洞上游洞段(约 450m)顶拱距 C4 层间错动带较近,为减少 C4 对顶拱开挖稳定的影响,轴线间距采用 75m,其余洞段轴线间距均为 60m。

(3) 断面型式及断面尺寸。

初期导流设计流量达 28700m³/s,在上游围堰高度控制在 80m 左右条件下,需导流隧洞过水面积 1800m² 左右,在地质、施工及运行条件允许的前提下,宜采用大断面导流隧洞,导流隧洞单洞最大过流面积宜控制在 300~360m²。

为方便隧洞施工,并利于截流,导流隧洞断面选择城门洞形。隧洞断面尺寸选取综合考虑截流难度、大坝上游围堰规模、围岩稳定等因素,经对不同断面尺寸的隧洞方案综合比较,选用隧洞过水断面尺寸为 17.5m×22.0m(宽×高)的城门洞形,顶拱中心角为118.15°,圆拱半径为 10.20m,过水面积为 359.64m²。

3. 导流隧洞结构设计

(1)进口结构。

左岸导流隧洞进口具备布置岸塔式闸门井的地形地质条件,经地下竖井式与洞外岸塔式布置的技术经济比较,选择岸塔式布置。

右岸 4 号导流隧洞进口设闸门,5 号导流隧洞不设闸门(高洞,采用修建低围堰挡水进行堵头施工)。右岸导流隧洞进口地形总体高陡,4 号导流隧洞洞口低高程处地形相对较缓,通过垂直开挖边坡后,进口具备布置岸塔式闸门井的条件,而且右岸进口上方不存在立体施工干扰问题,从有利于加快导流隧洞施工考虑,4 号导流隧洞亦采用岸塔式闸门井方案。

1 号~4 号导流隧洞进口闸门井底板高程 585.00m,顶部高程 651.00m,顺水流方向长 20m,高 71m,1 号洞底宽 27.5m,2 号~4 号洞底宽 33.5m(2 号~4 号导流隧洞进口闸门受金属结构挡水水头控制,设置中墩,中墩宽 6m)。1 号洞闸门孔口尺寸 17.5m×22.25m(宽×高),2 号~4 号洞单个闸门孔口尺寸 8.75m×22.25m(宽×高)。闸门井为钢筋混凝土结构,混凝土强度等级为 C30W10F100。为了避免或减少导流期间高速水流及水沙对闸门井底部门槽混凝土的冲蚀破坏,闸门井底板门槽上下游各 2.3~2.5m 范围及两侧边墙(底部 3m 范围)表面设置防护钢板,钢板采用 Q345 钢,厚度 16mm。

为保证防护钢板与衬砌混凝土形成整体,闸门井底板钢衬部位进行接触灌浆,接触灌浆采用纯水泥浆,灌浆压力不大于 0.1MPa。另外,为加强闸门井基础的受力性能,基础系统设置 C25 锚筋(间排距 2m,$L=4.5$m,入岩 2.5m),系统设置深 5m 灌浆孔进行基础固结灌浆处理[间排距(2.6~3.3)m×4m],灌浆压力 0.8MPa。

1 号~4 号导流隧洞进口明渠高程为 585.00m,5 号导流隧洞进口明渠高程为605.00m。为使进口水流顺畅,左岸 3 条洞进口明渠前段为三合一布置,洞口前段(闸门井洞口)为单洞单渠布置,平面上采用渐扩形式,平面扩散角 4°,明渠上、下游两侧边坡为 1:0.5~1:0.2,明渠前段渠底总宽约 290m,洞口前段渠底宽度 17.5~31m,明渠总长约 135m。右岸 4 号导流隧洞进口明渠为单洞单渠布置,平面扩散角 5°,明渠两侧边坡为 1:0.3,渠长约 80m,渠底宽度 29.5~41m。

(2)导流隧洞(非结合段)洞身段结构。

左岸导流隧洞进出口洞段上覆岩体厚 31~82m,水平埋深 80~100m,深埋段上覆岩体厚 82~392m,水平埋深 200~580m;右岸导流隧洞进出口洞段上覆岩体厚 34~130m,水平埋深 60~100m,深埋段上覆岩体厚 100~577m,水平埋深 200~350m。

导流隧洞主要地质问题为柱状节理发育段、层间层内错动带出露段、断层及影响带。导流隧洞沿线岩体新鲜坚硬,完整性较好,嵌合紧密,岩体多呈块状~次块状结构,地应力量值中等~高,地下水不活跃,具备成洞条件。

导流隧洞非结合段,采用一坡布置,1 号~4 号导流隧洞底板高程 585.00~

574.00m，5号导流隧洞底板高程605.00～574.00m，隧洞断面型式均为城门洞形，钢筋混凝土衬砌后的过水断面尺寸17.5m×22m（宽×高）。该工程导流隧洞规模大，运行期内水头和封堵期外水头均很高，且使用年限长，采用全断面钢筋混凝土衬砌。衬砌厚度根据计算成果、导流隧洞不同的部位、沿线地质条件、确定进口洞段采用厚2.5m衬砌，其他洞身段采用厚1.1～1.5m衬砌。导流隧洞边顶拱采用$C_{90}30W10F150$混凝土，底板采用$C_{90}40W10F150$混凝土。

在运行期不可避免地有大量推移质及悬移质通过导流隧洞，尤其是推移质易造成底板混凝土损坏。类似的溪洛渡导流隧洞运行情况是，6条导流隧洞上游洞段底板混凝土（$C_{90}40$）表层10～15cm均有不同程度的损坏，大量底板钢筋外露，后经多种抗冲耐磨材料修补后，汛后检查仍遭不同程度损坏。根据导流隧洞底板损坏特点，将底板钢筋保护层加厚至15cm，边顶拱钢筋保护层为10cm。

（3）导流隧洞（结合段）洞身段结构。

根据坝区的地形、地质条件和水工枢纽采用两岸各布置尾水洞的特点，综合考虑水工枢纽总体布置、导流隧洞的封堵、改建施工及其对发电工期的影响，采用导流隧洞与尾水隧洞结合布置，1号～5号导流隧洞结合段长度分别为453.59m、400.32m、360.30m、351.12m、443.74m。导流隧洞结合段采用平坡布置，隧洞底板结构高程574.00m。隧洞断面型式为城门洞形，过水断面尺寸17.5m×22m（宽×高）。

隧洞采用钢筋混凝土衬砌，衬砌厚度1.1～2.0m，其中尾水隧洞检修闸门室闸室段上游30m以上洞段衬砌厚度1.1m，尾水隧洞检修闸门室闸室段上游30m及下游洞段（出口30m段除外）衬砌厚度1.5m，出口30m段衬砌厚度2.0m。隧洞顶拱、边墙衬砌混凝土强度等级为$C_{90}30W10F150$，底板衬砌混凝土为$C_{90}40W10F150$；同时为尽量避免隧洞导流期间水流携带的推移质及悬移质对衬砌造成的冲刷磨损，加大了衬砌钢筋保护层厚度，边顶拱采用10cm，底板采用20cm。

为适应钢模台车衬砌施工需要，左、右岸导流隧洞衬砌边墙和底板之间纵向水平施工缝位置分别距底板60cm和45cm。为了方便后期改建段施工，减轻爆破对原隧洞衬砌结构的破坏，导流隧洞非结合段与尾水隧洞结合段分缝位置位于结合点下游3m处，设置结构缝，缝内填充沥青木板。

（4）导流隧洞（尾水隧洞）出口结构。

受地形地质及施工条件限制，出口建筑物仅布置尾水出口明渠。左、右岸导流隧洞出口明渠轴线与河床夹角分别约为56°、41°。为使水流顺畅，出口明渠平面上采用渐扩形式，平面扩散角为5°，立面上采用两段平坡的布置型式，明渠两侧边坡分别为1∶0.3和1∶0.45；考虑到出口边坡与地形地质条件的关系，明渠内侧边坡陡于外侧边坡布置。明渠出口洞段底板高程574.00m，长度25～47m不等，渠底宽度17.5～22.0m不等。

底板及边墙采用钢筋混凝土衬砌，厚度1.0～2.5m，底板混凝土强度等级为C40W10F100，边墙混凝土强度等级为C30W10F100，采用双层配筋（主筋$\phi28@200$，分布筋$\phi22@200$）。近河床段围堰范围的明渠底板高程580.00m，与出口段明渠之间采用1∶0.2的陡坡衔接。相邻两出口明渠之间保留岩埂，岩埂结构面顶高程603.00m，其中找平混凝土厚度50cm。

根据白鹤滩水电站可行性研究阶段施工导流整体模型试验研究报告的成果,导流隧洞过流期间左右岸尾水出口水流相互顶冲,河道水面翻滚剧烈,且流速比较大,为减轻顶冲水流的冲蚀影响,出口边坡高程 603.00～629.90m 之间布置贴坡混凝土,厚度 80cm,混凝土强度等级为 C25W10F100,边坡系统锚杆兼锚筋,确保边坡与贴坡混凝土的整体性。左、右岸尾水出口检修巡视通道路面高程 629.90m,左岸上游侧、右岸下游侧与公路相连。

根据尾水出口柱状节理发育情况以及岩体卸荷、风化程度,右岸尾水出口明渠底板和边墙高程 582.00m 以下进行系统固结灌浆。灌浆采用普通硅酸盐水泥,灌浆孔间、排距 4.0m,孔深入岩 4.0m,灌浆压力 0.8MPa。固结灌浆孔扫孔后兼作永久冒水孔,孔深入岩 10cm,以减轻作用在明渠衬砌结构上的扬压力。其余尾水出口明渠两侧衬砌混凝土及高程 603.00m 以上贴坡混凝土均布置冒水孔,间排距 3.0m,入岩 10cm,冒水孔内预埋 ϕ50 PVC 管,PVC 管端部外包土工布反滤,土工布规格为 $100\mathrm{g/m^2}$。

4. 小结

白鹤滩工程为典型的大流量、窄河床工程,导流工程规模巨大,5 条导流隧洞总长达 9km,进口洞段最大开挖断面达 28.5m×27.0m。在我国首次针对超大规模导流隧洞群采用了施工导流水力学整体三维数值模拟研究比较,为导流隧洞条数的选择提供了依据。5 条导流隧洞布置采用了下游洞段均与尾水隧洞相结合的布置方式,节省了工程投资;右岸 2 条导流隧洞进口地形陡峭,采用了高低洞、斜进洞、垂直开挖布置方式,大大降低了开挖边坡高度。

白鹤滩导流隧洞工程于 2012 年 4 月开工,2014 年 5 月完工,河床于 2015 年 11 月截流,2016 年 6 月大坝上、下游围堰完工,其后围堰及导流隧洞运行正常。

7.1.8.2　MW 水电站导流隧洞

1. 工程概况

MW 水电站大坝、厂房施工导流采用全年围堰、隧洞导流方式,施工导流程序及导流标准规划如下。

(1) 初期导流。

从 2012 年 11 月河床截流开始,至大坝填筑高程超出上游围堰堰顶高程并具备临时挡水条件时止,为初期施工导流阶段。本阶段由上、下游围堰挡水,导流隧洞泄流,主要进行坝基开挖及坝体填筑,厂房基础开挖及混凝土浇筑。导流设计标准为全年 20 年一遇洪水,流量 7180m³/s,相应上游水位 1357.99m。

(2) 中后期导流。

从大坝填筑高程超出上游围堰堰顶高程并具备临时挡水条件开始,至工程下闸蓄水止,为中后期导流阶段。中后期导流阶段开始至 2015 年底,由坝体临时度汛断面挡水,导流隧洞泄流,坝体临时度汛标准为全年 100 年一遇洪水,流量 9610m³/s,相应上游水位为 1384.16m;为满足坝体临时度汛要求,2015 年汛前大坝需填筑至 1386.00m 高程以上。2016 年年初至 2 号导流隧洞下闸,由坝体临时度汛断面挡水,导流隧洞泄流,坝体临时度汛标准为全年 200 年一遇洪水,流量 10700m³/s,相应上游水位为 1395.19m,为满足坝体临时度汛要求,2016 年汛前大坝需填筑至 1397.00m 高程以上。

2. 导流隧洞布置

(1) 平面布置。

MW 工程枢纽布置十分紧凑，大坝、厂房、溢洪道预挖冲刷坑位于主河床，并沿水流方向一字排开。导流隧洞轴线布置存在两个方案：方案一，导流隧洞轴线不跨沟（石砂场沟）布置，大坝、厂房在上、下游围堰围成的基坑内，溢洪道预挖冲刷坑施工另行考虑；方案二，导流隧洞轴线跨沟布置，大坝、厂房、溢洪道预挖冲刷坑均在上、下游围堰围成的基坑内。

两个可行方案从导流建筑物地质条件、导流建筑物规模、溢洪道预挖冲刷坑施工难易程度、施工进度、可比投资等方面进行比较，详见表 7.1－12。导流隧洞轴线跨沟方案溢洪道预挖冲刷坑导流程序相对简单，施工难度相对较小；导流隧洞轴线不跨沟方案溢洪道预挖冲刷坑导流程序相对复杂，但导流建筑物规模较小，发电工期较短，可比投资也相对较小，最终 MW 水电站导流隧洞采用了轴线不跨沟方案。

表 7.1－12　　　　　　　　　导流建筑物布置方案经济、技术比较

比选内容	不 跨 沟 方 案	跨 沟 方 案
导流建筑物地质条件	导流隧洞出口基岩出露，出露基岩为强风化～弱风化上段岩体，边坡整体稳定性较好	导流隧洞出口基岩出露，出露基岩为强风化～弱风化上段岩体，但岩体倾倒变形强烈，边坡整体稳定性相对较差，且存在导流隧洞跨沟风险问题
导流建筑物规模	1 号导流隧洞长 1157.50m，2 号导流隧洞长 1052.82m，上游围堰最大堰高 64.0m，导流建筑物规模较小	1 号导流隧洞长 1622.02m，2 号导流隧洞长 1487.61m，上游围堰最大堰高 69.0m，导流建筑物规模较大
溢洪道预挖冲刷坑施工难易程度	溢洪道预挖冲刷坑施工导流采用枯水期围堰挡水、机组泄流的方式，导流程序相对复杂，施工难度相对较大	溢洪道预挖冲刷坑位于大基坑内，导流程序相对简单，施工难度相对较小
施工进度	1 号导流隧洞施工工期 22.5 个月，2 号导流隧洞施工工期 22.0 个月，发电工期 6 年 2 个月	1 号导流隧洞施工工期 25.5 个月，2 号导流隧洞施工工期 24.5 个月，发电工期 6 年 5 个月
可比投资	58392.24 万元	70277.44 万元
比选结果	采用	不采用

(2) 隧洞规模。

导流隧洞沿线地质条件较差，宜尽可能减小隧洞洞径，以降低隧洞成洞难度，加快隧洞施工进度。但导流隧洞洞径也不能无限度地减小，必须保证上游围堰在一个枯水期内施工完成，且满足坝体度汛要求。根据上述原则，设计过程中拟定了 13.0m×14.0m（宽×高，下同）、13.0m×15.0m、14.0m×15.0m、14.0m×16.0m 四个城门洞形不同尺寸方案进行比选，相应上游围堰高度分别为 70.00m、64.00m、59.50m、55.00m。

综合导流隧洞水力学条件、围堰填筑强度、大坝填筑强度、导流隧洞施工难度、截流难度、可比投资等方面的分析，方案一围堰填筑强度较高，风险较大；方案三、方案四导流隧洞断面较大，地质条件适应性较差；方案二围堰、大坝填筑强度适中，导流隧洞施工难度较小，施工工期保证率较高，最终采用两条城门洞形导流隧洞，洞径均为

13.0m×15.0m。

导流隧洞特性见表 7.1-13，平面布置见图 7.1-7。

表 7.1-13　　　　　　　　　　　MW 水电站导流隧洞特性

项　　目	1 号导流隧洞	2 号导流隧洞
导流标准	\multicolumn{2}{c}{7180m³/s（20 年一遇，全年）}	
洞型	城门洞形	
洞径（宽×高）	13.0m×15.0m	
进口底板高程	1302m	
出口底板高程	1300m	
长度	1175.09m	1069.82m
纵坡	0.17%	0.19%

图 7.1-7　MW 水电站导流隧洞平面布置示意图

3. 导流隧洞结构设计

（1）进出口边坡开挖支护设计。

MW 水电站导流隧洞进口边坡岩体风化、倾倒变形强烈，底部发育有缓倾角断层 F_{154}；出口边坡为强风化～弱风化上段岩体，后缘发育有断层 F_{153}、F_{155}；进出口边坡岩体质量总体较差。为尽可能避免开挖对边坡的扰动并控制开挖坡高，进出口边坡以"早进洞，强支护，先锚后挖"为指导思想进行开挖支护设计。

1 号、2 号导流隧洞进口为整体开挖，开挖边坡 1∶0.25～1∶1.0，边坡最大开挖高度为 95.0m，共设 4 级马道，马道设置高程分别为 1320.50m、1335.50m、1352.00m 和 1372.00m。高程 1352.00m 马道与左岸中线公路结合，宽 8.5m，其余高程马道宽 2.5m。

1 号导流隧洞出口开挖边坡 1∶0.25～1∶1.0，最大开挖高度约 40m，设 1 级马道，马道设置高程为 1318.00m，马道宽 2.5m，1 号导流隧洞洞轴线与坡面走向夹角较小，为避免开挖高边坡，采取与洞轴线呈 45°的斜出洞方式。2 号导流隧洞出口边坡开挖边坡 1∶

0.25～1：1.0，最大开挖高度约为 45.0m，设 2 级马道，高程分别为 1318.00m 和 1333.00m，马道宽 2.5m。

根据导流隧洞进出口地形地质条件，结合边坡稳定分析计算成果，拟定导流隧洞进、出口边坡支护形式见表 7.1－14、表 7.1－15。

表 7.1－14　　　　　　　　　　导流隧洞进口边坡支护形式汇总

支护类型		支护范围	支 护 参 数
开口线外锁口支护		1352m 高程以上边坡开挖开口线外	布置两排 1000kN 系统锁口锚索@4.0m×4.0m，$L=20m/30m$ 间隔布置。
岩质边坡	A 型支护	1335.5m 高程以上	系统锚索网格梁＋系统锚筋束＋系统锚喷＋系统排水孔＋随机支护
			1000kN 系统锚索：每级马道以上布置三排；@4.0m×4.0m，$L=20\sim45m$；
			C25 混凝土网格梁：网格尺寸 4.0m×4.0m，断面尺寸 50cm×50cm；
			系统锚筋束：$3\phi28$@4.0m×4.0m，$L=9.0m$；
			系统锚杆：$\phi28$@2.0m×2.0m，$L=4.5m/6.0m$ 间隔布置，锚杆外露 10cm；
			挂网喷 C25 混凝土：厚 15cm，挂网钢筋 $\phi6.5$@15cm×15cm；
			系统排水孔：$\phi50$@3.0m×3.0m，$L=4.5m$，排水孔中均设软式透水管；
			随机支护：根据实际开挖揭露地质情况，增设随机锚杆、锚筋束、锚索等
	B 型支护	1320.5m 高程以下	系统锚喷＋系统排水孔＋随机支护
			系统锚杆：$\phi28$@2.0m×2.0m，$L=4.5m/6.0m$ 间隔布置，锚杆外露 50cm；
			其余支护措施参数同 A 型支护
	C 型支护	1320.5～1335.5m 高程	系统锚筋束＋系统锚喷＋系统排水孔＋随机支护
			支护措施参数同 A 型支护
覆盖层边坡支护形式		覆盖层边坡	挂网喷混凝土＋随机支护
			支护措施参数同 A 型支护
马道锁口支护		每级岩质边坡马道上	悬吊锚筋束 $3\phi28$@2.0m，布置一排，$L=9.0m$，内倾 20°
进洞超前支护	进洞口顶部岩体保护	进洞口顶部	锚筋束 $3\phi28$@2.0m×2.0m，布置三排，$L=15.0m$
	洞脸边坡固结灌浆	进口洞脸边坡范围	灌浆孔间排距 4.0m×4.0m，孔深 9m，灌浆压力 0.2～0.5MPa
	锁口支护	顶拱及一半边墙高度范围	开口轮廓外 0.5m 布置一排锁口注浆管棚 $\phi102$@50cm，$L=20.0m$，上倾 5°～10°；
			开挖边线外 1.0m 布置一排锁口锚筋束 $3\phi28$@50cm，$L=9.0m$，上倾 5°～10°

表 7.1－15　　　　　　　　　　导流隧洞出口边坡支护形式汇总

支护类型	支护范围	支 护 参 数
开口线外锁口支护	1330m 高程以上边坡开挖开口线外	布置两排 1000kN 系统锁口锚索@4.0m×4.0m，$L=20m/30m/40m$

支护类型		支护范围	支 护 参 数
岩质边坡	D型支护	1330m高程马道以上	系统锚索网格梁＋系统锚喷＋系统排水孔＋随机支护
			1000kN系统锚索：@40m×4.0m，$L=20$m/30m间隔布置； C25混凝土网格梁：网格尺寸4.0m×4.0m，断面尺寸50cm×50cm； 系统锚杆：$\phi28$@2.0m×2.0m，$L=4.5$m/6.0m间隔布置，锚杆外露10cm； 挂网喷C25混凝土：厚15cm，挂网钢筋$\phi6.5$@15cm×15cm； 系统排水孔：$\phi50$@3.0m×3.0m，$L=4.5$m，排水孔中均设软式透水管； 随机支护：根据开挖揭露地质情况，增设随机锚杆、锚筋束、锚索等
	E型支护	1318～1330m高程	系统锚筋束＋系统锚喷＋系统排水孔＋随机支护
			系统锚筋束：$3\phi28$@4.0m×4.0m，$L=9.0$m； 其余支护措施参数同D型支护
	F型支护	1318m高程以下（1）	系统锚喷＋系统排水孔＋随机支护
			系统锚杆：$\phi28$@2.0m×2.0m，$L=4.5$m/6.0m间隔布置，锚杆外露50cm； 其余支护措施参数同D型支护
		1318m高程以下（2）	系统锚喷＋系统排水孔＋随机支护
			支护措施参数同D型支护
覆盖层边坡支护形式		覆盖层边坡	挂网喷混凝土＋随机支护
			支护措施参数同A型支护
马道锁口支护		1318m高程马道	悬吊锚筋束$3\phi28$@2.0m，布置一排，$L=9.0$m，内倾20°
进洞超前支护	进洞口顶部岩体保护	进洞口顶部	锚筋束$3\phi28$@2.0m×2.0m，布置三排，$L=15.0$m
	洞脸边坡固结灌浆	进口洞脸边坡范围	灌浆孔间排距4.0m×4.0m，孔深9m，灌浆压力0.2～0.5MPa
	锁口支护	顶拱及一半边墙高度范围	开口轮廓外0.5m布置一排锁口注浆管棚$\phi102$@50cm，$L=20.0$m，上倾5°～10°； 开挖边线外1.0m布置一排锁口锚筋束$3\phi28$@50cm，$L=9.0$m，上倾5°～10°

（2）洞身开挖支护及衬砌设计。

MW水电站导流隧洞地质条件差，断面尺寸大，运行流态复杂，外水压力高，为确保施工期及运行期安全，初期支护采用锚喷支护，永久支护采用全断面钢筋混凝土衬砌。

1）初期支护。初期支护形式按工程类比法拟定：

a. Ⅲ类围岩洞段。系统喷锚＋钢拱架（或钢筋拱肋）。喷CF25钢纤维混凝土厚15cm；$\phi28$系统锚杆，间距2.0m×2.0m，长度3.0m/6.0m间隔布置；I_{20}钢拱架（或$3\phi28$钢筋拱肋），间距1.0m；边墙布置$3\phi28$锚筋束，间距4.0m×3.0m，$L=9.0$m。

b. Ⅳ类围岩洞段。注浆小导管＋系统锚杆＋喷钢纤维混凝土＋钢拱架。顶拱120°范围内布置$\phi42$@0.5m，$L=6$m的超前注浆小导管；喷CF25钢纤维混凝土厚15cm；$\phi28$系统锚杆，间距1.5m×1.5m，$L=4.5$m/6.0m间隔布置；I_{20}钢拱架，间距0.75m；边墙

布置 $3\phi28$ 锚筋束，间距 $4.0m\times3.0m$，$L=9.0m$。

  c. V类围岩洞段。注浆小导管＋系统锚杆＋喷钢纤维混凝土＋钢拱架。顶拱120°范围内布置 $\phi42@0.5m$，$L=6m$ 的超前注浆小导管；喷 CF25 钢纤维混凝土厚 15cm；$\phi28$ 系统砂浆锚杆，间距 $1.5m\times1.5m$，$L=4.5m/6.0m$ 间隔布置；I_{20} 钢拱架，间距 0.5m；边墙布置 $3\phi28$ 锚筋束，间距 $4.0m\times3.0m$，$L=9.0m$。

  2）二次支护。导流隧洞二次支护采用混凝土衬砌，衬砌厚度按边值数值解法计算确定。计算工况为施工期、运行期、封堵期三种工况，采用水工隧洞钢筋混凝土衬砌计算机辅助设计系统 SDCAD 4.0，计算成果如下：

  a. 进口段及渐变段（1号导 0－017～1号导 0＋036、2号导 0－017～2号导 0＋036）：钢筋混凝土衬砌厚度为 3.0m。

  b. 过渡段（1号导 0＋036～1号导 0＋108、2号导 0＋036～2号导 0＋108）：钢筋混凝土衬砌厚度为 2.0m。

  c. 普通段（1号导 0＋108～1号导 1＋158.09、2号导 0＋108～2号导 1＋052.82）：钢筋混凝土衬砌厚度为 1.0m。

  （3）隧洞封堵设计。

  根据枢纽建筑物防渗布置及围岩条件，堵头位于导流隧洞洞身的中部，1号堵头桩号为 1号 0＋494.00～0＋534.00，2号堵头桩号为 1号 0＋472.00～0＋512.00。

  导流隧洞堵头采用楔形体结构型式，长 40.0m，廊道长 30.0m，廊道为城门洞形，顶拱中心角180°，$2.5m\times3.0m$（宽×高）。为方便堵头施工，缩短堵头段施工工期，降低造价，设计采用预留体型方案，即隧洞施工时在堵头位置的隧洞断面按堵头的外形尺寸开挖、衬砌和过水，后期对堵头段衬砌表面凿毛至粗骨料后浇筑堵头混凝土。考虑施工进度和温控要求，堵头分两段施工。堵头段围岩均进行固结灌浆，堵头拱顶进行回填灌浆，堵头边顶拱及分缝间接触面均进行接缝灌浆。堵头端部设置两排深孔固结灌浆。

  4. 小结

  MW 水电站工程导流隧洞设计结合国内外类似工程经验，对导流隧洞布置、规模、断面形式及进出口高程等进行比选分析研究，并采用模型试验验证，优化导流隧洞布置；同时建立以变形主动控制为核心的系统支护体系，有针对性地对破碎地质条件下的导流隧洞初期支护及二衬结构进行精细化设计，确保了 MW 水电站导流隧洞的成功实施，对于国内外导流隧洞工程技术的提升起到了重要的推动作用。

7.1.8.3 二滩水电站导流隧洞

  1. 工程概况

  二滩水电站施工期间，采用隧洞导流、不过水围堰挡水全年施工的导流方式，导流隧洞还兼有施工期漂木任务。导流标准按 30 年一遇洪水设计，相应的设计洪水流量为 $13500m^3/s$，根据其规模和重要性，导流建筑物按 3 级设计。坝区左、右岸各布置一条导流隧洞，洞长分别为 1090m 和 1167m，断面均为圆拱直墙型，隧洞净高 23m、宽 17.5m，净断面面积 $2\times379m^2$。

  2. 工程地质问题

  左、右岸导流隧洞均深埋于山体内，上覆岩体一般厚 100～240m，沿线主要穿越正长岩和玄武岩，大部分洞段岩体新鲜完整，地质条件良好，存在的主要工程地质问题如下：

（1）坝区地应力实测资料表明，导流隧洞处于较高地应力区，最大主应力值为 20～40MPa，作用方向基本垂直河流，方位 N10°～30°E，倾向河床，倾角小于 30°，与岸坡坡面近于平行。在高地应力区开挖大型隧洞有其特殊性，即围岩稳定是主要问题。

（2）左、右岸导流隧洞分别穿越裂面绿泥石化玄武岩（$P_2\beta^0$）和绿泥石-阳起石化玄武岩（$P_2\beta^1$）软弱破碎带，最大带宽分别为 23m 和 11m。该岩体破碎、完整性差、强度低，围岩稳定条件差。

（3）沿线岩性变化大，不同岩体接触面附近小型破碎带较为发育；地表冲沟影响和岩体结构及风化的不均一性，沿线还随机分布有规模较小的 $P_2\beta^0$ 岩带及破碎带、断层（如 f_{20}、f_{27} 等），这些不利地质因素均对局部洞段的围岩稳定有影响。

（4）岩体结构节理裂隙宏观上有多组，其可能不利组合亦对洞室稳定不利。

（5）地下水为裂隙潜水，隧洞进出口段卸荷岩体透水性强，雨季普遍渗水、滴水，深埋洞段局部有间断性渗水、滴水。地下水是影响围岩稳定的因素之一，不能忽视。

3. 导流隧洞轴线布置

（1）轴线布置方案研究。

根据枢纽布置的特点和枢纽建筑物对导流隧洞布置的种种制约，二滩导流隧洞轴线布置主要可分为两洞方案和三洞方案。两洞方案又分为左、右岸分别布置和两洞均布置于左岸两种。三洞方案由于其工程量、造价、工期、布置条件等均劣于两洞方案，在初步设计阶段即被否定。

经进一步分析、咨询、论证，选择了左、右洞方案。该方案在缩短隧洞的长度，减少工程量，避开不良地质区段，缩减轴线与软弱岩层的交汇长度，缓解左岸洞室群高度集中所造成的布置上的压力和建筑物施工时的相互干扰，以及出口消能、漂木等方面，都较其他方案具有一定的优越性。导流隧洞施工所揭露的问题充分证明了上述方案的正确性。

（2）影响洞轴线布置的因素。

经过大量的分析整理工作，将影响隧洞布置的因素归纳为枢纽布置、地质地形、水力学条件、施工期漂木要求、施工组织条件等五个方面。应用质量控制理论所推荐的因果关系分析法，通过质量体系实施对导流隧洞轴线布置的先主后次、先大后小、循环搜索的优化过程，最终选定洞线布置。

7.1.8.4 溪洛渡水电站导流隧洞

1. 工程概况

溪洛渡水电站上游接白鹤滩水电站，下游与向家坝水电站衔接。根据枢纽布置和地形条件，电站设左、右两个地下厂房，各布置 9 台机组，单机容量 700MW，总装机容量达 12600MW。

工程共布置 6 条导流隧洞，左、右岸各 3 条，对称布置于金沙江左右两岸山体内，左、右岸各有 2 条导流隧洞与水工尾水洞结合。导流隧洞轴线间距 50m，均为单弯道（转弯半径 200m）布置，左岸转弯角度约为 56°，右岸转弯角度约为 49°。导流隧洞进洞按有压进口设计，采用顶面收缩（1/4 椭圆曲线）的矩形断面；洞身断面型式均采用圆拱直墙型，断面尺寸为 18m×20m（宽×高）。为减少明挖量，避免与上方电站进水口的施工干扰，导流隧洞工作闸门室置于地下，通过交通洞与低线公路连接。

左岸布置 1 号～3 号导流隧洞，2 号尾水洞在桩号 1 号导 0+981.973 处与 1 号导流隧洞结合，尾水洞建筑物从桩号 1 号导 0+902.731 开始至出口建筑物。3 号尾水洞在桩号 2 号导 0+854.461 处与 2 号导流隧洞结合，尾水洞建筑物从桩号 2 号导 0+773.248 开始至出口建筑物。右岸布置 4 号～6 号导流隧洞，4 号尾水洞在桩号 5 号导 0+789.691 处与 5 号导流隧洞结合，尾水洞建筑物从桩号 5 号导 0+729.235 开始至出口建筑物。5 号尾水洞在桩号 6 号导 0+876.501 处与导流隧洞结合，尾水洞建筑物从桩号 6 号导 0+817.017 开始至出口建筑物。根据下闸封堵要求，1 号导流隧洞设置单孔竖井闸门，2 号～5 号导流隧洞设置双孔竖井闸门。

2. 导流隧洞开挖支护设计

根据围岩类别以及所处位置的不同，导流隧洞按照 W1、W2、W3 以及 W3（出口段）四种类型进行开挖，并根据围岩类别分别进行系统的一期喷锚支护设计。

W1 型。对应于 II 类围岩，城门洞形开挖，尺寸为 20m×22m，随机喷混凝土，厚 10cm；沿顶拱和边墙设置 $\phi25$ 系统锚杆，长度 4.5m，间、排距 1.5m。

W2 型。对应于 III$_1$ 类围岩，城门洞形开挖，尺寸为 21m×23m，喷混凝土，厚 10cm；沿顶拱和边墙设置 $\phi25$ 系统锚杆，长度 4.5m，间、排距 1.5m。

W3 型。对应于 III$_2$～IV$_2$ 类围岩，城门洞形开挖，尺寸为 21.60m×23.60m，喷混凝土，厚 10cm；挂钢筋网 $\phi6.5$，网格间距 0.15m×0.15m。沿顶拱和边墙设置 $\phi25$ 系统锚杆，长 6.0m，间、排距 1.5m；拱座上下 3m 范围锚杆加密，锚杆长度 6.0m，间排距 1.0m；边墙设置 $\phi25$ 系统锚杆，长度 4.5m，间、排距 1.5m。

W3 型（出口段）。对应于尾水段 20m 出口段，城门洞形开挖，尺寸为 21.60m×23.60m，喷混凝土，厚 10cm；挂钢筋网 $\phi6.5$，网格间距 0.15m×0.15m。沿顶拱和边墙设置 $\phi25$ 系统锚杆，长度 6.0m，间、排距 1.0m；拱座上下 3m 范围锚杆加密，锚杆长 6.0m，间、排距 0.75m；$\phi25$ 系统锚杆，长度 4.5m，间、排距 1.5m。

根据隧洞开挖和结构衬砌有限元计算和工程经验，隧洞开挖时顶拱变形最大，在围岩拱端部位有强烈的应力集中现象，因此在这些部位喷锚支护都有所加强，如拱座上下 3m 范围锚杆加密加长。对 W3 型（出口段）支护，因围岩稳定性差，采用"短进尺，弱爆破，及时支护"方法进行开挖支护，局部增设钢支撑。在缓倾角层间、层内错动带出露部位，进行预应力锚杆锁口支护，增加顶拱围岩稳定性。

3. 导流隧洞衬砌型式

根据导流隧洞穿越地层地质条件、运行条件与施工特点，经过内力计算分析，在完成围岩开挖支护的前提下，分段采取不同的衬砌型式，边顶拱部位为 C30 衬砌混凝土；考虑到导流隧洞运行期间金沙江水流所含推移质较多，以及上游进口围堰拆除时含有大量石渣进洞，底板为 C40 抗冲磨混凝土。II 类围岩衬砌 1.0m，III$_1$ 类围岩衬砌 1.5m，III$_2$～III$_2$ 类围岩及出口段衬砌 1.8m。

7.1.8.5　DG 水电站导流隧洞

1. 工程概况

DG 水电站施工导流采用围堰一次断流河床，隧洞过流的导流方式。导流隧洞共布置 2 条，均位于左岸，平面上呈双弯段布置，中心线间距约 60.0m，隧洞断面采用城门洞形，衬砌后断面尺寸为 15m×17m（宽×高）。1 号导流隧洞长 908.67m（包括出口明洞段 24m），进口底板高程为 3368.50m，2 号导流隧洞长 1110.18m（包括出口明洞段 12m），进口底板高程为 3371.50m，两条隧洞出口底板高程均为 3363.00m。

2. 洞身支护

导流隧洞地质条件复杂、断面尺寸大、运行流态复杂、外水压力高，为确保施工期及运行期安全，初期支护采用锚喷支护，永久支护采用钢筋混凝土衬砌。

（1）初期支护形式按工程类比法拟定：

1）Ⅱ类围岩洞段。系统喷锚，C25 喷混凝土厚 15cm；$\phi22$ 系统砂浆锚杆，间距 3.0m×3.0m，长度 3.0m。

2）Ⅲ类围岩洞段。系统喷锚，C25 喷混凝土厚 15cm；$\phi25$ 系统砂浆锚杆，间距 2.0m×2.0m，长度 4.5m；边墙布置 $3\phi28$ 锚筋束，间距 4.0m×4.0m，长度 9.0m。

3）Ⅳ类围岩洞段。超前锚杆＋系统锚杆＋挂网喷混凝土＋钢拱架，顶拱 120°范围内布置 $\phi28$、长度 6m 的超前锚杆；挂网喷混凝土厚 15cm；$\phi25/\phi28$ 系统砂浆锚杆，间距 1.5m×1.5m，长度 4.5m/6.0m 间隔布置；I20 钢拱架，间距 1.0m；边墙布置 $3\phi28$ 锚筋束，间距 3.0m×3.0m，长度 9.0m。

4）Ⅴ类围岩洞段。超前锚杆＋系统锚杆＋挂网喷混凝土＋钢拱架，顶拱 120°范围内布置 $\phi28$、长度 6m 的超前锚杆；挂网喷混凝土厚 15cm；$\phi25/\phi28$ 系统砂浆锚杆，间距 1.5m×1.5m，长度 4.5m/6.0m 间隔布置；I20 钢拱架，间距 0.5m；边墙布置 $3\phi28$ 锚筋束，间距 3.0m×3.0m，长度 9.0m。

（2）二次支护采用混凝土衬砌：

1）进口段及渐变段（1 号导 0－020～1 号导 0＋036、2 号导 0－017～2 号导 0＋036）：钢筋混凝土衬砌厚度为 2.5m。

2）过渡段及出口段（1 号导 0＋036～1 号导 0＋108、2 号导 0＋036～2 号导 0＋108）：钢筋混凝土衬砌厚度为 1.5m。

3）普通段（1 号导 0＋108～1 号导 0＋908.67、2 号导 0＋108～2 号导 1＋110.18）：钢筋混凝土衬砌厚度为 0.8～1.2m。

7.1.8.6　NZD 水电站导流隧洞

1. 施工导流方式

NZD 水电站坝址处河段两岸地形陡峻，河道较顺直，为不对称的 V 形河谷。地基为细粒花岗岩，河床覆盖层厚 6～31m，枯水期河面宽 80～100m。根据坝址的地形、地质、水文条件和水工枢纽布置特点，初期导流采用河床一次断流、土石围堰挡水、隧洞泄流、主体工程全年施工的导流方式。

中、后期导流均采用坝体临时断面挡水，导流隧洞泄流，导流隧洞下闸封堵后，利用泄洪洞和溢洪道临时断面泄流。

2．导流程序

（1）初期导流。工程开工后第 3 年 11 月进行工程截流，截流后的第一个枯水期由截流戗堤加高的枯水围堰挡水，1 号、2 号导流隧洞过流；截流后的第一个汛期（第 4 年 6 月开始）至第 6 年 5 月坝体临时断面挡水之前，由上、下游围堰挡水，1 号～4 号导流隧洞联合泄流。

（2）中、后期导流。第 6 年 6 月至第 8 年 10 月，由坝体临时断面挡水，由 1 号～5 号导流隧洞泄流；第 8 年 11 月（枯水期开始），下闸封堵 1 号～3 号导流隧洞，由 4 号、5 号导流隧洞分别在不同高程向下游供水；第 9 年 4 月，由右岸泄洪洞供水，下闸封堵 5 号导流隧洞；第 9 年汛期，由右岸泄洪洞和未完建的溢洪道联合泄流；第 10 年汛前，工程永久泄洪建筑物完建，汛期水库正常运行。

3．导流隧洞布置及设计

结合工程区的地形地质条件、导流标准、供水要求及枢纽布置概况，经对导流隧洞的高程设置、断面尺寸、断面形式进行多方案设计比较后，确定在左岸布置 1 号、2 号、5 号 3 条导流隧洞，右岸布置 3 号、4 号 2 条导流隧洞。

1 号、2 号、3 号导流隧洞均为圆形断面，洞径均为 20m，进口高程分别为 600m、605m、600m，出口高程分别为 594m、576m、592.35m；4 号导流隧洞断面形式为城门洞形，断面尺寸为 7m×8m（宽×高），进口高程为 630m；5 号导流隧洞与左岸泄洪洞结合，有压段尺寸为 7m×9m（宽×高），无压段尺寸为 8m×10m（宽×高）。进口高程为 660m。

导流隧洞采用全断面钢筋混凝土复合衬砌。一次支护方式：Ⅱ类围岩基本稳定，针对局部不稳定岩体采用随机砂浆锚杆＋喷锚支护；Ⅲ类围岩局部稳定性差，采用系统锚杆＋挂钢筋网喷混凝土支护；Ⅳ类围岩为不稳定岩体，采用系统锚杆＋挂钢筋网喷混凝土，同时视需要采用钢筋拱架加固；Ⅴ类围岩极不稳定，采取超前固结灌浆、弱爆破、短循环等方法开挖，采用系统锚杆＋挂钢筋网喷混凝土＋钢拱架支护，同时也可视需要，采用部分长管棚法施工。二次支护为全断面钢筋混凝土衬砌。

7.2　导流明渠

7.2.1　概述

国内外部分水电工程导流明渠设计过流参数见表 7.2－1。

表 7.2－1　　　　国内外部分水电工程导流明渠设计过流参数

工程名称	明渠底宽 /m	设计过流量 /(m³/s)	单宽流量 /[m³/(s·m)]	工程名称	明渠底宽 /m	设计过流量 /(m³/s)	单宽流量 /[m³/(s·m)]
映秀湾	14	620	44.3	陆水	17.5	3000	171.4
柘溪	16	1300	81.3	黄龙滩	8	800	100

工程名称	明渠底宽/m	设计过流量/(m³/s)	单宽流量/[m³/(s·m)]	工程名称	明渠底宽/m	设计过流量/(m³/s)	单宽流量/[m³/(s·m)]
白山	20	2910	145.5	新丰江	8	1000	125
池潭	8	1020	127.5	飞来峡	300	15500	51.7
龚嘴	35	9560	273.1	宝珠寺	35	9570	273.4
铜街子	54	9200	170.4	大峡	40	5000	125
水口	75	28400	378.7	三峡	350	79000	225.7
观音岩	45	14200	315.6	龙开口	40	10800	270
喜河	25.5	3380	132.5	银盘	90	20800	231.1
蜀河	148	19700	133.1	枕头坝一级	30.4	6600	217.1
沙坪二级	55	7490	136.2	沙坡头	40	5860	146.5
尼尔基	190	9880	52	ZM	35	8870	253.4
岩滩	51	15100	296.1	安康	40	4700	117.5
巴西伊泰普	100	30000	300	印度乌凯	235	45000	191.5

7.2.2 大型导流明渠结构设计

7.2.2.1 明渠布置

1. 明渠进、出口

（1）明渠进、出口的布置应有利于进水和出水的水流衔接，尽量消除回流、涡流的不利影响，有利于通航和放木。进出口方向与河道主流方向的交角宜小于 30°，轴线转弯半径以不小于 3 倍明渠宽度为宜。

（2）进、出口的位置取决于基坑大小、施工要求，并距上、下游围堰堰脚适当距离，同时应选择在地基条件较好的部位。进出口力求不冲、不淤、不产生回流，可通过水力学模型试验调整进、出口形状和位置。

（3）进出口高程的确定。进口高程按截流设计选择，出口高程满足下游水流衔接要求。进出口高程和渠道水流流态在应满足施工期通航、排冰要求。在满足上述要求的条件下，尽可能抬高进、出口高程，以减少水下开挖量。明渠底宽应按施工导流及航运、排冰等各项要求进行综合适定。

（4）出口的消能和防冲保护。当出口为岩石地基时，一般不需要设置特殊的消能和防护，当为软基或出口流速超过地基抗冲刷能力时，需研究消能防护措施。

2. 明渠渠线

（1）导流明渠渠线布置需综合考虑各方面的因素，一般分为以下三种情况：

1）开挖岸边形成明渠。利用岸边河滩地开挖导流明渠，其渠身穿过坝段（挡水坝段），供初期导流，如铜街子、宝珠寺、三峡等工程。

2）永久工程相结合。利用岸边永久船闸、升船闸、升船机或溢洪道布置导流明渠，如岩滩、水口、大峡等工程。

3）在河床外远离主河床的山垭处开挖导流明渠。如陆水水电站、下汤水库等工程。

（2）为便于初期导流与后期导流的衔接，导流明渠一般宜布置在枢纽泄洪坝段的另一侧，以使洪水在明渠封堵后可由已建成的泄洪建筑物宣泄，保证明渠部位建筑物的干地施工条件。

（3）导流明渠一般应选择平坦地带或垭口部位布置，以减少开挖量；同时，明渠布置应兼顾纵向围堰的布置条件，尽量避免纵向围堰进入主河床深槽内（一般宜将纵向围堰布置在江心岛或基础条件较好的平台上）。明渠临基坑侧的渗径应满足地基渗透稳定要求。

（4）为适应地形变化，渠道需采用弯道时，弯道半径应在可能范围内选择较大值。一般明渠的弯道半径以不小于 2.5 倍水面宽及 3.0 倍渠底宽为宜。

（5）大型导流明渠，尤其是有通航任务的明渠布置，应通过水工模型试验（必要时需进行船模航行试验）验证布置型式。

（6）渠线应尽量避免通过滑坡地区，无法避免时应进行详细的地质勘探和资料分析，采取确保安全的必要措施。

（7）渠道比降应结合地形、地质条件，在满足泄水要求的前提下，尽量减小明渠规模与防护难度。对于有通航要求的河道，其渠道流速及比降应满足最大允许航行流速的要求。

3. 明渠底坡

（1）对于无通航要求的明渠，在渠内流速允许时，宜设计成陡坡，以减少明渠断面或降低围堰高度。

（2）对于需考虑通航、放木要求的明渠，宜采用缓坡。

（3）明渠底坡的选用，应使渠内流速和进出口水流衔接良好，必要时，各渠段可采用不同底坡，甚至平坡和反坡。

7.2.2.2　明渠断面形式的确定

1. 横断面选择原则

（1）明渠断面应满足导流的泄流能力要求，并有利于渠岸、渠床稳定或冲淤平衡。

（2）明渠断面应能适应枢纽布置要求，并力求节省工程量。

（3）有通航或其他综合利用要求的导流明渠断面形式，应符合相应的水流流速和流态的规定。

（4）明渠断面形式尚应尽量兼顾枢纽相关建筑物施工与运行要求。

（5）应选择方便施工、管理、运行的断面形式。

2. 横断面形式

渠道断面形式有梯形、矩形、多边形、抛物线形、弧形、U 形及复式断面，导流工程中常用的主要有梯形、矩形、多边形及复式断面，如图 7.2-1 所示。

梯形断面广泛适用于大、中、小型渠道，其优点是施工简单，边坡稳定，便于应用混凝土薄板衬砌。矩形断面适用于坚固岩石中开凿的石渠，如傍山或塬边渠道以及渠宽受限制的区域，可采用矩形断面。多边形断面适用于在粉质砂土地区修建的渠道。当渠床位于不同土质的大型渠道，亦多采用多边形断面。复式断面适用于深挖渠段，有利于调整明渠弯道水流的流速分布及流态，改善明渠通航条件；渠岸以上部分的坡度可适当改陡，每隔

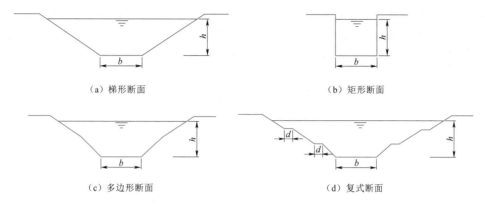

（a）梯形断面　　　　　　　　　　　　　　（b）矩形断面

（c）多边形断面　　　　　　　　　　　　　（d）复式断面

图 7.2－1　渠道断面形式示意图

一段留一平台，以节省土方开挖量。

3. 横断面尺寸的确定

明渠过水断面尺寸，取决于设计导流流量及其允许抗冲流速。明渠断面面积与上游围堰高度的确定，应通过技术经济比较选定。

比较时需拟定几个明渠断面，计算相应的明渠及上游围堰工程量和造价，两者相加总造价最小的断面即为经济断面。明渠断面尺寸还需满足工期要求，使明渠与围堰的工程量能在预定的时间内完成。

渠道断面可分为宽浅与窄深两类。宽浅渠道断面水流比较稳定，水深变幅小，不易淤积或冲刷，在适当的地形条件下，挖填方量可以平衡；但在相同水位下所需的过水断面较大，且占地面积大，给枢纽布置带来一定的困难。窄深渠道断面水流比较急，易冲刷，但因渠口窄，占地少，渗漏量和衬砌费用也较小（近似于水力最佳断面）。一般导流明渠应考虑采用窄深断面，而有航运要求的渠道应考虑采用宽浅断面。下面以梯形明渠为例，叙述断面尺寸的确定方法。

（1）梯形明渠水力最佳断面。指断面面积一定而通过流量最大的断面。梯形渠道水力最佳断面的宽深比 β 选取条件为

$$\beta = \frac{b_0}{h_0} = 2(\sqrt{1+m^2} - m) \tag{7.2-1}$$

式中：b_0 为渠底宽度，m；h_0 为渠道水力最佳断面水深，m；m 为边坡系数。

（2）梯形明渠水力最佳断面水深 h_0 计算：

$$h_0 = 1.189 \left[\frac{nQ}{(m'-m)\sqrt{i}} \right]^{3/8} \tag{7.2-2}$$

式中：Q 为流量，$\mathrm{m^3/s}$；n 为糙率；m 为边坡系数，$m' = 2\sqrt{1+m^2}$。

（3）梯形明渠实用经济断面的计算。实际设计时，多采用既符合水力最佳断面的要求又能适应各种具体情况需要的实用经济断面。这种断面，其渠道设计流速比水力最佳断面流速增加 2% 到减小 4%，即过水断面积较水力最佳断面面积减小 2% 至增加 4%，在此范

围内仍可认为基本符合水力最佳条件。但流速在增加 2％至减少 4％的范围内，其水深变化范围为水力最佳断面水深的 68％～160％，其相应的底宽变化范围则为水力最佳断面底宽的 40％～290％。设计时根据明渠具体布置、地形地质等方面条件，可在此范围内选择实用经济断面。

当流量 Q、比降 i、糙率 n 及边坡系数 m 为已定时，某一断面与水力最佳断面之间的关系式为

$$\left(\frac{h}{h_0}\right)^2 - 2\alpha^{2.5}\left(\frac{h}{h_0}\right) + \alpha = 0 \qquad (7.2-3)$$

$$\beta = \frac{b}{h} = \frac{\alpha}{\left(\frac{h}{h_0}\right)^2}(m'-m) - m \qquad (7.2-4)$$

$$\alpha = \frac{A}{A_0} = \frac{v}{v_0} = \left(\frac{R}{R_0}\right)^{2/3} \qquad (7.2-5)$$

$$R_0 = \frac{A_0}{\chi_0} \qquad (7.2-6)$$

式中：α 为实用经济断面对水力最佳断面偏离程度的系数，等于实用经济断面面积与水力最佳断面面积之比，或水力最佳断面流速与实用经济断面流速之比；α 一般取 1.00～1.04；h_0、A_0、R_0、v_0、χ_0 分别为最佳水力断面的水深、过水断面面积、水力半径、流速、湿周；h、A、R、v、χ 分别为实用经济断面的水深、过水断面面积、水力半径、流速、湿周。

拟定 α 分别为 1.00、1.01、1.02、1.03、1.04，通过试算可得出 5 组相应的 h 和 b 值。设计根据明渠所处地形地质条件及布置与土石方平衡要求，从中选择一个实用而经济的设计断面。

由于导流明渠一般过流量大，水力学条件复杂，且受枢纽布置及相关建筑物施工与运行条件制约，实际明渠断面确定时可在前述经济断面上适当调整。此外，有通航要求的明渠，应根据航道等级和通过船舶的尺度要求来确定明渠的断面尺寸。大型航运明渠应进行相应的水工模型试验验证。

（4）明渠边坡。明渠开挖坡度需根据地质条件确定。各类岩土的一般稳定边坡参数可参考表 7.2-2～表 7.2-5 选取。

表 7.2-2　　　　　　　　　　　明渠水下最小边坡系数

土　类	明渠水下最小边坡系数	土　类	明渠水下最小边坡系数
稍胶结的卵石	1.00～1.25	砂填土	1.50～2.00
加砂的卵石和砾石	1.25～1.50	砂土	3.00～3.50
黏土、重壤土、中壤土	1.25～1.50	风化的岩石	0.25～0.50
轻壤土	2.00～2.50	未风化的岩石	0.10～0.25

表 7.2 - 3　　　　　　　　　　　渠岸以上黏土低边坡容许坡比

土的类别	密实度或黏土的状态	容　许　坡　比	
		坡高小于 5m	坡高 5～10m
重黏土	坚硬	1：0.35～1：0.50	1：0.50～1：0.75
	硬塑	1：0.50～1：0.75	1：0.75～1：1.00
一般黏性土	坚硬	1：0.75～1：1.00	1：1.00～1：1.25
	硬塑	1：1.00～1：1.25	1：1.25～1：1.50

表 7.2 - 4　　　　　　　　　　　渠岸以上黄土低边坡容许坡比

年　代	开挖情况	容　许　坡　比		
		坡高小于 5m	坡高 5～10m	坡高 10～15m
次生黄土 Q_4	锹挖容易	1：0.50～1：0.75	1：0.75～1：1.00	1：1.00～1：1.25
马兰黄土 Q_3	锹挖较容易	1：0.30～1：0.50	1：0.50～1：0.75	1：0.75～1：1.00
离石黄土 Q_2	镐挖	1：0.20～1：0.30	1：0.30～1：0.50	1：0.50～1：0.75
午城黄土 Q_1	镐挖困难	1：0.10～1：0.20	1：0.20～1：0.30	1：0.30～1：0.50

表 7.2 - 5　　　　　　　　　　　碎石土边坡容许坡比

土体结合密实程度		容　许　坡　比		
		坡高小于 10m	坡高 10～20m	坡高 20～30m
胶结		1：0.30	1：0.30～1：0.50	1：0.50
密实		1：0.50	1：0.50～1：0.75	1：0.75～1：1.10
中等密实		1：0.75～1：1.10	1：1	1：1.25～1：1.50
松散	大多数块径大于 40cm	1：0.50	1：0.75	1：0.75～1：1.10
	大多数块径大于 25cm	1：0.75	1：1.00	1：1.10～1：1.25
	块径一般小于 25cm	1：1.25	1：1.50	1：1.50～1：1.75

注　1. 含土多时，还需要按土质边坡进行验算。

　　2. 含石多且松散时，可视其具体情况挖成折线形或台阶形。

　　3. 如大块石中含较多黏性土时，边坡一般为 1：1～1：1.5。

但拟定坡度时，还必须充分查明地质情况，根据岩层走向、层理构造、地下水活动情况、明渠轴线与层面相交角位等分析确定。当存在构造滑动面时，须采取处理措施。

明渠内坡的稳定，在设计中应引起充分重视。坡高大于 15～20m 时，应设置马道，以利边坡稳定和检修。对于高边坡，需进行稳定分析，并研究渠内水位涨落或北方地区冻融等对边坡的影响。边坡稳定难以满足要求时，可采取合适的加固措施。加强边坡稳定的措施一般有以下几种：

（1）加强排水设施。地下水活动常为影响边坡稳定的重要因素，如能排除地下水和地表渗漏水，是加强边坡稳定的有效措施之一。

（2）锚杆和锚索锚固。一般用于局部滑动地段，小块滑动用锚杆，大块滑动用锚索。

（3）锚固桩。常用于大体积的滑动。

（4）重力式挡墙。局部或大范围的不稳定地段可采用，但工程量较大。

导流明渠边坡稳定安全系数 K 值：一般根据工程等级及地质条件采用 $1.15 \sim 1.25$；当考虑地震荷载时，应不小于 $1.05 \sim 1.10$。

4. 渠岸超高

(1) 渠岸超高指明渠最高洪水位（水面线）以上需增设的高度，一般计算式为

$$F_b = h_b + \delta \qquad (7.2-7)$$

式中：F_b 为渠岸超高，m；h_b 为风浪爬高，m；δ 为安全超高，一般为 $0.3 \sim 0.7$m。

(2) 对于有通航要求的导流明渠，其渠岸超高还需考虑船行波在岸坡上的上卷高度 h_H：

$$h_H = \beta \frac{0.5(2h) + mi}{1 - mi} \qquad (7.2-8)$$

其中

$$2h = \frac{0.8}{(1-n)^{2.5}} \sqrt{\frac{\delta T_c}{L_c} \frac{\delta v_c^2}{2g}} \qquad (7.2-9)$$

式中：β 为系数，对于抛石护坡 $\beta = 0.8$，对于砖石护坡 $\beta = 1.0$，对于混凝土板护坡 $\beta = 1.4$；m 为岸坡的边坡系数；i 为船行波的坡度，可近似采用 $i = 0.05$；$2h$ 为船行波的波高；δ 为船舶的载重系数；T_c 为设计船舶的吃水；L_c 为涉及船舶的高度；n 为断面系数，即过水断面面积 Ω 与船中横断面的浸水断面面积 A 的比值（$n = \Omega/A$）。

(3) 弯道的超高。当弯道半径小于 5 倍水面宽度及平均流速大于 2m/s 时，弯道凹岸顶端的超高应予增加，即

$$F_b' = \frac{B}{R} \frac{v^2}{2g} \qquad (7.2-10)$$

式中：F_b' 为增加的超高值，m；B 为最大流量时水面宽度，m；R 为弯道半径，m；v 为平均流速，m/s。

7.2.2.3 明渠防护结构

导流明渠一般具有泄流量大、水流流速高的特点。此外，导流明渠一般和纵向围堰配合使用，渠道防渗均通过对围堰进行防渗封闭措施处理，而无须专门设置渠道的防渗系统；对于预留土（石）埝的导流明渠，需对预留土（石）埝采取防渗措施，多采用垂直防渗措施（如高压喷射灌浆、防渗帷幕、防渗墙等），也可根据实际条件，结合明渠衬护结构对渠道进行防渗处理（如混凝土护面、铺设土工膜、衬护黏土层或其他防渗材料等）。

目前，我国水利水电工程中常用的导流明渠衬护结构主要有混凝土衬护、抛石衬护和砌石衬护等。

1. 混凝土衬护

(1) 混凝土衬护型式及适用范围。

混凝土衬护型式有现浇混凝土板、预制混凝土块、喷射混凝土等，适用于具备干地施工条件，流速较高的明渠。对于大型渠道，一般采用现浇混凝土板衬护（或钢筋混凝土）。预制混凝土护坡一般适用于流速不大且块石料短缺的小型渠道。喷射混凝土作为渠道衬砌，具有强度高、厚度薄、抗冻性及防渗性好、施工方便快速等优点，且可根据地质条件，采用挂网喷护、喷锚结合等方式综合处理渠坡稳定与明渠防冲。

（2）衬砌厚度确定。

根据衬砌结构特征，衬砌厚度一般为：水泥砂浆抹面 $5\sim12\mathrm{cm}$；喷水泥砂浆 $3\sim10\mathrm{cm}$；喷射混凝土 $5\sim15\mathrm{cm}$；预制混凝土板一般厚度 $5\sim10\mathrm{cm}$。高流速渠道采用厚 $20\sim50\mathrm{cm}$ 的钢筋混凝土衬砌，其厚度 t 可按以下方法计算。

1）采用桥渡冲刷防护公式计算衬砌厚度：

$$t=\frac{P_1+P_2}{\gamma_s-\gamma_w} \tag{7.2-11}$$

其中
$$P_1=\eta\mu_c\frac{v^2}{2g}\gamma_w, P_2=0.25P_{bt}v^2\gamma_w \tag{7.2-12}$$

式中：P_1、P_2 为水流作用于护坡的静上举力和脉动上举力，$\mathrm{N/m^2}$；η 为与结构特性有关的系数，光滑连续护面 $\eta=1.1\sim1.2$，由单个小构件组成的护面 $\eta=1.5\sim1.6$；μ_c 为试验参数，光滑连续护面取 0.3，透水护面取 1.1；γ_s、γ_w 分别为护面材料和水的容重，$\mathrm{N/m^3}$；v 为计算水流流速，$\mathrm{m/s}$；P_{bt} 为不同水流流态时水流对护面产生的上举力：①水流平顺，不脱离建筑物，$P_{bt}=(0\sim0.05)\times9.8\mathrm{kN/m^2}$；②水流不平顺，脱离建筑物形成漩涡，$P_{bt}=(0.05\sim0.08)\times9.8\mathrm{kN/m^2}$；③水流对冲建筑物（交角成 $90°$），引起水流分离，$P_{bt}=(0.09\sim0.3)\times9.8\mathrm{kN/m^2}$。

2）采用护坡面板厚度计算：

$$t=\frac{K\delta A}{(\gamma_s-\gamma_w)\cos\alpha}\left(2h+\frac{v^2}{2g}\right) \tag{7.2-13}$$

式中：K 为安全系数，取 $1.1\sim1.25$；δ 为面板形状系数，混凝土取 1.0，浆砌石取 1.15，干砌石取 1.30；A 为试验参数，混凝土取 0.16，浆砌石、干砌石取 0.178；$2h$ 为波浪高度，m；α 为岸坡坡角，$(°)$。

（3）底板厚度计算。

底板型式除整体式衬砌外，一般为分离式结构。衬砌材料根据地质条件及抗冲要求确定，以混凝土或钢筋混凝土居多。当上浮力较大时，常用锚杆锚固。分离式底板主要设计原则是，在浮托力、渗透压力和脉动压力作用下不被掀起。明渠底坡一般较缓，可按平底考虑。粗略估算时可按单位面积上力的平衡条件来分析，不考虑四周的嵌固作用。如图 7.2-2 所示，底板厚度 δ 计算式为

$$\delta\geqslant K\frac{u+A-P}{\gamma_s} \tag{7.2-14}$$

式中：K 为安全系数，一般取 $1.2\sim1.4$；γ_s 为混凝土容重；A 为脉动压力；P 为动水压力，无试验资料时可近似等于该处水深，$P=h$；u 为扬压力，包括浮托力和渗透压力。

脉动压力 A 与流速及面板粗糙程度有关，其方向上下交替变化，可按下式估算：

$$A=\pm\alpha_m\frac{\alpha v^2}{2g} \tag{7.2-15}$$

式中：α_m 为脉动压力系数，一般可取 $1\%\sim$

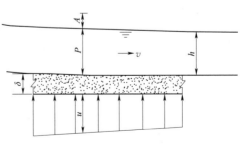

图 7.2-2　底板受力平衡条件示意

2%；α 为动能修正系数，一般取 $1.05\sim1.10$；v 为流速；g 为重力加速度。

底板采用锚杆时，其厚度 δ 可按下式计算：

$$\delta\geqslant K\frac{(u+A-P)-(\gamma_b-1)T}{\gamma_s}\qquad(7.2-16)$$

式中：γ_b、γ_s 分别为岩石和混凝土的容重；T 为锚固岩层的计算深度。

锚杆直径一般 $22\sim25\text{mm}$，间距 $1.0\sim3.0\text{m}$，插入基岩深度 $1.5\sim3.0\text{m}$。假定锚杆被拔起时岩石底部呈 $90°$ 锥体破坏（图 7.2-3），锚杆埋入基岩的长度为

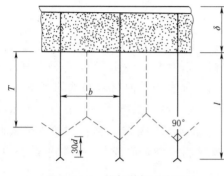

$$l=T+\frac{b}{4}+30d\qquad(7.2-17)$$

式中：d、b 分别为锚杆直径和间距。

当扬压力不大时，可按弹性地基梁或板计算底板的厚度；当扬压力较大，底板的稳定靠锚杆锚固时，可按以锚杆为支点的无梁楼板公式粗略估算其厚度 δ：

$$\delta=b\sqrt{\frac{3K_1q}{4\alpha R_1}}\qquad(7.2-18)$$

图 7.2-3　锚杆破坏示意图

式中：q 为作用于底板底面的均布扬压力；K_1 为混凝土抗拉时的安全系数；α 为塑性影响系数，一般取 1.75；R_1 为混凝土的抗拉强度；b 为锚杆间距。

（4）衬砌细部构造。

1）排水设施。在渠道运行水位以下，一般不设排水孔，以免因渠内水位涨落变化影响边坡稳定。当挡墙背后地下水水位较高时，可在渠内水位以下部位设置排水孔。墙后地下水水位较低时，运行水位以下部位是否设置排水孔，应根据地层构造及地下水情况，分析利弊而定。

明渠底板是否设置排水孔，视地基渗漏情况而定。如果设置排水孔，则需要有良好的排水条件，不然，从排水孔下漏的渗水不能很好地排出，对底板反而不利；而若设孔过多，又将增加大坝基坑的渗水量。因此，需根据地基情况研究设置排水孔的利弊。

排水孔直径一般为 $5\sim10\text{cm}$，孔距 $2\sim3\text{m}$。在岩基上，孔深一般深入基岩 0.5m，孔位应布置在节理裂隙较多部位。在软基上，孔下需设置良好的排水反滤系统，防止渗漏水淘刷基础。

2）分块分缝和止水。分块分缝视地基条件、浇筑能力和温度收缩影响等决定。设置排水孔时，分块缝不需要设止水，并加强排水系统。对于软基，分块缝一般应设止水。止水型式可用沥青油毛毡、沥青木板等嵌入缝内。底板与边墙的连接缝，宜用镀锌铁片或塑料止水加沥青油毛毡止水。

接缝型式有平接式、搭接式、榫接式等（图 7.2-4），平接式和搭接式施工简单，较为常用；榫接式嵌固作用好，但施工较复杂，对沉降变形适应性也较差。

2．抛石衬护

抛石衬护具有机械化施工程度高、施工迅速简单、能充分适应基础变形等优点，适用

（a）平接式　　　　　　　　（b）搭接式　　　　　　　　（c）榫接式

图 7.2-4　接缝型式

于软基且石料料源充足地段，特别适用于需水下施工部位。为减小渠道糙率，抛石结构也可采用理抛石（对抛石进行整理，力求表面平整）。

抛石粒径计算公式如下：

（1）沙莫夫公式：

$$v = 1.47\sqrt{gd}\left(\frac{h}{d}\right)^{1/6} \qquad (7.2-19)$$

式中：v 为水流流速，m/s；d 为块石直径，m；h 为水深，m；g 为重力加速度，m/s^2。

（2）伊兹巴斯公式：

$$D = 0.7\frac{v^2}{2g\dfrac{\gamma_s - \gamma_w}{\gamma_w}} \qquad (7.2-20)$$

式中：v 为水流流速，m/s；D 为块石直径，m；γ_s 为块石容重，N/m^3；γ_w 为水的容重，N/m^3。

抛石护坡厚度一般按 2～4 倍的抛石计算粒径确定，对于基础可能冲刷深度较大的部位，抛石体厚度还需通过冲刷坑计算或经动床模型试验确定。

3. 砌石护坡

砌石结构是一种常见的边坡防护结构，主要包括干砌石和浆砌石两类，可充分利用当地材料。

（1）干砌块石护坡厚度 t 计算公式：

$$t = \frac{K\delta A}{(\gamma_s - \gamma_w)\cos\alpha}\left(2h + \frac{v^2}{2g}\right) \qquad (7.2-21)$$

式中：K 为安全系数，一般取 1.1～1.25；δ 为面板形状系数，混凝土取 1.0，浆砌石取 1.15，干砌石取 1.30；A 为试验参数，混凝土取 0.16，浆砌石、干砌石取 0.178；$2h$ 为波浪高度，m，根据风浪计算公式确定；α 为岸坡坡角，（°）。

（2）浆砌片石护坡厚度 δ 计算公式：

$$\delta = \frac{P_{sj}}{(\gamma_s - \gamma_w)\cos\alpha} \qquad (7.2-22)$$

其中

$$P_{sj} = \eta\mu\gamma_w\frac{v^2}{2g} \qquad (7.2-23)$$

式中：γ_s 为浆砌片石的容重，N/m^3；γ_w 为水的容重，N/m^3；α 为护面斜坡与坡脚处水平线的夹角，（°）；P_{sj} 为水流作用于护坡的上举力，N/m^2；η 为与护面结构有关的系数，可按光滑连续护面选用，取 1～1.2；μ 为与护面透水性有关的系数，可按连续不透水护面选用，取 0.3；v 为行进水流的平均流速，m/s；g 为重力加速度，m/s^2。

7.2.2.4 明渠纵向导墙结构

1. 导墙材料

导流明渠导墙宜与永久建筑物布置相结合，可采用混凝土、碾压混凝土、埋石混凝土、堆石混凝土或胶凝砂砾石等材料。

导墙混凝土的强度等级、抗渗等级、抗冻等级等性能指标，应根据材料试验结果、公式计算结果并参照相关规范确定，经分析论证可适当简化或降低。导墙墙体内部一般采用同类型或相同强度等级的材料，如需进行分区设计，分区宽度应根据导墙受力状态、构造要求和施工条件综合确定。碾压混凝土或胶凝砂砾石导墙迎水面采用常态或富浆胶凝材料，防渗层的有效厚度一般为设计水头的 $1/30\sim1/15$，但不宜小于 $1.0m$。

2. 纵向导墙平面布置

纵向导墙应按分期导流流量结合枢纽布置、地形、地质条件、施工通航、河床防冲等要求，经综合比较后确定。导墙上下游长度应满足横向围堰坡脚防冲要求，一般伸出上、下游横向围堰坡脚 $10\sim30m$。纵向导墙宜充分考虑与永久建筑物的结合，各导流分期互相利用并满足稳定要求，纵向导墙宜布置成直线并满足各期泄水建筑物水力学条件。

3. 导墙顶部高程及宽度

导墙顶部高程不宜低于与之相接的围堰顶部高程。导墙顶部高程不应低于设计洪水位的静水位与波浪高度及堰顶安全超高值之和。对 3 级混凝土或浆砌石纵向导墙，安全超高要求不小于 $0.4m$；对 4 级、5 级混凝土或浆砌石纵向导墙，安全超高要求不小于 $0.3m$。

导墙顶部宽度应综合结构受力要求及施工条件确定，对于碾压式混凝土及胶凝砂砾石导墙，围堰顶部宽度一般为 $5\sim8m$。

4. 导墙断面形式

纵向导墙在条件允许的情况下，一般采用重力式结构。断面设计在体型上应力求简洁，基本断面宜为三角形，便于施工，其顶点高程一般在导墙顶附近，选在设计洪水位附近。迎水面宜采用铅直或斜面，尽量避免折面，确需布置折面时，起坡点一般在 $(1/3\sim2/3)H$ 处（H 为三角形高度）。

当纵向导墙采用碾压式混凝土及胶凝砂砾石材料时，迎水面边坡一般采用 $1:0.1\sim1:0.2$，背水侧边坡一般采用 $1:0.6\sim1:0.8$。

设计纵向导墙断面时，可先进行断面选择，选择方法有分层计算法、数解法和曲线法。分层计算法即为将导墙断面分成若干层水平截面，自上而下逐层假定上、下游坡度，根据荷载算出满足稳定和强度要求的断面，最后根据工程需要修改成实用断面。

5. 明渠导墙与其他建筑物的连接处理

明渠导墙与土石围堰的衔接处，应适当加长导墙或设置丁坝，将主流挑离围堰，防止水流冲刷土石围堰堰基，并对围堰局部加强抗冲保护，如在与纵向导墙相接的横向围堰坡脚设置块石、钢筋石笼防冲体等，防止水流对围堰坡脚的危害性冲刷。土石围堰与导墙的连接处，通常在纵向导墙上设置混凝土刺墙，插入土石围堰防渗体内，以使防渗体封闭，也可采用扩大防渗体断面或经过论证的其他形式。为了防止接触面发生集中渗流，土质防渗体与导墙接触面应有足够的渗径。对于防渗体断面的连接形式，可在接触面加厚防渗体和反滤层厚度等。

导墙与周边其他类似建筑物的连接结构应根据工程情况，进行专门设计，包括导墙与围堰、导墙与明渠底板、导墙与岸坡、不同材料导墙之间的连接形式等；应重视不同结构之间的应力、变形协调以及防渗系统的合理衔接。

6. 导墙与分缝及其止水构造

纵向导墙结构的分缝布置应综合考虑导墙材料、基础地形地质条件、导墙布置、断面尺寸、温度应力和施工条件等因素确定。条件允许时，应尽量采用通仓浇筑。碾压混凝土不宜设纵缝，且少设横缝，胶凝砂砾石导墙可不设纵横缝，以利于快速施工。混凝土导墙横缝间距与导墙结构尺寸、施工方法、施工时间、地质条件、混凝土材料等有关，一般为15～25m。

纵向导墙应根据基础灌浆、排水孔设置、导墙渗水、导墙墙体灌浆等条件确定是否设置廊道，一般情况下，导流明渠的纵向导墙无须设置排水廊道和采取基础灌浆等防渗措施。

纵向导墙横缝的迎水面、堰内廊道和孔洞穿过分缝处的四周等部位应布置止水措施，一般设置一道塑料止水带；对于较高的导墙或与永久建筑物结合的导墙，可加设一道铜止水，止水设置位置通常距离迎水面0.5～2.0m。横缝止水片必须与基础岩石（或基础防渗结构）妥善连接，基岩止水槽深0.4～0.6m，宽1～2m，并设锚筋加固。

7. 导墙基础抗冲防护

纵向导墙采用混凝土等结构，本身抗冲流速可达20m/s，若采用胶凝砂砾石等贫胶凝材料，迎水面应采用富浆胶凝砂砾石护面，等效强度宜不小于C20混凝土。纵向导墙基础应根据水流流速和基础的地质情况，采取相应的防冲保护措施，确保导墙安全运行，流速较大时可采用钢筋石笼、合金网兜、混凝土防冲板、混凝土防冲槽、地下防冲墙等保护方案。

8. 导墙结构计算

（1）荷载及工况。

导墙结构设计应遵照及参考混凝土重力坝设计的相关规范及资料，但荷载组合只需考虑正常运行设计洪水情况。导墙结构设计应根据导墙的形式、材料、工作条件等进行，主要考虑导墙自重、静水压力、扬压力、浪压力、动水压力、泥沙压力、冰压力、墙背围堰填土压力等，同时应根据工程需要，考虑跨明渠桥自重及车辆荷载等其他荷载。

导墙结构计算中应充分考虑各阶段（包括施工期、运行期和封堵期）各种不利工况下导墙的稳定、应力及变形，与永久建筑物结合部分应考虑永久设计工况。

抗滑稳定的计算参数可根据地质条件、导墙材料、设计工况等资料，结合工程类比确定，必要时可开展参数测定试验以确定计算参数。

（2）稳定计算。

混凝土及碾压混凝土导墙的抗滑稳定计算可以采用单一安全系数法进行计算，也可以采用概率极限状态设计原则，以分项系数极限状态设计表达式进行计算。当导墙基础存在软弱结构面、缓倾角裂隙时，应核算导墙基础的深层抗滑稳定。胶凝砂砾石导墙的稳定计算可参考混凝土重力式导墙计算方法进行，当胶凝材料含量较低时，应按照土石围堰稳定计算方法复核边坡稳定。

1）采用单一安全系数法进行计算时，混凝土导墙抗滑稳定主要验算建基面滑动条件，应按抗剪断强度公式或抗剪强度公式计算建基面的抗滑稳定安全系数。

a. 抗剪断强度计算公式：

$$K' = \frac{f'\sum W + c'A}{\sum P} \tag{7.2-24}$$

式中：K' 为按抗剪断强度计算的抗滑稳定安全系数；f' 为导墙混凝土与地基接触面之间的抗剪断摩擦系数；c' 为导墙混凝土与地基接触面之间的抗剪断黏聚力，kPa；A 为地基接触面面积，m^2；$\sum W$ 为作用于导墙上全部荷载（包括扬压力，下同）对滑动平面的法向分值，kN；$\sum P$ 为作用于导墙上全部荷载对滑动平面的切向分值，kN。

b. 抗剪强度计算公式：

$$K = \frac{f\sum W}{\sum P} \tag{7.2-25}$$

式中：K 为按抗剪强度计算的抗滑稳定安全系数；$\sum W$ 为作用于导墙上全部荷载（包括扬压力，下同）对滑动平面的法向分值，kN；$\sum P$ 为作用于导墙上全部荷载对滑动平面的切向分值，kN；f 为导墙混凝土与地基接触面之间的抗剪摩擦系数。

采用单一安全系数法进行计算时，导墙基础抗滑稳定安全系数不应低于3.0（抗剪断强度计算公式）或1.05（抗剪强度计算公式），导墙基础深层抗滑稳定应首选抗剪断强度计算公式，安全系数不应低于3.0。

2）采用概率极限状态设计原则，以分项系数极限状态设计表达式进行计算时，可参考混凝土重力坝设计规范相关规定。

基本组合承载能力极限状态设计表达式为

$$\gamma_0 \psi S(\gamma_G G_k, \gamma_Q Q_k, a_k) \leqslant \frac{1}{\gamma_d} R\left(\frac{f_k}{\gamma_m}, a_k\right) \tag{7.2-26}$$

式中：γ_0 为结构重要性系数；ψ 为设计状况系数；$S(\cdot)$ 为作用效应函数；$R(\cdot)$ 为结构抗力函数；γ_G 为永久作用分项系数；γ_Q 为可变作用分项系数；G_k 为永久作用标准值；Q_k 为可变作用标准值；a_k 为几何参数的标准值（可作为定值处理）；f_k 为材料性能的标准值；γ_m 为材料性能分项系数；γ_d 为基本组合结构系数。

正常使用极限状态作用效应设计表达式为

$$\gamma_0 S_k(G_k, Q_k, f_k, a_k) \leqslant C \tag{7.2-27}$$

式中：C 为正常使用极限状态结构的功能限值；$S_k(\cdot)$ 为作用效应函数。

用刚体极限平衡法计算导墙抗滑稳定时，应根据导墙高度选定计算截面，包括导墙基础、折坡处的截面、墙体削弱部位及其他需要计算的截面，分别计算基本组合和偶然组合，抗力作用比系数 η 应满足：

$$\eta = \frac{\dfrac{1}{\gamma_d}R(\cdot)}{\gamma_0 \psi S(\cdot)} \geqslant 1 \tag{7.2-28}$$

导墙与基础接触面的抗滑稳定极限状态：

作用效应函数 $\qquad S(\bullet)=\sum P_{R}$ $\qquad$ (7.2-29)

抗滑稳定抗力函数 $\qquad R(\bullet)=f_{R}'\sum W_{R}+c_{R}'A_{R}$ $\qquad$ (7.2-30)

式中：$\sum P_{R}$ 为建基面上全部切向作用之和，kN；f_{R}' 为建基面抗剪断摩擦系数；c_{R}' 为建基面抗剪断黏聚力，kPa。

（3）应力及变形计算。

导墙建基面和墙体的垂直正应力可参考重力坝规范进行计算。用材料力学公式计算最大、最小垂直正应力时，迎水面基础允许主拉应力不大于 0.15MPa，迎水面墙体允许主拉应力不大于 0.2MPa。

核算墙墙趾抗压强度极限状态设计时，墙趾抗压强度作用效应按下式计算：

$$S(\bullet)=\frac{\sum W_{R}}{A_{R}}-\frac{\sum M_{R}T_{X}}{J_{R}}$$ (7.2-31)

式中：$\sum W_{R}$ 为导墙建基面上全部法向作用之和，kN；$\sum M_{R}$ 为全部作用对建基面形心的力矩之和，kN·m；A_{R} 为导墙基础面的面积，m^{2}；J_{R} 为导墙基础面对形心轴的惯性矩，m^{4}；T_{X} 为墙踵或墙趾到形心轴的距离，m。

墙趾或墙趾处在施工期及运行期的垂直正应力可按正常使用极限状态，采用作用的标准值计算：

$$S(\bullet)=\frac{\sum W_{R}}{A_{R}}\pm\frac{\sum M_{R}T_{X}}{J_{R}}$$ (7.2-32)

高水头、深基坑上的导墙宜进行有限元应力应变分析，并结合工程类比进行设计。

7.2.3　复杂地质条件导流明渠基础处理

1. 覆盖层地基处理

覆盖层地基处理的目的包括对软土地基的加固。地基处理的方法主要包括：开挖置换，预压、排水、降水、夯实固结，注浆挤密，振冲挤密，深搅、高喷固结，沉井，地下混凝土连续墙等。以下对几种较为特殊的覆盖层地基处理方式予以简述。

（1）地下混凝土连续墙。

导流明渠若坐落在深厚覆盖层基础上，往往不具备大开挖建基的条件，导流明渠底板基础或混凝土导墙基础需要进行基础处理，可采用地下混凝土连续墙的方式。

采用地下连续墙进行基础处理，可以兼顾基础防渗及抗冲刷功能，同时提高基础的整体性，有针对性地提高局部地基承载力等。相比沉井基础，地下连续墙能够更好地适应多种地层条件（如漂石含量较高、基岩面起伏较大等）。

采用地下连续墙进行明渠及导墙基础处理的方案主要有两种：框格式（桐子林）及梳齿式（枕头坝一级）。框格式地下连续墙就是混凝土连续墙在沿轴线及垂直轴线方向纵横相连，形成网格状；而梳齿式地下连续墙就是沿轴线布置一道连续墙，垂直轴线方向间隔一定距离布置一道连续墙。

作为地基处理的地下连续墙一般采用钢筋混凝土结构，根据应力计算配筋。连续墙间距应综合考虑应力及变形条件，一般控制在 8~10m。墙体厚度主要考虑强度和变形条件，若同时要承担防渗作用，则需要考虑墙体的允许水力坡降，兼顾施工设备及施工技术条件，一般取 1.0～1.5m。地下连续墙应嵌入基岩，入岩深度一般 1.0～2.0m。

（2）预压排水。

导流明渠若位于较厚的淤泥或淤泥质软土地基，除考虑明渠本身的抗冲性外，若明渠两侧采用当地材料堤防，可结合堤防分层填筑，采用插排水板的堆载预压方式进行地基加固处理。

对饱和天然软土地基进行加固一般采用排水固结法：一般先在地基中铺设砂垫层作为水平排水通道，再设置砂井或排水板等竖向排水体，然后利用建（构）筑物本身重量分级加载，通过加载系统在地基中产生超孔隙水压力，使土体中的孔隙水排出并逐步固结，地基发生沉降并逐步提高强度直至达到设计承载力。

一般性的设计，需要在原地基面铺设砂垫层，再施加塑料排水板，排水板施工完成后铺设高强度土工布、土工格栅及碎石或块石过渡隔离层。应该特别重视合适的加载速率和加载过程中的堤身稳定性监测，避免堤身失稳或固结效果不满足要求。

（3）水泥土搅拌桩或旋喷桩。

对于深厚覆盖层上的明渠结构，若两侧挡墙需要采用混凝土、浆砌石等结构，也可采用水泥土搅拌桩、旋喷桩及加筋碎石垫层结构对地基进行处理。

搅拌桩及旋喷桩的平面布置及桩径等相关参数可参考《建筑地基处理技术规范》（JGJ 79—2012），根据上部结构和基础特点综合确定。桩顶平面应设置垫层，垫层可采用砂或级配砂石，夯填度不小于 0.9，垫层内也可考虑设置加筋材料，增加垫层的整体性和刚度，扩散应力、减少侧向变形。

2. 岩石地基的处理

岩石地基处理的目的包括从整体上改善岩基的强度、刚度和防渗性能，以及对局部软弱岩体进行加固。

混凝土坝若高度小于 50m，可建在弱风化中部～上部基岩，且使用期短，建基面要求可低于混凝土坝；若基岩基础中存在软弱破碎带、软弱结构面及局部工程地质缺陷，应分析其对导墙整体稳定和渗流的影响，确定处理方案。常用的处理措施有挖除置换混凝土、预应力锚索、固结灌浆和帷幕灌浆等。

固结灌浆一般针对基础节理密集带或风化卸荷程度较高的区域，根据水头和地质情况确定是否需帷幕灌浆。对于基岩中的局部深槽，一般应挖除并采用混凝土置换，混凝土与基岩之间采用锚筋加强连接与支护。难以开挖至基岩的，也可采用灌浆加固处理，再采用混凝土封闭，上部设置混凝土垫座防止产生不均匀沉降。

当采用预留岩坎作为纵向导墙基础时，通常情况下，局部岩体透水率往往达不到防渗要求；尤其是断层破碎带及节理密集带透水性较强，可能构成集中渗漏通道，需要采用帷幕灌浆加强防渗；一般采用单排帷幕孔，帷幕幕底深入透水率为 5～10Lu 的相对不透水岩层内，深入深度可取 1.0～2.0m。当预留岩坎或导墙基础岩层存在水平向缓倾角夹层等不利结构面时，为满足岩坎及导墙基础深层抗滑稳定要求，多采用预应力锚索进行加固，针对预留岩坎锚索可自岩坎坎顶沿轴线布置，垂直穿过缓倾角结构面，深入稳定基岩。

7.2.4　典型工程实例

7.2.4.1　龙开口水电站导流明渠

1. 概况

龙开口水电站采用全年挡水围堰、左岸明渠导流的方式。2008 年 1 月导流明渠开工，2008 年 12 月底导流明渠具备过流条件，2009 年 1 月下旬主河床截流，2009 年 5 月底上下游主围堰完成，具备挡水条件。

导流明渠为 4 级临时建筑物，设计标准采用全年 20 年一遇洪水，相应洪水流量 $10800\text{m}^3/\text{s}$，对应上游设计水位 1257.72m。

2. 明渠布置及断面设计

导流明渠布置在左岸台地上（图 7.2 - 5）。明渠设计底宽 40.0m，明渠全长 952.94m，

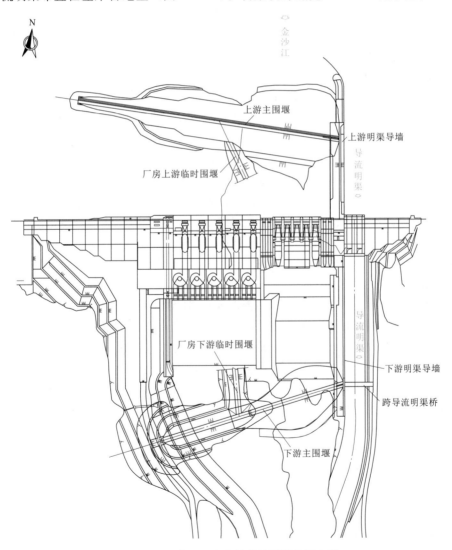

图 7.2 - 5　龙开口水电站导流明渠平面布置

其中上游引水渠段长 385.03m，与坝体结合段长 75.63m，下游泄水渠段长 492.28m，明渠进口高程 1216.00m，与坝体结合段高程 1214.50m，出口高程 1213.50m。明渠上游段起坡点桩号为坝上 0－210.00，止坡点桩号为坝上 0－010.00，上游段设计底坡为 0.75%；下游段起坡点桩号为坝下 0＋65.63，止坡点桩号为坝下 0＋385.63，下游段设计底坡为 0.31%。

明渠临河侧布置纵向导墙，导墙采用重力式混凝土结构，墙顶轴线长 643.0m，其断面形状和墙高根据渠内水面线、地形地质条件分为三段进行设计：上游段导墙顶高程为 1237.00～1260.00m，最大墙度 43.5m，顶宽 3.0～4.0m，靠明渠侧垂直，局部坡度为 1∶0.3，背明渠侧坡度为 1∶0.5；导墙与坝体结合段长 89.5m，按永久水工建筑物要求设计；下游段导墙顶高程为 1240.00～1235.00m，最大墙高 25.0m，顶宽 3.0m，靠明渠侧垂直，背明渠侧坡度为 1∶0.6。

导流明渠内设置 2 个导流底孔和 1 个过流缺口。导流底孔断面为矩形，尺寸为 10.0m×14.0m（宽×高），底板高程 1214.50m，进口上唇采用 1/4 椭圆曲线；过流缺口底宽 40.0m，高程为 1235.00m。

3. 明渠防护结构

根据导流模型试验成果，当设计流量为 10800m³/s 时，明渠引水渠内平均最大流速为 5.17m/s，下游泄水渠内平均最大流速为 19.4m/s（桩号坝下 0＋108）。为确保导流明渠的安全，明渠底部及内侧开挖边坡在其设计水位以下均采用混凝土衬砌。渠内设计水位以上开挖边坡采用挂网喷混凝土＋系统锚杆支护。

左侧边坡采用系统锚喷＋贴坡混凝土支护，贴坡混凝土衬砌厚度 1.0～1.5m。渠底板采用混凝土衬护，底板混凝土衬护范围为坝上 0－030.00～坝下 0＋405.63，共 36 块，上游段 2 块，下游段 34 块。上游段底板衬砌厚度 0.35m；与坝体结合段衬砌厚度 4.0m；下游段底板衬砌厚度 1.0～1.5m，下游底板衬砌混凝土设置锚筋。

在明渠出口下游消能设计中，根据导流水力模型试验的成果，在设计流量情况下，下游段明渠内的流速最高达 20.78m/s（底孔出口部位）和 20.48m/s（明渠出口和主河床交界处）。为保护明渠末端混凝土衬砌底板和纵向围堰导墙基础免受高速水流的淘刷破坏，在 31 号和 32 号底板的周边开挖一条深度、宽度均为 2m 的齿槽。在齿槽底部设置长 10.0m，单孔内设置 3 根 ϕ28 的深孔锚栓，并与衬砌底板面筋和底筋相连接。在第 31 号和 32 号深孔锚栓衬砌底板的下游面，再设置第 33 号和 34 号衬砌底板，其目的是对深孔锚栓底板加以保护，并和深孔锚栓衬砌底板共同作用，形成两道抗冲刷防线，增强明渠衬砌底板对抗高速水流冲刷的能力。同时在明渠出口部位纵向混凝土导墙末端和第 31 号衬砌底板衔接处外侧（即靠河床一侧）用混凝土封闭了暴露的岩面。

7.2.4.2 沙坪二级水电站导流明渠

1. 概况

沙坪二级水电站采用全年挡水围堰、左岸明渠导流的方式。2010 年 12 月导流明渠开工，2013 年 5 月底导流明渠具备过流条件，2013 年 11 月上旬主河床截流，2014 年 5 月底上、下游主围堰完成，具备挡水条件。

导流明渠为 4 级临时建筑物，设计标准采用全年 10 年一遇洪水，相应洪水流量 7490m³/s，对应上游设计水位 549.05m。

2. 明渠布置及断面设计

导流明渠布置在左岸台地上，位于厂房进水渠、尾水渠开挖范围内（图 7.2 - 6）。导流明渠轴线桩号为闸左 0＋097.30，轴线长约 608m，明渠进、出口呈喇叭口状，进口轴线平面转角为 38.17°，平面转弯半径为 171.50m。

明渠进口底板高程为 530.0m，坝轴线处以 1∶6 的坡度将底板降至 525.0m 高程，并以 525.0m 平坡延伸至出口。

结合考虑截流、过流、度汛水位等因素，选用梯形过水断面，设计底宽 55～62m，高度 20～25m，两侧边坡坡比 1∶0.3。

明渠临河侧布置纵向围堰，分为三段：明渠进口混凝土导墙、纵向预留岩坎和明渠出口混凝土导墙。明渠进口导墙墙顶高程 551.0m，最大墙高 10.0m，明渠出口导墙墙顶高程 546.0m，最大墙高 21.0m。

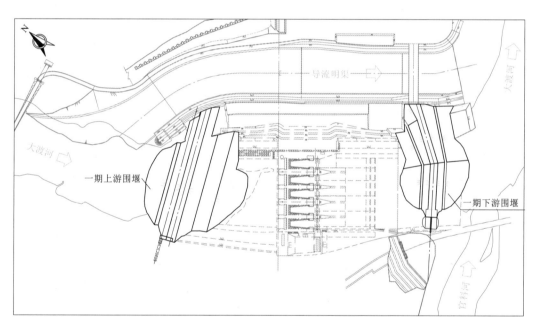

图 7.2 - 6　沙坪二级水电站导流明渠平面布置

3. 明渠防护结构

根据导流模型试验成果，当设计流量为 7490m³/s 时，进渠流速为 7.8m/s，明渠内最大流速为 12.5m/s，出渠流速为 6～7m/s。为确保导流明渠的安全，渠内设计水位以上开挖边坡采用挂网喷混凝土＋系统锚杆支护；明渠底部及两侧开挖边坡在其设计水位以下均采用混凝土衬砌。明渠左岸边坡混凝土衬砌厚 0.8m，右岸边坡混凝土衬砌厚 1.5m，混凝土衬砌坡度均为 1∶0.3。明渠在导上 0－160.00～导上 0－005.00 范围内混凝土衬砌底板高程确定为 530.00m，衬砌厚度为 0.5m，在明渠中部导上 0－005.00～导下 0＋095.00 范围流态复杂段衬砌厚度为 1.5m，从导下 0＋000.00～导下 0＋030.00 底板高程由 530.00m 降至 525.00m，下游泄水渠导下 0+095.00～导下 0+240.00 范围，底板衬砌厚度为 1.0m。

为保护明渠末端混凝土衬砌底板和纵向围堰导墙基础免受高速水流的淘刷破坏，在 49 号和 50 号底板的周边开挖一条深、宽均为 2m 的齿槽。在齿槽底部设置长 9.0m，单孔内设置 3 根 $\phi 28$ 的深孔锚栓，并与衬砌底板面筋和底筋相连接。增强明渠衬砌底板对抗高速水流冲刷的能力。

7.2.4.3　柬埔寨桑河二级水电站导流明渠

1. 概况

桑河二级水电站采用全年挡水围堰、左岸明渠导流的方式。2014 年 2 月导流明渠开工，2014 年 12 月底导流明渠具备过流条件，2015 年 1 月上旬主河床截流，2015 年 6 月底上下游主围堰完成，具备挡水条件。

电站坝址区地形平缓开阔，河道顺直，河谷断面呈较对称的宽 U 形，工程施工采用左岸全年明渠导流方式，工程施工导流分三期。

导流明渠为 4 级临时建筑物，设计标准采用全年 20 年一遇洪水，相应洪水流量 14200m^3/s，对应上游设计水位 62.50m。

2. 明渠布置及断面设计

导流明渠布置在左岸缓坡段（图 7.2-7）。明渠直线段轴线与原河道基本平行，明渠进、出口与原河道平顺衔接，明渠进口转弯段转角 50.0°，转弯半径 200m；出口段呈喇叭状，转弯段转角 47.8°，转弯半径 400m。明渠设计底宽为 160m，总长约 1342.7m，明渠进口高程为 47.00m，出口高程 46.50m。其中导流明渠导上 0-150.00～导下 0+041.00 为明渠降坡段（纵坡为 0.26%），设计渠底高程 47.00～46.50m。

导流明渠沿线覆盖层分布，基础基岩面高程为 47.00～49.00m，覆盖层厚约 8m，明渠开挖后，左、右侧将形成 10m 左右的开挖边坡，明渠边坡开挖坡比按岩石 1:0.75、覆盖层 1:2.0 施工。

明渠临河侧布置纵向导墙，采用混凝土重力式结构。导墙全长 471.04m（含坝体结合段），导墙沿程分为三段：上游段、坝体结合段和下游段。上游段桩号导上 0-232.73～导上 0-045.25，顶高程 65.00m，最大高约 24.5m；坝体结合段桩号导上 0-045.25～导下 0+041.00，长 86.25m，上游顶高程按坡比 1:2.75 从 80.0m 降低至 65.0m，下游顶高程按坡比 1:2.0 从 80.0m 降低至 61.5m；下游段导下 0+041.00～导下 0+280.00，顶高程 61.50m，最大高约 16.0m。

3. 明渠防护结构

根据导流模型试验成果，当设计流量为 14200m^3/s 时，明渠内最大流速为 6.3m/s。明渠底板开挖至弱风化或微风化层，基岩满足明渠内抗冲流速要求，明渠底板不采取混凝土底板衬砌措施。明渠内侧边坡主要为覆盖层边坡，不能满足明渠内抗冲要求，因此，为确保导流明渠的安全，明渠左侧开挖边坡在其设计水位以下采用护坡结构，护坡基础置于强风化下限或弱风化岩体上。护坡分为钢筋混凝土护坡和钢筋石笼护坡。导上 0-185.00～导下+536.06 采用混凝土护坡结构，全长约 781.2m，护坡坡比为 1:2.0，混凝土护坡厚度 80cm，下部设置 50cm 后砂砾石垫层。导下 0+536.06 至出口土坡采用钢筋石笼护坡，护坡坡比 1∶1.5。钢筋石笼规格为 2.0m×1.0m×1.0m，钢筋石笼护坡后铺碎石垫层料，防止淘刷渗透破坏。

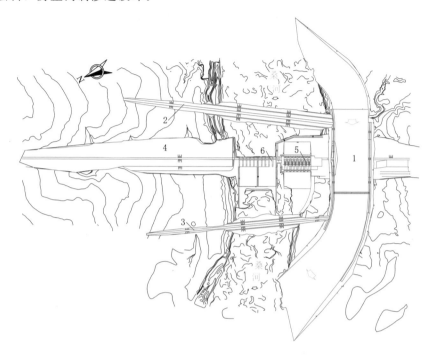

图 7.2－7　桑河二级水电站导流明渠平面布置
1—导流明渠；2—二期上游围堰；3—二期下游围堰；4—右岸土坝；
5—厂房坝段；6—溢流坝段

7.2.4.4　铜街子水电站导流明渠

铜街子水电站采用明渠导流（图 7.2－8），明渠位于左岸 3 个挡水坝段，导流流量按全年 20 年一遇洪水设计，为 9200m³/s；50 年一遇洪水校核，为 10300m³/s。明渠长 590m，进口段设截流闸，兼作施工期交通桥。渠身段宽度由 60m 渐变到 54m，出口设计单宽流量 170m³/s，平均流速 13m/s。出口段砂卵石覆盖层深达 15～24m，其下为软弱黏土岩，因此扩大了出口过水断面以降低流速，并设置挑流墙将主流挑向右岸主河槽，还采取降低明渠出口底板高程等措施，使水流以波状水跃与下游水面衔接，有效地防止了明渠出口段的冲刷。明渠出口段左侧为滑坡体，在坡角设置了由 21 个相互连接的大型沉井构成的沉井群，最大沉井尺寸为 16m×30m×25m（宽×长×高），还在一部分沉井下开挖 10m 的深槽到玄武岩，沉井上部浇筑混凝土左导墙，成功防止了边坡的失稳。此外，明渠出口近 100m 长的右导墙，下临厂房深挖基坑，为满足抗滑稳定要求，还设置了 3000kN 的预应力锚索 36 根。为修建左岸导流明渠，纵向土石围堰总长 1029m，最大堰高 17m，按全年 20 年一遇洪水设计。为防止冲刷和漂木撞击，利用两处礁石岛设置了混凝土挑流墩，将水流挑离堰脚。围堰防渗墙采用固化灰浆，用冲击钻造孔成墙，既便于建造也易于拆除，明渠施工期近两年。

该工程导流明渠自主河床于 1986 年 11 月截流至 1991 年 11 月底明渠下闸封堵，共经历 5 个汛期，导流与漂木运用正常。明渠封堵后河水由溢流坝段两个 6m×8m 临时底孔及两个

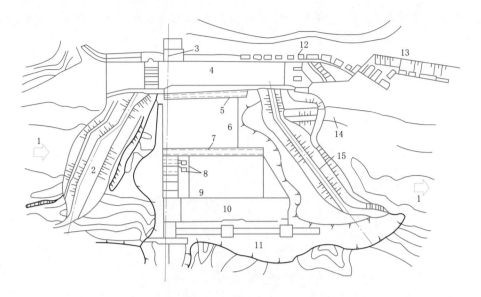

图 7.2 - 8　铜街子水电站导流明渠平面布置

1—大渡河；2—上游围堰；3—坝轴线；4—导流明渠；5—左冲沙孔；6—厂房；7—右冲沙孔；

8—导流底孔；9—溢流坝；10—挡水坝；11—筏闸；12—沉井；

13—防洪堤；14—纵堰轴线；15—下游围堰

4m×7.5m 冲沙底孔宣泄。明渠内挡水坝段采用碾压混凝土施工，于 1992 年 3 月底升高 47m 到坝顶。4 月上旬导流底孔下闸，水库开始蓄水。接着用微膨胀混凝土将底孔封堵。

7.2.4.5　长江三峡工程导流明渠

1. 概况

三峡水利枢纽施工导流为分期导流方式。第一期先围右岸，扩宽后河，修建导流明渠。导流明渠担负着二期工程导流泄洪及施工期通航的任务。根据水工模型水力学及船模试验成果，导流明渠开挖总量为 2270 万 m³，混凝土护底、护坡及柔性排 15.82 万 m³，石渣及块石（串）抛填 50.11 万 m³，明渠施工基本上与一期土石围堰施工同步进行，一期土石围堰堰体填筑，同时进行水下清淤工作，一期土石围堰完建挡水后，开始大规模的陆上开挖施工和明渠防护结构施工，相机进行堰压段和堰外段水下开挖及边坡防护结构施工。至 1997 年 4 月，导流明渠堰内及堰外工作基本完成。1997 年 5 月破堤过流，随后完成堰压段和堰外段水下开挖及防护结构施工。1997 年 7—9 月明渠试航、试通航，10 月正式通航。2002 年 11 月 6 日，明渠封堵截流，导流明渠完成历史使命。

导流明渠工程等级提高一级，按 3 级临时建筑物设计。其设计标准为：频率 2% 全年洪水流量 79000m³/s；频率 1% 全面洪水流量 83700m³/s，$v_{max} \leqslant 4.4$m/s；地航船队，$Q=1000$m³/s，$v_{max} \leqslant 2.5$m/s。

2. 导流明渠布置

导流明渠位于右岸中堡岛右侧长江河内。进口始于茅坪镇东北侧长江漫滩，干渠基本上沿后河布置，出口位于高家溪口上游侧长江漫滩。右岸边线全长 4040m，轴线全长 3410m，明渠断面为高低渠相结合的复式断面，最小底宽 350m。进口段无高、低渠之分，渠底高程

59.0～58.0m；进口接近纵向围堰时，明渠形成复式断面，高渠底宽 100m，渠底高程
58.0m；左侧低渠底宽不小于 250m，沿水流流向采用四级高程，从上至下分别为 58.0m，
50.0m，45.0m 和 53.0m，高程 58.0～50.0m 以 1：10 坡相连，高程 50.0～45.0m 为陡坎相
连，高程 45.0～53.0m 为反坡相接。导流明渠右侧靠山坡，右边线沿程经进口段直线段和
圆弧（转弯半径 $R=778$m）、干渠直线段、出口圆弧段（转弯半径 $R=787$m）和直线段。明
渠左侧为混凝土纵向围堰，轴线全长 1218m。上纵头部为半圆台，临明渠侧为 1/4 椭圆曲
线，长轴 199m，短轴 69m，椭圆曲线下游为两直线段与坝段相连，纵堰中间段为直线段，
下纵尾部为圆弧，半径 $R=375$m，中心角为 35°。二期导流明渠布置见图 7.2-9。

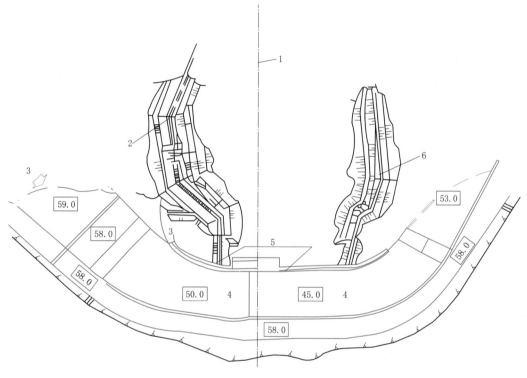

图 7.2-9　三峡工程二期导流明渠布置

1—大坝轴线；2—二期上游围堰；3—长江；4—导流明渠；5—混凝土纵向围堰；6—二期下游围堰

3. 明渠通航水力学试验研究

导流明渠兼作二期导流施工期通航航道，根据明渠通航标准，长江科学院 1：100 水
工模型试验及船模试验进行反复试验研究，修改明渠布置和调整结构型式。在流量 $Q=$
10000m³/s 情况下，明渠内水流平缓，航线上水流速度最大为 2.0m/s，水面坡降在
0.5‰以内，无碍航流态，满足地方船队的航行要求。$1×1000$t＋2640HP 自航船模（静
水航速 3.8m/s）模拟地方船队航行试验结果表明：船队可以在明渠内（包括左、中、右
航线）顺利地上下航行通过明渠。在流量 $Q=20000$m³/s 情况下，明渠内流速分布除坝轴
线上游 225m 附近和坝轴线下游 1600m 附近出现程度不等的较高流速区外（其最大流速
值 4.0m/s 左右），其余部位水流顺直居中，比较平缓，无严重碍航流态。$3×1000$t＋

2640hp自航船模（静水航速为4.9m/s，"品"字形连接）试验结果表明：船队可以从明渠左侧航线或右侧航线上行通过明渠（航线上最大流速为4.2m/s，局部较大的水面坡降在1.5‰以内）；下行船队可沿明渠中偏右航线顺流而下。

由于导流明渠泄洪与通航的设计标准相差很大，明渠泄洪设计流量为79000m³/s，而通航流量为20000m³/s，按照通航流量标准定出明渠规模及复式断面结构型式。为保证导流明渠汛后安全通航，假定明渠底板强风化带以上全部冲光至弱风化顶板，进行定床试验，试验流量分为10000m³/s、20000m³/s、25000m³/s、30000m³/s四级。试验成果表明：明渠被冲刷至弱风化顶板线后，由于过水面积增大，明渠内大部分测点的流速有所降低，又由于坝线上高渠基本上被冲刷破坏，减弱了复式断面调整流速分布的作用。将主流引向右岸，故在坝轴线附近，明渠右岸流速明显增加，由于被冲刷后的弱风化层顶板为凹凸不平的不规则地形，在较大流量时，明渠内及明渠出口处局部区域出现泡漩等不利于通航的水流流态，因此必须对明渠局部保护，以改善明渠航道上的流态、流速分布。水工模型试验设计了多种明渠防护方案，最后选定方案是右岸高渠坝轴线下200m至坝轴线上游255m进行保护，同时左岸低渠碾压混凝土围堰上游紧靠碾压混凝土围堰和混凝土纵向围堰保护宽60m、长100m（顺水流向）范围。通航水力学试验表明：当$Q=200000m³/s$时明渠左、右两条航线均能满足上行船队对岸航速大于1m/s的通航要求。

4. 导流明渠断面设计

通过多年研究确定，导流明渠采用高低渠复式断面，渠宽350m（最小宽度）。右侧高渠宽100m，渠底高程58.0m，左侧低渠宽250m，渠底高程自上至下分别为58.0m、50.0m、45.0m、53.0m，各高程间衔接采用1∶10斜坡（50～45m为直坎相接）。

导流明渠右侧高边坡开挖坡度控制：①高程82.0m以上边坡，全强风化岩石1∶0.7，弱风化岩石1∶0.5，覆盖层1∶3；②高程82.0m以下边坡，全强风化岩石1∶1，弱风化岩石1∶0.5，微风化岩石1∶0.3，覆盖层1∶3。高程70.0m设一条2m宽马道，在高程82.0m设宽12m施工道路。

导流明渠左侧为纵向混凝土围堰，为保证明渠水流条件，纵向围堰布置型式与导流明渠一并研究确定。

5. 导流明渠防护结构设计

（1）明渠右边坡防护结构设计。按导流明渠岩坡沿线不同的地层条件及二期导流期间的水流条件，分别采取不同的防护措施。按建筑物运行条件，确定高程82.0m以上边坡基本不保护，只对失稳部位前期进行一定的处理措施；高程82.0～83.5m以下边坡按下述分段进行防护。

（2）明渠护底结构设计。导流明渠由高、低渠组成，沿线各分段渠底底层各异，不同区段分别为粉细砂、块球体、全、强、弱、微风化岩石基础。根据明渠水工模型试验成果，要求在坝轴线上游255m至坝轴线下游200m进行保护。

6. 导流明渠运行情况

三峡导流明渠自1997年5月开始运行，至2002年11月结束，运行时段五年半，经历了1998年长江特大洪水的考验（洪峰流量66600m³/s，大流量持续时间达1个月以上），出口流速达8～10m/s，导流明渠行洪顺畅，防护结构安全可靠。

通过对导流明渠上、下游口门附近范围进行优化整治，及在明渠内增设助航设施，使导流明渠通航条件显著改善，导流明渠通航流量比原设计方案有了较大幅度的提高。自1998 年起实测的导流明渠通航能力和导流泄洪运行实践表明，明渠圆满完成了导流泄洪与施工期通航的双重任务。

7.2.4.6 向家坝水电站导流明渠

1. 概况

向家坝水电站施工采用分期导流，一期先围左岸，二期围右岸。一期由右侧的主河床泄流、通航及漂木，二期由导流底孔和缺口泄流，临时船闸通航，散漂木材在坝址上游收漂后陆路转运。大坝混凝土采用塔带机配缆机浇筑。电站第一批机组发电工期为 7 年，总工期为 9 年 6 个月。

根据坝址的地形、地质、水文及河道通航等条件，结合工程总体布置，采用两期导流。工程开工后的第一个枯水期建成一期土石围堰，在其围护下进行左岸非溢流坝段施工，修建二期导流所需的 5 个底孔（10m 宽、14m 高，进口底板高程 260m）和与底孔重叠布置宽 100m、高程 280m 的缺口以及临时通航船闸。

待一期基坑中的底孔和临时船闸具备运行条件后于第 3 年 12 月进行二期主河床截流，二期进行右岸非溢流坝、溢流坝、左岸坝后厂房及升船机等坝段施工，由左岸导流底孔和缺口泄流，临时船闸通航。二期导流布置见图 7.2 - 10。

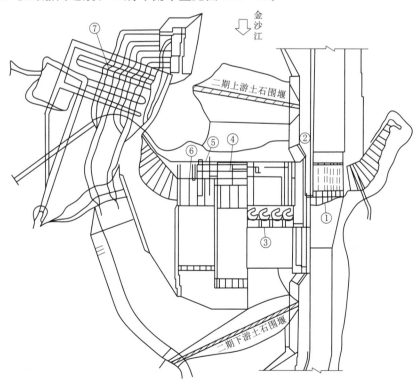

图 7.2 - 10 向家坝水电站二期导流布置图

①—二期导流底孔；②—临时船闸；③—坝后厂房；④—中孔坝段；
⑤—后期导流底孔；⑥—表孔坝段；⑦—地下厂房

一期导流设计标准为全年 20 年一遇洪水，相应洪峰流量 28200m³/s，河床束窄率为 25%，上、下游设计水位分别为 289.6m 和 287.6m。

二期导流设计标准为全年 50 年一遇洪水，相应洪峰流量 32000m³/s，上、下游设计水位分别为 310.5m 和 289.5m。

2. 导流明渠（上游引水渠＋下游泄水渠）的布置与设计

第二期导流泄水建筑物由上游引水渠、导流底孔和缺口、下游泄水渠组成。上游引水渠由左岸覆盖层砂砾石滩地开挖而成，底宽 123.00m，底板高程 260.00m；引水渠底板分段衬砌，上游段采用 0.80~1.00m 厚的抛石护底，粒径 0.40~1.00m，局部采用钢筋石笼；近坝约 300m 采用 0.50~2.00m 厚的混凝土板护底。

下游泄水渠道基本上由左岸山体开挖而成，建基面即为基岩，最窄处底宽为 100.00m，底板高程 260.00m。泄水渠底板亦分段衬砌：混凝土衬砌厚度在导流底孔出口附近为 2.50m，在泄水渠尾部为 0.50m。

7.2.4.7　桐子林水电站导流明渠

桐子林水电站导流明渠建筑物为 4 级，设计标准为 20 年一遇，汛期洪水流量为 14400m³/s，经二滩水库调蓄后为 12700m³/s。桐子林导流期流量大，又受坝址河道地形地质条件限制，不适宜采用导流隧洞导流。根据导流明渠所处地质地形条件，主体工程分两段（即导流明渠施工段、4 孔泄洪闸坝段和厂房坝施工段）三期施工：一期由纵向围堰挡 2 年一遇洪水，并通过束窄的原河道泄流，导流明渠基坑枯水期施工；二期由上、下游围堰挡 20 年一遇洪水，右岸导流明渠泄流，厂坝基坑全年施工；三期由明渠上、下游围堰挡水，洪水由已完建的主河床 4 孔泄洪闸宣泄，导流明渠内的 3 孔泄洪闸施工。导流明渠布置见图 7.2-11。

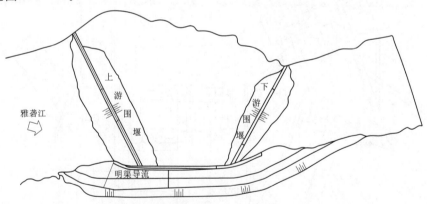

图 7.2-11　桐子林水电站导流明渠布置图

受坝址区特殊的地形地貌、地质条件限制，两岸均不具备布置大型导流隧洞的条件。为此，结合水工右岸 3 孔泄洪闸的布置，将导流明渠布置在右岸滩地上，明渠渠身段底宽 63.8m，明渠中心线混凝土底板长 609.77m，明渠进口底板高程 982.00m，出口高程 986.00m；右岸边坡采用厚 0.5m 的混凝土衬砌，左导墙采用混凝土结构，最大高度 54m，混凝土底板厚 6~8m，墙厚 6.2m，导墙及底板末端采用框格式混凝土连续墙加固，连续墙最大深度约 30m。

7.3 导流底孔与缺口

7.3.1 概述

我国部分水电工程导流底孔的设计情况见表 7.3-1，部分水电工程导流底孔宽度与坝段宽度比值见表 7.3-2。

表 7.3-1　　　　　　　　　我国部分水电工程导流底孔设计情况

工程名称	坝型	坝高/m	坝段宽/m	导流底孔			断面型式	布置型式	使用情况
				孔数	尺寸(宽×高)/(m×m)				
新安江	重力坝	105	20	3	10×13		拱门形	跨中布置	通航、过筏，实际最大水头 32.8m，流速 21.3m/s，情况良好
三门峡	重力坝	106	16	12	3×8		矩形	每跨 2 孔，跨中布置	改建为冲沙孔
丹江口	重力坝	97	24	12	4×8		贴角矩形	每跨 2 孔，跨中布置	实际最大水头 34.7m，流速 19.9m/s，17 号坝段进、出口门槽未封盖，气蚀严重
凤滩	空腹重力拱坝	112.5	18	3	6×10		拱门形	跨中布置	空腹段为明槽，流态气蚀严重
柘溪	大头坝	104	16	1	8×10		拱门形	支墩间，跨缝布置	过筏，同隧洞配合使用，运行时间较短
古田二级	平板坝	44	7.6	2	4×4		—	支墩间	
白山	重力拱坝	149.5	16	2	9×21		拱门形	跨中布置	排冰，运行情况良好
龚嘴	重力坝	85.5	16.22	1	5×6		矩形	—	冲沙孔兼导流、漂木
				1	5×8				
湖南镇	梯形坝	129	20	2	8×10		矩形	跨中布置	运行情况良好
池潭	重力坝	78.5	20	1	8×13		拱门形	—	过筏，收缩出口，消除负压，运行情况良好
石泉	空腹重力坝	65	16	3	7.5×10.25		拱门形	在实体坝跨中位置	
枫树坝	空腹坝宽缝重力坝	95.0	17	1	7×9		—	跨缝布置在宽缝内	用作三期导流和中、后期度汛
岩屋潭	空腹重力坝	66		2	4×5		—	空腹段用混凝土管连接	
黄龙滩	重力坝	107	20	1	8×11		拱门形	跨中布置	运行良好

续表

工程名称	坝型	坝高/m	坝段宽/m	导流底孔 孔数	导流底孔 尺寸(宽×高)/(m×m)	断面型式	布置型式	使用情况
乌江渡	拱形重力坝	165	21	1	7×10	拱门形	跨中斜交布置	度汛底孔，运行良好
磨子潭	双支墩坝	82	18	2	2.5×5	—	支墩间	曲线不理想，有负压，实际泄流量减少20%
东风	双曲拱坝	162	25	3	6×9	—	—	运行正常
水口	重力坝	101	20	10	8×15	贴角矩形	跨中布置	度汛底孔，上层缺口同时过水，运行良好
五强溪	重力坝	87.5	24.5	2（边孔）	8.5×10	贴角矩形	跨中、跨缝间隔布置	运行3年，第三年高水位运行后5个孔出现不同程度气蚀
五强溪	重力坝	87.5	24.5	3（中间孔）	7.5×10	贴角矩形	跨中、跨缝间隔布置	运行3年，第三年高水位运行后5个孔出现不同程度气蚀
二滩	双曲拱坝	240	20	4	4×6			控制枯水期导流隧洞封堵时水位
铜街子	重力坝	82	21	2	6×8	—	跨中布置	
宝珠寺	重力坝	132	20			—	—	
岩滩	重力坝	110	20	8	4×10	—	—	虽遇超标准洪水，运行正常
万家寨	重力坝	90	19	5	9.5×10	贴角矩形	跨中布置	
三峡	重力坝	181	21	22	6.5×8.5	矩形	跨中布置	后期导流使用，运行良好
XW	双曲拱坝	292	22	底孔2	6×7	矩形	跨中布置	底孔设计最大流速44m/s，中孔设计最大流速43m/s
XW	双曲拱坝	292	25	中孔3	6×7	矩形	跨中布置	底孔设计最大流速44m/s，中孔设计最大流速43m/s
锦屏一级	双曲拱坝	305	22.6	5	5×9	矩形	跨中布置	设计最大流速38.8m/s
拉西瓦	双曲拱坝	250	23	2	4×9	矩形	跨中布置	施工期取消底孔
溪洛渡	双曲拱坝	278	22.5	6	5×10	矩形	跨中布置	
溪洛渡	双曲拱坝	278	22.5	4	4.5×8	矩形	跨中布置	
构皮滩	双曲拱坝	232.5	20.5	4	6.5×8	矩形	跨缝布置	
大岗山	双曲拱坝	210	12	3	5.5×7	矩形	跨中布置	
JH	碾压混凝土重力坝	114	23.5	5	8×12.5	矩形	骑缝布置	
向家坝	重力坝	162	20	5	10×12.5	矩形	跨中布置	钢门槽，设计最大流速25.76m/s

表7.3-2 我国部分水电工程导流底孔宽度与坝段宽度比值

工程名称	坝型	坝高/m	坝段宽度/m	底孔宽度/m	底孔宽度与坝段宽度之比
新安江	混凝土重力坝	105	20	10	0.5
三门峡	混凝土重力坝	106	16	3	0.19
丹江口	混凝土重力坝	97	24	4	0.17
凤滩	混凝土空腹重力拱坝	112.5	18	6	0.33
柘溪	混凝土大头坝	104	16	8	0.5
龚嘴	混凝土重力坝	85.5	16.22	5	0.31
枫树坝	混凝土空腹坝、混凝土宽缝重力坝	95.0	17	7	0.41
白山	混凝土重力拱坝	149.5	16	9	0.56
黄龙滩	混凝土重力坝	107	20	8	0.4
乌江渡	混凝土拱形重力坝	165	21	7	0.33
东风	混凝土双曲拱坝	162	25	6	0.24
五强溪	混凝土重力坝	87.5	24.5	8.5 7.5	0.35 0.31
水口	混凝土重力坝	101	20	8	0.4
二滩	混凝土双曲拱坝	240	20	4	0.2
铜街子	混凝土重力坝	82	21	6	0.29
岩滩	混凝土重力坝	110	20	4	0.2
万家寨	混凝土重力坝	90	19	9.5	0.5
三峡	混凝土重力坝	181	21	6.5	0.31
XW	混凝土双曲拱坝	292	22 25	6	0.27 0.24
锦屏一级	混凝土双曲拱坝	305	22.6	5	0.22
大岗山	混凝土双曲拱坝	210	12	5.5	0.46
向家坝	混凝土重力坝	162	20	10	0.5

在坝体布置临时底孔或缺口（包括梳齿段）下部布置临时底孔同时泄洪时，为避免发生气蚀破坏，要重视水力学条件研究。在底孔上部同时有坝体过水的双层水流时，通过水工模型试验采取掺气减蚀等措施，并通过水工模型试验确定这种布置方式的出口水流对下游坝基的冲刷影响，以保证底孔与坝体的安全。安康、岩滩等工程的双层过流情况比较正常。但盐锅峡工程的两个4m×9m导流底孔与上部坝体缺口泄洪时，出现了两个底孔间的3m厚中墩被气蚀击穿的严重事故。

7.3.2 导流底孔联合缺口双层泄流

龙开口水电站洪水期与枯水期流量相差悬殊，为尽量减小导流建筑物规模，综合考虑施工导流、施工进度和枢纽布置等因素后，选择了全年围堰、左岸明渠的分期导流方式，其中明渠坝段采用导流底孔与缺口双层泄流方式。在洪水流量较小时，明渠水流从底孔过流，洪水流量较大时，明渠水流从底孔和顶部缺口同时过流（图7.3-1）。

（a）小流量时导流底孔过流　　　　　　　　（b）大流量时导流底孔联合缺口双层过流

图7.3-1　导流底孔与缺口过流

7.3.2.1　缺口泄流

当来流量较大时，缺口参与泄流。为尽量使缺口入口处水流平顺，宜采用进口两侧结构对称布置方案，并设置圆弧等连接段。

当进口结构布置不对称时，常出现绕流现象，同时，若边界条件突变明显，流速会突然增加，在离心力的作用下水流与导墙边界易发生分离，导墙头部下游内侧区域常伴有比较强烈的漩流，水流上下翻腾，漩流中央有较明显的水面跌落，龙开口水电站模型试验成果见图7.3-2。

（a）缺口进口流态　　　　　　　　　　　　（b）缺口出口流态

图7.3-2　缺口流态

若两侧绕流作用产生的环流范围不一致，起点不同，在缺口内的任一过水断面处，两侧环流的强度会有所差异。缺口内的环流相撞后，大部分能量得以消散，剩余部分将使水体继续向环流强度较弱的一侧推进。但环流平行于坝轴线的流速分量经过碰撞迅速减小，无法再形成规则环流，而是以弯曲流线流向下游。左右两侧的内圈环流由于相互挤压，无法继续发展，反而迅速向边墙流动。受到边墙的阻挡作用，环流平行于坝轴线的流速急剧减小为0，在后继水流的挤压堆积作用下，沿着边墙产生了壅水现象，且沿着边墙壅高逐渐增加，环流强度较弱一侧的水流壅高大于另一侧。随着水流向下游流动，出现壅水现象的范围增大,在缺口出口处发生扩散作用,两壅高水流在空中进行再一次的碰撞,并形成整体一起下泄[图 7.3-2 (b)]。

7.3.2.2　底孔泄流

1. 概述

导流底孔设计时,宜对称布置左右岸导墙和进水口,以使底孔内的水流流态平顺。

若导流底孔设有中墩,当底孔单独泄流,且进口为明流时,受中墩的影响,在中墩上游的水域内水体进行动能和势能的转化,流速减小,水位抬高,中墩上游将出现局部壅高。同时,底孔边壁的约束作用和水流对进口处的不规则冲击,易导致底孔内水面存在很大的横向水位差。横向水位差的产生增加了局部水头损失,会降低底孔的过流能力。当底孔和缺口联合泄流时,缺口出口水流落下将对底孔出流形成封堵,影响底孔的泄流。缺口水流与底孔水流交汇时,还会产生大量的碰撞,流态比较紊乱。

对于多个导流底孔紧邻布置的情况,当上游闸门槽未封孔,底孔单独泄流时,底孔的进气补气情况基本相同,底孔内水流流态比较相似;而当底孔和缺口联合泄流时,若进口条件不对称,将使得缺口内水流流态不规则,进而影响底孔的进气补气情况,导致底孔内的流态也有所改变。但将闸门槽封堵后,无论是底孔单独泄流,还是底孔和缺口联合泄流,底孔的流态均大致相同。

2. 底孔流态

底孔流态随过流量的变化趋势不同而有所不同,具体表现为从大流量到小流量和从小流量到大流量两种情况。

流量从大到小的过程中,当底孔和缺口联合泄流时,随着流量的变小,压力水头也减小,产生负压的地方也增多;主要由底孔过流时的明满流交替过程是最危险的工况。底孔内水流由有压流变为无压流时,水流会撞击底孔顶部形成涌波,具有脉动冲击力,且随着流量的逐渐减小而减弱,直至消失。

在从小流量变为大流量的过程中,当库水位较低且水面距离底孔顶壁较近时,底孔进口处的水流流态不稳,水面波动比较大,随着库水位的上升其波动更加明显,直到缺口和底孔联合过流、底孔内水流为无压流时,这种涌波现象才会消失。

对比两种工况:当流量从大到小时,底孔顶部会出现负压,水流波动较大;而当流量从小到大时,压力水头均为正值,水流较为稳定,流态平顺,相对安全。在工程的运行管理中,应注意这一区别,特别是当流量从大到小时,要防止底孔的破坏。

(1) 从大流量到小流量时的底孔流态。

1) 水面脱离底孔顶壁状态。随着流量的逐渐减小,泄流方式也从导流底孔和缺口联合泄流变为底孔单独泄流。当底孔内水流从有压流开始转变为无压流时,在底孔出口处水面开始脱离底孔顶板。此时,水面基本稳定,并无大的波动,但小波动颇为频繁,特别是底孔的下游段水面的波动幅度大、频率高,对底孔顶部的脉动冲击较大。由于进口和出口部分的密封性(闸门槽已被封堵),底孔内掺气困难,底孔顶部除进口处外多为负压,极易导致破坏。工程中需引起高度重视,采取有效防护措施,以免出现空蚀破坏,影响导流底孔结构安全。

2) 缺口开始不过流的临界状态。随着流量的减小,上游水位的降低,底孔内水面距离底孔顶壁的距离越来越大，掺气水体发展得越来越充分，并开始形成波谷和波峰，随着水流的下泄而向下游推移。顺水流方向，水面偶尔会有大的波动，虽然中间夹杂着许多小波动，但主峰基本上只有一个，波动发生的频率较高，相对比较危险；而同一过水断面上出现横向水位差，表现为中间低，两边高。

3）中间状态。本状态描述的是进水渠内水位低于缺口底板高程、但高于底孔进口顶部高程。随着流量减小，底孔内气体所占空间增大，水流掺气越来越充分，水面的波动也随之增大，但大波动的频率相对变小；而小波动的幅度反而变大，频率也越来越大。

4）上游水位与底孔进口顶板齐平的状态。此时，底孔进口水流流态为满流，并且，随着向下游推移，水面逐渐脱离底孔顶板。整体而言，底孔内水面呈现下降趋势，间或有些小波动，但幅度较小，而大波动则几乎没有，相对底孔结构而言，此时较为安全。

5）明流状态。底孔明流时，除了进口部分有壅水外，随着向下游推移，水面慢慢开始基本持平，过流断面中间部分略微有所凸起。水流稳定，流态比较规则，为一般的无压流。

（2）从小流量到大流量时的底孔流态。

1）明流状态。此时的水流流态与从大流量到小流量时的底孔流态基本相同，无明显差异。

2）上游水位与底孔顶部齐平状态。在从小流量变为大流量的过程中，当上游水位升到与底孔顶部高程齐平时，水面较平缓，局部存在小的波动。与流量逐步减小时的库水位与底孔顶部齐平时的流态相比，水流更稳定。

3）中间状态。此种情况下，底孔流态同流量从大到小时基本相同，水面波动较为剧烈。

7.3.2.3 脉动压力

一般对于高速水流，单点脉动压强可分为两种，即平顺水流情况下的脉动压强和紊动情况下的脉动压强。底孔与缺口联合泄流中的水流状态属于紊动，脉动压强主要受自由流区大涡体紊动的惯性所控制，因此脉动压强相应有振幅大、频率低的特点。

经过研究分析发现，大流量（闸门槽未封孔）时主频率较大，同时次频率分布也较均匀，且数值也较接近主频率；但将闸门槽封孔以后，水面基本紧贴底孔顶壁，情况相对较好。闸门槽封孔以后，虽然大流量时情况较好，但在 25%～50% 的设计流量段内主频率较高，次频率数值接近主频率，且分布均匀，密度大，较之大流量时更加危险。

7.3.3　导流底孔闸门局开下泄环保流量

7.3.3.1　概述

若利用导流底孔下泄环保流量，由于环保流量相对较小，一般需采用闸门局部开启的方式。龙开口水电站的导流底孔设计就考虑了利用闸门局部开启的方式实现下泄环保流量。相关的水力学试验研究成果介绍如下。

7.3.3.2　流态

闸门门槽处水流基本平稳，而两门角下部各存在一个斜轴吸气漩涡，涡轴与门槽底板倾斜 40°～50° 角，涡轴伸向槽内。进口上游出现游移偶发性吸气串通漏斗形漩涡（图 7.3 - 3），漩涡有以下属性：①漩涡主发地紧靠进口上游端，多数漩涡始发于进口前沿，顺时针向转动逐渐转移至中右部直至消失；②消失前的大尺寸漏斗形漩涡，常常是由两三个独立漩涡在游移中合并后形成的。

由于导流底孔向下游供水要求局部开启的历时不长，同时导流底孔的洞身段相对较短，尤其是闸门局部开启运行时，闸门后为明流的情况下，进水吸气漏斗形漩涡对闸门后的泄流影响较小。

图 7.3 - 3　闸门前进口漩涡形态

一般而言，水流出导流底孔闸门孔口后，由压力流转变为明流，压力降落转化为流速水头和孔口出流的阻力损失。闸门开度小，下游水位低，水深小，流速大，水流弗劳德数远大于 1，处在急流状态（图 7.3 - 4）。因此下游水流出现的衔接流态，下游水体局部扰动，乃至水面形成冲击波等，对闸下出流和闸门直接作用的动力荷载影响很小。两侧门角的出闸水流一般在门槽下侧墙处受阻，水面局部垫高，致使门后水流有聚中现象，两侧水流也与边壁脱离，强化了沿边界水流的掺气，该现象也随上游运行水位的增高而增强。

（a）闸门开度 $e=3.0m$　　　　　　　　　（b）闸门开度 $e=1.0\sim1.5m$

图 7.3 - 4　闸下水流流态

7.3.3.3　泄流能力

由于龙开口水电站导流底孔闸门后面为明流，洞内净空大，水面以上至洞顶气流通畅，其气压接近大气压力，因此闸下泄流条件与明渠中水流条件相比无本质差别。经研究发现，在控泄工况下，底孔下泄流量能满足下游供水要求，闸门局部开启范围小，各试验工况的流量系数差别不大。闸门不同开度下的泄流能力显示，泄流能力随闸门开度和库水位的变化而变化，流量系数一般在 0.65～0.70 范围内变化。

7.3.3.4　空化与空蚀

闸门门槽空化主要取决于运行水头高低和闸门开度大小两个因素，当闸门在开度 $e<2.5m$ 运行时，闸门两侧水流向中间偏转，呈"聚中"现象。当闸门开度 $e=2.0m$ 时，闸下两

侧出流经受滞后反弹，聚中挑起，门槽斜坡段与水流脱离形成侧空腔，该处水流很容易扰动掺气，从而增加了门槽段抗空蚀性能。库水位降至 1235.0m，闸门开度 $e=2.0$m，斜坡段时而贴流，时而与水流脱开，成为侧掺流的极限状态。随着闸门开度的增大，水流沿门槽斜坡段流动，侧空腔消失，水流清澈，其掺气量几近为 0。

控泄工况下运行，流速不大，导流底孔洞身段不致发生水流空化与空蚀。

门槽段水流空化空蚀与运行库水位和闸门开度有以下关系：

（1）在控泄既定闸门开度下，若控泄水头差 $\Delta H < 20$m，则运行门槽不致发生空化空蚀。

（2）在水库控泄水位 $H_上 = 1236.5 \sim 1244.5$m 和闸门开度 $e = 2.5 \sim 4.0$m 区间运行，门槽段可能发生一定程度的水流空化空蚀。

总体而言，在水位高、水头差较大的情况下，闸门采用小开度运行，有利于减小门槽段水流空化空蚀，建议闸门局部开启运行时，按"高水位，小开度"和"低水位，大开度"操作。

由于各个工程设计存在一定的差异，若采用闸门局部开启的方式下泄流量，宜进行模型试验研究，同时由于模型试验很难完全模拟工程实际，实际运行时建议做好原型观测。

7.3.4 为特定要求设置或取消导流底孔

以下为此种情况下的几个工程实例：

（1）二滩水电站采用特大型隧洞导流，由于导流隧洞要满足雅砻江汛期大量漂木要求，进口未设中墩。为使进口大跨度截流闸门在隧洞堵头施工的枯水期内只承受低水头，以减轻闸门及门槽在结构上的难度，并为拱坝横缝灌浆赢得时间，专门在坝下部设了 4 个 4m×6m（宽×高）的导流底孔，在堵头施工期将坝前水位控制在闸门门顶高程以下，堵头完成后即予封堵，不参加其他各施工阶段导流。

（2）乌东德水电站混凝土双曲拱坝最大坝高 270m，采用隧洞导流，过流断面尺寸 16.5m×24m（宽×高）。为尽量缩短大坝直线工期，简化坝体结构，改善坝体受力条件，方便大坝浇筑和施工质量控制，取消了二滩、溪洛渡、XW 等水电站在坝体内设置导流底孔的常规设计，而在右岸增设一条导流隧洞高洞，过流断面尺寸为 12m×16m（宽×高），进口高程 830m。此条导流隧洞高洞的设置，达到了预期目标，同时衔接了低导流隧洞的下闸水位，又满足了向下游供水的条件。

（3）乌江渡水电站也采用隧洞导流，由于隧洞进口段上覆岩体太薄且岩性软弱，难以承受后期导流坝前高水位对隧洞施加的外水压力，为此在坝内增设了一个 7m×10m（宽×高）的导流底孔，以满足隧洞提前封堵的导流要求。该底孔有效地控制了隧洞堵头期间的坝前水位，并于当年汛期与放空洞联合导流，保证了大坝的正常施工。该底孔从坝后厂房安装间下面通向下游，不影响机组安装。

（4）江口水电站混凝土双曲拱坝最大坝高 140m，采用隧洞导流，过流断面尺寸 12m×14m（宽×高）。后期导流阶段若取消导流底孔，通过导流隧洞和中孔联合泄流，坝体在汛前应达到 265m 高程。若导流底孔参与联合泄流，坝体应在汛前到 260m 高程以上。技施阶段发电最低水位为 260m，较可研阶段提高 10m，根据 2002 年年底发电的目标，不论底孔设置与否，2002 年汛前坝体均应浇筑至 262m 高程以上，以保证满足汛后封拱及蓄水发电要求。如设导流底孔，此高度已满足拦洪要求，如取消导流底孔，此高度亦接近拦洪水位 265m。综合以上因素，有、无导流底孔方案汛前坝体上升高度差别仅为3m。考虑到取消导流底孔可加快前期大坝上升速度，两方案汛前大坝上升高度差距更小，综合权衡后取消了导流底孔。实际施工过程中，由于坝体施工的原因，2002 年汛前坝体未能达到设计要求的 265m 高程，汛期采用了导流隧洞、坝体缺口与中孔联合泄流的度汛方式。

（5）洞坪水电站混凝土双曲拱坝最大坝高 135m，采用隧洞导流，过流断面尺寸7.2m×9m（宽×高）。由于大坝体型优化，坝体混凝土量减少约 15%，将 430m 高程上的三个中孔优化为倒三角形布置，2 号中孔孔口高程降低至 420m，为取消导流底孔创造了前提条件。经过对大坝施工进度形象、度汛设计标准和洪水机遇分析、度汛洪水调节、度汛洪水漫坝可能性、导流隧洞流速的合理控制、未封拱部分坝体独立悬臂梁的稳定和应用条件、可能的经济处理措施进行论证研究，取消了导流底孔。实施期间，最关键的2004 年整个汛期，坝前最高洪水位仅涨至约 405.9m，尚未漫过上游围堰，中孔未参与过流，顺利度汛。

7.3.5　典型工程实例

7.3.5.1　三峡水利枢纽

三峡水利枢纽工程采用特大明渠导流。为满足明渠封堵后三期碾压混凝土围堰挡水发电和全年 100 年一遇设计洪水流量 83700m³/s 的导流要求，泄洪坝段跨缝设置 22 个6.0m×8.5m（宽×高）导流底孔，并在底孔出口安装弧形闸门以调控水库初期发电水位，在进口设置反钩检修门。这是我国导流底孔数量最多、总过水面积最大、运用要求最高的工程。

1. 导流底孔布置

导流底孔跨缝布置于 23 个泄洪坝段下部，共 22 孔，中间 16 孔（4 号～19 号底孔）进口底高程为 56m，左侧 3 孔（1 号～3 号导流底孔）和右侧 3 孔（20 号～22 号导流底孔）进口底高程为 57m。导流底孔为有压长管型式，有压段全长 82m，进口段为喇叭形，进口长方形尺寸 8.4m×16m（宽×高），出口长方形尺寸 6.0m×8.5m（宽×高），孔身段为 6.0m×12.0m（宽×高）的长方形断面。

每个导流底孔设有 4 道闸门，从上游至下游依次为上游反钩检修门、事故门、弧形工作门及下游反钩检修门。上游反钩检修门设在上游坝面，与深孔反钩叠梁门共轨，为平板叠梁门，由坝顶机操作。事故门为平板定轮门，分为两节，事故门槽轨道通至坝顶，由坝顶门机操作。弧形工作门设在导流底孔有压段出口处，设计水位 135.0m，设计水头为 79.5m，校核水位 140.0m，在高程 82.0m 处设有启闭机房用于弧形工作门的操作。下游反钩检修门设在导流底孔尾部的下游坝面，为平板叠梁门，由高程 120m 栈桥上的施工机械操作。

上、下游反钩检修门除作为导流底孔检修设备外，在导流底孔封堵回填时兼作上、下游封堵门。

2. 导流底孔运用条件

2003 年是工程度汛的关键一年，汛期泄洪设施有 23 个深孔、22 个底孔及左厂房坝段内的 3 个排沙孔，库水位 135～140m 的总泄流能力可达 70540～74080m³/s，导流底孔最大运行水头为 84m。

7.3.5.2 向家坝水电站

向家坝水电站二期导流洪水设计标准采用全年 50 年一遇洪水，相应流量 32000m³/s。二期导流期间，上游来水由导流底孔和缺口联合下泄。

共设 6 个导流底孔，设置在冲沙孔坝段及相邻的 5 个非溢流坝段内。导流底孔断面采用城门洞形，宽 10m，高 14m，顶拱中心角 120°，底孔高程 260m。底孔进口顶板采用 1/4 椭圆曲线，曲线方程为 $\frac{x^2}{14^2}+\frac{y^2}{7^2}=1$，底板采用 1/4 圆曲线（半径 2m），边墩采用 1/4 圆曲线（半径 5m）。

缺口位于非溢流坝段的 280m 高程，宽 115m。

7.3.5.3 龙开口水电站

龙开口水电站二期导流洪水设计标准采用全年 20 年一遇洪水，相应流量 10800m³/s。二期导流期间，上游来水由导流明渠（含明渠坝段内的导流底孔＋缺口）下泄。

导流底孔布置在左岸 6 号、7 号挡水坝段，6 号、7 号挡水坝段宽 20m，每坝段各设一个导流底孔，底孔坝段基础高程为 1210.5m。底孔过流控制断面尺寸为 10m×14m（宽×高），孔底高程 1214.5m，顶高程 1228.5m，底板厚 4.0m，缺口顶板厚 6.0m，底孔两侧侧墙厚 5.0m。为保证底孔过流时具有良好的水流条件，导流底孔进口段侧面、顶面采用椭圆曲面，侧面曲线方程为 $\frac{x^2}{4^2}+\frac{y^2}{2^2}=1$，顶面曲线方程为 $\frac{x^2}{14^2}+\frac{y^2}{4.5^2}=1$。导流底孔设有底孔封堵门槽及廊道封堵钢闸门、钢板门等设施。

导流底孔结构 1235.0m 高程以上预留缺口，缺口宽 40m。

龙开口水电站导流明渠于 2008 年 1 月开始修建，2009 年 1 月下旬开始过流，2012 年 11 月停止过流。导流明渠每年最大过流量均出现在汛期的 7—8 月，其中，2009 年最大过流量 7020m³/s（8 月 15 日），2010 年最大过流量 5980m³/s（7 月 21 日），2011 年最大过流量 5730m³/s（7 月 17 日）。

每年汛后检查导流明渠均完好无损，没有出现异常现象，实际运行情况与设计基本吻合，导流底孔、上部缺口和导流明渠内流态平稳。

7.3.5.4 GGQ 水电站

GGQ 水电站导流建筑物由右岸导流隧洞、上下游过水土石围堰组成，导流隧洞 16m×18m（宽×高），上游过水土石围堰最大高度 52.5m。

在截流后的二汛，坝体缺口参与度汛。原设计缺口位于河道中间的溢流坝段（8 号～12 号坝段），高程 1256m，宽度 95m，度汛时主流位于河道中部，流速较小，对基坑两岸冲刷较小。但溢流坝段施工是大坝控制工期的关键，汛期若不继续施工则影响直线工期。经设计优化并经咨询后，将缺口左移至挡水坝段（5 号～7 号坝段），缺口宽度 67m，但缺口出口流速较大，主流偏左岸，沿岸流速大，对左岸岸坡的抗冲不利。通过岸坡加强防护和适当降低缺口平台高程至 1248m 后，解决了上述冲刷问题。缺口左移后，较好地解决了汛期关键坝段的继续施工问题，溢流坝段在二汛期间由 1256m 高程整体升至 1275m 高程。缺口加高也仅用 2 个月时间即达到了 1270m 高程，基本达到同步上升。

7.3.5.5　鲁地拉水电站

鲁地拉水电站可研及招标设计阶段，度汛缺口预留在表孔坝段，缺口过流时，主要利用坝体消能台阶及下游消力戽等永久消能设施消能，过下游围堰水流能与下游水流平顺衔接。施工阶段，工程因环评原因停工影响长达 18.5 个月，大坝施工进度成为制约该工程首台机组发电的关键，如果度汛缺口继续预留在表孔坝段，汛期表孔坝段不能施工，将直接影响 2013 年发电的目标实现。同时，原缺口方案预留高程较高，汛期水位壅高，移民安置人口较多，无法在汛前完成移民搬迁。鉴于上述原因，通过进一步研究将导流缺口移至左岸岸坡坝段，由于受地形及现场施工进度影响，左岸可利用坝段仅有 10 号、11 号坝段，宽度 45m，缺口高程 1150.6m，度汛时上游水位为 1176m，对库区移民无影响。

缺口布置在岸坡坝段，溢流坝段可以汛期继续施工，可以在汛末完成闸墩以下混凝土施工，枯水期进行闸墩混凝土及弧门安装等工作，而非溢流坝段缺口可以快速加高，与表孔坝段同时甚至提前具备下闸蓄水条件。缺口调整后，在度汛标准 50 年一遇洪水 12200m^3/s 时，缺口单宽流量达 155m^3/(s·m)，下游消能防冲问题突出。模型实验表明：若不采取消能措施，过缺口水流俯冲下潜，直冲河床，未形成水跃消能现象，围堰前冲淤问题比较严重，堰前冲坑最大深度达 6m，围堰前坡脚几乎全被冲垮，在围堰顶及围堰后一定范围形成淤积，围堰安全难以保证。

为保证 2012 年安全度汛，设计制定了保围堰、早消能、防基坑冲毁的设计原则，度汛缺口下游的消能区及下游围堰均采取必要的工程措施，主要有以下两点：

（1）缺口下游消能区，缺口下游消力池底板及左侧弧形导墙部位岸坡采用混凝土板防护，并采用锚筋桩进行锚固；消力池尾坎下游左岸 40～30m 范围内采用混凝土板防护，上下游分别与永久护坦及下游围堰混凝土板相接。

（2）下游围堰迎水面堰坡、堰脚及左右堰肩等部位为围堰薄弱环节，采取的防护措施为：上游 1132m 高程平台及上游坡采用底部钢筋石笼＋顶部混凝土防护，围堰坡脚采用串联钢筋石笼防护，上游与永久钢筋笼海漫相接，左右两侧分别与左岸消能区混凝土及右护岸底层钢筋石笼相接，从而形成一个全封闭的防护体系。

2012 年汛期，缺口从 6 月 22 日开始过流，过流期间金沙江最大来流量 7650m^3/s，过坝（缺口）流量约 3500m^3/s，单宽流量约 78m^3/(s·m)，实测下游围堰的消能段最大流速超过 8m/s，经过淹没水跃消能后，流速又快速下降至 3m/s 以下，围堰及左右护岸均安全度汛。汛期，缺口右侧大坝混凝土入仓通过设临时栈桥（胶带机）跨缺口得以解决，大坝表孔坝段继续施工，保证了大坝工期。

7.3.5.6　DHQ 水电站

DHQ 水电站施工导流采用一次拦断河床围堰，隧洞泄流，枯水期围堰挡水，汛期基坑过水，基坑内枯水期施工的导流方案。中期导流自第三年 6 月 1 日至第四年 11 月 30

日，为坝体具备挡水度汛条件至导流隧洞下闸封堵时期。本期经历两个汛期、一个枯水期，即二汛、三枯、三汛，共 18 个月。二汛（第三年 6 月 1 日至第三年 10 月 15 日），坝体临时度汛洪水标准采用全年 50 年一遇设计洪水，相应流量 $8300\text{m}^3/\text{s}$。洪水由导流隧洞、底孔及坝体预留缺口联合泄流，坝体预留缺口宽 91.5m，缺口高程 1424m，坝体上游水位 1436.8m。本期内非溢流坝段和底孔坝段继续施工。

第 8 章

梯级电站施工导流截流

8.1 概述

1. 梯级电站施工导流截流问题的研究

在我国梯级水电开发程度较高的黄河上游河段，许多专家学者对梯级电站的施工导流截流问题进行了较深入的研究。梯级电站设计洪水方法一直是梯级电站水文设计的难点，有关专家、学者针对黄河上游河段进行了梯级电站水库施工洪水分析，几十年来在黄河上游梯级电站设计中已总结出一套比较完整的设计洪水及施工洪水计算方法。此外，一些专家学者对其他江河流域的梯级电站施工导流截流问题也有一定程度的研究。以长江梯级电站为例，有关专家学者在三峡工程导流截流及深水高土石围堰研究中，对明渠截流进行了运用枢纽调度减轻截流难度影响的数学模型计算。

梯级电站设计洪水方法一直是梯级电站水文设计的难点。有关梯级电站水库群设计洪水及联合优化运行实质上与梯级电站的施工导流截流问题是密切相关的，这些方面也是目前学术界和工程界研究的热点之一。

2. 上游已成水库对施工导流的调蓄、削峰实践

在拟建工程的上游已有已成梯级，无疑上游的已成水库有调蓄、削峰的控制作用。梯级开发电站枢纽所在河段上游建有水库时，导流建筑物采用洪水标准按上游梯级电站水库的影响及调蓄作用考虑，国内外都有工程实例。从已收集到的资料来看，我国长江流域、西南诸河及黄河流域相关资料比较齐全，此外还有松花江南源干流上梯级开发电站施工导流设计标准及流量确定的实例。上游建有梯级水库时，有调蓄、削峰作用。当水库较大时，可控制其下泄量，下游施工工程的导流设计洪水标准一般仍按规范规定的范围，用同频率的上游洪水经水库调节后的下泄量，加区间流量确定。如八盘峡水电站施工时，考虑了上游刘家峡水库的调节作用。天然设计流量 $6350\text{m}^3/\text{s}$，校核流量 $7300\text{m}^3/\text{s}$，经水库调节后两者下泄流量均为 $4540\text{m}^3/\text{s}$，在选定频率 5% 的情况下，区间流量为 $950\text{m}^3/\text{s}$，故八盘峡水库导流设计流量选定为 $5500\text{m}^3/\text{s}$。但如上游水库建在支流上，或虽在干流上，而有较大支流汇入时，干流、支流的洪峰流量不能简单地叠加，需分析干流、支流洪水的成因和发生时间。根据洪峰的传播时间考虑错峰作用，必须严格控制水库调度才能达到错峰的目的。当然，如果水库调度不当，使干流、支流洪峰遭遇，可能出现比天然情况下更大的流量。

国外也有类似的工程实例。如吉尔吉斯斯坦库尔普塞依（Kurpsay）水电站是纳伦（Нарын）河上第二个梯级电站，它的上游就是具有多年调节库容的托克托古尔（Toktogul）水电站。库尔普塞依水电站的施工导流就考虑了上游托克托古尔水库的调蓄作用，将频率为 1% 的流量 $2980\text{m}^3/\text{s}$ 降低为 $1800\text{m}^3/\text{s}$。在施工中，进一步考虑将托克托古里水库放空，从而把库尔普塞依水电站的设计施工流量降低到 $1100\text{m}^3/\text{s}$，使导流隧洞的

断面尽可能减小，因而节约了大量导流工程投资。再如菲律宾阿格诺（Angno）河上的宾加（Binga）水电站的施工导流，采用隧洞全年导流，考虑了上游安布克劳（Ambuklao）水库调蓄部分洪水。加拿大马尼夸根河梯级开发马尼克Ⅲ级（Manic Ⅲ）水电站在施工导流时，考虑了上游水库调蓄洪水，将导流流量定为 2400m³/s。又如美国华盛顿州东北角的哥伦比亚河支流庞多勒（Pond Orille）河的邦德里（Boundary）水电站在施工导流期间，经上游水库调节，减小了洪峰流量，按实测最大流量确定导流标准，根据庞多勒河上每年发生较大洪水的特点，要求确定一个合适的导流标准以免导流建筑物造价过高，假如采用全年 5 年一遇或 10 年一遇的导流标准，则需要大隧洞或高围堰，相应造价大幅增加，在坝址河道中仅夏季的流量有重要的影响，大于 1415m³/s 以上的洪水均发生在每年的 5—7 月。因此，确定导流流量为 1415m³/s，以保证每年 12 个月中有 9 个月的工期，相应确定施工计划，根据这样的标准选择了一个合理的围堰和一条导流隧洞，其规模可以保证最经济的施工计划，并安排了一个相当严格的施工进度，即在连续施工的 3 年中充分利用每年 9 个月的枯水期，大大减小了工程投资。

8.2 梯级电站水库群类型及施工洪水概化模型

8.2.1 梯级电站水库群的定义和类型

在一条河流（或河段）上修建的多座水库，若上游水库的下泄流量是下游水库入库流量的组成部分，这种上游、下游水库之间具有水力联系的水库称为梯级电站水库。多座梯级电站水库组成的水库群称为梯级电站水库群。按照各水库的相互位置和水力联系的有无，水库群可概化为三种类型：串联水库群、并联水库群及混联水库群。

（1）串联水库群是指布置在同一条河流的水库群，即梯级电站水库群。梯级电站水库群各库的径流之间有着直接的上下联系，有时落差和水头也互相影响。按照枯水水流和正常蓄水位时各库间回水的衔接与否，又分衔接梯级、重叠梯级和间断梯级三种情况。

（2）并联水库群是指位于相邻的几条干支流或不同河流上的一排水库。并联水库群有各自的集水面积，故并无水力上的联系，仅当为同一目标共同工作时，才有水力上的联系。

（3）混联水库群是串联与并联混合的库群形式。

按水库群主要的开发目的和服务对象，其类型又分为发电、防洪、灌溉等为目的梯级电站水库群。

以三个水库为例的串联、并联或混联水库群示意如图 8.2-1 所示。

8.2.2 梯级电站水库群的运行特点

与单个电站的运行相比，梯级电站水库群的运行具有以下特点：

（1）发电水量的联系。下游梯级电站发电水量即为上游梯级电站的下泄水量，或主要取决于上游电站下泄水量，因此，下游电站的发电量受上游电站发电量影响明显。此外，在汛期，若在准确进行洪水预报的基础上，实行上下游梯级电站的联合运行，做到汛前适当提前

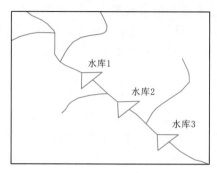

（a）串联水库群

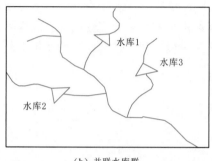

（b）并联水库群

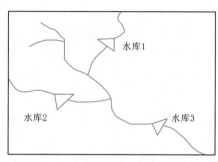

（c）混联水库群

图 8.2-1　串联、并联或混联水库群示意图

降低水位，增加调节库容拦蓄小洪水；汛末及时拦蓄洪水尾巴，增大枯水期发电水量。

（2）发电水头的联系。梯级电站群间还存在水头的联系，下游水库若库水位过高，则抬高了上游电站尾水位，降低上游水库发电水头，减少发电量；下游水库若库水位过低，则自身发电水头亦可能偏低，也导致发电收益减少。

（3）调频、调峰的联系。梯级电站水库群往往供电同一电力主网，且大多承担系统的调频、调峰任务，梯级电站水库群通过联合运行，合理分配旋转备用，减少弃水量，同时还可增大系统调峰容量，提高电网运行的安全稳定性。

8.2.3　梯级电站水库群防洪系统

1. 水库群防洪系统的特点

梯级连续开发可缩短总体工期，减少总投资，加速实现梯级效益。优化安排各梯级电站水库电站的施工进度，施工期互相搭接，施工高峰又互相错开，可加速梯级开发进程，提高施工设备和场地的利用率；利用上游水库蓄水时机减少下游水库电站的施工导流流量，可减少施工队伍转移的费用和时间，缩短工期。

从防洪方面来讲，梯级电站水库群建成后，若上游有调蓄能力的大、中型梯级电站水库时，受上游水库调蓄的影响，其下游洪水的时空和量的分布将会发生较大的变化。上游具有调蓄能力的梯级电站水库除保证自身防洪安全外还要担负下游梯级电站水库的防洪安全任务，它可削减洪峰、蓄存洪量，可提高下游各梯级电站水库的防洪标准，减小泄洪设施规模。但若上游梯级电站水库防洪标准选择不当、运行管理不善而溃决，则有可能导致下游梯级电站水库的连溃，形成灾难性的后果，其责任重大。梯级电站水库群中的下游水库只承担上游水库的下泄流量和区间洪水，下游水库将在整个流域中的防洪地位下降。尽管如此，单就整个梯级电站水库群的防洪安全而言，梯级电站水库群中的任一梯级均具有各自的作用，在河流梯级间任一处修建一个新工程或改变一项防洪措施，势必会对全流域梯级电站水库群的防洪安全产生或大或小的影响。在新建水库工程的设计中，既要考虑上游水库对本梯级电站水库的影响，也要考虑本梯级电站水库对下游各梯级电站水库的影响，必须高度重视其与已建的和近期待建水库工程之间的相互关系，确保各梯级电站水库应有的防洪安全。

2. 水库群防洪决策的特点

流域梯级开发的合理方案应为上游具有调节能力的大中型水库，形成梯级电站水库群，通过上游梯级电站水库的年度季节调节能力改善径流的自然分配模式，在确保各梯级电站水库达到各自的防洪标准的前提下，使整个梯级实现削峰填谷、引洪兴利，经济效益和防洪效益最大。

3. 水库群防洪标准的特点

河流梯级开发中的梯级电站水库，通常数目较多，各库所处地理位置不同，规模有大有小，建设时间也不同步，故与之相应的工程等级和防洪标准也有高有低，假设其中有一个水库失事，将对下游梯级产生连锁反应，造成严重的后果。梯级电站水库群的防洪安全，互有影响，是一个相互关联的系统的防洪安全问题。其防洪标准的选择较单一水库情况复杂。

4. 水库防洪标准的影响因子分析

水库防洪标准是一个国家的经济、技术、政治、社会和环境等因素在水库工程上的综合反映，对水库大坝安全有重大的影响。水库防洪标准的确定涉及诸多因素，影响梯级电站水库防洪标准确定的因子包括：①经济条件；②工程规模及筑坝材料；③失事后对下游危害的大小；④梯级电站水库群防洪调度；⑤其他因子。

8.2.4 典型流域施工洪水概化模型

已建水库下游某断面的设计洪水不仅与上游水库的天然来水和水库的调度运用方式有关，而且还与各相应区间的洪水特性有关。根据现行有关规范的要求，需按典型年法及同频率组成法拟定设计断面的洪水地区组成，并进行水库的调洪演算，经水库调节后的下泄流量过程与区间相应洪水叠加，得到水库下游某断面的设计洪水。

梯级水电工程建设环境下，洪水受到上游已建和在建的水工建筑物或导流建筑物的控制和影响，改变了原有的洪水统计特性，可采用随机水文学分析方法模拟施工洪水在相关梯级影响下的形成过程，建立经已建梯级控泄影响下的梯级洪水分析模型、在建梯级导流系统影响下的梯级洪水分析模型、河网中多梯级影响的施工洪水与区间洪水叠加的时程分析模型，综合建立梯级施工洪水随机模型。典型流域施工洪水概化模型如图8.2-2所示。

8.2.5 梯级电站水库的调度与工况特征

8.2.5.1 梯级电站水库的调度

水库的调度方式指针对不同开发任务规定的水库蓄泄规则。《水库调度设计规

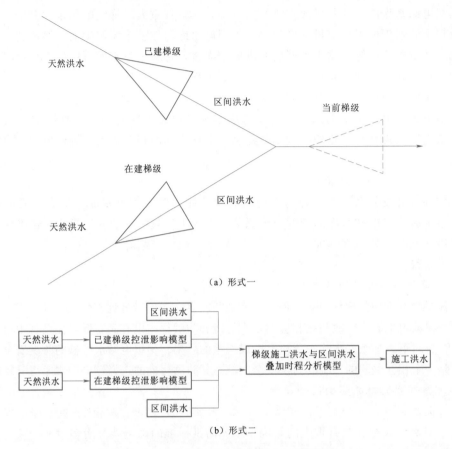

（a）形式一

（b）形式二

图 8.2-2　典型流域施工洪水概化模型框图

范》（GB/T 50587—2010）规定：①水库调度原则应在保障安全运用的前提下，根据上下游水文特性和开发任务的主次关系，按照统筹兼顾、综合利用的要求拟定；有多项开发任务的水库应做到一库多利、一水多用。②水库调度方式应符合调度原则和具有可操作性。尽管该规范只规定了水电工程建设前期工作中水库调度设计的原则、基本内容和要求，但实际上对已运行的梯级电站水库的调度也有指导作用。

水库的调度涉及防洪、灌溉与供水、发电、泥沙、航运、防凌、生态与环境用水、初期蓄水和综合利用等。

1. 防洪调度

（1）防洪调度设计应根据水库的洪水标准以及是否承担下游防洪任务，分析拟定水库防洪调度原则和防洪调度方式。对于不承担下游防洪任务的水库，应拟定满足大坝等建筑物防洪安全及库区防洪要求的洪水调度方式；对于承担下游防洪任务的水库，应拟定满足大坝防洪安全、下游保护对象防洪要求及库区防洪要求的三者协调的洪水调度方式。

（2）调度方式应简便可行、安全可靠、具有可操作性，判别条件应简单明确；防洪调度设计应充分考虑不利因素，确保防洪安全。

（3）对于不承担下游防洪任务的水库，可采用敞泄方式，但最大下泄流量不应大于天然洪水的洪峰流量。

（4）对于承担下游防洪任务的水库，应明确水库由保证下游防洪安全调度转为保证大坝防洪安全调度的判别条件，处理好两者的衔接过渡，减小泄量的大幅度突变对下游河道的不利影响。

（5）对于承担下游防洪任务的水库，应在确保大坝安全运行的前提下，依据水库运用条件、上游洪水及与下游区间洪水的遭遇组合特性、防护对象的防洪标准和防御能力情况，分别选择调度方式。当坝址至防洪控制点的区间面积较小、防洪控制点洪水主要由水库下泄流量形成时，可采用固定泄量调度方式；当坝址至防洪控制点的区间面积较大、防洪控制点洪水的遭遇组合多变时，宜采用补偿调度方式。

对于防洪调度，有学者提出了水库洪水资源化调度的设想，其内容框图如图 8.2－3 所示。

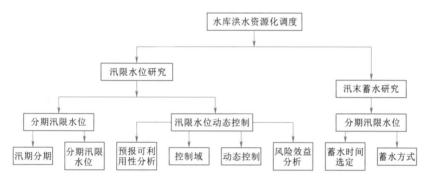

图 8.2－3　水库洪水资源化调度内容框图

2. 发电调度及梯级电站水库联合调度

（1）发电调度方式应根据水库调节性能、入库径流、电站在电力系统中的地位和作用等选择拟定。水库下游有生态与环境用水、最低通航水位等要求时，应安排电站承担相应时段的基荷出力，泄放相应的流量。

（2）发电调度设计中需要考虑设计水库上游干支流已建和在建的具有年调节及以上性能水库的调节作用。设计水库具有年调节及以上性能时，应分析对下游梯级的调节作用。

（3）发电调度设计中可按上、下游水库设计的调度参数和调度方式进行梯级电站水库联合调节计算。

（4）重要的电站水库，设计需要时可进行水库补偿调度计算，并应分析补偿调度效益。

3. 防洪与兴利结合的调度

（1）承担防洪与兴利任务水库的调度设计中，对于洪水成因、洪水发生时间和洪水量级无明显规律的水库，可选择防洪库容和兴利库容分开设置的形式；对于洪水成因、洪水发生时间和洪水量级有较明显规律的水库，应选择防洪库容和兴利库容相结合的形式。

（2）防洪库容与兴利库容的结合形式和重叠库容规模的选择，应根据水库工程开发任务的主次关系、工程开发条件以及用水部门要求和满足程度等因素，经方案比较后确定。

（3）防洪任务与兴利任务结合的水库应以水位和时间划分防洪区和兴利区。防洪区和兴利区之间应设置过渡段。当面临时段库水位位于防洪区应按防洪调度方式调度，当面临时段库水位位于兴利区应按兴利调度方式调度。

（4）以防洪为主要开发任务的水库，应在满足防洪要求情况下拟定各兴利任务的调度方式。

（5）以兴利为主要开发任务结合防洪的水库，应通过合理调度、采用分期蓄水等方式，使水库蓄满率较高。

（6）当梯级电站水库下游有重要防洪对象、需要承担防洪任务时，各水库宜分担下游防洪任务，并研究合理的梯级电站水库充蓄次序。

4．初期蓄水调度

（1）初期蓄水时间较长、对下游用水影响大的水库，应进行初期蓄水调度设计，拟定水库初期运行方式。

（2）水库初期蓄水方案应根据大坝运用条件和移民进度、上游不同来水情况以及下游已建工程和重要用水部门的要求，经综合分析比较确定。

（3）年调节水库初期蓄水调度设计中，宜采用保证率 75％、50％年份的入库径流过程和不同用水量方案，分别进行水库调节计算；应把丰水年份的水库蓄水情况作为复核工程蓄水和防洪安全的条件。

（4）水库初期蓄水期的下泄流量应满足下游的基本用水要求。当水库初期蓄水时的下泄流量不能满足下游综合用水要求时，应提出临时供水措施。

（5）水库初期蓄水期，应以保证工程和上下游居民安全、满足施工要求为原则，根据工程运用条件，拟定安全度汛方案；应根据初期蓄水期的防洪标准，通过调洪计算，拟定相应防洪特征水位。

8.2.5.2　梯级电站的工况特征

河流实行梯级开发，梯级电站的工作状况同非梯级开发的个别独立运行电站就有很大的差别，具有独立运行电站所没有的一些工况特征，主要为以下方面：

（1）水能利用特征。梯级电站对河流的水能利用特征非常明显：在水头利用上是分级开发、分段利用；在水量利用上是多次开发、重复利用。因此，在上下梯级之间表现出明显的相互影响的制约。

（2）运行调度特征。由于整个梯级都受到上游来水的影响、下游梯级都受到上游水库调节能力的制约、下一梯级受到上一梯级运行工况的制约，因此梯级电站的调度不仅有各个电站的合理运行调度问题，而且有整个梯级的优化调度问题。所以，梯级电站必须实行整个梯级的统一调度，在满足系统所给定的负荷曲线前提下，实行各个梯级站的经济运行，以便合理利用水力资源，提高水能利用率。

（3）生产管理特征。一个河流梯级往往有多个电站，电站之间都相隔一定距离，厂区比较分散，"战线"拉得较长，这就使得生产指挥受到种种限制。如果各个电站开发方式、布置型式、机组型号和容量不一样，这又使得生产技术管理复杂化。由于电站分散，生产和生活设施也相对分散，这还使得后勤管理比较复杂。为了适应对梯级电站统一管理的要求，对梯级电站厂区内的道路交通、通信设施和其他管理技术手段也有很多特殊的要求。总之，梯级电站的生产管理必须有效解决好电站分散与管理集中之间的矛盾。

　　（4）外部联系特征。这主要指梯级电站与系统的关系问题，同时也涉及与所在地方之间的联系。如果整个梯级同属于一个电网，这种联系相对单纯一些。如果一个梯级分属于不同的电网，那么梯级管理中的利益冲突与调节将是十分重要的问题。即便是属于同一个电网，如果构成梯级的电站所有权不一致，那么，也应十分慎重地处理好电站、梯级、系统三者之间的利益关系。这种关系不仅是电量分配问题，而且涉及利税分配、水量分配、防洪安全、环境影响等多个方面。在梯级运行过程中，应十分注意考虑这些因素，这对妥善解决电量分配问题是非常重要的。总之，梯级电站的外部联系与单个独立运行的电站相比，要广阔得多，也要复杂得多。

8.3　梯级电站水库施工洪水特性及梯级电站水库调蓄作用

8.3.1　梯级电站水库施工洪水分析

8.3.1.1　施工设计洪水基本特性

　　1. 施工设计洪水

　　设计洪水是指符合一定设计标准的洪水。它包括设计洪峰流量、一定时段的设计洪水总量和设计洪水过程线三个要素。

　　施工设计洪水指符合工程施工期间临时度汛标准的洪水特征值。施工设计洪水包括年最大设计洪水及年内各分期的设计洪水。前者多用于围堰、导流建筑物或坝体挡水的防洪设计；后者多用于施工截流、导流挡水建筑物施工、导流泄水建筑物封堵以及下闸蓄水时机的选择等。

　　2. 施工设计洪水的量级

　　洪水大小通常按照洪水要素（洪峰流量、洪峰水位或洪量）分成一般洪水（小于 10 年一遇）、较大洪水（10～20 年一遇）、大洪水（20～50 年一遇）和特大洪水（大于 50 年一遇）4 级。施工设计洪水的量级在 3～500 年一遇之间，跨度较大。初期导流 3～50 年一遇，为一般洪水至大洪水；中期导流 10～200 年一遇，为较大洪水至特大洪水；后期导流 20～500 年一遇，为大洪水至特大洪水。

8.3.1.2　施工设计洪水分析计算

　　1. 我国现行规范对施工设计洪水选取的有关规定

　　（1）计算施工分期设计洪水时，分期应既要考虑工程施工设计的要求，又要使起讫时期基本符合洪水成因变化规律和特点，分期不宜太短，不宜短于 1 个月。

　　（2）施工分期洪水系列选样可参照汛期分期设计洪水计算时的选样原则执行。施工期洪水系列跨期选样时，跨期不宜超过 5～10 天，跨期选样计算的施工分期设计洪水不应跨期使用。

　　（3）当设计依据站实测流量系列较长且施工设计标准较低时，施工分期设计洪水可根据经验频率曲线确定。

　　（4）当上游有调蓄作用较大的水库工程时，应分析计算受其调蓄影响后的施工分期设计洪水。

（5）对计算的施工分期设计洪水，应分析各施工期洪水的统计参数和同频率设计值的年内变化规律，检查其合理性，必要时可适当调整。

2. 天然情况下的施工设计洪水

在工程设计中，为合理确定施工导流建筑物的尺寸和安排施工进度，需进行施工洪水计算。天然河道的施工洪水问题，一般以某种频率的年最大流量作为设计依据。施工设计洪水是根据施工设计要求而推求的。施工要求的分期如果与洪水频率计算所做的分期相同，就可直接采用分期设计洪水作为施工设计洪水；如果两者不相同，可采用图 8.3-1 所示方法，根据分期设计洪水确定施工设计洪水。

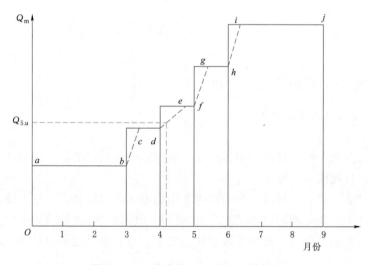

图 8.3-1　确定施工设计洪水示意图

3. 受上游水库调蓄影响的施工设计洪水

（1）梯级水电工程施工洪水的特点。施工洪水作为设计洪水的一种形式，在进行梯级水电工程施工洪水计算时，若上游存在具有调蓄作用的梯级电站水库，应考虑这些水库的调洪作用。这种调蓄作用会明显地改变天然洪水状况，给下游工程导流施工洪水带来巨大的影响。

上游水库的下泄流量过程与区间洪水过程组合后，形成了下游设计断面设计洪水。通常一些水库对一定标准下的洪水均采用固定某一下泄量的调洪方式（即"削平头"方式），故水库最大下泄流量持续时间很长，大大增加了与区间洪水洪峰流量的遭遇概率。对施工导流设计而言，在不考虑堰前库容调蓄作用时，对导流建筑物设计起决定性作用的是洪峰流量。

当设计工程上游有已建或即将建成的调蓄作用较大的水库及电站工程时，在水库的蓄水期（一般对应于年内流量的丰水期），由于水库的调蓄或调洪作用，使下游设计断面的流量比天然情况减小；在水库的供水期（一般对应于年内流量的枯水期或少水期），由于水库的调蓄作用，使下游设计断面的流量比天然情况增大，施工设计洪水主要应考虑其对下游各向最大流量的影响。

可见，当设计断面上游有库容较大的已建水库时，水库的调蓄作用改变了设计断面洪水的年内分配。水库供水期，使下游的流量增大；蓄水期，下游洪水则减小。有时，改变上游水库的调供方式，可将部分兴利库容临时转为防洪库容，以削减下游工程的施工设计洪水。所有这些都必须采用水资源系统分析及经济分析等方法，通过方案比较，确定经济合理的施工设计洪水数值。

已建或在建的上游水库及电站，都已有水库及电站设计的运行调度方案，有采用实测及插补延长径流资料系列进行水利计算所得出的长系列操作成果，包括各同平均下泄流量及相应的库水位，这些资料是分析施工设计洪水的重要依据。

为了合理确定上游水库对工程施工设计洪水的影响，必须先推求工程天然情况的施工设计洪水。通常在上游水库设计时并没有考虑下游工程施工的要求，所以在推求工程的施工设计洪水时，一般也不能增加上游水库的防洪负担。

（2）梯级电站水库调蓄对施工洪水的影响程度。黄河干流早期兴建的盐锅峡、青铜峡等工程的导流流量均采用天然频率洪水。当上游河段建成龙羊峡、刘家峡两大水电站的库容达 304 亿 m^3 时，应考虑水库的影响及调蓄作用，采用联合调度，控制中、小洪水，减少下游梯级兴建时的导流流量，是行之有效和经济合理的方案。通过八盘峡、李家峡等工程的施工实践，龙羊峡、刘家峡两水库联合调度削减下游梯级电站导流流量 13.39%～44.52%，详见表 8.3-1。

表 8.3-1　　　　龙羊峡、刘家峡两水库联合调度削减下游电站导流流量

下游电站	天然洪水		龙羊峡、刘家峡两水库联合调度流量/(m^3/s)			削减比	备注
	频率/%	流量/(m^3/s)	库泄	区间	导流		
尼那	5	4200	2330		2330	44.52	已建
李家峡	5	4220	2500		2500	40.76	已建
八盘峡	5	6350	4540	950	5500	13.39	已建
小峡	10	5640	2600	1550	4150	26.42	已建
大峡	5	6440	3240	1760	5000	22.36	已建

8.3.1.3　梯级电站施工洪水的优化设计方法

1. 梯级水电工程设计洪水计算的一般方法

我国梯级电站水库设计洪水计算的方法主要有地区洪水频率组合法和洪水随机模拟法。《水利水电工程设计洪水计算规范》（SL 44—2006）中第5.0.4条规定：计算受上游水库影响的设计洪水时，可根据拟定的各分区洪水地区组成的设计洪水过程线，经上游水库调洪后与区间洪水叠加，得到设计断面不同组合的设计洪水过程线，从中选取对工程较不利的组合成果。第5.0.5条规定：有条件时，可采用地区洪水频率组合法或洪水随机模拟法推求受上游工程调蓄影响的设计洪水。采用地区洪水频率组合法时，可以各分区对工程调节起主要作用的时段洪量作为组合变量，分区不宜太多。采用洪水随机模拟法时，应合理选择模型，并对模拟成果进行统计特性及合理性检验。

2. 梯级水电工程施工洪水优化方法

对于梯级水电工程，由于上游存在运行的水库，坝高和总库容都已经确定，若想降低下游在建工程的施工洪水，只有两种途径可供选择：一种是降低上游水库的防洪标准；另一种是改变上游水库的运行方式，降低汛期限制水位，将部分兴利库容转化为防洪库容。

（1）降低上游水库防洪标准的计算。此种方法采用逆推法，首先拟定下游在建工程导流流量期望值的几种方案，据此确定上游水库在不同方案中指定洪水标准范围内应控泄的流量；然后对各种频率标准的洪水过程线按水库增加一级调控规划进行调洪计算，求出各种频率洪水的最高库水位，其中最高库水位与原设计相等或相近的洪水标准就是所求的降低标准后的上游水库实际所能达到的防洪标准。

通常情况下，用降低上游水库防洪标准的办法来减少下游梯级电站的施工洪水，会使上游水库的防洪风险大大增加。同时，上游水库防洪标准的降低还将严重威胁到下游防洪区的安全。鉴于上述分析的原因，一般情况下不采用此种方法降低下游工程施工导流流量。

（2）降低上游水库汛期限制水位的计算。施工导流通常是按照一定的导流标准进行设计的，施工洪水也是在一定频率下的设计洪水。为尽量减少发电损失，选取降低后的汛限水位一般要满足电站最小发电水头的要求，在此基础上选定几种方案，在满足上游水库原校核洪水位不变的前提下，计算各方案在导流设计标准下应控泄的下泄量，再进行经济比较来选定最优方案；也可以首先拟定下游在建工程导流流量期望值的几种方案，据此确定上游水库在不同方案中指定洪水标准范围内应控泄的流量，对每一个控泄流量方案，再拟定几个汛期限制水位，用水库大坝原设计标准对应的设计洪水过程线进行调洪计算，求得各汛期限制水位方案的最高库水位，其中最高库水位与原设计相等或相近方案的汛期限制水位，即为该下泄流量方案对应的汛期限制水位。

由于降低了上游水库的汛期限制水位，势必要减少水库的兴利库容，从而减少了水库的兴利效益。对于以发电为主的水库工程，这种效益损失反映在电站发电量的减少和发电收入的降低上，可以计算出水库因为下游在建工程控泄流量所带来的兴利损失。

对于下游在建工程来说，上游水库的控泄流量降低了施工导流建筑物的规模、减少了临时工程的投资、缩短了主体工程的工期，由此可带来一定的效益，工期缩短带来的效益可以用提前发电带来的收入来反映。据此，根据上游水库的损失和下游在建工程的效益比较，进行施工洪水的方案优选。

8.3.2 梯级电站水库控泄下的施工洪水演进规律

8.3.2.1 洪水演进计算方法

洪水演进计算方法可以采用水文学方法或水力学方法。计算方法的选择考虑两方面因素：一方面考虑计算问题的性质、河道特性、依据资料的精度、数据的取得和计算工作量；另一方面考虑计算成果的要求及所算成果的可靠性。水文学方法是以已有的实测洪水流量资料为依据，分析其变化规律，建立数学模型及系数求解的方法，如马斯京根法、连续平均法、特征河长法、汇流曲线法等。水力学方法是以江、河水道地形（或纵、横断面）和实测水位、流量资料为依据，用显式或隐式的差分法求解的方法，简化圣维南方程组。编制的洪水演进计算数学模型要根据不同类型的实测洪水进行检验。

进行洪流演进计算时，要合理划分计算河段、优选计算时段、确定起始条件和边界条件、进行水量平衡检查与修正。编制的洪流演进计算数学模型至少要用两次以上不同类型的实测洪水进行验算，用控制站的实测洪水位及流量过程与采用演进计算模型计算成果对比，满足精度要求后方可使用。

8.3.2.2　洪水传播时间及其影响因素

洪水传播时间是指一场洪水的某一特征值（一般是洪峰流量）在某一河段上下水文站出现的时间差。准确地掌握或预报洪峰传播时间，对做好防洪减灾工作至关重要。

影响河道洪水传播时间的因素既有河道边界条件的外部因素，也有洪水过程自身的内部因素。不同的入流过程，在向下游演进的过程中，洪峰的传播时间与坦化率差别非常大。

1. 洪水传播时间的影响因素

洪水传播时间的计算方法主要有两种：一种是根据非恒定流连续方程推求洪水的波速，然后根据河段长度计算洪水传播时间；另一种是认为洪水波的传播速度近似等于断面平均流速，然后根据上下两个断面的平均流速和河段长度计算洪水传播时间。根据非恒定流连续方程可以导出：

$$\omega = v + A\frac{\mathrm{d}v}{\mathrm{d}A} \tag{8.3-1}$$

式中：ω 为波速；A 为过水断面面积；v 为断面平均流速。

一般情况下，波速大于流速。对于复式河道，当洪水发生漫滩时，断面面积增大，流速减小，则波速小于流速。若洪水漫滩后河宽不再增加，随着流量的增大，过水断面面积和流速同时增大时，波速又大于流速。

将曼宁公式 $C = n^{-1}R^{1/6}$ 代入谢才公式 $v = C(RJ)^{1/2}$，并用平均水深 h 代替水力半径 R，可得

$$v = n^{-1}h^{2/3}J^{1/2} \tag{8.3-2}$$

可以看出，洪水传播速度与河床糙率、过水断面面积、平均水深、河道水面比降等因素有关。影响洪水传播时间的因素较为复杂，但概括起来可分为外部因素和内部因素：外部因素主要是河道边界条件的变化，内部因素主要包括入流的洪水过程以及洪水含沙量的大小等。

2. 外部因素对洪水传播的影响

对于大部分河流，随着社会经济的发展和人口的不断增长，人与河争地的现象日益严重。尤其是北方河流，由于常年小流量或干涸，河道被挤占，过水断面减小，河床糙率增大，因此河道洪水流速减小，洪水传播时间增长。

3. 内部因素对洪水传播的影响

所谓洪水内部因素，主要是洪水流量的量级、洪水过程以及洪水的含沙量。洪水流量级的大小主要影响过水断面面积和水深，从而改变影响水流的外部条件。洪水含沙量不同主要是影响了水流自身的密度，从而影响流速。这里主要分析在相同外部边界条件下，不

同的洪水过程对洪水传播时间和对下游断面形成的洪水过程的影响。对于同一河段，河床纵比降相对稳定，不同的入流过程产生的洪水附加比降的差别，造成洪水向下游演进过程中发生不同的坦化和变形。

影响洪水传播时间与衰减率的因素非常复杂，它们不仅受河道边界条件的影响，也与水流的洪水过程有着十分密切的关系。在比较洪水的传播时间和衰减变化时，不能一概而论，应当就具体问题进行具体分析，找出影响洪水的主要因素，找出问题的共性和特性。

8.3.2.3 运行电站水库控泄流量在河道中的传播速度

运行电站水库控泄流量在河道中的调蓄、传播速度，因河流河段的比降、两岸地形、河床糙率各异，故对控泄流量的调蓄、传播速度也不一样。表8.3-2是运行电站控泄流量在河道中的传播速度。红石水电站导流设计中考虑的白山、红石两个水电站间控泄流量调蓄、传播 Q-t 曲线如图8.3-2所示。

表8.3-2 运行电站控泄流量在河道中的传播速度

区 段	两个电站距离/km	流量传播时间/h	传播速度/(km/h)
龙羊峡—刘家峡	108.6	10.0~12.0	9.05~10.86
三门峡—小浪底	130.0	8.0~10.0	13.00~16.25
MW—DCS	91.0	9.0~11.0	8.30~10.10
白山—红石	39.5	5.0~6.5	6.10~7.90

注 39.5km是到红石水文站的距离。

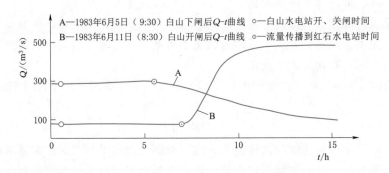

图8.3-2 白山、红石两个水电站间控泄流量调蓄、传播 Q-t 曲线

8.3.3 梯级电站水库调蓄对施工导流截流的影响因素

8.3.3.1 梯级电站水库调蓄对施工导流截流设计影响的外部因素

梯级电站上游已有运行的水库后，完全改变了下游河道的天然水文条件，此时的施工导流截流设计标准及流量除受天然河道来水量控制外，还要受很多客观条件因素的制约，诸如上游运行电站水库调节能力、控制泄流方式、当地电网系统电力负荷组织运行条件等。因为每一个大的电站都承担着地区发电出力及供电任务，如果让上游运行的水电站减少发电流量，电量的出力、电量也要下降，对电网运行负荷也会造成影响，此时电网调峰容量可能会转移给火电厂，这就需要调整其他水电站的运行方式。因此，梯级电站施工导

流技术方案的确定及组织实施都要承担一定的风险，难度也很大，要求外部合作的条件也很高。它需要有一个强有力的权威领导机构协调解决好各方的经济利益及要求，才能使梯级水利水电工程施工导流截流设计达到预期目的。

可见，梯级电站水库群对拟建或在建工程施工导流截流的影响是多方面的，并涉及许多因素。可能还会存在各种不同的情况，如上游梯级对下游拟建或在建工程的影响，下游梯级对上游拟建或在建工程的影响，同期建设梯级的相互影响等。对于梯级水电工程施工导流截流标准及流量的选用，所考虑的因素、涉及的问题是非常复杂的。

8.3.3.2　梯级电站调蓄对施工导流截流设计的主要影响

1. 对截流、导流、度汛及下闸蓄水等流量选择的影响

水利水电工程建设过程中的施工设计洪水流量主要有截流设计流量、围堰防渗墙施工期戗堤挡水设计流量、围堰设计洪水流量、中期导流阶段坝体挡水设计洪水、下闸设计流量、下闸后导流泄水建筑物封堵施工期上游设计来水流量、发电后坝体临时度汛设计洪水流量等。如公伯峡水电站主体工程施工期的设计洪水按时间顺序就由六部分组成：①截流设计流量；②导流设计流量；③坝体临时度汛断面设计挡水流量；④坝体全断面度汛设计挡水流量；⑤导流隧洞下闸设计流量；⑥导流隧洞封堵施工期上游来水设计流量。这些设计洪水流量的取值合理与否，不仅直接关系到能否确保工程建设的顺利实施，而且对合理安排施工进度、控制工程造价、实现早日发电具有重要的意义。

水库的调洪作用改变了下游设计断面天然洪水的洪峰流量、时段洪量及洪水过程线形状，从而改变了设计断面洪水的概率分布。因此，梯级电站建设条件下水流要素较天然情况发生了很大的变化。

此外，上游梯级电站对洪水期和枯水期的影响是不同的，应分别分析上游电站水库调节及调度对施工导流截流的影响，并重点分析研究施工洪水设计流量的合理选取原则。列举实例如下：

(1) 1986 年 10 月，龙羊峡水库蓄水后，黄河上游的拉西瓦、尼那、李家峡、康扬和公伯峡等已建成或在建的电站，其 20 年一遇的施工洪水流量较天然状态下降了约 40%。构皮滩水电站在施工期通过上游的乌江渡水库预留防洪库容，较天然降低洪峰流量约 $2610 \mathrm{m}^3/\mathrm{s}$。值得一提的是，对于多年调节水库，还可充分利用汛期汛限水位以下空闲库容（汛限水位与实际库水位之间的库容）参与洪水调节，以增大水库的削峰率。公伯峡水电站施工期间，由于 2002 年汛前龙羊峡水库水位较低，即使汛期出现 100 年一遇的洪水，龙羊峡水库也不会发生弃水且最高洪水位不会超过汛限水位，导流工程主要是抵御李家峡水电站正常发电放水加上李家峡至公伯峡区间 20 年一遇洪水。由于上游已建电站的径流调节大大降低了公伯峡工程 2002 年度汛洪水流量，公伯峡原设计用大坝临时断面挡水度汛改为用围堰挡水度汛，这样，大坝可以全断面填筑上升，从而加快了工程的施工进度。

(2) 上游已建电站的调节，可人为减少截流期间河道流量，为戗堤的进占、龙口合龙，以及戗堤合龙后的闭气等工作带来方便：①可减小龙口合龙难度，缩短龙口合龙时间；②可减少戗堤和抛投物用料（如混凝土四面体、大块石及铅丝笼的用量将大大减少）。以公伯峡工程截流为例，截流流量为 $700 \mathrm{m}^3/\mathrm{s}$ 时，经估算仅戗堤所用石渣、块石料、铅

丝笼及混凝土四面体约 4 万 m³（含水流冲走部分）；有龙羊峡、李家峡水电站调节后，公伯峡工程截流龙口合龙时，混凝土四面体、大块石和铅丝笼用量均大大减少，所需戗堤用料仅为 2.7 万 m³。

（3）白鹤滩拱坝坝身设置两层底孔，导流隧洞第 9 年 11 月中旬下闸后，来水由导流底孔下泄，至第 10 年 4 月堵头施工期，受导流隧洞封堵闸门挡水水头控制，库水位须控制在 705.0m 左右，根据工程的河道水文条件，天然情况下 12 月至次年 4 月流量较小，但由于受上游桐子林、观音岩水电站发电流量影响，12 月至次年 4 月流量较天然情况流量大大增加，此期间需控制水位，导致导流底孔无分批下闸条件。

2. 对导流建筑物布置及结构的安全影响

（1）通过上游已建电站（尤其是具有调节性能好的多年调节水库）的径流调节，可大大降低下游电站施工导流设计洪水流量，从而减小导流设施尺寸。如黄河上游龙羊峡与公伯峡两座水电站同为隧洞导流，导流标准均为 20 年一遇，龙羊峡导流设计洪水流量为 4100m³/s，而公伯峡因考虑已建成的龙羊峡水库调节，其导流设计洪水流量仅为 3100m³/s，特别是 2002 年，经过对龙羊峡水库 2001 年汛后蓄水位的分析和调洪演算，将公伯峡水库 2002 年 20 年一遇导流设计洪水流量减小为 1500m³/s。如果没有龙羊峡水库调节，公伯峡水库 20 年一遇导流设计洪水流量将达 4280m³/s。龙羊峡水电站导流隧洞尺寸为 15.0m×18.0m（断面形式为城门洞形），而公伯峡水电站导流隧洞尺寸为 12.0m×15.0m（断面形式为城门洞形）。再如黄河上游拉西瓦水电站导流隧洞，对有压洞段的 Ⅱ 类围岩，底板采用 0.5m 厚的现浇混凝土，边顶拱采用 0.1m 厚的钢纤维喷混凝土，洞内设计流速为 13.5m/s。采用这种结构的原因，其一是坝址上游有龙羊峡水库的调蓄作用，施工期的常遇流量以 600～900m³/s 为主，出现 2000m³/s 设计流量的时间很短；其二是洞内 Ⅱ 类围岩裂隙不发育，岩质很坚硬，即使出现局部冲刷破坏，也不会影响整个洞室的稳定。

（2）在梯级电站条件下，围堰的布置、围堰断面及截流水深等都会受到不同程度的影响。以公伯峡水电站截流为例，在正常截流的情况下，龙口处块石料的流失率达 30% 左右，因此，绝大多数土石围堰的基础防渗中心线布置在截流戗堤的上游侧。但随着河流梯级开发步伐的加快，有不少工程的截流采用了上游电站关机的办法，公伯峡水电站截流合龙时也是如此。由于合龙时，来流量仅有 10～30m³/s 的河道槽蓄流量，龙口抛投材料以施工弃渣为主，且流失率很小，其防渗中心线布置在截流戗堤的下游侧，因此结合场地条件、防渗墙的施工平台高程等因素，公伯峡水电站上游围堰确定的基本布置如图 8.3-3 所示。又如受葛洲坝回水影响的三峡工程二期上游土石围堰，其堰体最大高度 82.5m，填筑方量 589.9 万 m³，混凝土防渗墙面积 4.49m²。主河槽段的基础处理采用了两道混凝土防渗墙。堰体高度有 2/3 属水下抛填而成。其横断面布置如图 8.3-4 所示。受下游梯级电站回水和上游电站发电流量的影响，通常会抬高天然河道水位，受水位抬高影响需抬高围堰截流戗堤及防渗墙施工平台高程，如白鹤滩上游围堰在考虑上、下游梯级的影响下，截流戗堤顶高程约需抬高 9m。受下游梯级电站回水和上游电站发电流量的影响，导流隧洞进出口围堰的拆除可能会困难得多。

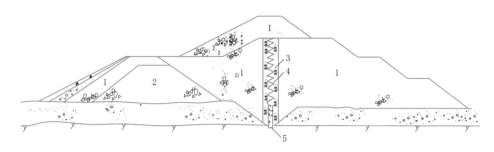

图 8.3－3 公伯峡水电站上游围堰布置图

1—砂砾石石渣混合料；2—截流戗堤；3—沙土；4—土工膜；5—现浇混凝土防渗墙

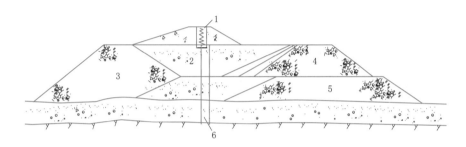

图 8.3－4 三峡工程二期上游土石围堰布置图

1—土工膜；2—砂砾石；3—上戗堤；4—截流戗堤；

5—平抛垫底石渣；6—双道混凝土防渗墙

3. 溃坝或溃堰风险

考虑上游水库对下游设计断面洪水的影响，除了上游水库的调蓄作用影响外，如果上游水库的防洪设计标准低于设计工程的标准，当设计工程发生设计洪水时，上游水库所在断面有可能发生超过本身设计标准的洪水，从而造成溃坝，给下游工程带来威胁。在这种情况下，就应估算溃坝洪水，再与区间洪水组合后作为下游设计工程的设计洪水。梯级电站加大了连锁溃坝或溃堰的风险。

4. 梯级开发河流的施工期蓄水与下游供水

（1）梯级电站施工期水库蓄水要解决较为复杂的供蓄矛盾，牵涉到系统负荷计划和电力电量平衡分析，存在如何发挥梯级补偿调节作用等方面的问题，需做多方案经济论证工作。

（2）对处于梯级中的电站，来水受上游电站限制，下游电站对供水有特定要求。

5. 梯级开发河流的施工期通航与排冰

（1）在河流上承担日调节任务的电站，往往会造成枢纽下游一定范围内出现水流要素（流量、流速、水位等）随时间出现较大变化的非恒定流，对下游产生一定的不利影响。

（2）在流冰河道上、下游已建水库的末端，由于流速降低，入库冰花或冰块堆积形成冰塞或冰坝，造成壅水，给在上游的梯级电站围堰和施工带来威胁和危害。

8.4　上游水库调蓄对导流截流的影响

8.4.1　上游电站水库调蓄下施工导流的特点

8.4.1.1　水文特点

由于上游水库的调蓄作用，改变了下游水库断面的天然洪水特性，上游水库调蓄后的下泄流量过程与其上断面的天然洪水过程相比，一般洪峰及时段洪量减小，峰现时间延后，并随天然洪水的大小和洪水过程线的形状的不同而异。上游水库的下泄流量过程与区间洪水过程组合后，形成下游水库断面受上游水库调蓄作用影响后的洪水过程。

当上游有大型水库控制时，坝址处的水文特点有：①年流量分配趋于均匀，枯水期的来流量较天然状态增加，但汛期的来流量较天然减少；②受上游水库的调蓄影响，同频率下的天然设计洪水流量得到大幅度削减，度汛压力得到减轻；③通过和下游区间洪水的错峰调度，人驾驭洪水的能力有了提高。

8.4.1.2　调蓄作用

并非每座水库都有能力和条件进行控泄，调蓄作用的考虑不能脱离拟建工程所处河流的特点和其上游水库的自身特点，主要依据为：①上游已建成水库具有的调节能力；②上游水库入库洪水规律、汛期分期以及分期设计洪水；③下游施工枢纽的进度计划、施工期划分；④上游水库是否具有水雨情测报和洪水预报系统及其可利用性等。

梯级水电工程施工导流设计利用上一级电站水库调节洪峰流量，尽管它是一个很复杂的系统工程，但通过对上游运行水库的短期控制，可以降低工程施工导流截流的流量，从而减小导流截流的难度，节省工程投资。

8.4.2　上游电站水库调蓄对下游在建电站工程导流截流的有利影响

当设计断面上游有库容较大的已建水库时，水库的调蓄作用改变了设计断面洪水的年内分配，水库供水期，使下游的流量增大；蓄水期，下游洪水则减小。有时，改变上游水库的调供方式，可将部分兴利库容临时转为防洪库容，以削减下游工程的施工设计洪水。

若上游水库的库容较大，调蓄能力较强，在设计下游工程时，往往会提出利用上游已建水库进一步削减施工导流流量的问题。特别在下游工程施工设计中遇到因导流规模过大而带来许多技术难题或严重影响工期时，更需要通过上游水库减小汛期的施工设计洪水。

上游水库增加一级控泄流量，就必然要增加额外的防洪库容。由于上游水库是已建水库，坝高和总库容都已确定，只能有两种途径来满足下游工程增加的防洪要求：一种途径是降低大坝本身的防洪标准；另一种途径是改变水库的运行方式，降低汛期限制水位，将一部分兴利库容转化为防洪库容。对不同的下泄流量方案，都应从上述两方面估计其对上游水库的防洪安全及经济损失的影响。

1. 减小施工导流设计洪水流量

通常在狭窄河段建水电工程的导流形式基本上都采用隧洞导流。隧洞尺寸又主要与导流标准和河流水文特性有关。已建电站，尤其是具有多年调节水库的电站径流调节，将大大改变该电站下游河流水文特性，其特点是增加枯水期河流流量，减小汛期流量，并且还可根据需要，人为控制各时段河道流量，为下游在建工程安全度汛（减少导流隧洞过流量）创造有利条件。

2. 减轻截流难度

如果有已建电站的径流调节，经过对电网运行情况综合考虑后，可以较为准确地确定截流期间的流量大小，为截流设计和施工准备提供较为准确的依据，减少流量不确定所造成的浪费。

8.4.3　上游电站水库调蓄对下游在建电站工程导流截流的不利影响

梯级水电工程施工导流的水文条件多直接受上游运行水库的控制，其水文特点是：平枯水期时间比天然条件下长，流量一般情况下都大于天然条件下的洪水流量；汛期流量比天然条件下的流量有所减少；由于上游运行电站都承担着地区电网中部分基荷、峰荷的任务，日发电流量变幅大，会给下游施工电站的正常施工带来一些不利的因素。

枯水期的施工洪水设计流量主要涉及截流、防渗墙施工平台高程、导流底孔设置、导流泄水建筑物的下闸、导流明渠缺口封堵、导流底孔封堵、水库蓄水等方面。

梯级电站径流调节对下游在建电站工程也有不利的影响，尤其是在枯水期，受电站水库特性及运行调度方式控制，常会出现机组满发的流量大于天然情况的流量，加大了枯水期设计流量，如白鹤滩水电站考虑上游桐子林和观音岩两座水电站同时满发工况，坝址11月至次年5月和12月至次年4月时段10年一遇流量较天然设计流量分别增加了43.9%和140.6%。设计流量加大将增加防渗墙施工平台高程，以及枯水期挡水围堰的高程；截流期间如不控制机组下泄流量，也将增加截流难度。

拉西瓦工程导流截流过程中，在龙口还未来得及保护时，上游龙羊峡电厂发电放水，造成戗堤被冲，后及时采取措施投钢筋笼块石填充料，才按时截流成功。

8.4.4　上游电站水库调蓄作用下合理选取施工洪水流量的原则

上游建有梯级水库时，有调蓄、削峰作用。当水库较大时，可控制其下泄量，下游施工工程的导流设计洪水标准一般仍按我国规范规定的范围选取，用同频率的上游洪水经水库调节后的下泄量加区间流量确定。如八盘峡水电站施工时，考虑了刘家峡水库的调节作用。天然设计流量 6350m³/s，校核流量 7300m³/s，经水库调节后两者下泄量均为4540m³/s，在选定频率5%的情况下，区间流量为950m³/s，八盘峡导流设计流量为5500m³/s。但如上游水库建在支流上，或虽在干流上，而有较大支流汇入时，干流、支流的洪峰流量不能简单地叠加，需分析干流、支流洪水的成因和发生时间。根据洪峰的传播时间考虑错峰作用，必须严格控制水库调度才能达到错峰的目的。如果水库调度不当，使干流、支流洪峰遭遇，可能出现比天然情况下更大的流量。

1. 上游电站水库调蓄作用下施工洪水流量的基本要求

（1）按现行规范要求，导流建筑物采用的洪水设计标准及设计流量应考虑上游梯级电站水库的调蓄及调度的影响。导流设计流量应经过技术经济比较后，由同频率下的上游水库下泄流量和区间流量分析组合确定。若由于上、下游梯级电站水库的调蓄作用而改变了河道的水文特性，则截流设计流量宜经专门论证确定。

（2）把握好设计洪水流量选择的灵活性，进一步提高驾驭施工洪水的能力。我国北方地区干旱少雨，大型水库的蓄水过程比较漫长。随着今后黄河用水需求量的进一步加大，预计龙羊峡水库要达到正常蓄水位还需要数年的时间。因此，拉西瓦水电站要抓住有利时机，将 20 年一遇的导流设计流量控制在 $2000\text{m}^3/\text{s}$ 以内。大型电站的建设周期较长，在招标设计阶段，由于对施工期的设计洪水流量很难做出准确的预测，一般都是按最不利的情况进行保守计算。因此，工程开工后，应从实际出发对施工期的设计洪水流量进行必要的优化调整。

（3）处理好工程建设中的小概率事件。结合龙头水库的蓄水情况，对施工度汛设计洪水进行风险分析。

（4）因地制宜，从实际出发，合理考虑上游调蓄作用的施工洪水流量。尽管上游梯级电站水库调节后的施工洪水情况发生变化，并非所有情况都需考虑采用上游调蓄作用下的施工洪水流量。例如，NZD 水电站上游已建的 MW、DCS 和当时在施工的 XW 水电站会对 NZD 水电站的来水造成影响。根据 XW 水电站对 NZD 水电站坝址年和后汛期设计洪水的影响的分析论证结果，NZD 水电站坝址天然的和受 XW 水电站水库调洪影响的洪水成果相差不大，设计洪水可直接采用天然设计洪水成果。这一结论与 XW 水电站水库的防洪调度运行方式较符合，即 XW 水电站水库不承担下游防洪任务，调洪主要从枢纽本身的安全出发，XW 水电站水库对 NZD 水电站设计洪水虽有一定的调洪削峰影响，但作用也极其有限。由于 NZD 水电站施工导流工程以年洪水控制，因此，NZD 水电站坝址各频率施工设计洪水采用天然情况设计洪水成果。

（5）淡化枯水期天然设计流量的概念。黄河上游的龙羊峡、李家峡和刘家峡水电站承担着西北电网调峰的任务，在区间不发生大暴雨的情况下，河道内的流量比较稳定。因此，枯水期的天然设计流量已没有意义，在建和待建电站的截流设计流量、下闸设计流量应主要结合上游电站的发电情况合理选取。

2. 上游电站水库的调蓄影响

上游电站水库调蓄作用可以区分成两类：一类为利用上游电站水库的调节性能，按水库调度规则对天然流量的调蓄，此类不涉及水库调度；另一类为根据工程需要，按水库调度规则或改变水库调度规则，减小施工洪水，涉及对梯级电站水库调度规则的改变。

当上游已经建成具有一定调蓄能力的水库时，在下游拟建梯级电站的工程设计中，一般应考虑削减下游施工导流流量，这时应通过对上游已建水库的防洪风险分析，确定合理的导流流量，而不能不加分析地任意控制泄流量，如果需要临时占用上游水库的兴利库容，除论证调度方案的可行性以外，还应对其经济合理性进行分析，不应迁就于施工中一时的困难，从而造成不应有的经济损失。

（1）当水库不承担下游防洪任务时，调洪主要从枢纽本身安全出发，梯级电站施工洪水的选取应与上游水库的调度方式相吻合。当拟建坝址天然和上游水库调洪影响的洪水成果相差不大时，设计洪水可直接采用天然设计洪水成果。

（2）在水库工程设计中，为确保水库本身的防洪安全和承担下游的防洪任务，拟定的水库防洪调度原则一般只削减大洪水，对中小洪水不加控制。而水库下游拟建工程施工要求上游水库在原拟定的调度原则下，再临时增加中小洪水泄量控制，这样就造成上游水库提前蓄水，多占用防洪库容，从而降低水库的防洪标准，使水库承担的防洪风险增加。

（3）上游水库的调蓄影响，从以下几个方面考虑：

1）设计洪水的地区组成，应从对下游设计工程的安全是否不利考虑，一般选用以未控区间来水为主，上游水库洪水相应的这种水情组合。因为这种洪水组成上游水库拦蓄的洪水较小，水库调蓄对下游设计断面的设计洪水影响小，对设计工程一般是偏于安全的。当上游有多个水库时，也可以选择以区间洪水为主的典型年洪水进行设计洪水地区组成分配，计算受上游水库影响的设计洪水。

2）上游水库按其调洪方式进行洪水调节计算。对于按年最大值选样计算的设计洪水的影响，应根据上述设计洪水的地区组成及水库调洪原则，计算受上游水库调蓄影响的设计洪水，其成果应比天然状态下的成果要小。

3）计算施工设计洪水时，只考虑已建水库的影响，上游水库按自身的调度原则进行水库调节计算。经协调并经主管部门批准后也可根据设计工程的要求，上游水库承担一定的蓄洪任务，以减少设计工程施工导流的工程量，但应当进行经济比较分析。以区间设计洪水与上游水库的相应下泄流量进行叠加即得设计断面的施工设计洪水。若上游有多个已建水库，则只考虑其中调蓄能力最大的水库对施工设计洪水的影响。

4）某种频率下的水库下泄流量是否要与区间同频率的洪水叠加，要分析两个位置是否处于同一暴雨中心，以及区间发生暴雨时上游水库能否错峰调度等。

5）在枯水期，水库一般按发电或供水需求下泄流量。水库下泄的流量可能是电站装机满发的泄流量或者灌溉、供水等的泄流量，也可能是满足生态用水的泄流量。计算枯水期受上游水库影响到的施工洪水，一般是将上游水库坝址至设计断面区间设计洪水与同期最大下泄流量进行叠加。

（4）受上游工程调蓄影响的设计洪水，常通过拟定设计洪水地区组成的途径推求。我国一些单位针对拟定洪水地区组成方法中存在的组成后洪水频率含义不清、对防洪不安全等问题，研究了地区洪水频率组合法和洪水随机模拟法。根据对黄河上游兰州断面受上游龙羊峡、刘家峡两座大型水库调蓄影响后设计洪水计算方法的研究表明，这两种新方法具有一定的精度。但由于这两种方法对资料及计算条件的要求较高，因此在有条件时可考虑采用。

（5）当梯级水电工程施工导流确定的方案对其上游运行的水库提出要求时，往往要与有关部门协调一致，方案才能得以实施。特别是在市场经济条件下，还有许多社会因素的影响，难以客观恰当地进行经济分析。尽管如此，还是要对上游水库进行多方案调度运行比较，经充分的分析论证，使确定的方案能满足各部门的基本要求，尽可能做到使有限的水能资源得到科学的、经济的、合理的利用。

（6）梯级水电工程导流设计，必须了解掌握上游运行水库控泄流量实际到达下游施工电站流量与时间的关系，并做精确调控测算，协调制定两电站施工流量及控泄流量的关系，利用好控泄流量的传播时间，以避免或减少失误。

总之，当上游已经建成具有一定调蓄能力的水库时，在下游拟建梯级电站的工程设计中，一般应考虑削减下游施工导流流量。这时，应通过对上游已建水库的防洪风险分析确定合理的导流流量，而不能不加分析地任意控制泄流量。如果需要临时占用上游水库的兴利库容，除论证调度方案的可行性以外，还应对其经济合理性进行分析，不应迁就于施工中一时的困难，从而造成不应有的经济损失。

8.5　下游梯级电站水库回水对导流截流的影响

8.5.1　梯级电站施工期蓄水、下游供水、通航与排冰

8.5.1.1　梯级开发河流的施工期蓄水与下游供水

对梯级开发河流，存在下游梯级水库回水至当前开发梯级的，可以在施工期和蓄水期抬高下游水库水位回水至当前开发梯级下游，以达成河道水流连续。白鹤滩水电站在初期蓄水时，导流隧洞下闸封堵期间通过优化下游溪洛渡电站运行调度，保证溪洛渡水库运行水位与白鹤滩坝址尾水相衔接，实现了下游供水的连续性。

在蓄水阶段，向下游的供水设施应尽量与正常运行的永久建筑物相结合。如果不能与永久泄水建筑物结合，而必须设置临时供水设施时，可采取以下几种措施：

（1）利用水泵抽水或虹吸管向下游供水。

（2）坝下游河道有支流的，可在支流取水，也可在下游建临时拦河坝蓄水，调节供水。有地下水源的，可打水井供水。

（3）在封堵导流建筑物的闸门上留孔或设临时旁通管等。

8.5.1.2　梯级开发河流的施工期排冰

在流冰河道上、下游已建水库的末端由于流速降低，入库冰花或冰块堆积形成冰塞或冰坝，造成壅水，给在上游的梯级工程围堰和施工带来威胁和危害。

下游有水库壅水的排冰，可研究采取以下措施：

（1）加高围堰。在确定围堰高程时，考虑下游水库末端形成冰塞、冰坝的最高壅水值。

（2）河道整治。河流上流速较大且不封冻的敞露水面是产生冰花的多发地。据国内外实测资料，当平均流速小于 0.7m/s 时，流冰可插堵形成冰盖。为消除冰花，可扩大河道过水断面，降低流速，使其形成冰盖，避免产生冰塞堆积体和冰塞壅水。

（3）拦冰河埂。在地形不规则或呈喇叭形或有岛可作支撑且平均流速在 0.7m/s 以下时，布置河埂拦冰，使流冰插堵形成冰盖。

（4）在条件允许时，开河前夕，下游水库加大下泄量，将有利于上游水利枢纽顺利地度过凌汛。

8.5.2　下游梯级电站水库影响下的施工导流设计

8.5.2.1　下游梯级电站水库影响下施工导流的特点

随着我国西部大江大河的梯级水电开发，一条河流上游梯级电站后于下游梯级建设或上、下游两梯级电站同时建设的例子逐渐增多，如白鹤滩水电站与溪洛渡水电站、瀑布沟水

电站与深溪沟水电站、MW 水电站与 GGQ 水电站等。

下游梯级电站水库影响下对施工导流最主要的影响是水位方面。对于峡谷型河道，下游水库运用后，库区呈现出"枯季是水库，汛期是河道"的基本特性。若下游水库蓄水早于上游梯级水库多年，将可能会改变拟建工程坝区河道水流的边界条件和天然河道冲淤平衡的条件，从而引起坝区河段水文水力因素的变化。因此，下游梯级电站水库影响下工程施工导流截流往往呈现深水导流截流的显著特点。

8.5.2.2　下游梯级电站水库对施工导流的有利影响

下游已建或在建水库对上游梯级电站导流也有一些有利的影响，如瀑布沟水电站初期蓄水，则是利用与下游的深溪沟水电站联动下闸，确保下游用水的刚性需求，为解决梯级开发河流上水库蓄水而产生的断流问题，摸索出了一套宝贵的经验。此外，若梯级电站下游水库有足够的防洪库容，则上游梯级电站初期导流标准有可能比无下游水库时低一些。

8.5.2.3　下游梯级电站水库对施工导流的不利影响

下游已建工程对上游梯级电站导流的影响则是壅高了水位，增大了施工水深和施工难度，三峡工程就是最典型的一例。葛洲坝水电站兴建后，壅高长江水位 20 余米，致使其上游的三峡工程的施工水深达到 60.0m，从而带来一系列复杂的技术问题。其中最典型的是深水截流问题及深水围堰设计、施工问题。

理论和实践成果证明，截流龙口水深超过 30.0m 后即为深水截流，会带来堤头坍塌等问题。目前遇到的截流水深最大的是我国的三峡工程，其龙口深槽部位最大水深近 60.0m，这是世界截流史上罕见的。

8.5.2.4　下游梯级电站水库影响下施工导流设计原则

（1）对围堰设计，围堰断面形式需适应下游水库回水带来的影响；对围堰施工，需考虑下游水库回水的有利与不利因素。

（2）当水库初期蓄水时的下泄流量不能满足下游综合用水要求时，考虑下游水库的调蓄作用，可研究下游水库协助上游梯级施工期蓄水的可能性。

8.6　梯级电站导流系统风险分析

8.6.1　考虑梯级建设条件的导流风险模型

流域梯级水电工程合理有序的开发，可以通过优化各级电站的施工进度，提高施工设备和场地的利用率等，从而优化电站的建设管理，减少工程总投资，缩短施工总体工期，加速梯级电站实现投资和社会效益。

施工导流系统作为对水电工程建设起控制作用的关键子系统，对其进行风险分析研究意义重大。在流域梯级水电工程建设过程中，上游已建电站通过削减洪峰、蓄存洪量，可提高下游电站导流标准，减小导流建筑物规模，从而减少投资；利用上游已建水库控泄作用减少下游电站的施工导流流量，可以减少施工队伍转移的费用和时间，缩短工程工期。流域梯级相邻电站在同时施工的情况下，施工导流系统（图 8.6-1）由上游梯级电站和下游梯级电站两个导流系统组成，上级梯级电站的建设改变了下游河道的天然洪水特性，

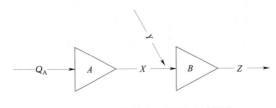

图 8.6-1　两电站施工导流系统概图

相邻电站间还有区间洪水的作用；两电站的施工导流系统比单一电站施工导流系统更加复杂，不确定因素随之增多，风险因子之间相互耦联和制约，因此，展开对两电站同时施工条件下施工导流系统风险的研究具有重要的理论和现实意义。

电站和导流建筑物具有不同的型式，并且施工导流工程系统具有动态性。为便于模型的建立，本书考虑上级电站和下级电站均采用全年挡水标准的上下游不过水土石围堰，导流方式均采用明渠泄流。

1. 上级电站施工导流系统风险因素

上级电站的施工导流系统，由于受到河道施工洪水以及导流建筑物宣泄的共同作用，堰前水位分布具有不确定性。施工导流过程中，存在许多不确定因素，可以分为水文因素的随机性、水力因素的随机性以及其他因素的不确定性。其中引起水文随机性的三个主要因素包括洪峰流量的随机性、洪量的随机性和洪水历时的随机性；水力因素的随机性主要与相关的水力参数有关，如糙率、过水断面面积、湿周、底坡等的不确定性。因此，考虑主要的风险因素为施工洪水随机性和导流明渠泄洪的随机性。为了便于模型计算和分析，水文随机因素仅考虑洪峰的峰值服从 P-Ⅲ型分布，按洪峰放大典型洪水过程线的方法确定洪水过程线。水力随机因素主要考虑糙率服从三角形分布。

施工洪水的随机性考虑洪峰流量的随机分布服从 P-Ⅲ型分布。

导流隧洞泄洪的随机性只考虑对泄流能力影响显著的设计过水糙率 n 的随机性并假定其服从三角形分布。

2. 区间洪水的随机性

区间洪水洪峰流量考虑其服从 P-Ⅲ型分布。

3. 下级电站施工导流系统风险分析

下级电站的施工导流系统同样受到河道施工洪水以及导流建筑物宣泄的共同作用，但是作用于下级电站的河道施工洪水是由受上级电站调蓄作用的下泄洪水与区间洪水共同遭遇组合而成，其随机性更加复杂。

对于下级电站的施工洪水，上级电站对天然洪水起到调蓄的作用，天然洪水洪峰的位置发生了变化，但是由于区间洪水的随机性，本书考虑最不利洪水组合情况，即下级电站的洪峰流量等于上级电站调蓄的最大下泄流量与区间洪水洪峰流量之和，然后按洪峰放大典型洪水过程线的方法确定下级电站洪水过程线。

水力随机因素主要考虑导流明渠糙率服从三角形分布。

4. 两电站同时施工条件下导流系统风险率的估计模型

对于上游梯级电站和下游梯级电站串联组成的施工导流系统，任何一级电站在施工过程中若发生围堰过水就会导致整个导流系统无法正常运行，那么施工导流系统正常运行的保证率应该是上级电站正常运行的保证率乘以上级围堰正常运行条件下下级电站正常运行的保证率，则导流系统风险率为 $R_t = 1 - P_{upr} \times P_{downr}$。基于 Monte-Carlo 计算机仿真方法,通过计算机模拟导流系统的运行状况,施工导流系统计算机仿真的流程如图 8.6-2 所示。

8.6.2 梯级建设环境下的施工导流系统风险分析

1. 梯级施工洪水的影响

在水电站梯级开发建设的条件下,梯级电站在空间上相邻,在流域上相连通,梯级建设环境下的施工导流系统改变了天然径流的水文特性,梯级水库的施工洪水不仅与河流洪水特性及干支流洪水的组合规律密切相关,还与梯级水库的调蓄及调度运行方式有关。同时,水电站梯级建设改变了河流施工洪水原有的泄水通道,洪水控制和施工导流的动态特性与单一电站建设的情况不一样。

因此,梯级施工洪水影响包括了天然径流水文特性因素、梯级电站水库调蓄和控泄因素、梯级施工导流系统的施工过程性和泄流控制特征因素等。

2. 下游梯级回水的影响

在水电站梯级开发建设的条件下,下游梯级电站的建设可能比上游梯级早(如葛洲坝工程在三峡工程之前),下游水库的回水会影响上游电站施工导流系统的泄流能力。因此,下游水库的回水影响因素必须计入施工导流系统中。

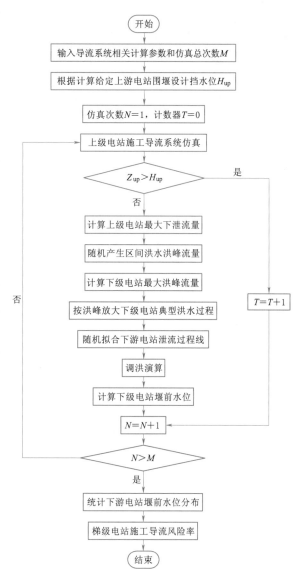

图 8.6-2 两电站同时施工条件下施工导流系统风险仿真流程图

3. 梯级电站施工导流系统本身不确定性的影响

梯级电站施工导流系统本身的不确定性组成与单一电站施工导流的不确定性基本一致。

8.6.3 梯级电站围堰溃决分析

8.6.3.1 围堰溃决计算概述

水库的溃决形式一般从规模上分为全溃和局部溃决;从时间上分为瞬时溃决和逐渐溃

决。大坝的溃决形式主要取决于坝的类型、坝的基础和溃坝的原因。有关调查表明，混凝土坝溃决一般是瞬时溃决，而土石坝溃决多半是逐步发展的，而且不同的坝型溃决过程也不尽相同。一般认为，土石围堰溃堰与土石坝的溃坝具有一定的相似性。对土石坝溃决的研究，多从水流冲刷作用角度分析建立溃坝过程模型。国内外的大量物理模型试验和土石坝溃坝实例研究表明，水流对散粒材料的挟带运移作用是大坝冲刷溃坝的主导因素。土石围堰的溃决过程是水流与堰体相互作用的一个复杂的过程。到目前为止，溃堰的溃决机理还不是十分清楚。一般而言，土石围堰的溃口宽度及底高程与坝体的材料、施工质量及外力（如地震）等因素有关。在具体计算时，溃口尺寸一般根据实验和实测资料确定。

围堰溃决计算主要包括计算模型建立、溃堰洪水过程计算（含溃堰最大流量计算和溃堰洪水流量过程线的推求等）和溃堰洪水演进计算等。

8.6.3.2　梯级电站围堰溃堰需进一步研究的问题

当建设期上、下游两电站均在建时，上游电站施工对下游电站施工导流还是有一定影响的。上、下游两电站同处在可行性研究设计中，一般开工时间不明确，往往各自选择施工导流标准，在实际开发建设过程中，可能会遇到两电站同时在建的情况，存在下列需进一步研究的问题。

1. 上、下游电站同处在围堰挡水阶段

上、下游电站施工同处在围堰挡水阶段，当遇上游电站围堰挡水设计标准小于下游电站围堰挡水设计标准（尤其是全年土石挡水围堰），且上游电站遇超标准洪水发生溃决时，将增加下泄洪水流量，可能会遇到溃决流量远大于下游电站的围堰设计标准流量，造成下游电站围堰也发生溃决，在这种情况下，下游电站所选的围堰挡水标准即使比较高也显得不安全、合理，因此如何选择合理的导流标准是值得研究的问题。

2. 上游电站处在围堰挡水阶段，而下游电站处于坝体挡水度汛阶段

当上游电站围堰遇超标准洪水发生溃决时，将增加下泄洪水流量，可能遇到溃决流量远大于下游电站的坝体挡水度汛标准流量，尤其对土石坝结构，遇此种情况，坝体存在溃决的安全问题。在遇这种情况下如何选择合理的坝体挡水度汛标准，确保坝体度汛是值得研究的问题。

8.7　典型工程案例

8.7.1　上游水库调蓄减小下游电站导流流量实例

8.7.1.1　上游水库调蓄对降低乌东德水电站导流流量的作用分析

1. 乌东德水电站初期导流设计洪水标准

乌东德水电站上、下游土石围堰及导流隧洞、导流底孔为 3 级建筑物，导流隧洞施工围堰及封堵期出口围堰等其他导流建筑物为 5 级建筑物。上、下游土石围堰及导流隧洞为 3 级建筑物，初期导流设计洪水标准应在洪水重现期 20～50 年间选择。从表 8.7-1 可以看出，50 年一遇洪水流量比 30 年一遇洪水流量高 $1600\text{m}^3/\text{s}$，约高出 6.4%。

表 8.7-1　　　　　乌东德水电站初期导流不同导流标准对应洪水频率表

挡水标准（全年）	20 年一遇	30 年一遇	50 年一遇
挡水流量/(m³/s)	23600	25000	26600

2. 二滩水库调蓄降低乌东德水电站导流流量分析

二滩水电站为乌东德水电站上游的已建电站，从稳妥考虑乌东德水电站导流流量应以不考虑上游二滩水库的调蓄影响为宜。但二滩水库具有一定的库容，客观上存在削减洪水流量的能力，也具备利用其库容针对乌东德水电站施工期洪水进行洪水调度的能力。

根据金沙江与雅砻江洪水遭遇的特点、乌东德水电站坝址发生大洪水的情况和初期导流设计需要上游梯级电站水库调蓄的需要，选取了 1966 年、1974 年两个实测典型洪水过程。通过对两个典型年实测洪水进行放大，考虑上游梯级电站水库的拦蓄作用下进行了调洪计算，其成果见表 8.7-2 和表 8.7-3。

表 8.7-2　　　　　　1966 年典型 50 年一遇洪水调洪成果表

时　间	二滩洪水过程流量/(m³/s)	乌东德洪水过程流量/(m³/s)	二滩下泄过程流量/(m³/s)	二滩蓄水流量/(m³/s)	二滩蓄后乌东德洪水过程流量/(m³/s)	雅砻江梯级蓄水量/亿 m³
8 月 29 日 2：00	6540	20900	6540	0	20900	0
8 月 29 日 8：00	6610	20700	6610	0	20700	0
8 月 29 日 14：00	6860	20500	6860	0	20500	0
8 月 29 日 20：00	6920	20500	6920	0	20500	0
8 月 30 日 2：00	7010	20600	7010	0	20600	0
8 月 30 日 8：00	7390	20700	9390	−2000	20700	−0.432
8 月 30 日 14：00	7570	21000	8770	−1200	21000	−0.6912
8 月 30 日 20：00	7570	21500	7870	−300	21500	−0.756
8 月 31 日 2：00	7400	22100	6700	700	22100	−0.6048
8 月 31 日 8：00	7350	22900	5650	1700	24900	−0.2376
8 月 31 日 14：00	7550	23700	6550	1000	24900	−0.0216
8 月 31 日 20：00	7840	24600	7740	100	24900	0
9 月 1 日 2：00	8460	25600	8460	0	24900	0
9 月 1 日 8：00	9060	26600	9060	0	24900	0
9 月 1 日 14：00	8480	25900	8480	0	24900	0
9 月 1 日 20：00	7980	25000	7980	0	24900	0
9 月 2 日 2：00	7780	24200	7780	0	24200	0
9 月 2 日 8：00	7570	23500	7570	0	23500	0
9 月 2 日 14：00	7350	22900	7350	0	22900	0
9 月 2 日 20：00	7170	22200	7170	0	22200	0
9 月 3 日 2：00	7050	21700	7050	0	21700	0

表 8.7-3 　　　　　　　1974 年典型 50 年一遇洪水调洪成果表

时　间	二滩洪水过程流量/(m³/s)	乌东德洪水过程流量/(m³/s)	二滩下泄过程流量/(m³/s)	二滩蓄水流量/(m³/s)	二滩蓄后乌东德洪水过程流量/(m³/s)	雅砻江梯级蓄水量/亿 m³
8 月 28 日 14：00	5410	19700	5410	0	19700	0
8 月 28 日 20：00	5410	20100	5410	0	20100	0
8 月 29 日 2：00	5410	20600	5410	0	20600	0
8 月 29 日 8：00	5570	21200	5570	0	21200	0
8 月 29 日 14：00	5760	21800	5760	0	21800	0
8 月 29 日 20：00	5860	22600	7160	−1300	22600	−0.2808
8 月 30 日 2：00	6360	23100	7560	−1200	23100	−0.54
8 月 30 日 8：00	6550	23400	7550	−1000	23400	−0.756
8 月 30 日 14：00	7050	23400	8050	−1000	23400	−0.972
8 月 30 日 20：00	9230	23600	10230	−1000	24900	−1.188
8 月 31 日 2：00	9430	23700	10130	−700	24900	−1.3392
8 月 31 日 8：00	7530	23900	7630	−100	24900	−1.3608
8 月 31 日 14：00	7710	23900	7110	600	24900	−1.2312
8 月 31 日 20：00	7710	23900	6310	1400	24900	−0.9288
9 月 1 日 2：00	7730	24200	6030	1700	24900	−0.5616
9 月 1 日 8：00	7930	24800	6430	1500	24900	−0.2376
9 月 1 日 14：00	7930	25500	7030	900	24900	−0.0432
9 月 1 日 20：00	7900	26300	7700	200	24900	0
9 月 2 日 2：00	7740	26600	7740	0	24900	0
9 月 2 日 8：00	7710	26400	7710	0	24900	0
9 月 2 日 14：00	7430	25800	7430	0	24900	0
9 月 2 日 20：00	7090	25100	7090	0	24900	0
9 月 3 日 2：00	8720	24500	8720	0	24500	0
9 月 3 日 8：00	8560	23900	8560	0	23900	0
9 月 3 日 14：00	8500	23400	8500	0	23400	0

　　从调洪成果表可以看出，对于两个典型年 50 年一遇的洪水，将乌东德初期导流标准从 30 年一遇提高到 50 年一遇，需上游梯级二滩水库最大需要拦蓄的洪量为 1.3608 亿 m³，即需要二滩水库动用 1.3608 亿 m³ 调节库容进行拦蓄。

　　从调洪效果看，在考虑上游梯级电站水库的调蓄作用和预报精度的情况下，是可以将乌东德坝址初期导流标准 50 年一遇洪水洪峰流量降到 30 年一遇标准以下的。洪水从雅砻江二滩坝址传播至乌东德坝址约需 1 天（4 个时段）的传播时间，在预报乌东德坝址将发生 50 年一遇洪水的情况下，需将上游梯级电站水库提前预泄，腾出库容，超过乌东德初期拦蓄洪水。以较恶劣的 1974 年的 50 年一遇洪水为例，坝址 9 月 2 日 2：00 发生

26600m³/s 的流量，上游二滩梯级电站水库需从 8 月 29 日 20：00 开始预泄，在坝址洪水超过 30 年一遇洪水洪峰流量时开始拦蓄，能使坝址洪水控制在 24900m³/s 以内，约需 14个时段，即基本上只要提前 3 天预报乌东德坝址的洪峰流量，而且上游二滩梯级开始预泄，就基本上可以使乌东德坝址洪水由 50 年一遇降为 30 年一遇以下，换句话说，将乌东德坝址初期导流标准由 30 年一遇提高到 50 年一遇，需要提前 3 天左右的时间预报，上游二滩水库配合乌东德水库调洪，可基本上满足初期导流的要求。

因此，如能协调有关方面，利用二滩水库库容，制定并实施针对乌东德水电站施工期洪水的调度方案，则可在一定程度上削减乌东德水电站施工期的洪水流量。

8.7.1.2　梯级电站水库联合调度减小下游梯级施工设计洪水

龙羊峡水电站为黄河上游龙羊峡—青铜峡河段梯级电站水库开发中的第一个梯级，是一个多年调节水库，电站装机容量为 128 万 kW，坝址以上流域面积为 131420km²，约占黄河流域面积的 18%，多年平均流量为 650m³/s。防洪标准为千年一遇洪水设计，可能最大洪水校核；水库汛期限制水位为 2594m，校核洪水位为 2607m，相应防洪库容为 49.63 亿 m³。下游刘家峡水库防洪标准为千年一遇洪水设计，可能最大洪水校核；水库汛期限制水位为 1726m，校核洪水位为 1738m，相应防洪库容为 15.67 亿 m³。龙羊峡水库设计洪水洪峰流量和洪量成果、水位-库容关系见表 8.7-4 和表 8.7-5。

表 8.7-4　　　　　　　　龙羊峡水库设计洪水洪峰流量和洪量

水库名称	特征值	均值	C_v	C_s/C_v	不同频率下洪峰流量和洪量					
					0.01%	0.05%	0.1%	1%	2%	5%
龙羊峡	$Q_{max}/(m³/s)$	2430	0.36	4	8520	7540	6940	7310	4810	4130
	$W_{15}/亿 m³$	26	0.34	4	85.9	75.7	70.5	54.7	49.8	43.1
	$W_{45}/亿 m³$	62.2	0.33	4	199	175	164	128	117	102

表 8.7-5　　　　　　　　龙羊峡水库水位与库容关系

水位/m	2530	2535	2540	2545	2550	2555	2560	2565
库容/亿 m³	53.45	62.39	72.13	82.37	93.36	105.24	117.78	131.15
水位/m	2570	2575	2580	2585	2590	2595	2600	2610
库容/亿 m³	145.30	160.29	176.06	192.65	210.11	229.26	246.98	286.28

龙羊峡水电站建成之后，不仅提高了下游梯级电站的保证出力，而且采用龙羊峡、刘家峡两座水库联合防洪调度，可以较大幅度地削减下游各梯级电站水库的设计洪水和施工导流流量，发挥了很大的经济效益和防洪效益。

1. 原设计防洪调度原则下的施工洪水

（1）龙羊峡补充初步设计提出的龙羊峡、刘家峡两水库控泄流量。1977 年龙羊峡水库在补充初步设计时，提出了采用龙羊峡、刘家峡两水库联合调洪方式，通过合理的库容分配，利用龙羊峡水库巨大的防洪库容削减刘家峡水库设计洪水，使刘家峡水库校核洪水标准达到可能最大洪水。龙羊峡水库补充初步设计中提出的龙羊峡、刘家峡两水库的各频率洪水控制泄流量见表 8.7-6。

频率 P/%	1	0.1	0.05	PMF
龙羊峡水库控泄流量/(m³/s)	4000	5000	6000	8000
刘家峡水库控泄流量/(m³/s)	4290	5510	7260	敞泄
防洪目标	兰州市 100 年一遇洪水不超过 6500m³/s	八盘峡水库防洪标准由 300 年提高到 1000 年一遇洪水	盐锅峡水库防洪标准由 1000 年一遇提高到 2000 年一遇洪水	

（2）黄河上游河段防洪初步规划报告提出的龙羊峡、刘家峡两水库控泄流量。龙羊峡水库补充初步设计后，为了进一步削减龙羊峡水库以下洪水和充分利用龙羊峡水库的调蓄作用，通过充分论证，将龙羊峡水库的校核洪水位由 2605m 提高到 2607m。这样就在原设计方案的基础上增加了超 8 亿 m³ 的防洪库容，并对利用超 8 亿 m³ 的防洪库容问题进行了细致的分析论证，认为利用该库容削减下游大洪水经济效益显著，又提出了新的龙羊峡、刘家峡两水库的各频率洪水控制泄流量方案，见表 8.7-7。

表 8.7-7　　　　　　　　新的龙羊峡、刘家峡两水库联合防洪调度控制泄流量表

频率 P/%	1	0.1	0.05	PMF
龙库控泄流量/(m³/s)	4000	4000	6000	6000
刘库控泄流量/(m³/s)	4290	4510	7260	7600
防护对象	兰州市	八盘峡	盐锅峡	刘家峡

由表 8.7-7 可知，将原设计 100 年一遇以上到 1000 年一遇以下洪水龙羊峡水库控泄流量 5000m³/s 降为 4000m³/s，2000 年一遇以上洪水控制泄流量 8000m³/s 降为 6000m³/s，削减了 1000～2000m³/s。

采用上述新方案，龙羊峡、刘家峡两水库联合调洪后，龙羊峡水库校核洪水位为 2607m，刘家峡水库为 1738m。承担的防洪对象为当时龙羊峡水库下游待建的拉西瓦、李家峡、公伯峡及积石峡四座水库，刘家峡水库下游为已建成的盐锅峡、八盘峡水库和兰州市以及待建的小峡、大峡、乌金峡、黑山峡等水库。后来这些防洪目标的防洪设计均按龙羊峡、刘家峡两水库联合调洪成果设计。也就是说，由于龙羊峡、刘家峡两水库承担着这些防洪目标的防洪任务，其防洪库容已被全部利用。如果改变两水库的联合调洪原则，将导致防洪目标的防洪标准难以保证。

由此可知，龙羊峡、刘家峡两水库联合防洪调度对削减龙羊峡—刘家峡河段拟建梯级电站的施工洪水效果不大。这是因为在龙羊峡水库千年一遇控制泄流量为 4000m³/s 状况下，当天然来水小于 4000m³/s 时，龙羊峡水库采用"来多少，泄多少"的原则，不进行调洪；当天然来水大于 4000m³/s 时，则按 4000m³/s 下泄。

根据上述情况，要在龙羊峡、刘家峡两水库联合调度的基础上再降低下游水库的设计洪水及施工洪水，只有两种途径可供选择：第一种是降低龙羊峡水库防洪标准；第二种是临时降低龙羊峡水库的汛期限制水位以增加龙羊峡水库防洪库容。对于第一种途径，必须通过国家有关主管部门批准，不仅审批手续复杂，而且把握性不大。同时，由于龙羊峡水

库防洪标准降低后，下游刘家峡及公伯峡水库难以达到可能最大洪水防洪标准，如果刘家峡水库出现问题，将直接威胁整个兰州市的安全。第二种途径，是一个影响龙羊峡水库发电效益的经济问题，不影响龙羊峡水库及其下游梯级电站的防洪安全。因此，这一途径一直作为降低下游梯级电站施工洪水的研究重点。

2. 改变龙羊峡、刘家峡两水库联合防洪调度方式，削减施工导流流量

为进一步削减龙羊峡—刘家峡河段梯级电站的施工导流流量，必须在原拟定的龙羊峡、刘家峡两水库联合防洪调度原则中增加中小洪水泄量控制。这样，将导致龙羊峡水库提前蓄水，多占用防洪库容，并降低了龙羊峡水库的防洪标准；如果不降低龙羊峡水库的防洪标准，相反就要增加调洪库容，并减少兴利库容，则将造成梯级电站的出力和电量损失。

（1）降低龙羊峡水库的防洪标准。根据龙羊峡水库技术设计的龙羊峡、刘家峡两水库调洪计算成果，龙羊峡水库万年一遇洪水位为 2604.55m，可能最大洪水位为 2606.75m。若在龙羊峡—刘家峡段梯级电站施工期，临时将龙羊峡水库的防洪标准由可能最大洪水降为万年一遇，能够腾出 9.7 亿 m^3 防洪库容，并可利用这部分库容削减中小洪水。经调洪计算，龙羊峡水库控制 50 年一遇最大泄流量为 2500m^3/s，洪水超过 50 年一遇时按原设计的调洪原则进行泄洪，则龙羊峡万年一遇洪水位为 2605.98m，不超过校核洪水位 2606.75m。调洪成果见表 8.7 - 8。

但是，用降低龙羊峡水库防洪标准的办法来削减下游梯级电站的导流流量，将使龙羊峡水库工程所承担的防洪风险大大增加。

如果龙羊峡水库为下游梯级电站施工导流控制泄流量，其防洪标准降为万年一遇，龙羊峡—刘家峡河段每一个梯级电站施工导流期按 4 年考虑，则龙羊峡水库为一个工程施工导流的防洪风险为 0.04%；若龙羊峡—刘家峡河段 5 个梯级电站连续兴建，总的施工导流期按 20 年计，则龙羊峡水库的防洪风险为 0.2%。

如果龙羊峡水库不为下游梯级电站施工导流控制泄流量，其防洪标准为可能最大洪水，约相当于频率洪水的 10 万年一遇 （$P=0.001\%$）。那么龙羊峡水库运用 4 年的防洪风险为 0.004%，运用 20 年的防洪风险为 0.02%。

由以上分析可知，龙羊峡水库若为下游梯级电站施工导流控制泄流量，其防洪标准从可能最大洪水降为万年一遇，则防洪风险将扩大 10 倍。对于这样重要的工程，为下游梯级电站的施工导流承担如此大的风险是否合理，值得进一步研究。

（2）降低龙羊峡水库汛期限制水位。若在下游梯级电站施工期间，临时将龙羊峡水库汛期限制水位自 2594m 降至 2592m，则可增加防洪库容 7.8 亿 m^3，并可利用这部分库容控制中小洪水。经调洪计算，龙羊峡水库 50 年一遇控制泄流量为 2500m^3/s，仍可达到可能最大洪水标准。降低龙羊峡水库汛期限制水位，可以削减下游拟建电站施工导流流量，节省工程投资费用，但又必然造成龙羊峡、刘家峡、盐锅峡、八盘峡、青铜峡等已建梯级电站的电能损失。为此，需要进行经济比较，以确定方案的经济合理性。

3. 利用龙羊峡、刘家峡两水库联合防洪调度方式削减公伯峡导流截流的流量

（1）工程概况。公伯峡水电站是龙羊峡—青铜峡河段规划的第四座大型梯级电站，距上游龙羊峡、李家峡两座水电站及贵德水文站分别约 184.6km、76.0km 和 140.6km。按照龙

表 8.7-8　　龙羊峡—刘家峡河段梯级电站施工期间龙羊峡、刘家峡两水库联合调洪成果

龙羊峡使用阶段	正常运用阶段												初期运用阶段			
防洪调度方案	不控制中小水（龙羊峡技术设计成果）				50年一遇控泄流量 2500m³/s（龙羊峡汛限水位降低2m）				50年一遇控泄流量 2500m³/s				20年一遇控泄流量 2000m³/s			
水库	龙羊峡		刘家峡		龙羊峡		刘家峡		龙羊峡		刘家峡		龙羊峡		刘家峡	
汛期限值水位/m	2594		1726		2592		1726		2594		1726		2570		1726	
最高水位与泄量（洪水频率）	H_m/m	Q_m/(m³/s)	H_m/m	Q_m/(m³/s)	H_m/m	Q_m/(m³/s)	H_m/m	Q_m/(m³/s)	H_m/m	Q_m/(m³/s)	H_m/m	Q_m/(m³/s)	H_m/m	Q_m/(m³/s)	H_m/m	Q_m/(m³/s)
5%													2578.00	2000	1726.60	4290
2%					2597.60	2500	1727.00	4290	2600.07	2500	1727.80	4290	2576.75	4000	1730.75	4290
1%	2597.75	4000	1731.10	4290	2597.60	4000	1732.80	4290	2602.33	4000	1731.73	4290	2577.90	4000	1734.25	4290
0.1%	2602.25	4000	1735.10	4510	2601.82	4000	1737.40	4510	2604.37	4000	1737.10	4510	2584.42	4000	1736.95	4510
0.05%	2603.80	6000	1737.10	7260	2601.10	6000	1737.35	7260	2604.29	6000	1732.00	7260				
0.01%	2604.55	6000	1736.70	7600	2602.35	6000	1737.20	7600	2605.98	6000	1737.69	7600				
可能最大洪水	2606.75	6000	1737.80	7600	2601.10	6000	1737.85	7600	2608.80	6000	1737.83	7600				

羊峡、刘家峡两水库联合防洪调度原则，龙羊峡水库 100 年一遇洪水以下控制泄流量为 4000m³/s，相应地公伯峡水电站施工期 20 年一遇施工导流流量为 4280m³/s，50 年一遇坝体临时断面挡水度汛流量为 4990m³/s。

（2）2002 年施工度汛方式优化设计。由于导流隧洞施工过程中相继发生了两次规模较大的塌方，导致导流隧洞工程施工无法按合同工期完工，主河床截流推迟到 2002 年第一季度内进行，即采用不常采用的汛前截流。由于截流时间发生变化后，坝体临时断面的填筑时间缩短了几个月，不可能在 34 个月内将坝体填筑到抵挡 50 年一遇洪水的设计高程。为此，2002 年施工度汛方式重新进行了优化设计。经过多个方案分析比较，只有降低施工导流标准，将 50 年一遇洪水坝体临时断面挡水降为 20 年一遇洪水围堰挡水，采用将上游枯水围堰改为全年挡水围堰、导流隧洞过流的导流方式。这样就需要研究龙羊峡水库在当时情况下，20 年一遇洪水控泄多大流量才能使公伯峡水电站上游围堰增加幅度不大，对施工工期影响较小。因此，对龙羊峡水库控泄流量的分析研究成为该方案的关键。

20 世纪 90 年代以来，黄河上游来水偏少，龙羊峡水库一直在低水位运行。采用 1919—1995 年径流系列，按西北电力建设集团公司水量调度计划进行长系列梯级调节计算，在不同频率来水下龙羊峡水库 2002 年汛前水位预测结果见表 8.7-9。

表 8.7-9　　　　　　　　　龙羊峡水库 2002 年汛前水位预测结果

来水频率/%	1	10	20	50	80	95
汛前水位/m	2588	2588	2586.1	2568.4	2540	2530

从表 8.7-9 可以看出，年来水频率接近 10% 时，2002 年汛前水位可达到 2588m。也就是说，2002 年汛前龙羊峡水库达到汛期限制水位的可能性是存在的。因此，要削减公伯峡水电站施工导流流量，必须降低龙羊峡水库汛期限制水位。为了使公伯峡水电站上游围堰降到最低高程，龙羊峡水库 20 年控泄流量须降低到所允许的最小泄量。龙羊峡水电站最大发电流量（4 台机满发）为 1240m³/s。考虑到其他一些不可见因素，龙羊峡水库 20 年一遇洪水最大下泄流量按 1500m³/s 控制。

根据公伯峡水电站坝址洪水地区组成分析，1964 年洪水典型年组成区间洪水较大，对公伯峡水电站最为恶劣，所以采用这一地区组成作为公伯峡水电站洪水地区组成方式。同时，考虑到李家峡水库的滞洪作用和龙羊峡—李家峡区间来水与李家峡—公伯峡区间来水遭遇的概率非常小，再加上河道坦化作用，区间洪水只考虑李家峡—公伯峡区间日平均流量。这样，李家峡—公伯峡区间 20 年一遇洪水相应日平均流量为 495m³/s。公伯峡水电站 2002 年汛期 20 年一遇洪水施工导流流量为 2000m³/s，相对初设成果降低了 1500m³/s。针对龙羊峡水库来水的各种可能情况，在满足梯级电站水库一系列防洪要求的情况下，拟定龙羊峡、刘家峡两水库的调洪方案，详见表 8.7-10。

根据上述拟定的三种龙羊峡水库汛期限制水位方案，对龙羊峡、刘家峡两水库进行各种频率洪水联合调洪计算，结果见表 8.7-11。

从表 8.7-11 调洪结果来看，只要龙羊峡水库汛期限制水位在 2580m，龙羊峡水库可能最大洪水水位为 2600.7m，刘家峡水库水位为 1736.7m，两水库均能达到 PMF 防洪标准，并且龙羊峡水库能够满足为预防Ⅶ号滑坡影响而预留 8m 水深库容的要求。

表 8.7－10　　　　　　　　　　　　　龙羊峡、刘家峡两水库调洪方案

龙羊峡水库汛期限制水位/m		2588		2586		2580	
刘家峡水库汛期限制水位/m		1726		1726		1726	
水库名称		龙羊峡			刘家峡		
各种频率控泄流量	频率	控泄流量/(m³/s)	库容比		控泄流量/(m³/s)		库容比
	5%	1500	3～4		4290		1
	1%	4000	4～5		4290		1
	0.1%	4000	4～5		4510		1
	0.05%	6000	5～6		7260		1
	PMF	6000	5～6		敞泄		1

表 8.7－11　　　　　　各方案龙羊峡、刘家峡两水库各种频率联合调洪计算结果

方案		1				2				3			
龙羊峡水库汛期限制水位/m		2588				2586				2580			
水库名称		龙羊峡		刘家峡		龙羊峡		刘家峡		龙羊峡		刘家峡	
各种频率联合调洪计算结果	频率	q_m/(m³/s)	H_m/m	q_m/(m³/s)	H_m/m	q_m/(m³/s)	H_m/m	q_m(m³/s)	H_m/m	q_m/(m³/s)	H_m/m	q_m/(m³/s)	H_m/m
	5%	1500	2598.2	4290	1726.6	1500	2596.6	4290	1726.6	1500	2591.7	4290	1726.6
	1%	4000	2597.0	4290	1732.6	3900	2595.1	4290	1732.5	3010	2590.6	4290	1729.0
	0.1%	4000	2601.8	4510	1735.1	4000	2600.3	4510	1735.1	3940	2595.0	4510	1735.0
	0.01%	6000	2604.4	7570	1736.8	6000	2603.1	7260	1737.1	4960	2598.9	7260	1734.7
	PMF	6000	2607.0	8200	1737.4	6000	2606.2	8310	1737.8	5470	2600.7	8000	1736.7

　　由于公伯峡水电站 20 年一遇洪水导流只有一年，龙羊峡水库Ⅶ号滑坡比较稳定，以及发生可能最大洪水的可能性很小，为了不使汛期限制水位降低过低而使得可能产生的发电量损失过大，暂不考虑Ⅶ号滑坡的影响，龙羊峡水库汛期限制水位还按 2588m 控制。这样龙羊峡水库水位为 2607.0m，刘家峡水库水位为 1737.4m，均能达到 PMF 防洪标准。龙羊峡、刘家峡两水库调度推荐方案见表 8.7－12。

　　根据以上调洪结果，公伯峡水电站 2002 年的 20 年一遇导流流量为 2000m³/s。这样就为大幅度减少围堰的高程提供了条件，经计算，只要在原枯水围堰上增加 7.5m，即堰顶高程 1926.5m，就可将原 20 年一遇的枯水围堰的堰顶高程提高到 20 年一遇洪水全年挡水围堰的堰顶高程。

　　（3）实施情况。2002 年 3 月，公伯峡水电站河道顺利截流。由于 2001 年黄河上游来水偏枯，按相关主管部门水调计划，2002 年汛前龙羊峡水库水位为 2542m，距汛期限制水位 2594m 还有约 137.6 亿 m³ 的库容。也就是说，2002 年汛期即使出现最大 45d 洪量达 139 亿 m³ 的 200 年一遇特大洪水，在机组正常运行的情况下，龙羊峡水库也达不到 2594m 的汛期限制水位。李家峡水库具有约 0.8 亿 m³ 的防洪库容，因此对于 20 年一遇

表 8.7－12　　　　　　　　　龙羊峡、刘家峡两水库调度推荐方案

龙羊峡水库汛期限制水位/m				2580			
刘家峡水库汛期限制水位/m				1726			
水库名称	龙羊峡		刘家峡		龙羊峡		刘家峡	

调洪结果	频率	控泄流量 /(m³/s)	库容比	控泄流量 /(m³/s)	库容比	最大泄流量 /(m³/s)	库水位 /m	最大泄流量 /(m³/s)	库水位 /m
	5%	1500	3～4	4290	1	1500	2598.2	4290	1726.6
	1%	4000	4～5	4290	1	4000	2597.0	4290	1732.6
	0.1%	4000	4～5	4510	1	4000	2601.8	4510	1735.1
	0.05%	6000	5～6	7260	1	6000	2603.0	7260	1736.2
	PMF	6000	5～6	敞泄	1	6000	2607.0	8200	1737.4

洪水，龙羊峡、李家峡两水库均可以不泄洪。这样公伯峡水电站 20 年一遇导流流量主要受李家峡水电站发电流量及李家峡—公伯峡区间洪水控制。经过分析，最后确定在电网非异常运行情况下，李家峡水库下泄流量控制在 $1000\mathrm{m^3/s}$ 左右，当李家峡—公伯峡区间发生洪水时，李家峡水电站下泄流量控制在 $1000\mathrm{m^3/s}$ 以下。20 年一遇洪水区间日平均流量为 $495\mathrm{m^3/s}$，因此，公伯峡水电站 2002 年度汛按 20 年一遇洪水 $1500\mathrm{m^3/s}$ 设防。公伯峡水电站已经顺利度过 2002 年汛期，实践证明该方案是合适的。

8.7.2　上游电站机组控泄协助下游电站截流实例

8.7.2.1　李家峡水电站对公伯峡水电站截流的影响

公伯峡水电站上游由同一家公司管理的龙羊峡水库和李家峡水库。在 2002 年 3 月 20 日截流和 2004 年 8 月 8 日下闸蓄水时，上游的李家峡水电站提前 1 天关机，为了充分发挥黄河上游梯级电站的优越性，缩短截流时间，加速戗堤闭气，经与相关主管部门协商，在公伯峡电站截流期，上游 76km 处的李家峡水电站按下列要求控制发电流量：①3 月 17—18 日，安排一台机组运行（$Q=360\mathrm{m^3/s}$），以方便岩坎拆除和截流初期进占；②3 月 19 日，全天关机，以加快合龙速度；③3 月 20 日，控制一台机的发电流量不超过 $150\mathrm{m^3/s}$，以方便闭气和戗堤加高；④3 月 21—27 日，控制发电流量不超过 $720\mathrm{m^3/s}$。为达到上述要求，3 月 17 日以前，李家峡水库应预留 1.0 亿 $\mathrm{m^3}$ 的库容。3 月 19 日，李家峡水电站关机造成的系统容量短缺由龙羊峡水电站补偿解决。

2004 年 9 月下旬，在公伯峡导流隧洞下闸前 12h，李家峡水电站将发电流量控制在 $360\mathrm{m^3/s}$ 以内。在下闸后的 3 天内，除每天 3 个调峰时段外，李家峡均保持一台机运行。下闸设计流量调整后，进水塔高度比原招标设计降低了 5m，下闸的安全性进一步提高。

由于在截流和下闸时，坝址处仅有 $20\sim30\mathrm{m^3/s}$ 的河道槽蓄流量，截流难度和下闸风险大大降低。

8.7.2.2　MW 水电站控泄对 DCS 水电站截流的影响

DCS 水电站截流按截流流量为 MW 水电站一台机下泄流量 $321\mathrm{m^3/s}$ 加区间流量 $231\mathrm{m^3/s}$，

合计流量为 552m³/s 进行龙口设计。截流组织工作分三个阶段进行：第一阶段 MW 下泄流量按 5 台机满发考虑，控制流量不大于 1605m³/s，预进占准备时间为 10 天，由 MW 电厂进行消落水位的调节准备；第二阶段为龙口Ⅰ区、Ⅱ区截流和合龙后戗堤加高，MW 水电站按 642～321m³/s 下泄控制，历时 36h；第三阶段为截流后围堰工程静水填筑。按 2 台机 642m³/s 下泄控制，历时 72h。为准时执行控泄方案，对 MW 电厂下泄的不同流量进行了传播时间的测定。测定成果为漫湾下泄 800～500m³/s 时，水流到达 DCS 的传播时间为 10～11h。DCS 水电站截流期间 MW 水电站控泄动态水情统计见表 8.7－13。

表 8.7－13　　　　　DCS 水电站截流期间 MW 水电站控泄动态水情统计表

| 实测时间 | | | | MW 水 电 站 | | | | GJ 水文站实测流量 /(m³/s) | DCS 水文站实测流量 /(m³/s) |
月	日	时	分	水库水位 /m	入库流量 /(m³/s)	出库流量 /(m³/s)	发电出力 /万 kW		
11	8	8	00	987.04	770	557			853
		20	00	987.48	765	592			617
11	9	8	00	988.28	755	256		196	594
		9	00			256		212	510
		10	00			421		347	442
		11	00			421		430	403
		12	00			421		439	374
		13	00			354		412	308
		14	00			337		344	284
		15	00			317		322	276
		16	00			311		314	266
		17	00			311		314	267
		18	00	988.94		311	40.0	330	273
		19	00	988.94		508	40.0	347	293
		20	00	988.94	760	557	44.0	490	357
		21	00	189.01		531	42.0	557	404
		22	00	989.09		530	42.0	557	414
		23	00	989.12		530	42.0	550	412
11	10	0	00	989.12		530	42.0	550	395
		1	00	989.13		531	30.0	550	370
		2	00	989.17		508	40.0	543	353
		3	00	989.28		496	39.0	530	370
		4	00	989.29		496	25.0	523	408
		5	00	989.37		363	23.0	506	474
		6	00	989.45		335	23.0	322	580
		7	00			326	23.0	317	608

续表

实测时间				MW 水 电 站				GJ水文站 实测流量 /(m³/s)	DCS水文站 实测流量 /(m³/s)
月	日	时	分	水库水位 /m	入库流量 /(m³/s)	出库流量 /(m³/s)	发电出力 /万 kW		
		8	00	989.57	750	311	23.0	307	630
		9	00			309	23.0		625
		10	00			302	23.0	304	618
		11	00			294	23.0		615
		12	00			294	23.0		625
		20	00	990.36	750	621		496	410
11	11	8	00	990.81	743	403			643
		20	00	991.36	735	530			519
11	12	8	00	991.98	745	403			605
		20	00	992.44	755	599			592
11	13	8	00	992.91	756	487			713
		20	00			810		763	655
11	14	8	00	993.50		648		613	839
		20	00			1020		848	916

8.7.3　下游梯级电站水库回水对导流截流难度的影响实例分析

8.7.3.1　葛洲坝工程水库对三峡工程导流截流的影响

三峡工程和葛洲坝工程是长江干流上的两座大型水利枢纽。三峡工程坝址位于葛洲坝水库的常年回水区内，距葛洲坝坝址约 38km，是在葛洲坝工程蓄水发电后才开始修建。葛洲坝工程坝址位于长江三峡出口处的南津关，是三峡工程的反调节工程，为低水头径流式枢纽，设计总库容为 15.8 亿 m³，水库调节作用很小，属峡谷型水库，枢纽上下游落差随入库流量而变化，20 年一遇洪水时落差约为 10.0m，枯水位时约为 27.0m。其库区包含于长江三峡河道之中，水库静库长度约 200km，动水回水长度约 188km，其中变动回水区长约 112km，常年回水长约 76km。葛洲坝工程分两期建设，1981 年 1 月 4 日大江截流，1986 年第二期工程投入运行，坝前水位维持在 66.0m±0.5m 运用。

葛洲坝工程水库蓄水后，改变了河道水流的边界条件和天然河道冲淤平衡的条件，水库运用后，库区呈现出"枯季是水库，汛期是河道"的基本特性，从而引起了三峡工程坝区河段水文水力因素的变化，具体参见表 8.7-14。

此外，三峡工程坝区河段受葛洲坝水库的影响，处在常年回水区中段，由于蓄水位抬高，流速减小，挟沙能力减弱，该段从 1981 年起河床呈累积性淤积，在 1990 年后该河段淤积达到相对平衡状态；年际变化呈现出冲淤交替的过程，年内总的趋势是大水冲、小水淤、汛期冲、枯季淤的特点。

表 8.7 - 14　　葛洲坝工程水库蓄水前后三峡工程坝区河段水文水力因素的变化

时段	天　然　时　期	葛洲坝工程水库运用期
河道或水库运用情况	三峡工程坝区河段在天然条件下，为山区性河段，岸线极不规则，河道窄深。当流量 $Q = 5000\text{m}^3/\text{s}$ 时，水面最窄及最宽处为 $215.0 \sim 603.0\text{m}$；当流量 $Q = 50000\text{m}^3/\text{s}$ 时，水面最窄及最宽处为 $723.0 \sim 1232.0\text{m}$，水流紊乱，有多处回流	基本上没有滞洪作用。葛洲坝工程水库运用后，三峡工程坝区河段为常年回水区中段，自 1986 年葛洲坝坝前水位一般稳定在 66.00m 左右。水库调度采用坝前水位不变的运行方案，允许坝前水位的变幅不超过规定值的 0.50m。实际日水位变幅枯季不超过 0.50m，汛期不超过 0.70m。由于长江水量大，水库在峡谷中，库面很窄，水库的调节作用甚微，枯季日调节水量不超过 7%，汛期不超过 1.5%
水面坡降	水面坡降随流量加大而加大。流量 $Q = 5000\text{m}^3/\text{s}$ 时，坡降为 2.11‰，增加到 $50000\text{m}^3/\text{s}$ 时，坡降为 4.7‰，坡降加大较均匀	水面坡降普遍比天然时期减缓。蓄水后，1992 年流量为 $5000\text{m}^3/\text{s}$ 时，坡降为 0.021‰；流量为 $60000\text{m}^3/\text{s}$ 时，坡降为 2.44‰，比蓄水前同流量下天然坡降 2.11‰ ~ 4.70‰ 减小 99% ~ 52%，说明壅水后坡降很小。如流量为 $5000\text{m}^3/\text{s}$ 时，一些小的河段，坡降小到可以忽略（为 0）；当流量为 $30000\text{m}^3/\text{s}$ 以上时，坡降较为正常，但仍远小于天然值。1992 年流量为 $60000\text{m}^3/\text{s}$ 时，全段坡降仅为 1974 年的 27.6%
水位变幅	全年水位变幅大，这与下游峡谷壅水有密切关系。当流量 $Q = 5000 \sim 60000\text{m}^3/\text{s}$ 时，丰水段水位变幅在 $24.45 \sim 27.93\text{m}$ 之间，这正是峡谷河道的特性。原因是峡谷河段随着流量加大需要增加的过水面积主要靠抬高水位来实现	水位变幅幅度减小，尽管河宽沿程变化大，但是不同流量的差别却较小。葛洲坝水库蓄水后，库区沿程水位抬高的规律是，同流量情况下，距坝越远水位抬高越小；在同一位置水位的抬高随流量的增大而减小，当流量为 $5000 \sim 60000\text{m}^3/\text{s}$ 时，水位变幅减至 $6.21 \sim 9.61\text{m}$，比天然时期分别减小 66%、75%，水位变幅远小于天然时期，但较天然时期上、下水位分别壅高 3.46m、6.47m。从水面宽看，当流量为 $5000\text{m}^3/\text{s}$ 时，水面宽在 $635 \sim 1141\text{m}$ 之间，平均河宽为 846m；当流量为 $50000\text{m}^3/\text{s}$ 时，水面宽在 $657 \sim 1456\text{m}$ 之间，平均河宽为 981m

　　上述河道水文、泥沙特性的改变，给三峡工程施工尤其是二期导流截流带来了前所未有的难题：

　　（1）三峡工程二期上、下游围堰是在葛洲坝水库内修筑的围堰、最大水深达 60m，堰体 80% 填料需水下施工，是当今世界上规模最大的深水围堰。围堰基础覆盖层为冲积粉细砂和砂砾石层，厚度 $7.0 \sim 15.0\text{m}$，最厚 22.0m，上部为葛洲坝水库蓄水后的淤砂层，厚 $6.0 \sim 10.0\text{m}$，最厚 16.0m，下部为砂砾石层，厚 $3.0 \sim 10.0\text{m}$，基岩为闪云斜长花岗岩。

　　（2）截流水深大，截流戗堤下压覆盖层深厚。由于葛洲坝工程在三峡工程兴建之前完成，相应三峡工程坝址水位在枯水期抬高 27.0m，枯水期水位为 $66.00 \sim 66.50\text{m}$，截流时河床最大水深约 60m，属世界罕见。截流水力学模型试验成果表明：当戗堤抛投水深超过 25.0m 以上时，戗堤头部易于发生大范围的堤头坍塌，影响戗堤进占安全。

（3）由于葛洲坝工程库内泥沙淤积，造成三峡工程坝址河床处覆盖层堆积了大量新淤粉细砂，导致二期围堰截流戗堤下压覆盖层厚达 20.0m，其中粉细砂层厚 10.0m，截流施工时，堰基将发生冲刷。若考虑清除，不仅工程量大，而且深水清淤相当阻难。

三峡工程大江截流及二期围堰设计施工，对深水截流创造性地采用了"预平抛垫底、上游单戗立堵、双向进占、下游尾随进占"的实施方案，解决了一系列技术难题。

8.7.3.2　溪洛渡水电站对白鹤滩工程导流截流的影响

溪洛渡水电站位于白鹤滩工程下游 195km，正常蓄水位为 600.00m，汛期限制水位为 560.00m，该水电站已开工建设，2013 年 6 月第一批机组发电，2015 年竣工。根据白鹤滩水电站建设里程碑计划安排，工程截流时溪洛渡水电站已发电，其库区回水位将直接影响白鹤滩坝址处天然河道水位，影响白鹤滩水电站的施工导流截流规划。

受溪洛渡水电站回水影响，将抬高白鹤滩坝址处天然河道水位，且影响较大，白鹤滩水电站导流截流规划时应考虑溪洛渡水电站回水影响。可行性研究阶段按溪洛渡水电站坝前水位为 600.00m、投入运行 5 年组合的工况考虑。图 8.7-1 为位于白鹤滩水电站坝址下游约 1250m 处中水尺水位与流量关系曲线。

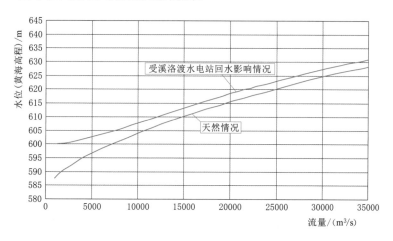

图 8.7-1　白鹤滩水电站中水尺水位与流量关系曲线

溪洛渡水电站库区回水位的影响主要涉及白鹤滩水电站围堰、截流（关系到导流隧洞的进口高程的确定）、围堰防渗墙施工平台高程确定、导流隧洞下闸、封堵等设计项目，上述的项目设计中除截流设计应按不考虑回水影响和考虑回水影响两种工况外，其余均按考虑回水位的影响设计。

从另一个角度来看，白鹤滩水电站施工期下游的溪洛渡水电站已蓄水发电，其汛期防洪库容 46.5 亿 m³；而白鹤滩水电站初期导流围堰挡水的堰前库容不大于 3.5 亿 m³，围堰失事不会对下游造成重大危害。根据 30 年一遇和 50 年一遇导流标准对应的堰高溃堰计算表明（不利工况，溪洛渡坝前为正常蓄水位 600.0m 工况）：溪洛渡水电站建成后，由于溪洛渡水库河段的槽蓄作用显著加强，各种计算方案下，白鹤滩围堰溃堰洪水演进至大兴乡（距坝址约 96km）水位仅上升 2.5m 左右，演进至溪洛渡大坝水库水位仅上升 0.6m 左右。可见白鹤滩围堰溃堰对下游及溪洛渡大坝安全基本没有影响。另外，白鹤滩水电站坝址处河道狭窄，汛期洪水流量大，按 30 年一遇和 50 年一遇洪水考虑，初期围堰挡水高度近 85.0m，围堰工程量巨大，要在一个枯水期内完成的难度很大；经施工导流多目标风险决策分析研究表明：30 年一遇方案和 50 年一遇方案动态风险均小于 2.5%，排序上 30 年一遇方案略优于 50 年一遇方案。结合溃堰等技术分析比较，可采用重现期 30 年一遇洪水的导流标准。

8.7.4　下游梯级电站水库回水对截流落差的影响实例分析

8.7.4.1　下游梯级电站水库回水对上游电站截流落差的影响工程实例

1. 葛洲坝工程水库回水对三峡工程明渠截流落差的影响

三峡工程明渠截流论证中进行了运用枢纽调度减轻截流难度计算的研究。明渠截流设计条件为：葛洲坝坝前水位为正常蓄水位 66m，当三峡坝大坝址出现设计截流流量 10300m³/s 时，对应三斗坪水位 66.4m。根据葛洲坝工程允许的水位变幅，选择坝前水位分别为 64m、65m、66m、67m、68m 五个水位级，分别进行了恒定流条件下龙口水文水力学计算，通过计算的各种龙口水力要素特征值变化情况，分析葛洲坝坝前水位对三峡工程三期截流龙口水力学指标值的影响。

有关分析计算结果表明：不同的葛洲坝水位虽然对龙口水力学指标有一定的影响，但影响并不显著。首先，相同的口门宽度情况下，葛洲坝坝前水位越高，虽减小了落差，但相应也降低了导流底孔的分流能力，龙口将承担更多的分流压力；其次，由于采取双戗双向立堵截流，下龙口戗堤的壅水使得葛洲坝坝前水位的变化对龙口流速的影响甚微。综合结果是单宽能量随着下游水位升高而增大。其次，无论葛洲坝坝前采取哪一级水位，当上戗堤龙口口门宽度在 30m 左右时，影响施工难度最重要的两个水力要素——单宽能量和流速均达到最大，65m 和 66m 的单宽能量值几近相当且相对较小。从降低施工难度、葛洲坝蓄水发电和航运需要等各方面综合考虑，按设计条件下葛洲坝坝前水位 66m 截流比较适宜。

在分析葛洲坝枢纽蓄水位对三峡明渠截流影响甚微的情况下，通过数学模型计算分析，利用非恒定蓄水的槽蓄原理，深入研究了适时抬高蓄水位的过程及方案，创新提出了在不增加截流难度的前提下，可提前 10 天截流的具体方案。

2. 溪洛渡水电站水库回水对白鹤滩水电站截流落差的影响

白鹤滩水电站截流设计如果考虑受溪洛渡水电站回水的影响，在截流设计流量 $Q = 4660m³/s$ 时，上水尺水位较天然河道抬高 5.3m，可适当抬高导流隧洞的进口高程，以降低导流隧洞进口施工难度（主要影响进口施工围堰高度及其拆除难度）。但考虑到白鹤滩水电站截流时溪洛渡水电站实际蓄水位存在不确定性，不足以由其来确定白鹤滩水电站导流隧洞进口高程，如果导流隧洞进口高程按溪洛渡水电站正常蓄水位 600.00m 工况确定，实际截流时溪洛渡蓄水位偏低时，将增加截流难度。因此，在可行性研究设计阶段按不考虑回水影响和考虑回水影响两种工况综合分析确定进口高程。实际截流时，如果受回水影响抬高了水位，对降低截流难度是有利的，但会增加截流时的水深及塌堤风险，但截流戗堤顶高程确定需考虑其回水的影响。表 8.7-16 为有、无溪洛渡库区回水影响的白鹤滩截流落差对比分析情况。

表 8.7-15　　　　有、无溪洛渡库区回水影响的白鹤滩截流落差对比分析情况

方　　　　案	上游水位 /m	截 流 主 要 指 标		
		最大平均流速/(m³/s)	最大落差/m	最大单宽功率/[(t·m)/(s·m)]
不考溪洛渡库区回水影响方案	598.98	5.27	2.53	94.25
考虑溪洛渡库区回水影响方案	603.60	4.19	1.29	42.63

注　截流流量按天然 11 月上旬 10% 平均流量 $Q = 4660 \text{m}^3/\text{s}$ 设计。

8.7.4.2　下游水库协助上游梯级施工期蓄水问题实例分析

1. 瀑布沟水电站初期蓄水下游供水方案

瀑布沟水电站和深溪沟水电站位于大渡河中游，瀑布沟水电站大坝为当地材料坝，左岸两条导流隧洞的进口高程为 673.00m，右岸放空洞的进口高程为 730.00m。2009 年 11 月初，从导流隧洞完成下闸到放空洞具备过流条件，坝址处的断流时间为 9.5h。而坝址下游 0.6km 处的尼日河在同期的平均流量为 75m³/s。瀑布沟水电站下闸蓄水时下游要求来水流量不能小于 327m³/s，而且不能中断。为此，有关方面经充分论证，下闸蓄水采用和下游的深溪沟水电站联动下闸、确保下游用水的实施方案。具体程序为：①在瀑布沟下闸前 1 个月，彻底关闭深溪沟 1 号泄洪洞，改建出口，来水由 2 号泄洪洞下泄；②在瀑布沟下闸前约 10h，深溪沟 2 号平板门开始保持局部开启控泄（下泄流量不小于 327m³/s），待水位上升到预定高程后，完成瀑布沟导流隧洞下闸；③深溪沟 2 号平板门在高水位情况下保持 1.5～1.7m 的开度向下游供水；④当深溪沟的库水位下降到 636.00m 高程时，提升闸门开度至 2.2m，继续向下游供水；⑤当库水位下降到 628.00m 时，瀑布沟放空洞的泄流能力已达 327m³/s，而且来水已进入深溪沟库区，此时彻底打开 2 号平板门，恢复原过水状态。

在上述方案实施过程中，深溪沟围堰的蓄水量为 2047 万 m³，尼日河的来水量为 276 万 m³（当日平均流量 64m³/s），库尾河道的槽蓄水量为 360 万 m³。放空洞的过流量由 0 渐变到 327m³/s 时的来水量为 142 万 m³。

2. MW 水电站初期蓄水下游供水方案

MW 水电站大坝为当地材料坝，冲沙兼放空洞是水库最低的放空通道。根据施工总进度安排，水库从第 7 年 11 月初开始蓄水，此时导流隧洞已封堵，冲沙兼放空洞、溢洪道已完建，蓄水期的来水保证率按 $P = 85\%$ 考虑，流量为 482m³/s。扣除下游河段生态用水及城市供水等综合利用要求的 MW 水电站下泄流量为 144m³/s，蓄至 1362.00m 高程需 3.4d；蓄至正常蓄水位 1408.00m 高程需 23d。水库初期蓄水规划见表 8.7-16。

为满足施工期下游河段具有生态用水、城市供水等综合利用要求，在导流隧洞下闸封堵，水库蓄水期间，要求考虑向下游供水的措施。

GGQ 水电站为 MW 水电站的上游梯级，装机容量为 900MW，正常蓄水位为 1307.00m，总库容为 3.16 亿 m³，调节库容为 0.49 亿 m³，为日调节水库。

MW 水电站下闸蓄水时下游 GGQ 水电站已建成，且功果桥水电站死水位已回至坝址，考虑到 GGQ 水库 0.49 亿 m³ 的调节库容，按 GGQ 水电站最小下泄流量 150m³/s 计算，确定 MW 坝址允许断流时间约为 3.8d。

初期蓄水时水库由起蓄水位蓄至 1362.00m 高程时间段，水库不向下游供水，利用 GGQ 水库的调节库容；水库由 1362.00m 高程蓄至 1408.00m 高程时间段，水库利用冲

表 8.7-16   MW 水电站水库初期蓄水规划

起蓄时间	保证率/%	入库流量/(m³/s)	下泄流量/(m³/s)	起蓄水位/m	蓄水时段	时段末水位/m
11月1日	85	482	断流	1308.24	11月1—4日	1362.00
			144（MW 水电站生态最小下泄流量）	1362.00	11月5—6日	1370.00
				1370.00	11月7—9日	1380.00
				1380.00	11月10—13日	1390.00
				1390.00	11月14—18日	1400.00
				1400.00	11月19—23日	1408.00

沙兼放空洞或溢洪道向下游供水，供水流量为 144m³/s。

3. XW 水电站对 NZD 水电站下闸蓄水的影响

NZD 水电站下游具有航运、城市供水等综合利用要求。因此，下闸蓄水、水库初期蓄水期间最小下泄流量按不低于 500m³/s 考虑。

NZD 水电站下闸蓄水时下游 JH 水电站已建成，考虑到 JH 水库 3.09 亿 m³ 的调节库容，按 JH 水电站以保证出力发电时的流量 1357m³/s 均匀下泄，确定 NZD 坝址允许断流时间为 2.5d。

水库蓄水采用保证率 $P=80\%$ 和 $P=85\%$ 的入库水量分别计算，扣除下泄流量 500m³/s，第一台机组发电水位为 765.00m，安排于第 8 年 11 月中旬封堵 1 号～3 号导流隧洞开始蓄水。初期蓄水分两个阶段进行：第一阶段封堵 1 号～3 号导流隧洞，至 12 月底蓄至 670.00m 水位；第二阶段自 4 月下旬封堵 5 号导流隧洞，由 670.00m 水位起蓄，蓄至第一台机组发电水位。

水库初期蓄水计算按天然来水不考虑上游已建电站的影响，及按有 XW 水电站调节的来水情况计算，各种来水条件下的蓄水计算见表 8.7-17 和表 8.7-18。

表 8.7-17   天然来水下闸蓄水过程

起蓄时间	保证率/%	各月入库流量/(m³/s)	下泄流量/(m³/s)	起蓄水位/m	蓄水时段	蓄水历时/h	水库蓄水水位/m
11月15日	85	1130	断流	601.46	11月15日	28.06	630.00
			0～500	630.00	11月16—18日	63.94	640.00
				640.00	11月19—27日	218.67	660.00
				660.00	11月28—30日	77.39	665.11
		752		665.11	12月1—9日	226.18	670.00
				670.00	12月10—31日	517.92	679.47
	80	1160	断流	601.5	11月15日	27.31	630.00
			0～500	630.00	11月16—18日	60.88	640.00
				640.00	11月19—27日	208.23	660.00
				660.00	11月28—30日	90.89	666.22
		764		666.22	12月1—9日	168	670.00
				670.00	12月10—31日	576	680.94

续表

起蓄时间	保证率/%	各月入库流量/(m³/s)	下泄流量/(m³/s)	起蓄水位/m	蓄水时段	蓄水历时/h	水库蓄水水位/m
4 月 20 日	85	671	500	670.00	4 月 21—30 日	240	671.85
		985		671.85	5 月 1—31 日	744	692.65
		1230		692.65	6 月 1—3 日	62.54	695.00
				695.00	6 月 4—15 日	296.43	705.00
				705.00	6 月 16—30 日	361.03	715.31
		2850		715.31	7 月 1—2 日	52.81	720.00
				720.00	7 月 3—31 日	691.19	763.17
		2820		763.17	8 月 1—2 日	39.1	765.00
	80	467		670.00	4 月 21—30 日	240	670.00
		597		670.00	5 月 1—31 日	744	670.50
		1720		670.50	6 月 1—20 日	424.29	705.00
				705.00	6 月 21—30 日	295.71	717.04
		2790		717.04	7 月 1 日	34.8	720.00
				720.00	7 月 2—31 日	709.2	763.15
		3980		763.15	8 月 1 日	26.16	765.00

由表 8.7-18 可知，考虑 XW 水电站影响后，按 80%的来水保证率计算，NZD 水库从 4 月 20 日下闸封堵 5 号导流隧洞，开始第二阶段蓄水至死水位 765.00m 的时间为 7 月 19 日，蓄水历时约 90d；按 85%保证率计算，蓄水至 765.00m 的时间为 7 月 26 日，历时 97d，均满足电站第一台机组于第 9 年 7 月 31 日投产发电的要求。

表 8.7-18　　　　　　　　　　　　考虑 XW 水电站影响下闸蓄水过程

起蓄时间	保证率/%	各月入库流量/(m³/s)	下泄流量/(m³/s)	起蓄水位/m	蓄水时段	蓄水历时/h	水库蓄水水位/m
11 月 15 日	80	1274	断流	601.46	11 月 15 日	28.06	630.00
			0~500	630.00	11 月 16—18 日	51.53	640.00
				640.00	11 月 19—24 日	176.22	660.00
				660.00	11 月 25—30 日	129.41	670.00
	85	1313	断流	601.50	11 月 15 日	27.31	630.00
			0~500	630.00	11 月 16—18 日	48.95	640.00
				640.00	11 月 19—24 日	167.42	660.00
				660.00	11 月 25—30 日	122.95	670.00
12 月 1 日	80	1165	500	670.00	12 月 1—31 日	744	700.56
		1113		700.56	1 月 1—17 日	390	710.91
	85	1162		670.00	12 月 1—31 日	744	700.45
		1102		700.45	1 月 1—20 日	474.24	712.63

续表

起蓄时间	保证率 /%	各月入库流量 /(m³/s)	下泄流量 /(m³/s)	起蓄水位 /m	蓄水时段	蓄水历时 /h	水库蓄水水位 /m
4月20日	80	991	500	710.91	4月21—30日	240	714.91
		1155		714.91	5月1—10日	233.04	720.00
				720.00	5月11—31日	510.96	729.95
		1452		729.95	6月1—30日	720	747.97
		2226		747.97	7月1—19日	449.52	765.00
	85	1130		712.63	4月21—30日	240	717.83
		1195		717.83	5月1—4日	94.8	720.00
				720.00	5月5—31日	649.2	733.22
		1443		733.22	6月1—30日	720	750.39
		1597		750.39	7月1—26日	625.44	765.00

8.7.5 梯级建设环境下的施工导流系统风险影响实例分析

以白鹤滩水电站为例进行介绍。

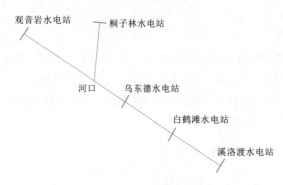

图 8.7-2 梯级建设环境下的白鹤滩
水电站施工导流系统风险组成

8.7.5.1 分析模型

根据地形和梯级情况，白鹤滩水电站所处的施工导流环境较为复杂，按照规划（图8.7-2），上游的乌东德水电站与白鹤滩水电站几乎同时开工；而下游的溪洛渡水电站届时已基本完建，并开始蓄水，其水库上游回水直接影响白鹤滩工程导流系统的泄流能力；并且，金沙江在攀枝花市附近纳入雅砻江，因此，施工洪水主要受到上游支流洪水及相应的最末梯级电站的控泄方式及主要区间洪水的影响。主要相关考虑因素见表8.7-19。

表 8.7-19   白鹤滩施工导流系统主要梯级风险考虑因素及处理模型

序号	项 目	考虑因素与处理模型
1	金沙江中游洪水	考虑观音岩水电站的设计洪水
2	观音岩水电站的调蓄作用	观音岩水电站的控泄规则
3	观音岩坝址至河口段区间洪水	区间长度37.8km，忽略区间洪水影响
4	观音岩坝址至河口段区间河槽调蓄	洪水演进
5	雅砻江洪水	考虑桐子林水电站的设计洪水
6	桐子林水电站的调蓄作用	桐子林水电站的控泄规则
7	观音岩坝址至河口段区间洪水	区间长度15.0km，忽略区间洪水影响

序号	项 目	考虑因素与处理模型
8	观音岩坝址至河口段区间河槽调蓄	洪水演进
9	河口汇流	多支流洪水汇流模型
10	河口至乌东德坝址段区间洪水	计入区间洪水的随机性
11	河口至乌东德坝址段区间河槽调蓄	洪水演进
12	乌东德导流系统调蓄作用	计入乌东德导流系统的蓄、泄因素
13	乌东德坝址至白鹤滩坝址段区间洪水	计入区间洪水的随机性
14	乌东德坝址至白鹤滩坝址段区间河槽调蓄	洪水演进
15	溪洛渡水库回水	计入溪洛渡水库回水对泄流能力的影响
16	白鹤滩导流系统调蓄作用	计入白鹤滩导流系统的蓄、泄因素

8.7.5.2 相关参数

1. 上游观音岩工程导流系统相关参数

（1）观音岩坝址处设计洪水参数。根据水文观测资料，观音岩坝址处设计洪水统计参数如下：

$$\mu_Q = 7130 \text{m}^3/\text{s}, \quad C_v = 0.31, \quad C_s/C_v = 4.0$$

观音岩水电站坝址处各频率设计洪水成果见表 8.7 - 20。

表 8.7 - 20　　　　　　　　　观音岩水电站坝址各频率设计洪水成果

项目	不同频率 P 的设计洪水成果											
	0.01%	0.02%	0.1%	0.2%	0.5%	1%	2%	3.33%	5%	10%	20%	50%
$Q_m/(\text{m}^3/\text{s})$	21600	20500	18000	16900	15400	14200	13000	12100	11400	10100	8780	6710
$W_3/\text{亿 m}^3$	52.8	50.1	43.9	41.2	37.5	34.7	31.8	29.7	27.9	24.8	21.5	16.4
$W_7/\text{亿 m}^3$	115	109	95.4	89.5	81.5	75.4	69.1	64.4	60.6	53.9	46.7	35.6
$W_{15}/\text{亿 m}^3$	224	213	186	175	159	147	135	126	118	105	91.2	69.5
$W_{30}/\text{亿 m}^3$	392	372	326	306	279	257	236	220	207	184	160	122

（2）观音岩坝址处典型洪水过程。观音岩坝址处典型洪水过程如图 8.7 - 3 所示。

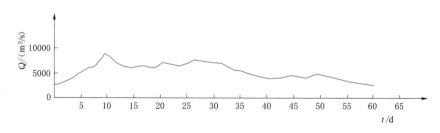

图 8.7 - 3　观音岩坝址处典型洪水过程

2. 上游桐子林工程导流系统相关参数

（1）桐子林坝址处典型洪水过程（图 8.7 - 4）。

（2）桐子林坝址处设计洪水参数。表 8.7 - 21 为桐子林水电站设计洪水计算成果表。

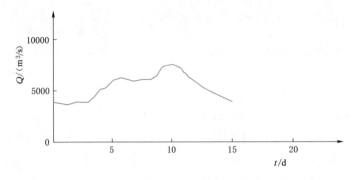

图 8.7-4 桐子林坝址处典型洪水过程曲线

表 8.7-21 桐子林水电站设计洪水计算成果表

均值	C_v	C_v/C_s	$Q_p/(\mathrm{m^3/s})$		
			0.1%	0.2%	1%
8700	0.34	4	23600	22100	18300

(3) 桐子林坝址处设计洪水统计参数。

$$\mu_Q = 8700\mathrm{m^3/s}, \quad C_v = 0.34, \quad C_s/C_v = 4.0$$

(4) 桐子林至河口区间河槽水力参数。桐子林至河口区间河槽长度 15.0km,河段平均比降 2.32‰。

3. 金沙江与雅砻江河口汇流

(1) 汇流模型。河槽应用马斯京根法演进计算,在河口处流量叠加。

(2) 洪水汇流参数。根据水文统计资料,认为两个流域的洪峰时间间距(h)符合均匀分布:

$$U_{\min} = -720, \quad U_{\max} = 720$$

4. 河口至乌东德河段的影响

(1) 河槽调蓄作用。河口至乌东德区间河槽长度为 213.9km,河段平均比降为 0.93‰。乌东德河段河槽洪水演进历时与稳定流流量的关系见表 8.7-22。

表 8.7-22 乌东德河段河槽洪水演进历时与稳定流流量的关系

流量/(m³/s)	演进历时/h	流量/(m³/s)	演进历时/h
1000	19.1	8000	11.1
1200	18.2	10000	10.5
1500	17.2	20000	8.8
2000	15.9	30000	7.9
3000	14.3	40000	7.3
4000	13.3	50000	6.9
6000	12.0		

（2）区间洪水。

1）洪水统计参数：

$$\mu_Q = 1500\,\mathrm{m^3/s}, \quad C_v = 0.29, \quad C_s/C_v = 4.0$$

2）区间典型洪水过程，见图 8.7-5。

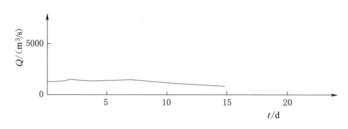

图 8.7-5 河口至乌东德河段典型洪水过程

5. 乌东德工程施工导流系统的影响

乌东德工程上游围堰堰前库容为 2 亿～3 亿 $\mathrm{m^3}$，其调蓄作用不容忽视。乌东德坝址处水位库容关系见表 8.7-23。乌东德水电站初期导流系统泄流能力见表 8.7-24。

表 8.7-23 乌东德坝址处水位库容关系

水位/m	库容/亿 $\mathrm{m^3}$	水位/m	库容/亿 $\mathrm{m^3}$
810.00	0	900.00	6.691
813.00	0.007	910.00	9.577
816.00	0.018	920.00	13.357
820.00	0.028	930.00	18.359
830.00	0.173	940.00	24.744
840.00	0.423	950.00	32.476
850.00	0.790	960.00	41.680
860.00	1.303	970.00	52.511
870.00	2.026	980.00	65.208
880.00	3.028	990.00	80.012
890.00	4.517	1000.00	97.011

表 8.7-24 乌东德水电站初期导流系统泄流能力

水位/m	流量/$\mathrm{(m^3/s)}$	水位/m	流量/$\mathrm{(m^3/s)}$	水位/m	流量/$\mathrm{(m^3/s)}$
815.00	0	820.00	1736	855.00	20784
815.05	1	825.00	3158	860.00	23087
815.10	10	830.00	7617	865.00	25000
815.50	100	835.00	11529	870.00	26979
816.00	300	840.00	13866	875.00	28777
818.00	1000	845.00	15694	880.00	30588
819.00	1300	850.00	18476	885.00	32241

水位/m	流量/(m³/s)	水位/m	流量/(m³/s)	水位/m	流量/(m³/s)
890.00	33835	910.00	39703	930.00	59000
895.00	35359	915.00	45607	935.00	63000
900.00	36851	920.00	50000		
905.00	38379	925.00	54000		

6. 白鹤滩水电站河段的影响

（1）乌东德至白鹤滩河槽调蓄作用。乌东德至白鹤滩区间河槽长度为182.5km，河段平均比降为0.93‰。白鹤滩河段河槽洪水演进历时与稳定流流量的关系见表8.7-25。

表 8.7-25　　　　　　　白鹤滩河段河槽洪水演进历时与稳定流流量的关系

流量/(m³/s)	演进历时/h	流量/(m³/s)	演进历时/h
1000	16.3	8000	9.7
1200	15.6	10000	9.2
1500	14.8	20000	7.7
2000	13.7	30000	7.0
3000	12.4	40000	6.5
4000	11.6	50000	6.1
6000	10.4		

（2）区间洪水。

1）统计参数：

$$\mu_Q = 1150 \text{m}^3/\text{s}, \quad C_v = 0.29, \quad C_s/C_v = 4.0$$

2）间典型洪水过程，见图8.7-6。

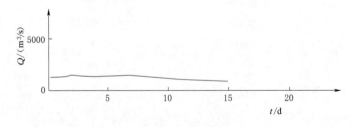

图 8.7-6　白鹤滩水电站河段典型洪水过程

7. 白鹤滩工程施工导流系统的影响

白鹤滩工程上游围堰堰前库容为2亿～3亿 m³，其调蓄作用不容忽视。白鹤滩坝址处水位库容关系见表8.7-26。

8. 下游溪洛渡水库回水的影响

白鹤滩施工导流在下游梯级溪洛渡的库区尾部进行，因此，泄流建筑物的泄流能力受到下游水库回水的顶托作用，计入回水影响的白鹤滩初期导流泄流能力见表8.7-27。

表 8.7 - 26　　　　　　　　　　　　白鹤滩坝址处水位库容关系

水位 /m	库容 /亿 m³	水位 /m	库容 /亿 m³	水位 /m	库容 /亿 m³
590	0.00	680	10.61	770	92.48
600	0.01	690	15.35	780	107.13
610	0.08	700	21.05	790	123.01
620	0.28	710	27.91	800	140.35
630	0.72	720	35.85	810	159.08
640	1.45	730	44.93	820	179.24
650	2.58	740	55.14	830	200.88
660	4.30	750	66.48	840	223.92
670	6.87	760	78.92	850	248.25

表 8.7 - 27　　　　　　白鹤滩水电站初期导流泄流能力（考虑溪洛渡回水影响）

水位 /m	流量 /(m³/s)	水位 /m	流量 /(m³/s)	水位 /m	流量 /(m³/s)
585.00	0	612.95	10000	661.39	30000
585.10	1	619.02	13000	667.46	32000
585.20	10	625.29	16000	677.13	35000
586.00	100	629.56	18000	687.00	37500
588.00	1000	633.68	20000	700.00	40000
600.77	2000	638.61	22000	760.00	50000
602.62	4000	646.59	25000		
609.09	8000	655.24	28000		

8.7.5.3　白鹤滩导流系统风险

1. 梯级施工洪水参数与白鹤滩设计洪水参数比较

我国水电工程设计洪水一般根据水文实测资料推求洪水参数和洪水过程，但是由于近年水电建设发展速度较快，实测资料系列较短，难以计入近年来工程建设后对河流水文特性的影响。因此，采用梯级建设环境下的白鹤滩施工导流系统风险模型，将天然情况下的各站设计洪水参数作为模型参数，使用洪水组成方法随机模拟施工洪水，并与白鹤滩设计洪水参数比较，率定模型参数。

梯级建设环境下的白鹤滩施工导流系统风险模型施工洪水模拟数据和白鹤滩梯级施工洪水设计频率参数见表 8.7 - 28。

2. 白鹤滩初期导流设计参数梯级当量风险

根据水电梯级建设施工导流风险模型的评估成果，白鹤滩初期导流设计参数当量风险见表 8.7 - 29。

根据上述计算分析成果可知，在梯级建设环境下，白鹤滩工程初期导流标准均有一定的安全裕度。30 年一遇导流标准梯级当量重现期为 39.1 年，50 年一遇导流标准梯级当量重现期为 61.8 年。

表 8.7 - 28　　　　　　白鹤滩水电站施工洪水设计频率参数比较

条件	洪峰统计参数			洪水设计频率								
	均值	C_v	C_s/C_v	0.01%	0.1%	0.2%	0.5%	1.0%	2.0%	3.33%	5.0%	10%
白鹤滩设计	16300	0.29	4	46100	38800	36500	33400	31300	28700	26800	25300	22700
梯级导流模拟	—	—	—	49540	40510	37780	34170	31410	28610	26920	24860	21890
相对差	—	—	—	−7.46%	−4.41%	−3.51%	−2.31%	−0.35%	0.31%	−0.45%	1.74%	3.57%

表 8.7 - 29　　　　　白鹤滩水电站初期导流设计参数梯级当量风险

设计标准	对应上游水位/m	设计堰前水位/m	对应重现期/年	设计堰高/m	对应重现期/年	泄流建筑物
30 年一遇	650.2	650.64	30.8	653.00	39.1	1 号~5 号导流隧洞
50 年一遇	655.6	655.44	48.9	658.00	61.8	

　　白鹤滩梯级导流风险与白鹤滩上游梯级乌东德及下游梯级溪洛渡的导流方案、建设进度等关系密切，并受到雅砻江与金沙江上游梯级多个电站控泄方式的影响，应根据白鹤滩工程导流的具体情况实时调整。

8.7.6　梯级电站围堰溃决影响分析案例

8.7.6.1　白鹤滩工程大坝上游围堰溃堰洪水演进分析

　　大坝上游围堰溃堰洪水过程按正常挡水位渐溃（如因地质灾害）和超标洪水条件下漫顶渐溃两种工况进行分析。

　　1. 天然情况下溃堰洪水演进

　　经溃堰洪水演进分析计算，天然条件下，30 年一遇围堰正常挡水位渐溃洪水演进至溪洛渡坝址的最高水位为 381.24m；30 年一遇围堰漫顶渐溃洪水演进至溪洛渡坝址的最高水位为 381.71m。围堰漫顶渐溃有关成果见图 8.7 - 7~图 8.7 - 9。

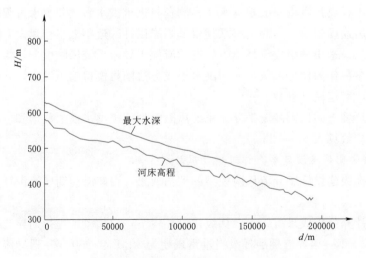

图 8.7 - 7　30 年一遇围堰漫顶渐溃洪水各断面最高水位

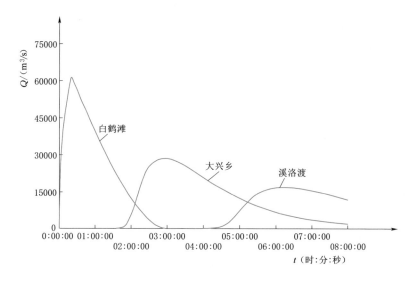

图8.7-8 30年一遇围堰漫顶渐溃洪水主要特征断面流量过程线

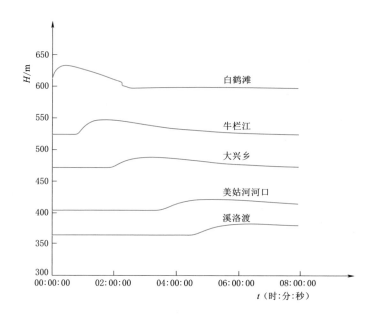

图8.7-9 30年一遇围堰漫顶渐溃洪水主要特征断面水位过程线

2. 考虑溪洛渡水库回水影响情况下溃堰洪水演进成果

考虑溪洛渡水库蓄水至高程600.00m及水库回水影响条件下，30年一遇围堰正常挡水位渐溃洪水演进至溪洛渡大坝的最高水位为600.56m；30年一遇围堰漫顶渐溃洪水演进至溪洛渡大坝的最高水位为600.58m。考虑溪洛渡水库回水影响情况下白鹤滩溃堰洪水演进成果见表8.7-30和图8.7-10、图8.7-11。

表 8.7-30 白鹤滩溃堰洪水演进参数

计 算 方 案	最高水位/m			相应设计标准河道洪水位上升/m		
	白鹤滩	大兴乡	溪洛渡	白鹤滩	大兴乡	溪洛渡
30 年一遇围堰正常挡水位渐溃	635.32	604.37	600.56	13.91	2.16	0.56
30 年一遇围堰漫顶渐溃	635.75	604.47	600.58	14.34	2.26	0.58
计 算 方 案	断面水位到达最高水位历时（时：分：秒）			洪水到达各断面的历时（时：分：秒）		
	白鹤滩	大兴乡	溪洛渡	白鹤滩	大兴乡	溪洛渡
30 年一遇围堰正常挡水位渐溃	00：20：24	01：20：24	02：21：35	00：00：00	00：57：20	01：45：01
30 年一遇围堰漫顶渐溃	00：19：11	01：19：12	02：22：48	00：00：00	00：56：39	01：42：06

注 30 年一遇围堰堰顶高程为 650.60m；30 年一遇洪水最大流量为 26800m³/s，最大下泄流量为 26436.7m³/s，相应的下游水位为 621.41m。

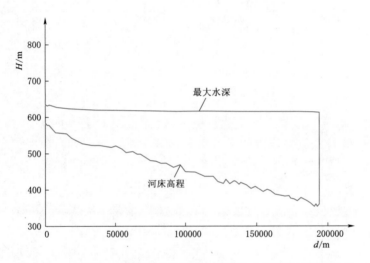

图 8.7-10 30 年一遇围堰正常挡水位渐溃洪水各断面最高水位图

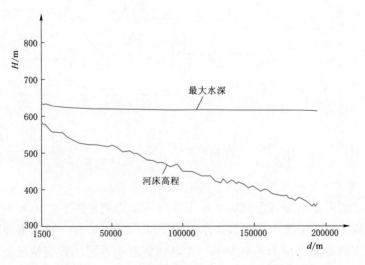

图 8.7-11 30 年一遇围堰漫顶渐溃洪水各断面最高水位图

经过调洪演算和溃堰洪水演进计算，得到白鹤滩水电站主要标准的围堰下溃堰对于下游白鹤滩至溪洛渡区间的影响。总体而言，天然条件下，白鹤滩围堰溃堰洪水演进至溪洛渡坝址处最大水深为 22m 左右；溪洛渡水电站建成后，由于溪洛渡水库河段的槽蓄作用显著加强，白鹤滩围堰溃堰洪水演进至溪洛渡大坝水库水位仅上升 0.5m 左右。

8.7.6.2　锦屏一级工程大坝上游围堰溃决影响分析

1. 对下游在建电站的影响

经计算，围堰在 1.5h 内逐渐溃决后，锦屏一级工程溃口处最大洪峰流量为 38700m³/s。由于锦屏二级闸址距锦屏一级坝址太近，锦屏一级工程溃堰洪水发生后仅约 9min 洪峰流量即可到达锦屏二级闸址，锦屏二级闸址处的最大溃堰洪水流量为 36900m³/s，最高溃堰洪水位大致为 1657.6m。锦屏一级水电站发生溃堰洪水后 4.4h，溃堰洪水达到距坝约 127km 的锦屏二级水电站厂址，溃堰洪水到达锦屏二级工程时的最大溃堰洪水流量衰减为 28800m³/s，最高溃堰洪水位大致为 1359.5m。

当锦屏一级工程发生溃堰时，官地水库堰前水位为其 20 年一遇洪水的防洪水位 1247.93m，随后，官地入库洪水受上游锦屏一级工程溃堰洪水波的影响逐渐增大，堰前水位迅速上升，锦屏一级工程溃堰约 0.9h 后，官地水库堰前水位达到 1250.50m，官地水库围堰开始溃决，受入库洪水的影响，堰前水位仍在继续上升，锦屏一级工程溃堰约 1.5h 后，官地水库堰前水位达到最高值 1252.20m，锦屏一级工程溃堰后 2.15h，官地工程溃堰洪水达到最大值 29400m³/s，随后流量逐渐衰减至 15500m³/s 左右，但随着锦屏一级工程溃堰洪水的到来，官地坝址处的溃堰洪水又重新增大，5.6h 后，锦屏一级工程的溃堰洪峰流量 27200m³/s 到达官地水电站坝址。锦屏一级水电站发生围堰漫顶溃决后，不可避免引起下游官地水电站施工围堰的连溃。

2. 对下游已建电站的影响

无论是官地水电站的溃堰洪峰流量（受锦屏一级工程溃堰影响）29400m³/s，还是随后到达官地坝址的锦屏一级溃堰洪峰流量 27200m³/s，均已大于二滩水电站 5000 年一遇的校核洪水流量 23900m³/s，为此，二滩水库应进行紧急防洪调度。

根据官地坝址处的溃堰洪水流量过程，锦屏一级工程溃堰后 6.9h，二滩水库入库流量衰减至 22500m³/s，6.9h 内，锦屏一级及官地水电站溃堰洪水的入库洪量为 4.72 亿 m³。初步分析，锦屏一级工程溃堰后 6.9h 内的入库洪量 4.72 亿 m³ 小于二滩水库正常蓄水位 1200m 至坝顶高程 1205m 之间的库容 5.5 亿 m³，由于二滩水库正常蓄水位 1200m 时的所有泄洪设施的泄洪流量为 22500m³/s，当入库洪峰流量小于 22500m³/s 时，二滩水库的坝前水位便基本不会升高。

第 9 章

抽水蓄能电站施工导流

9.1 概述

抽水蓄能电站上水库地势较高，一般在山顶的沟源洼地，大多天然径流量较小，下水库一般修建在小溪沟或小河上，也有一些工程利用已建好的水库或对原有水库进行改建作为其下水库。一般来说，抽水蓄能电站的上、下水库集水面积较小，一般无实测洪水资料，施工期间的来流主要是小流域的雨洪，具有汇流迅速、洪水陡涨陡落、洪峰流量时间短、洪量不大等特点。抽水蓄能电站的导流截流工程相对较简单、规模较小，部分建筑物水流控制具有场地防洪、排洪的特点，但涉及需进行水流控制的建筑物较多，没有一个合理的水流控制设计将对工程施工造成一定的影响，或造成不必要的浪费。在进行施工导流设计前，应全面收集、熟悉设计所需的基本资料，其内容包括水文、气象、地形、地质、水工枢纽布置等。

抽水蓄能电站导流截流工程的主要内容为施工导流标准、施工导流（排水）方式与布置、施工期度汛、初期蓄水等。

抽水蓄能电站施工导流（排水）方式应根据工程区的地形地质条件、水文条件，并结合枢纽布置进行综合分析，统筹考虑挡水坝、进/出水口及库盆处理施工期的进度要求，尽量利用、结合永久排水通道（如上水库库底排水系统通道、永久放空洞等），选择合理的施工导流（排水）方式。目前已建、在建和已完成可行性研究设计的工程，常采用的主要施工导流（排水）方式有：库底（坝底）排水通道排水方式；利用永久放空洞（泄水通道）导流方式；机械抽排导流方式；坝下预埋涵洞（管）导流方式；隧洞导流方式等。

9.2 上、下水库施工导流标准

上、下水库需进行水流控制的主要建筑物有：上、下水库挡水坝（包括副坝），上、下水库进/出水口，库盆处理等。

抽水蓄能电站导流建筑物级别划分和设计标准应按《水电工程施工组织设计规范》（NB/T 10491—2021）的规定，并结合下游河道的防洪标准及风险度综合分析，使所选取的标准既要安全可靠，又要经济合理。开挖围成的上、下水库，集水面积较小，一般在 $1km^2$ 左右，其施工期间的来流主要是小流域雨洪，施工导流设计洪水标准确定应与水文气象条件及集水面积结合考虑。目前我国已建、在建的抽水蓄能电站，施工导流设计标准一般采用全年 $10\sim20$ 年一遇洪水流量设计，对于集水面积在 $0.5km^2$ 以下的，可考虑采用 24h 洪量设计。宜兴、张河湾的上水库及西龙池的上、下水库流域面积较小，施工期导流采用洪水重现期 20 年的 24h 洪量设计。蒲石河抽水蓄能电站上水库施工期导流采用洪水重现期 5 年的 3d 洪量设计。我国部分抽水蓄能电站上、下水库集水面积见表 9.2－1。

表 9.2－1　　　　　　　　　　我国部分抽水蓄能电站上、下水库集水面积

序号	工程名称	水库	集水面积/km²	备　　注
1	十三陵抽水蓄能电站	上水库	0.163	
2	天荒坪抽水蓄能电站	上水库	0.327	
3	宜兴抽水蓄能电站	上水库	0.21	
		下水库	1.87	下水库为原有水库
4	张河湾抽水蓄能电站	上水库	0.369	下水库为原有水库
5	西龙池抽水蓄能电站	上水库	0.232	
		下水库	0.15	库盆面积
6	泰安抽水蓄能电站	上水库	1.43	
7	琅琊山抽水蓄能电站	上水库	1.97	
8	蒲石河抽水蓄能电站	上水库	1.12	
9	宝泉抽水蓄能电站	上水库	1.1	主副坝之间，下水库为原有水库
10	仙居抽水蓄能电站	上水库	1.21	下水库为原有水库
11	仙游抽水蓄能电站	上水库	4.0	
		下水库	17.4	
12	宁海抽水蓄能电站	上水库	1.2	
		下水库	6.22	
13	金寨抽水蓄能电站	上水库	3.72	
		下水库	7.96	
14	绩溪抽水蓄能电站	上水库	1.8	
		下水库	7.8	
15	衢江抽水蓄能电站	上水库	0.98	
		下水库	6.53	
16	洪屏抽水蓄能电站	上水库	6.67	
		下水库	420	
17	周宁抽水蓄能电站	上水库	1.56	
		下水库	151	
18	响水涧抽水蓄能电站	上水库	1.12	
19	长龙山抽水蓄能电站	上水库	0.405	

　　对于利用原有水库大坝加高或改建作为抽水蓄能电站的上水库或下水库，加高或改建后大坝建筑物级别往往比原水库大坝级别要高，应按加高或改建后的大坝建筑物级别确定导流建筑物的级别，如宜兴抽水蓄能电站下水库、张河湾抽水蓄能电站下水库、宝泉抽水蓄能电站下水库、仙居抽水蓄能电站下水库、泰安抽水蓄能电站下水库等。

9.3　施工导流（排水）方式与布置

9.3.1　库底（坝底）排水通道排水导流方式

库底（坝底）排水通道排水导流方式一般用于库盆大开挖且库底（坝底）设有永久排水通道系统，库区集水面积及洪量较小的水库。由于库区集水面积小，洪量不大可利用库底（坝底）的排水通道作为施工期排水通道，其布置一般采用竖井接排水通道或预留排水通道上部缺口的方式进行排水，在完成库盆所有工作后，进行上水库蓄水前，再封堵上述排水通道口。由于该导流方式不需要另设专门的导流泄水建筑物，有适用条件的应优先采用，我国已建和在建的一些抽水蓄能电站的上水库采用了此种导流方式，如天荒坪、宜兴、宝泉、张河湾、沂蒙及句容等抽水蓄能电站。句容抽水蓄能电站利用其库底布置的排水明渠，把库盆雨水排至库岸底部的排水廊道，再经库底排水观测洞或通风交通洞（兼施工交通洞）排出库位。

9.3.2　利用永久放空洞（泄水通道）导流方式

利用永久放空洞（泄水通道）导流方式一般用于水库设有永久放空洞（泄水通道），其集水面积及洪量相对较小的水库。永久放空洞（泄水通道）一般布置的高程较低。采用先建作为施工期导流通道。我国采用这种导流方式的抽水蓄能电站有宜兴、响水洞、西龙池等。如宜兴抽水蓄能电站下水库，集水面积为 $1.87km^2$，采用了永久泄水管的导流方式；响水洞抽水蓄能电站上水库，集水面积为 $1.12km^2$，利用先期坝下修建的永久放空排水管进行导流；琅琊山抽水蓄能电站上水库，集水面积为 $1.97km^2$，采用涵洞导流方式，涵洞与永久放空洞结合，涵洞设在左岸靠近沟底部位的坝体（钢筋混凝土面板堆石坝）下，采用城门洞形，断面尺寸为 $1.6m×1.8m$。

9.3.3　机械抽排水导流方式

机械抽排水导流方式适用于集水面积及洪量较小的水库，其径流主要为雨洪，24h 洪量小，水库无可利用的其他排水通道（如库底无排水廊道）。经分析，采用水泵抽排可满足工程施工及度汛要求的封闭库盆，但由于小流域雨洪经历时间短，机械抽排方式大都是先用围堰拦蓄雨洪在库内，再经过人工机械抽排出库外。

西龙池抽水蓄能电站下水库，库盆面积为 $0.15km^2$，前期的施工期导流采用了机械抽排方式，后期利用放空洞导流。长龙山抽水蓄能电站上水库，库盆面积为 $0.405km^2$，全年 10 年一遇洪水流量为 $5.88m^3/s$，24h 洪量为 14.2 万 m^3。鉴于上水库流域面积较小，但库盆清理及岸坡开挖工程量较大，加之上水库库底进行土石弃渣填筑，如采用其他导流方式，施工期排洪洞的进口布置较困难，库内洪水泄流时对排水洞洞口影响较大，安全性较差，同时下泄的洪水较浑浊，对河道环境影响较大，因此上水库的排水方式选用抽排方案。

9.3.4　涵洞（管）导流方式

涵洞（管）导流方式适用于集水面积及洪量相对较小、无可利用的其他排水通道（如无库底排水廊道），机械抽排方式又不能满足工程施工和度汛要求，且抽排导流费用较高的情形。在建的福建永泰抽水蓄能电站，上水库区为一个形状不规则的盆地，集水面积为 $1.10 km^2$。全年 10 年一遇洪水设计流量为 $20.3 m^3/s$，24h 洪量为 27.3 万 m^3，若采用机械抽排的方式，不仅需修建较高的围堰，而且需要配置 5 台型号为 600S47 单级双吸离心式水泵（扬程为 47m，单机功率 560kW，流量 $3170 m^3/h$），且抽排费用较高。经比较在沿主坝底部预埋了 2 根 $DN300$ 管径的钢管进行导流，导流完成后改装 1 根钢管作为生态流量泄放管，另 1 根钢管进行永久封堵，预埋钢管全长约 400m。

9.3.5　隧洞导流方式

对于汇流面积及洪量相对较大，有适合的地形布置导流隧洞，其他导流方式已不太适用时，可采用隧洞导流方式。一般抽水蓄能电站的洪量较小，结合隧洞开挖经济尺寸，并考虑与永久放空洞相结合的条件，当隧洞导流时一般采用全年导流方案，对于没有条件围入基坑内施工的进/出水口，围堰堰顶高程不宜超过进/出水口平台高程，这样位于水库内的进/出水口可在不需要另修围堰下全年施工。另外，对于坡降较陡、水流急、泥沙含量高的河道，在隧洞设计中需考虑施工期上游石渣冲入洞内造成破坏的措施。

天荒坪抽水蓄能电站下水库位于大溪村至潘村间的山河港峡谷中，坝址以上集水面积为 $24.2 km^2$，采用隧洞导流方式，导流隧洞全长 449.49m，隧洞设计底坡 4.22%，断面采用 5m×5.6m 城门洞形，全洞均采用了钢筋混凝土衬砌，后期改建为放空洞。隧洞经汛后检查，发现导流隧洞大部分底板表面约 5cm 被冲掉，被冲表面较平整（局部有小冲坑），底板钢筋被拉出，但边墙完好，分析破坏主要由两方面原因造成：一方面因为混凝土浇筑时水灰比偏大（一般达 0.55 以上，规范值有抗冲要求的水灰比不大于 0.5），且振捣后表面层骨料偏少，大部分为水泥浆层，降低了抗冲能力；另一方面由于其河道坡降大，水流急，洪水期水中含有大量泥沙，且导流隧洞进口上游堆有大量开挖的石渣，在洪水期内冲入洞内，造成底板破坏。

我国已建、在建的抽水蓄能电站，采用隧洞导流的工程最多，我国部分抽水蓄能电站上、下水库导流方式见表 9.3-1。

表 9.3-1　　　　　　我国部分抽水蓄能电站上、下水库导流方式

序号	工程名称	水库	导　流　方　式
1	天荒坪抽水蓄能电站	上水库	前期库盆开挖填筑期间采用人工抽排，后期库盆沥青面板施工采用库底排水廊道排水
		下水库	采用隧洞导流，后期改建为永久放空洞
2	宜兴抽水蓄能电站	上水库	前期库盆开挖期间采用原冲沟排洪，后期大坝填筑至库底高程以上后，采用库底排水廊道排水
		下水库	采用坝下永久泄水通道导流

续表

序号	工程名称	水库	导 流 方 式
3	泰安抽水蓄能电站	上水库	采用隧洞导流
		下水库	原大坝溢洪道改建，在枯水期进行，预先降低库水位，再利用原放水洞进行泄流的方式导流；下水库进/出水口采用库内修筑全年围堰的方式施工
4	宝泉抽水蓄能电站	上水库	库内前期采用人工抽排，后期库盆沥青面板施工采用库底排水廊道排水
		下水库	采用枯水期降低库水位的方式进行导流
5	张河湾抽水蓄能电站	上水库	库底排水通道排水方式
6	仙居抽水蓄能电站	上水库	采用隧洞导流
		下水库	下水库进/出水口采用库内修筑全年围堰的方式施工
7	仙游抽水蓄能电站	上水库	采用隧洞接坝后浇筑箱涵的导流方式
		下水库	采用隧洞导流，永久放水洞结合
8	宁海抽水蓄能电站	上水库	采用隧洞导流
		下水库	采用隧洞导流，并与永久泄放洞结合
9	金寨抽水蓄能电站	上水库	采用隧洞导流
		下水库	采用隧洞导流，并与永久泄放洞结合
10	绩溪抽水蓄能电站	上水库	采用隧洞导流
		下水库	采用隧洞导流，并与永久泄放洞结合
11	衢江抽水蓄能电站	上水库	采用隧洞导流
		下水库	采用隧洞导流，并与永久泄放洞结合
12	洪屏抽水蓄能电站	上水库	采用隧洞导流
		下水库	采用隧洞导流
13	周宁抽水蓄能电站	上水库	采用隧洞导流
		下水库	采用隧洞导流
14	响水涧抽水蓄能电站	上水库	采用坝下浇筑箱涵的导流方式，与永久放空洞结合
		下水库	库内采用人工抽排，库外加高河网堤坝，通过泵站抽排的方式
15	长龙山抽水蓄能电站	上水库	采用人工抽排
		下水库	采用隧洞导流，并与永久泄放洞结合

9.3.6 利用或改建水库施工导流

有一些抽水蓄能电站的水库是利用已建水库或对已建水库进行改建而成，也存在施工导流问题，主要为进/出水口的导流及水库改建的导流。

1. 进/出水口施工导流

利用已建水库修建进/出水口的施工导流，一般采取降低库水位再修建围堰或降低库水位干地施工方案，如十三陵抽水蓄能电站下水库、桐柏抽水蓄能电站上水库、泰安抽水蓄能电站下水库、仙居抽水蓄能电站下水库的进/出水口，采取了先降低库水位到一定高程再修建全年围堰的施工方案，围堰均采用了土石围堰结构型式。宝泉抽水蓄能电站下水库进/出水口采取降低库水位并在枯水期干地施工方案。也有些工程受地形及其他条件的限制，采用水下岩塞爆破方案，如响洪甸抽水蓄能电站下水库进/出水口，岩塞底洞径为9.0m，爆破水深约 26m。正在进行可行性研究设计的泰顺抽水蓄能电站，下水库进/出水口位于已建的珊溪水库内，该处范围内地形较陡，地面坡度在 40°~45°，无法布置围堰方案，而采用降低库水位干地施工又不现实，因此采用水下岩塞爆破方案。

泰安抽水蓄能电站下水库进/出水口位于原大河水库内，毗邻京沪铁路，其进/出水口底高程为 135.904m，为确保进/出水口及部分尾水渠在干地施工，采用尾水渠预留岩坎加围堰的施工方式。围堰挡水标准为全年 20 年一遇，围堰后期度汛标准为全年 100 年一遇洪水，流量为 1490m³/s。

泰安抽水蓄能电站下水库进/出水口围堰布置在距进/出水口下游水库内的一小山包部位，利用小山包外坡脚作为围堰的一部分。后期水下挖除预留部分小山包及围堰。该围堰最大堰高约 11.5m，围堰总长约 685m，堰顶宽 8m；迎水坡、背水坡坡比均为 1：1.5。堰体迎水面设有石渣保护层。堰体 163.00m 以上采用土工膜防渗，堰体 163.00m 以下及堰基覆盖层采用高压喷射灌浆防渗，其围堰典型断面如图 9.3-1 所示。

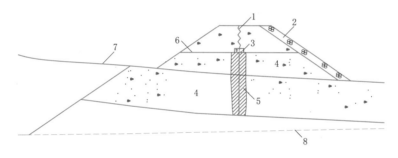

图 9.3-1　泰安抽水蓄能电站下水库进/出水口围堰典型断面图
1—土工膜防渗心墙；2—石渣护坡；3—混凝土底座；4—砂砾石；5—高压喷射灌浆；
6—灌浆平台；7—原地面线；8—进/出水口地板设计开挖线

2. 大坝改建施工导流

大坝改建工程的施工，应根据大坝枢纽布置结合水文、工程特点，尽量利用原有的永久泄流通道，选择合理的导流方案。

宝泉抽水蓄能电站下水库大坝工程，利用原宝泉水库改扩建后作为下水库，原大坝为浆砌石重力坝，最大坝高 91.1m，坝顶总长 411.0m，坝址控制流域面积 538.4km²，总库容 4458.0 万 m³；大坝分左、右岸挡水坝段和中间溢流坝段，挡水坝段坝顶高程为252.1m，溢流坝段长 109m，溢流堰顶高程为 244.0m。为满足下游农业灌溉用水，左岸挡水坝段布置有一、二级灌溉洞，一级灌溉洞径为 1.4m，底高程为 190.0m；二级灌溉洞径为 1.8m，底高程为 221.0m。

改建采用将原大坝加高的方案，大坝加高后维持原总体布置不变，坝顶设计高程为268.5m，相应加高 16.4m，溢流坝设计堰顶高程为 257.5m，相应加高 13.5m。大坝加高均采取从坝后改建加高的方式，同时为确保大坝防渗要求，在原大坝的迎水面采用现浇钢筋混凝土面板进行坝体防渗。坝体改建施工分为两期：第一期为高程 244.0m 以下坝体砌筑和坝体上游面混凝土面板浇筑；第二期为高程 244.0m 以上部分坝体浆砌块石砌筑和坝体上游面混凝土面板、溢流坝段溢流面混凝土浇筑施工。二期坝体施工期导流问题较容易解决，采用了利用灌溉洞泄放控制库水位施工方案。一期坝体上游面混凝土面板位于水下，为确保混凝土浇筑质量，需要在干地施工，为此其施工导流方式进行了机械抽排、打开原导流底孔导流及新建导流隧洞导流三个方案的比较。导流隧洞方案考虑到进口需进行岩塞爆破，其风险较大，且投资大；打开原导流底孔方案，考虑到水库的多年运行，其导流隧洞门前淤积严重，现状情况比较复杂，存在原导流隧洞闸门打开困难、打开不成功等诸多风险，同时该方案还有大量水下作业工程（清淤、打开导流底孔闸门等），工程费用亦较高。而机械抽排没有上述方案缺点，虽存在抽排水量较大的缺点，但可通过优化工期，错开来流量较大的 10 月，解决抽排水量较大、机械设备数量多的问题。经方案技术及经济比较，最终采用了机械抽排方案，其施工导流程序为：在 10 月初打开灌溉洞放水至高程 190.75m，10 月下旬开始抽水，11 月中旬抽空水库，即可进行基坑开挖，进行坝前面板混凝土浇筑，并在一个枯水期完成一期坝体上游面混凝土面板，即从高程 174.00m 浇至高程 191.55m。

泰安抽水蓄能电站利用已建的大河水库作为其下水库，但需要对现有拦河坝（主、副坝）、溢洪道和放水洞进行加固和改建。原主坝为均质土坝，坝顶总长 460m，坝顶高程 168.4m，最大坝高 22.0m，坝顶宽 5.0m，上游坝坡 1∶3，下游坝坡 1∶2.75。副坝也为均质土坝，顶长 313.0m，坝顶高程 168.4m，最大坝高 7.3m，坝顶宽 5.0m。上、下游坝坡均为 1∶2.0。

原溢洪道位于主坝西端，为一正槽溢洪道，呈折线型布置，由宽顶堰、实用堰组成。其中宽顶堰溢流前缘长 87m，堰顶高程 164.0m；实用堰设有 20 孔，1m×2.0m 叠梁闸门，堰顶高程 163.0m。堰下游设长 14.50m、深 1m、宽 87m 的消力池。堰后 50m 处设有一防汛交通桥。

原放水洞布置在主坝右端，为一无压浆砌石半圆拱涵，进口底高程为 152.84m，净宽 1.4m，墩高 1.2m，矢高 0.7m。闸门井内布置 1.2m×1.2m 平面铸铁闸门。

大坝加固采用坝顶加宽、坝前抛石护坡及下游坡放缓的加固措施，改建后的坝顶宽度为 10m，并增设混凝土防渗墙。大坝加固施工结合溢洪道改建，在枯水期降低大河水库运行水位，再进行坝前抛石护坡处理。

新建溢洪道布置在原溢洪道位置，由引水渠、闸室、泄槽、消力池和尾水渠五部分组成，总长 484.13m，需要对原溢洪道全面拆除再进行改建。大河水库属多年调节水库，是以灌溉为主，兼顾防洪、供水、养殖等综合利用的中型水库，因此溢洪道施工期间不能采用放空水库的施工方案，只能降低水位进行施工，根据流域水文资料采用了枯水期降低大河水库水位至 160.0m，汛期溢洪道缺口过流的导流方式。具体导流程序为：汛后利用原放水洞将大河水库水位降低至 160.0m，此时若遇枯水期（10 月至次年 5 月）20 年一遇洪水，流量 $Q=178.79\text{m}^3/\text{s}$ 时（洪量约 269.78 万 m^3），可全部蓄于库中，水库水位上升至 161.50m。根据溢洪道区域地形、地质及枢纽布置，枯水期溢洪道施工利用溢洪道引水渠前端较高的地形条件，预留顶宽约为 10m 的岩坎，岩坎顶部高程为 160.00m，再在其顶部设 2.0m 高的黏土草包围堰临时挡水。汛期拆除岩坎上的黏土草围堰，进行岩坎缺口泄流，计划溢洪道施工在两个枯水期内完工。

新建放水洞位于溢洪道右侧，采用埋管型式，进口底板高程为 152.84m，直径 1.2m，处于溢洪道施工的基坑内，与溢洪道同步施工，溢洪道施工预留岩坎围堰型式见图 9.3-2。

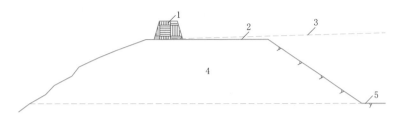

图 9.3-2　泰安抽水蓄能电站下水库溢洪道施工预留岩坎围堰型式

1—黏土草包；2—临时道路；3—原地面线；4—预留岩坎；5—溢洪道开挖底高程

9.4　施工期度汛

9.4.1　施工期度汛标准

抽水蓄能电站在施工期内需度汛的主要建筑物主要有上、下水库的挡水坝，上、下水库的进/出水口及其他建筑物。

对于抽水蓄能电站，上、下水库的进/出水口位于水库内，与输水系统及地下厂房相通，在输水系统贯通后，为确保地下厂房正常施工及机电安装，进/出水口的度汛应引起重视，进/出水口的施工度汛应满足厂房施工要求，考虑到厂房施工的重要性，度汛标准一般要求较高，我国已建工程度汛标准一般采用 50～100 年一遇洪水重现期标准，极个别工程也有采用 20 年一遇洪水重现期标准。如十三陵抽水蓄能电站的下水库（利用十三陵水库作为下水库），进/出水口位于十三陵水库内，采用围堰挡水度汛，由于水库管理部门采取措施调整库水位予以保证，采用了 20 年一遇洪水重现期标准。

9.4.2　施工期度汛方案

抽水蓄能电站一般流域面积较小，汛期洪量不大，因此坝体临时度汛一般采用坝体挡水度汛方案，在导排水建筑物未封堵前，来水可利用导排水建筑物下泄，如利用坝下涵洞、库底排水通道、放空洞、导流隧洞等。汛前将坝体施工至度汛水位以上，以确保坝体度汛安全。对于部分流域相对较大，汛期枯水洪量悬殊的河流，当大坝为混凝土大坝时，也有采用坝体预留缺口的度汛方式，如洪屏抽水蓄能电站、周宁抽水蓄能电站等采用了这种度汛方式。在导排水建筑物下闸封堵后坝体度汛，对于设有永久泄放设施的水库，来水可由永久泄放设施下泄，大坝可安全度汛。但许多抽水蓄能电站的水库，由于集水面积较小，未设永久泄放设施，如天荒坪、宜兴、周宁、仙游、长龙山、绩溪、金寨等抽水蓄能电站的上水库。对于未设永久泄放设施的抽水蓄能电站的水库，导排水建筑物下闸封堵后，已无其他排水通道，水库开始蓄水，一般采用相应度汛标准的 24h 洪量作为度汛标准，当临时坝体拦洪库容大于相应标准24h洪量，大坝可安全度汛，但由于无其他泄洪设施的通道，应校核度汛期相应标准的来水总量是否会超过坝体拦洪库容，如不能满足要求，应在蓄水大坝蓄水期间采用机械抽排控制水库蓄水位，以确保大坝度汛安全。

进/出水口的度汛与地下厂房的施工关系较大，当与地下厂房贯通后，由于度汛标准较高，我国的抽水蓄能电站一般利用进/出水口检修闸门挡水度汛，也有工程采用围堰或预留岩坎挡水度汛。我国部分抽水蓄能电站进/出水口度汛标准及度汛方式见表9.4-1。利用进/出水口闸门挡水度汛，具有可抵挡防御超标准洪水、可靠性高的优点，在施工程序及进度安排时应优先考虑采用。

表 9.4-1　　　　　　我国部分抽水蓄能电站进/出水口度汛标准及度汛方式

序号	工程名称	进/出水口	度汛标准洪水重现期/年	度 汛 方 式
1	十三陵抽水蓄能电站	下水库	20	围堰挡水，水库管理部门采取措施调整库水位予以保证
2	桐柏抽水蓄能电站	上水库	100	第一个汛期在闸门井前预留岩塞挡水度汛，其余汛期由闸门挡水度汛
		下水库	100	采用在引水渠部位预留岩坎挡水度汛
3	泰安抽水蓄能电站	下水库	100	围堰挡水度汛
4	张河湾抽水蓄能电站	下水库	50	尾水洞预留岩塞挡水度汛，尾水洞贯通后由闸门挡水度汛
5	宜兴抽水蓄能电站	下水库	100	尾水洞贯通后由闸门挡水度汛
6	宝泉抽水蓄能电站	下水库	50	尾水洞预留岩塞挡水度汛，尾水洞贯通后由闸门挡水度汛
7	西龙池抽水蓄能电站	上水库	100	围堰挡水度汛
		下水库	100	围堰挡水度汛
8	琅琊山抽水蓄能电站	下水库	100	尾水洞预留岩塞挡水度汛，尾水洞贯通后由闸门挡水度汛
9	仙居抽水蓄能电站	上水库	100	尾水洞贯通后由闸门挡水度汛
		下水库	100	围堰挡水度汛
10	仙游抽水蓄能电站	上水库	100	尾水洞贯通后由闸门挡水度汛
		下水库	100	尾水洞贯通后由闸门挡水度汛
11	金寨抽水蓄能电站	上水库	100	尾水洞贯通后由闸门挡水度汛
		下水库	100	尾水洞贯通后由闸门挡水度汛
12	绩溪抽水蓄能电站	上水库	100	尾水洞贯通后由闸门挡水度汛
		下水库	100	尾水洞贯通后由闸门挡水度汛
13	洪屏抽水蓄能电站	上水库	100	尾水洞贯通后由闸门挡水度汛
		下水库	100	尾水洞贯通后由闸门挡水度汛
14	响水涧抽水蓄能电站	上水库	100	尾水洞贯通后由闸门挡水度汛
		下水库	100	尾水洞贯通后由闸门挡水度汛

9.5　初期蓄水

抽水蓄能电站的初期蓄水将根据水文条件、工程进度及机组运行方式进行统筹考虑。蓄能电站的上水库一般建在山顶沟源洼地，大都天然径流量较小，考虑到上水库死库容及首台机组的调试水量，初期蓄水量均较大，特别是在北方缺水地区，上水库的初期蓄水都无法利用天然径流量来满足，需要利用工程建设期建设的临水用水设施进行初期蓄水，上水库初期蓄水是工程蓄水的关键。

对于整个抽水蓄能电站的初期蓄水，一般依据流域水文资料的径流量，按照工程蓄水计划，首台机组联动调试蓄水要求，同时考虑蓄水期间蒸发增损、渗漏损失、下游用水及施工用水等因素，计算出初期蓄水水量成果。对于电站天然径流量不能满足蓄水要求时，需要采用库外补水的方式解决。近年来我国大多数抽水蓄能电站的上水库初期蓄水是利用工程建设期的临时用水设施进行的，当需水量能满足电站水轮机启动运行条件后，直接从下水库抽水来进行上水库初期蓄水。

9.6　典型工程案例

9.6.1　库底（坝底）排水通道排水导流方式

1. 句容抽水蓄能电站上水库导流

句容抽水蓄能电站上水库位于仑山的西南侧一坳沟内，四周山脊由东北逆时针向南环绕呈近圆形，盆底小冲沟发育，地势不平，冲沟向东南侧延伸，沟底窄、平缓，坝址处沟谷宽缓的呈 V 形。坝址处集水面积约 0.69km²，枯水期一般无水，降雨期间会有短时径流出现。上水库主、副坝均采用沥青混凝土面板堆石坝，主坝坝顶高程 272.40m，最大坝高 182.30m，坝顶长度 811.45m，上水库库盆由一库底大平台及库周 1∶1.7 坡比的开挖坡形成，库底平台由半挖半填而成，平台高程 237.00m。库底采用土工膜防渗。

句容抽水蓄能电站上水库施工期主要为坳沟内周边库容的开挖、沟口大坝填筑、库底石渣回填及库内进/出水口的施工，上水库大坝及进/出水口均为 1 级建筑物，施工导流设计标准选用全年 10 年一遇洪水，相应洪水流量为 17.7m³/s，24h 洪量 13.5 万 m³。根据进度及施工程序，排洪分为以下三个阶段。

第一阶段：该阶段主要进行坝基开挖、库盆区周边开挖及冲沟底大坝填筑，该阶段库区开挖高程大于沟底大坝填筑高程，库区范围以内的降雨通过库盆开挖临时预留的截水槽沿冲沟两侧坝肩排至下游沟道。

第二阶段：该阶段库盆周边的 4 条排水洞（兼交通洞）已打通，大坝填筑高程大于库盆内的开挖高程，库盆内的降雨无法通过临时开挖预留的截水槽排至下游沟道，此时库内降雨通过引流利用开挖完成的库盆 4 条排水洞（兼交通洞）进行排洪。该阶段需要提前完成库底的排水廊道。该排水廊道为现浇的钢筋混凝土城门洞形，尺寸为 2m×2.5m，为确保库内排水畅通，排水廊道每隔 250m 左右进行上部开孔，开孔尺寸为 1m，以确保库底降雨能就近排至廊道内。

第三阶段：该时段主要施工项目为库盆防渗结构，库盆内降雨可利用库内临时布置的排水设施就近排至库盆的排水廊道，再通过 4 条排水洞（兼交通洞）进行泄洪。图 9.6－1 为句容抽水蓄能电站上水库排水设施平面布置图。

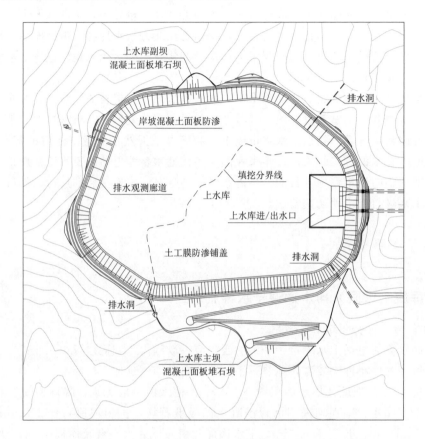

图 9.6－1　句容抽水蓄能电站上水库排水设施平面布置图

2. 宜兴抽水蓄能电站上水库导流

宜兴抽水蓄能电站上水库位于铜官山主峰北侧，采用半挖半填形式，由主坝和副坝围建而成。上水库主坝为钢筋混凝土面板混合坝，最大坝高 75m，堆石体下游设置一道重力式混凝土挡墙，重力挡墙最大高度 45.9m；副坝为碾压混凝土重力坝，最大坝高 34.9m。上水库自然集水面积约 0.21km²，径流主要由降雨形成，主坝坝址处高程 420m 左右冲沟是库盆的天然排水通道。

上水库施工期排洪设计标准采用 $P=5\%$ 的频率，洪水流量为 5.6m³/s，24h 暴雨洪量为 5.17 万 m³；后期大坝度汛根据坝体上升高度不同，度汛标准采用 $P=2\%$ 的频率，洪水流量为 6.7m³/s，相应 24h 暴雨洪量为 6.49 万 m³。

根据上水库工程施工进展情况，拟将施工期排洪分为三个阶段，各阶段排洪措施分述如下。

第一阶段：该阶段主要进行库盆开挖，此时库盆尚未封闭，排洪标准采用全年 $P=$ 5％的频率，洪水流量为 5.6m³/s。上水库进行库盆开挖和坝基开挖时期，施工期雨水可由原主坝坝址处的冲沟排出，坝基开挖完成之前做好坝体两岸的排水沟，并在坡顶预留高 1m 的岩埝，在进行下游挡墙混凝土浇筑及坝体填筑期，库盆内的积水由坡顶预留岩埝引到两岸排水沟中。

第二阶段：主坝填筑到高程 427m 以上，大坝将高出库底，此时无法通过两岸的排水沟排洪，该阶段施工期由坝体挡水度汛，挡水设计标准采用 $P=2$％的频率，洪水流量为 6.7m³/s，相应 24h 暴雨洪量为 6.49 万 m³，施工期雨水和施工废水利用库盆底部的排水洞排出，库盆排水洞最大排水能力可达 12.7m³/s，因此，汛期洪水可顺利排至库外，库内基本不会积水。引水隧洞进/出水口挡水标准与坝体度汛标准相同，因进水口底板高于前池池底 2m，故暴雨形成的积水不会进入引水洞，但为防止顺山坡而下的雨水进洞，可在隧洞顶部开挖线外围设置排水沟拦截雨水。

第三阶段：主要进行面板混凝土浇筑及进/出水口施工，暴雨形成的洪水仍利用库盆底部的排水洞排洪，在上水库开始蓄水前完成库盆底部排水洞封堵，施工导流结束。

9.6.2　利用永久放空洞（泄水通道）导流方式工程案例

响水涧抽水蓄能电站上水库位于响水涧沟源坳地，集水面积为 1.12km²，径流主要由降雨形成，主坝沟谷是上水库流域的天然排水通道。上水库施工期排洪设计标准采用 $P=$ 5％的频率，日暴雨强度为 248.2mm，24h 洪量为 25.34 万 m³。后期大坝度汛标准为全年 100 年一遇，日暴雨强度为 354.4mm，日降水总量为 36.59 万 m³。

上水库导流采用坝下埋设的永久放空洞（$D=800$mm）进行导流。根据进度安排上水库施工期的导流规划如下：

上水库工程进点后，利用当年枯水期进行主坝坝基开挖及主坝底部永久放空洞的槽挖、混凝土浇筑及洞内钢管安装，并在汛前具备排水条件，后期大坝填筑至高程 153m 以上后，利用坝体临时挡水库内雨水仍然由主坝底部的永久放空洞排走。响水涧抽水蓄能电站上水库坝下放空洞（兼导流）纵剖面图如图 9.6-2 所示。

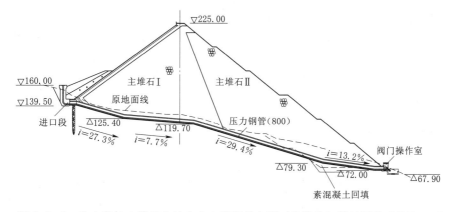

图 9.6-2　响水涧抽水蓄能电站上水库坝下放空洞（兼导流）纵剖面图（单位：m）

9.6.3 机械抽排导流方式工程案例

长龙山抽水蓄能电站上水库位于天荒坪抽水蓄能电站上水库对岸的山河港右岸的横坑坞沟源头洼地，主坝位于库沟的南侧，沟底高程为878m；副坝位于库岸北东垭口，地势较高，最低开挖高程为902.1m。两坝均为混凝土面板堆石坝，坝顶高程980.2m，坝顶长度分别为372.0m和277.0m，最大坝高分别为103.0m和77.0m。上水库集水面积为0.405km^2，径流主要由降雨形成，全年10年一遇和20年一遇洪水流量分别为5.87m^3/s和8.16m^3/s，24h洪量分别为14.3万m^{3}和19.2万m^3。考虑到上水库流域面积不大，上水库大坝及进/出水口施工导流设计标准采用全年10年一遇洪水，流量为5.87m^3/s，24h洪量为14.3万m^3。坝体施工期后期临时度汛标准为100年一遇的标准，设计流量为14.0m^3/s。

考虑大坝施工期间库盆内暴雨来水主要由降雨形成，因此经方案比选采用水泵抽排方案，根据上水库天然水位库容曲线，当全年10年一遇时，24h洪水暴雨洪量对应水位为904.50m，按每天下降2m水位标准抽排，则需采用6台200S95A离心式水泵（扬程95m，单机功率132kW，流量216m^3/h），一次洪水需抽水5d。后期度汛时，若遭遇全年20年一遇频率洪水，则需6台200S95A离心式水泵抽水7d。由于上水库多年平均年径流量为48.6万m^3，平均年耗电约21万kW·h。

9.6.4 涵洞（管）导流方式工程案例

永泰抽水蓄能电站上水库区为一个形状不规则的盆地，集水面积1.10km^2。库区盆地内地势较平缓，地形不整齐，总体地形呈蝴蝶状，由东西流向贯穿库盆中间的一条主沟（凤际沟）和3条较大支沟及中央一个盆地库区组成。上水库多年平均年降水量为1513.2mm，多年平均径流量为0.033m^3/s。上水库主要施工项目有1座主坝、4座副坝、库周防渗、库岸防护、环库公路、西副坝外侧抽排水系统、上水库进/出水口等。

上水库区洪峰时间较短，洪峰雨量较少，为确保上水库大坝全年施工，导流设计标准选用全年10年一遇洪水，24h洪量为27.3万m^3；当大坝填筑高程超出围堰后，坝体度汛标准采用全年20年一遇洪水，流量为24.5m^3/s，相应洪量为32.1万m^3。

经方案比选，永泰上水库导流采用在主坝底部预埋2根DN300管径的钢管进行导流，见图9.6-3。导流完成后改装一根钢管作为生态流量泄放管，另一根钢管进行永久封堵。钢管导流进口中心高程为630.00m，出口中心高程为622.45m，全长约400m，平均设计底坡为1.9%。经计算，当遭遇全年10年一遇洪水、24h洪量为27.3万m^{3}时，上游水位约为633.40m。考虑一定的安全超高，主坝上游围堰堰顶高程取635.00m。

9.6.5 隧洞导流方式工程案例

1. 洪屏抽水蓄能电站上水库导流

洪屏抽水蓄能电站上水库位于高山盆地，地势平坦开阔，盆地四周环山，山体雄厚，四周山岭东北高、西南低，总流域面积约6.67km^2。受地形的影响，库内流域一分为二：一条位于库盆的东侧，由北东转南经主坝汇入下水库的秀峰河，溪流底高程约705.0m，

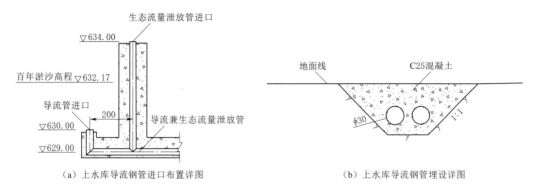

图 9.6-3　永泰抽水蓄能电站上水库导流钢管布置（单位：高程 m，尺寸 cm）

流域面积为 4.47km²；另一条位于库盆的西侧，由北西转南西经西副坝也是汇入下水库的秀峰河，溪流底高程约 690.0m，流域面积为 2.20km²。上水库主要施工项目有主坝、西副坝、西南副坝、上水库进/出水口及事故闸门井、库盆防渗及库岸处理等。其中主坝为混凝土重力坝，位于主沟上，坝顶长 107m，最大坝高 42.5m；西副坝位于副沟上，为混凝土面板堆石坝，坝顶长 360m，最大坝高 57.5m；西南副坝位于主坝右侧山坳，为混凝土面板堆石坝，坝顶长 275m，最大坝高 37.4m；上水库进/出水口布置在主坝的右侧。

根据上水库地形条件及水文资料，为节省导流工程投资、减少施工干扰及考虑上水库施工期用水问题，充分利用上水库天然地形，在库尾处筑堰拦蓄来水，供上水库施工期用水之用，同时扩挖原水流分界的河道宽度，将主沟区库尾多余的来水通过引水渠导入副沟区。此时主沟区储水堰至主坝之间的流域面积较小（约 1.31km²），只需在主坝前填筑一小围堰，将区间水由堰前引水渠引入副沟区，这样整个上水库的来水均流入副沟区，通过副沟区的导流建筑物下泄。根据坝址地形、地质条件，水文特性及堆石坝的施工特点，西副坝导流采用一次断流、隧洞导流方式。

鉴于上水库集雨面积不大，洪枯流量悬殊，洪峰时间较短，主坝、西南副坝、上水库进/出水口在同一个基坑内，为保证枢纽建筑物在干地施工，主沟区导流设计标准选用全年 10 年一遇洪水，其中主沟区库尾贮水堰和主坝围堰的挡水设计流量分别为 33.4m³/s 和 8.25m³/s。

副沟区的西副坝为面板混凝土堆石坝，最大坝高 57.7m。当导流隧洞洞径为 2.8m×3.5m（宽×高）时，大坝导流标准选择全年 10 年一遇洪水（主、副沟合计流量 $Q=53.5$m³/s）及枯水期 10 月至次年 4 月 10 年一遇洪水（主、副沟合计流量 $Q=26.94$m³/s）的堰高进行比较，其堰顶高程分别为 697.0m 和 695.0m，两者相差 2.0m，围堰填筑工程量相差 0.48 万 m³。鉴于两者围堰填筑量相差不大，为避免基坑淹没频繁，减少汛期施工风险，确保西副坝施工期的安全，副沟区导流标准选用全年 10 年一遇洪水，相应的设计流量为 $Q=53.5$m³/s（主、副沟合计流量），39h 洪量为 132 万 m³。

2. 金寨抽水蓄能电站上水库导流

金寨抽水蓄能电站上水库库周峰峦叠翠，群山环抱，群山间有众多垭口地形，高程在 709.40～850.00m 之间，天然库盆整体呈半圆形，库盆内地形平缓、开阔。上水库集水面积为 3.72km²，多年平均流量为 0.096m³/s，库内有两条溪沟，即官田溪和寨湾沟，官田溪呈 NE 流向流入坝址区，过坝后以 NW 向流出，沟谷底高程约 517.00m，宽 4～5m，基岩裸露；寨湾沟呈 NW 向，至坝址折向西，汇入官田溪。官田溪终年水流不断，径流主要由降雨形成。

上水库主要施工项目为大坝和进/出水口等。施工项目布置较为集中，上水库大坝位于官田溪和寨湾沟汇合处，进/出水口位于寨湾沟，两溪之间为 NW 向山脊。由于受地形条件的限制，无法布置围堰拦挡两条溪沟的来水，因此为便于施工，采用在大坝上游官田溪和进/出水口上游寨弯沟上分别修筑围堰拦截来水，并在两沟之间的山体内布置一条排导洞，将寨弯沟的溪水引入官田溪的方式。上水库区所有的来水均由官田溪的导流建筑物进行导流。

上水库集雨面积不大，洪枯流量悬殊，洪峰时间较短，大坝和进/出水口施工导流设计标准均采用全年 10 年一遇洪水，其设计流量分别为 60.1m³/s 和 22.4m³/s；两沟合并的设计流量为 82.5m³/s，相应的 24h 洪量为 74.2 万 m³。

上水库坝址位于两沟汇合处，坝前地形紧凑，无法只布置一道围堰拦挡两条沟的来水，因此在寨湾沟设置一条排导洞将寨湾沟来水引入官田溪，再通过官田溪布置的导流隧洞排至下游。寨湾沟排导洞布置在坝前官田溪和寨湾沟之间的山体内，平面设一个弯段，转角 50°，转弯半径 120m，洞长 418.95m。排导洞进口位于寨湾沟左岸，底板高程 570.00m，出口位于官田溪上，底板高程为 530.00m，纵坡 9.55%。寨弯沟设计流量较小，仅有 22.4m³/s，为便于排导洞施工断面净尺寸选用 2.5m×3.0m（宽×高，城门洞形）。

官田溪导流隧洞布置在左岸，根据坝后弃渣场布置洞身呈折线形布置，平面上设一个弯段，转角 38°，转弯半径 100m，导流隧洞长 584.47m，进口底板高程 529.00m，出口底板高程 486.00m，纵坡 7.38%。导流隧洞为城门洞形，断面净尺寸采用 3.5m×4.0m（宽×高）。根据导流隧洞洞身地质条件，除导流隧洞进、出口洞身段采用全断面钢筋混凝土衬砌，衬砌厚度为 50cm，其余洞身段围岩主要以Ⅲ～Ⅱ类为主，采用喷锚支护的方式，不进行洞身混凝土衬砌。

金寨抽水蓄能电站上水库导流平面布置见图 9.6-4。

9.6.6 利用或改建水库兴建进/出水口的导流方式工程案例

1. 十三陵抽水蓄能电站下水库进出水口围堰

十三陵抽水蓄能电站采用地下式厂房，其下水库进/出水口布置在十三陵水库内。十三陵水库作为北京市供水水库，无法采取降低库水位干地来施工，因此需要修建库内挡水围堰。围堰按照 20 年一遇洪水设计，取堰顶高程 95.5m。

围堰采用塑性混凝土防渗墙与黏土心墙相结合防渗的土石围堰，堰顶长约 287m，堰顶宽 24m，底宽 87.5m，堰顶高程 95.9m，最大填筑高度 18.5m，总填筑量约 18 万 m³，在水库高程 84m（十三陵水库死水位 56m）以下堰体采用水中抛填施工，高程 84m 以上堰体采用分层震动碾压填筑法施工，所填碎石为工程弃渣。围堰分两期施工：第一期填筑到高程 88.0m，然后进行塑性混凝土防渗墙施工；第二期待混凝土防渗墙施工完成后，继续分层填筑至堰顶。塑性混凝土防渗墙全长 234m，墙厚 0.8m，共分了 33 个槽段施工，槽段长度Ⅰ期为 8.8m，Ⅱ期为 6.8m，Ⅰ期槽和Ⅱ期槽之间套打一钻。

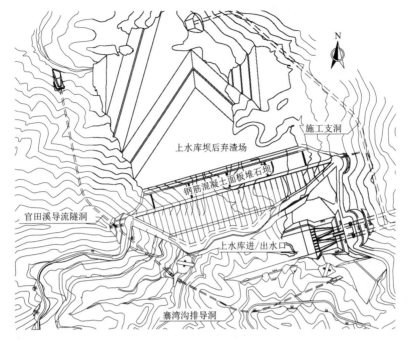

图 9.6 - 4　金寨抽水蓄能电站上水库导流平面布置图

十三陵抽水蓄能电站下水库进/出水口围堰横剖面图见图 9.6 - 5。

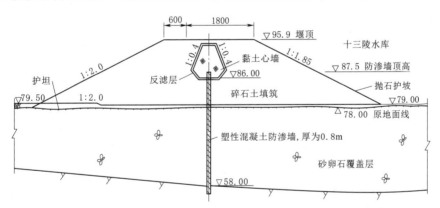

图 9.6 - 5　十三陵抽水蓄能电站下水库进/出水口围堰横剖面图（单位：高程 m，尺寸 cm）

2. 仙居抽水蓄能电站下水库进/出水口围堰

仙居抽水蓄能电站利用已建的下岸水库作为抽水蓄能的下水库，下岸水库设计正常蓄水位为 208.00m，相应库容为 1.0693 亿 m³，台汛期限制水位为 204.00m。下岸水库作为抽水蓄能电站下水库后，其灌溉和发电死水位分别为 185.00m 和 188.00m。根据枢纽建筑物布置，下水库进/出水口位于下岸水库右岸溪下公路交通桥的东北面，冲沟的北侧，进/出水口采用侧向塔式，进口底板高程为 161.00m，前池底板高程为 160.00m。在下岸水库增建一孔泄放洞，泄放洞布置在下岸水库大坝右岸，即下水库进/出水口的右侧，泄放洞进口底板高程 172.0m。因此下水库进/出水口和下水库泄放洞施工位于下岸水库正常蓄水位高程以下。为了创造下水库进/出口和下水库泄放洞的干地施工条件，需修建下水库进/出水口围堰。

下岸水库是以防洪、灌溉（供水）为主的多年调节水库，其挡水建筑物为常态混凝土拱坝，坝高 64.0m；泄洪建筑物为坝顶表孔溢洪道，布置在大坝河床段，设有 5 孔净宽为 10m 的泄洪闸；放空建筑物采用坝内埋管，管径为 1.2m；采用隧洞引水式发电、地面式厂房，装有两台 8000kW 的机组。下岸水库原设计正常蓄水位为 208.0m，发电死水位为 188.0m，灌溉死水位为 172.0m。即使在枯水期，库水位也较高，为了保证下水库进/出水口施工工期并兼顾到原公路改建期临时交通的需要（即施工期利用下水库进/出水口围堰堰顶作为溪下公路连接道路），下水库进/出水口围堰设计标准选取为全年 20 年一遇洪水，入库流量为 1790m³/s，相应设计水位为 211.72m。

下水库进/出水口围堰堰址区 200.00m 高程以下多为第四系覆盖层并以壤土夹碎石为主，冲沟及两侧附近以碎块石为主，冲沟底厚度较大，一般在 1.0～3.0m 之间，最深达 8.4m，满足堰基持力层要求。出露地层为含砾晶屑熔结凝灰岩，其间发育花岗闪长斑岩、英安玢岩及玄武玢岩等，基岩露头大片裸露，地表岩石多呈弱～微风化。

根据地形条件和水工建筑物布置的开挖范围，下水库进/出水口围堰布置在沟口两岸山包相对处，堰轴线呈南北向，该布置方案具有轴线短、施工基坑适中、施工条件好、堰体水下拆除开挖量很小等优点。下水库进/出水口围堰采用塑性混凝土防渗墙＋土工膜防渗的土石结构方案。下水库进/出水口围堰堰体大部分在下岸水库正常蓄水位高程以下，因此，下水库进/出水口围堰的施工和下岸水库水位的变幅和调度密切相关。防渗墙施工平台高程的选择，对原水库灌溉、发电影响较大，因此对 188m（下岸水电站正常发电水位）及 184m 为限制水位进行分析比较，结果表明：以 188m 和 184m 作为防渗墙施工期间限制水位对电量损失影响的差异比较大，184m 方案比 188m 方案电量损失增大 1148.51万 kW·h，而塑性混凝土防渗墙工程量仅减少 490m²，因此，在 188m 水位以下作为防渗墙施工平台是不经济的。该工程防渗墙平台填筑和防渗心墙施工安排在 10 月至次年 2 月的枯水期，防渗墙施工平台的洪水标准为（10 月至次年 3 月）5 年一遇洪水，以 188.00m作为最低限制水位，施工期间洪水由下岸水库泄洪建筑物下泄，相应设计洪水位为 191.48m，因此，确定防渗墙施工平台高程为 192.00m。

下水库进/出水口围堰的堰顶高程为 213.30m，最大堰高为 41.30m，堰顶轴线长 255.00m，塑性混凝土防渗墙施工平台高程为 193.50m。由于围堰在施工期将作为临时道路，结合交通要求确定堰顶宽度为 10.00m。根据围堰所处地形、地质及施工条件，围堰采用土石复式断面，即堰体高程 193.50m 以下两侧采用水下抛填堆石双戗堤，迎水面、背水面边坡、戗堤内侧边坡坡比均为 1：1.4，上、下游戗堤顶宽分别为 21.0m 和 12.5m，下游戗堤内侧抛填 1.5m 厚的反滤料，并在双戗堤之间回填全、强风化开挖混合料，以形成塑性混凝土防渗墙施工平台，堰体中间和覆盖层采用塑性混凝土防渗墙，墙厚 0.8m，最大墙深 31.0m，嵌入强风化岩层 0.5m，强风化以下的中等透水层采用预埋管帷幕灌浆防渗，最大灌浆深度约 8.0m；堰体高程 192.00m 以上采用水上碾压堆石结构型式，两侧边坡坡比均为 1：1.7，并采用 40cm厚干砌块石护坡，堰体采用土工膜防渗，土工膜两侧铺填级配较好的天然砂砾料。

仙居抽水蓄能电站下水库进/出水口围堰平面布置见图 9.6-6。

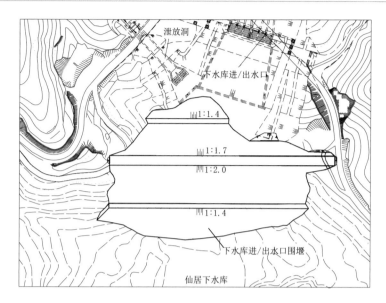

（a）平面布置图

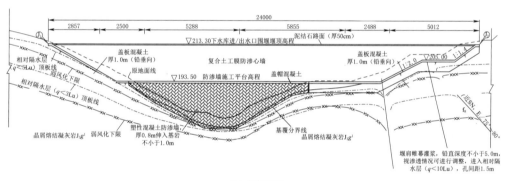

（b）纵剖面图

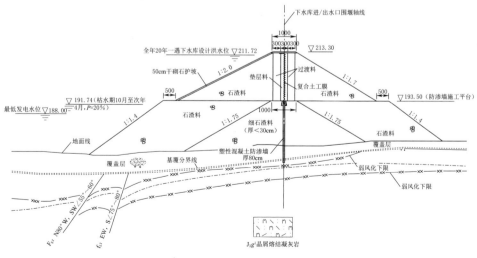

（c）仙居下水库进/出水口围堰横剖面图

图 9.6 - 6　仙居抽水蓄能电站下水库进/出水口围堰布置（单位：高程 m，尺寸 cm）

第 10 章

总结与展望

10.1　总结

中国水电工程建设在 21 世纪的 20 多年来进入了高速发展阶段，其特点表现为高速发展、技术领先、标准更新、体制完善、走向世界，导流截流与围堰工程技术也取得了长足的进步。

1. 施工导流总体规划践行了科学决策的新理念

施工导流总体规划系统性持续加强，导流标准选择科学。风险分析技术全面引入导流标准决策之中，以满足施工期度汛安全为总体目标，实施施工期风险全过程控制。采用可靠度理论定量分析失事概率，进行初期导流标准多目标风险分析并取得原创性成果，建立的投资、工期、风险的多目标风险分析决策体系进一步得到完善。在高坝、超高坝的建设中，引入风险分析技术和风险管理理念进行施工全过程风险控制，研究河道截流、初期导流、坝体临时断面挡水度汛、下闸封堵、蓄水过程中的施工期风险因素、风险概率、失事后果评价，进行风险判断和风险决策，导流标准选择形成了设计规范取值、工程类比与风险分析相结合的综合方式，使施工期的工程安全以及工程建设期的公共安全、社会安全和环境安全均处于可接受风险之内。

复杂的导流规划程序需统筹安排，导流规划设计理念得到进一步提升。对于高山峡谷地区高坝、超高坝的建设，导流建筑物布置更难，导流规划程序更复杂，主要原因为：①导流建筑物数量多，布置更困难；②导流建筑物规模更大，涌现了一大批设计技术指标位居各自行业先进水平的导流建筑物；③导流规划程序多，规划历时长，控制节点多，可控性差；④施工导流规划设计更科学化、精细化、动态化，能系统考虑工程安全、工程分期、水位上升过程、下闸期水生态保障等综合确定。用大坝施工进度仿真分析并结合工程形象面貌分析，根据实际可投入运行的中后期导流期间泄水建筑物规模，实施灵活的下闸封堵、初期分期蓄水规划，满足施工期度汛安全、下游用水、生态环境保护和生态流量供给要求，以施工导流规划和中后期导流期间泄水建筑物的动态化、精细化调整，应对关键控制节点工期的偏差，建立日趋完善成熟的高坝、特高坝施工导流规划体系。更加重视施工期生态环境保护和生态流量供给，分批次进行导流泄水建筑物下闸断流封堵，多途径、多方式、多批次设置供水建筑物实现连续供水，避免下游河道断流。提前进行河道截流，尽早形成与上、下游围堰相结合的分流围堰保护基坑，利用狭窄河谷坝肩开挖直接翻渣至河床，再以基坑出渣的方式，实现施工场地时空转换，创造快速施工条件，避免坝肩开挖期间渣料流失，满足施工期环保水保要求。

分高程布置导流建筑物，保证封堵施工的安全。300m 特高拱坝工程施工期采用一次断流围堰挡水、隧洞导流、主体工程全年施工的导流方式。导流建筑物由上、下游围堰及多条导流隧洞组成，为了满足后期导流度汛及导流隧洞下闸封堵改建及施工期供水要求，在坝身设置了多个导流底孔，且分层布置。200m 级特高碾压混凝土重力坝采用不同尺寸、分高程设置导流隧洞布置方案，小导流隧洞出口设置弧形工作门，控泄满足施工期向下游供水的要求，灵活可靠，不用在坝身设置导流孔，减小对坝体施工的干扰，有效保证了工程施工进度。为妥善解决高坝大库初期蓄水期的下游供水问题，确保下泄生态流量，下游供水采用阀、旁通洞等措施。

2. 施工水力学导入了三维水流数值模拟的新手段

施工水力学采用物理模型和数值模拟相结合的方式，建立了"上游库区—洞群—下游河道区"三维水流系统整体数值模型。结合梯级导流系统风险决策模型及渗流有限元反馈分析模型，系统进行了施工导流标准与基坑渗流控制风险度分析，集成创新了大流量窄河谷水流控制与超大基坑渗流控制技术。

施工仿真、智能化研究取得了新突破；提出了水利水电工程施工导流截流动态仿真理论与方法；建立了复杂条件下施工导流截流系统的时空关系模型及动态模拟机制；提出了分析描述复杂施工导流截流过程与多方案优化的方法，为工程风险分析提供了新的手段。

3. 截流实现了新技术、新材料、新工艺、新设备的新突破

截流形式随着我国施工设备的大型化、施工组织管理的科学化，大流量、高落差、大流速情况下采用单戗截流成为现实。通过对宽戗堤截流的科研攻关，有关研究揭示了龙口合龙的流固耦合作用机理及水流能量耗散规律，建立了戗堤进占速度与抛投材料流失量的定量响应关系；发明了内附土工布四面体钢框架石笼和柔性合金钢网石兜两种新型高效截流材料；提出了宽戗堤或水下宽戗堤、梯级调控、覆盖层护底等山区截流安全综合配套技术。

针对导流明渠高落差、大流速截流的技术难题，提出了预控式截流风险控制技术，采用了壅拦坎、楔形裹头等新型截流工型式，研发了首部斜坡式引流段、中部壅拦坎、尾部叶脉式潜坝等组合结构，进行了平原枢纽导流明渠水流流态多工况控制。

4. 土石围堰确立了以"土工膜防渗＋基础混凝土防渗墙"为主流堰型的新地位

深厚覆盖层高防渗水头渗控体系风险可控，研发了能自动适应高围堰堰体变形的高水头复合土工膜防渗技术。综合采用高围堰复合土工膜离心模型试验、细观数值分析与原位观测等手段，研发了缓解应变集中的 U 形伸缩节结构与高分子材料联合抗渗锚固技术，成功地解决了复合土工膜发生撕裂破坏的问题，有效控制了基坑渗流。揭示了防渗体与周围介质相互作用的机制，构建了堰体和防渗体应力变形精细化数值模型；发明了解决高土石围堰复合土工膜与防渗墙非协调变形的自适应连接型式；发明了传统手段难以准确测量的深厚覆盖层散粒体工程特性的试验测试方法；研制了常规手段难以得到的堰体水下抛填料密度等关键技术参数的成套试验装置；研制了超大粒径散粒体物理力学特性参数的成套试验装置，创新提出了室内试验超径处理方法。

5. 混凝土与胶凝砂砾石围堰树立了绿色低碳实施的新标杆

混凝土与胶凝砂砾石围堰树立了里程碑式标杆，并对复杂条件混凝土围堰组合型式进行了实践，胶凝砂砾石等新型材料围堰取得了突破。胶凝砂砾石等新型材料围堰具有理念先进、造价低廉、环境友好、施工方便的优点。

6. **导流泄水建筑物适应了后期下闸蓄水的新要求**

（1）导流泄水建筑物适应后期导流封堵。对于在复杂的水文和地形地质条件下进行水电站建设，全面掌握了大流量、深厚覆盖层狭窄河道的导流明渠布置、深厚覆盖层加固、深厚覆盖层防渗等的勘测、设计、施工技术，拓展和发展了山区河流复杂地形地质条件下的施工导流工程及基础处理技术。

（2）高坝大库初期蓄水影响因素及安全控制技术。高坝大库初期蓄水时间和蓄水速度将影响到大坝结构安全、水库库岸稳定，同时也影响到电站投产发电、下游河道通航、梯级电站运行、下游生产生活供水及生态用水等。对于梯级建设条件下高坝大库工程下闸蓄水的基本原则为：①以确保工程蓄水安全为前提，严格控制蓄水进程和上升速率，同时蓄水进程须根据大坝监测分析资料稳妥推进；②以流域效益最大化为原则，保证上、下游梯级电站正常发挥效益；③水库蓄水期要基本满足下游用水要求，部分时段受泄洪建筑物和来水流量限制，协调上、下游水库联动。

（3）下闸蓄水期下游供水综合保证技术。为保证电站下游供水、环保、航运、城镇供水、发电和其他部门用水等要求，工程下闸蓄水期间向下游泄放综合供水流量是必须的。常规采用的措施主要有水泵抽送、设置生态泄放管、导流建筑物群分高程分时段下闸等措施，近几年工程下闸蓄水过程中也有部分工程通过采用导流建筑物平板闸门局部开启、下游电站综合调度等措施以保证下游用水、不出现断流的情况，有效减少了下游供水工程投资。

7. **梯级电站施工导流攻克了多目标风险的新难题**

梯级电站施工导流截流创新突出，创新采用了多梯级在建条件下导流标准优选与窄河谷导流系统布局优化技术。对梯级建设环境下的施工期风险类型（自然、人为和工程风险）、风险组合、灾害链效应等有了初步的识别方法，建立了梯级建设环境下水电工程施工导流风险测度模型，丰富了施工导流风险分析理论。我国常规水电开发通常采用梯级大规模开发方式，大规模开发背景下流域梯级电站水库汛末联合调度下闸蓄水，已成为梯级电站水库优化运行管理和流域水资源合理配置需要解决的关键科学技术问题之一。已有多个工程通过研究，采取了合理的联合调度下闸蓄水方案，有效通过上下游梯级的联合调度实现了工程安全下闸、提前蓄水或提前发电等目标。

8. **抽水蓄能电站施工导流取得了丰富多样的新成果**

抽水蓄能电站施工导流（排水）方式根据工程区的地形地质条件、水文条件，并结合枢纽布置进行综合分析，统筹考虑挡水坝、进/出水口及库盆处理施工期的进度要求，尽量利用、结合永久排水通道（如上水库库底排水系统通道、永久放空洞等）的原则，选择合理的施工导流（排水）方式。永临结合、确保大坝和泄水建筑物的安全方面成效突出。

抽水蓄能电站水库长周期、小流量下闸蓄水技术。抽水蓄能电站水库通常位于山间溪流或高山盆地上，其下闸蓄水有着"双水库、长周期、小流量"等显著特点，且通常下水库来水量大于上水库。若工程在下闸蓄水过程中出现天然降水或上游来流量很小，甚至天然降水量小于蒸发量等情况，则工程下闸蓄水可能成为关键线路项目，影响工程投产发电节点目标的顺利实现。目前常用的手段为采用现有或改造后的施工供水系统补水和利用永久充水泵调度补水等措施确保工程按期完成蓄水，顺利投产发电。

10.2　展望

随着我国水资源利用向西部转移以及"一带一路"倡议向全球辐射，水电工程必将呈现出多样性的地质水文特征以及多梯级在建或运行等复杂建设环境。

1. 复杂条件施工导流关键技术问题是未来高海拔等地区水电工程面临的挑战

我国西南水电开发的许多大中型骨干工程分布在崇山峻岭之间，地势险峻，呈现出高陡峡谷区"河谷狭窄、覆盖层深厚、河道纵坡大、流量变幅大、水位落差大"等复杂特征。导流工程设计不仅仅要考虑所在河段的地形、地质条件、河流水文泥沙特性等自然因素，而且还要考虑主体工程枢纽布置特点、施工导流方式选择要求、施工工期限制条件、施工技术力量、施工装备及其他资源配置等众多因素。

高海拔等地区开发水电建设条件复杂，任务艰巨，必须要不断探索和创新，继续克服新的困难并解决新的问题。

2. 融合技术是施工导流技术创新的努力方向

施工导流截流工程是水电工程施工中全局性、战略性的关键问题，是对水电工程施工具有重要理论意义和现实价值的关键课题。施工导流融合了水力学、结构力学、施工方法和工程管理等相关学科，贯穿了工程建设全过程。导流方案的科学合理性直接表现于其安全性、经济性和可实施性。

如随着低热水泥、大型堵头优质高效施工技术在乌东德、白鹤滩等工程的成功应用，进一步研究取消补偿混凝土在堵头的应用，系统提出大型堵头优质高效施工技术，有助于实现堵头提前挡水、首批机组提前进行调试和发电。又如高拱坝施工导流方案，从当时最高的意大利瓦依昂高拱坝岸边设底孔泄洪洞、中孔泄洪洞、表孔泄洪洞，截至目前国外最高的英古里高拱坝采用坝身设置底孔，以及我国在大流量河流建设的一批坝高超过 150m 高拱坝中，除乌东德大坝外，均采用了坝身设置不同数量坝身底孔的方案。溪洛渡、白鹤滩等大坝还需导流隧洞群并采取分两个枯水期下闸的方案。乌东德 5 条高导流隧洞采用了一个枯水期内分批分序下闸的方案，取消了坝身底孔，导流隧洞下闸期日均下泄量为 $400 \sim 1587 \mathrm{m}^3$，有效保障了下闸期河流的水生态。研究优化高坝施工导流分期、取消高拱坝坝身底孔是将来研究的重点和努力的方向。

导流截流与围堰工程技术已日趋成熟，但创新是个永恒的主题。高坝大库导流工程规模和工程量巨大，任务复杂艰巨，施工导流方案规划的好坏直接影响到发电工期和工程造价，在工程设计阶段有必要对导流方案进行细致深入地比较和分析研究工作。针对导流截流与围堰工程的基础性研究工作将对相关技术的深入研究与发展起到有益的启发和促进工作。

3. 实现导流截流与围堰工程绿色低碳建造是"双碳"目标赋予的使命

水电工程建设贯彻落实绿色发展理念，推进绿色建造，节约资源，保护环境，减少排放，提升水电工程品质，以推动水电行业高质量发展。进行导流截流与围堰工程绿色智能建造，实现高技术含量、轻环境干扰、低施工能耗的绿色施工水流控制效果，对促进水电工程建设绿色发展和加快实现"双碳"目标具有重要意义。

4. 智能化技术是导流截流与围堰工程未来技术发展的趋势

施工导流水力学计算是解决导流工程设计的主要方法之一。采用数值模拟、理论分析、GIS应用等多种技术手段，对推动施工水力学技术进步有很大作用。智能化技术对导流截流与围堰工程未来技术发展至关重要。

5. 施工导流系统安全是导流截流与围堰工程风险控制永恒的主题

水电工程施工导流系统需协调施工与水流时空变化矛盾，任一环节出现问题均会影响整个系统顺利实施，其安全控制是具有全局性、根本性、战略性的关键技术问题。

导流截流工程涉及专业多，对工程安全、工程进度、移民搬迁进程、水生态等影响较大，需多专业整合、融合，特别是水力学、金属结构专业与导流程序的科学匹配。建议对导流隧洞下闸过程的安全可靠性进行系统分析，尽可能提高下闸安全性。

6. 乏资料条件下施工导流风险控制方法是亟待夯实的重点工作

水电工程国际市场主要分布在亚洲（南亚和东南亚地区）和非洲等发展中国家或地区，我国的水电开发项目也开始向西南地区转移。受当地经济、社会发展水平的限制，多数国家和地区存在资料缺乏（气象资料、流域水文泥沙数据资料）的现象，无资料或少资料地区的水文研究已成为中外水文专家关注和研究的焦点，随着"一带一路"海外工程业务的拓展，水文资料匮乏问题尤为突出，如何在无资料或少资料地区，利用卫星降雨反演技术及水文模型数值模拟技术，得到能够指导设计的水文资料，就尤其重要。因此，乏资料条件下施工导流风险控制方法是一项非常有意义的工作。

7. 气候变化对超标准洪水应对及溃堰分析的影响是需要重点考量的因素

以气候变暖和极端事件为主要特征的全球气候变化正在给环境社会和人类生活带来越来越多的威胁，同时也从多个方面影响着人类和社会的健康发展。

高坝建设期长，大坝施工跨越多个汛期，面临多年防汛度汛。随着我国高坝工程施工技术和管理水平的不断提高，不少工程在修建过程中，较原施工组织设计，采用了新技术、新工艺，使大坝具备了提前下闸蓄水的施工技术条件。因此，越来越多的工程采取导流建筑物提前下闸蓄水这一工程措施来提早获取发电收益。然而，提前下闸蓄水时机选择会对高坝施工后期度汛产生影响，甚至提高大坝度汛风险。后期导流过程中，导流建筑物泄流能力较初、中期导流大大降低，坝前水位上升速度快，度汛风险增加；此外，后期导流蓄水库容大，工程临近完工，一旦遭遇超标洪水，导流工程失效将给在建电站及下游城乡居民的生命财产带来难以估量的损失。由此可知，提前蓄水带来可观效益的同时，也使后期施工导流方案的决策变得更为复杂。

围堰一般是在水中修筑的临时性挡水建筑物，但也常与大坝等主体建筑物结合而成为大坝的一部分。在大江大河水利水电工程建设中，围堰具有举足轻重的作用。围堰的成败直接关系到大坝等永久建筑物的施工安全、工期及造价，如果拦蓄的洪水容量较大，还关系到下游人民生命财产安全。

导流标准决策引入的施工全过程风险分析和风险管理理念已被人们所接受，但风险分析方法和技术尚需进一步发展，可接受风险和可容忍风险的风险标准尚需制定，风险管理机制还有待建立，相关政策法规也需进一步完善。

超标准洪水应对及溃堰分析。应急预案标准、工程加固措施、水情测报以及超标准洪水对上下游的影响考虑上游淹没、溃堰对下游的影响及超标洪水预案工程措施的可实施性等，编制超标准洪水预案工程措施的同时，应重视水情测报工作，加强水情测报的及时性和准确性，并分析上游淹没及溃堰对下游的影响范围。

8. 助力中国标准走出去是导流截流与围堰工程技术标准的努力方向

我国的导流截流与围堰工程技术框架体系、计算试验方法及部分设计范例具有较高的普适性，极具代表性和示范作用，通过技术标准的编制及技术标准的国际化，有助于中国标准在世界范围内进一步获得认可，有助于为"一带一路"沿线国家和地区打造技术先进、质量优良、安全环保、绿色低碳的精品工程。

参 考 文 献

[1] 国家能源局. 水电工程施工组织设计规范：NB/T 10491—2021 [S]. 北京：中国水利水电出版社，2021.

[2] 水利部. 水利水电工程施工组织设计规范：SL 303—2017 [S]. 北京：中国水利水电出版社，2017.

[3] 肖焕雄. 中国水利百科全书·水利工程施工分册 [M]. 北京：中国水利水电出版社，2004.

[4] 郑守仁，王世华，夏仲平，等. 导截流及围堰工程（上、下册）[M]. 北京：中国水利水电出版社，2005.

[5] 全国水利水电工程施工技术信息网，《水利水电工程施工手册》编委会. 水利水电工程施工手册·施工导（截）流与度汛工程 [M]. 北京：中国电力出版社，2005.

[6] 《中国水力发电工程》编审委员会. 中国水力发电工程·施工卷 [M]. 北京：中国电力出版社，2000.

[7] 杨文俊，郭熙灵，周良景，等. 施工过程水流控制与围堰安全 [M]. 北京：中国科学出版社，2017.

[8] 戴会超，槐文信，吴玉林，等. 水利水电工程水流精细模拟理论与应用 [M]. 北京：科学出版社，2006.

[9] 戴会超，胡昌顺，朱红兵. 施工导截流理论与科技进展 [J]. 水力发电学报，2005，24（4）：78-83.

[10] 钟登华，刘勇，黄伟，等. 水利水电工程施工水流控制过程的仿真与优化方法 [J]. 中国科学（E辑：技术科学），2009（7）：1329-1337.

[11] 周厚贵. 水电施工技术的创新与方向 [J]. 水力发电学报，2013，32（1）：1-4.

[12] 水电水利规划设计总院. 我国水电工程施工组织设计工作回顾及展望 [C]//水电工程施工组织设计交流会，2013.

[13] 何伟，常作维. 水电工程施工仿真 [N]. 中国能源报，2013-09-16（022）.

[14] 肖洪勇，董丽娟. 水利水电工程施工水流控制过程的仿真与优化 [J]. 城市建设理论研究（电子版），2016（20）：56-57.

[15] 中国电机工程学会. 中国电机工程学会专业发展报告 2017—2018 卷一：水电建设专业发展报告 [M]. 北京：中国电力出版社，2018.

[16] 中国水电顾问集团华东勘测设计研究院. "十一五"国家科技支撑计划专题（2008BAB29B02-1）"大型水利水电工程导截流标准研究"——梯级电站水库调蓄对施工导截流标准的影响研究 [R]，2011.

[17] 中国水电顾问集团华东勘测设计研究院. "十一五"国家科技支撑计划专题（2008BAB29B02-1）"大型水利水电工程导截流标准研究"：高坝大库水电工程导流阶段划分研究 [R]. 杭州：华东勘测设计研究院有限公司，2011.

[18] 水电水利规划设计总院. 水电行业技术标准体系表 [M]. 2017 年版. 北京：中国水利水电出版社，2017.

[19] 梁现培，蔡建国，王永明，等. 白鹤滩水电站大坝上游高土石围堰设计 [J]. 水力发电，2018，44（1）：46-49.

[20] 水利部. 水利水电工程设计洪水计算规范：SL 44—2006 [S]. 北京：中国水利水电出版

社，2007.

[21] 任金明. 施工组织设计·2004 年交流论文集 [G]. 长春：吉林人民出版社，2005.

[22] 任金明. 施工组织设计·2005 年交流论文集 [G]. 长春：吉林人民出版社，2006.

[23] 中国葛洲坝水利水电工程集团公司. 三峡工程施工技术一期工程卷 [M]. 北京：中国水利水电出版社，1999.

[24] 中国葛洲坝集团公司. 三峡工程施工技术二期工程卷 [M]. 北京：中国水利水电出版社，2003.

[25] 周威. 关于水电水利工程导流时段划分及方式选择的探讨 [J]. 水电勘测设计，2006，(4)：1-5.

[26] 姚福海. 水电工程施工组织设计规范施工导流部分修订综述 [J]. 施工组织设计，2006：17-27.

[27] 姚福海，春光魁. 黄河公伯峡水电站施工导流设计 [J]. 西北水电，2005 (1)：47-51.

[28] 洪熵，武选正. 公伯峡水电站混凝土面板浇筑技术探讨 [J]. 水力发电，2004，30 (8)：35-37.

[29] 任金明. 东北地区面板堆石坝施工导流的几种模式及实例分析 [J]. 施工组织设计，1994 (2)：28-37.

[30] 程志华. 二滩水电站枢纽总体布置 [J]. 水力发电，1998 (7)：22-24.

[31] 楼叔英. 二滩水电站施工导流设计 [J]. 水电站设计，1994，10 (1)：47-52，61.

[32] 罗孝明，张云生. 小湾水电站施工导流设计综述 [J]. 云南水力发电，2008，24 (1)：31-36，55.

[33] 张云生，罗孝明，马云，等. 小湾水电站施工导流总体设计 [J]. 水力发电，2004，30 (10)：33-35.

[34] 张云生，罗孝明，戴新，等. 小湾水电站导流隧洞设计 [J]. 云南水力发电，2005，21 (4)：11-16.

[35] 罗孝明. 小湾水电站中、后期导流设计方案 [J]. 云南水力发电，2002，18 (3)：27-30.

[36] 王利学. 溪洛渡水电站前期金属结构设计 [J]. 水电站设计，2003，19 (2)：47-49.

[37] 张永祺. 南盘江天生桥一级电站施工导流设计 [J]. 施工组织设计，1994 (3)：22-29.

[38] 匡焕祥. 天生桥一级水电站面板堆石坝施工导流与度汛 [J]. 水力发电，1999 (3)：41-44.

[39] 陈及新，张云生. 天生桥一级水电站坝面过水设计和施工实况 [J]. 云南水力发电，1999，15 (1)：38-41.

[40] 汤宜芹. 安康水电站工程的施工导流设计 [J]. 水力发电，1990 (11)：48-51.

[41] 叶三元，饶志文. 构皮滩水电站施工导流设计 [J]. 水利水电快报，1998，19 (5)：1-5.

[42] 鄢双红，刘永红，詹金环，等. 构皮滩水电站导流规划与设计 [J]. 人民长江，2006，37 (3)：28-30.

[43] 黎昀，唐朝阳. 溪洛渡水电站导流隧洞布置设计 [J]. 水电站设计，2006，22 (2)：25-26.

[44] 朱伯芳，高季章，陈祖煜，等. 拱坝设计与研究 [M]. 北京：中国水利水电出版社，2002.

[45] 李瓒，陈兴华，郑建波，等. 混凝土拱坝设计 [M]. 北京：中国电力出版社，2000.

[46] 潘家铮，何璟. 中国大坝五十年 [M]. 北京：中国水利水电出版社，2000.

[47] 张文倬. 高拱坝施工水流控制初探 [J]. 水电站设计，1997，13 (2)：30-34.

[48] 张云生. 景洪水电站施工导流方式选择 [J]. 云南水力发电，1999，17 (1)：86-91.

[49] 董标，马宇. 金安桥水电站施工导流设计概述 [J]. 云南水电技术，2004 (3)：35-40.

[50] 杨尚文. 向家坝水电站施工导流规划与设计 [J]. 水利水电技术，2006，37 (10)：43-47.

[51] 单俊方，陈洪军. 水布垭混凝土面板堆石坝施工导流设计 [J]. 人民长江，1998，29 (8)：45-47.

[52] 张宗亮，徐永，刘兴宁，等. 天生桥一级水电站枢纽工程设计与实践 [M]. 北京：中国电力出版社，2007.

[53] 崔金铁. 坝体施工期临时度汛问题探讨 [J]. 水利水电技术，2006 (2)：44-46，61.

[54] 李雁白. 对导流方式划分的探讨 [J]. 施工组织设计，1997 (3)：5-8.

[55] 杨子，刘全，孔令富，等. 塔贝拉水电站四期扩建围堰格体填砂工艺优化 [J]. 水电能源科学，2016，34 (8)：124-126.

[56] 饶冠生，李学海，韩继斌. 实用施工水力学 [M]. 武汉：长江出版社，2007.

[57] 中国电建集团华东勘测设计研究院有限公司. 水电技术标准"走出去"研究：施工组织及导流工程设计标准体系研究报告 [R]，2018.

[58] 肖焕雄. 施工水力学 [M]. 北京：水利电力出版社，1992.

[59] 周克己. 水利水电工程施工组织与管理 [M]. 北京：中国水利水电出版社，1998.

[60] 袁光裕，胡志根，等. 水利工程施工 [M]. 5版. 北京：中国水利水电出版社，2009.

[61] 水利电力部水利水电建设总局. 水利水电工程施工组织设计手册：第一卷　施工规划 [M]. 北京：中国水利水电出版社，1996.

[62] 贺昌海，王新平. 施工导流模型试验中导流洞出口 η 值的研究 [J]. 水利与建筑工程学报，2009，7（6）：48-49.

[63] 李炜. 水力计算手册 [M]. 北京：中国水利水电出版社，2006.

[64] 李炜，徐孝平. 水力学 [M]. 武汉：武汉大学出版社，2000.

[65] 南京水利科学研究院，中国水利水电科学研究院. 水工模型试验 [M]. 北京：水利电力出版社，1985.

[66] 贺昌海，周立宏，杨磊，等. 水工模型地形断面绘制自动化系统开发 [J]. 长江科学院院报，2005，22（8）：72-74.

[67] 周正坤，雷川华，付文宣，等. 水工模型地形断面板自动化制作系统 [J]. 水利水电技术，2014（4）：44-45，72.

[68] 吕兴祖，刘发全. 施工截流与基坑排水 [M]. 北京：水利电力出版社，1987.

[69] 国家发展和改革委员会. 水电水利工程施工导截流模型试验规程：DL/T 5361—2006 [M]. 北京：中国电力出版社，2007.

[70] 郑小玉，杨永全. 明渠水流模型试验中糙率不相似问题研究 [J]. 四川大学学报（工程科学版），2003，35（7）：25-28.

[71] 岳丽霞. 水工模型试验中长导流洞的糙率修正问题 [J]. 水利水电工程设计，2009，28（1）：34-36.

[72] 杨庆，戴光清，向柏宇，等. 水工导流隧洞模型试验中糙率不相似问题的研究 [J]. 四川大学学报（工程科学版），2002，34（7）：42-45.

[73] 杨国录. 河流数学模型 [M]. 北京：海洋出版社，1993.

[74] 魏文礼，金忠青. 复杂边界河道流速场的数值模拟 [J]. 水利学报，1994（11）：26-30.

[75] 金忠青，王玲玲，魏文礼. 三峡工程大江截流流场的数值模拟 [J]. 河海大学学报（自然科学版），1998，26（1）：83-87.

[76] 刘绿波，王光谦，冉启华. 三峡工程大江截流水流数学模型计算 [J]. 泥沙研究，1998（3）：48-54.

[77] 魏文礼，廖伟丽，刘玉玲，等. 三峡水利枢纽大江截流数值分析 [J]. 西安理工大学学报，1997（4）：336-341.

[78] 贺昌海，张辉辉，杨栋. 分期导流束窄河床二维数值模拟研究 [J]. 华中科技大学学报（自然科学版），2005，33（3）：81-84.

[79] 王圆圆，黄细彬. 分期导流束窄河道泄流物理试验及数值模拟研究 [J]. 水电能源科学，2012，30（12）：98-100.

[80] 彭杨，张红武. 分期导流围堰束窄河床二维水流特性模拟及分析 [J]. 水力发电，2013，32（4）：71-76.

[81] 王福军. 计算流体动力学分析 [M]. 北京：清华大学出版社，2004.

[82] 张师帅. 计算流体动力学及其应用：CFD 软件的原理与应用 [M]. 武汉：华中科技大学出版社，2011.

[83] 王丹柏，刘联兵，张成友，等. 导流洞数值模拟计算研究 [J]. 中国农村水利水电，2012，6：161-167.

［84］ 张铭，杨敏，刘金星. 导流隧洞出口消力池体型优化数值模拟与试验研究［J］. 水资源与水工程学报，2015，26（2）：166-170.

［85］ 贺昌海，陈辉，刘全. 基于CATIA建模的导流工程三维数值模拟研究［J］. 天津大学学报（自然科学与工程技术版），2016，49（4）：422-428.

［86］ 贺昌海，王木涵，李亚. 分流挡渣堤体型优化研究［J］. 天津大学学报（自然科学与工程技术版），2017，50（5）：514-518.

［87］ 王光谦，杨文俊，夏军强，等. 三峡工程明渠截流水流数学模型研究及其应用，Ⅰ：模型建立与率定［J］. 长江科学院院报，2005，22（4）：1-4.

［88］ 夏军强，杨文俊，王光谦，等. 三峡工程明渠截流水流数学模型研究及其应用，Ⅱ：方案计算与反演计算［J］. 长江科学院院报，2005，22（6）：1-5.

［89］ 梁在潮. 工程湍流［M］. 武汉：华中理工大学出版社，1999.

［90］ 郑邦民，黄克忠，魏良琰. 流体力学［M］. 北京：水利电力出版社，1989.

［91］ 李万平. 计算流体力学［M］. 武汉：华中理工大学出版社，2004.

［92］ 陈克城. 流体力学实验技术［M］. 北京：机械工业出版社，1983.

［93］ 席浩. 山区河流河道截流若干关键问题研究［J］. 水力发电学报，2015，34（9）：75-83.

［94］ 肖焕雄. 施工导截流与围堰工程研究［M］. 北京：中国电力出版社，2002.

［95］ 饶冠生，李学海，韩继斌. 实用施工水力学［M］. 武汉：长江出版社，2007.

［96］ 郑守仁，王世华，夏仲平，等. 导流截流及围堰工程［M］. 北京：中国水利水电出版社，2005.

［97］ 郑守仁，杨文俊. 河道截流及流水中筑坝技术［M］. 武汉：湖北科学技术出版社，2009.

［98］ 长江流域规划办公室施工设计处. 葛洲坝工程大江截流设计的基本经验教训［J］. 人民长江，1981（5）：24-28.

［99］ 杨磊，郑静，方勇生，等. 宽戗堤截流龙口水力特性研究［J］. 水利水电科技进展，2011，31（6）：61-64.

［100］ 王继保，刘伟，蔡启龙. 宽戗立堵截流的宽度效应研究［J］. 中国农村水利水电，2009（7）：86-88.

［101］ 周厚贵. 三峡工程导流明渠截流施工技术研究［M］. 北京：科学出版社，2007.

［102］ 郭熙灵，黄国兵，李学海. 深厚覆盖层条件下施工导截流关键技术问题研究［J］. 长江科学院院报，2011，28（6）：10-15.

［103］ 李学海，程子兵，汪世鹏，等. 截流钢筋笼的稳定性及其计算方法［J］. 长江科学院院报，2013，30（8）：31-36.

［104］ 孙志禹，王建平，陈先明. 大江截流及二期围堰主要技术问题优化决策［J］. 武汉水利电力大学（宜昌）报，2000，22（6）：95-101.

［105］ 贺昌海，段兴平，王一博，等. 水利水电工程河道截流分类［J］. 武汉大学学报（工学版），2011，44（2）：7-11.

［106］ 贺昌海，刘永悦. 河道截流系统风险率计算模型及计算方法研究［J］. 长江科学院院报，2011，28（7）：32-36.

［107］ 郭红民，王静静，向光明，等. 黄登水电站导流洞围堰残埂对截流的影响［J］. 长江科学院院报，2013，30（1）：26-28.

［108］ 肖桃李，魏文俊. 基于模型试验的导流洞围堰残埂对截流的影响研究［J］. 长江大学学报（自然科学版），2011，8（1）：122-125.

［109］ 孟鸣，容晓，王志新. 导流洞导流隧洞进口围堰对截流的影响研究［J］. 广东水利水电，2009，9：14-15.

［110］ 付文宣，贺昌海，费文才，等. 白鹤滩水电站导流洞进出口围堰残埂对导流洞泄流能力的影响［J］. 水电能源科学，2014，32（9）：115-118.

［111］ 徐铱，唐德远，黄新生. 二滩水电站河床截流述评［J］. 水电站设计，1994，10（3）：9-17.

[112] 郭麟. 漫湾水电站截流施工规划及实施 [J]. 云南水力发电, 1993 (2): 61-63.

[113] 肖焕雄, 李泽泽. 立堵截流困难度衡量指标及其流失量的确定 [J]. 武汉水利电力学院学报, 1964 (3): 41-55.

[114] 肖焕雄, 周克己. 对截流理论与实践中几个问题的初步讨论 [J]. 水力发电学报, 1984 (2): 90-100.

[115] 肖焕雄. 双戗堤立堵进占截流的落差分配及控制 [J]. 人民长江, 1980 (2): 39-44, 74.

[116] 刘力中, 郭红民. 三峡工程大江截流水力学试验研究 [J]. 人民长江, 1997 (4): 5-7.

[117] 杨文俊, 刘力中, 郭红民. 三峡工程大江截流试验与实践 [J]. 水力发电, 1998 (1): 65-68, 70.

[118] 孙志禹, 陈先明, 朱红兵. 三峡工程截流技术 [J]. 中国科学, 2017, 47 (8): 785-795.

[119] 刘永悦, 贺昌海, 付文军, 等. 河道立堵截流难度的衡量指标研究 [J]. 水电能源科学, 2009, 27 (8): 94-96.

[120] 杨光煦. 截流围堰堤防与施工通航 [M]. 北京: 中国水利水电出版社, 1999.

[121] 贺博文, 王洪源, 黄宗营. 糯扎渡水电站大江截流施工技术 [J]. 人民长江, 2009, 40 (5): 42-43, 54.

[122] 杨兴堂. 糯扎渡水电站截流施工技术 [J]. 西北水电, 2012 (3): 43-45.

[123] 冯美升, 胡玉. 金安桥水电站工程截流施工技术及特点 [J]. 水力发电, 2011, 37 (1): 49-51, 70.

[124] 熊淑兰, 周勇. 溪洛渡水电站工程截流施工技术 [J]. 水利规划与设计, 2010 (2): 77-80.

[125] 于永军, 任季恩. 溪洛渡工程大江截流方案设计与施工 [J]. 湖南水利水电, 2011 (6): 22-24.

[126] 黄巍. 溪洛渡水电站截流设计与施工关键技术 [J]. 水利水电施工, 2014 (3): 1-7, 17.

[127] 贾鸿益, 贺昌海, 邓锐敏, 等. 官地水电站预进占护底截流难度的试验研究 [J]. 云南水力发电, 2011, 27 (4): 15-17.

[128] 周厚贵, 马德浙, 李友华. 国内外截流水平与长江上的三次截流 [J]. 中国三峡建设, 2003 (5): 114-116.

[129] 郑瑛. 截流工程进展与截流技术发展趋势 [J]. 中国农村水利水电, 2006 (2): 91-93.

[130] 肖焕雄, 任春秀. 三峡工程明渠截流水力学指标及截流方式分析 [J]. 中国三峡建设, 2002 (10): 18-19.

[131] 程可, 吕鹏飞. 四川大渡河深溪沟水电站围堰截流模型试验参数与实测对比 [J]. 四川水力发电, 2008, 27 (4): 19-23.

[132] 包承纲. 包承纲岩土工程研究文集 [M]. 武汉: 长江出版社, 2007.

[133] 华东勘测设计研究院. 金沙江白鹤水电站可行性研究报告 [R], 2011.

[134] 华东勘测设计研究院. 金沙江白鹤水电站施工导流专题研究报告 [R], 2011.

[135] 龚履华, 李青云, 包承纲. 土工膜应变计的研制及其应用（Ⅱ）: 应用 [J]. 岩土力学, 2005, 26 (12): 2035-2040.

[136] 长江科学院. 三峡二期围堰拆除过程中围堰工程性状的调查验证 [R], 2002.

[137] 华东勘测设计研究院. 云南省澜沧江苗尾水电站大坝上、下游围堰设计报告审定本 [R]. 杭州: 华东勘测设计研究院, 2012.

[138] 国家能源局. 水电工程围堰设计导则: NB/T 35006—2013 [S]. 北京: 中国电力出版社, 2013.

[139] 包承纲. 包承纲岩土工程研究文集 [M]. 武汉: 长江出版社, 2007.

[140] 花加凤. 土石坝膜防渗结构问题探讨 [D]. 南京: 河海大学, 2006.

[141] 王永明, 邓渊, 任金明. 高土石围堰复合土工膜应变集中计算方法研究 [J]. 岩石力学与工程学报, 2016, 35 (S1): 3299-3307.

[142] 刘斯宏, 徐永福. 粒状体直剪试验的数值模拟与微观考察 [J]. 岩石力学与工程学报, 2001,

20 (3)：288 - 292.

[143] 水利部. 水利水电工程土工合成材料应用技术规范：SL/T 225—98 [S]. 北京：中国水利水电出版社，1998.

[144] 国家能源局. 水电工程土工膜防渗技术规范：NB/T 35027—2014 [S]. 北京：中国电力出版社，2014.

[145] 李青云，程展林，孙厚才，等. 三峡工程二期围堰运行后的性状调查和试验 [J]. 长江科学院院报，2004，21 (5)：20 - 23.

[146] 顾淦臣，束一鸣，沈长松. 土石坝工程经验与创新 [M]. 北京：中国电力出版社，2004.

[147] 华东勘测设计研究院. 金沙江白鹤滩水电站大坝上下游围堰设计报告 [R]. 杭州：华东勘测设计研究院有限公司，2014.

[148] GIROUD J P，TISSEAU B，SODERMAN K L，et al. Analysis of strain concentration next to geomembrane seams [J]. Geosynthetics International，1995，2 (6)：1049 - 1097.

[149] GIROUD J P，SODERMAN K L. Design of structure connected to geomembranes [J]. Geosynthetics International，1995，2 (2)：379 - 428.

[150] 刘宗耀，等. 土工合成材料工程应用手册 [M]. 2 版. 北京：中国建筑工业出版社，2000.

[151] 云南华电鲁地拉水电有限公司，等. "大流量土石—碾压混凝土混合过水围堰研究与应用" 科技项目技术研究报告 [R]. 大理白族自治州，2012.

[152] 中华人民共和国水利部. 水工建筑物荷载规范：SL 744—2016 [S]. 北京：中国水利水电出版社，2016.

[153] 陈德亮. 水工建筑物 [M]. 北京：中国水利水电出版社，1980.

[154] 美国陆军工程师团. 工程和设计 拱坝设计：EM1110 - 2 - 2201 [S]. 美国：美国陆军工程师团，1994.

[155] 水利部. 混凝土拱坝设计规范：SL 282—2018 [S]. 北京：中国水利水电出版社，2018.

[156] 国家能源局. 混凝土重力坝设计规范：NB/T 35026—2014 [S]. 北京：中国电力出版社，2014.

[157] 美国垦务局. Guide for Preliminary Design of Arch Dam [M]. 美国，1977.

[158] 王民寿. 水利水电工程施工过程中的水流控制 [R]. 成都：成都科学技术大学，1983.

[159] 黎伦平，吴秀荣，温高泵. 百色水利枢纽碾压混凝土大坝模板施工技术 [J]. 广西水利水电，2004 (增刊)：128 - 131.

[160] 周政国，龙德海，何清华. 构皮滩水电站上游碾压混凝土围堰施工技术 [C]//中国水力发电工程学会碾压混凝土筑坝专委会，等. 庆祝坑口碾压混凝土坝建成 20 周年暨龙滩 200m 级碾压混凝土坝技术交流会论文汇编. 北京：中国水力发电工程学会，2006.

[161] 卿笃兴，宋亦农，周洁. 龙滩碾压混凝土围堰设计与施工 [J]. 水力发电，2006 (9)：68 - 70.

[162] 王毅，张弩. 三峡工程三期碾压混凝土围堰快速施工研究 [J]. 中国三峡，2002，9 (10)：23 - 25.

[163] 戴志清，孙昌忠，韩炳兰. 三峡三期碾压混凝土围堰翻转模板设计与施工 [C]//中国水力发电工程学会，中国水利学会. 全国 2003 年度碾压混凝土筑坝技术交流会论文汇编. [出版者不详]，2003.

[164] 李建军. 向家坝大坝上游二期纵向碾压混凝土围堰设计 [C]//中国水力发电工程学会碾压混凝土筑坝专委会，中国水利学会碾压混凝土筑坝专委会. 2008 年碾压混凝土筑坝技术交流研讨会论文集. 北京：中国水力发电工程学会，2008：84 - 89.

[165] 吴秀荣. 悬臂翻升钢模板在碾压混凝土坝中的应用 [C]//中国水利学会，中国水力发电工程学会. 福建省科协第六届学术年会分会场：碾压混凝土及筑坝技术发展研讨会论文集，2006：76 - 80.

[166] 鄢双红，詹金环，李勤军. 乌江构皮滩水电站上游碾压混凝土围堰设计与实践 [C]//庆祝坑口碾压混凝土坝建成 20 周年暨龙滩 200m 级碾压混凝土坝技术交流会论文汇编. 中国水力发电工

程学会碾压混凝土筑坝专委会，中国水利学会碾压混凝土筑坝专委会，龙滩水电开发有限公司，等．北京：中国水力发电工程学会，2006：38－41．

[167] 康世荣，陈东山．水利水电工程施工组织设计手册 [M]．北京：中国水利水电出版社，1996．

[168] 付宇懋，任海霞．大藤峡水利枢纽纵向围堰混凝土温度控制研究 [J]．东北水利水电，2020 (1)：21－24．

[169] 王富强，王福运．大藤峡工程碾压混凝土纵向围堰坝段温控防裂分析 [J]．东北水利水电，2020 (11)：3－5．

[170] 田福文．机拌变态混凝土在大藤峡纵向围堰中的应用 [J]．红水河，2020 (6)：37－40，49．

[171] RAPHAEL J M. The Optimun Gravity Dam [C]//Rapid Construction of Concrete Dams. ASCE, 1970：221－224．

[172] LONDE P. Discussion of Q. 62 [C]//Proceedings of 16th ICOLD Congress, USA, San Francisco, 1988．

[173] LONDE P, LINO M F. The faced symmetrical hard－fill Dam：A new concept for RCC [J]．Water Power & Dam Construction, 1992 (1)：19－24．

[174] LONDE P, LINO M F, FSHD. The faced symmetrical Hard－fill Dam [C]//Proceedings of international symposium on high earth－rockfill dams. 1993：303－310．

[175] TAKASHI YOKOTSUKA. Application of CSG method to construction of gravity dam [C]//Proceedings of 20th ICOLD, 2000：989－1007．

[176] HANADA H, TAMEZAWA T. CSG method using muck excavated from the dam foundation [C]//Proceedings of the 4th International Symposium on RCC Dams, 2003：447－456．

[177] CAPOTE A. A hardfill dam constructed in the dominican republic [C]//Proceedings of the Fourth International Symposium on RCC Dams, 2003：417－420．

[178] PETER J MASON. Hardfill and the Ultimate Dam [J]．HRW, 2004 (11)：26－29．

[179] 贾金生，马锋玲，李新宇，等．胶凝砂砾石坝材料特性研究及工程应用 [J]．水利学报，37 (5)：2006，578－582．

[180] 赖福梁，等．福建宁德洪口水电站上游胶凝砂砾石主围堰专项设计报告 [R]．福州：福建省水利水电勘测设计研究院，2005．

[181] 方坤河，刘克传，段亚辉，等．推荐一种新坝型：面板超贫碾压混凝土重力坝 [J]．农田水利与小水电，1995 (11)：32－36．

[182] 唐新军．一种新坝型：面板胶结堆石坝的材料及设计理论研究 [D]．武汉：武汉水利电力大学，1997．

[183] 贾金生，等．胶凝砂砾石坝筑坝材料特性及其对面板防渗体影响的研究 [R]．北京：中国水利水电科学研究院，2004．

[184] 贾金生，刘中伟，郑璀莹，等．胶结人工砂石筑坝材料性能研究 [J]．北京：中国水利水电科学研究院学报，2019，17 (1)：16－23．

[185] 冯炜，贾金生，马锋玲，等．胶凝砂砾石材料配合比设计参数的研究 [J]．水利水电技术，2013，44 (2)：55－58．

[186] 刘中伟，贾金生，冯炜，等．胶凝砂砾石坝在中小型水利工程中的最新应用与实践 [J]．水利水电技术，2018，49 (5)：44－49．

[187] 贾金生，刘宁，郑璀莹，等．胶结颗粒料坝研究进展与工程应用 [J]．水利学报，2016，47 (3)：315－323．

[188] TOSHIO HIROSE, Concept of CSG and its material properties [C]//Proceedings of the 4th International Symposium on RCC Dams, 2003：465－474．

[189] 翟洁，贾金生，姜福田，等．连续滑落式胶凝砂砾石拌和设备性能的初步研究 [C]//中国大坝

会. 中国大坝协会 2013 学术年会暨第三届堆石坝国际研讨会论文集，2013：255－259.

[190] CANNON R N. Concrete dam construction using earth compaction methods [C]//Economical Construction of Concrete Dams，New York：ASCE，1972：143－152.

[191] TOSHIO HIROSE. Design concept of trapezoid－shaped CSG dam [C]//Proceedings of the 4th International Symposium on RCC Dams，2003：457－464.

[192] COUMOULOS D G，KORYALOS T P. Lean RCC dams－laboratory testing methods and quality control procedures during construction [C]//Proceedings of the 4th International Symposium on RCC Dams，2003：233－238.

[193] BATMAZ S. Cindere dam－107m high roller compacted hardfill dam（RCHD）in Turkey [C]//Proceedings of the 4th International Symposium on RCC Dams，2003：121－126.

[194] GURDIL A F，BATMAZ S. Structural design of cindere dam [C]//Proceedings of the 4th International Symposium on RCC Dams，2003：439－446.

[195] 李建军. 向家坝水电站施工导流方案研究 [J]. 人民长江，2015，46（2）：71－75.

[196] 肖群香，胡志根，刘全. 向家坝水电站纵向围堰堰脚冲刷可靠性分析 [J]. 水力发电，2005，31（2）：29－30，43.

[197] 尹华安，邓兴富. 溪洛渡拱坝高位导流底孔布置优化及结构设计 [J]. 水电站设计，2014，30（3）：1－5.

[198] 翁永红，饶志文，李勤军，等. 乌东德水电站导流规划与设计 [J]. 人民长江，2014，45（20）：64－67.

[199] 曹盈，刘武. 云南小湾拱坝 2＃导流底孔倒悬体施工限裂筋设计施工 [J]. 科学决策，2008（11）：183.

[200] 旷强平. 锦屏一级创建 3＃导流底孔"样板仓"的施工措施 [J]. 四川水利，2015，2：42－45.

[201] 唐力. 三峡水利枢纽导流底孔研究 [J]. 人民珠江，2001（2）：7－9.

[202] 康文军，黄天润，冀培民，等. 金沙江鲁地拉水电站导流建筑物设计与主要技术 [J]. 西北水电，2019（1）：59－62.

[203] 张锦堂，张亮，黄天润. 功果桥水电站施工导流设计与实践 [J]. 西北水电，2017（6）：66－70.

[204] 陈吉凡. 银珍水电站梳齿缺孔导流及叠梁封堵 [J]. 小水电，1998（5）：14－16.

[205] 杨尚文. 向家坝水电站施工导流规划与设计 [J]. 水利水电技术，2006，37（10）：43－47.

[206] 国家能源局. 水工混凝土温度控制施工规范：DL/T 5787—2019 [S]. 北京：中国电力出版社，2019.

[207] 陈贵斌，李仕奇，胡平. 糯扎渡水电站工程施工导流设计概述 [J]. 水力发电，2005，31（5）：59－60.

[208] 王福运，李俊富，王勇，等. 江口水电站取消临时导流底孔的论证 [J]. 东北水利水电，2005，23（257）：3－4.

[209] 陈亚辉，刘韵昆. 洞坪水电站取消大坝临时导流底孔的分析与实施 [J]. 湖北水力发电，2005（Z1）：39－43.

[210] 中华人民共和国住房和城乡建设部，中华人民共和国国家质量监督检验检疫总局. 水库调度设计规范：GB/T 50587—2010 [S]. 北京：中国计划出版社，2010.

[211] 长江勘测规划设计研究院，长江水利委员会网信中心. 国内外大型水电工程导截流标准实例选编 [R]，2010.

[212] 马光文，刘金焕，李菊根. 流域梯级电站群联合优化运行 [M]. 北京：中国电力出版社，2008.

[213] 水电水利规划设计总院，等. 梯级电站水库群设计洪水研究成果报告 [R]，2009.

[214] 郭涛，许启林. 梯级电站的开发与管理研究 [M]. 成都：四川科学技术出版社，1992.

[215] 《中国水力发电工程》编审委员会. 中国水力发电工程：工程水文卷 [M]. 北京：中国电力出

版社，2000.

[216] 水利电力部水利水电建设总局. 水利水电工程施工组织设计手册：第一卷 施工规划 [M]. 北京：中国水利水电出版社，1996.

[217] 熊炳煊. 梯级电站水库施工洪水分析 [J]. 水电能源科学，1991，9 (1)：70 - 74.

[218] 熊炳煊，董德兰. 龙羊峡—刘家峡河段梯级电站水库施工洪水分析 [J]. 水文，1987 (6)：12 - 16.

[219] 杨百银. 黄河上游梯级电站施工洪水优化设计方法探讨：以黄河公伯峡水电站施工洪水优化设计为例 [J]. 水文，2004，24 (1)：22 - 27.

[220] 杨百银. 黄河公伯峡水电站施工洪水优化方法 [J]. 西北水电，2005 (1)：11 - 14.

[221] 曹光明，洪镝. 梯级电站径流调节对下游在建电站工程导截流的影响 [J]. 西北水力发电，2002，18 (3)：21 - 23.

[222] 谢小平，石四存，姚福海. 公伯峡水电站施工期设计洪水流量的合理选择 [J]. 水力发电，2002 (8)：26 - 29.

[223] 姚福海. 公伯峡水电站施工期设计洪水流量的合理选择 [J]. 水力发电学报，2007，26 (2)：65 - 69.

[224] 谢小平. 公伯峡水电站施工度汛研究 [D]. 西安：西安理工大学，2001.

[225] 李春万. 黄河上游梯级电站水库调节下施工洪水流量的选择研究 [D]. 西安：西安理工大学，2003.

[226] 吉超盈，谢小平，黄强，等. 梯级电站水库下游工程施工导流流量优化设计研究 [J]. 西北水力发电，2005，21 (3)：50 - 53.

[227] 张淑琴. 黄河柴家峡水电站工程施工导流 [J]. 西北水力发电，2006，22 (5)：75 - 78.

[228] 王卓甫. 龙口工程施工洪水优化和导流方案分析 [J]. 水利学报，1998 (4)：33 - 37.

[229] 朱张华. 水电站施工导流及洪水控制研究——以黄河上游积石峡水电站为例 [D]. 西安：西安理工大学，2006.

[230] 吉超盈. 梯级电站水库设计洪水计算的理论与方法研究 [D]. 西安：西安理工大学，2005.

[231] 翟媛. 河道洪水传播时间影响因素分析 [J]. 人民黄河，2007，29 (8)：27 - 28.

[232] 程燕. 梯级水利水电工程施工导流设计标准及流量确定的探讨 [J]. 东北水利水电，2001，19 (5)：6 - 10.

[233] 邹幼汉，黄家文，罗斌. 乌江渡水库洪水调度在构皮滩水电站施工导流中的作用 [J]. 贵州水力发电，2003，17 (2)：10 - 12.

[234] 许武成，王腊春. 长江干流洪峰等级和洪量等级的划分探讨 [J]. 山东农业大学学报（自然科学版），2008，39 (2)：278 - 282.

[235] 安占刚，马轶. 对梯级电站水库洪水标准的一点改进建议 [J]. 水利水电技术，2009，40 (5)：64 - 66.

[236] 郭世明. 大朝山水电站截流期间漫湾电厂控泄协调 [J]. 云南水力发电，1998，14 (1)：31 - 33.

[237] 范可旭，贾建伟，张晶. 乌江银盘水电站水文特性分析 [J]. 人民长江，2008，4 (39)：10 - 13.

[238] 王卓甫. 考虑洪水过程不确定的施工导流风险计算 [J]. 水利学报，1998 (4)：33 - 37.

[239] 王卓甫. 国内外洪水频率分析计算的比较与评价 [J]. 水利学报，1998 (4)：33 - 37.

[240] 顾颖，雷四华，刘静楠. 澜沧江梯级电站建设对下游水文情势的影响 [J]. 水利水电技术，2008，39 (4)：20 - 23.

[241] 王卓甫. 蜀河水电站施工导流流量控制研究 [J]. 水利学报，1998 (4)：33 - 37.

[242] 王波，黄薇，尹正杰. 大型梯级电站水库对河流生态流量的影响——以金沙江下游梯级为例 [J]. 长江流域资源与环境，2009，18 (9)：860 - 864.

[243] 李新根. 上游梯级电站水库对设计洪水的影响分析 [J]. 水利水电技术，2005，36 (9)：14 - 16.

[244] 向立云. 洪水管理的理论思考 [C]//第十届海峡两岸水利科技交流研讨会，2006.

[245] 王以圣，冯德光，吴晋青. 水电站大坝不同浇筑高程上游围堰溃决对下游的影响分析 [J]. 黄河水利，2008 (5)：43-45.

[246] 周武光，史培军. 洪水风险管理研究进展与中国洪水风险管理模式初步探讨 [J]. 自然灾害学报，1999，8 (4)：62-72.

[247] 张文倬. 用水文预报法修正截流设计标准初探 [J]. 云南水力发电，1992 (2)：16-22.

[248] 王国安. 中国设计洪水研究回顾和最新进展 [J]. 科技导报，2008，26 (21)：85-89.

[249] 刘招，黄强，王义民，等. 基于安康控泄的蜀河水电站施工导流洪水风险控制 [J]. 水力发电学报，2008，27 (2)：29-34.

[250] 黄光日，邓抒豪. 宋桂滩水电站施工导流与度汛 [J]. 珠江现代建设，2000 (5)：9-10.

[251] 蔺蕾蕾. 蜀河水电站施工导流流量控制研究 [D]. 西安：西安理工大学，2007.

[252] 尹思全. 水利水电工程施工导流方案决策研究 [D]. 西安：西安理工大学，2004.

[253] 习秋义. 水库（群）防洪安全风险率模型与防洪标准研究 [D]. 西安：西安理工大学，2006.

[254] 徐森泉. 基于熵权的施工导流标准多目标决策 [D]. 武汉：武汉大学，2004.

[255] 刘攀，肖义，李玮，等. 水库洪水资源化调度初探 [J]. 石河子大学学报（自然科学版），2006，24 (1)：9-14.

[256] 金菊良，魏一鸣，丁晶. 洪水灾害系统工程的理论体系探讨 [C]//首届长三角科技论坛——水利生态修复理论与实践论文集，2004.

[257] 姚福海. 水电工程土石围堰设计中应重视的若干问题 [J]. 水电站设计，2007，23 (6)：5-8，17.

[258] 陈生水，钟启明，陶建基. 土石坝溃决模拟及水流计算研究进展 [J]. 水科学进展，2008，19 (11)：903-908.

[259] 严亦琪. 受人类活动影响的水库设计洪水调度研究 [D]. 南京：河海大学，2004.

[260] 王玉华，陈忠贤. 三峡—葛洲坝梯级枢纽常规水库调度系统 [J]. 中国三峡建设，2003 (7)：55-56.

[261] 杨光煦. 两次长江截流实践及截流理论新探讨 [C]//第四届全国海事技术研讨会，1998：562-571.

[262] 王本德，周惠成，王国利，等. 水库汛限水位动态控制理论与方法及其应用 [M]. 北京：中国水利水电出版社，2006.

[263] 樊云，成金海，王远明，等. 三峡工程动工以来葛洲坝水库河床演变分析 [J]. 水文，2001，21 (1)：32-36.

[264] 李云中，牛兰花，成金海. 葛洲坝水库冲淤规律及航道变化 [J]. 人民长江，2002，33 (2)：29-34.

[265] 金玉林，邓晓忠. 三峡工程大江截流河段河床演变监测分析 [J]. 水文，1999 (1)：43-47.

[266] 杨文俊，郑守仁. 三峡工程施工水流过程控制关键技术与工程效果 [J]. 水力发电工程学报，2009，28 (6)：59-64.

[267] 宁晶，张津，宁廷俊. 三峡工程明渠截流龙口护底模型试验与原型对比 [J]. 水力发电学报，2009 (2)：106-109.

[268] 唐海华，陈森林，赵宇. 三峡梯级电站短期优化调度模型及算法 [J]. 水电能源科学，2008 (3)：133-136.

[269] 张建华，姚福海，肖培伟，等. 瀑布沟水电站下闸蓄水初期向下游供水方案及其实施 [J]. 水力发电，2010，36 (6)：26-28.

[270] 肖琳，赵英林，张国庆. 水库初期蓄水计算中几个问题的研究 [J]. 武汉大学学报（工学版）. 1993 (2)：181-185.

[271] 于兰英. 十三陵抽水蓄能电站下池进/出口围堰工程 [J]. 水力发电，1996.2：59-61.

[272] 肖焕雄，韩彩燕，唐晓阳. 施工导流标准与方案优选 [M]. 武汉：湖北科学技术出版社，1996.

[273] 胡贵良，魏永新，等. 超深振冲碎石桩施工技术及应用 [J]. 水力发电，2020，46（11）：76-80.

[274] 耿祺. 基于 BIM 的施工导流系统风险评价方法研究 [D]. 武汉：武汉大学，2018.

[275] 鄢勇. 梯级水电站面临堰塞湖灾害时应对措施研究 [J]. 四川水力发电，2021，40（4）：87-90.

[276] 王剑涛，薛宝臣，赵万青，等. 苏洼龙水电站遭遇白格堰塞湖灾害应对措施 [J]. 水电与抽水蓄能，2020，6（2）：20-25.

[277] 曹建廷，邢子强. 考虑初期蓄水提前下闸的高坝施工后期导流风险效益分析 [J]. 水利规划与设计，2020（12）：75-79.

[278] 杨泽艳，喻葭临. 中国水电新发展与西部水电接续开发 [J]. 水电与抽水蓄能，2021，7（1）：11-15.

索　引

Contents

General Preface

technology of China.

As same as most developing countries in the world, China is faced with the challenges of the population growth and the unbalanced and inadequate economic and social development on the way of pursuing a better life. The influence of global climate change and extreme weather will further aggravate water shortage, natural disasters and the demand & supply gap. Under such circumstances, the dam and reservoir construction and hydropower development are necessary for both China and the world. It is an indispensable step for economic and social sustainable development.

The hydropower engineering technology is a treasure to both China and the world. I believe the publication of the *Series* will open a door to the experts and professionals of both China and the world to navigate deeper into the hydropower engineering technology of China. With the technology and management achievements shared in the *Series*, emerging countries can learn from the experience, avoid mistakes, and therefore accelerate hydropower development process with fewer risks and realize strategic advancement. The *Series*, hence, provides valuable reference not only to the current and future hydropower development in China but also world developing countries in their exploration of rivers.

As one of the participants in the cause of hydropower development in China, I have witnessed the vigorous development of hydropower industry and the remarkable progress of hydropower technology, and therefore I am truly delighted to see the publication of the *Series*. I hope that the *Series* will play an active role in the international exchanges and cooperation of hydropower engineering technology and contribute to the infrastructure construction of B&R countries. I hope the *Series* will further promote the progress of hydropower engineering and management technology. I would also like to express my sincere gratitude to the professionals dedicated to the development of Chinese hydropower technological development and the writers, reviewers and editors of the *Series*.

Ma Hongqi
Academician of Chinese Academy of Engineering
October, 2019

river cascades and water resources and hydropower potential. 3) To develop complete hydropower investment and construction management system with the aim of speeding up project development. 4) To persist in achieving technological breakthroughs and resolutions to construction challenges and project risks. 5) To involve and listen to the voices of different parties and balance their benefits by adequate resettlement and ecological protection.

With the support of H. E. Mr. Wang Shucheng and H. E. Mr. Zhang Jiyao, the former leaders of the Ministry of Water Resources, China Society for Hydropower Engineering, Chinese National Committee on Large Dams, China Renewable Energy Engineering Institute, and China Water & Power Press in 2016 jointly initiated preparation and publication of *China Hydropower Engineering Technology Series* (hereinafter referred to as "the *Series*"). This work was warmly supported by hundreds of experienced hydropower practitioners, discipline leaders, and directors in charge of technologies, dedicated their precious research and practice experience and completed the mission with great passion and unrelenting efforts. With meticulous topic selection, elaborate compilation, and careful reviews, the volumes of the *Series* was finally published one after another.

Entering 21st century, China continues to lead in world hydropower development. The hydropower engineering technology with Chinese characteristics will hold an outstanding position in the world. This is the reason for the preparation of the *Series*. The *Series* illustrates the achievements of hydropower development in China in the past 30 years and a large number of R&D results and projects practices, covering the latest technological progress. The *Series* has the following characteristics. 1) It makes a complete and systematic summary of the technologies, providing not only historical comparisons but also international analysis. 2) It is concrete and practical, incorporating diverse disciplines and rich content from the theories, methods, and technical roadmaps and engineering measures. 3) It focuses on innovations, elaborating the key technological difficulties in an in-depth manner based on the specific project conditions and background and distinguishing the optimal technical options. 4) It lists out a number of hydropower project cases in China and relevant technical parameters, providing a remarkable reference. 5) It has distinctive Chinese characteristics, implementing scientific development outlook and offering most up-to-date development concepts and practices of hydropower

China has witnessed remarkable development and world-known achievements in hydropower development over the past 70 years, especially the 4 decades after Reform and Opening-up. There were a number of high dams and large reservoirs put into operation, showcasing the new breakthroughs and progress of hydropower engineering technology. Many nations worldwide played important roles in the development of hydropower engineering technology, while China, emerging after Europe, America, and other developed western countries, has risen to become the leader of world hydropower engineering technology in the 21st century.

By the end of 2018, there were about 98,000 reservoirs in China, with a total storage volume of 900 billion m³ and a total installed hydropower capacity of 350GW. China has the largest number of dams and also of high dams in the world. There are nearly 1000 dams with the height above 60m, 223 high dams above 100m, and 23 ultra high dams above 200m. There are also 4 mega-scale hydropower stations with an individual installed capacity above 10GW, such as Three Gorges Hydropower Station, which has an installed capacity of 22.5 GW, the largest in the world. Hydropower development in China has been endeavoring to support national economic development and social demand. It is guided by strategic planning and technological innovation and aims to promote project construction with the application of R&D achievements. A number of tough challenges have been conquered in project construction and management, realizing safe and green development. Hydropower projects in China have played an irreplaceable role in the governance of major rivers and flood control. They have brought tremendous social benefits and played an important role in energy security and eco-environmental protection.

Referring to the successful hydropower development experience of China, I think the following aspects are particularly worth mentioning. 1) To constantly coordinate the demand and the market with the view to serve the national and regional economic and social development. 2) To make sound planning of the

Informative Abstract

This book is one of *China Hydropower Engineering Technology Series*, founded by National Publication Fund. This book is based on a large number of domestic and foreign engineering cases and research practices, this book comprehensively expounds the advanced technology of diversion in hydropower engineering construction, systematically summarizes the experience and lessons of scientific research, design, construction and management of diversion, river closure and cofferdam engineering, and combs the theoretical research and technical progress. The key technologies of construction diversion are comprehensively studied in eight aspects, including overall planning, construction hydraulics, river closure techniques, earth rock cofferdams, concrete and cemented sand gravel cofferdams, buildings for diversion and water release, construction diversion for cascade power stations, and construction diversion for pumped storage power stations. The related development trend is forecasted and prospected.

This book can be used and referenced by engineering and technical personnel engaged in hydropower engineering research, planning, design, construction and management, as well as teachers and students of relevant majors in colleges and universities.

China Water & Power Press

· Beijing ·

Ren Jinming   Zhou Chuiyi   et al.

River Diversion and River Closure and Cofferdam Works Technology

China Hydropower Engineering Technology Series